AUTO UNSER

Kult und Krise

Hans-Christian Herrmann

mit einem Beitrag von Ruth Bauer

Publikationen des Historischen Museums Saar 6.2

Motor buch Verlag

Auto unser – **Kult und Krise**

Eine Ausstellung des Historischen Museums Saar in Kooperation mit dem Stadtarchiv Saarbrücken

BEGLEITBAND

Der Autor dankt ganz herzlich insbesondere seinem Freund und Kollegen Dr. Thomas Lux aus Ebsdorf (Kr. Uelzen) für fachlichen Austausch, Inspiration und Unterstützung sowie ferner Uwe Gusen, Gerhard Heisler, Silvia Konstroffer, Peter Kurze, Gerhard Röder und Klaus Winkler und den Archiven zahlreicher Automobilhersteller, insbesondere Ralf Friese von der AUDI-Tradition. Vor allem aber seiner Frau Isabella für Geduld und Verständnis.

Publikationen des Historischen Museums Saar 6.2
Autor: Hans-Christian Herrmann (mit einem Beitrag von Ruth Bauer)
Stadtarchiv Saarbrücken

Text- und Bildredaktion
Hans-Christian Herrmann, Ruth Bauer

Träger des Zweckverbands Historisches Museum Saar sind der Regionalverband Saarbrücken und das Saarland.

Bildnachweis: Die Urhebernachweise der zur Illustration dieses Buches verwendeten Aufnahmen sind bei den jeweiligen Abbildungen vermerkt.

ISBN 978-3-613-04616-0

Ein Unternehmen der Paul Pietsch Verlage GmbH & Co. KG

1. Auflage 2023

Die Deutsche Nationalbibliothek verzeichnet diese Publikation in der Deutschen Nationalbibliografie; detaillierte bibliografische Daten sind im Internet unter http://www.dnb.de abrufbar.

Sie finden uns im Internet unter www.motorbuch.de

www.historisches-museum.org

Einbandgestaltung: Luis dos Santos

Titelbild: Gute Laune beim Tanken (1957)
Foto: Rudolf Dodenhoff, Nutzungsrechte Verlag Peter Kurze

Lektor: Hartmut Lange
Innengestaltung und Repro: grafik+design Kornelia Erlewein, Stuttgart
Druck und Bindung: DZS GRAFIK d.o.o, 1210 Ljubljana, Slovenia
Printed in Slovenia

Der Druck des Bandes wurde gefördert durch die Sparkasse Saarbrücken

Inhalt

1 | **Einfahrt** Seite 16–27

Einsteigen, starten, losfahren und genießen

«Ich glaube an das Pferd. Das Automobil ist eine vorübergehende Erscheinung.»

Wilhelm II. (letzter deutscher Kaiser und preußischer König)

2 | BRUMMIS und BULLYS Seite 28–49

Das Automobil wird nützlich und beendet das Pferdezeitalter

«Mit den Menschen ist es wie mit den Autos. Laster sind schwer zu bremsen.»

Heinz Erhardt, Komiker

«Die weltweite Nachfrage nach Kraftfahrzeugen wird eine Million nicht überschreiten – allein schon aus Mangel an verfügbaren Chauffeuren.»

Gottlieb Wilhelm Daimler

«So wie Kleider scheinen auch Autos Leute zu machen.»

5 | «FREIHEIT» erfahren Seite 98–115

Die Herrschaft über Ziel, Zeit und Raum – Gibt es Grenzen individueller Mobilität?

«Abenteuer Auto und die Weltreise auf vier Rädern.»

«Tue es deshalb, weil sie sagen, dass du es nicht kannst.»

Susie Wolff, Rennfahrerin

7 | Faszination Automobil: Seite 156–169

«Von klein auf» mobil. Die Folgen automobiler Kindheitserinnerungen

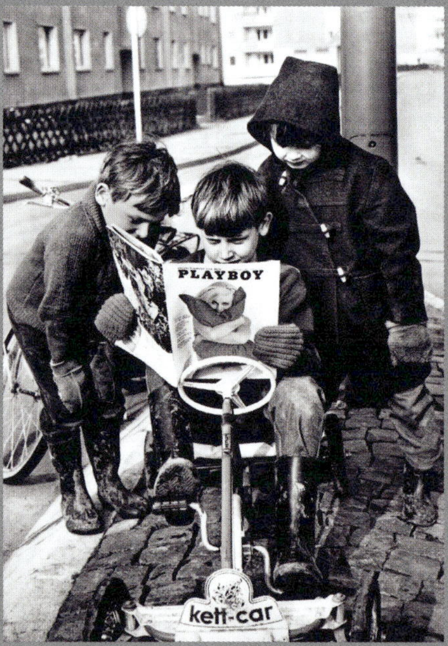

«Das Klischee vom Auto als liebstem Kind der Saarländer ...»

«Saarländischer Automarkt im Zeichen der Trikolore.»

9 | Ein «Segen» für das SAARLAND Seite 206–251

Automobilindustrie als Rettungsanker in der Strukturkrise von Kohle und Stahl

«Wir bauen nur gute Autos, ob für Könige oder für einfache Arbeiter».

Peter Backes, Ford-Gruppenleiter

10 | SAARBRÜCKEN Seite 252–279

als Beispiel einer früheren «AUTOSTADT» und die Saarländer als wahre «Automobilliebhaber»?

«Alle wollen zurück zur Natur.
Aber keiner zu Fuß.»

Werner Mitsch

11 | Unfalltod, Ölkrise, Waldsterben Seite 280–359

und das Fließband – Europa fährt das Auto aus der Krise. Wirtschaftlich profitieren die Japaner

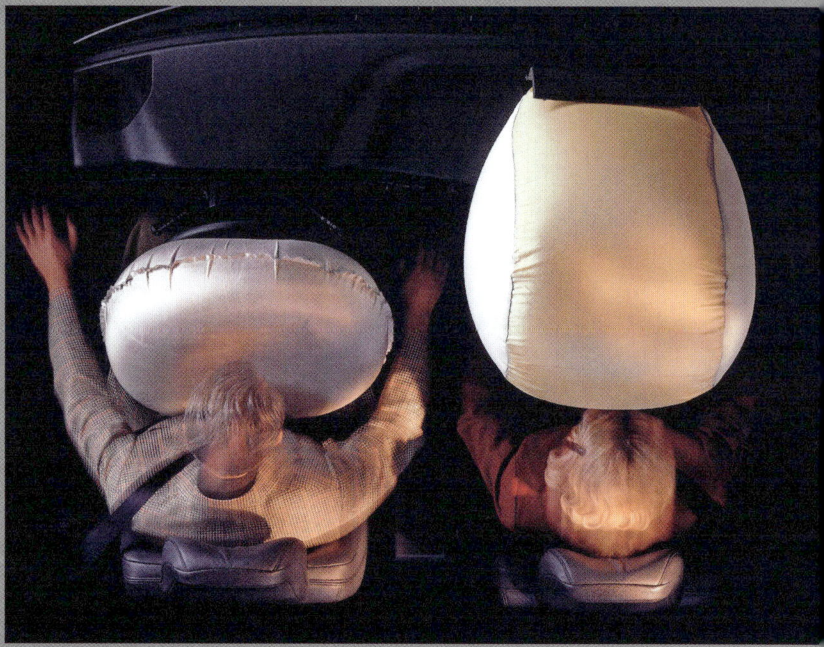

«Kommt gut nach Hause»
und «Ruft an,
wenn ihr angekommen seid!»

12 | Ausfahrt in die E-Mobilität. Seite 360–383

Wird Europa abgehängt?

«Ob wir es mögen oder nicht, langsam, aber sicher übernehmen die Roboter den Job des Autofahrers.»

Aus einem Artikel der Popular Science von 1958

Bildnachweis:

Seite 4 | Fotos: Stadtarchiv Saarbrücken, Mercedes-Benz Archive.

Seite 5 | Fotos: Stadtarchiv Saarbrücken, Mercedes-Benz Archive.

Seite 6 | Fotos: Frank Bredel, Julius C. Schmidt, Geschichtswerkstatt Dudweiler, Citroën Communication, Archiv Ulrich Knaack.

Seite 7 | Fotos: Griffith Borgeson, Erich Maria Remarque, Friedenszentrum, BMW Group Archive, Stadtarchiv Saarbrücken.

Seite 8 | Fotos: Herbert Ahrens, Bad Harzburg-Stiftung, Citroën Communication, Archiv Ulrich Knaack, Walter Richleske, Verlag Peter Kurze, Stadtarchiv Saarbrücken.

Seite 9: | Fotos: Stadtarchiv Saarbrücken, BMW Group Archive, Unternehmensarchiv Audi AG, Mercedes-Benz Archive, Opel Archiv, Volvo-Car Germany.

Seite 10 | Fotos: Ullstein-Bild, Stadtarchiv Saarbrücken.

Seite 11 | Fotos: Gerhard Heisler, Stadtarchiv Saarbrücken, Citroën Communication, Archiv Ulrich Knaack.

Seite 12 | Fotos: Werner Schackmann, Klaus Winkler, Ford-Archiv.

Seite 13 | Fotos: Stadtarchiv Saarbrücken.

Seite 14 | Fotos: Stadtarchiv Saarbrücken, Private Leihgabe, Volvo Car Germany.

Seite 15 | Fotos: Unternehmensarchiv Audi AG, BMW Group Archive, Renault Group.

SB-DM 300
D

1

Hans-Christian Herrmann

Einfahrt

Einsteigen, starten, losfahren und genießen

Einsteigen, starten, losfahren und genießen – hier heißt das: Aufschlagen, neugierig werden, lesen, weiterblättern und verweilen und wieder weiterlesen, wo es gefällt. SIE bestimmen Ort, Zeit und Raum ihrer «Lesefahrt», vielleicht lesen SIE allein oder blättern gemeinsam und genau das macht auch die Faszination des Automobils aus. SIE bestimmen über Ort, Zeit und Raum und wer mitfährt und SIE bestimmen, was SIE hier überhaupt lesen. Das ist Freiheit!

Automobilgeschichte ist spannend, unterhaltsam und vielfältig. Kaum eine Erfindung hat unser Leben so nachhaltig verändert und geprägt wie das Automobil. Unser Leben ist mit hoher individueller Mobilität verbunden. Zugleich wird deutlich, das Automobil steht für die Moderne und für unser Leben von heute. Das Auto steht aber aktuell mehr denn je in der Kritik – allerdings nicht erst seit dem Klimawandel.

Starten wir in die Automobilgeschichte.

Dieses Buch bietet viele Informationen, die selbst in den Kofferraum dieses Mercedes kaum hineinpassen, in dem ja schon Dieter Thomas Heck (1937-2018) Platz genommen hat. Der frühere Moderator des Saarländischen Rundfunks wurde vom Saarbrücker Fotografen Gerhard Heisler 1972 abgelichtet, zuvor war Heck von einem BMW 2500 auf diesen Mercedes umgestiegen. Der Schauspieler, Sänger und Entertainer, bekannt durch die ZDF-Hitparade (1969-1984), schrieb deutsche Mediengeschichte. Am Anfang von Hecks beruflichem Lebensweg stand das Automobil. Heck war Autoverkäufer bei einem Borgward-Vertragshändler in Norddeutschland.

| Fotograf: Gerhard Heisler, Stadtarchiv Saarbrücken, Vorlass Gerhard Heisler.

Die in Bremen gebauten Borgwards

waren Autos des Wirtschaftswunders. Neben dem erfolgreichen Modell Isabella gab es andere beeindruckende Typen, die allerdings nicht immer zum Verkaufsschlager wurden wie der hier abgebildete Borgward Hansa 2400 (1952-1955).

| Fotograf: Walter Richleske, Nutzungsrechte Verlag Peter Kurze.

Diese geradezu existenzielle Verbindung des Autos mit unserem modernen Leben entwirft der Automobilexperte Ferdinand Dudenhöffer. Auto, Wohlstand und wirtschaftliche Entwicklung sind für ihn eng miteinander verknüpft. Er verweist dabei auf die Relation zwischen Einwohnerzahl, PKW-Motorisierung und Bruttoinlandsprodukt und veranschaulicht dies mit dem wirtschaftlichen Aufstieg Chinas. Dort wurden 1995 gerade mal 411.000 neue Autos zugelassen, 2015 waren es dann 20 Millionen. **«Ohne Auto funktioniert Deutschland nicht»** – so seine These. Er erklärt, dass lediglich ein Sechstel bundesdeutscher Personenverkehrsleistungen mit Bussen, Bahnen und Flugzeugen bewältigt werden. Maßgeblich für den Wohlstand unserer Industrie- und Dienstleistungsgesellschaft ist nach Dudenhöffer als unverzichtbare Grundvoraussetzung die individuelle Mobilität. Dabei schließt er Motorroller und Fahrräder keineswegs aus, kommt aber zu dem Urteil: «Wohlstand ohne Auto ist in unserer Welt der Gegenwart schlicht und ergreifend ausgeschlossen». Dabei leugnet er den Klimawandel und die Gefährlichkeit vom Autoverkehr verursachter Emissionen keinesfalls, sondern wirbt entschieden für das Elektroauto und kritisiert die deutsche Automobilindustrie für das Verschlafen technologischer Innovationen.[1]

Auch im Film begegnet uns das Auto *in Alltagssituationen, ebenso in unzähligen spannenden Verfolgungsjagden wie hier für die ARD-Serie «Peter Strohm» (1988–1996). Ein Peugeot 604 stürzt von der Saarbrücker Stadtautobahn in die Saar.*
| Fotograf: Gerhard Heisler, Stadtarchiv Saarbrücken, VL G. Heisler.

Wie sich die Zeiten ändern: *Bundeskanzler Kurt Georg Kiesinger besucht 1969 anlässlich des Bundestagswahlkampfes St. Ingbert. Die Kanzler Erhard und Kiesinger (CDU) nutzten den 600er auch für ihre Wahlkampfauftritte.*
| Fotograf: Gerhard Schulthess, Stadtarchiv St. Ingbert, Nachlass G. Schulthess.

Auto und Pferd in Harmonie. *Historisch betrachtet war es aber ein Konkurrenzverhältnis und im Straßenverkehr bescherte die Begegnung den Vierbeinern Stress. Rasch zog das Auto am Pferd vorbei.*
| Fotograf: Uwe Gusen.

Unabhängig davon, ob man Dudenhöffer zustimmt oder widerspricht, das Automobil hat unsere Gesellschaft nachhaltig verändert und bestimmt sie bis heute.

Eine Ausstellung und eine Publikation zur Geschichte des Automobils ist deshalb kein Nischenthema, kein Ausflug in die Technikgeschichte oder das nostalgische Fachsimpeln über bestimmte Autotypen. Vielmehr erzählt uns die Geschichte des Automobils etwas über die Entwicklung unserer Gesellschaft und Wirtschaft, über unsere Werte, Konsumgewohnheiten und Geschlechterrollen. Deshalb muss sich die Geschichtsschreibung des 20. Jahrhunderts mit dem Automobil befassen und das nicht nur am Rande. Unsere Gesellschaft, unsere Städte, unsere Wirtschaft, unsere Arbeit, unser Einkaufen, unser Freizeitverhalten und die Folgen unserer Automobilisierung – das Auto ist mit all diesen Themen verbunden. **«Wir und das Auto», das ist die Geschichte von zwei Akteuren, die für viele zusammengehören und die nicht frei von Widersprüchen ist.**

Die vorliegende Publikation, die eine im Herbst 2023 eröffnete Ausstellung im Historischen Museum Saar ergänzt, nimmt das Auto und die Gesellschaft historisch aus der Perspektive **«Wir und das Auto»** in den Blick. Vergangenheit und Zukunft bilden dafür den Rahmen und angesichts des bedrohlichen Klimawandels steht das Auto derzeit zwischen «Kult und Krise» und dabei stellt sich auch die Frage, ob es nicht Grenzen selbstbestimmter individueller Mobilität geben muss. Eine direkte Antwort wird darauf nicht gegeben – sie liegt im persönlichen Urteil der Männer und Frauen, die dieses Buch hoffentlich mit Interesse und Freude lesen.

«Wir und das Auto», es lohnt dieses Thema aus saarländischer Perspektive zu betrachten. Was heißt das? Neben der deutsch-französischen, europäischen und internationalen Perspektive versucht die Publikation sozusagen die «longue durée» in den Blick zu nehmen und in langen Zeiträumen zu denken. Das Pferdezeitalter spielt immer wieder eine Rolle, auch bei den Krisen des Automobils, verursacht durch Abgase und Verkehrstote. Dies hilft Grundeinsichten zu erkennen, dass beispielsweise jegliche Mobilität immer mit Nebenwirkungen verbunden ist.

«Wir und das Auto» – dieses Verhältnis ist vor allem von Emotionen geprägt. So bilden etwa Autos und Macht ein Paar. Vor der «Autozeit» waren es Pferde und von ihnen gezogene prachtvolle Wagen, mit denen die Mächtigen reisten, herrschten und repräsentierten. Mit der Automobilisierung fahren Staatskarossen vor und machen «Staat». Vor allem nach 1945 transportierte die Fotopresse die Verbindung von Macht und Auto in die Köpfe der Menschen. Das Mercedes-Modell 300, der Dienstwagen des ersten Bonner Kanzlers, nahm schon zu dessen Lebzeiten die Bezeichnung «Adenauer-Mercedes» an. Und mit dem Mercedes 600 bot der Stuttgarter Autobauer eine Staatskarosse mit Automatikgetriebe mit einem «Promenadengang» an, der sich für das würdevoll langsam gleitende Vorbeirollen bei Staatsbesuchen, Paraden und Empfängen bestens eignete. Staatskarossen gehören bis heute zum Staatszeremoniell, mit dem früher die Bonner und heute die Berliner Republik wie alle Staaten dieser Welt ausländische Staatsgäste würdevoll empfängt.

Während die Bundesregierung auf dieses automobile XXL-Format für ihren Fuhrpark verzichtete und die Fahrzeuge deshalb beim Hersteller Anlass bezogen mietete, erwarben vor allem Diktatoren ganze Flotten von 600ern. Für viele Politiker bildete der Dienstwagen ein Statussymbol, mit dem sie sich in gewissem Maße auch selbst definierten und dabei gab es, wie zu zeigen sein wird, große Unterschiede. Und so erzählen uns die Fuhrparks von Regierungen auch einiges über ihr Selbstverständnis. Johannes Hoffmann, der Ministerpräsident des autonomen Saarlands, ließ sich meistens im Citroën Traction Avant kutschieren. Persönlich und politisch fühlte er sich Frankreich besonders verbunden, dennoch gab es in seinem Fuhrpark auch einen 300er Adenauer-Mercedes, denn bei aller Nähe zu Frankreich leugnete Hoffmann nie seine Verbindung mit Deutschland.

***Werbung für den Ford Capri** 1969/70. Emotionen förderten den Absatz. Frauen spielen dabei in der Automobilwerbung schon früh eine Hauptrolle, zit. | Ford-Werbung 1969/70.*

Seifenkistenrennen *auf der Radrennbahn des Saarbrücker Schanzenbergs.*

| Fotograf: Reiner Oettinger, Stadtarchiv Saarbrücken, Nachlass R. Oettinger.

So wie das Auto zu einem Symbol der Macht wurde und den Status seines Besitzers signalisieren sollte, so entwickelte sich das Auto auch zu einem gesellschaftlichen Statussymbol.

Die Hersteller erkannten, mit Emotionen verkaufen sich Autos wesentlich besser. Im Zuge wachsender Kaufkraft in den 1960er Jahren und einem zunehmenden Bedürfnis, sich zu unterscheiden, spielen Emotionen eine kaufentscheidende Rolle. Die Männer und Frauen, die eine Marke und einen Typ wählen, wollen damit auch ein Lebensgefühl vermitteln, Bewunderung oder gar Neid wecken.[2]

So wie das Auto die Welt der Erwachsenen faszinierte, so wurde das Auto auch zum König der Spielwarenwelt. Bereits kurz nach seiner Erfindung hält das Auto Einzug in die Kinderzimmer. Milliarden von Matchboxautos erzählen diese Geschichte, vor allem aber leuchtende Kinderaugen vor den Auslagen der Spielwarenabteilungen unserer Kaufhäuser und stolze Posen am Steuer eines Bobby- oder Kett-Car. So gewannen die Kleinen erste «Fahrerfahrungen» und machten es den Großen nach.
Fast vergessen sind die tollkühnen Abenteuer der schon etwas größeren Kleinen mit den Seifenkisten.

Das Saarland war eine Hochburg der Seifenkistenrennen und solche Ereignisse zogen in den 1950er und 1960er Jahren ein begeistertes Publikum von mehreren Tausend Zuschauern an.

Als Erwachsene kauften die früheren Kinder dann die «richtigen» Autos. Zugleich erinnerten sie sich an die Automobile ihrer Kindheit. Das Auto als «Erinnerungsort» ließ dann in zeitlichem Abstand zum Beginn der Massenmotorisierung seit den frühen 1980er Jahren eine bis heute anhaltende Faszination für altes Blech entstehen. Vor allem im Auto der Väter wird die Kindheit wieder lebendig und mit dem Erwerb dieses Autos als Oldtimer das Auto zur «Zeitmaschine».

Automobilität bedeutet selbst bestimmte Mobilität mit der persönlichen Entscheidungsfreiheit über Ziel, Zeit und Raum. Vor dem Auto bot das Pferd diese individuelle Mobilität, wenn auch in einer begrenzteren Dimension. Ein extremes Beispiel dafür erzählt die Romreise des in Saarbrücken St. Arnual stationierten Rittmeisters von Spielberg, der im Jahr 1900 von Saarbrücken zu Pferd nach Rom ritt.

Frauen *spielten stets in der Autowerbung eine wichtige Rolle.*

| Fotograf: Paul Botzenhardt, Nutzungsrechte Verlag Peter Kurze.

Isabella
coupé

Freiheit, Reisen Abenteuer – die legendäre Route 66, die 4000 Kilometer lange Hauptstraße von Chicago nach Los Angeles, heute ein Mythos, der Menschen aus der ganzen Welt anzieht, die USA auf eine besondere Weise zu entdecken. Für die Freiheit muss man nicht so weit fahren.

In den 1950er Jahren war es ein Erlebnis, mit dem Crèmeschnittchen (Renault 4 CV) vom Saarland aus in die Vogesen zu reisen, an die Atlantikküste, an die Côte d'Azur oder nach Paris zu fahren – die Nähe zu Frankreich, die Wirtschafts- und Währungsunion der Autonomiezeit (1947-1955) und die mit ihr beginnende Massenmotorisierung brachte viele Saarländerinnen und Saarländer nach Frankreich, viele kamen zum ersten Mal in ihrem Leben aus ihrem Dorf und ihrer Stadt heraus. Eine neue Erfahrung – im letzten Drittel des 19. Jahrhunderts entfernten sich 80 bis 90 Prozent der Saar-Bevölkerung niemals von ihrem Wohnort, abgesehen von Tagesreisen oder zu leistendem Kriegsdienst. Gerade die 68er Generation entdeckte das Auto als Vehikel der Abgrenzung zu ihren bürgerlichen Elternhäusern und als Mittel einer Freiheitserfahrung mit Reisen um die ganze Welt. Die Tour von Erhard und Danièle Schwambach aus Dirmingen mit ihrem kleinen Citroën ist ein Beispiel dafür.

8. Juni 1968: *Das Ehepaar Schwambach startete von Dirmingen aus mit einem kleinen Citroën in die große weite Welt. Nach über 80.000 Kilometern kamen sie 1969 wohlbehalten wieder im Saarland an.*
| Fotograf: Reiner Oettinger, Stadtarchiv Saarbrücken, NL R. Oettinger.

«Wir und das Auto» – da wird sofort klar, ohne Frauen kein Leben und ohne Frauen kein Auto! Das Auto ist fest mit unserer gesellschaftlichen Entwicklung verbunden. Das Thema Frauen und Autos vermittelt uns beispielhaft die Geschichte gesellschaftlicher Veränderungen der letzten 150 Jahre. Bertha Benz hat das Auto auf die Straße und die Erfindung ihres Mannes letztlich erst ins Rollen gebracht, als sie sich mutig entschloss am frühen Morgen des 4. oder 5. August 1888 mit dem Vehikel ihres Mannes von Mannheim nach Pforzheim zu fahren. Bertha steht beispielhaft für die unterschätzte Rolle von Frauen im 19. Jahrhundert. Die Geschichte des Automobils ist fest und vielfältig mit Frauen verbunden, dies gilt gerade für die frühe Geschichte des Automobils. Louise Sarazin setzte auf die neue Erfindung und wurde zur ersten Daimler-Lizenznehmerin für Frankreich. Opels erfolgreicher Weg von der Fahrrad- zur Automobilproduktion war mit Sophie Opel verbunden. Schon in der Frühzeit des Automobils ergriffen Frauen das Steuer. Das Auto war aber noch ein Spielzeug reicher Leute und das Autofahren ein Privileg einer vermögenden Minderheit. Mit dem Ersten Weltkrieg kam das Automobil in Fahrt und insbesondere hinter der Front wuchsen Frauen in Männerpositionen, um Wirtschaft und Alltag am Laufen zu halten – ohne Frauen am Steuer war dies nicht möglich.

«Wir und das Auto». Das ist auch die Geschichte von Wohlstand und Wirtschaftswunder. Dazu ein drastisches Beispiel aus Hessen – sozusagen **«Auto Unser»**. Am 2. Oktober 1960 feierten in Rüsselsheim, der Heimat von Opel, die Kirchengemeinden wie in der ganzen Bonner Republik das Erntedankfest. Doch im evangelischen Festgottesdienst lagen nicht wie üblich allein Feldfrüchte auf dem Altar, sondern auch ein großes Opel-Spielzeugauto und zahlreiche Opel-Ersatzteile. Dies sorgte seinerzeit für Schlagzeilen und auch

***Das Auto und die Geschlechter**, dazu gibt es in diesem Buch viel zu entdecken.* | Fotograf: Fritz Mittelstaedt, Stadtarchiv Saarbrücken, Nachlass F. Mittelstaedt.

Kritik, doch der Pfarrer brachte die wirtschaftliche Realität auf den Punkt. Rüsselsheim lebte von Opel und die Stadt verdankte wie Wolfsburg ihr Wohlergehen dem Automobil und so auch die Bonner Republik.[3]

Die Automobilindustrie und das Wirtschaftswunder bildeten ein Paar, nicht nur in Deutschland, sondern auch in Frankreich und Italien. Kein Land in Europa ist aber bis heute so in seiner Wirtschaftskraft von der Automobilindustrie abhängig wie Deutschland. So verwundert es nicht, wenn der renommierte Historiker Hans-Peter Schwarz die Frage aufwirft, ob das Automobil ein Wahrzeichen deutscher Identität ist.[4]

Dies gilt insbesondere für das Saarland. Über 40.000 Arbeitsplätze hängen im Saarland an der Automobilindustrie und das bei ca. einer Million Einwohner. Nirgendwo sonst in Deutschland ist die Abhängigkeit von dieser Branche stärker ausgeprägt. Über 250 Unternehmen sind damit verbunden und erarbeiten die Hälfte der saarländischen Wirtschaftsleistung.[5] Nirgendwo sonst in Deutschland markiert die angestrebte Dekarbonisierung eine solche existenzielle Herausforderung wie im Saarland.

***Automatikgetriebe, Dieseleinspritzpumpen**, Bleche, Draht für Autoreifen, Türgummis, Zierteile und Kunststoffverkleidungen bis hin zum «kompletten» Auto, das Saarland ist ein Auto-Land, das den Transformationsprozess zu spüren bekommt etwa mit der Schließung von Ford-Saarlouis oder auch dem Ende von Halberg Guss. Hier wurden mit erstklassigem Know How einst Motorblöcke und Kurbelwellen für namhafte Hersteller gefertigt.*
| Fotograf: Gerhard Heisler, Stadtarchiv Saarbrücken, VL G. Heisler, Nr. DA 2015.

Das Saarland ist ein Auto-Land, das von den Veränderungen in der Automobilindustrie in besonderer Weise betroffen ist, nachdem Ford am 22. Juni 2022 die Schließung des Saarlouiser Werkes für 2025 offiziell bestätigte. Die frühere Entscheidung für Saarlouis war am 22. Juni 1965 verkündet worden, seinerzeit gefeiert als Meilenstein im Strukturwandel. Damals ging es vor allem um den Ersatz für die weggefallenen Arbeitsplätze im Bergbau, zehn Jahre später folgte ab 1975 für gut zwei Jahrzehnte die Bewältigung der Stahlkrise, verbunden mit massivem Arbeitsplatzabbau und einer erfolgreichen Umstrukturierung der saarländischen Stahlindustrie. Die Automobilindustrie im Saarland schuf Ersatz für die verlorenen Arbeitsplätze der Hütten. Das Saarland wurde auch dank des Automatikgetriebeherstellers ZF in Saarbrücken zum Auto-Land. Zu dieser Geschichte gehört auch eine vergessene – nämlich die Euphorie der 1960er Jahre um den Wankel-Motor und das in Altforweiler (Kreis Saarlouis) errichtete Werk. Hier sollten täglich über 5.000 Motoren für viele Hersteller produziert werden – das Saarland sollte zum Zentrum des Wankel-Motorenbaues in Europa werden. Das kompakte Triebwerk im «Westentaschenformat» stand für ein Wunderwerk der Technik und die Autobranche setzte auf den vibrationsarmen Lauf dieser Erfindung, die Anfang der 1970er Jahre dann zum Flop wurde.

Die Geschichte des Wankelmotors zeigt, wie rasch angenommene Entwicklungen und Vorhersagen verfallen können.

«Wir und das Auto» – das ist eine Geschichte der Krisen und hier zeigt sich, auch eine Geschichte der Widersprüche. Der Zeitgeist der 1950er und 1960er Jahre orientierte sich eindimensional am Auto und führte zu Fehlentwicklungen wie der autogerechten Stadt. Saarbrücken ist ein Paradebeispiel dafür. Die Massenmotorisierung war verbunden mit einer massiv steigenden Zahl von Verkehrstoten sowie Lärm und Abgas. Dazu kam 1972 die Studie des Club of Rome über die Grenzen des Wachstums. Der erste autofreie Sonntag am 25. November 1973 und die zweite Ölkrise 1979 zeigten die Grenzen der Mobilität. Das Automobil war in der Krise. Dann erschütterte das beginnende Waldsterben ab 1979/80 die Bonner Republik. Es war die europäische Automobilindustrie, die auf die Herausforderungen Ressourcenverbrauch, Sicherheit und Umweltschutz mit technischen Innovationen reagierte, die weltweit umgesetzt wurden. Europa gab den Pfad des Automobils vor, die Industrie war aber nur mit politischem Druck bereit, diese Innovationen nicht nur dem US-Markt, sondern auch Europa zur Verfügung zu stellen.

1960er Jahre: *Blechlawinen in der Saarbrücker Bahnhofstraße – heute Fußgängerzone.* | Stadtarchiv Saarbrücken, Depositum Saarbahn, Nr. 2442.

Zu den technischen Lösungen Europas gehörte auch der Diesel, der noch in den frühen 1970ern als rußende Wanderdüne verpönt, sich ab Mitte der 1970er Jahre zum spritzigen Spritsparer wandelte. Der Zeitgeist schenkte ihm in den 1980er Jahren kurz ein grünes Mäntelchen, war doch der Diesel bleifrei. Der Ruß riss dieses vermeintlich saubere Image entzwei, ein paar Jahre später machte ihn der Partikelfilter aber zum sauberen Auto und stellte nun den Benziner mit Dreiwege-Kat und Lambda-Sonde in den Schatten. Der Zeitgeist fährt Schlangenlinien und im Rückspiegel sehen wir, **«wir und das Auto»** – eine Geschichte der Widersprüche.

Der grüne Schein strahlte nur in Europa mit Diesel-Marktanteilen von fast 50 Prozent, in den USA, Japan und auch im in Fahrt kommenden China blieb der Diesel eine Randerscheinung. China und die USA entwickelten eine Führungsrolle in der E-Mobilität.

Europa bestimmte spätestens seit der Jahrtausendwende nicht mehr den Pfad, obwohl Europa das Auto erfunden und in den letzten Jahrzehnten des 20. Jahrhunderts das Auto sicherer, sparsamer und umweltfreundlicher gemacht hatte. Die Entlarvung des schmutzigen Diesels fiel zeitlich fast mit dem Durchbruch des E-Autos Tesla zusammen. Firmen, vor allem aus der IT-Branche, hatten das seit 100 Jahren bestehende Reichweitenproblem der Elektromobilität gelöst und China hatte sich den Zugriff auf die erforderlichen Rohstoffe für Batterien gesichert und ebenfalls eine Führungsrolle in der Batterieherstellung eingenommen. Der Pfad des Automobils wird nun von den USA und China im Wettstreit bestimmt. Europa folgt, gibt aber nicht mehr den Pfad vor. Daraus ergeben sich wiederum viele Widersprüche.

Audi war ein Vorreiter im Leichtbau. *Gewichtseinsparung war ein Beitrag zur Verbrauchsreduktion. Zu bewundern ist hier ein Audi 80GL in kultigem Orange von 1972, Leergewicht zwischen 835 und 860 kg.*
| Foto: Unternehmensarchiv Audi AG.

Und wenn Ihnen der Mercedes nicht fein genug ist*, und Sie lieber selbst am Steuer sitzen möchten. Wir hätten da noch einen Facel Vega. Täuschen Sie sich nicht, das Armaturenbrett ist bemalt und edlem Holz mehr als ähnlich. Jean Daninos (1906-2001), der Schöpfer der französischen Luxusmarke Facel Vega (1954-1964), verzichtete aus Sicherheitsgründen auf Holz, das beim Unfall zersplittern konnte – und das schon in den 1950er Jahren. Und heute ist so etwas ökologisch – Zeiten und Perspektiven ändern sich.*
| Foto: Peter Singhof.

Rückblickend erscheint vieles als verpasste Chance, so etwa der Plan aus dem Jahr 1993, im Saarland ein Werk für E-Autos zu bauen. Gerade das Auto im Zeichen der Krisen steht für die Geschichte des Autos als Geschichte der Widersprüche. «Wir» sind es, die diese Geschichte gemacht haben. Dem Zeitgeist unkritisch zu folgen, führt kaum zum eigentlichen Ziel, sondern möglicherweise ins Abseits oder noch schlimmer in den Graben, denn der Zeitgeist fährt in Schlangenlinien. Tatkraft und Zuversicht sind hilfreich, in der Vergangenheit haben wir viele Krisen erfolgreich bewältigt.

Europäische Autos *setzten Maßstäbe. Sie waren kompakter, boten viel Platz und waren viel sparsamer als die Amerikaner. Kleinwagen wie der Renault 4 von 1961 stehen für diese Stärke des europäischen Automobilbaus.*
| Foto: Renault Group.

Steigen Sie jetzt bei Dieter Thomas Heck ein *und nehmen Sie Platz. Die Geschichte des Automobils ist eine Zeitreise mit zahlreichen Etappen. Viel Freude beim Lesen.* | Fotograf: Gerhard Heisler, Stadtarchiv Saarbrücken, VL G. Heisler.

Im Rückspiegel betrachtet *fuhr der Zeitgeist in Schlangenlinien.* | Fotograf: Gerhard Heisler, Stadtarchiv Saarbrücken, VL G. Heisler.

---

1 Ferdinand Dudenhöffer, Wer kriegt die Kurve? Zeitenwende in der Autoindustrie, Frankfurt/Main 2016, S.14-16.

2 Ebda., S. 23.

3 Rüsselsheimer Echo, 5.10.1960. Möglicherweise spielte dabei auch eine Rolle, dass ein paar Tage später die Presse von Opels Plänen berichtete, ein neues großes Werk in Bochum zu bauen.

4 Ebda.

5 https://www.saarland.ihk.de/ihk/branchenreport/branchenreport-august2002.pdf [25.04.2022].

BORGWARD
DIEDRICH Temmen
Delmenhorst Ruf 3201 Bremen-Huchting Ruf 52425
MÖBELTRANSPORTE ◆ SPEDITION
Möbelfernverkehr
HB 18
Standort Bremen
Böseler

Wildberger KAFFEE
CENTRA
SB-C 3296

2

Hans-Christian Herrmann

BRUMMIS UND BULLYS

Das Automobil wird nützlich und beendet das Pferdezeitalter

Die Patentanmeldungen von Carl Benz und Gottlieb Daimler für einen Motorwagen im Jahr 1886 gelten als Geburtsjahr des Automobils.

1950er Jahre: Ein LKW der Bremer Firma Borgward.
Das Modell B 4500 macht sich hier als Möbeltransporter und Speditionsfahrzeug nützlich.
| Fotograf: Walter Richleske, Nutzungsrechte Verlag Peter Kurze.

Der VW Bully im Einsatz
bei Kaffee Wildberger Saarbrücken. Der erfolgreichste Transporter der Welt erfüllte vielfältige Transportaufgaben. Am 8. März 1950 lief der erste vom Band.
| Fotograf: Fritz Mittelstaedt, Stadtarchiv Saarbrücken, Nachlass F. Mittelstaedt.

1. Start an der Wiege des Automobils

Was, vor allem im 20. Jahrhundert, zum des Deutschen liebstes Kind wurde, startete als «Hexenkarren» und «Teufelszeug». Bereits 1895 erwarb der Arzt Max Schaede aus St. Johann das erste sicher nachweisbare Automobil in Saarbrücken, als 230. Fahrzeug von Benz am 17. September 1895 ausgeliefert. Ein weiteres Benz-Fahrzeug wurde am 22. Februar 1896 nach St. Johann geliefert. Viel spricht dafür, dass die Ensheimer (heute Stadtteil von Saarbrücken) Industriellenfamilie Adt bereits 1888 den von Carl Benz in München ausgestellten Motorwagen erwarb. Die Nützlichkeit seiner Erfindung war seinerzeit noch nicht vorhersehbar. Das Fahren eines Autos verlangte Kondition und technisches Wissen. So besaß in Saarbrücken Bergrat Dr. Alfred Weise wohl seit 1904 ein Automobil, gefahren wurde es von Julius Ehrenfeld, den Weise als Chauffeur beschäftigte.[1]

Ein Auto zu fahren war recht schwierig wie Adam Dallinger (1884-1970), Chauffeur bei Otto von Aschoff (1871-1930), von 1906 bis 1917 Landrat in St. Wendel, zu berichten weiß: «Das empfindliche bei den ersten Fahrzeugen war der Oberflächenvergaser. Um das richtige Gasgemisch zu bekommen, musste während der Fahrt ständig die Luftzufuhr reguliert werden. Jede Winddrehung machte sich im Vergaser sofort bemerkbar. Der Motor fing an zu knallen, setzte aus und zog nicht mehr und blieb schließlich stehen (...) Am schlimmsten war es bei Sturm».[2]

Automobile bedurften ständiger Arbeit und Pflege. Hufnägel der Pferde führten fast täglich zu Reifenschäden, Autos mussten eigentlich ständig repariert werden. Unzulänglich war auch die Beleuchtung mit den Karbid-Lampen, mühsam und gefährlich das Starten mit der Kurbel. Der Kreistag von St. Wendel hatte als erster Kreis des Regierungsbezirks Trier der Beschaffung eines Automobils für den Landrat zugestimmt. Bestellt wurde ein Benz und als der bei Benz in Mannheim beschäftigte Adam Dallinger das Auto nach St. Wendel auslieferte, überredete ihn der Landrat, als Chauffeur für ihn zu arbeiten.[3]

1894 kamen Autorennen in Mode mit der ersten großen Rennveranstaltung von Paris nach Rouen. Die neue Erfindung stand für Abenteuer und Luxus. Die Rennen sollten die Robustheit und Alltagstauglichkeit der Fahrzeuge beweisen.[4]

Nützlich wurde das Automobil ganz allmählich zu Beginn des 20. Jahrhunderts.

***Gutsituierte Saarbrücker Bürger** auf Vergnügungsfahrt im Elsass, 1912.*| Stadtarchiv Saarbrücken, Allgemeine Fotosammlung, Nr. 4436.

2. Das Automobil – auch in Saarbrücken zuerst ein Spielzeug für die «Haute Volée»?

Überall in Europa war das Automobil zunächst einmal ein Spielzeug für reiche Leute. Dies gilt auch für das Saarland. Saarbrücker, die recht früh schon ein Automobil besaßen, können aus den Akten des Stadtarchivs ermittelt werden. Für Dezember 1908 sind 76 Kraftwagenbesitzer für die drei Saarstädte Saarbrücken, St. Johann und Malstatt-Burbach (ab 1909 zur Großstadt Saarbrücken vereinigt) aufgelistet – zum Vergleich im Kreis St. Wendel sollen zehn Jahre später erst vier Autos im Verkehr gewesen sein, drei in der Stadt Wendel und eins in Offenbach am Glan. Bereits für den 1. Januar 1911 meldete die Großstadt Saarbrücken schon 105 Kraftfahrzeuge an die preußische Bezirksregierung in Trier, 1912 sind für Neunkirchen vier Autos bekannt, das erste ist für 1903 nachgewiesen.[5]

Saarbrücker Autobesitzer waren Kaufleute und Industrielle wie etwa Karl Röchling. Auch Dr. Alex Haldy und Franz Haldy sind zu nennen – ihre Familie gehörte zusammen mit den Stumms und Röchlings zu den einflussreichsten Industriellenfamilien der Saarregion. Die Haldys waren vor allem im Kohlehandel aktiv, ebenso im Bankgeschäft mit Filialen in den Reichslanden Elsass-Lothringen (Colmar, Mühlhausen, Straßburg) sowie in Paris, im belgischen Charleroi und in Frankfurt/Main. Über Automobile verfügte auch die Firma Ehrhardt & Sehmer: 1876 gegründet, profilierte sich dieses in Malstatt-Burbach befindliche Unternehmen zu einem Hersteller von Dampf- und Walzenzugmaschinen und belieferte weltweit vor allem den Bergbau mit Fördermaschinen. Ferner Ernst Heckel als Hersteller von Transport-, Rangier- und Verladeanlagen. Das Werk befand sich in Rohrbach bei St. Ingbert, die Hauptverwaltung in der Graf-Johann-Straße 27 in Saarbrücken. Ebenso die Firma Georg Heckel, dieses Unternehmen war aus dem Handseilerei-Gewerbe hervorgegangen und eine der beiden ersten Fabriken in Deutschland, die die Drahtseilerei auf maschinellem Weg betreiben konnten mit einer eigenen Drahtzieherei ab 1875.[6]

Zu den Automobilbesitzern zählte auch Edgar Böcking, Chef der Portland Zementfabrik Böcking & Dietzsch in der Wiesenstraße in Malstatt. Ebenso die Tonwarenfabrik Pabst in der Brauer Straße. Auch vermögende Handwerker wie etwa der Saarbrücker Schlossermeister August Westphal in der Françoisstraße, der Kolonialwarenhändler Obenauer und das Ehepaar Hauck von der gleichnamigen Saarbrücker Weinhandlung sowie Brauereibesitzer Oskar Neufang zählten zu den ersten Automobilisten.[7]
Vor allem in ländlichen Gebieten bot das Auto einen Gewinn an Mobilität. Ärzte konnten Patienten schneller helfen. Und so sind

***Das Zweiergespann** des Kommerzienrats Rexroth vor dem Wagenschuppen in der Saarbrücker Bismarckstraße, früher Schillerstraße 13.*
| Stadtarchiv Saarbrücken, Allgemeine Fotosammlung, Nr. 4021.

***Schon vor dem Ersten Weltkrieg** besaß Kommerzienrat Rexroth zwei Automobile, die im Wagenschuppen seines Anwesens untergebracht waren.*
| Stadtarchiv Saarbrücken, Allgemeine Fotosammlung, Nr. 4020.

***«Vollkommen kriegsbrauchbar»**, 1913 war dies ein Verkaufsargument. Anzeige von Mannesmann-Mulag in der Saarbrücker Zeitung vom 6. April 1913.*

auch sie unter den frühen Saarbrücker Autobesitzern vertreten, wobei es in Saarbrücken vor allem sehr vermögende Ärzte waren: Dr. Max Bergmann, Spezialist für Chirurgie und Frauenkrankheiten mit Röntgenstrahlen-Institut sowie der Spezialarzt für Ohren-, Nasen-, Hals- und Hautkrankheiten Dr. Max Schaede. Ferner Sanitätsrat Dr. Max Maurer aus Malstatt, Ludwigstraße 45, und Dr. Albert Mertz, praktischer Arzt und Krankenhaus-Oberarzt.

Auch die Drogen-Importgesellschaft Helios in der Kronenstraße 13 verfügte über einen Kraftwagen, der geschäftlich genutzt wurde. Viele der aufgeführten Automobilbesitzer waren Automobilhändler. In der Frühphase des Automobils zählten dazu die Gebrüder Krämer und Purper, Karl Ambrosius, Friedrich Hahn, Wilhelm Kiski und Eduard Woll.

Interessanterweise standen in Saarbrücken Ingenieure mit einem berufsbedingt hohen technischen Interesse dem Automobil eher reserviert gegenüber. Einer eher rationalen Sicht der Dinge stand die Erfahrung entgegen, dass viele Künstler und Snobs und eben die Bohème das Auto liebten und sich bei ihren automobilen Abenteuern häufig recht rücksichtslos verhielt. Trotzdem gab es vermögende Ingenieure, die früh zum Automobil kamen wie Friedrich Rexroth, der Leiter der De Wendelschen Kokerei in Hirschbach, und Richard Fitze, Ingenieur der Maschinenfabrik Adolf Fitze in Malstatt, Lebacher Str. 104 oder Karl Ludwig Braun, Chef des ersten «Saarbrücker Patentbureaus» in der Königin-Louisenstraße 4.

Weitere Saarbrücker Automobilsten waren: Gutsbesitzer Hans Ott, Landesbau-Inspektor Karl Quentell und Bergrat Max Hilgenfeld, der Kriminalkommissar Albert Boettge und der Fotograf Karl Reischig in der Sulzbachstraße 2 sowie der Wirt Heinrich Schäfer in der Eisenbahnstraße 5.[8]

In Saarbrücken waren es also vor allem vermögende Handwerker, Kaufleute, Industrielle und Ärzte, die zu den ersten Automobilisten gehörten.

3. Die Zeit vor Ausbruch des Ersten Weltkriegs – das Automobil wird nützlich

Spätestens mit dem Ersten Weltkrieg ändert sich die Rolle des Automobils. Schon vor Kriegsausbruch 1914 rückte seine Gebrauchsfähigkeit immer mehr in den Mittelpunkt und damit der Einsatz des Automobils als Lastwagen zum Gütertransport. Insofern stieg auch der Kfz-Bestand in Saarbrücken als wirtschaftlicher Mittelpunkt im Südwesten, sowohl industriell als auch im Groß- und Einzelhandel.

Als Beweis für die Robustheit der Lastwagen stützte sich die Werbung neben den Zuverlässigkeitsfahrten auf die militärische Eignung der Fahrzeuge. So findet sich in der Saarbrücker Zeitung vom 6. April 1913 eine ganzseitige Werbeannonce für die in Aachen gefertigten Lastwagen von Mannesmann-Mulag. Oberingenieur Walther unterhielt in der Spichererbergstraße 41 ein Verkaufsbüro für diese Fahrzeuge. Die Werbung verwies auf die «unübertroffenen Erfolge bei der Subventionsfahrt des Preußischen Kriegsministeriums von 1912» und auf die vom russischen Kriegsministerium 1911 verliehene Auszeichnung «vollkommen kriegsbrauchbar».[9] Subventionsfahrt bedeutete, private Halter nutzten diese Fahrzeuge und erhielten vom Reich eine Prämie bei der Beschaffung. Sie mussten sich aber im Kriegsfall verpflichten, den Wagen der Armee zur Verfügung zu stellen. Diese Praxis gab es seit 1908.[10]

Was «kriegstauglich» war, konnte den Alltag erfolgreich meistern – so warb auch der Saarbrücker Saurer-Händler Weinmann & Pabst in der Kaiserstraße 7a für seine in der Schweiz gebauten LKW und verwies auf Erfolge bei der Internationalen Konkurrenzfahrt des russischen Kriegsministeriums im Herbst 1912.[11]

Ein Beweis für die Robustheit und Alltagstauglichkeit waren auch die diversen Zuverlässigkeitsfahrten. Zu den seinerzeit herausragenden Touren gehörten die von 1908 bis 1910 ausgetragenen Prinz-Heinrich-Fahrten, benannt nach dem jüngeren

Pferde in der Schlacht von Spichern 1870. *Pferde machten Armeen mobil, mit Pferd und Sattel eroberten Militärs die Welt. Im Ersten Weltkrieg kamen noch vor allem Pferde zum Einsatz, aber erstmals auch Automobile. Lastwagen und Busse bewiesen ihre Nützlichkeit, sie ermöglichten einen schnelleren Truppen- und Materialtransport.*
| Private Leihgabe, Stefan Weszkalnys.

Bruder des Kaisers, der ein begeisterter Automobilist war und wesentlich dazu beitrug, die in Deutschland bestehenden Vorbehalte gegenüber dem neuen Verkehrsmittel abzubauen. Der Saarbrücker Opel-Händler Friedrich Hahn nutzte den Sieg von Kommerzienrat von Opel bei der Fahrt von 1909 und schaltete große Anzeigen. Opel hatte 1909 zudem den so genannten «Doktorwagen» präsentiert, der vergleichsweise preiswert war und am Markt gut ankam. Er war kompakt gebaut und mit ihm konnten Ärzte schnell ihre Patienten besuchen.[12] Erfolge bei Zuverlässigkeitsfahrten waren stets Anlass für entsprechende Werbeaktionen.[13]

Mit der Nützlichkeit des Automobils entwickelte das nun meist vierrädrige Automobil ein Konkurrenzverhältnis zu Vierbeinern, die der Mensch sich schon seit Jahrtausenden nützlich gemacht hatte. Im Ersten Weltkrieg spielten aber Pferde, Tauben und andere Tiere noch die Hauptrolle. Zu Beginn des Krieges zählte die französische Armee 200.000 Pferde, aber nur 200 Kraftfahrzeuge. Hunde halfen beim Bergen von Verletzten, Brieftauben filmten zu Spionagezwecken und überbrachten Botschaften. Pferde bewältigten vielfältige Transportaufgaben. Zwischen 14 bis 20 Millionen Pferde waren im Ersten Weltkrieg im Einsatz, damit verbunden ein grausames und qualvolles Massensterben dieser Kreaturen im Krieg – in einer Dimension vergleichbar des menschlichen Leides, weshalb dieses Leid auch Thema der Erinnerungskultur wurde, etwa mit Denkmälern in London und Brüssel.[14]

4. Die vergessene Rolle des Pferdes in der industriellen Revolution

Die industrielle Revolution war mit einer enormen Vervielfachung von Mobilitätsbedürfnissen verbunden, vor allem dem Gütertransport. Die Entwicklung der Eisenbahn spielte dabei eine herausragende Rolle. Für die Wirtschaft unverzichtbar war aber auch das Pferd.

Ohne Verkehrswege und Verkehrsmittel war die industrielle Revolution nicht möglich. Das gilt insbesondere für die Saargegend. Die Entwicklung des Eisenbahnnetzes ab 1849 und der Saarkanal 1865 verbanden das Revier mit den Industrie-

***Pferde im Einsatz** unter Tage im Saarbergbau.*
| Stadtarchiv Saarbrücken, Allgemeine Fotosammlung, Nr. 5002.

Röhrentransport mit Pferden auf der Halberger Hütte in Brebach bei Saarbrücken [um 1914].
| Stadtarchiv Saarbrücken, Allgemeine Fotosammlung, Nr. 5003.

zentren Deutschlands und Frankreichs und befreiten das Land an der Saar aus seiner isolierten Lage. Der Ausbau des Bergbaus brauchte die Eisenbahn, sie transportierte die Kohle zu den Märkten. Der an der Saar staatliche Bergbau bzw. der sogenannte preußische Bergfiskus wurde zum Motor dieser Entwicklung. Zwischen 1850 und 1870 stieg der Personenverkehr in ganz Deutschland um das Sechszehnfache und der Güterverkehr um das Fünfundzwanzigfache. Allein der Güterverkehr sollte sich zwischen 1878 und 1914 nochmals um das Sechsfache erhöhen. Die Eisenbahn war einer der Leitsektoren der Industrialisierung in Deutschland, das Eisenbahnnetz wuchs von 30.000 Kilometer im Jahr 1878 auf über 62.000 Kilometer im Jahr 1914. Das Deutsche Kaiserreich verfügte damit neben Belgien und der Schweiz über das weltweit dichteste Eisenbahnnetz. Die revolutionären Veränderungen im Transportbereich veranschaulicht auch die Post. Die Zahl der beförderten Briefe im Kaiserreich wuchs von 334 Millionen Briefen im Jahr 1870 auf 6.822 Millionen im Jahr 1918. Für Saarbrücken wissen wir von 39 Millionen Briefen im Jahr 1913 und über 2,5 Millionen Paketen und Wertsendungen. Der Transport von Gütern und Rohstoffen vom Produzenten zur Eisenbahn und von den Güterbahnhöfen zum Groß- und Einzelhandel, vor allem dieser sogenannte Verteilerverkehr, war zum Großteil nur mit Pferdefuhrwerken zu bewältigen.[15]

Das 19. Jahrhundert als Zeitalter der Industrialisierung war deshalb auch ein Zeitalter des Pferdes. So rückte das Pferd ebenfalls in den Mittelpunkt des Agrarsystems. Pferdezucht und der Anbau von Hafer und Roggen entwickelten sich zu einem lukrativen Geschäft. Das Pferd ist der vergessene Akteur der Modernisierung des 19. Jahrhunderts.

Ohne das Pferd wäre die Industrialisierung gar nicht möglich gewesen.

Pferde arbeiteten auch im Bergbau und der Eisen- und Stahlindustrie. Im englischen Kohlebergbau wurden sie erstmals 1765 eingesetzt, im lothringischen Merlebach liefen sie bis 1962, und auf den Erzgruben in Briey (Departement Meurthe-et-Moselle) waren 1962 noch 53 Pferde im Dienst. Der Einsatz unter Tage war aus heutiger Perspektive Tierquälerei. Die nicht zur Zucht als geeignet ausgewählten Hengste wurden nach ein bis zwei Jahren kastriert und dienten als Zug- und Arbeitspferde.

Generell wurden als Arbeitstiere Stuten und Wallache genutzt. Hengste waren im Alltag zum Reiten wenig und als Zugtier gar nicht zu gebrauchen, da ihr Testosteronspiegel einen gefahrlosen Einsatz ihres Reiters oder Fuhrmannes unmöglich machte. Hengste dienten der Zucht, ihre Existenz reduzierte sich auf das Besteigen und Besamen von Stuten. Wallache kamen auch im Bergbau zum Einsatz und wurden in der Regel im Alter von vier bis fünf Jahren mit zusammengebundenen Beinen in einem Traggurt den Schacht heruntergelassen bis auf eine Teufe von 400 bis 500 Metern. Das Tageslicht sahen sie dann nicht mehr. Auch im Bergbau an der Saar war dies der Fall. Die Maler Fritz Zolnhofer (1896-1965) und Otto Weil (1884-1929) widmeten sich dem traurigen Schicksal dieser Kreaturen und insbesondere Zolnhofers Gemälde «Blinder Grubengaul» erklärt die weit verbreitete Legende von den erblindeten Grubenpferden.[16] Die sogenannten Kumpel auf vier Beinen transportierten unter Tage Material im Dunklen, dies führte nicht grundsätzlich zur Erblindung, gleichwohl waren diese Umstände für die Tiere sehr belastend, auch wenn es elektrisches Licht gab. Ihr Einsatz war eintönig und körperlich sehr anstrengend. Die Pferde verletzten sich häufig, auch an Kopf und Augen. Geführt wurden die Grubenpferde meist von jungen Männern, die aus der Landwirtschaft direkt in den Bergbau wechselten, eine Ausbildung erhielten sie dazu nicht. Einige der Bergleute solidarisierten sich mit den Pferden und brachten ihnen etwas zu fressen von zu Hause mit. In der Eisen- und Stahlerzeugung transportierten Pferde mit Fuhrwerken das Eisenerz zur Verhüttung an die Hochöfen und zu den Schmieden. Ebenso transportierten Pferdefuhrwerke die Kohle von den Gruben zu den Verladestellen an Wasserstraßen und Eisenbahnen, Pferde trieben auch Grubenlüfter und Wasserpumpen an.[17]

5. Städte «verbrauchen» Pferde

Und insbesondere im Zuge der Verstädterung (Urbanisierung) entwickelte sich die Stadt zum «Pferdeverbraucher», denn in den großen Städten waren Pferde unverzichtbar, um die geforderten Transportaufgaben von Gütern und Menschen zu bewältigen. Den Bussen von heute gingen die Pferde-Omnibusse voraus. Im Alltag litten die Pferde, sie wurden geschunden, häufig gequält und bewusst «verbraucht». Die Transportbedürfnisse waren so groß, dass neben Pferden auch Kühe und Ochsen eingesetzt wurden. Die Betriebsamkeit der Städte und die Lärmentwicklung der Industrie belasteten Pferde enorm. Pferde waren und sind «Fluchttiere» und reagieren dem entsprechend empfindlich auf Lärm und Hektik. Bereits 1836 schrieb eine Straßenverkehrsordnung für Saarbrücken den Reitern und Fuhrleuten vor, Vorfahrt zu gewähren, auszuweichen und auf Alte, Kinder und Gebrechliche Rücksicht zu nehmen. Dies deutet auf eine spürbare Zunahme des Verkehrs hin.[18] Zahlen über den Saarbrücker Pferdebestand konnten noch nicht ermittelt werden, in Paris gab es Ende des 19. Jahrhunderts über 80.000 Pferde, in London sogar 300.000. Täglich arbeiteten sie als Zugtiere von Omnibussen bzw. Wagen zur Personenbeförderung und stemmten damit den sich entwickelnden Nahverkehr in den Städten. Auf dem Land zogen sie bei reichen Bauern den Pflug und leisteten Fuhrdienste.[19]

Neben Pferden kamen auch Ochsen zum Einsatz, nicht nur in der Land- und Forstwirtschaft etwa am Halberg (Forsthaus Halberg im Bereich Schneidershof) und dem Eschberger Hof, sondern auch bei Unternehmen und Hütten. Vergessen ist, dass es im Saarbrücken der Jahrhundertwende üblich war, ebenso andere Tiere wie etwa Hunde zum Ziehen von kleinen Karren zu nutzen. Handwerker setzten solche Gespanne ein und Hundekarren wurden etwa zum Transportieren von Milchkannen genutzt.[20] Aus heutiger Sicht befreite das Auto die Tiere von dieser Quälerei und das ist auch gut so.

St. Johann-Saar.
Bahnhofstrasse.

Gustav Hartmann *in Spichern bei Saarbrücken vor dem Ehrenmal der 1870/71 gefallenen Soldaten.*
| Stadtarchiv Saarbrücken, Sammlung Ansichtskarten, Nr. 2071.

Pferde spielten ebenso kulinarisch eine Rolle. Das magere Pferdefleisch war begehrt. Noch im Saarbrücken der 1920er/1930er Jahre gab es mindestens drei große Pferdemetzgereien, von denen die Metzgerei Bobenrieth bis heute bekannt ist. Der Viehhandel und der Handel mit Pferden waren bis 1933 auch mit jüdischen Kaufleuten verbunden. In Saarbrücken zählte dazu die Familie Marx-Hanau, die in den 1890er Jahren in der Bahnhofstraße 1 ansässig war und in Hausnummer 20 Stallungen unterhielt, später war die Pferdehandlung von Salomon Hanau dann in der Mühlenstraße 20 am Volksgarten untergebracht.[21]

Pferde in der Stadt, dazu gehört auch die Geschichte von Saarbrücken als Garnisonsstadt. 1914 waren im Deutschen Heer 130.000 Pferde im Einsatz. Die Stallungen für die Tiere befanden sich bei den Kasernen und im Alltag waren sie in der Stadt zu sehen.

Diese Ansichtskarten *entstanden kurz nach der Jahrhundertwende. Die kolorierten Zeichnungen lassen häufig Dinge weg, die ein schönes Bild der Bahnhofstraße und des St. Johanner Marktes stören könnten. Dazu gehörten viele Pferdefuhrwerke und ihre stinkenden Hinterlassenschaften, die übrigens als wertvoller Dünger geschätzt und aufgesammelt wurden. Auch der Himmel über der Industrie- und Montanstadt Saarbrücken war seinerzeit alles andere als blau und rein.*
| Stadtarchiv Saarbrücken, Sammlung Ansichtskarten.

6. Zeitenwende: Vom Pferd zum Automobil

Nach dem Ersten Weltkrieg und spätestens ab den 1920er Jahren begann das Ende der Pferdeära.

Der «Eiserne Gustav» in Saarbrücken – das Ende des Pferdezeitalters

20. Juni 1928 in Saarbrücken: Tausende von Menschen jubeln dem «Eisernen Gustav» zu und bereiteten ihm einen triumphalen Empfang. Am 2. April 1928 war der Berliner Fuhrmann Gustav Hartmann mit seinem Pferd «Grasmus» und seiner Droschke nach Paris aufgebrochen. Am 31. Mai passierte der Berliner die deutsch-französische Grenze, erreichte Châlons-sur-Marne und am 4. Juni schließlich Paris, auf der Rückreise machte er am 20. Juni in Saarbrücken Station.[22] Die Ursprünge des Pferdetaxis reichen ins 17. Jahrhundert zurück. In der «Rue de Saint Fiacre» in Paris standen ab 1622 Pferdekutschen, die man mit einem Fuhrmann anmieten konnte, sogenannte Lohnkutschen.

1693 griff die Stadt Wien diese Idee auf und entwickelte sie weiter, die Fiaker wurden nummeriert und bedurften einer Lizenz. Ihre Blüte erlebten sie um 1900 mit 1.000 registrierten Fiakern.[23]

Die Völkerverständigung zwischen den Erbfeinden Deutschland und Frankreich lag Hartmann am Herzen. Das Pflänzchen einer Aussöhnung zwischen Deutschland und Frankreich, das die Außenminister von Frankreich und Deutschland Aristide Briand und Gustav Stresemann gesetzt hatten, wollte er zum Blühen bringen. Und so jubelten ihm auch die Pariser zu, darunter die Damen des Moulin Rouge. Dem Fuhrherr Hartmann ging es aber auch darum, auf eine Zeitenwende und das Ende einer Ära hinzuweisen, das Ende der Pferdedroschke. So trug seine Droschke ein Schild mit der Aufschrift: «Berlin-Wannsee-Paris-Berlin. Der älteste Fuhrherr vom Wannsee, der Gründer der Wannsee-Droschken, erlaubt sich, mit der Droschke 120 die letzte Fahrt Berlin-Paris zu machen, da das Pferdematerial im Aussterbetat steht». Im Jahr 1930 sollte es in Berlin nur noch 50 Pferdedroschken geben, 1914 waren es noch fast 2.500. In fünf Monaten bewältigte der Berliner mit seiner Droschke die 2000 km lange Strecke zwischen der deutschen und französischen Hauptstadt, seinerzeit wurde Hartmann gefeiert wie später die Pop-Stars. Kurz vor Beginn seiner Reise hatte der Magistrat von Berlin keine neuen Pferdedroschken mehr genehmigt. Die Idee zu seiner Aktion ging auf Hartmanns Begegnung mit Rachel Dorange zurück, die 1927 mit ihrem Pferd von Bukarest nach Berlin ritt und vor der Stadt zufällig Hartmann nach dem Weg ins Stadtzentrum fragte.[24]

Zeitenwende auch in Saarbrücken. Die erste Automobildroschke und damit das erste Taxi fuhr in Saarbrücken Carl Klein. Seinerzeit sprach man von Kraftdroschken. Klein gründete 1909 das erste Taxameterunternehmen der Stadt. Er hatte zuvor in Essen bereits 1907 einen Taxameterbetrieb eröffnet und war zwei Jahre später von der Krupp-Stadt nach Saarbrücken gezogen. Als Klein 1909 begann, fuhren in Saarbrücken noch ausschließlich Pferdedroschken. 50 Jahre später erinnerte er sich daran, dass seinerzeit das Benzin 18 Pfennige kostete und Reifen recht teuer waren. Sie hielten keine 3.000 Kilometer und kosteten 100 Mark.[25] 1909 war auch ein Reichsgesetz über den Betrieb von Kraftfahrzeugen erlassen worden, verbunden mit der Einführung einer Versicherungspflicht.[26]

Bereits 1927 zählte Saarbrücken 31 Taxameter-Betriebe mit 62 Fahrzeugen. Größter Betrieb war der von Peter Götten mit neun Automobilen, der kurz nach Klein mit dem Autodroschkenbetrieb begonnen hatte. Stattlich war auch die Taxameter GmbH, die sich in der Zastrowstraße 7 befand und acht Fahrzeuge im Einsatz hatte. Die Mehrzahl der Betriebe verfügte nur über ein Fahrzeug, bei Carl Klein liefen die Autodroschken Nr. 1, 17 und 32. Sein Betrieb befand sich in Malstatt, Ludwigstraße 5.[27] Für die Auto-Droschken gab es eine Telefonzentrale am Neumarkt in Alt-Saarbrücken sowie in St. Johann in der Reichsstraße und an der Johanniskirche. Monatlich beförderten die Saarbrücker Auto-Droschken 1918 bereits 6.000 Fahrgäste und legten zusammen pro Monat 150.000 km zurück.[28]
Taxi-Nutzer waren insbesondere mit der Bahn anreisende Geschäftsleute. Reinhold Hartmann, der Begründer des gleich-

Automobilwerbung *1927 und 1928.*

namigen Dudweiler Taxibetriebes, fuhr etwa in den 1920er Jahren auswärtige Tuchhändler, die in der Stadt ihre Stoffe verkauften.[29]

Viel weiter war der Siegeszug des Automobils in Frankreich. Der Automobilhersteller Citroën hatte 1924 ein eigenes Taxi-Unternehmen in Paris gegründet. Bereits 1927 fuhren 5.000 Taxiautos für die «Compagnie des Taxis Citroën» in Paris.[30]

Autos ersetzen Pferde

Im Jahr 1910 waren in der Großstadt Saarbrücken mit ihren über 100.000 Einwohnern 79 Kraftfahrzeuge registriert, drei Lastwagen und 26 Motorräder, ein Jahr später waren es zusammen schon 105. Auch in Saarbrücken war in vielen Bereichen das Ende des Pferdezeitalters zu spüren. Es vollzog sich aber in einem Prozess, der erst Anfang der 1950er Jahre unübersehbar wurde. Im Saarbrücken der 1920er Jahre fuhren immer mehr Automobile, trotzdem gab es noch viele Pferdefuhrwerke. Im Jahr 1925 zählte das Fuhramt der Stadt Saarbrücken 46 Pferde, die der Stadt von der Dortmunder Firma Franz Wiechers leihweise zur Verfügung gestellt wurden. Dazu gab es 153 Hand- und Pferdewagen. Noch 1919 hatte die Stadt Saarbrücken, die ab 1910 über das Fuhramt die Straßenreinigung in der gesamten Stadt als kommunale Aufgabe wahrnahm, 18 neue mit Pferden bespannte Müllwagen beschafft. Bereits 1923 lief dann ein Lastwagen als Müllfahrzeug im Testbetrieb. Danach entschied sich die Stadt Saarbrücken, Müllautos der Firma Krupp zu beschaffen. 1924 gab es bereits 19 «automobile Fahrzeuge» beim Fuhramt, darunter vier Spreng-

Wie sich die Zeit binnen 20 Jahren änderte: *Blick auf die Pferdedroschken in der Reichsstraße in Saarbrücken kurz nach 1900 und Ende der 1920er Jahre.*
| Nachträglich kolorierte Reprografie: Gerhard Heisler, Stadtarchiv Saarbrücken, Vorlass G. Heisler.

Vom Pferdewagen zum Auto. *Transporte von Fritz Rosenkranz, Molkereiprodukte.*
| Stadtarchiv Saarbrücken, Allgemeine Fotosammlung Nrn. 6071 und 6095.

Sauberes Saarbrücken: erste Müllwagen *im Saarbrücken der 1920er Jahre.* | Stadtarchiv Saarbrücken, Allgemeine Fotosammlung.

Wissen transportieren: *Die Saarbrücker Stadtbücherei bediente ab 1928 ungefähr 35 Orte im Umkreis von Saarbrücken mit einer Fahrbücherei.*
| Stadtarchiv Saarbrücken, Sammlung Kirsch.

Waren ausliefern: *Lieferwagen des Passage-Kaufhauses in Saarbrücken. Ab Mitte der 1920er Jahre gab es einen Lieferservice, der von Saarbrücken aus weite Teile des Saarlandes bediente. Den Aufbau fertigte die Saarbrücker Karosseriefabrik.*
| Stadtarchiv Saarbrücken, Sammlung Kirsch.

wagen zur Straßenreinigung, vier Müllwagen, zwei Lastwagen, drei PKW, einen Desinfektionswagen und einen Lieferwagen.[31]

Vor dem Ersten Weltkrieg liefen bei der Brauerei Neufang um die 25 Zweispänner. Kohlenhändler lieferten mit Pferdefuhrwerken aus und auch die Spedition Anterist & Schneider hatte 24 Pferdefuhrwerke im Einsatz.[32]

Schon ein paar Jahre später kommt das Automobil als Nutzfahrzeug in Fahrt. Zwischen 1908 und 1913 vervierfachte sich der LKW-Bestand im Deutschen Reich von ca. 2.000 auf 8.000 Fahrzeuge. 1908 hatte der Staat wie bereits erwähnt den Kauf von Lastwagen über Industrie, Handel und Gewerbe durch Zahlung einer Prämie gefördert. Die Erkenntnis der militärischen Nutzbarkeit von Lastwagen förderte ihre Verbreitung. Einen weiteren Schub brachte der Erste Weltkrieg, 1923 liefen dann schon 55.000 Nutzfahrzeuge auf den Straßen. Einen weiteren Schub brachten technische Verbesserungen und die ersten Dieselmotoren im Lauf der 1920er Jahre. Der Dieselmotor erhöhte die Wirtschaftlichkeit von Nutzfahrzeugen; MAN, Hanomag und Daimler-Benz wurden zu Vorreitern dieser Technik, ebenso die Schweizer Firma Saurer.[33] Zwischen 1919 und 1926 ging der Stückgutverkehr der Eisenbahn in Saarbrücken beim Versand um 27,5 Prozent zurück, Folge des wachsenden Einsatzes von Lastwagen vor allem im Zubringerdienst. Der Saarbrücker LKW-Bestand erhöhte sich von 1.550 zum 1. Januar 1925 auf 2.614 Fahrzeuge zum 1. September 1928.[34]

Mercedes-Omnibus mit Diesel-Motor *der Firma Jochum in Dirmingen, Anfang 1930er Jahre. Mit dem Diesel sank der Verbrauch von Nutzfahrzeugen und ihr Betrieb wurde wirtschaftlicher.* | Stadtarchiv Saarbrücken, Sammlung Kirsch.

Bis zu Beginn der 1920er Jahre waren Automobile noch nicht sehr zuverlässig, vor allem die bei Nutzfahrzeugen verbauten Stahlräder und Vollgummireifen schränkten den Komfort und den alltäglichen Einsatz anfangs ein. Dennoch setzten sie sich durch. Pferde verlangten viel Zeit. Sie mussten gefüttert und gepflegt werden, nicht umsonst gab es den Beruf des Pferdeknechts. Die Anzahl der Pferdekrankheiten füllte Seiten des Brockhaus-Lexikons. Pferde fielen deshalb häufig aus, scheuten im Verkehr mit der Folge von Unfällen und Transportschäden, waren vor allem deutlich langsamer als das Automobil und konnten weniger transportieren. Auch in der Landwirtschaft begann das automobile Zeitalter – spätestens mit dem Lanz-Bulldog, ab 1921 von der Landmaschinenfabrik Heinrich Lanz in Mannheim produziert.

Saarbrücken, Stengelstraße 4: Vom «Tattersall» zur Autowerkstatt

Der Verkehr mit Pferden lief nicht ohne Unfälle, Sach- und Personenschäden ab. Dafür gab es Versicherungen wie etwa die Rheinische Pferde- und Viehversicherung A.G. zu Köln, die eine Filiale in Saarbrücken unterhielt.

Seit 1876 verkehrten siebenmal täglich Pferdeomnibusse zwischen Saarbrücken und St. Johann. Pferdedroschken fuhren zwischen 7.30 Uhr und 22 Uhr. Im Jahr 1891 liefen täglich im Durchschnitt 1.468 überwiegend von Pferden gezogene Fuhrwerke durch Saarbrücken, St. Johann und Malstatt-Burbach. Die Gesamtlast der täglichen Transporte betrug 1891 über 1.600 Tonnen. Nicht alle städtischen Straßen durften befahren werden. Der Verkehr scheint schon damals sehr stark gewesen zu sein. So soll die Landstraße von Saarbrücken nach Neunkirchen die meistfrequentierte Strecke innerhalb der preußischen Rheinprovinz gewesen sein, wahrscheinlich ist damit aber nur der Teil innerhalb des Distrikts der Trierer Bezirksregierung gemeint.[35]

Pferde dienten außerdem der Schifffahrt auf den Flüssen. Sie zogen auf den Treidelpfaden die Péniche – so auch an der Saar. Die Geschwindigkeit betrug pro Stunde zwei Kilometer.

Im Saarbrücker Hafen lagen um 1900 in der Regel bis zu 120 Schiffe, der erste Motorschlepper ist für 1907 bezeugt.[36]

In der Stengelstraße 4 eröffnete wohl um 1913 der frühere Soldat und Wachtmeister a. D. Jakob Thomé einen «Tattersall». Der Engländer Tattersall hatte im 18. Jahrhundert in London eine Geschäftsidee, die unter seinem Familiennamen in vielen Ländern Nachahmer fand. Unter einem Dach wurden

***Das frühere Thaliatheater**, das sich in der Stengelstraße gegenüber dem «Tattersall» befand.* | Private Leihgabe Stefan Weszkalnys.

***Mobilität** für Handwerker und viele kleinere Transportbedürfnisse.* | Werbung Standard Lieferwagen, April 1935.

***Die Stengelstraße 1958, ganz links ist der frühere Tattersall zu sehen**, der ab 1937 als Auto- und Reifenwerkstatt u. a. von der Firma Auto Kranich bis ca. 1960 genutzt wurde.* | Stadtarchiv Saarbrücken, V 67, Nr. 1384.

Pferdestallungen, eine Reitbahn für Rennen sowie der Verkauf von Pferden und Pferdeausrüstung vereint. Thomés Geschäft firmierte unter der Bezeichnung «Tattersall», aber auch einfach als «Pferdehandlung und Reitinstitut». Thomé, am 7. August 1869 in Mühlenfeld im Regierungsbezirk Trier geboren, war Soldat und in der Ulanenkaserne stationiert. Im Jahr 1910 schied er aus und gründete mit einem Stammkapital von 100.000 Mark seine Pferdehandlung. Hier konnten Saarbrücker Pferde mieten, aber auch Pferde unterstellen. Anfang der 1930er Jahre eröffnete seine Frau in der Luisen- bzw. Stresemannstraße 12 noch ein Tee- und Kaffeegeschäft.[37]

Saarbrücken als Pferdestadt, dazu gehört auch die Geschichte der Garnisonsstadt, die letztlich mit dem Ersten Weltkrieg enden sollte. Wie Thomé das Projekt finanzierte, bleibt offen. Thomés Firma ging das Projekt des Bauunternehmers Gustav de Bruyn voraus, der 1896 auf den Flächen des ehemaligen Gartens der Casinogesellschaft ein Variété-Theater errichten wollte. Da aber das Thalia-Theater auf der gegenüberliegenden Seite in der Stengelstraße gebaut wurde und in St. Johann die Brauereifamilie Neufang ähnliche Ambitionen umsetzte, wurde das Projekt zum Zirkus mit Reitbahn und Stallungen umgewidmet. Architekt dieses beeindruckenden Baues, der fast 1000 Menschen Platz bot, war Hans Weszkalnys.[38]

7. Die 1920er Jahre und Saarbrückens Sprung in die Massenmotorisierung

Der Erste Weltkrieg hatte die Entwicklung der Kfz-Produktion, insbesondere von LKW, gefördert. Der Krieg machte auf beiden Seiten der Fronten junge Männer auch zu Autofahrern, die technisches Wissen zu Fahrzeugen und Fertigkeiten für kleinere Reparaturen erworben hatten. Nach dem Ersten Weltkrieg wuchs in ganz Europa der Kfz-Bestand, insbesondere die Zahl der LKW nahm zu. Im Deutschen Reich waren 1927 100.000 LKW zugelassen, vor allem kleinere und mittlere, 1914 waren es gerade mal etwas über 9.000 gewesen.[39]

Saarbrücken war nach dem Ersten Weltkrieg wie das Saargebiet vom Deutschen Reich abgetrennt und unter Völkerbundverwaltung gestellt worden. Das Saargebiet war Teil des französischen Wirtschaftsraumes geworden, im Juni 1923 wurde der französische Franken Zahlungsmittel. Zwischen 1923 und 1924 erhöhte sich der Kfz-Bestand um fast 90 Prozent.

Anpacken für das Wirtschaftswunder: *Ein Borgward-LKW in Bremerhaven, frühe 1950er Jahre.*

| Fotograf: Walter Richleske, Nutzungsrechte Verlag Peter Kurze.

Nutzfahrzeuge im Straßenbild *der Saarbrücker Bahnhofstraße in den frühen 1960er Jahren.*

| Stadtarchiv Saarbrücken, Dep. Saarbahn, Nr. 1339.

Entwicklung des Kfz-Bestandes in Saarbrücken:[40]

Jahr	Bestand
1923	2.668
1924	4.462
1925	4.845
1926	5.027
1927	5.810
1928	7.082
1929	8.644
1930	9.935

Mercedes-Kraftomnibus *mit Dieselmotor, Baujahr 1932, auf einer Sonderfahrt von Saarbrücken nach Frankfurt/Main.* | Stadtarchiv Saarbrücken, Dep. Saarbahn, Nr. 1249.

Blick auf den Kfz-Händler «Auto-Vertrieb Saar» *in Saarbrücken, Scheffelstraße 16/Ecke Graf-Johann-Straße, 1952. Auch 7 Jahre nach Kriegsende waren Vorkriegsfahrzeuge immer noch begehrt, wenn man sie instand setzen konnte, weil kriegsbedingt immer noch ein Mangel bestand.*
| Fotograf: Max Richard Platte, Stadtarchiv Saarbrücken, Nachlass K. A. Schleiden.

Von den 8.644 zum 1. Januar 1929 registrierten Kraftfahrzeugen waren 4.016 PKW, 2.747 LKW, 1.669 Motorräder, 77 Autobusse und 105 Spezialfahrzeuge wie Feuerwehrautos.[41] Trotzdem waren noch Pferde im Einsatz, bei der Freiwilligen Feuerwehr in Dudweiler etwa gab es 1929 einen pferdegezogenen Mannschafts- und Gerätewagen. Die ersten Automobilspritzen kamen 1933, zwei Fahrzeuge von Benz-Gaggenau.[42]

Autos wurden zuverlässiger und alltagstauglicher. Last- und Lieferwagen machten sich im Stückgutverkehr nützlich. Zunehmend beförderten Autos mit der Bahn antransportierte Güter weiter zum Endkunden und ersetzten Pferdefuhrwerke. Auch bei der Lebensmittelversorgung spielten sie zunehmend eine Rolle. Am Saarbrücker Bahnhof kamen täglich Obst, Gemüse und Vieh an. Im Hauptbahnhof gab es eine Fleischbeschaustelle, die 1927 täglich 1,4 Tonnen Fleisch untersuchte, ferner rollten 29.000 Liter Milch per Bahn nach Saarbrücken und andere frische Lebensmittel wie Fisch aus Paris.[43] Auch Handel und Gewerbe, etwa die Bestatter sowie das Handwerk setzten wie die Industrie immer mehr Lastwagen ein, um Transportaufgaben schneller und flexibler auszuführen. Möbelspeditionen und Umzugsunternehmen schätzten die Vorteile von Lastwagen. Die Saarbrücker Spedition Zinke verfügte seit 1921 über einen Automöbelwagen, 1924 waren es bereits vier. Sand, Kies und Kalk in der Montanindustrie wurden immer mehr von Lastwagen mit Kippeinrichtung transportiert. Die Saarbrücker Straßenbahn bekam Konkurrenz, im Zuge des Ausbaus des Streckennetzes beschaffte die Gesellschaft für Straßenbahnen im Saartal 1924 drei Büssing-Busse, weitere Fahrzeuge von Mercedes folgten.[44]

Im Jahr 1930 besaß jeder 32. Saarbrücker ein Kfz. Saarbrücken war damit sozusagen eine Autostadt und stärker motorisiert als deutsche Metropolen wie Berlin, Düsseldorf, Frankfurt und Hamburg. Die Motorisierung des Saargebietes insgesamt lag dagegen unter dem Reichsdurchschnitt, besaß dort 1930 rund jeder 45. Einwohner ein Kfz, war es im Saargebiet nur jeder 76. Bürger. Im Zuge der Wirtschaftsunion mit Frankreich profitierte das Saargebiet von der stark entwickelten französischen Automobilindustrie, deren Startbedingungen nach dem Ersten Weltkrieg ungleich besser waren als die der deutschen Automobilwirtschaft in der durch Krisen geschüttelten Weimarer Republik. Im Zuge der Finanzkrisen besteuerte der Staat Erwerb und Unterhaltung von Kraftfahrzeugen, sah man doch im Automobil mehr das Spielzeug für reiche Leute.

Verteilung der Welt-Kfz-Produktion 1903 bis 1938 in Prozent[45]

	1903	1913	1925	1932
USA	38,9	80,0	87,0	69,5
Frankreich	48,5	7,4	3,5	8,5
Deutschland	5,0	3,4	1,3	2,7
Italien	0,8	1,1	1,0	1,5
Großbritannien	6,9	5,6	3,4	12,1

Den deutschen Autofirmen fiel es schwer Kapitalgeber zu gewinnen, mit Stahl, Chemie und Elektrik ließ sich im Deutschen Reich einfacher Geld verdienen als mit Automobilen. Zwar

Die Versorgung der Bevölkerung mit Lebensmitteln,
die LKW-Flotte der EDEKA in den frühen Nachkriegsjahren.
| Fotograf: Fritz Mittelstaedt, Stadtarchiv Saarbrücken, Nachlass F. Mittelstaedt.

glänzte der deutsche Fahrzeugbau mit technischen Meisterleistungen und repräsentativen Automobilen wie Mercedes-Benz, Maybach und Horch, Europas Nummer Eins in der Achtzylinder-Produktion. Opel setzte von allen Herstellern am konsequentesten auf das Vorbild Fließband und Henry Ford. 1924 startete Opel mit dem Fließband. 1929 verkaufte die Familie von Opel ihr Unternehmen an den US-Giganten General Motors.[46]

Erst im Jahr 1938 sollte Deutschland in der Kfz-Produktion Frankreich überholen. Das Auto war für Hitler ein Symbol der Moderne, mit dem er sich schmückte. Zugleich war der Ausbau der Fahrzeugproduktion Teil seiner Aufrüstungs- und Kriegsvorbereitungspolitik. Der Maschinen- und Fahrzeugbau verzeichnete vor und in den Kriegsjahren mit 143 Prozent den größten Zuwachs an realer Bruttoproduktion. Am meisten profitierten davon die in Rüsselsheim, Brandenburg und Köln produzierenden US-Firmen Opel und Ford.[47]

8. Ausblick

Nach Kriegsende 1945: Nutzfahrzeuge als Wiederaufbauhelfer

Autos waren nach dem Krieg Mangelware. Der Bestand an Nutzfahrzeugen stieg nach 1945 allmählich an. In den ersten Jahren nach dem Krieg wurden diese Fahrzeuge besonders gebraucht und im Rahmen der Bewirtschaftung wurde dem Bau von Lastwagen Priorität eingeräumt. Erst ab 1952 wuchs der Bestand an PKW deutlich stärker. Brummis und Bullis waren die unverzichtbaren Helfer des raschen Wiederaufbaus. Volkswagen baute ab 1950 auf Anregung des holländischen VW-Importeurs auf Basis des Käfers einen Transporter, der zum erfolgreichsten Transporter der Welt wurde. Seine Robustheit und die Vielzahl an Ausführungen schenkten ihm früh große Popularität. Daimler-Benz wurde zum weltweit bedeutendsten Hersteller von Nutzfahrzeugen mit dem größten LKW-Werk bei Wörth am Rhein (ab 1961).

1945 waren neben 829 LKW gerade mal 1.140 PKW in Saarbrücken erfasst. 1949 war das Verhältnis LKW zu PKW mit 2.741 zu 2.776 fast paritätisch, dies änderte sich dann in den folgenden Jahren schlagartig. 1957 waren 10.926 PKW und 5.082 LKW in der Stadt registriert, im Jahr 1969 waren es 28.479 PKW und 5.720 LKW.[48]

LKW-Bestand in Saarbrücken[49]

1.7.1935	1.807
1945	829
1946	1.163
1948	2.332
1950	2.887
1955	4.338
1959	5.629
1960	5.698
1965	5.744
1969	5.720

Neben Pferden waren Ochsen im Einsatz. Von Tieren gezogene Fuhrwerke wurden zum Auslaufmodell. 1954 wurden noch 116 Pferde in Saarbrücken gezählt, wobei Reitpferde in dieser Zahl enthalten sind.[50] Im Jahr 1966 liefen bei der Brauerei Neufang noch fünf Pferdefuhrwerke. Der Polizei war dies mit Blick auf die Sicherheit im Straßenverkehr ein Dorn im Auge. Verkehrslärm und die Schnelligkeit der Autos konnten die Pferde in Panik versetzen. Nach 16.00 Uhr durften die Fuhrwerke deshalb in der Stadt nicht mehr eingesetzt werden.[51]

| Fotos: Stadtarchiv Saarbrücken, Nachlass Lohmeyer, Nr. 1641; Allgemeine Fotosammlung Nr. 4846 und Nachlass Karl August Schleiden.

Schwere LKW als wertvolle Helfer in der Bauwirtschaft. *Hier LKW der Saarbrücker Baufirma Heinrich Lenhardt. Es handelt sich um die US-Marke Diamond, schwere Transportfahrzeuge und Zugmaschinen für die US Army, die zu den größten und stärksten der Alliierten gehörten. Fast eine Million wurden davon gebaut. Sie verfügten über Allradantrieb. Unmittelbar nach dem Krieg wurden viele davon verkauft. Vor allem in Italien, Frankreich und Großbritannien waren sie sehr verbreitet.*

| Fotograf: Fritz Mittelstaedt, Stadtarchiv Saarbrücken, NL F. Mittelstaedt.

Die Motorisierung *der Bauwirtschaft, Bagger unterschiedlichster Bauart.*

| Fotograf: Fritz Mittelstaedt, Stadtarchiv Saarbrücken, NL F. Mittelstaedt.

Der VW Bully im Einsatz *bei der Saarbrücker Druckerei Funk. Ein Bestseller, von dem bis 2020 über 13 Millionen produziert wurden.*
| Fotograf: Fritz Mittelstaedt, Stadtarchiv Saarbrücken, NL F. Mittelstaedt.

Der kleine Fuhrpark *der Saarbrücker Büromaschinenfirma Ozalid, ca. 1970. Der weit verbreitete Opel Blitz (Bildmitte), ein Renault 4 Fourgonnette (Kastenwagen) und ein Alfa Romeo F 12 Lieferwagen, eine Rarität, technisch aufwendig und der erste Alfa mit Vorderradantrieb. Ein ungewöhnlicher Transporter, verfügte er doch über einen sportlichen Motor und Einzelradaufhängung rundum. Auch mit einem 2-Zylinder-Diesel von Perkins war er lieferbar. In 30 Jahren wurden nur 35.000 Exemplare gebaut.*
| Fotografin: Monika Zorn, Stadtarchiv Saarbrücken, Vorlass Monika Zorn.

Konkurrenz von Bahn und LKW im Güterverkehr

LKW und Transporter erlebten nach 1945 einen Siegeszug, der Güterverkehr auf der Straße überholte in den 1960er Jahren die Eisenbahn, die sich aus der Fläche zurückzog und damit diese Entwicklung noch verfestigte. Zugleich wurde der grenzüberschreitende Gütertransport mit Gründung der TIR (Transports Internationaux Routiers) im Jahr 1956 effizient organisiert. Die daran teilnehmenden Staaten verpflichteten sich Zollformalitäten zu erleichtern, unter anderem mit verplombten Laderäumen, die erst im Zielland geöffnet bzw. kontrolliert wurden. Im Jahr 1966 kam das erste Containerschiff aus den USA in Bremen an und 300 Sattelschlepper standen schon bereit. Container und LKW gingen eine erfolgreiche Verbindung ein. Ob Verteilerverkehr, Logistiktransporte oder internationaler Güterverkehr, der LKW wurde immer wichtiger. Der 1969 vom damaligen Verkehrsminister Georg Leber (SPD) initiierte sogenannte Leber-Plan setzte auf eine Förderung des Güterverkehrs über die Schiene mit dem sogenannten Kombi-Verkehr, mit der Verladung von LKW auf die Bahn. Der Plan ging letztlich nicht auf.[52]

***Daimler-Benz**, der größte Nutzfahrzeughersteller der Welt, zit. Werbung 1969.*

Insbesondere der ab Ende der 1990er Jahre beginnende Trend, die Lagerhaltung der Industrie auf die Straße zu setzen und Just in Time anzuliefern, führte in Verbindung mit der weltweit forcierten Globalisierung zu einem weiteren Anwachsen des LKW-Verkehrs, um insbesondere per Schiff und Flugzeug beförderte Waren weiter zu transportieren. Alle Bemühungen, diese Entwicklung zu korrigieren, blieben ohne nachhaltige Wirkung. Heute ist der EU-weite Wettbewerb in der Transportbranche sehr hart und spätestens seit Corona zeichnet sich ein Mangel an LKW-Fahrern ab. Dies spiegelt sich auch in einem massiv gestiegenen LKW-Bestand wider, der allein zwischen 2007 und 2021 um 45 Prozent zulegte, während im selben Zeitraum der PKW-Bestand nur um 17 Prozent gewachsen ist. Diese Zahlen bestätigen den subjektiven Alltagsbefund eines explodierenden LKW-Verkehrs. Dabei ist zu sehen, dass viele deutsche Speditionen über Töchter in Osteuropa ihre LKW gar nicht mehr in Deutschland zulassen. 1960 waren 680.000 LKW in der Bundesrepublik zugelassen 1990 waren es 1,39 Millionen, 2010 schon 2,39 Millionen und 2022 sind es 3,55 Millionen, überwiegend mit Dieselantrieb.[53]

1 Hans-Christian Herrmann, Die Frühzeit des Automobils bis 1919. Saarbrücken und seine Nähe zur Wiege des Automobilbaus, in: Ders. u. Ruth Bauer (Hg.), Saarbrücken in Fahrt. 125 Jahre Automobil an der Saar, Marpingen 2011, S.14-17.

2 Der Fahrer des St. Wendeler Landrats. Aus den Erinnerungen von Adam Dallinger (1884-1970) mit Ergänzungen von Roland Geiger, in: Arbeitsgemeinschaft für Saarländische Familienkunde e.V., Nr. 14/3/2022, S. 480; Paul Thomes, Die Phase der Hochindustrialisierung, in: Geschichtliche Landeskunde des Saarlandes, hg. von Hans-Walter Herrmann, Bd. 2/2. Die wirtschaftliche und soziale Entwicklung des Saarlandes (1792-1918), Saarbrücken 1994, S. 204.

3 Ebda., S. 481, 482-484.

4 Herrmann, Frühzeit, S. 14 ff.

5 Stadtarchiv Saarbrücken, Bestand Großstadt bis 1945, Nr. G 7365. Zu St. Wendel, siehe Dallinger, Erinnerungen, S. 483; zu Neunkirchen: Thomes, Die Phase der Hochindustrialisierung, S. 204.

6 Herrmann, Frühzeit, S. 14 ff.

7 Ebda., S. 17 ff.

8 Adressbuch der Stadt Saarbrücken 1911, S. 170.

9 Saarbrücker Zeitung, 6.4.1913.

10 Kurt Möser, Geschichte des Autos, Frankfurt/Main und New York 2002, S. 196.

11 Saarbrücker Zeitung, 4.4. und 4.5.1913.

12 Saarbrücker Zeitung, 13.7. und 8.8.1909.

13 Siehe Benz-Werbung: Saarbrücker Zeitung, 22. 8. und 6. 9.1909.

14 Rainer Pöppinghege, Tiere im Ersten Weltkrieg, Berlin 2014, S. 30 ff, 55 ff, 82, 130 ff.

15 Christopher Kopper, Kleine (Unternehmens-) Geschichte der Eisenbahn in Deutschland, in: Aus Politik und Zeitgeschichte, hg. von der Bundeszentrale für politische Bildung, 72. Jg.8-9 (2022), S. 4-9.

16 Otto Weil (1884-1929), Gemälde und Grafik. Neunkirchen-Furpach, Karchersaal, Ausstellung vom 8. Juni - 8. Juli 1979, Neunkirchen 1979, S. 49 und 51.

17 Grubenpferde starben nicht blind, in: Saarbrücker Bergmannskalender 1988, S. 184. In dem Beitrag wird auf eine Dissertation einer Tiermedizinerin aus Nancy verwiesen, Pascale Lahner. Siehe ferner Ulrike Gilhaus, Kumpel auf vier Beinen. Grubenpferde im Ruhrbergbau, Essen 2010.

18 Saarbrücker Zeitung, 29.8.1953.

19 Ulrich Raulff, Das letzte Jahrhundert der Pferde: Geschichte einer Trennung, München 2015, S. 49, 57; Kopper, Kleine (Unternehmens-) Geschichte der Eisenbahn, S. 4-9.

20 Saarbrücker Zeitung, 5.7.1991, 20.7.1991.

21 Adressbuch St. Johann und Alt-Saarbrücken 1890; Adressbuch Saarbrücken 1931/32.

22 Saarbrücker Zeitung, 21.6.1928, 5.4.1978.

23 http://www.fiaker-wien.info/geschichte-der-fiaker-und-begriffsentstehung/ [02.01.2023].

24 Gunnar Müller-Waldeck, Die Geschichte des legendären Droschkenkutschers Gustav Hartmann, Berlin 2008.

25 Saarbrücker Stadtanzeiger, 29.8.1959.

26 Thomes, Die Phase der Hochindustrialisierung, S. 204 ff.

27 Stadtarchiv Saarbrücken, G 80/1155, Aufstellung von 1927, Bl. 44.

28 H. Ruppert, Die Verkehrsentwicklung der Stadt Saarbrücken 1928/29, Saarbrücken 1929, S. 12.

29 Roland Stephan, Die Entwicklung des Taxigewerbes in Dudweiler am Beispiel von Taxi Hartmann, in: Historische Beiträge aus der Dudweiler Geschichtswerkstatt, Bd. 17, S. 84.

30 Ebda., S. 26.

31 Saarbrücken – gestern und heute. Mobile Technik für die Stadthygiene, hg. von der LH Saarbrücken, 1972, S. 12 ff.

32 Saarbrücker Zeitung, 2./3.7.1966.

33 Wilfried Feldenkirchen, Vom Guten das Beste. Von Daimler-Benz zur Daimler Chrysler AG, Bd. 1: Die ersten 100 Jahre 1883-1983, Heidelberg 2003, S. 66-68.

34 Ruppert, Die Verkehrsentwicklung der Stadt Saarbrücken, S. 12.

35 Stadtarchiv Saarbrücken, Bürgermeisterei St. Johann, Nr. 306; Bürgermeisterei Alt-SB, Nr. 530, Thomes, Die Phase der Hochindustrialisierung, S. 202.

36 Thomes, Die Phase der Hochindustrialisierung, S. 198.

37 Stadtarchiv Saarbrücken, Meldekartei, Nr. 1873; Gewebekartei; Adressbuch 1931/32.

38 Hans Weszkalnys, Lebenserinnerungen eines Saarbrücker Architekten aus den Jahren 1894-1908, in Saarbrücker Hefte Nr. 34/1971, S. 5 – 60, hier S. 19 ff.

39 Möser, Geschichte des Autos, S. 128.

40 Stadtarchiv Saarbrücken, G 80, Nr. 1154; Saarbrücker Zeitung, 21.1.1930 und 14.1.1931; W. Gollub, Über die wirtschaftliche Lage der Kraftfahrzeug-Reparaturwerkstätten und -händler im Saargebiet, in: Radmarkt und Reichsmechaniker, 31.3.1934, S. 13.

41 Ebda. und Saarbrücker Zeitung, 7.1.1929.

42 Reiner Schwarz, Motorisierung der Freiwilligen Feuerwehr Dudweiler, in: Historische Beiträge aus der Arbeit der Dudweiler Geschichtswerkstatt, Bd. 17, S. 50 ff.

43 Saarbrücker Zeitung, 1.12.1932.

44 Hans-Christian Herrmann, Ruth Bauer, Die Straßenbahn – ein «Culturfortschitt» setzt sich in Bewegung – von den Anfängen bis zum Ende des Zweiten Weltkrieges (1890-1945), in: Immer in Bewegung. Die Geschichte des Öffentlichen Personennahverkehrs in Saarbrücken, St. Ingbert 2017, S. 32 ff.

45 Hans-Christian Herrmann, Saarbrücken kommt in Fahrt – Wachstum im Zeichen der französischen Dominanz (1920-1935), in: Ders. u. Ruth Bauer (Hg.), Saarbrücken in Fahrt. 125 Jahre Automobil an der Saar, Marpingen 2011, S. 45 ff.

46 Ebda., S. 34.

47 Eckhart Bartels, Opel-Fahrzeuge. Chronik, Brilon 2011; Michael Kriegeskorte, Automobilwerbung in Deutschland 1948-1968, Köln 1994, S. 10. Stadtarchiv Saarbrücken, Dep. Dossiers SZ, Nr. 1771.

48 Stadtarchiv Saarbrücken, Dep-Dossiers SZ, Nr. 1771.

49 Ebda.

50 Saarbrücker Zeitung, 2./3.7.1966.

51 Saarbrücker Zeitung, 12.8.1958.

52 Saarbrücker Zeitung, 2./3.7.1966.

53 Christopher Kopper, Die Bahn im Wirtschaftswunder. Deutsche Bundesbahn und Verkehrspolitik in der Nachkriegsgesellschaft, Frankfurt/Main 2007.

0-1

3

Hans-Christian Herrmann

Mit dem Auto Staat machen – Macht und Mobilität oder «Kein Staat ohne Stern»?

«Ein Politiker ohne Auto ist wie ein Cowboy ohne Pferd»

Im 20. Jahrhundert wird das Automobil zum Symbol der Macht. Ob gewählte Staatsmänner, Diktatoren oder andere Gewaltherrscher – mit dem Auto wird Staat gemacht und doch zeigen sich auch hier Unterschiede. Das Auto steht damit in der Tradition des Pferdes und der Pferdekutsche. Das Pferd war seit Jahrhunderten das Symbol der Mächtigen, das Automobil löste es nun in dieser Rolle im 20. Jahrhundert ab. Oder ganz griffig: **«Ein Politiker ohne Auto ist wie ein Cowboy ohne Pferd».** Wie der frühere Außenminister Hans-Dietrich Genscher (FDP) einmal sagte: «Als ich 1969 zum ersten Mal Minister wurde, fiel es mir am schwersten, mich daran zu gewöhnen, dass mir nun ein Dienstwagen mit Fahrer zur Verfügung stand (...). In dieser Zeit, als ich Abend für Abend zu Parteiveranstaltungen im Lande reiste und erst in der Nacht zurückkam, habe ich die Sicherheit und Zuverlässigkeit als die wichtigsten Eigenschaften eines Autos erkannt».[1]

So nüchtern Genschers Worte wirken, nicht alle Politiker hatten eine so rationale Sichtweise zu ihrem Dienstwagen.

Der Dienstwagen des Bundespräsidenten:

Symbol der Macht – «01» und der «Stern». Der Mercedes (S-Klasse, W 126) des Bundespräsidenten vor der Saarbrücker Staatskanzlei: Richard von Weizsäcker bei seinem Antrittsbesuch in Saarbrücken, im Hintergrund Ministerpräsident Werner Zeyer (CDU), Oktober 1984.

| Fotoagentur: Hartung, Stadtarchiv Saarbrücken, Dep. SZ LB.

Juli 1953: Letztes Geleit für Minister Franz Singer *– großer Trauerzug durch die Saarbrücker Bahnhofstraße, an der Spitze eine Kutsche mit dem aufgebahrten Sarg, dahinter zwei Citroën 15er CV, ein Mercedes 300 und dahinter ein Peugeot 203. In der Autonomiezeit waren vor allem der Citroën Traction Avant 11 und 15 CV die Dienstwagen der Regierung Hoffmann, es gab aber auch einen hier zu sehenden 300er Adenauer-Mercedes.* ***Singer (CVP) war am 15. August 1945 zunächst Verwaltungsdirektor der Stadt Saarbrücken und dann bis 5. April 1949 Bürgermeister von Saarbrücken.*** *Am 5. Oktober 1947 wurde er in den Saarländischen Landtag gewählt, am 20. Dezember 1947 zunächst zum Wirtschaftsminister und im Dezember 1952 zum Kultusminister ernannt. Er starb am 22. Juli 1953 in Saarbrücken.* | Fotograf: Max Richard Platte, Stadtarchiv Saarbrücken, Nachlass Karl August Schleiden.

1. Herrschaftlich repräsentieren – vom Pferd zum Auto

Das Auto entwickelte sich im 20. Jahrhundert zum Attribut der Macht – ein gleitender Prozess: Zu Beginn des Autozeitalters ritt etwa ein Ettore Bugatti noch über das Firmenareal seiner Automanufaktur im elsässischen Molsheim und gab seinen Arbeitern vom Pferd aus Anweisungen. Bugatti baute nicht nur legendäre Automobile, er züchtete auch Pferde und verbaute auf seinem Fabrikgelände Tore, die Pferde mit ihrer Nase öffnen konnten, sofern der Reiter sie entsprechend zu führen verstand.

Nicht nur das Pferd war ein Symbol der Macht, auch sein Reiter. Authentisch konnte nur Macht vermitteln, wer sein Pferd elegant und zugleich souverän zu reiten verstand.

Stahlbaron Hermann Röchling *hoch zu Roß.*
| Foto: Weltkulturerbe Völklinger Hütte.

Möglicherweise war dies Grandvals Schimmel.
| Foto: Renk, private Leihgabe.

Noch in den 1930er Jahren präsentierte sich der Stahlindustrielle Hermann Röchling (1872-1955) in Völklingen hoch zu Ross. Je nach Perspektive des Betrachters schaute der Stahlbaron fürsorglich oder gönnerhaft zu seinen «Untertanen» herab. Kindern bot er an, ein Stück mit ihm zu reiten. Besonders interessant dabei, Röchling hatte eine schwere Allergie gegen Pferdehaare und trug deshalb als Reiter stets einen langen Mantel, auch wenn er an heißen Sommertagen ritt. So wichtig war es ihm, hoch zu Ross wahrgenommen zu werden.

Und nach dem Zweiten Weltkrieg ritt auch Gilbert Grandval (1904-1961), Frankreichs Hoher Kommissar an der Saar. Er hielt Pferde in Saarbrücken, zuletzt einen stattlichen Schimmel, der dann später, in einem Artikel der Saarbrücker Zeitung als «Paradeschimmel» bezeichnet, bei der Neufang-Brauerei sein Gnadenbrot erhielt. Grandvals Pferde waren auf Schloss Halberg untergebracht, das sich einst der Stahlbaron Carl Ferdinand von Stumm (1836-1901) bauen ließ. Nach 1945 zog hier Grandval ein und ließ die Schlossanlage sanieren und umbauen. Die spätere Präsidentin des Reiterbundes Saarbrücken, die Reitlehrerin Lia Renk, soll mit ihm gemeinsam ausgeritten sein und sich um seine Pferde gekümmert haben. Renks Ehemann war Pferdezüchter. Lia Renk soll regelmäßig mit einem Wagen Grandvals in ihrer Wohnung am Schenkelberg in St. Arnual abgeholt worden sein, um sich Grandvals Pferden zu widmen und mit ihm gemeinsam auszureiten. Einmal flog sie auch mit Grandval nach Paris. Grandval war Pilot und besaß wie Röchling ein eigenes Flugzeug, das auf dem Flughafen St. Arnual in Saarbrücken bereit stand.[2]

***Lia Renk zu Pferd** mit einem Vertreter der französischen Militärregierung.*
| Foto: Renk, privat.

Macht und Mobilität scheinen eine Einheit zu bilden und seit jeher miteinander verbunden zu sein. Röchling und Grandval, beide erinnern uns daran, Mobilität war schon immer das Statussymbol der Mächtigen. Autos, Hubschrauber und Flugzeuge stehen ihnen nahezu unbegrenzt zur Verfügung. Und der Drang nach Mobilität durchbricht immer neue Grenzen, so etwa im Jahr 2021, als US-Milliardäre mit Raketen ins Weltall flogen und solche «Ausflüge» zukünftig als Tourismusangebot für besonders zahlungskräftige Kunden vermarkten wollen.

2. Rückblick: Das Pferd als Symbol der Macht

Vor der «Autozeit» waren es Pferde und von ihnen gezogene prachtvolle Wagen, mit denen die Mächtigen reisten, herrschten und repräsentierten. In der Spätantike und im Frühmittelalter gab es den Brauch, dass hohe Würdenträger zusammen mit ihren Rössern als sogenannte «Pferdeopfer» bestattet wurden. Bekannt sind auch die zahlreichen Reitersiegel des Mittelalters (11. bis Anfang 15. Jahrhundert), auch Graf Johann I. von Saarbrücken nutzte ein solches.[3]

Sie zeigen ein Idealbild, das für den Siegelinhaber steht: Der Herrscher in Rüstung und dabei das Pferd in dynamischer Vorwärtsbewegung, häufig wird eine Waffe in Angriffshaltung gezeigt. Unklar ist, ob es im Mittelalter und der frühen Neuzeit eine Pferdezucht im heutigen Saarland gab. Spekuliert wird über eine Haltung halbwilder ungezähmter Pferde in der Grafschaft Saarbrücken nahe Quierschied. Möglicherweise soll sie sich aus Pferden des Deutschordens entwickelt haben, dem 1227 in Saarbrücken neben Grund und Boden zehn ungezähmte Pferde und ein sogenanntes Streitross geschenkt worden waren.[4] Pferde dienten im Mittelalter natürlich auch dem Transport von Lasten und als Zugtier. Ritter und Pferde bildeten eine wehrhafte Einheit und Pferde waren für Hetzjagden und Ringstechen unverzichtbar.

Pferde schmückten das höfische Leben und repräsentierten höfischen Glanz – da denkt man auch an die Kaiserstadt Wien, aber auch nicht weit vom heutigen Saarland entfernt an das Schloss Lunéville, wo Herzog Leopold von Lothringen (1698-1729) 700 Pferde hielt, die der französische Botschafter Audiffret als die schönsten Tiere Europas beschrieb.[5] 300 Pferde standen im Marstall von Fürst Wilhelm Heinrich von Nassau-Saarbrücken (1718-1768). Sie zu füttern und zu pflegen, war aufwändig. Die

Siegel von Graf Johann I. *von Saarbrücken.* | Foto:Stadtarchiv Saarbrücken.

Pferde änderten die Wirtschaft, stärkten das Militär, ermöglichten den Transport unterschiedlichster Güter, sie veränderten das Leben der Menschen. Pferde waren auch ein Herrschaftsinstrument mit einer neuen Dimension der Geschwindigkeit: Mit ihnen verbunden die Eroberung von Territorien, die Ausdehnung von Herrschaft und das Führen berittener Kriege.

Prinz Heinrich (1862-1929), Bruder von Kaiser Wilhelm II. (1859-1941), wurde zum Autoliebhaber und förderte die frühe Verbindung des Automobils mit Macht und Reichtum. Die von ihm initiierten Prinz Heinrich-Fahrten avancierten zu einem

Vorfahrt im Auto. *Kaiser Wilhelm besucht 1907 Lüneburg.* | Stadtarchiv Lüneburg, Bildersammlung, Nr. 20569.

Während Wilhelm II. *bei seinem Besuch 1904 in Saarbrücken mit Zug und Kutsche anreiste, fuhr Kronprinz Wilhelm 1908 mit dem Auto vor.* | Stadtarchiv Saarbrücken, Allgemeine Fotosammlung, Nr. 4588.

Pferde dienten dem barocken Fürsten auch zur Ausrichtung von Jagdveranstaltungen. Er ließ 1762/64 in der Talstraße zur Ecke Reppersbergstraße eine fürstliche Reitschule errichten, die erste und einzige ihrer Art in der Saarbrücker Grafen- und Fürstenzeit. Vorbild war die spanische Reitschule am Wiener Kaiserhof, 1729-1735 erbaut.[6]

Nach der Niederwerfung Napoleons (1769-1821) trafen sich 1814 die Mächte Europas, um in Wien die Welt neu zu ordnen. Die Herrscher kamen mit ihrem Gefolge in tausenden von Kutschen nach Wien, die Stadt erlebte ein nie dagewesenes Verkehrschaos.[7]

Nicht ohne Grund unterscheidet etwa der Historiker Reinhart Koselleck die Welt vor und nach dem Pferdezeitalter.[8]

gesellschaftlichen Ereignis im Deutschen Kaiserreich, das vor allem den vermögenden Adel anzog. Ab 1903 rollten die ersten Automobile in den, wie es damals noch hieß, Marstall des Kaisers und machten den Pferden Konkurrenz. Benz und Daimler wurden von Kaisern, Königen, Prinzen und Grafen aus der ganzen Welt erworben, noch vor 1914 etwa auch von Prinz Bahram von Persien. Das Auto war anfangs ein Luxusobjekt, ein Spielzeug für reiche Leute. Die Marne-Taxis, die französische Soldaten 1914 von Paris an die Marne-Front brachten, symbolisieren den Übergang zum Automobilzeitalter.[9]

Die automobile Staatskarosse von heute war früher die prächtige von Pferden gezogene Kutsche. Als der preußische König Wilhelm III. Kronprinzessin Luise 1793 heiratete, wurde

Ansichtskarte der Reiterstatue von Kaiser-Wilhelm I. *auf der Alten Brücke in Saarbrücken.* | Stadtarchiv Saarbrücken, Sammlung Ansichtskarten, Nr. 1303.

die Braut in einer herrschaftlichen Kutsche abgeholt. Im Revolutionsjahr 1789 war diese in der Straßburger Manufaktur bei August Christian Ginzrot (1728-1806) von dessen Sohn Johann Christian (1764-1829) gebaut worden. Im Marstall des preußischen Königs hieß sie «Straßburger Paradewagen», später auch Staatswagen genannt. Sie war 5,25 Meter lang, 3,05 Meter hoch und 2,10 Meter breit und bis zum Beginn des 20. Jahrhunderts im Einsatz.[10] Mindestens so prächtig war die goldene Kutsche des niederländischen Königshauses. Sie war 1899 ein Geschenk der Amsterdamer Bürger an Königin Wilhelmine (1880-1962). Der Machtanspruch spiegelt sich nicht nur in Größe und Material wider, sondern auch in Verzierungen und Darstellungen auf der Kutsche, unter anderem zwei devot knieende schwarze Menschen, die uns heute an die koloniale Vergangenheit unserer westlichen Nachbarn erinnern.[11]

Die Eisenbahn sorgte dafür, dass man mit Pferd und Kutsche keinen Staat mehr machen konnte. Mit einer für die Zeitgenossen neuen und enormen Geschwindigkeit begründete die Eisenbahn eine neue Dimension von Raum und Zeit. Die in der Kaiserzeit das ganze Reich verbindende Eisenbahn entwickelte sich zum Massentransportmittel und wirkte trotz ihrer Wagenklassen demokratisierend, sie war im Gegensatz zur von Pferden gezogenen prunkvollen Kutsche alles andere als ein feudales Transportmittel. Privilegierte Kreise fühlten sich wie in einem «Gefangenentransport» wie der Schriftsteller Otto Julius Bierbaum 1902 meinte, zusammen mit anderen Menschen transportiert zu werden und im Eisenbahnzug seine Freiheit zu verlieren. Und spätestens, wenn an einer herrschaftlichen Kutsche ein Zug vorbei sauste und die Insassen lächelnd zuwinkten, war die Zeit der Herrschaft mit Kutsche und Pferd vorbei. Das Auto eröffnete die Chance, wieder die Herrschaft über Raum und Zeit zurückzugewinnen. Und an die Stelle der prunkvollen Kutsche trat die Staatskarosse.[12]

3. Staat machen mit dem 600er oder Erich Honecker ganz groß

Am 10. September 1987, um 19.10 Uhr, landete der DDR-Staatsratsvorsitzende Erich Honecker auf dem Flughafen Saarbrücken-Ensheim und wurde von Ministerpräsident Oskar Lafontaine (SPD) empfangen. Für den 1,68 Meter kleinen Honecker stand während seines Staatsbesuches in der Bonner Republik ein über sechs Meter langer Mercedes 600 bereit und ein zweiter zur Sicherheit. Mit dem 600er ließ er sich vor die Saarbrücker Staatskanzlei chauffieren und besuchte seinen Geburtsort Wiebelskirchen, wo auch seine Schwester lebte. Zum Schmunzeln: Honeckers im Saarland lebende Schwester war zur Staatskanzlei gekommen, und als Honecker nach der Visite in der benachbarten Ludwigskirche in den 600er einstieg, stieg sie mit ein, um dann gemeinsam mit ihrem Bruder im 600er zum Elternhaus nach Wiebelskirchen zu fahren.[13] Es ist der einzige 600er, der jemals vor der Saarbrücker Staatskanzlei Station machte.

Wenige Tage zuvor war Honecker am 7. September von Bundeskanzler Helmut Kohl (CDU) empfangen worden. Protokollarisch gehörte zum Staatsbesuch in der Bonner Republik der Einsatz des Mercedes 600. Für den Empfang der Staatsgäste und ihren Transport bei ihrem Staatsbesuch bildete er laut Protokoll die standesgemäße Motorisierung. Diese Ehre wurde auch Honecker bei seinem Besuch vom 7. bis 11. September 1987 zuteil. Dem DDR-Fernsehen mit seiner Nachrichtensendung «Aktuelle Kamera» war dieses Detail eine besondere Erwähnung wert, mehrfach wies der Reporter auf den für den Staatsratsvorsitzenden bereitstehenden Mercedes 600 hin. Die Bonner Republik konnte die DDR auch mit Blick auf das Grundgesetz staatlich nicht anerkennen, der 600er war aber ein Symbol, dass Bonn im Rahmen des Möglichen bereit war, der DDR entgegenzukommen. Seinerzeit war der 600er eigentlich schon ein Auslaufmodell, war doch die Produktion 1981 eingestellt worden. Was seinerzeit unvorstellbar war: Gerade mal zwei Jahre später sollten Honecker und die DDR abdanken.[14]

Das Fahren im Mercedes 600 *unterstrich zumindest symbolisch die nicht ausgesprochene Anerkennung der DDR. Die Flagge der DDR als Standarte am 600er – der Genosse Honecker dürfte das sicher «genossen» haben.*
| Fotograf: Frank Bredel, Saarbrücken.

4. Der Mercedes 600 – «die» Staatskarosse für die ganze Welt?[15]

Fast 24 Jahre zuvor, auf der IAA 1963, hatte Daimler-Benz den Mercedes 600 präsentiert. Formal stand er für nüchterne Sachlichkeit. Technisch galt er als Maximum des Machbaren, ein Meisterwerk mit Detailperfektion. Mit 6,3 Liter Hubraum, 250 PS und einer Karosserielänge je nach Version von 5,54 Metern bis 6,24 Metern war der 600er das größte und stärkste Serienautomobil Europas, in dem sich der eher kleinwüchsige Honecker möglicherweise einsam fühlte. Der 600er stand auch für grenzenlosen Überfluss und eine gewisse Großspurigkeit. Er war 205 km/h schnell und beschleunigte unter 10 Sekunden von 0 auf 100 km/h – imposante Werte in den 1960er Jahren.

Aufwändigste Technik und persönliche Betreuung weltweit

Technisch war er damals das aufwändigste Automobil. Unter anderem verfügte er über eine Luftfederung mit einer speziellen Komforthydraulik. Sie arbeitete mit einem Druck von 150 bar und sorgte für ein lautloses Öffnen und Schließen der Fenster, des Schiebedachs und des Kofferraumdeckels. Diese Technik besorgte auch die Verstellung der Sitze und steuerte die Belüftungsklappen der Klimaanlage.

Die Serienfertigung begann im August 1964. Bis Juni 1981 wurden in 17 Jahren insgesamt 2.677 Fahrzeuge überwiegend in Handarbeit gefertigt, davon 429 Pullman-Limousinen und 59 Landaulets. Der einfache 600er hatte einen Radstand von 3,20 Metern, daneben gab es drei sieben- bis achtsitzige Pullmann-Varianten mit 3,90 Metern Radstand; eine viertürige Pullmann-Limousine mit Fondsitzen in vis-à-vis Anordnung und eine sechstürige Pullmann-Limousine mit Fondsitzen und zusätzlichen Klappsitzen in Fahrtrichtung sowie ein Pullmann-Landaulet. Das Landaulet bot die Möglichkeit auf den hinteren Sitzbänken offen zu fahren und auch stehend beim Vorbeifahren dem Publikum zuzuwinken.[16]

Ein außergewöhnlicher Service für ein exklusives Automobil: Für die vielen weltweit prominenten Kunden des Mercedes 600 unterhielt Daimler-Benz einen besonderen Service. Techniker des Stuttgarter Unternehmens bereisten die Garagen der Staatsmänner und wiesen das Personal vor Ort in die Technik ein. Einer dieser Spezialisten war Horst Schellhammer, der im Lauf seines Berufslebens 125 Länder bereiste und Technik, Wartung und Pflege des Mercedes 600 vor Ort erklärte.[17]

Auch wenn der Mercedes 600 nie Teil des offiziellen Fuhrparks der Bundesregierung war, so nutzte sie den 600er als Repräsentationsfahrzeug für Staatsbesuche. Daimler- Benz stellte ihr dazu mehrere 600er zur Verfügung. Diese Fahrzeuge trugen stets deshalb auch Stuttgarter Auto-Kennzeichen wie etwa S-VC 600 oder S-EL 600. Allein zwischen 1971 und 1993 kam der 600er bei 116 Staatsbesuchen in der Bundesrepublik zum Einsatz. Daimler-Benz rechnete dann mit der Bundesregierung

Der in Wiebelskirchen aufgewachsene Honecker *besuchte auch seine dort wohnende Schwester, hier Empfang durch den Neunkircher Oberbürgermeister Peter Neuber (SPD).*
| Fotograf: Frank Bredel, Saarbrücken.

die Mietdauer und die zurückgelegten Kilometer ab. Gesteuert wurden diese 600er von geschulten Chauffeuren von Daimler-Benz, darunter der ehemalige Bundeswehr-Fahrschullehrer Wolfgang Wöstendieck.[18]

Ein Automatikgetriebe mit «Promenadengang»

Bereits bei seiner Konstruktion war der Einsatz als Staatskarosse berücksichtigt worden. So verfügte der ausschließlich mit Automatik ausgerüstete 600er über einen sogenannten «Promenadengang», der sich für das würdevoll langsame Vorbeigleiten bei Paraden und Empfängen bestens eignete. Der 600er verfügte über einen 6,3 Liter Motor mit acht Zylindern und 250 PS, fast das Sechsfache des Hubraumes eines VW Käfers und fast das Achtfache seiner Motorleistung.

Bei seiner Präsentation im Herbst 1963 war Konrad Adenauer noch Bundeskanzler. Ihm wie auch anderen demokratischen Staatsmännern war der 600er als Dienstwagen wohl doch zu protzig. Sie nutzten ihn nur als Mietwagen von Daimler-Benz für Staatsbesuche. Despoten und Diktatoren liebten ihn dagegen sehr und kauften meist eine ganze Flotte von 600ern. Allen voran die kommunistischen Massenmörder wie Mao Zedong, der mindestens elf Mercedes 600 über Hongkong beschafft hatte, andere Quellen sprechen von über 20. Aber auch der KP-Chef Jugoslawiens Josip Broz gen. Tito und der neostalinistische rumänische Staats- und Parteichef Nicolae Ceausescu ließen sich damit fahren. Ein Mercedes war für sie immer die bessere Wahl

Kanzler a. D. Konrad Adenauer *besucht im Rahmen des Bundestagswahlkampfes 1965 Villeroy & Boch in Mettlach.*
| Stadtarchiv Saarbrücken, Nachlass Dr. Franz Josef Röder.

als ein Cadillac, dem Symbol des amerikanischen Imperialismus. Erich Honecker und die Granden der DDR wählten stattdessen Volvo und Citroën. Ein Mercedes war für die SED-Diktatoren die automobile Inkarnation des Klassenfeindes. Frankreich war dagegen für die DDR ein wirtschaftlich und politisch wichtiger Staat, allein schon wegen der engen Beziehungen und Freundschaft zwischen Bonn und Paris. Schweden war ein neutrales Land, beide Länder waren für die DDR wertvolle Handelspartner, die sie als Kooperationspartner für die Modernisierung ihrer eigenen Fahrzeugindustrie gewinnen wollte.[19]

Auch bei den Despoten der arabischen Welt wie König Hussein von Jordanien, Hassan von Marokko oder dem Schah von Persien genoss der 600er großes Ansehen, sie wollten keine Automarken der großen früheren Kolonialmächte fahren. Viele von ihnen zogen deshalb den Mercedes 600 einem Rolls Royce vor. Britische Automarken dienen dagegen bis heute dem britischen Königshaus und der britischen Regierung als Staatskarossen, aber auch der frühere österreichische Bundeskanzler Bruno Kreisky bevorzugte Rover und Jaguar. Der 600er wurde ebenfalls von Papst Paul VI. für den Vatikan beschafft. Einer der ersten Kunden war der japanische Kaiser Hiroito, der sich der Welt bei den Olympischen Spielen 1964 in Tokio mit ihm präsentierte. Auch weltbekannte Künstler und internationale Stars fuhren ihn – darunter der Dirigent Herbert von Karajan, die französische Sängerin Mireille Mathieu, Schlagerstar Udo Jürgens, Elvis Presley und John Lennon.[20]

5. Mit dem 600er im Wahlkampf: Identitäten stiften, gefeiert werden und siegen

Mit einem 600er konnte man so richtig Staat machen – seinerzeit war er der «Stolz der Nation». Die CDU nutzte in den 1960er Jahren im Bundestagswahlkampf mehrfach den größten Mercedes. Bei Mercedes mietete die Partei die 6,24 Meter lange offene Landaulet-Version. Die Kanzler Ludwig Erhard und Kurt Georg Kiesinger fuhren damit zu den Wahlkampfveranstaltungen in der gesamten Bonner Republik. So konnten sie an Massen von Menschen vorbeifahren, ihnen zuwinken und sich feiern lassen. Sie wurden dabei bejubelt und ihr Auftritt im größten Mercedes sorgte nicht für Kritik. Die Mehrheit der Bundesbürger fand sich wieder. Die im 600er fahrenden Kanzler fuhren symbolisch die Trümmer der Nachkriegszeit zur Seite und setzten dagegen das Bild der Bonner Republik mit Wohlstand und Wirtschaftswunder. Ludwig Erhard (CDU), der Vater des

20. Juni 1965: *Zur bevorstehenden Bundestagswahl am 27. Juni 1965 besuchte Kanzler Erhard das Saarland. Mit einem offenen 600er Mercedes suchte er das Bad in der Menge. Zu seinen Stationen gehörte auch die seinerzeit noch selbständige Gemeinde Schafbrücke. Der Ortschronist vermerkte: «Jung und Alt waren begeistert und die Gemeinde Schafbrücke stolz mit ihrem Bürgermeister».*
| Stadtarchiv Saarbrücken, Sammlung Friedrich.

Heute undenkbar: *Kanzler Kurt Georg Kiesinger mit dem 600er Mercedes auf Wahlkampftour am 7. September 1969 in St. Ingbert. Mit an Bord Ministerpräsident Röder. Das Publikum hat sich am Straßenrand versammelt und jubelt dem Kanzler zu.*
| Fotograf: Gerhard Schulthess, Stadtarchiv St. Ingbert, Nachlass G. Schulthess.

Wirtschaftswunders, ließ sich 1965 als Bundeskanzler zusammen mit CDU-Ministerpräsident Franz Josef Röder anlässlich des Bundestagswahlkampfes durch Saarbrücken chauffieren. Auch Alt-Kanzler Adenauer besuchte 1965 das Saarland, ein 600er Landaulet brachte ihn nach Mettlach zu Villeroy & Boch.

Das Publikum säumte den Wegesrand und jubelte. So war es auch 1969, als Kurt Georg Kiesinger zum Wahlkampf nach St. Ingbert kam. Kiesinger, der den Kanzler «wie ein Hermelin» [Pelz] trug, zählte zu den großen Genießern des 600er. Schon als Ministerpräsident von Baden-Württemberg hatte Kiesinger, in der Presse auch «Silberlocke» genannt, für herausragende Bilder gesorgt, als er gemeinsam mit der Queen 1965 in einem ganzen Konvoi von 600er und 300er Mercedes durch Stuttgart fuhr und der Menge zujubelte.

«Staat machen», in dieser Rolle ging Kiesinger auf. Doch die Zeiten änderten sich und die junge Generation stellte das System in Frage, die Nazi-Jägerin Beate Klarsfeld hatte im November 1968 Kiesinger wegen seiner NSDAP-Mitgliedschaft geohrfeigt. Die Verdrängung der NS-Zeit, der Vietnamkrieg – Bestehendes wurde in Frage gestellt. Nach 1969 war es dann auch mit dem Einsatz des großen Mercedes im Wahlkampf vorbei. Willy Brandt wurde Bundeskanzler.

Mit dem Terror der Baader-Meinhof-Gruppe und der RAF konnte es in der Bundesrepublik in den 1970er Jahren lebensgefährlich sein, als Politiker das Bad in der Menge aus dem Auto heraus zu suchen. Schon der Anschlag auf Präsident John F. Kennedy am 22. November 1963 hatte gezeigt, wie dies enden konnte.

Die Zeiten änderten sich. *Nach 1969 wurde der 600er nicht mehr im Wahlkampf eingesetzt. 1969 wurde Willy Brandt Bundeskanzler, hier eine Wahlveranstaltung der SPD vor dem Saarbrücker Theater, 1969.*
| Fotograf: Gerhard Schulthess, Stadtarchiv St. Ingbert, NL G. Schulthess.

Willy Brandt besucht 1960 St. Ingbert*, links ein Simca Vedette der Landesregierung und mehrere Peugeot 403 als Begleitfahrzeuge.*
| Fotograf: Gerhard Schulthess, Stadtarchiv St. Ingbert, NL G. Schulthess.

Attentate auf Politiker in ihren Dienstwagen haben eine lange Geschichte. Ein Fanal war das Attentat auf den österreichischen Thronfolger Franz-Ferdinand und seine Gemahlin Sophie Chotek am 28. Juni 1914 in Sarajewo. Der Wagen des Herstellers Gräf und Stift mit der Wiener Zulassung A-III-118, 4 Zylinder und 32 PS, gehörte dem Begleiter des Paares, Graf Harrach. Auf einen bereitgestellten Mercedes mit festem Dach hatte man ob des schönen Wetters verzichtet. Dieses Attentat war dann der Auslöser für die «Urkatastrophe des 20. Jahrhunderts» (George F. Kennan).

Am 24. Juni 1922, kurz vor 11 Uhr, bestieg Walter Rathenau, der Außenminister der noch jungen deutschen Republik, an seinem Wohnsitz Königsallee 65 in Berlin seinen NAG-Dienstwagen, das Verdeck wie immer offen. Auf dem Terminkalender standen Attaché-Prüfungen im Auswärtigen Amt. Weit kamen der Chauffeur und sein Chef nicht: ein offenes Auto überholte sie, Schüsse fielen, eine Handgranate wurde geworfen. Rathenau starb sofort. Die rechtsradikale Organisation CONSUL hatte einen der bedeutendsten Politiker der Weimarer Republik ermordet. Die Täter fuhren einen stark motorisierten Mercedes.[21]

Reinhard Heydrich, Chef des Reichssicherheitshauptamtes und stellvertretender Reichsprotektor im Protektorat Böhmen und Mähren ließ sich am 27. Mai 1942 in seinem offenen Mercedes 320 mit dem Kennzeichen «SS-3» zu seinem Amtssitz chauffieren. In einer Haarnadelkurve im Prager Vorort Liben schlugen die Widerstandskämpfer zu. Der Massenmörder Heydrich (Wannseekonferenz 1942), auch «Henker von Prag» genannt, starb einige Tage nach dem Attentat an den Folgen einer Blutvergiftung. Das Attentat auf Heydrich war das einzige erfolgreiche Attentat auf einen hohen NS-Funktionär in Europa.[22]

Politiker konnten aber im fahrenden Auto auch einem Attentat entkommen wie etwa Charles de Gaulle am 22. August 1962. Seine Citroën DS mit Hydropneumatik ermöglichte es seinem Chauffeur, trotz zweier zerschossener Reifen zügig weiterfahren zu können.[23]

Insbesondere der Terror ab den 1970er Jahren machte die Fahrt im Dienstwagen für Politiker zum Sicherheitsrisiko. Panzerung, kugelsichere Scheiben und sogar Schutz vor Gasangriffen waren die Antwort der Personenschützer. Und auch die Terroristen rüsteten auf, wie das Sprengstoffattentat auf Alfred Herrhausen am 30. November 1989 zeigen sollte.[24]

6. Der Adenauer-Mercedes – der erste Bonner Kanzler als Namensgeber

Der auf der IAA 1951 vorgestellte Mercedes 300 ging mit Bundeskanzler Konrad Adenauer in die deutsche Geschichte ein. Am 8. Dezember desselben Jahres wurde sein erster 300er ausgeliefert. Schon zu Lebzeiten des Kanzlers setzte sich die Bezeichnung «Adenauer-Mercedes» und «300er Adenauer» im In- und Ausland durch. Historisch einzigartig, es gibt in der Automobilgeschichte sonst keinen nach einem Politiker benannten Wagen.

Der 300er war der erste deutsche Luxuswagen nach dem Krieg. Bis zum Ende seiner Amtszeit 1963 ließ sich Adenauer in diesem Modell chauffieren.[25]

Im Jahr 1950 waren in der Bundesrepublik 145.246 PKW zugelassen, nur 720 in der Klasse mit mehr als 2,5 Liter Hubraum. 717 davon waren Straßenkreuzer aus den USA wie Buick, Chevrolet und Ford. Sie waren ein Symbol der Sieger bzw. Befreier und der neuen Zeit.

***Konrad Adenauers Dienstwagen, Mercedes-Benz 300**, hier anlässlich seines Besuches zum Beitritt des Saarlandes nach Artikel 23 des Grundgesetzes am 1. Januar 1957, Festakt im Staatstheater Saarbrücken. Zwei weitere Mercedes 300, im Hintergrund das Oberamtshaus und das Schloss.*
| Fotograf: Gerhard Schulthess, Stadtarchiv Saarbrücken, Sammlung Schulthess, Nr. 1/5.

***Bundespräsident Theodor Heuss** in St. Ingbert, 1957.* | Fotograf: Gerhard Schulthess, Stadtarchiv St. Ingbert, NL G. Schulthess.

Mercedes knüpfte mit dem 300er an eigene Traditionen an und auch an untergegangene Luxus-Marken wie Horch und Maybach. Der 300er symbolisierte das Wirtschaftswunder der Bonner Republik und der Kanzler transportierte dieses mit seinem Dienstwagen in die große weite Welt. Auch bei Adenauers Besuch in Moskau war der 300er mit dabei. Per Bahn war der Wagen nach Moskau gebracht worden. Auch Ludwig Erhard als Vater des Wirtschaftswunders nutzte als Minister unter Adenauer dieses Modell.[26]

***Bundespräsident Theodor Heuss** in Dudweiler, 1957.* | Foto: Stadtarchiv Saarbrücken, Geschichtswerkstatt Dudweiler.

Der 300er wurde ebenso für die Bosse in der Industrie und die Aufsteiger des Wirtschaftswunders zum Maßstab. Der Adenauer-Mercedes wurde in hohem Maße exportiert und auch gerne von Prominenten und internationalen Stars wie Gary Cooper und Ava Gardner gewählt. Mit diesem Modell bestimmte Daimler-Benz weltweit den Fuhrpark von Politik, Prominenz und Wirtschaft. Mit Adenauer als der politischen Nummer Eins wurde der Mercedes 300er zur automobilen Nummer Eins – Fotos in Film und Presse multiplizierten diese Botschaft als kostenfreie Imagewerbung. Die sogenannte S-Klasse wurde über Jahrzehnte zum Dienstwagen der Bundespräsidenten, Bundeskanzler und Ministerpräsidenten der Länder.[27]

Staatskarossen symbolisierten Macht und Würde eines Staates. Von ihnen ging ein hoher Prestigewert aus. Mercedes-Benz nutzte dieses Prestige für seine Spitzenmodelle und entwickelte bis zur Jahrtausendwende fast schon ein Monopol als Marke der Mächtigen. Erst mit der Ära von Bundeskanzler Gerhard Schröder, der aus dem VW-Land Niedersachsen stammte, endete das Mercedes-Monopol endgültig, die Staatskarossen der Kanzler zu stellen und diese regierten mittlerweile nicht mehr in Bonn, sondern in Berlin. In Frankreich waren es keine Serienlimousinen, die die Staatsgäste chauffierten, sondern Einzelstücke, die auf Serienfahrzeugen basierten und mit Sonderkarosserien etwa von Heuliez oder Chapron für ihre Aufgabe vorbereitet wurden. Frankreichs Autoindustrie bediente nicht mehr das Segment der Luxuswagen.

***Bundeswirtschaftsminister Ludwig Erhard** kam am 13. und 14. Juli 1959 ins Saarland. Nach dem Empfang in der Staatskanzlei stieg er in einen Mercedes 300 Adenauer der Landesregierung ein.* | Fotograf: Gerhard Schulthess, Stadtarchiv Saarbrücken, Sammlung Schulthess, Nr. 6/14.

Den französischen Präsidenten *schienen die Serienmodelle der heimischen Hersteller bei Staatsbesuchen und höchsten Anlässen nicht gut genug, sie nutzten Spezialanfertigungen wie etwa den Citroën SM Présidentielle, 1972 in zwei Exemplaren für den französischen Präsidenten von dem Karosseriebauer Henri Chapron gefertigt. Mit diesem Prachtstück konnte man die Grande Nation als würdevoll, innovativ, modern und zukunftsorientiert inszenieren, genutzt von den Präsidenten Georges Pompidou (1969-1974), Valéry Giscard d'Estaing (1974-1981), François Mitterrand (1981-1995) und Jacques Chirac (1995-2007).*
| Foto: Citroën Communication, Archiv Ulrich Knaack.

Stehend der Menge zujubeln *bei den Paraden zum 14. Juli oder mit Staatsgästen entspannt im Fonds sitzen und dem Publikum zuwinken. Das Beste für Frankreich, Staat machen im SM, von manchen wurde dieses Kürzel auch mit «Sa Majesté» aufgelöst. Erstmals wurde das Modell beim Besuch der Queen in Frankreich am 15. Mai 1972 eingesetzt.*
| Foto: Citroën Communication, Archiv Ulrich Knaack.

7. Dienstwagen im Zeichen von Selbstdarstellung und Hierarchie

Dienstwagen sind Statussymbole. Konrad Adenauer war als Bundeskanzler protokollarisch nur die Nummer 3. An der Spitze des Staates steht der Bundespräsident und sein Dienstwagen trägt das Kennzeichen 01. Nummer Zwei im Staat ist der Bundestagspräsident. Trotzdem führt der Kanzler-Wagen seit Adenauer das Kennzeichen 02.

Für viele Politiker bildete der Dienstwagen ein Statussymbol, mit dem sie sich in gewissem Maße auch selbst definierten. Sie brauchten ihn aber auch, weil einige gar keinen Führerschein besaßen wie etwa Bundeskanzler Willy Brandt oder eher schlechte Autofahrer waren wie der saarländische Ministerpräsident Franz Josef Röder.

Für die einen ging es darum, standesgemäß chauffiert zu werden und sich von anderen abzuheben, der saarländische Ministerpräsident Röder oder auch Franz Meyers, der Ministerpräsident von Nordrhein-Westfalen stehen dafür. Der Dienstwagen repräsentierte in der föderativen Bundesrepublik aber auch eine lokale Identität, so fuhr und fährt die bayerische Staatsregierung nun mal BMW und später auch Audi. Franz Josef Strauß (CSU) nutzte bereits als Bundesverteidigungsminister BMW, seinerzeit einen 502 mit V-Achtzylinder-Motor. Dienstwagen konnten aber auch zu anderen Botschaften genutzt werden, wie die VW Bullys des SPD-Politikers Philip Rosenthal zeigen.[28]

Eitel dagegen Franz Meyers (CDU). Der Ministerpräsident von Nordrhein-Westfalen. Er legte Wert darauf, sich mit der Wahl der Staatskarosse von den Ministern seines Kabinetts abzuheben. Während diese 1963 in einer 220er Mercedes-Limousine chauffiert wurden, entschied sich der Ministerpräsident für das ausgesprochen elegante weitgehend in Handarbeit gefertigte 220er Coupé. Coupés gab es in keinem bundesdeutschen Regierungsfuhrpark. Meyers Wünsche wurden aber keine Wirklichkeit, die Kabinettskollegen intervenierten erfolgreich.[29]

***Das Statussymbol** beginnt beim Kennzeichen. 0-1 war das Kennzeichen des Bundespräsidenten. Er ist das Staatsoberhaupt. Das zweithöchste Amt ist das des Bundestagspräsidenten. Das Kennzeichen 0-2 sicherte sich aber Bundeskanzler Konrad Adenauer, davon profitieren seine Nachfolger bis heute (Bild rechts).*
| Fotograf: Gerhard Schulthess, Stadtarchiv Saarbrücken, Sammlung Schulthess.

Bundespräsident Gustav Heinemann zum Antrittsbesuch im Saarland. *Der Dienstwagen holte den Präsidenten vom Saarbrücker Hauptbahnhof ab und brachte ihn in die Staatskanzlei, August 1969.*
| Fotograf: Hartung, Stadtarchiv Saarbrücken, Bildarchiv Dep. SZ-LB.

Bundespräsident Gustav Heinemann bei seinem Abschiedsbesuch im Saarland*, 1974.* | Fotograf: Erich Isenhuth, Stadtarchiv Saarbrücken, NL F. J. Röder.

Doppelminister kamen in den Genuss zweier Dienstfahrzeuge, so Karl Schiller (SPD), der zwei Mercedes 280 SE nutzen konnte, als er 1971 in Personalunion Wirtschafts- und Finanzminister wurde, ebenso Georg Leber als Verkehrs- und Postminister.[30]

Auch Franz Josef Röder achtete auf seinen Status. Anfang der 1960er ließ er sich im Mercedes 220 S fahren, dann folgte die S-Klasse der Serie W 108 und ein 280 S. Als im Frühjahr 1970 der Saarlouiser Oberbürgermeister Manfred Henrich einen 280er mit dem Kennzeichen SLS-2022 als Dienstwagen anschaffte, sorgte dies wohl bei Röder für Verstimmung.

Die CDU-nahe Saarbrücker Landeszeitung griff das Thema auf und meinte: «Etwas mehr Bescheidenheit würde auch der aufstrebenden Stadt Saarlouis gut zu Gesicht stehen. Denn schließlich fahren selbst Minister des Saarlandes billigere Autos.»[31]

Und das stimmte auch. Kritisch im Falle der Ford-Stadt Saarlouis war Henrichs Entscheidung allemal, denn Politiker achteten beim Auto in der Regel auf lokale Bezüge. Dies galt neben bayerischen Politikern auch für das Opel-Land Hessen. Der SPD-Politiker Holger Börner, langjähriger hessischer Ministerpräsident (1976-1987) und vorher u. a. Parlamentarischer Staatssekretär im Bundesverkehrsministerium (1967-1972) nutzte als Dienstfahrzeug unter anderem einen Opel Admiral und begründete dies gegenüber dem Nachrichtenmagazin «Der Spiegel» 1971 damit: «Ich bin Hesse und muss aus weltanschaulichen Gründen Opel fahren». [32]

Ob das Wort «muss» politisch korrekt war, sei dahingestellt. Auch Joschka Fischer, der erste grüne Minister der Bundesrepublik, stieg als hessischer Umweltminister in einen Opel Senator ein.

Ein Opel im Bundeskabinett stand Bundeswissenschaftsminister Hans Leussink (1969-1972), zuerst parteilos, später FDP, zur Verfügung. Sein Opel Diplomat V 8 mit 5,4 Liter Hubraum – Opel hatte in diesem Fall auf das Konzernregal von General Motors zurückgegriffen und ein Aggregat des US-Herstellers Chevrolet eingebaut – war wohl der Dienstwagen der Bundesregierung mit dem größten Hubraum, der sogar den Bundespräsidenten mit seinem 300 SE (3.5.) erheblich übertraf.[33]

Ganz anders dagegen ein Mann aus der Oberpfalz. Fern ab von Statussymbolen fuhr der SPD-Politiker und Porzellanfabrikant Philip Rosenthal (1916-2001) aus Selb mit einem VW Bus durch die Lande. Er verzichtete auf einen Dienstwagen des Bundes. Statt Status und Prestige setzte Rosenthal auf das Praktische. Von September 1970 bis November 1971 war er parlamentarischer Staatssekretär im Bundeswirtschaftsministerium. Rosenthal wollte die Zeit im Auto sinnvoll nutzen. An Bord seines Bullys waren Tisch und Schreibmaschine sowie seine Sekretärin. Ob diese Kombination effizientes Arbeiten ermöglichte, kann nicht geprüft werden. Unter dem Gesichtspunkt der passiven Sicherheit jedoch nicht zur Nachahmung empfohlen.

Das Saarland hatte am 9. September 1971 die Patenschaft zum Lenkwaffen-Zerstörer Lütjens übernommen. *Der Mercedes musste bei einem Besuch an der Küste mit: Ministerpräsident Dr. Röder und sein Kabinett 1974 in einem Transportflugzeug der Bundeswehr nach Eckernförde – mit dabei der Dienstwagen des Ministerpräsidenten – Mercedes S-Klasse 280 SE, Serie W 116.*
| Fotograf: Erich Isenhuth, Stadtarchiv Saarbrücken, NL F. J. Röder.

***Praktisch und ohne Statussymbolik**: Philip Rosenthal (1916-2001), Porzellanfabrikant aus Selb (Oberpfalz) und parlamentarischer Staatssekretär (SPD, Sept. 1970 bis. Nov. 1971) im Bundeswirtschaftsministerium, nutzte über Jahre mehrere VW Busse als Dienstwagen. Auch als Chef der Porzellanmanufaktur Rosenthal setzte er auf den Bully, den Bus von Volkswagen.*
| Fotograf: Herbert Ahrens, Ahrens-Bild-Archiv/Bad Harzburg-Stiftung.

***Motorisiert waren Rosenthals VW-Busse** mit einem von der Firma Oettinger getunten Triebwerk auf Basis des VW Käfers, dazu praktisch ausgestattet mit Kühlschrank, Schreibmaschine und Klappbett.*
| Fotograf: Herbert Ahrens, Ahrens-Bild-Archiv/Bad Harzburg-Stiftung.

8. Hitler und das Auto oder die Geschichte des Manipulierens

Das dunkelste Kapitel zum Schluss. Der Diktator und Massenmörder Adolf Hitler bediente sich in besonderer Weise des Automobils und stellte es in den Dienst seiner Macht. Und doch ist dieses Bild zu relativieren, denn schon vor ihm nutzten neben anderen Diktatoren auch Monarchen und ebenso demokratische Politiker das Automobil als Statussymbol. Schon als NSDAP-Vorsitzender setzte Hitler ab Mitte der 1920er Jahre auf Autos, nutzte aber auch gern das Flugzeug. Das Auto diente ihm als Symbol der Macht und als Hilfsmittel im Wahlkampf, um Volksnähe zu demonstrieren.[34]

In den vier Reichstagswahlkämpfen zwischen September 1930 und März 1933 setzte Hitler auf das Auto, um möglichst viele Wählerinnen und Wähler zu erreichen. Im Wahlkampf 1933 bedient er sich des Flugzeugs, um täglich noch mehr Auftritte wahrnehmen zu können. Bei den Terminen vor Ort präsentierte er sich den Menschenmassen im Mercedes 770. Im Unterschied zur Weimarer Politik, die das Autofahren extrem hoch besteuert hatte, profilierte sich der Diktator als Modernisierer, der seine Führerrolle mit einem Mercedes 770 symbolisch zu unterstreichen versuchte. Dieser Führer-Mercedes, wie er genannt wurde, wog bis zu 5.000 kg und leistete 230 PS aus 7,7 Litern Hubraum. «Fahrzeugführer» war Hitler übrigens nicht, er besaß keinen Führerschein. 770er liefen auch beim japanischen Kaiser Hirohito und Papst Pius XI., insgesamt wurden nur 88 Stück gebaut. So sehr Hitler das Bad in der Menge mit dem Auto suchte, so furchtsam war er zugleich. Sein Mercedes 770 verfügte über Windschutz- und Seitenscheiben aus Panzerglas sowie über spezielle beschusssichere Reifen – Diktatoren wissen sich selbst zu schützen.[35]

Auch Reichspräsident Paul von Hindenburg, König Achmed von Albanien und Zar Boris III. von Bulgarien, ebenso Ernst Heinkel und Werner von Siemens fuhren Mercedes 770. Der Preis dieses Autos lag über dem Wert einer schmucken Villa im Berliner Grunewald. Nur durch Zufall war Hitler zum Mercedes gekommen, da sich im Gebäude des Mercedes-Verkäufers Werlin in München die Druckerei befand, in der das NSDAP-Hetzblatt «Völkischer Beobachter» gedruckt wurde.[36]

Immer noch wird Hitler als Erbauer der Autobahnen und politischer Vater des Volkswagens genannt. Beides trifft nicht zu!! Nazis und Kommunisten (NSDAP und KPD) behinderten im Reichstag die Pläne zur Umsetzung der Fernstraße von Hamburg über Frankfurt nach Basel. Der Verein Hafraba hatte dieses Projekt einer Autobahn vorangetrieben. Als Kölner Oberbürgermeister weihte Adenauer bereits 1932 ein Teilstück der heutigen Autobahn A 555 ein, auch der Frankfurter Oberbürgermeister Ludwig Landmann gehörte zu den Förderern der Autobahn und des Vereins Hafraba. Landmann war Jude, übrigens wie eine Vielzahl von Ingenieuren, die bereits vor der Realisierung von Hitlers KdF-Projekt den Begriff Volkswagen gebrauchten. Sie setzten allerdings nicht darauf, den Volkswagen zur Kriegsvorbereitung zu nutzen. Die Bedeutung der Automobilindustrie hatte nicht erst Hitler erkannt. Andere ehrenwerte Personen wie Adenauer sind hier zu nennen, der 1928 Ford an den Rhein holte und mit großen freien Flächen in Niehl den amerikanischen Hersteller für die Domstadt gewann, verbunden mit der Auflage, vor allem Kölner zu beschäftigen.[37]

***Adolf Hitler** mit seinem Mercedes am 1. März 1935 in Saarbrücken.*

| Stadtarchiv Saarbrücken, Sammlung Ansichtskarten, Nr. 2964.

1 Auto-Zeitung, Nr. 19/1975, S. 14.

2 Information von Herrn Detmar Buxmann gegenüber dem Verfasser am 10.2.2022. Die Brauerei Neufang hatte in Saarbrücken auf dem Homburg ihre Pferde stehen, Gerd Neufang war auch über Jahre Präsident des Reiterbundes Saarbrücken. Information von Axel Renk, dem Sohn von Lia Renk, am 10.2.2022.

3 Stadtarchiv Saarbrücken, NL Karl August Schleiden.

4 Kurt Ulrich Jäschke, Saarbrückens Ruhm in quellenarmer Zeit, in: Zeitschrift für die Geschichte der Saargegend, Nr. 47/1999, S. 71 ff.

5 Renate Zedinger, «Chantons Léopold à jamais». Herzog Leopold von Lothringen und sein Hof (1698-1729), in: Opera Historica 5/1996, S. 129 ff.

6 Doris Seck, Das Saarbrücker Schloss, S. 45.

7 Joachim Breuninger, Auto als Statussymbol. Spiegelbild der Persönlichkeit, in: Geliebt. Gebraucht. Gehasst. Die Deutschen und ihre Autos, hg. von der Stiftung Haus der Geschichte der Bundesrepublik Deutschland, Dresden 2017, S. 95.

8 Reinhart Kosellek, Der Aufbruch in die Moderne oder das Ende des Pferdezeitalters, in: Bertold Tillmann (Hg.), Der Historikerpreis der Stadt Münster. Die Preisträger und Laudatoren, Münster 2005, S. 159-161.

9 https://www.bpb.de/themen/europaeische-geschichte/geschichte-im-fluss/188929/mit-dem-taxi-an-die- [25.07.2022].

10 Ulrich Raulff, Das letzte Jahrhundert der Pferde. Geschichte einer Trennung, München 2015, S. 157, 249, 253.

11 https://www.dw.com/de/niederlande-kolonialismus-kutsche-k%C3%B6nigshaus-willem-alexander-maxima/a-57939640 [03.05.2020].

12 Wolfgang Sachs, Die Liebe zum Automobil. Ein Rückblick in die Geschichte unserer Wünsche, Reinbek, 1990, S. 20, 191-200.

13 Saarbrücker Zeitung, 11.9.1987.

14 Aktuelle Kamera, 7.9.1987.

15 Motor-Klassik, Nr. 9/2003, S. 37 ff.; Heribert Hofner, Mercedes-Benz 600, Bielefeld 2001.

16 Ebda.

17 Ebda.

18 Ebda.

19 Oldtimer-Markt, Nr. 1/1986, S. 14-20.

20 Ebda.

21 Martin Sabrow, Die verdrängte Verschwörung. Der Rathenau-Mord und die deutsche Gegenrevolution, Frankfurt/Main 1999.

22 Robert Gerwarth, Reinhard Heydrich. Biographie München 2013.

23 Etienne Roux, Voitures de présidents de la Ve. République, Vauves 2018, S. 52.

24 https://www.bpb.de/kurz-knapp/hintergrund-aktuell/196955/vor-30-jahren-ermordung-von-alfred-herrhausen/ [25.07.2022].

25 Vgl. Der Spiegel, Nr. 48/1958. Bei der Bevorzugung des Mercedes 300 gegenüber den BMW V8-Modellen soll Ministerialrat Hans Kilb im Bundeskanzleramt eine fragwürdige Rolle gespielt haben. Gegen ihn wurde ein Verfahren wegen schwerer passiver Bestechung eingeleitet.

26 Heribert Hofner, Die S-Klasse von Mercedes-Benz. Von der Kultur des Fahrens, Augsburg 1997.

27 Wolfram Nickel, Adenauers Liebling – der Mercedes-Benz 300 wird 70 Jahre alt, in: Handelsblatt, 23.3.2021. https://www.handelsblatt.com/mobilitaet/oldtimer/oldtimer-adenauers-liebling-der-mercedes-benz-300-wird-70-jahre-alt/27031556.html [10.03.2023].

28 Der Spiegel, Nr. 25/1971.

29 Der Spiegel, Nr. 10/1962 und 6/1963.

30 Der Spiegel, Nr. 25/1971.

31 Saarbrücker Landeszeitung, 11./12.4.1970.

32 Der Spiegel, Nr. 25/1971.

33 https://de.wikipedia.org/wiki/Hans_Leussink [03.05.2020]. Der Spiegel, Nr. 51/1985 https://www.spiegel.de/politik/joschka-ein-traum-in-gruen-a-063aef58-0002-0001-0000-000013516018 [03.05.2020].

34 Henning Hinze, Neue Dokumente im Bundesarchiv entdeckt. So brachte das Auto Hitler an die Macht, in: www.-autobild.de, Nr.2/2014.

35 Johann-Günther König, Auto und Politische Macht, in: Geliebt. Gebraucht. Gehasst. Die Deutschen und ihre Autos, hg. von der Stiftung Haus der Geschichte der Bundesrepublik Deutschland, Dresden 2017, S. 32.

36 Auto-Bild, Nr. 2/2014. Werlin trat 1932 in die NSDAP ein und 1934 ehrenhalber auch in die SS. 1934 wurde er in den Vorstand von Daimler-Benz berufen, ab 1938 ehrenamtlicher Hauptgeschäftsführer und Aufsichtsratsmitglied der Volkswagenwerk GmbH. Am 16. Januar 1942 ernannte ihn Hitler zum Generalinspekteur für das Kraftfahrwesen. Nach 1945 verbrachte Werlin drei Jahre in amerikanischer Internierung, wurde 1948 als «Mitläufer» entlassen und führte unter seinem Namen zusammen mit seinen Söhnen in Rosenheim und Traunstein Verkaufsstellen von Daimler-Benz.

37 Rita Wagner, Konrad der Große. Die Adenauerzeit in Köln 1917 bis 1933, Köln 2017.

DGF-C 81

SB-H 8506

4

Hans-Christian Herrmann

Autos machen Leute oder Das Auto als Spiegelbild der Gesellschaft

«Spießerkarren», «Mietzenschlepper» und «Sex-Maschinen»

So wie das Pferd über Jahrhunderte Zeichen von Wohlstand und Macht war, so wurde das Auto im 20. Jahrhundert zu einem gesellschaftlichen Statussymbol. Autos erzählen uns etwas über die Männer und Frauen am Steuer. Marke und Modell lassen Rückschlüsse auf ihre Persönlichkeit, ihre Emotionen und ihre materiellen Verhältnisse zu.

Mit der Wahl des Autos versuchen seine Besitzer und auch Besitzerinnen, sich so darzustellen, wie sie gerne sein möchten. So wie Kleider scheinen auch Autos Leute zu machen. Das Auto als Statussymbol und Spiegelbild seiner Besitzer scheint nur vordergründig vor allem eine männliche Geschichte zu sein, wie ein Blick in das Frauenkapitel dieses Bandes offenbart.[1]

In den 1920er Jahren war das Auto für die gehobenen Schichten aus Wirtschaft und Gesellschaft Zeichen von Wohlstand und Moderne, für die künstlerische Avantgarde wurde es zu einem Statussymbol. «Schwer zu entscheiden, was er lieber mochte: Frauen oder Autos» – so Monika Buschey in ihrer 2007 erschienenen Brecht-Biografie «Wege zu Brecht». Auch andere Dichter waren autobegeistert, so etwa Carl Zuckmayer. Er fuhr seit 1921 einen Mercedes und auch Erich Maria Remarque, der mit seinem Anti-Kriegsroman «Im Westen nichts Neues» 1928 einen Bestseller verfasste, bis heute über 20 Millionen Mal verkauft, war ein großer Autoliebhaber. Remarque arbeitete zudem als Motorjournalist. Er widmete seinem Lancia Dilambda[2] sogar eine Erzählung und in diesem Wagen fuhr er zusammen mit Marlene Dietrich nach Frankreich ins Exil, um den Nazis zu entkommen.[3] Die heute weitgehend in Vergessenheit geratene legendäre italienische Marke Lancia stand für Eleganz und technischen Fortschritt, ein Juwel italienischen Automobilbaus.

***Ein nobler Mercedes** bei einer Saarbrücker Hochzeitsgesellschaft und ein **Goggomobil Coupé** – sich unterscheiden, repräsentieren, bedeutend erscheinen. Autos machen Leute. Heute streichelt der Charme des Goggomobils unser Herz, seinerzeit symbolisierte es einen bescheidenen Start ins Wirtschaftswunder.*

| Fotograf: Fritz Mittelstaedt, Stadtarchiv Saarbrücken, Nachlass Fritz Mittelstaedt und Archiv Glas Automobilclub International e. V. (Goggomobil).

Erich Maria Remarque vor seinem grauen Lancia Dilambda.
Das Foto hat Griffith Borgeson erstellt, als er das Fahrzeug 1963 von Remarque erwarb. Beide Lancias von Remarque waren mit einer Karosserie der Firma Voll & Ruhrbeck, Berlin Charlottenburg, ausgestattet. Borgeson verkaufte ihn 1967 an die Gebrüder Guido und Franco Artom aus Turin. Heute steht er wohl dort in einem Automuseum. Der von 1928 bis 1935 gebaute Dilambda gilt als erstes Auto mit Einzelradaufhängung. Wegweisend auch die Verwendung von Silentblöcken zur Dämpfung von Motorvibrationen auf die Karosserie. Auch die Schauspielerinnen Marlene Dietrich und Greta Garbo, der Boxer Max Schmeling und der Schriftsteller Ernest Hemingway besaßen einen Dilambda.
| Fotograf: Griffith Borgeson, Erich Maria Remarque Friedenszentrum, Osnabrück.

Für Brecht und Remarque war das Auto Symbol ihres Erfolges als Schriftsteller. Ein Jahrzehnt nach der einsetzenden Massenmotorisierung nach dem Zweiten Weltkrieg entstand in der Gesellschaft immer mehr das Bedürfnis, sich in der Wahl des Autos von anderen zu unterscheiden. So sollte der persönliche Status vermittelt werden. Dies galt für Politiker, für Wirtschaftsbosse und Künstler genauso wie für weite Teile der Gesellschaft, wobei der Trend dazu bei den Reichen und Mächtigen viel früher einsetzte. Verbunden ist diese Entwicklung mit einer Begeisterung für das Automobil.[4]

1. Das Auto als Symbol des ganz persönlichen Wirtschaftswunders

In den 1950er Jahren ging die Mehrzahl der Bundesbürger zu Fuß, fuhr Bahn und Bus oder mit dem Zweirad, das konnte ein Fahrrad, ein Motorroller wie etwa eine Vespa oder ein Motorrad sein. Viele träumten vom Auto und sparten dafür. In den ersten Nachkriegsjahren entwickelte sich das Auto dann im Zeichen einer Autobegeisterung zur begehrtesten Ware seiner Zeit.[5]

Seit den 1950er Jahren erlebte die Bundesrepublik eine kontinuierliche ökonomische Aufwärtsentwicklung. Die frei verfügbaren Einkommensanteile nahmen permanent zu – also das Geld, das vom Lohn nach Abzug der Kosten für Essen, Wohnen und Kleidung übrigblieb. Diese Entwicklung war maßgeblich für die Herausbildung einer Konsumgesellschaft. Sie wurde gestärkt durch stetig steigende Löhne und eine gleichzeitige Abschwächung der Preise für Strom, Gas und andere Brennstoffe sowie im Lauf der 1960er Jahre für Nahrungsmittel im Kontext der sich verbreitenden Supermärkte. Nach dem Krieg entwickelten sich verschiedene Konsumwellen: Zuerst kam die Fresswelle, dann waren Bekleidungs-, Wohn- und Einrichtungsgegenstände gefragt. Darauf folgte die Autowelle, die beim Konjunktureinbruch 1966/67 einen ersten Dämpfer erlebte, der aber bereits kurze Zeit später überwunden werden konnte. Bestimmte bis in die 1950er Jahre vor allem der Verkäufer die Verkaufsbedingungen, wuchs das Gewicht des Käufers und damit auch seit den 1960er Jahren der Preisdruck. Es entstand ein Käufermarkt, so wurden etwa beim Autokauf Fußmatten, und ab 1970 auch gern die vorgeschriebenen Verbandskästen und Warndreiecke gratis dazu gegeben und Preisnachlässe gewährt.[6]

Die Käufer waren seinerzeit vor allem Angehörige der jüngeren und mittleren Generation und hier Familien bzw. Haushalte mit vier und fünf Personen. 1962 besaßen 37,6 Prozent der bundesdeutschen Haushalte mit vier Personen und 38,5 Prozent der Haushalte mit fünf Personen einen PKW, aber nur 8,1 Prozent der Single-Haushalte. Die Schwelle, den Erwerb eines Autos anzustreben, lag im Jahr 1962 bei einem monatlichen Nettoeinkommen von 700 DM. Bei den Käufern dominieren zwar noch die Männer, die Zahlen sind aber nur bedingt aussagekräftig, da Männer seinerzeit in der Regel auch den Kaufvertrag für einen Neu- und Gebrauchtwagen unterschrieben, den Frauen im Alltag benutzten. Die Motive für den Autokauf waren Selbstentfaltung, Aktivität und Lustgewinn.[7]

Anzeige des Saarbrücker Goggo-Händlers *in der Saarbrücker Zeitung vom 6. Mai 1961.*

Das« Teufelsding aus Dingolfing» oder der lange Weg zum «richtigen» Auto

Zu Beginn der 1950er Jahre träumten viele vom VW Käfer, für den 5.000 DM bezahlt werden mussten. Es ist die Zeit der heute vergessenen Kleinstwagen, die technisch in hohem Maß auf Motorrädern basierten, aber über mindestens drei Räder verfügten und Wetterschutz boten. Zu den legendären dieser heute vergessenen Autos gehörten der Lloyd aus dem Borgward-Konzern und das Goggomobil der Firma Glas bzw. der Landmaschinenfabrik Isaria, vor dem Krieg der größte Sämaschinen-Produzent Europas, der nach 1945 zunächst Motorroller und dann Autos baute. Die Karosserie des Lloyd, im Volksmund auch Leukoplastbomber genannt, bestand aus einer mit Kunststoff überzogenen Sperrholzkarosserie. Für viele dieser Vehikel brauchte man keinen Pkw-Führerschein der Klasse 3, sondern die alten Führerscheine der Klassen 1 und 4 genügten. Klasse 4 erlaubte Fahrzeuge bis 250 ccm fahren zu dürfen und hier gab es das Goggomobil. «Goggo» war der Kosename des Enkels von Firmenchef Hans Glas. Das Zweitaktmotörchen dieses Autos machte einen Höllenlärm und zog eine übelriechende Abgasfahne hinter sich her. Das in Dingolfing (Niederbayern) gebaute Gefährt erfreute sich hoher Absatzzahlen, nicht zuletzt, weil es zweckmäßig war und einen passablen Einstieg bot ganz im Unterschied zur BMW Isetta, bei der die Fahrertür an der Fahrzeugfront angebracht war; aber auch sie war ein Erfolg und rettete BMW vor der Pleite. 1954 entfielen noch ganze drei Prozent der deutschen Kfz-Produktion auf PKW bis 499 ccm und immerhin weitere 13,9 Prozent auf die Hubraumklasse von 499 bis 1000 ccm.[8]

Das Goggo, auch «Teufelsding» aus Dingolfing genannt, und viele andere dieser Kleinstwagen waren Episoden auf dem Weg zum VW Käfer, Renault Dauphine, Ford 12 M oder Opel Kadett. Vor allem Menschen, die sich vor dem Erwerb des Führerscheins der Klasse 3 scheuten, blieben ihrem Goggo treu, das bis weit in die 1970er Jahre im Straßenbild auch im Saarland noch zu sehen war und gerade zu dieser Zeit das Auto älterer Frauen und Männer war. Sparsam war ein «Goggo» mit einem Verbrauch von bis zu 8 Litern Zweitaktgemisch auf 100 km keineswegs. Das Coupé verfügte über einen 400 ccm-Motor mit 20 PS und war damit bis zu 100 km/h schnell. Faszinierend war, wie flink man mit dem kleinen Wagen unterwegs sein konnte.[9]

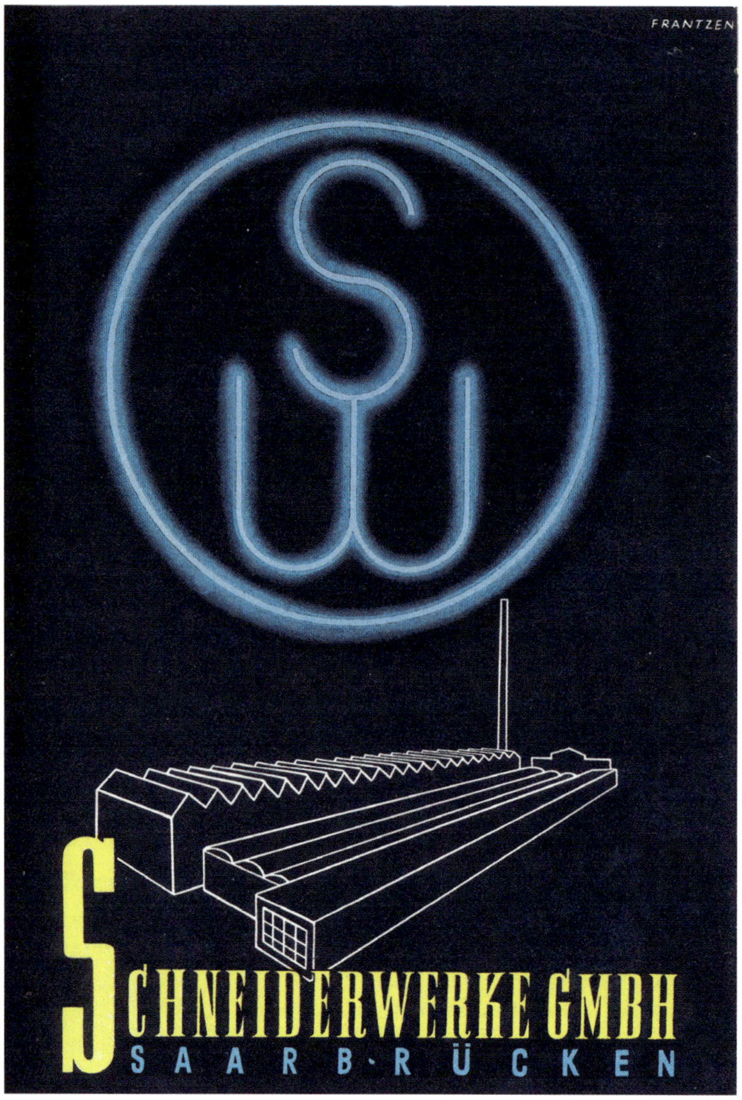

Dr. Kurt Schneider, Besitzer der gleichnamigen Schneider-Werke, *und sein Mercedes 300 SL Flügeltürer. Die Amerikaner sprachen vom «Gullwing» (Möwenschwinge). Geboren am 25. Mai 1905 in Saarbrücken, war Schneider ein extravaganter Mensch und genoss das Wirtschaftswunder in vollen Zügen. Neben schnellen Autos schmückte er sich gerne mit Tieren und hielt einen Gepard.*

| Fotograf: Fritz Mittelstaedt, Stadtarchiv Saarbrücken, NL F. Mittelstaedt.

Dr. Schneider und sein 300 SL: Was kostet die Welt – Prassen im Wirtschaftswunder

Der Traum der 1950er Jahre war der Mercedes-Benz 300 SL Flügeltürer – auch als Sportwagen des Jahrhunderts bezeichnet. Der 300 SL (W198) war der erste reinrassige Sportwagen, den Daimler-Benz im Februar 1954 auf der International Motor Sports Show in New York vorstellte. Er zielte vor allem auf die kaufkräftige amerikanische Kundschaft. Von August 1954 bis Mai 1957 entstanden 1.400 Flügeltürer, im März 1957 präsentierte Daimler-Benz den 300 SL auch als Roadster bzw. Cabriolet.

Dr. Kurt Schneider *und die nicht artgerechte Haltung seines Geparden.*
| Fotograf: Fritz Mittelstaedt, Stadtarchiv Saarbrücken, NL F. Mittelstaedt.

Am 8. Februar 1963 wurde die Produktion dieses legendären Wagens eingestellt, mit dem die Marke zahlreiche Rennerfolge einfuhr und für den heute in erstklassigem Zustand Millionen bezahlt werden.[10] Mit 29.000 DM kostete er 1954 so viel wie fast sechs VW Käfer. Je nach Version konnte ein 300 SL eine Höchstgeschwindigkeit zwischen 235 bis 260 km/h erreichen. Seinerzeit ein Tempo in einer neuen und zugleich elitären Dimension. So lief der schnellste Porsche seinerzeit 165 km/h und ein VW Käfer mit viel Rückenwind gerade mal 115 km/h. Selbst noch 20 Jahre später wählten befragte junge Männer unter 30 Jahren den 300 SL zu ihrem Traumwagen. Die Zeitschrift «Hobby» hatte 1977 eine entsprechende Meinungsumfrage in Auftrag gegeben.[11]

Einer der wenigen Saarländer, die sich ein solches Auto leisten konnten, war der St. Ingberter Industrielle Dr. Kurt Schneider.[12] Sein wohl 1955 erworbener 300 SL existiert wahrscheinlich noch. Laut Kraftfahrtbundesamt waren im Saarland 1960 zwei 300 SL registriert. Der 260 km/h schnelle Wagen war höchstwahrscheinlich seinerzeit von der damaligen Mercedes-Generalvertretung Seibert & Söhne in Saarbrücken ausgeliefert worden. Das Auto war vermutlich silbergraumetallic bzw. lackiert in «Seidenglanz», ausgestattet mit Ledersitzen und Radkappen in Türkis, die Bezeichnung von Mercedes dazu war für die Radkappen «afrikablau». Diese Kombination war selten, meist wurden die Ledersitze in Rot geordert. Der Industrielle Schneider definierte sich über seine Autos. Dazu passte es auch, sich mit seinen Fahrzeugen vom Saarbrücker Berufsfotografen Fritz Mittelstaedt ablichten zu lassen, der für Schneiders Firma als Werbefotograf arbeitete. Schneider hatte ein Vermögen mit Gasflaschen verdient. Sein saarländisches Unternehmen soll der – erste und lange Zeit auch größte – Produzent geschweißter Butan- und Propangasflaschen Europas gewesen sein. Nicht nur an Autos hatte er einen Narren gefressen – auch an Tieren. So hielt er sich einen Privatzoo, neben Bulldoggen und Ponys auch mindestens einen Gepard. Schneider galt als frankophil, liebte Zigarren und Champagner, war ein Mann des Wirtschaftswunders und wollte seinen Wohlstand allen zeigen. Zu seinem 60. Geburtstag servierte er im Hotel-Restaurant Waldhof-Schüren bei St. Ingbert auf Eisblöcken angerichteten Kaviar und seine Gäste erhielten Goldmünzen mit den eingeprägten Initialen «SW» für Schneider-Werke. Zur Behandlung des Ekzems seines Geparden konsultierte er den Saarbrücker Hautarzt Dr. Robert Veldung.[13] Demonstrativ genoss Schneider das Leben in vollen Zügen, galt eher als großzügig denn als arrogant. Als Unternehmer scheiterte er, 1971 wurde seine Firma liquidiert.[14]

Der Wunsch der Erfolgreichen und Vermögenden, sich zu unterscheiden ging gelegentlich so weit, auch bei der Wahl des Kennzeichens die Führungsrolle, den Aufstieg und die Wichtigkeit zu kommunizieren. So trug der in St. Ingbert zugelassene 300 SL von Schneider das Kennzeichen «IGB - A 1». Das war kein Einzelfall, sondern typisch für die Mächtigen, wie der Blick auf den BMW 502 V 8 von Stahlbaron Alfried Krupp von Bohlen und Halbach zeigt. Die Nummer Eins in Essen führte das Kennzeichen «E - RZ 1» und wie Schneider besaß Krupp von Bohlen und Halbach auch einen 300 SL, allerdings als Roadster, lackiert in Hellbraun mit beigen Ledersitzen.[15] Besitzer eines Barockengels, so wurde der BMW 501/502 genannt, war übrigens auch der St. Ingberter Brauereibesitzer Becker. Gleich zwei BMV V 8 liefen dort über zehn Jahre und wurden vom Garagenmeister der Brauerei Theo Leitheiser sorgsam gepflegt.[16]

Mercedes und Porsche – Statussymbole des Wirtschaftswunders

Das Streben nach Status erfasste in den 1950er Jahren alle Lebensbereiche. Der Saarbrücker Fotograf Fritz Mittelstaedt lebte wie viele seiner Kollegen auch von der Familienfotografie. Brautpaare wollten den wichtigsten Moment in ihrem Leben festhalten und beauftragten einen Fotografen, der ihre Feier mit der Kamera begleiten und dokumentieren sollte – sozusagen Bilder für die Ewigkeit, in einer Zeit, in der Scheidungen noch verpönt waren. Vor allem ab den 1950er Jahren bis in die zweite Hälfte

Der Erwerb eines Mercedes *war für weite Teile des deutschen Mittelstandes in den ersten vier Nachkriegsjahrzehnten ein besonders anzustrebendes Ziel. Viele entschieden sich für einen Diesel, dessen günstige Unterhaltskosten dabei halfen, den hohen Einstandspreis zu stemmen.*
| Foto: Mercedes-Benz-Archive, 1999DIG635.

Aus jeder Perspektive ein Traum. *Dieser Porsche 356 gehörte dem Besitzer der Druckerei Funk, neben der Saarbrücker Zeitung damals die größte Druckerei im Saarland, u. a. untergebracht in der Richard-Wagner-Straße in Saarbrücken. In der Autonomiezeit druckte Firmenchef Karl Funk Plakate für die verbotene Demokratische Partei Saar (DPS), der er auch wohl seit ihrer Gründung angehörte. Ende der 1950er/Anfang der 1960er Jahre war dieses Auto ein Traum für den jungen dynamischen Mann. Gefahren wurde es aber gerne von älteren Herren, die «angegraut», etabliert und beruflich erfolgreich waren. Sie konnten sich eher ein solches Fahrzeug leisten und umgaben sich so mit einem Status von Sportlichkeit.*

| Fotograf: Fritz Mittelstaedt, Stadtarchiv Saarbrücken, NL F. Mittelstaedt, Nr. N. 601.001,

des 20. Jahrhunderts wurde es üblich, als Brautpaar chauffiert zu werden und das in einem möglichst repräsentativen und komfortablen Automobil, das natürlich vor allem über viel Beinfreiheit im Fond verfügen sollte. Die auf Mittelstaedts Fotos abgebildeten Fahrzeuge Saarbrücker Hochzeitsgesellschaften zeigen: Für den wichtigsten Tag im Leben musste es meist ein Mercedes-Benz sein. Ihn zu beschaffen, erforderte Kontakte und eine gewisse Kreativität. Man darf vermuten, dass im Familien- und Freundeskreis nach dem repräsentativsten Auto geschaut wurde. Dies erklärt auch, dass die als Hochzeitswagen genutzten Mercedes-Modelle nicht alle Saarbrücker Kennzeichen trugen, sondern etwa aus Hamburg oder anderen Teilen der Bundesrepublik kamen.

Mercedes und Porsche bilden zu jener Zeit quasi ein Monopol bei den automobilen Statussymbolen. Auch der Film förderte diese Wirkung. In «High Society», 1956 in den USA produziert, steuert Grace Kelly als verwöhnte Tochter aus gutem Hause einen silbergrauen Mercedes 190 SL. In Deutschland lief der Film unter dem Titel «Die oberen Zehntausend». Der 190er SL war ein vor allem in den USA sehr gefragtes Cabriolet. Insgesamt wurden 25.881 Exemplare gefertigt.

Mercedes-Limousinen – auch in Saarbrücken begehrte «Hochzeitskutschen» *in den ersten zwei Nachkriegsjahrzehnten, wie das Foto-Archiv des Saarbrücker Fotografen Fritz Mittelstaedt zeigt. Hier griff die Saarbrücker Hochzeitsgesellschaft auf einen Mercedes aus Hamburg zurück.*
| Fotograf: Fritz Mittelstaedt, Stadtarchiv Saarbrücken, NL F. Mittelstaedt.

***Der Traum von Millionen – Mythos Porsche 911.** Kein Auto hat so viele Rennen gewonnen und einer Marke so viel Identität gestiftet. Als 901 mit 130 PS auf der IAA 1963 vorgestellt und dann 1964 in 911 umbenannt, weil Peugeot Rechte an der Ziffernfolge 901 geltend machte. Heute stehen 385 PS zur Verfügung.* | Fotograf: Andreas Beyer, Wiesbaden.

Auch die Frankfurter Edelprostituierte Rosemarie Nitribitt erwarb im Mai 1956 dieses Modell in Schwarz mit roten Polstern.[17] Mit diesem Auto signalisierte sie ihren besonderen Status als Callgirl für deutsche Industrielle, aber auch ihren materiellen Aufstieg vom missbrauchten und misshandelten Kind aus verwahrlosten Verhältnissen. Der Benz dürfte für sie ein Symbol ihres Lebenskampfes nach oben gewesen sein. Kurz vor ihrer Ermordung am 29. Oktober 1957 bestellte sie einen Mercedes 300 S Coupé, den seinerzeit teuersten Mercedes überhaupt. Über Jahrzehnte bildeten der Name Nitribitt und ihr Mercedes 190 SL eine Einheit.[18]

In den ersten drei Nachkriegsjahrzehnten dominierten vor allem Mercedes und Porsche das Segment der Statussymbole. Es kursierte in den 1960er Jahren der Spruch, in Deutschland beginne der Mensch erst beim Mercedes.[19] Mit dem Aufstieg von BMW in den 1970er und von Audi in den 1990er Jahren wurde das Monopol der Stuttgarter Marken aufgebrochen, symbolisch unübersehbar in der Wahl des VW Phaetons als Dienstwagen von Kanzler Gerhard Schröder.[20] Dienstwagen wurden in der freien Wirtschaft als Instrument einer innerbetrieblichen Hackordnung genutzt oder anders ausgedrückt, sie waren «ausgetüftelte Meisterwerke des feinen Unterschieds»[21]

Autofirmen warben mit Prominenten als Kunden. *Wenn Prominente ein Fahrzeug kauften, dann gab es bei der Übergabe einen Pressetermin – so wie hier in der Saarbrücker BMW-Niederlassung, als Dieter Thomas Heck (Moderator beim Saarländischen Rundfunk, später u. a. Vater der Hitparade im ZDF, Showmaster, 1937-2018) seinen neuen BMW 2500 in Empfang nahm und der Saarbrücker Fotograf Fritz Mittelstaedt dies auch mit seiner Kamera dokumentierte [1968/1969].* | Fotograf: Fritz Mittelstaedt, Stadtarchiv Saarbrücken, NL F. Mittelstaedt.

Facel Vega und Frankreichs Nobelmarken bei den Saarländern

Aufgrund der besonderen saarländischen Marktverhältnisse mit der starken Präsenz französischer Autos, die in den 1960er Jahren gut 40 Prozent und mehr Marktanteil erzielten, genossen französische Wagen der gehobenen Klasse im Saarland eine hohe Wertschätzung.

Frankreich hatte vor dem Zweiten Weltkrieg eine Vielzahl von Luxusmarken hervorgebracht. Legendär die im Elsass gebauten Bugattis wie etwa der Royale, das Modell 57 oder der Atlantique. Autos, die heute für bis zu 15 Millionen Euro und mehr gehandelt werden, und seinerzeit schon Grenzen sprengten – grenzenloser Luxus, extreme Motorstärke mit Hubräumen bis zu 12.000 ccm, unerreichte Fahrleistungen gepaart mit unnachahmlicher Eleganz. Bugattis waren die Sieger des Rennsports, anfangs sehr leichte Autos, schnell mit erstklassiger Straßenlage. Bugattis waren Autos für gekrönte Häupter. Sie mussten in Molsheim im Werk gewartet werden, eigens dafür errichtete Bugatti ein standesgemäßes Hotel und First-Class-Restaurant – eine Luxuswelt, von der Daimler-Benz und Horch entfernt waren. In Saarbrücken soll Hermann Seibert, Chef der Saarbrücker Stahlbaufirma Seibert, über den Autohändler Ambrosius einen Bugatti erworben haben. Das Fahrzeug konnte in den Kriegsjahren vor dem Zugriff der Wehrmacht geschützt werden und lief nach 1945 weiter im Saarland, in den frühen 1950er Jahren verliert sich die Spur. Nach 1945 sollte die Zeit der französischen Luxuswagen aber zu Ende gehen. Bugatti ging 1963 unter, Delahaye und Delage erlebten in den 1930er Jahren ihre Blütezeit und schlossen 1957 ihre Fertigung.[22]

Ein gewisser Jean Daninos, der Karosserien für Ford France und Simca baute, wollte an die glanzvollen Zeiten der französischen Luxuswagen anknüpfen und baute ab 1954 unter der Bezeichnung Facel Vega extravagante Automobile, 1964 musste er die Produktion einstellen.[23]

Wie in Frankreich fuhren im Saarland die Eliten in Wirtschaft und Politik in den 1960er und 1970er Jahren nicht ausschließlich oder überwiegend Mercedes, sondern vielfach die Citroën DS, so vor allem die Saarbrücker Kaufleute und Unternehmer wie etwa Juwelier Metzger und die Brauerei Bruch, aber in den 1960er Jahren auch die Minister der Landesregierung. Im Unterschied dazu bestand die typische DS-Klientel in der Bundesrepublik aus Ärzten, Architekten und Rechtsanwälten. Auch im Saarland fuhren einige von ihnen DS.

Auch die Edelmarke Facel Vega fand im kleinen Saarland Kunden. Von den 115 in die Bundesrepublik verkauften Facel Vega gingen 13 ins Saarland, also fast zehn Prozent, wobei nur 2,5 Prozent der bundesdeutschen Bevölkerung auf das Saarland entfielen. Die Marke wurde von der Simca-Hochgarage in Saarbrücken vertreten. Der erste von Facel Vega in die Bundesrepublik gelieferte Wagen ging nach Saarbrücken. Im Bundesgebiet lief der Import vor allem über das Düsseldorfer Unternehmen Auto Becker.

Neben der Simca-Hochgarage «besorgte» auch das Autohaus Dechent (Opel, GM) Facel Vega und verkaufte wohl drei Modelle des kleineren Sportwagens Facellia – so erinnert sich jedenfalls Hans-Dieter Dechent. Einen Facel Vega HK 500 fuhr beispielsweise der Chef der Wurstfabrik Höll. Dechent erinnert sich, dass die erste Inspektion bei Facel Vega in Paris durchgeführt werden musste. Er berichtet, auch der Bauunternehmer Heinrich Kniffler habe einen Facel Vega gefahren. Die Bauunternehmung mit mehreren hundert Mitarbeitern befand sich im Eschberger Weg 65 in Saarbrücken, privat wohnte Kniffler in der Feldmannstraße 92.

Citroën DS *im Ausstellungsraum von Seibert & Söhne in Saarbrücken, 1967.*
| Fotograf: Gerhard Schulthess, Stadtarchiv Saarbrücken, Sammlung G. Schulthess.

Der HK 500 verfügte über V 8-Motoren, in der stärksten Version mit 6,3 Liter Chrysler-Motor. Der 390 PS Facel Vega war mit 230 km/h das seinerzeit schnellste Serien-Coupé der Welt. Zu den prominenten Besitzern dieses französischen Luxuswagens zählte der Schah von Persien. Hölls Facel Vega soll dann Dr. Manfred Schäfer übernommen haben,[24] CDU-Politiker, Bankier und Wirtschaftsminister, der Anfang der 1970er Jahre auch zu den begeisterten Fahrern eines Citroën SM zählte. Ausgestattet mit einem Maserati-Motor knüpfte der SM 1970 an die schon fast vergessenen Zeiten der französischen Luxuswagen wieder an. Der 220 km/h schnelle SM symbolisierte Citroëns Anspruch, der bedeutendste französische Hersteller sein zu wollen. Frankreich war gerade dabei sein Autobahnnetz auszubauen.[25]

Anzeige *der Saarbrücker Hochgarage für den Facellia, Saarbrücker Zeitung 6. Mai 1961.*

Facel Vega II *vor nobler Umgebung.* | Foto: Dr. Simmet.

Facel Vega HK 500, gebaut von 1958 bis 1961. *Motorisiert mit 5,9 bis 6,3 Liter starken V 8-Motoren. Dieses edle Fahrzeug war fast 240 km/h schnell. Mit der Firma Diemer & Dalheimer in St. Ingbert gibt es einen Restaurierungs-Fachbetrieb, der heute auf diese Autos spezialisiert ist. Der Facel Vega war ein Kunstwerk. Sein Armaturenbrett war mit Leder bezogen und das Tableau wirkte wie aus feinstem Edelholz. Es war aber kein Holz, sondern eine spezielle Lackierung des Blechs suggerierte diesen Eindruck von opulentem Luxus. Holz konnte splittern und brennen, deswegen verzichtete Daninos ganz bewusst auf Holz. Die Karosserie des HK 500 ist vor allem durch Symmetrie geprägt. So verfügt das Auto über zwei in die hinteren Stoßstangenenden integrierte Auspuffrohre und über zwei Antennen.* | Fotos: Dr. Simmet.

Frankreich – ein Land ohne automobile Statussymbole?

Bis heute soll das Auto in Frankreich kein Statussymbol sein. Gutes Essen und Trinken sowie Mode seien Franzosen wichtiger und zum «Leben wie Gott in Frankreich» gehöre vor allem unbeschwert spontan Geld auszugeben. So das Klischee und irgendetwas stimmt ja meistens beim Klischee.

Autos waren in Frankreich nach 1945 bis Ende des 20. Jahrhunderts viel teurer als in der Bundesrepublik. So betrug die Mehrwertsteuer auf Neuwagen zeitweise 33,3 Prozent und die Benzinbesteuerung war zeitweise die höchste in Europa. Wer im ländlichen Frankreich mobil sein wollte, brauchte ein Auto oder zumindest den Bus, denn das Eisenbahnnetz war in der Fläche dünn. Frankreichs Automobilindustrie kannte vor 1945 eine Haute Couture schöner Formen und potenter Motoren. Man erinnere sich an Bugatti. Renault baute große Autos wie die Reinastella (1928-1933) mit 8-Zylindern, 7.125 ccm und 110 PS. Nach 1945 schrieb Renault mit Kleinwagen Geschichte und Autos wie dem 1965 vorgestellten R 16, der mit seiner Heckklappe und dem variablen Innenraum vor allem das junge Ehepaar mit drei Kindern bediente. Die Familie stand im Mittelpunkt der französischen Automobilindustrie. Vier Türen waren deshalb Pflicht und optimale Raumausnutzung spielte eine Rolle. Mit eher kleinen Motoren sparsam und zügig unterwegs zu sein und einen guten Federungskomfort zu bieten – daran orientierten sich Peugeot, Citroën und Renault. Vom Citroën 15 CV (1934-1952) abgesehen begnügten sich alle drei mit Vierzylindern, 1970 kam der Citroën SM mit Sechszylindermotor, 1975 folgten der Peugeot 604 und der Renault 30. Bis heute ist es der französischen Automobilindustrie nicht gelungen, das Oberklassesegment erfolgreich zu besetzen. Die französische Bourgeoisie schottete sich zudem immer schon gerne ab und zeigte nicht so offenkundig ihren Reichtum.

3. «Zeigen, was man sich leisten kann» – Opel und Ford als Marken der Mittelstandsgesellschaft

Mercedes und Porsche waren in den 1950er und 1960er Jahren die deutschen Marken, die für Wohlstand und Reichtum standen. Porsche war ein Nischenanbieter, zu 80 Prozent gingen in den 1950er und 1960er Jahren in die USA.

Von den ersten Jahren des Wirtschaftswunders bis in die 1980er Jahre symbolisiert der Fahrzeugtyp vor allem Einkommensunterschiede und gesellschaftlichen Aufstieg. In den 1960er Jahren kommt der massenhafte Durchbruch des Autoabsatzes in Fahrt.

***Werbung für die großen Opel-Modelle Kapitän, Admiral und Diplomat**, 1966. Der Homburger Landrat und Saarbrücker Oberbürgermeister Schuster fuhr in den 1960ern Opel Kapitän und ein Diplomat lief in den späten 1960er Jahren als Direktionswagen des Saarbrücker Kaufhauses Sinn.*[26]

Opel war, von der 1963 in Konkurs gegangenen Marke Borgward einmal abgesehen, der erste in Deutschland produzierende Hersteller, der über eine umfassende Modellpalette verfügte. Vom kleinen Kadett bis zu Kapitän und Diplomat reichte das Programm oder vom Vierzylinder mit 40 PS bis zum V-8 mit 5,4 Liter Hubraum.

Opels Modellbezeichnungen symbolisierten eine Hierarchie, die die Entwicklung der Bundesrepublik zur Mittelstandsgesellschaft erzählt und demonstriert, wie der Opel-Fahrer seiner Nachbarschaft sein ganz persönliches Wirtschaftswunder zeigen konnte. Es begann mit dem Kadett und ganz oben kam der Kapitän, gefolgt vom Admiral und an der Spitze der Diplomat, dazwischen der Olympia, Rekord und Commodore. Ähnlich verhält es sich zeitversetzt für Ford. So kommentierte Ford in den 1950er Jahren etwa ein Werbefoto für das Modell Taunus: «Wir haben es geschafft. Das neue Auto steht vor der Tür. Alle Nachbarn liegen im Fenster und können sehen, wie wir für eine kleine Wochenendfahrt rüsten. Jawohl, wir leisten uns etwas, wir wollen etwas haben vom Leben (...) ».[27]

Opel und Ford waren die Autos der aufstrebenden Mittelstandsgesellschaft. Ford gab sich mit Modellbezeichnungen wie «Eifel» und «Taunus» deutsch. Das «M» in der Modellbezeich-

***Den Einstieg in die Opel Klasse bildete der Kadett,** hier im Schaufenster des Saarbrücker Kaufhauses Sinn ausgestellt Anfang der 1960er Jahre anlässlich der Messe Auto und Mode.* | Fotograf: Fritz Mittelstaedt, Stadtarchiv Saarbrücken, NL F. Mittelstaedt.

***Mit dem Opel Kapitän** bot Opel ein Auto für Chefs und die Gewinner des Wirtschaftswunders. Mehrere Opel Kapitäne in der großen Werksatt von OPEL-Dechent in Saarbrücken 1960.* | Fotograf: Fritz Mittelstaedt, Stadtarchiv Saarbrücken, NL F. Mittelstaedt.

***Im Mittelklassemodell Taunus** bot Ford auch V 6-Motoren mit 2-Liter und 2,3-Liter Hubraum an, zit. Ford-Werbung 1977.*

Einweihung Wilhelm-Heinrich-Brücke, 30. Mai 1961.
Fahrer mit Hut oder typisch bürgerlich in den 1960er Jahren? Ein Ford 17 M P 3 (1960-1964) bei der Einweihung der Wilhelm-Heinrich-Brücke in Saarbrücken.
| Fotograf: Fritz Mittelstaedt, Stadtarchiv Saarbrücken, NL F. Mittelstaedt.

nung stand für «Meisterstück» und signalisierte die Qualität und Sorgfalt eines deutschen Handwerksmeisters. Dazu verbaute Ford als Markenzeichen in der Wirtschaftswunderzeit nicht die blaue Ford-Pflaume, sondern nutze das Wappen der Stadt Köln, das Lenkradkranz und Kühlergrill bis Ende der 1960er Jahre schmückte. Ford demokratisierte den Sechszylinder mit dem Taunus P 5 (1964-67), ein bezahlbarer Sechszylinder im Mittelklasse-Format. Auch in den Nachfolgemodellen lockte Ford mit leise laufenden und für den Mittelstand erschwinglichen Sechszylindern. Solche Motoren waren in den 1960er Jahren der Oberklasse vorbehalten. Ford brach diese Exklusivität auf und noch 1978, als BMW zum großen Sechszylinder-Anbieter wurde, entfielen über 45 Prozent aller bundesdeutschen Sechszylinder-PKW auf Ford.[28] Nach der zweiten Ölkrise sollte sich dies allerdings nachhaltig ändern, verbunden auch mit einem deutlichen Rückgang des Marktanteils vom Ford Granada. Entfielen noch 1978 über 30 Prozent der Ford-Zulassungen auf dieses Modell, waren es 1984 nur noch etwas mehr als acht Prozent.[29]

Mit einfachen, zuverlässigen Autos mit großem Kofferraum trafen Opel und Ford den Nerv der Wirtschaftswunder-Zeit und ermöglichten das Reisen mit der ganzen Familie.

Zugleich versprühten Ford und Opel bei aller Biederkeit mit ihren Chromapplikationen, Plüschsitzen, flauschigen Teppichen und Holzimitaten den Hauch des amerikanischen Traums, der nach 1945 das Lebensgefühl vieler Menschen für Jahrzehnte prägen sollte. Dazu passten auch die häufigen Modellwechsel, mit denen Opel und Ford ihrer Kundschaft suggerierten, mit der Konjunktur gehen und sich etwas Neues leisten zu können bzw. zu müssen. Vor allem eine neue Karosserieform und weniger die Technik war Sinn des Modellwechsels, der das Vorgängermodell recht alt aussehen ließ und eine neue Mode vorgab. Das entsprach dem amerikanischen Verkaufsmodell, das in den USA der Autobranche boomende Umsätze vor allem zwischen 1950 und 1960 bescherte. Das Design stand im Vordergrund, General Motors war Pionier dieser Entwicklung. Es gelang in der Werbung, dem Neuen die Aura der Sexyness zu verleihen. Es entstand eine Automode mit kurzen Modellzyklen und extravaganten Formen. Dazu zählte etwa die Heckflosse, die bis ins Extreme getrieben und von den Europäern dezent und ästhetisch ansprechend nachgeahmt wurde.

Unter der Motorhaube änderte sich wenig oder kaum etwas. Opel und Ford orientierten sich an dieser Linie ihrer amerikanischen Mutterkonzerne. Ihre Modellzyklen waren sehr kurz, schon nach drei Jahren konnte ein neues Modell erscheinen. Ganz anders agierten die deutschen und vor allem die französischen Hersteller, letztere bauten ihre Modelle meist gut zehn Jahre und länger.[30]

Peugeot 404 *– einer der Hauptgewinne bei der Verlosung zur Französischen Woche 1964. Während Opel seine Modelle in den 1950er und 1960er Jahren schon nach drei Jahren ersetzte, produzierte Peugeot den 1960 vorgestellten 404 in Frankreich bis 1975. Der 404 war gerade im Saarland ein besonders beliebtes Auto, 1967 hatte Peugeot im Saarland einen Marktanteil von 18 Prozent. Auch der Peugeot 403, Vorgänger des 404, war im Saarland sehr populär, gebaut von 1955 bis 1967.* | Fotograf: Reiner Oettinger, Stadtarchiv Saarbrücken, Nachlass R. Oettinger.

*«**Lieber Perfektion als Konfektion**» – dieser Slogan der schwedischen Marke Saab sprach das Bedürfnis der Konsumenten an, sich zu unterscheiden. Mit dem ersten Höhepunkt der Massenmotorisierung in den 1960er Jahren und steigender Kaufkraft profitierten vom Wunsch nach Individualität vor allem die Importmarken, zit. Saab-Anzeige 1975.*

***Das Auto als Bekenntnis eines Lebensstils.** Werbung der Saarbrücker Citroën-Vertretung Seibert & Söhne für den CX 1976.*

***Das in den 1960er und 1970er Jahren wachsende Bedürfnis nach Individualität bediente auch die Marke Citroën.** Sie definierte sich über intelligente technische Lösungen wie etwa die Hydropneumatik und ein besonderes Design, das Aerodynamik und Ästhetik miteinander kunstvoll kombinierte.*
Das 1955 vorgestellte D-Modell repräsentiert diese Geschichte am eindrucksvollsten. Diese zit. Werbung von 1971 zeigt: Dank Hydropneumatik fährt das Auto in der Not auch auf drei Rädern, zit. Citroën-Werbung 1971.

3. «Sexmaschinen» der 1960er Jahre» – das Auto als Kommunikationsmittel. Oder: Welches Auto passt zu mir?

Im Zuge der Massenmotorisierung entstand in den 1960er Jahren das Bedürfnis, sich mit dem gekauften Auto vom Nachbarn und Kollegen unterscheiden zu wollen. Mit der wachsenden Kaufkraft wuchs der Wunsch nach Individualität und zugleich begann die Autowerbung immer mehr auch bestimmte Lebensgefühle zu bedienen. Der Lebensstandard war gestiegen. Die Gesellschaft suchte die Biederkeit der 1950er abzustreifen, Lebenslust war angesagt und die Masse der Konsumenten sehnte sich nicht nur nach Funktionalität, sondern auch nach Flair. Männer nutzten das Auto, sich zu inszenieren oder wie die Filmschauspielerin Anna Magnani (1908-1973) einmal sagte: «Wenn sich ein Mann am Steuer seines Wagens niederlässt, ist er ein Pfau, der sein Rad in der Hand hält».[31] Neben der Rolle als Wohlstandsbotschafter trat zunehmend die Rolle der Kompensation persönlicher Defizite oder die persönliche Bewerbung attraktiver Eigenschaften. Diese Entwicklung der 1960er Jahre fiel mit der Sex-Welle zusammen und das Auto spielte dabei eine große Rolle.

Mit dem Auto zur Traumfrau?

Ford nutzte als einer der ersten Hersteller die Möglichkeiten, Autos über Träume und Illusionen zu vermarkten. Als Pionier der Massenproduktion reagierte der US-Konzern auf das wachsende Verbraucherbedürfnis nach Individualität mit dem Konzept des «Personal Car». Der im Januar 1969 vorgestellte Ford Capri, ursprünglich unter dem Namen «Colt» geplant, richtete sich an die erste Nachkriegsgeneration, die mit dem Auto erwachsen geworden war. Das Motorenangebot reichte von 50 bis 150 PS, dazu gab es vier Ausstattungslinien vom Standard, über L, XL und GT und später auch GXL. Ford bot die Möglichkeit, sich sozusagen einen ganz persönlichen Capri zusammenzustellen.

Es gab 52 verschiedene Motorisierungs- und Ausstattungskombinationen, wobei Farben und Zusatzausstattungen als weitere Unterscheidungsmerkmale hinzuzurechnen sind.[32] Der Sportwagen Capri bediente aber zugleich Männerphantasien, seine lange Motorhaube weckte wie der Jaguar E-Type und die Chevrolet-Corvette Sting Ray phallische Assoziationen, die insbesondere von amerikanischen Verkäufern gerne genutzt wurden.[33] Fahrer und zunehmend auch Fahrerinnen nutzten ab den 1960er Jahren den gewählten Fahrzeugtyp dazu, gesellschaftlich zu kommunizieren. Das konnte sehr humorvoll sein, wie eine Anekdote von Gerd Meiser zeigt, verstorbener Journalist der Saarbrücker Zeitung (Redaktionsleiter Neunkirchen). In den späten 1960er Jahren fuhr Helmut Jockel, der Arbeitsdirektor der Neunkircher Hütte, einen US-Straßenkreuzer – eigentlich ein Auto für einen Generaldirektor.

«Die Silhouette eines Zweisitzers und der Platz eines Viersitzers». *Der Traum vom Capri bediente 1969/70 das Playboy-Image und nicht den Familienvater wie diese Konstellation zeigt. Der Mann mit dem Capri ist von drei Frauen umgeben. Gleichwohl sollten Träume bei Familienvätern bedient werden, zit. Ford-Werbung.*

Künstlerisch anspruchsvoller *als Triumph warb Ford für den Capri 1969/70, mikt ähnlicher Botschaft, zit. Ford-Werbung.*

1968: Mit dem Opel GT *schufen die Rüsselsheimer die europäische Ausgabe der Chevrolet Corvette. Der GT Pilot war das Gegenbild zum Opelfahrer mit Hut, Bauch und Hosenträger. Es gab Motoren von 1.100 ccm mit 60 PS bis zu 1.900 ccm. Gebaut wurde der GT in Bochum wie auch Kadett, Manta und Ascona.*
| Fotograf: Andreas Beyer, Wiesbaden.

Im Spitfire fährt man nicht lange alleine

Daran ist nicht nur sein Aussehen schuld. Sondern auch seine Rasse, seine echte Sportwagenklasse. Nur ein paar Handgriffe genügen, um das Verdeck zu öffnen. Und dann hinein in die anatomisch richtig geformten Schalensitze. Vor Ihnen die griffnah angebrachten Schalter und Rundarmaturen. In der Hand das sportliche Speichenlenkrad, das um 10 cm verstellt werden kann. Auf der Mittelkonsole den kurzen Schaltknüppel und die Handbremse.

Starten Sie. Ein kleiner Druck aufs Gaspedal und schon hören Sie, was man „Klingt-wie-Musik-in-den-Ohren" nennt. Ein kurzer Blick auf den Drehzahlmesser bestätigt, daß der Spitfire MK 3 einen kerngesunden Motor hat.

Und dann Gang rein. In 9 Sekunden sind Sie auf 80 km/h, und dann geht's zügig weiter bis auf 160 km/h. Ein leichter Druck auf das Bremspedal genügt, um seine 70 Wildpferde wieder zu bändigen. Dafür sorgen die groß dimensionierten vorderen Scheibenbremsen und die wirkungsvollen hinteren Trommelbremsen.

Nicht nur auf Autobahnen und Landstraßen ist der Spitfire in seinem Element, sondern auch in der Stadt. Hier zeigt sich, wieviel bewundernde Blicke er auf sich zieht. Wie spielend leicht er sich mit seinem unerreicht kleinen Wendekreis von 7,3 m einparken läßt. Und welches Temperament unter der Haube ist, wenn die Ampeln auf Grün schalten.
Warum fahren Sie noch keinen Spitfire MK 3?
Fordern Sie noch heute ausführliches Informationsmaterial an.

Alleinimporteur für die Bundesrepublik und West-B
Walter Hagen & Co. GmbH
415 Krefeld, Pestalozzistr. 25
TRIUMP

Im Kontext der wesentlich freizügiger werdenden Gesellschaft: *Ab 1968 inszenierte die Autowerbung das Auto als Attribut der ausschließlich männlich gesehenen Kundschaft. «Im Spitfire fährt man nicht lange alleine» – dazu konnte man auch sagen: Mit dem Triumph-Spitfire zur «flotten Mieze». zit. Triumph-Werbung.*

Im Stil der Zeit und doch viel witziger: *Werbung für das Peugeot 204 Cabriolet 1968 mit gewisser Ähnlichkeit zum Stil der Capri-Werbung. Der Fahrer des schicken, von Pininfarina gestalteten Peugeot 204 Cabriolet ist umringt von attraktiven Frauen. Subtil vermittelte die Werbung, das richtige Auto «mache» den Mann. Und trotzdem wirkt Monsieur irritiert, wollen die Damen doch alle bei ihm einsteigen. Eine hat sogar einen Koffer dabei und die anderen sind bepackt mit Tüten von Boutiquen und Schuhgeschäften. Sein Gesichtsausdruck deutet an, dass er lieber allein mit seinem Peugeot davonfahren möchte als gemeinsame Zeit mit so geballt weiblicher Begleitung zu verbringen, zit. Peugeot-Werbung.*

Kräfte messen. *Ein Opel Manta A hatte keine Chance, ein BMW 2002 tii mit 130 PS war potenter. Die Antwort auf den Capri war 1970 der Manta von Opel. Er wurde vor allem als B-Modell zum Kult. Seinerzeit auch als «Caprifischer» bezeichnet – nach dem bekannten Motorjournalisten Fritz B. Busch der beste Opel seit dem Olympia von 1936.* | Foto: BMW Group Archive, 00025859.

Der Chef des Neunkircher Eisenwerks Kurt Schluppkotten provozierte den auch von seiner Körpergröße nicht gerade stattlichen Gewerkschaftler damit, dass er mit dem Citroën 2 CV seines Sohnes auf der Hütte vorfuhr und diesen neben Jockels «Ami-Schlitten» parkte.[34]

Opel und Ford präsentierten mit Capri und Manta nach dem Vorbild des Ford Mustangs bezahlbare schnittige Sportcoupés, die sich vor allem an die jungen männlichen Arbeiter und Angestellten richteten.

Das Auto als erotischer Freiraum

Ab den 1960er Jahren diente das Auto nicht mehr nur vorrangig als Botschafter des sozialen Aufstiegs, sondern auch als Attribut für Sportlichkeit und Erotik. Kein Wunder, dass Frauen deshalb in der Auto-Werbung diese Attribute bedienten. Und viele Männer, die weder jung, sexy noch äußerlich attraktiv waren, suchten ihre Bestätigung im Auto. Soziologen gingen davon aus, dass in den 1960er Jahren 50 Prozent der Bundesbürger sozusagen «ihre erste Liebe» im Auto erlebten – oder: «Der Personenwagen bringt Dame und Bube nicht nur geographisch zusammen, sondern auch körperlich».[35]

Auf der 4000 Kilometer langen legendären Route 66 suchten junge amerikanische Paare auf «ungestörten Parkplätzen» die Zweisamkeit. Die prüden 1950er Jahre waren auch in der Bundesrepublik noch nicht vorbei. Der § 218 Strafgesetzbuch kriminalisierte den Schwangerschaftsabbruch. Eine Straftat war auch Homosexualität (§ 175). Schülerinnen, die schwanger wurden, wurden der Schule verwiesen. Die ab 1961 aufkommende Antibaby-Pille wurde unverheirateten Frauen von den meist männlichen Frauenärzten verweigert, unterstützt von den Kirchen, die auch den Kondomverkauf unterbinden wollten. Sexualität sollte nicht dem Genuss und der Lebensfreude dienen, sondern vorrangig der Reproduktion. Vor allem gab es noch den § 180 Strafgesetzbuch, den sogenannten Kuppelei-Paragraphen. Wer unverheirateten Paaren Zimmer oder Wohnungen zur Verfügung stellte, machte sich strafbar. Dies galt auch für Familienangehörige und nicht nur für Hoteliers.[36]

Gerade in diesen Zeiten bot das Auto jungen Paaren die Möglichkeit, sich aus diesen kruden Zwängen zu befreien und die Liebe zu entdecken. Das Auto ermöglichte, die vorenthaltene sexuelle Freiheit zu erlangen und der Prüderie und Repression der Zeit zu entkommen. «Liegesitze» symbolisieren diese Rolle des Autos. Gerade in den 1960er und 1970er Jahren wurde dieses Ausstattungsdetail beworben und war vielen wichtig.

Der 1967 vorgestellte NSU RO 80 war seinerzeit das einzige Auto, bei dem die Lehnenverstellung des Beifahrersitzes links angebracht war und so der Fahrer mit seiner rechten Hand ganz elegant den Beifahrersitz zum Liegesitz verwandeln konnte – wie 1970 Rico Remberg in seinem im seriösen Paul Pietsch-Verlag publizierten Buch «Sex auf Rädern. Autos: Verführung und Gelegenheit» berichtet.[37]

«Sex Sells» in der Autobranche

Mit der 68er Bewegung und anderen Faktoren begann eine tiefgreifende kulturelle Veränderung, überspitzt gerne auch als sexuelle Befreiung bezeichnet. Die Trennungslinien zwischen gesellschaftlichem Fortschritt und kommerziellen Interessen waren dabei häufig unscharf und die 68er Bewegung allein auch nicht maßgeblich. Die späten 1960er Jahre brachten nach der Fress-Welle der 1950er Jahre die Sex-Welle. Die Werbung setzte auf Sex. «Sex sells» – Frauen in reizenden Posen und knapp bekleidet schmückten Werbefotografie und die Titel von Illustrierten. Anfang der 1970er Jahre korrigierte der erstarkende Feminismus diese ausufernde sexuelle Vermarktung und kritisierte die sexualisierte Werbung. Zu «Sex sells» gehörte auch das Auto als «Aphrodisiakum», «Potenzzauber» und «Mietzenschlepper» darzustellen. Der Fotograph Paul Botzenhardt gehörte zu den profiliertesten seiner Zunft der – je nach Perspektive – sexistisch zu bewertenden Autofotografie. Frauen, die für ein Auto werben, dieses Motiv gab es übrigens schon seit der Erfindung des Automobils. Ab den 1920er Jahren auch im Sinne eines freiheitlichen Verständnisses mit dem Ziel, Rollenmuster allmählich aufzubrechen. Nun aber räkelten sich Frauen auf Motorhauben, saßen in lasziver Pose mit Minirock auf dem Beifahrersitz. Diese sexualisierte Werbung bediente natürlich auch die tiefe Phantasie, in der prüden Nachkriegszeit mit dem Auto einen sexuellen Freiraum zu gewinnen.

Die Fotografie förderte zudem die männliche Vorstellung, mit dem Auto sexuell begehrenswert zu werden, recht provokant und recht subjektiv dazu René Hauser in der Zeitschrift «Konkret»: «Dass der Grund für die Vorliebe für Sportwagen oft eine reale Potenzschwäche oder Impotenz ist, kann jeder Psychoanalytiker aus seiner Sprechstunde bestätigen. Auch Männer mit stark femininen Zügen neigen dazu auf diese Art das phallisch über zu kompensieren, was ihnen fehlt».[38]

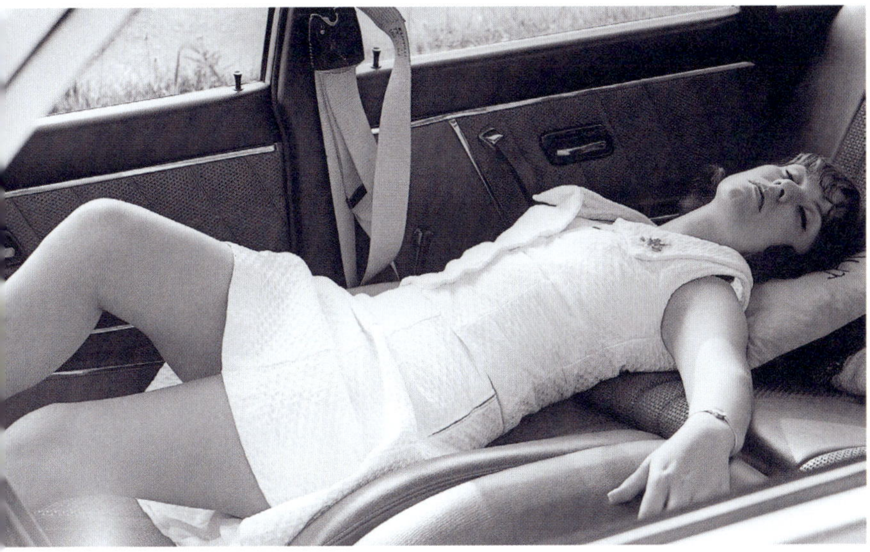

Liegesitze – vor allem ein «Zauberwort» in den 1960er und 1970er Jahren. *Fotografisch in Szene gesetzt von Paul Botzenhardt am Beispiel des NSU RO 80.* | Fotograf: Paul Botzenhardt, Nutzungsrechte Verlag Peter Kurze.

Der Zeitgeist der späten 1960er Jahre. *Heute wären solche Presse- und Werbefotos wohl ein Skandal,* zit. | Foto: Unternehmensarchiv Audi AG.

Diese Aufnahme gilt als erstes Auto-Pressefoto*, das eine Frau mit nacktem Oberkörper zeigt. Es wurde von NSU nicht genutzt, [1968/69],*[39] zit. | Foto: Unternehmensarchiv Audi AG.

Lebensfreude und Leidenschaft, die Alfa Romeo Giulia *– mit diesem Modell eroberte Alfa Romeo den deutschen Markt.*
| Fotograf: Andreas Beyer, Wiesbaden.

Autos als «Mietzenschlepper» und «Puppenfänger» – Worte der 1960er Jahre

Sportwagen und auf sportlich getrimmte Limousinen versprühten sozusagen «Potenzzauber». Typisch für diese Verbindung von Auto und Erotik war das Wort vom «Miezenschlepper»,[40] mit dem «Der Spiegel» den Charakter etwa der «Giulia» von Alfa Romeo und ihrer Fahrer beschrieb. Porsche galten als «Puppenfänger». Die sportlichen und zugleich elegant geformten Alfas faszinierten mit ihrem Design und ihrem Motorklang. Am Sound feilten die Konstrukteure aus Mailand und in den 1960er Jahren gab es Publizisten, die über die «Sex-Signale» aus dem Auspuff ernsthafte Bücher schrieben.[41]

Der Sound eines Alfas war ein ganz besonderer und daher der Spruch: «Ein Alfa muss wie ein Alfa klingen» und dieser Sound war, wie Kundenbefragungen zeigten, für viele Besitzer eines Alfas sogar kaufentscheidend. Die «Mailänder Musiker» vertonten im wahrsten Sinne des Wortes Verbrennungsgeräusche. Aber auch der Markenname belebt Phantasien um Liebe, Lust und Libido. Romeo trifft Julia, spätestens mit dem Modell «Giulia» konnte es jeder hören. Und in der Tat, der Name war für viele deutsche Alfa-Fans wichtig und die Presse meinte, der Name Alfa Romeo habe auch «in weiblichen Ohren einen besonders guten Klang». Und dazu passten Werbesprüche wie «Das Auto, von dem Männer träumten, als sie noch Jungen waren». In Saarbrücken verkaufte der Sohn des Opel-Händlers Hans Dechent, der auch im Motorsport sehr aktiv war, Alfa Romeo, zuletzt in Saarbrücken-Burbach in der Luisenthaler Straße 175. Im Toto-Haus in der Saaruferstraße gab es von Dechent speziell für Alfa Romeo einen Ausstellungsraum. Ende der 1960er Jahre wurde dann die Firma Neugebauer Alfa-Händler und 1977 Karlheinz Arend im Stadtteil Burbach.[42]

***Ein Alfa Romeo** bei der vom Autohaus Dechent gemeinsam mit dem Saarbrücker Kaufhaus Sinn organisierten Veranstaltung Mode und Auto, frühe 1960er Jahre.*
| Fotograf: Fritz Mittelstaedt, Stadtarchiv Saarbrücken, NL F. Mittelstaedt.

***Alfa Romeo GTV** im klassischen Alfa-Rot.*
| Fotograf: Andreas Beyer, Wiesbaden.

Nicht nur Alfa Romeo bediente diese Bedürfnisse, sondern natürlich ebenso Porsche und spätestens Ende der 1960er Jahre BMW und die italienischen Sportwagenschmieden wie etwa Ferrari und Maserati. Schneller sein, Sportlichkeit ausstrahlen – vor allem BMW profilierte sich in den 1960er Jahren gegenüber den vielfach als Altherren-Auto wahrgenommenen Mercedes-Modellen mit spritzigen Autos wie dem 130 PS starken BMW 2002 tii. Über ihn schrieb der Schriftsteller Gerhard Zwerenz in seinem Buch «Die Westdeutschen»: «Der leichte, spritzige Wagen verführte zu waghalsigem Fahrverhalten. Jeder größere Wagen schien sich zu schämen, wenn man ihn überholte».[47]

Alfas Anfänge in Deutschland – ein in Beaumarais bei Saarlouis geborener «sozialistischer James Bond»

Im Saarland gab es schon in den späten 1950er Jahren einen Alfa-Romeo-Händler. Das traditionsreiche Autohaus Dechent, bis heute als große Opel-Vertretung bekannt, führte von 1959 bis Mitte der 1960er Jahre auch Alfa Romeo. Ab 1959 widmete sich der Sohn von Hans Dechent dem Motorsport. Hans-Dieter Dechent begann zusätzlich mit sportlich-extravaganten und exklusiven Automobilen wie Alfa Romeo, MG und Jaguar zu handeln. Rückblickend berichtete er, seinerzeit zusammen mit dem Rennfahrer Herbert Schultze, seit 1961 Alfa-Händler in Berlin, und der Firma Fox in Wiesbaden einer der stärksten Alfa-Verkäufer in ganz Deutschland gewesen zu sein. Im Jahr 1952 hatte die legendäre Düsseldorfer Firma Auto Becker mit dem Import von Alfa Romeo in die Bundesrepublik begonnen. Außerdem hatte NSU von Mai 1958 bis Anfang der 1960er Jahre über ausgewählte Händler Alfa Romeo im Programm. Seinerzeit war das traditionelle Motorradgeschäft stark rückläufig und die NSU-Kleinwagenproduktion lief gerade an. Alfa Romeo präsentierte Dechent zunächst in der Mainzer Straße. In den 1960er Jahren widmete sich Hans-Dieter Dechent dann im «Autohaus Burbach» in der Luisenthaler Straße 175 im Hüttenstadtteil Burbach der Marke Alfa Romeo und ihren Rennwagen, hier war die Werkstatt für Alfa und die Rennwagen. Nach außen stand aber die Marke Opel im Vordergrund. Die Alfas wurden in der Mainzer Straße verkauft und seit Anfang der 1960er Jahre im Ausstellungsraum im Toto-Haus in der Saaruferstraße, Verkäufer war ein gewisser Herr Flormann.[43]

Alfa Romeo stand vor allem für Sportlichkeit, für hochgezüchtete Rennmotoren und seit 1911 für legendäre Siege im Rennsport. Neben der Sportlichkeit faszinierte das Design. Es waren Hochleistungssportwagen, die teuer verkauft wurden. Die Marke war ein begehrter exklusiver Exot, von exzessiver Sportlichkeit und Luxus, absolut unerschwinglich für Normalverdiener. So ist es auch nicht verwunderlich, dass Alfa Romeo und Klaus Kinski zueinander fanden. Der exzentrische Schauspieler sorgte 1955 für Schlagzeilen, als sein Alfa Romeo in München nach dem Starten Feuer fing und die Presse berichtete, «das teuerste Auto Münchens» sei verbrannt. Im Lauf der 1950er Jahre war Alfa Romeo immer noch eine Nobelmarke, aber Alfa bediente ab 1954 mit der Giulietta auch das Segment sportlicher Limousinen für die gehobene Mittelschicht.[44]

Neben der schon erwähnten Düsseldorfer Autofirma Becker war es jedoch neben Dechent ein weiterer Saarländer, der auf ganz besondere Weise zu den Pionieren der Marke Alfa Romeo in Deutschland zählt: Hans Wax, am 30. Juni 1927 in Beaumarais bei Saarlouis als Sohn der Eheleute Johann und Franziska Wax geboren. Einen Teil seiner Kindheit verbrachte er im saarländischen Ensdorf, einer Bergbaugemeinde. Die Evakuierung 1939 führte ihn über Umwege nach Berlin, dort blieb er und kehrte nicht an die Saar zurück. Sein Vater, geboren am 4. Juli 1889 in Wallerfangen, war Schlosser, beide Eheleute waren katholisch. Wax selbst behauptete, sein Vater sei seit 1919 KPD-Mitglied gewesen. Der technisch begeisterte junge Mann trat in die Hitlerjugend (HJ) ein und besuchte die Motorenschule der HJ-Reichsjugendführung in Berlin. Nach dem Krieg arbeitete er für die Kfz-Instandhaltung der US-Armee in leitender Position in Bremerhaven und Bad Tölz. Hier kam es wohl zu Unterschlagungen und Schwarzmarktgeschäften, die ihn ins Gefängnis brachten. In West-Berlin arbeitete er seit 1951 in einem Kfz-Betrieb, machte sich dann 1954 selbstständig, zunächst in der Wilhelmsdorferstraße 85 und spätestens seit 1957 residierte er in den legendären Kant-Garagen in Berlin-Charlottenburg. Hier in der Kantstraße 127 führte er eine modern eingerichtete Werkstatt für Triumph und Jaguar sowie eine Handelsvertretung und Werkstatt für Alfa Romeo. Anfang der 1950er Jahre hatte Wax eine Ingenieurausbildung absolviert, die ihn zu Alfa Romeo nach Mailand führte. Im V. Stock des Parkhauses bzw. der Kantgaragen wohnte Wax in einer 4 ½-Zimmer Wohnung.[45]

Jener Hans Wax führte ein Doppelleben – wohl aus reiner Geldgier arbeitete er für die Staatssicherheit der DDR und verschleppte Agenten aus dem Westen in den sogenannten Arbeiter- und Bauernstaat. Wax, ein sozialistischer «James Bond», sah in der Förderung des Rennsports die Chance, Alfa Romeo auf dem deutschen Markt erfolgreich zu platzieren. So gewann er 1958 den Rennfahrer Herbert Schultze für Alfa Romeo. Ihm verkaufte er auch später seine Firma, als er sich am 8. August 1961, also fünf Tage vor dem Mauerbau, in die DDR absetzte, weil die Stasi seine Enttarnung fürchtete.[46]

Wohl spätestens 1967 gab Dechent die Alfa Romeo-Vertretung ab. Am Standort Burbach verkaufte Dechent über Jahrzehnte weiter Opel, schloss dann aber den Betrieb. Und in den 1990er Jahren verkaufte die zu Dechent gehörende Firma Auto-Welt Toyotas an der Gersweiler Brücke. Dagobert Neugebauer übernahm die Marke Alfa Romeo in Saarbrücken. Karlheinz Arend arbeitete bei Neugebauer als Kfz-Meister in der Schmollerstraße 18 im Nauwieserviertel, so entstand seine Passion für Alfa Romeo, 1977 wurde er Händler, wurde Vorsitzender des Alfa-Händler-Verbandes und ein großer Alfa-Händler in Deutschland. Kürzlich ist er verstorben.

«Irgendwann sollte jeder Mann mal an sich denken». *Das immer wiederkehrende Motiv des Autos als Symbol von Männlichkeit. Werbung für den Matra-Simca Bagheera 1975, zit. Matra-Werbung.*

Dieter Thomas Heck *am 5. Februar 1972. Vom BMW 2500 scheint er auf einen Mercedes 280 SE umgestiegen zu sein. Das neue Auto und sein prominenter Fahrer, damals wohl der bedeutendste Moderator des Saarländischen Rundfunks, fotografiert von Gerhard Heisler, der in seinem Aufnahmebuch vermerkte: «Dieter Thomas Heck und sein neues Auto». Die Werbeabteilung von Daimler-Benz hätte sich sicherlich gefreut, war es doch die Zeit, in der der Wettbewerb beider Marken an Fahrt aufnahm.*

| Fotograf: Gerhard Heisler, Stadtarchiv Saarbrücken, Vorlass G. Heisler, Nr. 3391.

Der BMW 2002 tii mit 130 PS, *der Traum vieler sich dynamisch fühlender Männer, gebaut Mitte 1968 bis Frühjahr 1973.*

| Foto: BMW Group Archive, P0026441.

Ein Bild aus dem Alltag, *1960er Jahre. Vor allem ältere Herren fuhren Mercedes.*

| Fotograf: Fritz Mittelstaedt, Stadtarchiv Saarbrücken, NL F. Mittelstaedt.

Mercedes war das Auto der Regierenden und Etablierten, häufig von Chauffeuren gefahren. BMW sah den erfolgreichen sportlichen Mann und auch die aufstrebende Frau am Steuer ihrer Autos. Der Slogan «Aus Freude am Fahren» sollte darauf Lust machen. Die 02-Reihe von BMW wurde zum Statussymbol einer ganzen Generation junger Männer, die sich in den 1960er und 1970er Jahren mit diesem Auto demonstrativ von Zigarre, Wohlstandsbauch und Hosenträgern abzuheben versuchte. Und auch Frauen, die immer mehr das Steuer eroberten, gefiel diese Marke und sie kauften die Serie 02 und ab 1976 die nachfolgende 3er Reihe von BMW.

Mit dem 1968 vorgestellten E 3 griff BMW nach dem Stern der S-Klasse. Die Mercedes-Serie W 108 wirkte gegen die BMW-Modelle 2500, 2800, 3.0 und 3.3 behäbig. Elegante und glatte Formen symbolisierten die Moderne, zu erfahren über ein Fahrwerk, das der damaligen S-Klasse bei hohen Geschwindigkeiten überlegen war und seidenweich klingende vibrationsarme Motoren mit sieben Hauptlagern und zwölf Gegengewichten. Die damaligen vom alten 220er-Sechszylinder abgeleiteten Motoren von Mercedes wirkten dagegen von vorgestern, arbeiteten sie doch noch nicht nach dem Querstromprinzip.[48] Die E 3-Modelle waren sehr schnell und konnten einem Porsche Paroli bieten, der 3.3 Li beschleunigte in 7,9 Sekunden von 0 auf 100 km/h. Die BMW-Sechszylinder liefen den damaligen Mercedes-Sechszylindern davon. Bei der Präsentation des BMW 2500 meinte der damalige BMW-Marketingchef Helmut W. Bönsch, dieses «neue Münchner Kind'l» sei so «sexy», dass man diesen BMW-Sechszylinder mit «X» schreiben müsse. «Während die Konkurrenz noch aerodynamische Autos baut, um sie schneller zu machen, baut BMW schon die schnelleren Autos, um sie aero-dynamisch zu machen», so das Wirtschaftsmagazin «Capital», der neue BMW sei «so sinnlich und doll potent», ein «Aphrodisiakum» und «ein Dorn im Auge abgeschlaffter Mercedes-Muffel».[49]

Der von Alex von Falkenhausen konzipierte Motor des BMW 2500 *(1968-1977), sein seidenweicher, vibrationsfreier turbinenartiger Lauf setzte neue Maßstäbe und steht für die Stärke der Bayerischen Motorenwerke außerordentlich zuverlässige, spritzige und robuste Triebwerke zu bauen. Vom Motor war der BMW 2500 dem Mercedes 250 überlegen.* | Abb.: BMW Group Archive, P0034911.

Die frühere Miss Germany und Fernsehmoderatorin Petra Schürmann *am Steuer ihres BMW 1802.*
| Foto: BMW Group Archive, P0025833.

Die BMW-Modelle der Serie E 3 (1968-1977). *Ihre glatten Formen wirkten viel moderner als die damalige Konkurrenz aus Stuttgart.*
| Foto: BMW Group Archive, P0047292.

Die Hippie-Bewegung und ihr Bekenntnis zum Minimalismus

Ungefähr zur selben Zeit erlebte die Hippie-Bewegung ihre Zeit. Die rebellierende Jugend entdeckte minimalistische Konstruktionen wie den 2 CV, Renault 4 und den VW Bus. Diese Autos waren ein Plädoyer für die Distanzierung zur spießig empfundenen Elterngeneration. Vollendet war dieser Gegenentwurf, wenn die serienmäßige Lackierung mit bunten Farben im Flower-Power-Stil übermalt wurde und ein junges Paar damit auf Weltreise ging. Für diese Klientel galt im Hinblick auf den Potenzersatz dicker Benz oder Sportwagen: «Im 2 CV zählt nur der Mann».

War mit der ersten und zweiten Ölkrise 1974 und 1979/80 der Höhepunkt dieser Entwicklung erreicht? Auch wenn bis heute das Auto ein Statussymbol ist und die Wahl des Autos etwas von Besitzerin oder Besitzer erzählt, trifft dieser Befund für die Breite der westlichen Gesellschaft im 21. Jahrhundert so nicht mehr zu! So vordergründig dieser Eindruck erscheinen mag, umfangreiche Studien wären dazu erforderlich, ist doch die Anzahl von PKW mit irrationalen Motorleistungen und modifizierten und häufig manipulierten Abgasanlagen zumindest subjektiv so groß wie nie zuvor. Vor allem scheint es zwischen verschiedenen Bevölkerungsgruppen und Bildungsschichten erhebliche Unter-

Lebensfreude. Jung sein, Spaß haben. *Der Citroën 2 CV wird Ende der 1960er Jahre das Auto der jungen Generation.*
| Fotograf: Fritz Mittelstaedt, Stadtarchiv Saarbrücken, NL F. Mittelstaedt.

schiede zu geben. Junge Migranten sehen im Auto etwas ganz Anderes als Akademiker, die in ihrer Kindheit auf dem Rücksitz eines Volvos, BMW oder Mercedes chauffiert wurden. Das Auto als Status-Symbol und das Bedürfnis der Konsumenten, sich im Zeichen des Wachstums durch die Wahl der Automarke voneinander abzusetzen, scheint typisch für das Konsumentenverhalten im Prozess der Massenmotorisierung zu sein. Die Entwicklung des chinesischen Marktes zu Beginn des 21. Jahrhunderts zeigt dies eindrucksvoll. Auch dort nimmt mit wachsender Automobilisierung der Wunsch der Käufer, sich durch die Marke zu unterscheiden, zu und bei der Kaufentscheidung zu fragen: «Welches Auto passt zu mir?»[50] Eine Entwicklung, die für eine kommunistische Gesellschaft befremdlich wirkt.

Nicht alle Käufer orientierten sich am Status – gerade französische Automarken waren in der Bonner Republik der 1970er und 1980er Jahre Symbole der Individualität, Chiffren für eine andere Lebenseinstellung. Intellektuelle wollten sich bewusst mit einem Renault 16, Citroën DS oder einem schwedischen Volvo vom Protzen und Prahlen oder der unterstellten Langeweile eines Ford, Opel oder VW absetzen und sendeten eher Signale des Understatements oder der Progressivität. Frankreich war in den 1960ern für linke Intellektuelle mit Simone de Beauvoire und Jean Paul Sartre ein faszinierendes Land und das Fahren eines französischen Autos war ein Bekenntnis zur Francophilie.[51]

Zum anderen entwickelten sich klassenlose oder statusbefreite Autotypen wie schon in den ersten Nachkriegsjahren der Käfer, später der Mini, der Citroën 2 CV und der VW Golf – Autos mit hoher Popularität und über Jahrzehnte gebaut.

Ein US-Straßenkreuzer *als Cabriolet am St. Johanner Markt in Saarbrücken. Vor allem seit den 1970er Jahren haftete US-Autos durchaus ein Zuhälter- bzw. Ludenimage an.*
| Stadtarchiv Saarbrücken, Geschäftsfeld Öffentlichkeitsarbeit.

4. «Ich bin Millionär» – Das Auto als Spiegelbild von Ungleichheit im Kommunismus

Im Kommunismus zur Zeit des Ost-Blocks mit jahrelangen Wartezeiten waren Autos sehr wohl ein Statussymbol, nicht primär die Marke, sondern allein schon der Besitz des knappen Gutes Auto, das den sozialen Unterschied ausmachte.[52]

Ein gleiches Auto für alle war auch nie Teil kommunistischer Planwirtschaft, ebenso wenig die Möglichkeit für breite Schichten ein Auto zu erwerben und zu unterhalten. Bis auf die DDR und die CSSR setzte der Ostblock auf begrenzte Importe von Westautos oder Lizenzbauten von Westfahrzeugen. Wohl nicht zuletzt die innerdeutsche Grenze als Schaufenster zum Westen erklärt, dass die DDR den höchsten PKW-Anteil verzeichnete. Bei der Verteilung der Mangelware Auto wurden im Ostblock Großstädte gegenüber dem Land bevorzugt, wohl auch weil hier weite Teil der Nomenklatura und die «Parteibonzen» wohnten. Dazu galt das Auto als Leistungsanreiz für Ingenieure und Arbeiter besonders wichtiger Betriebe und für Künstler und Sportler, die sich als Aushängeschilder auf internationaler Bühne in den Dienst des Systems stellten. So importierte die DDR in geringen Stückzahlen den schwedischen Volvo 244. Die Fahrzeuge (mit der Bezeichnung DLS statt DL) fuhren meist in Berlin und trugen das Kennzeichen «IBM» und in der Kombination mit einem Volvo standen im Volksmund die drei Buchstaben für «Ich bin Millionär». Ein solcher Volvo kostete 1977 42.800 DDR-Mark, in der Bundesrepublik kostete ein 244 DL knapp 18.000 DM.[53] Besonders in der UdSSR waren ganz bestimmte Autoklassen für soziale Gruppen vorgesehen. Der schwere und starke ZIL war sozusagen, wie die Historikerin und Südosteuropa-Expertin Lutminita Gatejel feststellt, «der Staat auf Rädern». Sein Spritverbrauch war gigantisch. Der Caika war das Auto für hohe Würdenträger des Systems, der Wolga für Partei- und Staatsfunktionäre und der Moskwitsch für den Individualverkehr. Darunter gab es den Zaporoshez, der Veteranen und Invaliden Mobilität schenken sollte.[54]

1 Ulrich op de Hipt, Der Deutschen liebstes Kind, in: Geliebt. Gebraucht. Gehasst. Die Deutschen und ihre Autos, hg. vom Haus der Geschichte der Bundesrepublik Deutschland, Dresden 2017, S. 15 ff.

2 Bereits der Vorgänger des Lambda verfügte 1922 als erstes Auto über eine selbsttragende Karosserie und eine unabhängige Vorderradaufhängung.

3 Monika Buschey, Wege zu Brecht: Wie Katharina Thalbach, Benno Besson, Sabine Thalbach, Regine Lutz, Manfred Wekwerth, Käthe Reichel, Egon Monk und Barbara Brecht-Schall zum Berliner Ensemble fanden, Berlin 2007. Vgl. auch Ulf Geyersbach, «...und so habe ich mir denn ein Auto angeschafft».: Schriftsteller und ihre Automobile, Berlin 2006.

4 Wolfgang Sachs, Die Liebe zum Automobil. Ein Rückblick in die Geschichte unserer Wünsche, Reinbek, 1984.

5 Ebda.

6 Nils Beckmann, Käfer, Goggos, Heckflossen. Eine retrospektive Studie über die westdeutschen Automobilmärkte in den Jahren der beginnenden Massenmotorisierung, Vaihingen 2006, S. 173 ff., 175, 181ff.

7 Ebda.

8 Ebda., S. 232 ff.

9 MOT – Die Auto-Zeitschrift, Nr. 22/1989, S. 190.

10 Motor-Klassik Nr. 1/2000, S. 12-19.

11 MOT – Die Auto-Zeitschrift, Nr. 5/1977, S. 16.

12 Schneider wohnte unter anderem im Weinbergweg 19 in Saarbrücken, auch in St. Ingbert, dort in Zur Audell 20, früher Austraße.

13 Auskunft von Dr. Axel Veldung, 16.1.2013. Möglicherweise gab es einen zweiten Flügeltürer in St. Ingbert, Eigentümer soll die Firma Baumaschinen Hoffmann gewesen sein.

14 Auskunft Stadtarchiv St. Ingbert, 10.1.2013.

15 Joachim Breuninger, Spiegelbild der Persönlichkeit, in: Geliebt, gebraucht, gehasst. Die Deutschen und ihre Autos, hg. vom Haus der Geschichte der Bundesrepublik Deutschland, Dresden 2017, S. 94.

16 Rund um den Becker-Turm, 12/1966, S.21.

17 Christian Steiger, Rosemarie Nitribitt. Autopsie eines deutschen Skandals, Königswinter 2007.

18 https://www.arthur-bechtel.com/10n1/Nitribitt-und-der-Mercedes-Benz-190-SL.htm [15.03.2023].

19 Der Spiegel, Nr. 25/1967.

20 https://www.spiegel.de/auto/aktuell/vw-phaeton-schroeder-vor-den-karren-gespannt-a-180187.html [26.09.2022].

21 Auto, Motor und Sport, Nr. 15/1987, S. 144.

22 Horst Schulz, Die Jean Bugatti Story, Heidelberg 2020; Jean-Paul Tissot, Delahaye. La belle carosserie française, Boulogne-Billancourt und ders. Figoni Delahaye 1934 – 1954. La Haute Couture Automobile, Boulogne Billancourt, erschienen im ETAI-Verlag.

23 Jean-Paul Chambrette, Facel Vega – Grand Tourism, Königswinter 2016.

24 Auskunft von Herrn Dr. Simmet.

25 Auskunft von Herrn Hans Dieter Dechent, 9. 5.2012. Dechent sprach von einem weiteren Facel Vega Besitzer namens Geitlinger.

26 Siehe Verkaufsanzeige Saarbrücker Zeitung, 22./23.3.1969.

27 Sachs, Die Liebe zum Automobil, S. 82.

28 MOT – Die Auto-Zeitschrift, Nr. 10/1979, S. 6 ff.

29 MOT – Die Auto-Zeitschrift, Nr. 4/1984, S. 7.

30 Citroën etwa bei seinem D-Modell (1955 bis 1975) 20 Jahre und ähnlich verhält es sich beim Citroën 2 CV und Renault 4. Unter dem Blech änderte sich bei Opel und Ford wenig, so hielten beide Marken viel länger als französische und italienische Hersteller an Starrachsen, Blattfedern und Hinterradantrieb fest.

31 Rico Remberg, Sex auf Rädern. Autos: Verführung und Gelegenheit, Stuttgart 1970, S. 47.

32 Oldtimer-Markt, Nr. 10/1988, S. 20 ff.

33 Remberg, Sex auf Rädern. S. 70.

34 Hans-Christian Hermann, Franz Josef Röder. Das Saarland und seine Geschichte, St. Ingbert 2017, S. 337.

35 Remberg, Sex auf Rädern, S. 15.

36 http://www.das-waren-noch-zeiten.de/sexwelle.htm [01.12.2022].

37 Remberg, Sex auf Rädern, S. 233.

38 Zit. nach ebda, S. 49.

39 Ebda., S. 125.

40 Der Spiegel, Nr. 33/1970 S. 117 und Nr. 31/1972, S. 45.

41 Remberg, Sex auf Rädern, S. 125 ff.

42 Ebda. und Hans-Christian Herrmann, Burbach im Benzinzeitalter, in: Ders. u. a. , Burbacher Gold. Kohle, Stahl und Eisenbahn. Ein Stück Saarbrücker Stadtgeschichte, Marpingen 2019, S. 402-405.

43 Interview mit Hans-Dieter Dechent am 9.5.2012. Zu NSU und Alfa Romeo: DER SPIEGEL, Nr. 25/1958, S. 24.

44 Der Spiegel, Nr. 38/1955, S. 46; Pressemappe Alfa Romeo Deutschland, «Die Welt des Alfa 33», 1983.

45 Bundesbeauftragter für die Unterlagen des Staatssicherheitsdienstes der ehemaligen DDR, Berlin, Bestand HA VIII, Nr. 13227, Bl. 7 und Bestand HA XIV, Nr. 12983, Bl. 46; Nr. 11599, Teil 1, Bl. 51.

46 Michael Heine, Alleggerita. Herbert Schultze, Hamburg 2015. Zu Wax: Der Spiegel, Nr. 10/1996, S. 52ff.

47 Zitiert nach Auto, Motor und Sport, Nr. 7/1984, S. 222.

48 Ansaug- und Auspuffkrümmer liegen gegenüber, damit höherer Wirkungsgrad der Verbrennung.

49 Zit. nach Oldtimer Markt, Nr. 7/1992, S. 10; Remberg, Sex auf Rädern, S. 63.

50 Automobilindustrie und Mobilität in China. Plan, Wunsch und Realität. Strategien und Perspektiven für den größten Automobilmarkt der Welt, erstellt von PWC im Auftrag des VDA, ohne Jahres- und Ortsangabe, S. 25, 32. https://www.pwc.de/de/automobilindustrie/assets/automobilindustrie-und-mobilitaet-in-china.pdf [07.07.2022].

51 Motor-Klassik, Nr. 1/1999, S. 63.

52 Luminita Gatejel, Der Sound des Ostens. Trabant, Dacia und anderes automobiles Geratter, in: Zeithistorische Forschungen 12 (2016), S. 550, 556.

53 Björn Herrmann, West-Autos in der DDR, Zettlitz 2019, S. 90.

54 Luminita Gatejel, Die Hassliebe zum sozialistischen Automobil. Zur Alltagsbewältigung in Planwirtschaften, in: Stephanie Tilly, Florian Triebel (Hg.), Automobilindustrie 1945-2000. Eine Schlüsselindustrie zwischen Boom und Krise, München 2013, S. 413.

HB-CL 593

5

Hans-Christian Herrmann

«Freiheit» erfahren oder die Herrschaft über Ziel, Zeit und Raum. Gibt es Grenzen individueller Mobilität?

Auto und Freiheit werden in den 1950er Jahren zum Paar und das Auto zu einem großen Freiheitssymbol des 20. Jahrhunderts. Diese Freiheit bot bis zu Beginn des 20. Jahrhunderts nur das Pferd – allerdings wesentlich unkomfortabler, körperlich fordernd und verbunden mit der täglichen Versorgung und Pflege des Tieres und einer Unterbringung in einem geeigneten Stall.

Mitte des 19. Jahrhunderts fuhr ein Kurierwagen des Bankhauses Rothschild von Frankfurt über Saarbrücken nach Paris. Die Reise mit der mehrfach bespannten Pferdekutsche dauerte 4 ½ Tage und war damals recht schnell. Nutzen konnte diese Verbindung nur ein erlesener Kreis wohlhabender Personen.[1]

Gut 100 Jahre später dauerte diese Reise mit dem Auto vier Stunden, wenn man von Saarbrücken nonstop nur mit kurzen Pausen in die französische Metropole wollte. Mit dem Auto konnte man anhalten, wo man wollte, etwa um ein Restaurant zu besuchen, sich etwas anzuschauen oder Picknick zu machen. Allein zu Pferd war dies möglich, nutzte man die Kutsche, war das nicht mehr der Fall, es sei denn, man konnte sich eine private Kutsche mit eigenem Fuhrmann leisten.

Bequemer und schneller erreichte man mit einem Weltkugel-Taunus in den 1950er Jahren die «Stadt der Liebe».

Freiheit – Reise – Abenteuer: Dafür stand die 4000 Kilometer lange Fernstraße Amerikas, jene 1926 errichtete Straße von Chicago nach Los Angeles, die als Route 66 schon früh zum Mythos wurde, gesäumt von unzähligen Tankstellen, Motels, Werkstätten, Restaurants und Autokinos. Sie steht für das goldene amerikanische Autozeitalter der Benzinfresser.[2]

1. Die Weltkugel – ein Symbol der Freiheit

Den Weltkugel-Taunus 12 M hatte Ford als erste Neukonstruktion nach dem Zweiten Weltkrieg 1952 präsentiert. Dieses Modell ging als sogenannte «Weltkugel» in die Geschichte ein, denn in der Mitte des Kühlergrills war ein kleiner Globus bzw. eine Weltkugel angebracht. Mit der Weltkugel startete der gehobene deutsche Mittelstand ins Wirtschaftswunder, dazu verfügte der 12 M über 38 PS aus 1,2 Liter Hubraum.

Fahr mit mir um die Welt! *– In der Mitte des Kühlergrills trug der Ford Taunus 12 M (1952) eine Weltkugel.*
| Fotograf: Gerhard Schammelt, Nutzungsrechte Verlag Peter Kurze.

HÔTEL GONNET
59·4481

Sich mit dem Auto frei fühlen: *Geschwindigkeit prägt das automobile Freiheitsgefühl, denn das Auto ermöglichte individuelle Geschwindigkeiten wie nie zuvor, damit verbunden das Bewusstsein, spontan etwas unternehmen zu können, Ziele anzufahren, unabhängig zu sein, Distanzen zu überwinden.*
| Fotograf: Andreas Beyer, Wiesbaden.

ADAC-Winterfahrt *in Braunlage 23./24. Februar 1953. Der hinten stehende Herr will Gewicht auf die Hinterachse des Käfers bringen, der trotz Hinterradantrieb wegen seines Heckmotors über gute Wintereigenschaften verfügte.*
| Fotograf: Herbert Ahrens, Ahrens-Bild-Archiv, Bad-Harzburg-Stiftung, Nr. 5694.

Ford signalisierte mit der Weltkugel zugleich ein Weltkonzern mit Werken in Europa und den USA zu sein. Die Weltkugel symbolisierte ein neues optimistisches Lebensgefühl: Aufbruch und Freiheit, mit dem Auto die Welt zu erkunden. Das Auto ermöglichte individuelle Mobilität, eine Herrschaft über Raum und Zeit, nicht nur das Ziel zu bestimmen, sondern spontan zu jedem Zeitpunkt loszufahren, und zu bestimmen, wer mitfährt und im Unterschied zur Eisenbahn von fremden Mitreisenden unabhängig zu sein. Diese Mobilität bildete eine neue Dimension.

Die automobile Massenproduktion machte das Automobil bezahlbar und demokratisierte es. Eine neue Erfahrung von Mobilität – im letzten Drittel des 19. Jahrhunderts entfernten sich 80 bis 90 Prozent der Saar-Bevölkerung niemals von ihrem Wohnort, von Tagesreisen abgesehen oder zu leistendem Kriegsdienst. Den neuen Wert dieser Mobilität schätzten die Menschen vor allem beim Reisen, das nicht mehr das Privileg einer reichen Oberschicht war. Das Auto schenkt Unabhängigkeit, «Freiheit und Unabhängigkeit vereinigen sich mit Gemütlichkeit und Geborgenheit» und ermöglichen Spontaneität: «Man unternimmt eine Spritztour, einen Ausflug, eine Kaffeefahrt, allein schon, weil es die Möglichkeit bietet, in einer halben Stunde irgendwo anders zu sein».[3]

Mit dem Auto in den Süden reisen: *Eine Borgward Isabella vor dem Hotel Gonnet in Cannes. Wer 1954 hier logierte, hatte es geschafft. Es handelt sich um ein Werbefoto der Bremer Automarke Borgward. Das Kennzeichen zeigt links ein A und ein darunter stehenden B, das stand für Amerikanische Besatzungszone, Bremen. 1956 entfielen diese nach Besatzungszonen differenzierten Kennzeichen. Von Bremen nach Cannes sind es 1500 km.*
| Fotograf: Walter Richleske, Nutzungsrechte Verlag Peter Kurze.

Das Auto wird zu einem «geschützten Raum» der Selbstbestimmung und Autonomie, man kann im Auto rauchen, singen, fluchen und schimpfen, die Musik laut oder leise drehen – solange man die Verkehrsregeln beachtet, muss man auf niemanden Rücksicht nehmen. Das Auto macht mobil – zu jeder Zeit kann man losfahren oder einen Stopp einlegen und man kann sich im Auto lieben – eine Möglichkeit, die in den prüden 1950er und 1960er Jahren einen Freiraum eröffnete.

2. Françoise Sagan oder das Auto als gelebte Freiheitserfahrung

Am 15. März 1954 erschien in den französischen Buchhandlungen der Roman «Bonjour Tristesse». Autorin ist die gerade 18jährige Françoise Sagan. Sie beschreibt darin eine Geschichte voller Leidenschaft und Bosheit. Protagonistin Cécile, eine junge Frau, hat ein besonders inniges Verhältnis zu ihrem Vater und verbringt mit ihm unbeschwerte Urlaubstage am Meer. Als Anne in dieses lustvolle und leichte Leben eindringt und eine Heirat im Raum steht, entwickelt Cécile eine Strategie, das Paar auseinanderzubringen. Die verzweifelte Anne fährt mit ihrem Auto davon und verunglückt. Ob Suizid oder Unfall bleibt offen. Innerhalb weniger Tage wurde «Bonjour Tristesse» zum Skandalroman und zum ersten Bestseller nach 1945. Der Vatikan setzte das Werk auf den Index. Sagan schrieb Literaturgeschichte, sie nahm gewissermaßen vieles der 68er Bewegung vorweg. Sagan verstieß bewusst gegen sexuelle Tabus, thematisierte Liebe und Sexualität aus weiblicher Perspektive und brach traditionelle Rollenmuster und Familienvorstellungen auf. Für das katholische Frankreich eine Provokation – zugleich stand Sagan in der Reihe französischer Literaten wie Jean-Paul Sartre und Simone de Beauvoire sowie der Regisseure der Nouvelle Vague, die für gesellschaftliche Freiheit und einen ungezwungenen Umgang mit Liebe und Sexualität warben.[4]

***Françoise Sagan** verunglückte am 15. April 1957 bei Milly-la-Forêt in ihrem Aston Martin.* | Foto: © The Granger Collection LTD d/b/a GRANGER – Historical Picture Archive.

Kurz nach Erscheinen ihres Bestsellers kaufte sich die Industriellentochter einen Jaguar, den sie schon einige Monate zuvor im Schauraum eines Pariser Jaguar-Händler gesehen hatte, an dem sie fast täglich vorbeiging.[5] Sagan lebte ihr Freiheitsstreben auch am Steuer aus. Sie wurde nicht nur eine leidenschaftliche Autofahrerin, sondern sie berauschte sich an der Geschwindigkeit. Sagan reizte das Risiko, das Spiel mit der Kraft und der Macht über die Maschine. Schnelle Autos liebte sie, neben Jaguar auch Aston Martin, Ferrari und Maserati. Es konnte ihr nicht schnell genug sein. Es reizte sie, Grenzen zu überschreiten und das auf bizarre Art und Weise. Sie lieferte sich mit einem Freund nächtliche Autorennen: Mit 100 km/h aufeinander zurasen und im letzten Moment abbremsen. 1957 verunglückte Sagan in ihrem

Françoise Sagan liebte das Rasen, *1956 hier im Jaguar.*
| Foto: Simon Michou, Paris Match via Getty images.

Aston Martin, mit 150 km/h soll sie auf der Landstraße unterwegs gewesen sein. Sie verbrachte Monate in einer Privatklinik, wurde morphiumsüchtig, überlebte, fuhr aber zeitlebens rasant weiter. Das Auto war für Sagan ein Ort gelebter Freiheit, Geschwindigkeit spielte für ihr Freiheitserlebnis dabei eine entscheidende Rolle, und sie liebte es dabei, barfuß Gas zu geben. Ihre Geschichte zeigt, Grenzen der Freiheit sind spätestens dort zu setzen, wo das Leben anderer bedroht ist. Sagan orientierte sich aber nicht an der Vernunft – genauso wenig wie der Rebell James Dean.[6]

Das Auto als Ort gelebter Freiheitserfahrung offenbarte sich auch im Auto als Raum des sich Liebens und als Ort der Selbstbestimmung – vgl. das vorangegangene Kapitel. Liebe im Auto, das Auto als Ort sexueller Erfahrung ist ein weiterer für das Auto als Freiheitssymbol entscheidender Punkt, der jungen Männern und Frauen von heute eher abwegig erscheinen mag. Sich im Auto anzunähern, sich zu küssen, sich zu entdecken und zu lieben – das war für viele Paare von den 1950er Jahren bis weit ins 20. Jahrhundert der Raum sich von gesellschaftlichem Mief, fragwürdiger sozialer Kontrolle und überkommenen Normen zu befreien. Mit dem Auto konnten junge Paare dem Kuppeleiparagrafen davonfahren.

3. Freiheitserfahrung – Reisen mit dem Auto

Der französische Reifenhersteller Michelin begann schon sehr früh, Landkarten, Reiseführer und Hotel- und Restaurantführer insbesondere für Automobilisten zu erstellen. Im Jahr 1900 war im Guide Michelin zu lesen: «Reisen mit dem Auto bieten eine gänzlich neue Möglichkeit, die Welt zu erkunden».[7]

Mit dem Crèmeschnittchen (Renault 4 CV) in die Vogesen, an die Atlantikküste, an die Côte d'Azur oder nach Paris fahren – die Nähe zu Frankreich, die Wirtschafts- und Währungsunion der Autonomiezeit (1947-1955) und die mit ihr beginnende Massenmotorisierung brachte viele Menschen aus dem Saarland nach Frankreich, viele kamen zum ersten Mal in ihrem Leben aus ihrem Dorf und ihrer Stadt heraus.[8]

Wenige Jahre nach dem Krieg konnten sich immer mehr Menschen ein Auto leisten und mit ihm auf Urlaubsfahrt gehen. Millionen von Bundesbürgern eroberten mit ihrem VW Käfer oder sonstigem fahrbaren Untersatz die Alpen, sonnten sich an der Adria und an der italienischen Riviera.[9]

Das Reisen mit dem Auto steht für eine Freiheitserfahrung, nämlich Herr über Streckenverlauf und Zeit zu sein und zu entscheiden, wer mitfährt – dies markiert den großen Unterschied zur Eisenbahn.

***Mit dem kleinen Goggo mobil zu sein**, die Freiheit und das Leben zu genießen. Für viele fing das Wirtschaftswunder bescheiden an und machte die Menschen trotzdem glücklich.*
| Foto: Archiv Glas-Automobilclub International e. V.

***Die Reisetauglichkeit und Familienfreundlichkeit** spielte in der Auto-Vermarktung vor allem in den Jahren nach 1945 bis in die 1980er Jahre eine große Rolle. Dazu zählte nicht nur ein großer Kofferraum und viel Platz im Innenraum, sondern eine komfortable Federung. Insbesondere französische Autos punkteten damit. Vor allem das legendäre D-Modell von Citroën mit seiner hydropneumatischen Federung konnte hier überzeugen.*

| Foto: Citroën-Communication, Archiv Ulrich Knaack.

***Spontan sein** und sich ein Plätzchen suchen, wo man will. Picknick im Grünen mit dem Peugeot 404 und dazu ein Bier von der Saarbrücker Brauerei Bruch, 1960er Jahre.*

| Fotograf: Fritz Mittelstaedt, Stadtarchiv Saarbrücken, Nachlass F. Mittelstaedt.

***Mit dem Auto in die Natur,** überall hin. Zelturlaub mit dem Simca Vedette Chambord, späte 1950er Jahre.*

| Fotograf: Fritz Mittelstaedt, Stadtarchiv Saarbrücken, NL F. Mittelstaedt.

Vor Reiseantritt *den Ölstand kontrollieren! Ob das Gepäck, der Schäferhund und alle anderen in den Käfer passen? Eine Kontrolle des Kühlwassers entfiel beim luftgekühlten Käfer.*

| Fotograf: Paul Botzenhardt, Nutzungsrechte Verlag Peter Kurze.

Das Auto steht für bürgerliche Individualität in Abgrenzung zum Kollektivismus. Die Freiheit von der Angst, den Zug zu verpassen und frei vor der Sorge unangenehmer Mitreisender im Abteil. Vor allem war das Auto persönliches Eigentum, während die Bahn mit der Masse geteilt werden musste.[10]

Der Mensch reiste gerne und das Auto bietet die Möglichkeit des sich selbst Bewegens. Diese neue Erfahrung machte es auch zum Erinnerungsort, abgebildet in Millionen von Fotoalben. Drei Jahrzehnte zuvor war das Reisen mit dem Auto noch ein Luxus für Privilegierte, den sich insbesondere Ärzte, Industrielle und vermögende Bürger leisteten, auch um ihren gesellschaftlichen Aufstieg im ausgehenden Kaiserreich nach außen zu zeigen.[11]

Das Wirtschaftswunder nach 1945 und der insbesondere durch die Automobilindustrie geschaffene Wohlstand ermöglichten es der Mitte der Gesellschaft, mit dem eigenen Auto in Urlaub zu fahren. So gewährte Renault 1962 in Frankreich seinen Mitarbeitern vier Wochen bezahlten Urlaub, wenige Monate später zog die gesamte französische Industrie nach und die Öffentlichkeit sprach davon, Renault führe Frankreich in die Freizeitzivilisation.[12]

Neben den großen Urlaubsfahrten nutzten die Saarländer in den 1950er und 1960er Jahren das Auto auch dazu, um am Wochenende nach Lothringen, ins Elsass oder die Pfalz zu fahren und wem das zu weit war, der fuhr mit seinem Auto zur Saarschleife oder zum Picknick in die saarländische Waldlandschaft. Mit dem Auto ins Grüne: Der Wald und die Natur wurden, wie die Forsthistoriker Uwe Eduard Schmidt und Jörn Wallacher feststellen, zum «grünen Trostpflaster einer traumatisierten Nachkriegsgesellschaft».[13]

Das Auto schenkte den Menschen Zeit. Der Vergleich zum Reisen mit dem Pferd macht dies besonders deutlich.

Cherry und sein stolzer Besitzer Rittmeister von Spielberg. | Zitiert nach: Von Spielberg, Saarbrücken-Rom über den St. Gotthard in 12 Tagen, Berlin 1900.

4. Rückblick ins Pferdezeitalter: Hoch zu Ross von Saarbrücken nach Rom

Mit dem Pferd von Saarbrücken nach Rom: Am Samstag, den 3. Juni des Jahres 1900, stieg Rittmeister von Spielberg in Saarbrücken St. Arnual um 17.15 Uhr auf sein Pferd mit dem Ziel Rom zu erreichen. Sein Pferd hieß Cherry, eine englische Vollblutstute. Von Spielberg hatte Cherry im Jahr 1892 dem Premier-Leutnant von Heyden vom Ersten Garde Dragoner-Regiment abgekauft. Sie war im Juni 1885 im Gestüt zu Berezowica geboren worden. Rittmeister Spielberg diente beim Westfälischen Dragoner-Regiment No. 7, das seinerzeit in St. Arnual stationiert war. Der Ehrgeiz des Rittmeisters war es, schnell nach Rom zu reiten. Diese Art der Reise hieß seinerzeit Distanzritt. Dazu musste der Rittmeister mit seinem Pferd den St. Gotthard überwinden. Ein Abenteuer und zugleich eine sportliche Herausforderung für den Reiter und sein Pferd, wobei eine solche Aktion mit den Maßstäben von heute als Tierquälerei gelten könnte.

Bereits am 7. Juni hatte Cherry ihren Reiter über den Gotthard gebracht und in 99 Stunden eine Strecke von 478,8 km zurückgelegt. Am 15. Juni kamen die Vollblutstute und von Spielberg in Rom an. Für den Weg von Saarbrücken in die Stadt des Papstes, eine Strecke von 1.360,3 km, brauchten beide 288 Stunden und 30 Minuten. Generalstabsmäßig hatte Spielberg die Reise vorbereitet. Die Etappenziele hatte er vorher geplant und an die vorgesehenen Stationen Postpakete mit Kleidung und Proviant vorausgeschickt. Spielberg stellte einen Rekord auf und Cherry soll alles gut überstanden haben. Der Rittmeister erzählte seine Geschichte in einem Büchlein, das noch im Jahr 1900 im Verlag Martin Oldenbourg in Berlin erschien, ein Exemplar befindet sich heute in der Bibliothek des Saarbrücker Stádtarchivs.[14]

Fast drei Jahrzehnte später konnte man mit dem Rheingold bis nach Italien reisen. Der 1928 eingerichtete Zug fuhr von Amsterdam über Köln, Koblenz und die Rheinstrecke bis nach Basel und von dort weiter nach Italien. Eine Reise in dessen opulenten Salonwagen mit allem Komfort war ein Erlebnis. Dreigänge-Menü und Champagner gehörten dazu, ursprünglich war der Rheingold vor allem für reiche Engländer gedacht, doch er sprach auch andere zahlungskräftige Kunden an.[15] Bereits vor dem Automobil hatte die Eisenbahn den Menschen eine bis dato unbekannte Dimension von Raum und Zeit eröffnet. Ab den 1950er Jahren eroberten dann Blechlawinen die Alpen, befüllt mit Sack und Pack, um sich möglichst viel selbst versorgen zu können, am Steuer meist Familienväter aus Fabriken, dem Bergbau oder den Hüttenwerken. Das Auto demokratisierte in den 1950er Jahren das Reisen.

Cherry auf dem St. Gotthard. | Zitiert nach: Von Spielberg, Saarbrücken-Rom über den St. Gotthard in 12 Tagen, Berlin 1900.

***Pferd und Reiter** voller Stolz in Rom.* | Zitiert nach: Von Spielberg, Saarbrücken-Rom über den St. Gotthard in zwölf Tagen, Berlin 1900.

***Dirmingen und die Familie** verabschieden die Weltreisenden.*

| Fotograf: Reiner Oettinger, Stadtarchiv Saarbrücken, NL R. Oettinger.

***Mit dem Citroën Ami 6 auf Weltreise.** Die Frontscheinwerfer wurden durch ein Gitternetz vor Steinschlägen geschützt. Der kleine Ami 6, gebaut von 1961 bis 1969, war in den Jahren zuvor übrigens das meistverkaufte Auto in Frankreich. Auf der Motorhaube hatten die Schwambachs eine Weltkarte aufgemalt. Vollbepackt ging es auf Weltreise, 600 ccm und 32 PS reichten aus.*

| Fotograf: Reiner Oettinger, Stadtarchiv Saarbrücken, Nachlass R. Oettinger.

***Mit an Bord 400 kg Gepäck und ganz viel Liebe.** Als Erhard seine Danièlle kennenlernte, sagte er zu ihr: «Würden Sie mit mir eine Weltreise machen, Mademoiselle?» Vor ihrer Reise hatten sich beide vorsorglich den Blinddarm entfernen lassen.*

| Fotograf: Reiner Oettinger, Stadtarchiv Saarbrücken, Nachlass R. Oettinger.

5. Abenteuer Auto und die Weltreise auf vier Rädern

Vorläufer des Reisens mit dem Auto für die Mitte der Gesellschaft war das exzessive Reisen auf vier Rädern um die Welt. Solche Abenteuerreisen konnten sich in erster Linie Menschen leisten, die vermögend waren und nicht arbeiten mussten. Die Industriellentochter Clärenore Stinnes steht dafür. Ihre Expedition von 1927 symbolisiert Emanzipation und neue Geschlechterrollen der 1920er Jahre – gut 40 Jahre später brachen die 68er zur Weltreise im Kleinwagen auf. Beide Phänomene nutzte die Automobilindustrie, um die Qualitäten des Automobils zu bewerben und das Streben nach Freiheit und Abenteuer zu bedienen.

1927: Clärenore Stinnes erobert die Welt

Wie sehr das Automobil die Vorstellung von Raum und Zeit veränderte, veranschaulicht die Weltreise der vermögenden Industriellentochter Clärenore Stinnes; siehe dazu auch den Beitrag von Ruth Bauer in diesem Band. Mit ihrem Adler[16] brach sie im Mai 1927 zur großen Tour auf. «Herr über Raum und Zeit», diese Rolle konnten auch Frauen souverän meistern – Clärenore bewies es, denn das Autofahren war seinerzeit mit dem Beherrschen von Technik verbunden. Über den Balkan erreichte Stinnes die Türkei, von dort ging es über den Libanon nach Syrien, in den Irak, nach Persien, durch die Sowjetunion in die Mongolei bis nach China. Weitere Stationen waren Japan, Peru, Bolivien, Argentinien, Chile und die USA. Mit dabei ein Adler-LKW, der Ersatzteile und Proviant an Bord hatte und ihr späterer Ehemann, der Fotograf Carl-Axel Söderström, der ihre Reise mit der Kamera dokumentierte. 1929 kamen sie in Berlin wieder an und heirateten ein Jahr später.[17]

1968: Von Dirmingen um den Globus – 87.000 km in 18 Monaten

Fast 50 Jahre später ging ein junges Ehepaar aus Dirmingen im Saarland mit einem kleinen Citroën auf Weltreise. Sonntag, der 9. Juni 1968, in Dirmingen (Kreis St. Wendel): Erhard und Danièle Schwambach brachen zur größten Reise ihres Lebens auf. Mit ihrem Citroën Ami 6 Break fuhren sie in die weite Welt. Geplant war, in zwei Jahren alle Kontinente und 80 Länder zu durchqueren, insgesamt eine Strecke von 120.000 Kilometer. Die Route führte zunächst nach Österreich, weiter über Bulgarien und Griechenland. Von dort sollte es mit dem kleinen Citroën mit etwas mehr als 30 PS aus zwei Zylindern und 600 ccm in den vorderen Orient nach Indien, Malaysia, Indonesien und schließlich nach Australien gehen. Weitere Stationen sollten Hongkong und Japan sein. Die USA sollten von Nord nach Süd bereist werden und von Montevideo führte die Route nach Südafrika. Doch es kam anders. Nach «nur» 87.000 km fuhren die Schwambachs mit ihrem Citroën am 4. Dezember 1969 wieder in Dirmingen vor. Wie geplant hatten sie Indien und Australien besucht, dort erlebten sie ein Erdbeben und in der Türkei erlitten sie einen Unfall. Das Chassis des Ami 6 war mehrfach gebrochen, deshalb entschieden sie sich zur vorzeitigen Heimreise. Das kleine Auto brachte sie trotz Unfallschaden aber sicher ins Saarland zurück.[18]

Danièle Schwambachs Eltern waren im Juni 1968 extra aus Paris nach Dirmingen gekommen, um Tochter und Schwiegersohn eine gute Reise zu wünschen. Danièle war Französin und arbeitete am Institut Français in der Saarbrücker Cecilienstraße. Als das Paar im Juni 1968 losfuhr, begleitete sie ein Dirminger Autokorso bis zur Autobahnauffahrt Waldmohr.

Die Schwambachs hatten ihre Reise sorgfältig vorbereitet. Dazu gehörte präventiv die operative Entfernung ihres Blinddarmes. Mit an Bord ihres Autos eine Campingausrüstung samt Filmkamera und Fotoapparat, um die Reiseeindrücke zu dokumentieren.[19] Die Saarbrücker Zeitung berichtete über ihre Reise. Auch andere junge Saarländer bereisten mit dem Auto die Welt.[20] Das Ehepaar Schwambach steht stellvertretend für Massen junger Paare, die seinerzeit mit Kleinwagen wie 2 CV, Renault 4 oder einem VW-Bully die Welt erkundeten und ihre Freiheit erlebten.

Damals noch ohne Navigationssystem: *Wer die Welt erkunden will, braucht Landkarten und muss diese auch lesen können.*
| Fotograf: Reiner Oettinger, Stadtarchiv Saarbrücken, NL R. Oettinger.

Die Hippie-Bewegung zwischen Protest, Abenteuer und Kommerz

Aus dem Alltag aussteigen, Abenteuer erleben und die Welt entdecken – viele junge Leute aus der Hippie-Bewegung taten das in den 1960er und 1970er Jahren, auch aus Distanz zu ihrer angepassten Elterngeneration. Viele von ihnen waren über ihr Dorf oder ihre Stadt kaum herausgekommen. Vor allem die minimalistischen Autos wie der VW Käfer, der VW-Transporter (Bully), der 2 CV von Citroën und der Renault 4 entwickelten sich in der Zeit der Studentenbewegung ab 1968 zu Autos einer aufbegehrenden Generation. Sie waren in gewissem Maße ein politisches Bekenntnis und der Kauf ein «revolutionärer Akt», weil das Establishment, die deutsche Motorpresse und weite Teile der Öffentlichkeit den 2 CV als hässlich bezeichneten und ihm mit einer gewissen Verachtung und Hochnäsigkeit absprachen, ein richtiges Auto zu sein. An Steigungsstrecken konnte ein 2 CV schon mal ein Verkehrshindernis sein – seinerzeit waren dies aber auch Busse und LKWs wie auch Mercedes-Diesel-PKW. Der 2 CV, das einzige Auto, das in seiner Produktionszeit seine Motorleistung von 9 auf 28 PS mehr als verdreifachte, erlebte von 1968 bis 1975 in der Bundesrepublik seine Blütezeit, auch die Nachfrage nach gebrauchten «Enten» stieg

***Der Renault 4** und die Farben der 1970er Jahre – Lebensfreude pur.*
| Foto: Renault Group.

deutlich, das Saarland und insbesondere die Landeshauptstadt Saarbrücken galten als Geheimtipp auf der Suche nach gebrauchten «Enten». Französische Marken waren in Deutschland nirgendwo sonst so verbreitet wie im Saarland. Der Bestand an 2 CV war deshalb höher, weil er in der Bundesrepublik erst ab 1958/59 angeboten wurde, im autonomen Saarland bereits ab 1949. Es bildeten sich in der Bonner Republik 2 CV-Clubs, besonders aktiv der Frankfurter Club mit «Töff», der «Zeitschrift für die schönsten Jahre im Leben» und einer Auflage von 2.000 Exemplaren. Auch der Renault 4 gewann in der Bundesrepublik jetzt viele Freunde. Im Jahr 1968 produzierte Renault 336.000 Exemplare vom R 4 – so viel wie nie zuvor. In den folgenden Jahren wurde dieser Rekord nicht mehr gebrochen. Gleichwohl lief der Verkauf auch in den 1970er Jahren sehr gut, am 9. September 1977 feierte der Staatskonzern fünf Millionen Renault 4.[21]

Viele junge Leute wollten nach Indien, nicht alle kamen dort an. In den 1970er Jahren förderte dies den Absatz dieser Kleinwagen, auch vor dem Hintergrund der ersten Ölkrise 1973/74. Sie wurden zu typischen Studentenautos der 1970er Jahre.

Die Firma Renault nutzte diesen Trend und sponserte Ende der 1960er Jahre Weltreisen junger Leute. Dazu gründete sie eine spezielle Stiftung, die seit 1966 junge Männer und Frauen unterstützte und ihnen kostenlos einen Renault 4 zur Verfügung stellte. Vorab erhielten sie eine technische Ausbildung, um Reparaturen selbst durchführen zu können. Dazu gehörte

Erfolg bei Rallys und Safaris *vor allem in Afrika galten als Beweis von Robustheit und Zuverlässigkeit. Ein beliebtes Motiv in den 1960er und 1970er Jahren, Peugeot-Werbung 1962. Der Bevölkerung vor Ort brachten diese Veranstaltungen nichts. Verletzte Personen waren keine Seltenheit. Peugeot wurde aber gerade in Afrika ausgesprochen populär.*

eine Einweisung ins Filmen und Fotografieren, um ihr Abenteuer zu dokumentieren. Bis 1974 hatten sich 62 Teams mit 200 jungen Frauen und Männern an dieser Renault-Aktion beteiligt.[22]

Citroën organisierte zur Bewerbung des 2 CV die Fernfahrt von Paris nach Kabul – dazu gingen am 1. August 1970 494 «Enten» an den Start. Die Aktion blieb nicht ohne Wirkung, die Absatzzahlen des 2 CV gingen steil nach oben. Pioniere in Sachen Weltreisen mit dem 2 CV waren 1959 zwei junge französische Studenten, die mit ihrer «Ente» 100.000 km zurücklegten und ihr Abenteuer in dem Buch «Rund um die Welt im 2 CV» festhielten. Ihre Aktion fand viele Nachahmer. Pionier in der Nutzung des automobilen Abenteuers für Werbezwecke war André Citroën. 1922 durchquerte eine Gruppe von Fahrzeugen die Sahara und 1924/1925 Afrika, 1931 ging es nach China. In einer Zeit, in der das Bild vom Auto als Spielzeug für reiche Leute noch nicht überwunden war, versuchte er mit seinen Croisière (Halbkettenfahrzeuge) die Zuverlässigkeit und Nützlichkeit des Automobils eindrucksvoll zu beweisen und dachte dabei auch an die militärische Nutzung des Automobils und seine Möglichkeiten für die französische Kolonialmacht.[23]

6. Das Auto als Identitätsstifter einer freien Gesellschaft

Die Bundesrepublik war zur Zeit des Kalten Krieges das Schaufenster des Westens und wie der Vergleich mit der DDR zeigt, war das Automobil Teil ihrer Erfolgsstory. Das Auto im real existierenden Sozialismus markiert dagegen dessen Unfähigkeit, gesellschaftliche Bedürfnisse der Menschen zu befriedigen und Rahmenbedingungen für eine funktionierende Wirtschaft zu schaffen. Der frühere US-Präsident Ronald Reagan soll dies mit folgendem Witz verdeutlicht haben. Ein Bürger der UdSSR geht zur Behörde, bestellt und bezahlt einen PKW und soll in zehn Jahren zur Auslieferung seines neuen Autos wiederkommen. Daraufhin fragt er: «Vormittags oder nachmittags»? Als Antwort bekommt er zu hören, was denn das bei zehn Jahren für einen Unterschied mache. Der Bürger entgegnet: «Nun ja, vormittags kommt der Klempner».[24] Zweifellos waren die Anfänge des Automobils in Russland beziehungsweise in der Sowjetunion schwieriger. Und in der DDR gab es nach 1945 im Wesentlichen nur die Überreste von Auto-Union, BMW in Eisenach und in der CSSR Tatra und Skoda.[25]

Westliche Welt stand dagegen für massenhafte individuelle Mobilität. Ein Symbol dafür der Mercedes-Stern. Ende der 1960er Jahre erlebte Saarbrücken viele bauliche Veränderungen. Mit dem Bau des Saarcenters, des Karstadt-Kaufhauses und des IBM-Hochhauses wertete Saarbrücken seine City auf. Das Saarcenter bildete den Abschluss der Berliner Promenade. Es verbreitete ein weltstädtisches und modernes Flair, im Mai 1972 stellte die Daimler-Benz AG den Antrag, auf dem Dach des Centers einen drehbaren und nachts beleuchteten Mercedes-Stern zu positionieren. Im Juli 1973 wurde die Anlage von der Bauaufsicht genehmigt. Der erste drehbare Mercedes-Stern war übrigens 1952 auf dem Stuttgarter Hauptbahnhof nach einer heftigen kommunalpolitischen Debatte installiert worden. Der Saarbrücker Stern wurde 2019 demontiert.[26]

Der nachts beleuchtete und sich drehende Mercedes-Stern stand aber nicht nur für Metropolen-Flair. Er war auch ein Symbol der Freiheit. Der größte dieser Sterne war im April 1965 auf dem gerade fertiggestellten Europa-Center in West-Berlin installiert worden. Auf dem seinerzeit höchsten Gebäude Berlins drehte sich ein 150 Kilogramm schwerer beleuchteter Mercedes-Stern mit einem Durchmesser von zehn Metern – seinerzeit die größte drehbare Neonlicht-Anlage der Welt. Sein Strahlen war auch nachts im Osten der geteilten Stadt zu sehen.[27]

Symbol des bundesdeutschen Wirtschaftswunders war der VW Käfer, von dem allein 1965 eine Million Fahrzeuge gebaut wurden. Die Massenmotorisierung gehörte zum Lebensgefühl der

Der Mercedes-Stern *auf dem Saarbrücker Diskonto-Haus, Mitte der 1970er Jahre. Der von Gottlieb Daimler gestaltete Mercedes-Stern ist wohl bis heute das weltweit beste Firmenlogo aller Zeiten.*
| Stadtarchiv Saarbrücken, Stadtamt 67, Nr. 406.

Bonner Republik und ihrer sozialen Marktwirtschaft. Sie eröffnete den Menschen eine nie gekannte Freiheit und brachte gut 15 Jahre nach dem von Deutschen entfachten verbrecherischen Zweiten Weltkrieg einen nie dagewesenen Wohlstand.

Politisch repräsentierte diese Erfolgsstory Bundeskanzler Konrad Adenauer. Der von ihm gewählte Dienstwagen war der Mercedes 300, der weltweit, noch zu seinen Lebzeiten, Adenauer-Mercedes genannt wurde und bis heute diesen Namen trägt.

In der Bonner Republik der 1950er Jahre wurde das erreicht, was die Gewerkschaften in den 1920er Jahren gefordert und was dann von der NS-Propaganda versprochen wurde: der Traum vom eigenen Auto. Und zugleich versuchte die bundesdeutsche Gesellschaft so, ihrer düsteren Vorgeschichte quasi davon zu fahren.[28]

Die individuelle Mobilität markierte einen großen Unterschied im Alltag zwischen Ost und West. Mit dem Bau der Mauer setzte die SED dann endgültig den Sargnagel auf die Freiheit. Im Jahr 1960 kamen in der Bonner Republik 81 PKW auf 1.000 Einwohner, in der DDR waren es nur 18. Der Ostblock war entgegen seiner ideologischen Phrasen nie eine klassenlose Gesellschaft und Autos für Alle gehörten nicht zum Programm. Zwei Prozent der Haushalte in der UdSSR hatten im Jahr 1970 ein Auto, 1985 waren es gerade mal 15 Prozent.[29]

Ein Auto in der kommunistischen Mangelgesellschaft war mit Wartezeit, schlechter Qualität und Ersatzteilmangel verbunden. Ohne Auto war das Leben aber noch beschwerlicher. Der technisch so unzulängliche Trabi sollte im Herbst 1989 dann Geschichte schreiben. Mit ihm und seiner blauen Abgasfahne fuhren die DDR-Bürger in die Freiheit. Im August 1989 erreichten Kolonnen von Trabis Ungarn, wenige Wochen später eroberten sie die Bonner Republik. Die Freiheitserfahrung verschmolz mit dem kleinen Trabi, der zum großen «Erinnerungsort» wurde und spätestens jetzt fuhr sich der Zwickauer Zweitakter in die Herzen der Menschen in Ost und West.

Start in den Frühling. *Spontan Losfahren, etwas unternehmen und das Leben genießen – Ausfahrt mit dem Borgward Hansa 1500 Cabriolet. Das Auto begleitete die Menschen, wurde Teil ihres Alltags.* | Fotograf: Walter Richleske, Nutzungsrechte Verlag Peter Kurze.

Mit dem Käfer *von Saarbrücken in die Welt.*
| Stadtarchiv Saarbrücken, Sammlung Ettelbrück.

7. Ausblick – Gibt es Grenzen mobiler Freiheit?

«Freie Fahrt für freie Bürger». So positiv die mit dem Auto gewonnene Freiheit erscheinen mag, so hatte sie für andere auch Schattenseiten. Ein Spruch, der die Freiheitssymbolik des Automobils aufgreift, zugleich aber umstritten ist, vor allem, wenn er mit rücksichtsloser Geschwindigkeit und ohne Umweltbewusstsein auf uns «zurast». Als die Saarländerinnen und Saarländer in den 1950er Jahren allmählich mobil wurden, da schenkte ihnen das Auto eine nie dagewesene Freiheit.[30] Zur täglichen Fahrt wurde in den 1950er Jahren das Auto eher wenig genutzt. Autos ermöglichten, spontan etwas zu unternehmen und ein Ziel anzufahren – ein solches Leben war vor dem Automobil nicht möglich. Eine neue Zeit hatte begonnen. Autos wurden gehütet und geputzt. Viele Autofahrer waren seinerzeit eigentlich Sonntagsfahrer.[31]

Das änderte sich in den 1960er und 1970er Jahren, die jährlich zurückgelegte Strecke wuchs. Im Zuge eines steigendenden Lebensstandards fuhren immer mehr mit dem Auto zur Arbeit. Zu jener Zeit ermöglichten aber auch Charterflüge das bezahlbare Fliegen in den Süden. Immer mehr Ziele waren kostengünstig zu erreichen. Eine ganze Reiseindustrie entstand. Das Flugzeug ermöglicht es, spätestens ab der Jahrtausendwende die Welt zu entdecken. Für breite Schichten wurde es üblich, mehrmals im Jahr Paris, Barcelona, Rom oder London oder Palma de Mallorca anzufliegen und dort ein verlängertes Wochenende zu genießen. Billigfluglinien machten es möglich und das zu einem Preis, der mit dem sparsamsten Auto nicht zu bekommen war. Fernreiseurlaube nach Thailand, Australien oder den USA waren kein Privileg der Reichen mehr. Und vor allem zu Beginn des 21. Jahrhunderts wurde auch die Kreuzfahrt in Schiffen mit schmutzigstem Dieselöl für Massen erschwinglich. Die Frage nach den Grenzen der Mobilität ist nicht ausschließlich auf das Auto und die individuelle Mobilität zu beschränken.

«Sofort lieferbar» *– aber nur für Kapitalisten!! Während die DDR-Bürger jahrelange Lieferfristen ertragen mussten, waren im Westen DDR-Autos «sofort lieferbar» – wie diese Anzeige des Autohändlers Karch in der Saarbrücker Zeitung vom 23. Juni 1960 zeigt. Besonders in die Benelux-Staaten und Großbritannien exportierte die DDR gegen harte Devisen zeitweise recht erfolgreich die in Eisenach gebauten Wartburgs, Dreizylinder Zweitakter, noch von DKW entwickelt. Vom Design her seinerzeit absolut wettbewerbsfähig.*

1 Kurt Harrer, Eisenbahnen an der Saar. Eineinhalb Jahrhunderte Eisenbahngeschichte zwischen Technik und Politik, Düsseldorf 1984, S. 7.

2 André Polling, Sabine Weiß, Route 66: Ein Roadtrip durch das automobile Herz der USA, Stuttgart 2022.

3 Rico Remberg, Sex auf Rädern. Autos: Verführung und Gelegenheit, Stuttgart 1970, S. 15.

4 https://programm.ard.de/TV/arte/bonjour-tristesse---kult-und-skandal/eid_287244000811086 [14.03.2023].

5 https://programm.ard.de/TV/arte/bonjour-tristesse---kult-und-skandal/eid_287244000811086 [14.03.2023].

6 Susanne Gretter, Mutig, möndän, motorisiert. Rasante Geschichten von der Frau am Steuer, München 2017, S. 17 ff.

7 Zitiert nach: Gretter, Mutig, mondän, S. 34.

8 Renate Talkenberg-Bodenstein, «Auto-Biographie», in: Von der ‚Stunde 0' zum ‚Tag X'. Das Saarland 1945-59. Katalog zur Ausstellung des Regionalgeschichtlichen Museums im Saarbrücker Schloß, Saarbrücken 1990, Merzig 1990, S. 428 ff.

9 Alexander F. Storz, So rollten die Fünfziger: unterwegs im Wirtschaftswunder, Stuttgart 2012.

10 Wolfgang Sachs, Die Liebe zum Automobil. Ein Rückblick in die Geschichte unserer Wünsche, Reinbek, 1984, S. 17 ff., 22 ff.

11 Ebda.

12 Edouard Seidler, Renault. Der Weg zum Weltunternehmen 1945-1973, Lausanne 1973, S. 172 ff.

13 Uwe Eduard Schmidt/Jörn Wallacher, «Dich sah ich wachsen, Holz». 100+1 Jahre Saar-Wald-Kultur, St. Ingbert 2022, S. 73.

14 Von Spielberg, Saarbrücken-Rom über den St. Gotthard in 12 Tagen, Berlin 1900.

15 Jürgen Franzke (Hg.), Rheingold - Geschichte eines Luxuszuges, Königswinter 2005.

16 Adlerwerke, 1880 gegründet, Fabrik in Frankfurt/Main, produzierten von 1900 bis 1940 neben Büromaschinen und Fahrrädern auch Automobile. Der Adler schmückte als Kühlerfigur die Fahrzeuge, gestaltet von Walter Gropius.

17 Hermann Glaser, Das Automobil. Eine Kulturgeschichte in Bildern, München 1986, S. 26.

18 Saarbrücker Zeitung, 10.6., 1968, 5.12.1969.

19 Saarbrücker Zeitung, 18./19.5.1968.

20 Saarbrücker Zeitung, 29.5.1969.

21 Marie-Claire Lauvray u. Dominique Pascal, Renault 4 - La voiture de mon père, Boulogne-Billancourt 1995. S. 50.

22 Renault-Revue, Nr. 20/1974, S. 16-18; Auto, Motor und Sport, Nr. 3/1976, S. 44.

23 Jan Eggermann, Citroën 2 CV. Die Ente in Deutschland, Lüdenscheid 2005, S. 67-71, Katalog zur Ausstellung zu André Citroën, Jüdisches Museum Rendsburg, hg. von Herwig Guratzsch, 2007, S. 28, Auto, Motor und Sport, Nr. 21/1981, S. 202–210. Das Ziel Peking sollte über den Himalaya und die Wüste Gobi erreicht werden. Am 4. April 1931 ging es los und am 12. Februar 1932 kam die Citroën-Karawane in Peking an. Zum 2 CV insgesamt: https://www.garage2cv.de/.

24 ARTE-Produktion, Autos im Sozialismus. Freiheit mit Lieferfrist, 2020 [17.03.2022].

25 Peter Witt, Auto und Motorräder zwischen Eisennach und Moskau. Kraftfahrzeugentwicklung von 1896 bis heute, Bremen 1997. Bildatlas des DDR-Straßenverkehrs. AutoClassic, Sonderband 8, München 2013.

26 Stadtarchiv Saarbrücken, Bauakte Berliner Promenade 17–19. Otto Nübel, Der Bahnhofstern – ein Wahrzeichen, in: Deutsche Bundesbahn, Bundesbahndirektion Stuttgart (Hg.), 65 Jahre Stuttgarter Hauptbahnhof 1922–1987, S. 148 ff.

27 Zum Europa-Center: http://www.berlin.citysam.de/europa-center.htm [17.03.2022].

28 Glaser, Das Automobil. Eine Kulturgeschichte, S. 160.

29 Luminita Gatejel, Die Hassliebe zum sozialistischen Automobil, in: Stephanie Tilly, Florian Triebel (Hg.), Automobilindustrie 1945-2000. Eine Schlüsselindustrie zwischen Boom und Krise, München 2013, S. 411, 427.

30 Allgemein dazu: Rüdiger Hachtmann, Tourismus-Geschichte, Göttingen 2007; Gabriele M. Knoll, Kulturgeschichte des Reisens, Deutschland 2006.

31 Paul Thomes, «Gebb Gas, Theo!» Autoalltag-Autobiographien-Autoerfahrungen, in: Edwin Dillmann u. Richard van Dülmen (Hg.), Lebenserfahrungen an der Saar. Studien zur Alltagskultur 1945-1955, St. Ingbert 1996, S. 184.

Bertha Benz

Louise Sarazin

Sophie Opel

Mercedes Jellinek

Erika Mann

Ernes Merck

6

Ruth Bauer

Ein LEBEN in zwei WELTEN

Rasant und resolut – Der weibliche Anteil an der Erfolgsgeschichte des Automobils

«Tue es deshalb, weil sie sagen, dass du es nicht kannst» – so lautete der Leitsatz, den sich die heutige Managerin der F1-Academy für Frauen und zuvor CEO des Formel E Teams Venturi Racing Susie Wolff während ihrer Rennfahrerinnenkarriere zu eigen machte, der sie motivierte und anspornte.

Auch rund 140 Jahre nach der Erfindung des Automobils bezeichnet diese Aussage wie kaum eine andere immer noch das gesellschaftliche Verständnis von «Frauen und Automobil». Trotz aller emanzipatorischer Erfolge ist dieses Verhältnis bis heute in vielen Teilen zwiespältig geblieben, mit kaum einem anderen Gegenstand des täglichen Lebens werden Frauen und Männer immer noch – auch wenn es in der jüngeren Generation weniger wird – so unterschiedlich in Verbindung gebracht wie mit dem Auto.

Diskutierte die Gesellschaft seit der Erfindung des Automobils im Jahr 1886 einerseits, ob Frauen physisch oder psychisch überhaupt in der Lage seien, ein Fahrzeug zu steuern, bediente sich andererseits die Autoindustrie in ihren Werbeanzeigen und Werbeplakaten von Beginn an ihrer Schönheit und Eleganz, um das neue Produkt an den Mann zu bringen. Die elegante Frau lenkte mit Leichtigkeit das jeweils angepriesene Automobil – zumindest in der Werbung. Die «Selbstfahrerin» wurde in Zeitschriften und Illustrierten der 1920er Jahre zum Massenphänomen stilisiert, der Topos «schöne Frau – schönes Auto» kolportiert. In der realen Welt sah es hingegen ganz anders aus. Die Anzahl der autofahrenden Frauen sollte noch über Jahrzehnte hinweg verschwindend gering bleiben, selbst als in den Jahren der Weimarer Republik emanzipatorische Ansätze es zumindest sehr reichen Frauen ermöglichen sollten, in die Männerdomäne des Autofahrens einzudringen.

Und dennoch darf die Rolle der Frau am Erfolg des Automobils nicht unterschätzt werden.

Vermutlich wäre es vermessen zu behaupten, ohne Frauen gäbe es das Auto gar nicht. Aber ohne die Unterstützung einiger Frauen, ohne ihr Geld, ihre Weitsicht, ihren Pragmatismus, ihre Ausdauer, ihren Mut und ihre Tatkraft hätten viele automobile Entwicklungen wesentlich länger auf sich warten lassen. Schließlich ist das Automobil mit einer Frau am Steuer erst berühmt geworden, zwei weitere Frauen haben es in Fahrt gebracht und eine bemerkenswert große Anzahl weiterer Damen hat maßgeblich an der Automobilgeschichte mitgeschrieben. All die zahlreichen praktischen Erfindungen, die Frauen zur automobilen Entwicklung beigetragen haben, ihr Anteil an der Erfolgsgeschichte der Mobilität, sei es am technischen Fortschritt, im Rennsport oder am Fahrspaß, werden von einer breiteren Öffentlichkeit erst in den letzten Jahren zur Kenntnis genommen.[1]

Unzählige, für uns heute selbstverständliche Bestandteile des Automobils, die es überhaupt erst alltagstauglich gemacht haben, basieren auf Anregungen und Erfindungen von Frauen: der dritte Gang, die Bremsbeläge, die Autoheizung, der Scheibenwischer, der Rückspiegel, der Blinker oder die Bremsleuchte, um nur einige zu nennen. Während Namen wie Gottlieb Daimler, Carl Benz, Rudolf Diesel, Adam Opel und unzählige andere weltweit in aller Munde sind, sind die Namen der automobilen Erfinderinnen in der Regel völlig unbekannt.[2]

Hat die männerdominierte und ausschließlich aufs Technische fixierte Autowelt den weiblichen Anteil an der Erfolgsgeschichte der Mobilität über Jahrzehnte regelrecht verschwiegen, erscheint es derzeit, als werbe, ja kokettiere sie fast ein wenig mit den Leistungen der Frauen. Und dennoch: Trotz aller emanzipatorischer Bestrebungen und gesellschaftlicher Veränderungen spricht immer noch ein Teil der Männerwelt dem weiblichen Geschlecht beharrlich fundierte automobile Kompetenz ab. Nur weil Frauen ein rationaleres Verhältnis zu ihrem Auto haben, weil Frauen sich nicht allein für PS, Hubraum, Zylinder, Beschleunigung und Höchstgeschwindigkeit interessieren und beim Kauf eines Autos andere Maßstäbe setzen.[3]

Der Streit um das weibliche Fahrvermögen und das weibliche Verständnis für Technik ist so alt wie das Automobil selbst. Mit sachlichen Argumenten wurde er nie geführt: Schon um 1900 drohten Gemeinderäte, Frauen das Autofahren zu verbieten und begründeten den Antrag mit der mangelnden Fahrroutine der Damen.[4] Aber warum fehlte den Damen diese Routine? Diese Frage wurde bis in die Gegenwart hinein selten gestellt. Weibliche Mobilität war Männern nicht geheuer. Sie zeugte von Unabhängigkeit, Selbstbewusstsein, Freiheit und sie kratzte an festgefügten männlichen Positionen. Eine Frau, die Auto fuhr, entzog sich patriarchalem Einfluss. Sigmund Freud schrieb in den 1920er Jahren gar über die Bedrohung, die von der Frau am Steuer ausgeht. Der Vater der Tiefenpsychologie glaubte zu wissen, dass Frauen beispielsweise nur an Autorennen teilnehmen würden, um der weiblichen Sucht zu frönen, die Männer zu bezwingen und zu erniedrigen. Freuds Aussage zeigt deutlich den Gedanken, ein Auto zu lenken, ist Ausdruck von Macht. Und dieser Machtausübung von männlicher Seite schienen sich jetzt einige Frauen in der Zeit der Weimarer Republik mit ihren emanzipatorischen Bestrebungen zu widersetzen. So scheint es fast folgerichtig, dass Frauen erst seit relativ kurzer Zeit wirklich selbstverständlich Autofahren dürfen, nämlich erst seit rund 40 Jahren. «Männer und Frauen sind gleichberechtigt» – darauf hatten sich zwar die vier Mütter und 61 Väter des Grundgesetzes 1949 geeinigt. Das bundesdeutsche Gleichberechtigungsgesetz trat hingegen erst zehn Jahre später, am 1. Juli 1958 in Kraft. Die Emanzipation der Frau, die schon Elisabeth Selbert, eine der Mütter des Grundgesetzes, gefordert hatte, konnte dieses jedoch in vielen Bereichen immer noch nicht vollständig umsetzen. Die Widerstände waren zu groß. Die nach männlichem Empfinden alt bewährten gesellschaftlichen Spielregeln zur Rolle der Frau bestanden noch viele Jahre weiter und so ist es noch in den 1970er Jahren für die Mehrheit der deutschen Ehemänner unvorstellbar, ihre Gattinnen ohne weiteres ihr «bestes Stück» steuern zu lassen.[5]

Ein Blick in die Geschichte, in die Vielfalt der Biografien, Abenteuer und Erlebnisse der zahlreichen automobilen Pionierinnen scheint umso spannender.

Von Frauen in Fahrt gebracht – Die Anfänge des Automobils

Bertha Benz — Mit einer Frau am Steuer wurde das Automobil berühmt

Vor rund 140 Jahren erblickte das erste Automobil das Licht der Welt. Die Patentanmeldungen von Carl Benz und Gottlieb Daimler im Jahr 1886 gelten bekanntlich als die Geburtsstunde des Automobils. Benz und Daimler hatten unabhängig voneinander an der Entwicklung eines pferdelosen Wagens gearbeitet. Und wie bei Geburten allgemein üblich, spielen Frauen dabei eine nicht unerhebliche Rolle und drei Frauen gilt es hier zunächst besonders hervorzuheben: Bertha Benz, Louise Sarazin und Sophie Opel.

Bertha Benz *unterstützte ihren Ehemann Carl Benz bei all seinen Entwicklungen und war ihm immer eine sehr kompetente Beraterin. Die technisch versierte junge Frau verbrachte viel Zeit mit ihrem Gatten in dessen Werkstatt und lieferte zahlreiche innovative Ideen zur Weiterentwicklung des Motorwagens. Oft vernachlässigte sie dabei ihren Haushalt.*
| Mercedes-Benz Archive, C 27050.

Von einer Frau in Fahrt gebracht: *In einem Patent Motorwagen Modell III wagte Bertha Benz zusammen mit ihren beiden Söhnen die allererste Langstreckenfahrt mit einem pferdelosen Wagen und machte das Automobil damit berühmt.* | Mercedes-Benz Archive, B 39394.

Bekannt wurde der pferdelose Wagen, wie man Automobile zunächst nannte, durch die erste kühne Fernfahrt von Bertha Benz.[6] Zudem wäre ohne ihr Vermögen, ihr Beharren und ihren Wagemut das Automobil mit Sicherheit nicht so schnell in die Gänge gekommen.

Bertha Ringer, 1849 in Pforzheim geboren, lernte Carl Benz 1869 bei einem Ausflug nach Maulbronn kennen. 1872 heirateten die beiden und zogen nach Mannheim. Bereits während ihrer Verlobungszeit ließ Bertha sich von ihrem Vater ihre Mitgift auszahlen, um das Geld in das Unternehmen einer «Eisengießerei und mechanischen Werkstätte» ihres zukünftigen Gatten zu stecken – so überzeugt war sie von seinen technischen Ideen. «Wir haben dauernd über seine Pläne gesprochen», erzählt Bertha viele Jahre später, «so wurde ich dann sehr vertraut mit aller Technik.» Was folgte waren jedoch erst einmal lange Jahre der Frustration und der finanziellen Sorgen. Im Zuge der allgemeinen wirtschaftlichen Depression wurde der Betrieb 1876 sogar gepfändet, aber Bertha, die inzwischen fünf Kinder hatte, trieb ihren verzweifelten Gatten weiter an. «Weihnachten war sehr bescheiden gewesen, wir hatten ja unser ganzes Geld in den Motor hineingesteckt», meinte sie später. In der Silvesternacht 1879/80 motivierte sie ihren Mann zu einem weiteren Probelauf und – der Motor sprang an. Die Erfindung ihres Gatten wurde in den nächsten Jahren ausgefeilt und Carl Benz unternahm die ersten Probefahrten auf dem Hof seiner Werkstatt, nur allmählich wagte er sich auf die Straße.

Hier stieß er jedoch nicht auf Begeisterung, sondern auf heftige Ablehnung für diese neue Erfindung. Für Schäden, die er verursachte, hatte er selbst aufzukommen und die Behörden gestatteten ihm lediglich, seine neue Erfindung im Umkreis von nicht einmal zehn Kilometern zu bewegen, viel zu wenig, um die Zuverlässigkeit des Wagens ohne Pferde zu testen. Und kaufen wollte den neuen Wagen zunächst auch niemand, da man ihm nicht traute. Ein Wagen, der sich ohne Pferde fortbewegte? Wie sollte das mit rechten Dingen zugehen und funktionieren?

Darum fasste Bertha Benz am frühen Morgen des 4. oder 5. August 1888 den Entschluss, zusammen mit ihren beiden Söhnen von Mannheim nach Pforzheim zu ihrer Mutter aufzubrechen. Schließlich war sie eine Frau und sollte es zu Zwischenfällen kommen oder zu Problemen mit den Ordnungshütern, könne ihr Gatte sich darauf berufen, sie sei eben nur ein dummes Weib. Viel könne eigentlich nicht passieren. Und er habe ja schließlich nichts davon gewusst. Und so machte sie sich auf den Weg, orientierte sich am Verlauf der Eisenbahnschienen und benutzte Feldwege, denn befestigte Straßenverbindungen gab es noch keine. Nach etlichen kleinen Pannen erreichten die drei Pforzheim, kurz vor Mitternacht. Ein Tag – 100 Kilometer! Eine sensationelle Leistung!

Im Anschluss berichteten die Zeitungen über einen «interessanten Wagen, der bei seinen Fahrten durch die Stadt berechtigtes Aufsehen errege, den Patent-Motorwagen, ein Fuhrwerk ohne Pferd.» Eine Frau hatte ihn in Fahrt gebracht! Der wirtschaftliche Durchbruch ließ jedoch weitere Jahre auf sich warten und auch auf diesem Weg war Bertha Benz immer die Geschäftstüchtige. Nach ihrer legendären Fahrt hingegen sollte Bertha Benz – immerhin die erste Autofahrerin der Welt – selbst nie wieder einen Wagen lenken.[7] Sie starb hochbetagt am 5. Mai 1944 in Ladenburg.

Louise Sarazin – Die erste Daimler-Lizenznehmerin in Frankreich war eine Frau

Hatte Bertha Benz in Deutschland dem Automobil zum Durchbruch verholfen, so war es ebenfalls eine Frau, die ihm in Frankreich zum Erfolg verhalf: Louise Sarazin. Und von Frankreich aus sollte das Automobil seinen tatsächlichen Siegeszug in die Welt antreten. Wurde das Auto auch in Deutschland erfunden, so beginnt seine eigentliche Geschichte mit dem Vertrieb der Daimler-Motoren in Frankreich und Frankreich sollte sich zum größten Autobauer Europas entwickeln, eine Tatsache, die heute fast vergessen ist.

Die Französin Louise Sarazin *war von der Erfindung des Motorwagens so begeistert, dass sie nach dem Tod ihres Mannes von Gottlieb Daimler die Patente seiner Modelle für den Vertrieb in Frankreich erwarb. Die Motoren ließ sie von Emile Levassor fertigen, den sie später heiratete. Trotz Ablehnung und Spott ließ sie sich in ihrem Tun nicht aufhalten und überzeugte selbst die Skeptiker von der revolutionären deutschen Erfindung.* | Mercedes-Benz Archive, 4548.

Louise Sarazin (1847-1916) war die Ehefrau des Rechtsanwaltes Edouard Sarazin, der von den Erfindungen Gottlieb Daimlers so begeistert war, dass er die Patente Daimlers für Frankreich schützen ließ. Daimler und Sarazin kannten sich aus ihrer gemeinsamen Zeit bei den Cannstatter Deutz-Motorenwerken und es verband sie eine enge Freundschaft. Sarazin erwarb die Anwartschaft auf die Verwertung aller künftigen Erfindungen von Daimler für Frankreich. 1887 nahm er dann erste Verhandlungen mit Emile Levassor über den Bau der Daimler Motoren in Frankreich auf. Ihn und seinen Kompagnon René Panhard kannte er aus der gemeinsamen Studienzeit. Im gleichen Jahr, noch bevor diese Verhandlungen jedoch zum Abschluss kommen konnten, starb Edouard Sarazin plötzlich im Alter von 47 Jahren. Louise Sarazin führte die Geschäfte ihres Mannes weiter. An Gottlieb Daimler schrieb sie: «Sie werden nun einen neuen Vertreter für Frankreich nehmen wollen... Aber weil ich von allen vorausgegangenen Verhandlungen weiß und bis auf den heutigen Tag über die Einzelheiten informiert bin, so stehe auch ich Ihnen so lange für Ihre Arbeiten zur Verfügung, bis Sie einen passenden Ersatz für meinen Mann gefunden haben.»[8] Gottlieb Daimler antwortete ihr, bestürzt über den plötzlichen Tod seines Freundes und Geschäftspartners: «Was nun unsere Geschäfte anbelangt, so eilt es mir nicht, einen neuen Vertreter für Paris zu suchen, und ich höre gerne, dass sie auf dem laufenden über unsere Geschäfte sind und mir nützlich sein wollen, was ich von Herzen gerne annehme. Ferner sehe ich auch, dass Sie etwas von meinem Motor halten, ebenso wie M. Sarazin, und ich begreife gut, dass Sie ungern die Früchte Ihres Gatten in anderen Händen sehen möchten. Ich möchte Ihnen durch diese Zeilen sagen, dass ich hoffe, im Sinne Ihres Gatten zu handeln, wenn ich Ihnen zusichere, dass Sie auch fernerhin an den Geschäften beteiligt bleiben, nur kann ich Ihnen jetzt noch nicht sagen, in welcher Weise. Jedenfalls werde ich in nächster Zeit nichts ohne Ihren Rat unternehmen.»[9] Gottlieb Daimler brachte Louise Sarazin somit das gleiche Vertrauen entgegen wie ihrem Mann. Als Emile Levassor kurze Zeit später bei ihr anfragte, ob die Motoren denn jetzt überhaupt noch gebaut werden sollten, fuhr Louise sofort nach Cannstatt und ließ sich die neue Erfindung von Gottlieb Daimler persönlich präsentieren und bis ins kleinste Detail erklären. Sie war so begeistert, dass sie gleich einen Vertrag mit Daimler schloss und sogar direkt einen Motor mit nach Paris nahm. Daimler erkannte die außerordentlichen Fähigkeiten Louises.

Auf der Weltausstellung in Paris 1889 wurden die Motoren Daimlers vorgestellt und weckten größtes Interesse. Der Fahrradhersteller Peugeot stieg jetzt in den Automobilbau ein und nutzte die Daimler-Motoren, gebaut von Panhard und Levassor.[10] Nach der Ausstellung boten sich weitere französische Maschinenfabrikanten an, Daimler-Patente in Lizenz zu verwerten. Aber Gottlieb Daimler hielt Wort: Am 1. November 1889 gab er Louise Sarazin die schriftliche Zusage, alle französischen und belgischen Patente allein auswerten zu dürfen, unter der einzigen Bedingung, dass sie den Namen Daimler trugen. Damit war Louise die erste Daimler-Lizenznehmerin in Frankreich. Durch die enge Zusammenarbeit kamen Louise Sarazin und Emile Levassor sich auch privat näher. 1890 heirateten beide.

Louises Ehemann war fasziniert von der Geschwindigkeit und machte die Autos immer schneller. Das sei die beste Werbung für die Daimler-Motoren, so sein Argument. Der Geschwindigkeitsrausch sollte ihm jedoch zum Verhängnis werden. Auf der Wettfahrt Paris–Marseille–Paris wurde er im September 1896 aus seinem Wagen geschleudert und starb wenige Monate später. Er war erst 54 Jahre alt und das erste Opfer des Automobilsports.

Emile Levassor gilt in Frankreich heute als der «Vater» des Automobils. Der Anteil an diesem Erfolg, der seiner Gattin gebührt, wurde dabei bisher meist verschwiegen. Schließlich war es Louise, die an den Erfolg des Automobils glaubte – genau wie Bertha Benz. Sie ließ sich trotz Ablehnung und Spott in ihrem Tun nicht aufhalten und überzeugte die Skeptiker von der revolutionären deutschen Erfindung. Sie war es, die Emile Levassor mit Gottlieb Daimler zusammengebracht hatte. Das sind ihre Verdienste um das Automobil – nicht mehr, aber auch nicht weniger.

Nach dem Tod ihres Mannes übernahm Sophie Opel als Haupterbin der Opelwerke die Geschicke des Unternehmens. *Als «Finanzvorstand» hatte sie bis zu ihrem Tod 1913 das Sagen in der Firma.* | Opel Archiv, 49382.

Sophie Opel – Die Geschäftsfrau, unter deren Leitung aus dem größten Fahrradproduzenten der größte Automobilbauer Deutschlands werden sollte

Bertha Benz und Louise Sarrazin sind nicht die einzigen Gattinnen automobilverrückter Herren, die ihrem Ehemann couragiert und tatkräftig zur Seite standen.[11] Auch die als resolut und geschäftstüchtig beschriebene Sophie Opel (1840-1913) unterstützte ihren Mann in jeder Hinsicht, lebte für die gemeinsame Firma, die Finanzen immer fest im Blick. Sie hatte Adam Opel im Jahr 1868 geheiratet, wenige Jahre nachdem dieser in Rüsselsheim das Unternehmen Adam Opel – ein Werk zum Bau von Nähmaschinen – gegründet hatte. Durch ihre finanzielle Unterstützung – ihr Vater hatte in der Lotterie gewonnen – konnte ihr Gatte eine Dampfmaschine erwerben, die ihm die Massenproduktion von Nähmaschinen ermöglichte. Seit 1886 produzierte er zusätzlich Fahrräder und avancierte zum größten Fahrradproduzenten Deutschlands. Von Autos war noch keine Rede. Adam Opel starb bereits 1895. Nach dem Tod ihres Mannes übernahm Sophie Opel die Leitung der Firma. Wie ihr Mann hegte sie keine große Leidenschaft für das neumodische Automobil, dennoch gelang es ihren fünf Söhnen die Mutter von der Zukunft, die in dem pferdelosen Wagen lag, zu überzeugen und drei Jahre später, im Jahr 1898, begann die Firma mit der Produktion von Motorwagen. 1912 feierte der Betrieb, mit Sophie Opel an der Spitze, sein 50-jähriges Firmenjubiläum. Unter ihrer Leitung sollte Opel – nach einigen Anlaufschwierigkeiten – schließlich zum größten Automobilbauer Deutschlands aufsteigen. Den Höhepunkt des Unternehmens sollte sie jedoch nicht mehr miterleben und auch nicht dessen Verkauf 1929 an General Motors. Dass Sophie Opel selbst jemals hinter dem Steuer saß, ist nicht überliefert. Das Autofahren überließ sie lieber der jüngeren Generation. Ihre Schwiegertochter Emmy frönte der automobilen Leidenschaft und fuhr erfolgreich bei Straßenrennen mit, selbstverständlich auf einem Opel.

Mercedes Jellinek *war die jüngste Tochter des Generalvertreters von Gottlieb Daimler, Emil Jellinek. Er liebte Autorennen und meinte, mit einem weiblichen Namen für seine Autos sei ihm der Sieg gewiss. So benannte er diese nach seiner jüngsten Tochter Mercedes. Seit 1902 ist der Name markenrechtlich geschützt.* | Mercedes-Benz Archive, U84056.

Mercedes Jellinek – Das kleine Mädchen, das einem berühmten Automobil seinen Namen lieh

Und dann ist da noch eine Frau, korrekter ein kleines Mädchen, das eigentlich mit Autos gar nichts am Hut hatte und dennoch wie kaum eine andere für höchste Qualität und Ansprüche im Automobilbau steht: Mercedes Jellinek. Sie war die Tochter des ersten Generalvertreters von Gottlieb Daimler, dem jüdischen Kaufmann Emil Jellinek. Er verkaufte Daimler Automobile vor allem in Frankreich und nahm selbst ebenso leidenschaftlich an Autorennen teil. 1899 meldete er seinen Daimler-Phönix unter dem Namen seiner Tochter zu einem Rennen an: Mercedes. Ein Auto brauche eine weibliche Bezeichnung, damit man es liebhaben könne, so die Argumentation Jellineks. Das brachte ihm Glück, er gewann und der Name seines Autos wurde schnell bekannt. Seit 1902 ist der Name «Mercedes» als Marke geschützt. Bei der Fusion der Firmen Benz und Daimler im Jahr 1926 wurde der Name Teil der neuen Firmenbezeichnung: Mercedes-Benz. Und so heißt das Auto bekanntlich bis heute. Interessant in diesem Zusammenhang ist auch, dass bei den Franzosen alle Autos weiblich sind, une Citroën, une Peugeot – in Deutschland heißt es hingegen: der Mercedes, der Opel, der Audi, der BMW ...

Von Frauen erfunden – Innovative Tipps und Verbesserungsvorschläge rund ums Automobil

Das Auto «in Fahrt» gebracht haben folglich drei Frauen: Bertha Benz, Louise Sarazin und Sophie Opel. Ihr Glaube an das neue Fortbewegungsmittel war zeitweise sogar stärker als der ihrer Männer. Dabei waren Technik und Wissenschaft Bereiche, die Frauen um die Jahrhundertwende im Wesentlichen verschlossen blieben. Die Mehrheit der Frauen war von der höheren Bildung ausgeschlossen und Frauen mit Forschungsdrang blieben die Ausnahme. Selbst in den vermögenden Kreisen des Adels und des Bürgertums – den gesellschaftlichen Schichten also, die sich ein Auto überhaupt leisten konnten – hatte sich der häusliche Alltag immer weiter von dem beruflichen Alltag getrennt. Zuvor war es den Töchtern oder Ehefrauen teilweise noch möglich, an den Geschäften oder dem Gewerk des Vaters oder des Ehemanns teilzuhaben, da diese häufig zuhause arbeiteten, wie auch Carl Benz seine Werkstatt in unmittelbarer Nähe des Wohnhauses der Familie betrieb. Die Frauen der Oberschicht wurden jetzt jedoch in der Regel allein auf ein schöngeistiges Leben vorbereitet und darauf, einen großen Haushalt zu führen und karitativ tätig zu sein. Kinder – Küche – Kirche, diese Bereiche wies man gemeinhin der

Frau zu. Und selbst wenn der Vater seiner Tochter eine höhere Bildung finanzierte und, dem Interesse seiner Tochter folgend, ihr ein Studium ermöglicht hätte: Professoren und Kommilitonen brachten keinerlei Verständnis für den Forscherdrang einer Frau auf. Erst 1908 wurden Frauen in Preußen zu einem Abitur zugelassen, das sie auch tatsächlich legitimierte, an den Universitäten zu studieren, was nicht zur Konsequenz hatte, dass sie es auch taten – die Widerstände der Männer blieben nämlich massiv.

Und trotz dieser Widrigkeiten sind Frauen auch an der weiteren technischen Entwicklung des Automobils maßgeblich beteiligt, in der Vergangenheit wie heute.

Bertha Benz hatte ihrem Mann seinerzeit schon viele technische Tipps gegeben. So hatte sie ihn beispielsweise darauf hingewiesen, dass der Wagen mehr Gänge brauche und der Motor zu schwach sei, um Berge hochzukommen. Und auf jeden Fall müsse man sich etwas gegen den aufwirbelnden Schmutz einfallen lassen, damit man nach einer Fahrt nicht aussehe, als sei man in den Schlamm gefallen oder auf Kuhfladen ausgerutscht. Carl Benz nahm ihre Anregungen auf und baute ein neues, komfortabler ausgestattetes Auto. Auch gilt Bertha Benz als Erfinderin der Bremsbeläge, da sie ihrem Mann vorschlug, zur längeren Haltbarkeit der Metallbeläge Lederbeschläge auf den Bremsen zu befestigen.

Durchblick – Die erste funktionierende Scheibenwischanlage der Welt

Im Jahr 1903 erfand die Amerikanerin Mary Anderson (1866-1953) den Scheibenwischer. Bei einem Besuch in New York im Winter des Jahres 1902 hatte die Bauunternehmerin und Rancherin aus Alabama, die mittlerweile in Kalifornien lebte, beobachtet, wie die Männer bei schlechtem Wetter ständig ihre Fahrzeuge stoppten, um die Windschutzscheiben trocken zu wischen oder vom Schnee zu befreien, um wieder freie Sicht zu haben. Der Schaffner der Straßenbahn, mit der sie durch die Straßen New Yorks fuhr, soll sogar mit geöffneter Windschutzscheibe gefahren sein. So kam ihr die Idee, außen Wischblätter anzubringen, die vom Wageninneren aus betätigt werden konnten und den Herren so das Fahren bei schlechtem Wetter erleichterten. Zwar kamen vor ihr schon einige andere auf ähnliche Ideen, aber ihre Scheibenwischertechnik war effektiv und funktionierte. Ihre Vorrichtung bestand aus einem in Lenkradnähe angebrachten Hebel, mit dem der Fahrer bei Bedarf einen gefederten Schwingarm, versehen mit einem Gummiblatt, in Bewegung setzen konnte. Am 10. November 1903 erhielt sie für 17 Jahre das Patent auf ihre Erfindung. Sie versuchte zwar, ihre Erfindung an den Mann zu bringen, aber die Konzerne, denen sie diese anpries, lehnten dankend ab mit der Begründung: «Wir halten es nicht von so hohem kommerziellen Wert, als dass ein Verkauf durch unser Unternehmen sich rechtfertigen würde.» So erhielt sie zwar gelegentlich Tantiemen, reich wurde sie davon jedoch nicht. Seit ihr Patent 1920 abgelaufen war, gehörten Scheibenwischer, die exakt auf ihrem Modell beruhen, zur Serienausstattung.[12]

Charlotte Bridgewater ließ sich 1917 den elektrischen Scheibenwischer patentieren.

Rückblick – Mehr als ein Spiegel weiblicher Eitelkeit

Den Rückspiegel erfanden ebenfalls Frauen, das steht außer Frage. Sogar zwei Frauen können sich diese Erfindung auf ihre Fahnen schreiben: die Französin Davy de Cussé und die Engländerin Dorothy Levitt.[13] Sie befestigten vorne an ihrem Auto Spiegel, um zu sehen, was hinter ihnen passierte. Dafür wurden sie nur belächelt, so etwas könne nur einer Frau einfallen. Ein zeitgenössisches Journal meinte, dies sei wohl eher eine barocke Vorrichtung ohne Zukunft. So kann «Mann» sich irren. Dorothy Levitt war die erste Motorjournalistin und die zugleich «schnellste Frau Englands», die auf De Dion-Bouton seit 1903 so manches Autorennen erfolgreich bestritt. Sie verfasste 1909 ein kurzweiliges Handbuch für Automobilistinnen mit dem Titel «The Woman and the Car. A Chatty Little Handbook for the Edwardian Motoriste». Sie riet ihren Leserinnen bei einsamen Fahrten, einen Hund oder besser noch einen Revolver mitzunehmen. Außerdem empfahl sie ihnen immer einen Handspiegel dabei zu haben. Sie selbst stattete ihre Limousine

Dorothy Levitt *(1882-1922) war nicht nur eine der schnellsten Rennfahrerinnen ihrer Zeit, im Jahr 1905 sogar die schnellste Frau der Welt, sondern gleichfalls eine sehr erfolgreiche Motorjournalistin. 1909 erschien ihr Handbuch für Frauen, die sich dem Automobil verschrieben hatten. Ein Ratschlag neben ihren zahlreichen, weiteren technischen Tipps in ihrem Buch lautete, immer einen Handspiegel mitzuführen, um zu sehen, was hinter einem passierte.*
Buchcover: Dorothy Levitt: The Woman and the Car. A Chatty Little Handbook for the Edwardian Motoriste, 1909. | Archiv Central Garage Automuseum, Bad Homburg v.d.H.

mit vier Spiegeln aus: jeweils an den Außenseiten einer und in der Mitte neben dem Lenkrad zwei. Die Männerwelt amüsierte sich über die weibliche Eitelkeit der kompetenten Autokritikerin, die nicht müde wurde anzumahnen, wie wichtig es sei, mit Hilfe der Spiegel das rückwärtige Geschehen beobachten zu können. Erst 1919 erkannten die Autobauer der Welt den Wert dieser Vorrichtung und erst seit den 1940er Jahren setzte er sich zusehends als Standardausrüstung durch.[14]

Wohlig warm und wenig beschlagen – Eine Heizung für das Automobil

Auch die Entwicklung der Autoheizung verdankt der Fahrzeugbau einer Frau: der aus Chicago stammenden Amerikanerin Margaret Wilcox, eine der ersten Maschinenbau-Ingenieurinnen. Bereits 1893 meldete sie ihr Patent an. Ihr Heizsystem leitete warme Luft, erzeugt durch eine Brennkammer unter dem Auto und verbunden mit einem Rohrsystem, das erhitztes Wasser unter den Fahrgastraum führte, in den Innenraum des Fahrzeugs und sorgte so für wohlige Wärme. Nun mussten die Fahrgäste in kalten Wintertagen nicht mehr frieren. Zudem beschlugen nun auch die Scheiben weniger, mithin ein nicht unerheblicher Beitrag zur Fahrsicherheit.

Blinker und Bremslicht – Ein weiterer Beitrag zur Sicherheit auf den Straßen der Welt

Florence Lawrence (1886-1938), eine sehr erfolgreiche und technisch versierte Schauspielerin, entwickelte 1914 den «Blinker» und das «Bremslicht». Zahlreiche Auffahrunfälle passierten, weil das vorausfahrende Auto plötzlich abbremste, um links oder rechts abzubiegen. So entwickelte sie einen mechanischen Signalarm. Dieser konnte auf Knopfdruck aus dem Inneren des Fahrzeugs bedient werden. In der Folge setzte sich eine kleine Fahne, angebracht rechts und links an der hinteren Stoßstange, in Bewegung, um anzuzeigen, in welche Richtung das Auto abbog. Gleichzeitig erfand sie ein Bremssignal in Form eines Stoppschildes, das sich am Heck des Autos hochklappte, wenn man das Bremspedal betätigte.

Ebenfalls von Frauen angeregt und von der Automobilindustrie in der Folge gerne umgesetzt wurden zu Beginn der 1930er Jahre das «schaltfreie, kupplungslose Fahren», in dem sie die Zukunft des Fahrens erkannten, ferner die Sonnenblende, der Anzeiger für das Kühlwasser und schließlich der verstellbare Fahrersitz sowie das verstellbare Lenkrad – zwei Annehmlichkeiten, die das Lenken eines Fahrzeugs nicht nur für sie angenehmer und bequemer gestaltete.[15]

Katalysator und Kevlar-Faser – Zum technischen Fortschritt im Automobilbau

Und auch in den nachfolgenden Jahrzehnten trugen Frauen durch ihren Pragmatismus zur erfolgreichen Weiterentwicklung des Autos bei und sorgten dafür, dass es aus der Ecke des «Spielzeugs und Prestigeobjektes» herausgeholt wurde und sich zu einem nützlichen Gebrauchsobjekt entwickelte. Die amerikanische Chemikerin Edith M. Flanigen beispielsweise, Jahrgang 1929 und Inhaberin von mehr als 100 US-amerikanischen Patenten, forschte zu mineralischen Katalysatoren, die den Treibstoff des Autos sauberer machten. Stephanie Kwolek aus Pennsylvania (1923-2014) entwickelte 1964 die Kevlar-Faser, die sie sich 1968 patentieren ließ. Diese hochleistungsfähige «Superfaser» findet heute überall im Automobilbau Anwendung und verbesserte entscheidend die Herstellung von Filtern, Riemen, Dichtungen und Reifen.

Die hier genannten Frauen stehen stellvertretend für all jene Frauen, die an der Entwicklung des Automobils großen Anteil hatten und auch in Zukunft haben werden.

Frauen in Fahrt – Von Selbstfahrerinnen und Chauffeusen

Frauen und der Führerschein

Zu Beginn des 20. Jahrhunderts stieg die Zahl der Automobile in Deutschland allmählich an. Rücksichtslose Automobilisten sorgten für Angst und Schrecken, verursachten immer häufiger oft schwere Unfälle und begingen dabei meist Fahrerflucht. So blieb es nicht aus, dass Vater Staat im Jahr 1909 das «Reichsgesetz über den Verkehr mit Fahrzeugen» erließ, worin er erstmals verbindliche Verkehrsregeln festlegte.[16] Die Kraftfahrzeuge erhielten jetzt ein Kennzeichen zur Identifizierung und die Höchstgeschwindigkeit innerhalb von Ortschaften wurde auf 15 km/h festgelegt. Das Gesetz verlangte zudem einen reichseinheitlichen Führerschein. Der Besuch einer Fahrschule war seit 1906 vorgeschrieben.

Und auch diesmal waren die Frauen wieder die Ersten und erwarben vor den Herren der Schöpfung eine Fahrerlaubnis: In Deutschland war es die Leipzigerin Amalie Hoeppner, die im Jahr 1909 eine Führerscheinprüfung ablegte. Bereits zehn Jahre zuvor, 1898, hatte in Frankreich Anne d' Uzès eine Fahrprüfung unter den gestrengen Blicken dreier Prüfer absolviert. Konsequenterweise ging auch, so die Überlieferung, das weltweit erste Strafmandat für zu schnelles Fahren auf das Konto dieser verwitweten, überaus wohlhabenden Herzogin aus der Champagner-Dynastie Veuve Cliquot, die ihr Leben dem Schreiben, der Jagd und schließlich der Leidenschaft für den Motorsport widmete. 40 km/h soll sie gefahren sein, statt der in Frankreich erlaubten 20 km/h. Wie man die Geschwindigkeit in jenen Jahren allerdings feststellte, ist nicht überliefert. Anne d' Uzès soll dazu nur gemeint haben, es sei ihr schlicht unmöglich, so zu schleichen. Die Geschwindigkeit machte sie daraufhin zu einer ihrer Leidenschaften und sie fuhr bei zahlreichen Autorennen mit.

Während wir uns heute ins Auto setzen und losfahren, regelmäßig tanken müssen oder die Batterie aufladen, ab und zu mal nach Öl, Wasser und Luft schauen, bedeutete Autofahren in jenen frühen Jahren schwerste körperliche Arbeit und sehr viel technisches Verständnis. Fahrzeuge waren in den Anfangsjahren noch Einzelanfertigungen und sehr anfällig. Die Wagen mussten täglich aufwändig gewartet werden und trotzdem musste man bei jeder Fahrt mit einer Panne rechnen. Vor allem Reifenpannen waren an der Tagesordnung, gab es doch kaum befestigte Straßen. Das Drehen der Kurbel zum Anlassen des Motors verlangte Kraft, ebenso anstrengend gestaltete sich das Lenken. Blutende Handflächen waren keine Seltenheit. Überhitzte Motoren oder spritzendes Öl verursachten häufig erhebliche Verbrennungen. Auch der Komfort der ersten Automobile ließ noch viele Wünsche offen. Die Autos waren bis 1901 in der Regel offen, man war dem Fahrtwind, der Kälte und dem Regen ausgesetzt. All diesen Widrigkeiten zum Trotz gab es doch tatsächlich Frauen, die all diese Strapazen aus freien Stücken auf sich nahmen. Wo selbst wohlhabende Herren meist gar nicht eigenhändig ihr Automobil lenkten, sondern aus all den genannten Gründen einen Chauffeur anstellten.

Und selbst «Chauffeusen» gab es, so in Berlin und München, die trotz der öffentlichen Skepsis ihre dafür notwendige Prüfung problemlos bestanden, aber dennoch in ihrem Tun gebremst wurden. Hätte man die Frauen chauffieren lassen, hätten sie ja tagtäglich bewiesen, dass das «zarte Geschlecht» durchaus auf technischem Gebiet seine Stärken besaß und dass die Macht der Männer nicht auf Wissen oder Kraft beruht. Um sich der unliebsamen Konkurrenz zu erwehren, sprach man den Frauen jeglichen technischen Sachverstand ab. Eine der ersten Chauffeurinnen war die ungarische Rechtsanwaltswitwe Elisabeth von Papp, die als solche seit 1908 den Unterhalt für sich und ihre Kinder zu verdienen versuchte. Die Allgemeine Automobil-Zeitung berichtete ausführlich und sogar auf Postkarten wurde sie chauffierend dargestellt und somit zur viel diskutierten «Ansichtssache».[17] Sie wurde in der Regel beschimpft und schikaniert. Nach wenigen Monaten musste sie ihren Job wieder aufgeben, denn es galt als unschicklich für eine Frau, einem solchen «Gewerbe» nachzugehen. In München versuchte Ella Schnell ihr Glück als Chauffeurin ebenso vergeblich. In London chauffierte eine Frau Kundschaft durch die Gegend, wusste die Allgemeine Automobil-Zeitung 1909 zu berichten.[18] Bis in die 1960er Jahre hinein sollte Taxifahren ein rein männlicher Beruf bleiben.

Der Erwerb des Führerscheins war eigentlich an kein Geschlecht gekoppelt – dessen ungeachtet waren Frauen, die vor 1958 einen Führerschein machen wollten, darauf angewiesen, dass der Ehemann oder der Vater dies gestattete.

Im Gegensatz zu ihrer Schwiegermutter Sophie Opel war Emmy Opel, *die Frau von Heinrich Opel, eine leidenschaftliche Autofahrerin und nahm sogar sehr erfolgreich an zahlreichen Straßenrennen teil.* | Opel Archiv, 28275.

Emmy Opel *zählt zu den emanzipierten und selbstbewussten Frauen, die das Abenteuer Autofahren zu ihrer Leidenschaft machten.* | Opel Archiv, 1906 A509456.

Emmy Opel *gewann 1906 die Westdeutsche Tourenfahrt auf einem 20-PS-Opel.* | Opel Archiv, 1906 A509456.

Frauen am Steuer blieben in Relation gesehen eine Ausnahme. Erst mit dem Gesetz über die Gleichberechtigung von Mann und Frau auf dem Gebiet des bürgerlichen Rechts 1958 konnten Frauen selbst darüber entscheiden, ob sie Fahrerin oder Beifahrerin sein wollten. Anfang der 1960er Jahre besaßen rund 30 Prozent der Frauen eine Fahrerlaubnis, was jedoch nicht bedeutete, dass ihnen auch ein Wagen zur Verfügung stand.[19] Erst ab dem Geburtsjahrgang 1964 legten Frauen nachweislich gleichzeitig wie Männer mit dem Erreichen des 18. Lebensjahres – also im Jahr 1982 – die Fahrprüfung ab.

«Der Frau, der ein Kraftwagen zur Verfügung steht, steht die ganze Welt offen»

Das Automobil als Inbegriff der Emanzipation und Freiheit

Obwohl es also Frauen waren, die als Erste einen Führerschein erwarben, blieben diese Frauen letztlich doch Ausnahmefrauen. Bis in die Mitte der 1920er Jahre hinein stellten Frauen, die selbst ein Auto lenkten, eine absolute Seltenheit dar. Nicht allein, dass Autos ungeheuer teuer waren, es entsprach, wie bereits beschrieben, auch in keiner Weise dem damaligen Frauenbild, dass eine Frau selbstständig außer Haus – in egal welcher Weise tätig wurde oder sich gar fortbewegte – außer im karitativen Bereich.

Die österreichische Journalistin und Publizistin Marie Holzer, 1874 geboren, Tochter des jüdischen Bankiers, Stadt- und Gemeinderats, Reichsratsabgeordneten und Schriftstellers Leon Rosenzweig, kam während ihres Aufenthaltes in Prag in den Jahren vor Ausbruch des Ersten Weltkrieges, mit der dortigen Frauenbewegung in Berührung.[20] Emanzipatorische Themen sollten fortan Ihr Schreiben bestimmen. Ihre große Begeisterung galt unter anderem dem Automobil und dem Gedanken an die Anarchie, die es zuließ. Das Automobil ermöglichte die Aufhebung von Grenzen und Gesetzen der bisherigen Fortbewegung. Weder durch Schienen wurde man gelenkt, noch durch die Leistungsfähigkeit eines Pferdes eingeschränkt. Vielmehr war Frau nun frei und selbstbestimmt. Diesen Gedanken der «autonomen Bewegung», die das Auto ermöglichte, übertrug sie auf die Denk- und Lebensgewohnheiten ihrer Zeit und forderte diese Freiheiten und Möglichkeiten auch für das weibliche Geschlecht ein. Immer wieder schilderte sie die Diskrepanz zwischen den Bedürfnissen der modernen Frau und der Zählebigkeit von Moralvorstellungen, die der Frau eine freie Entfaltung und eine selbstbestimmte Lebensweise unmöglich machten. In ihrem Essay «Das Automobil» schrieb sie 1911: Das Auto ist «die Versinnbildlichung des Gedankens, der keine Wege braucht, keine Radabweiser, keine Bahnschranken, Leuchtkörper, Wächterhäuser, Stationen, Fahrpläne, es bahnt sich seinen Weg mitten durch das alltägliche Getriebe über Marktplätze, Strassen, zwischen Spaziergängern und an Leiterwagen vorbei, immer vorbei seinem Ziel entgegen.» Das Automobil als Metapher für das Streben nach Gleichberechtigung![21]

Der Erste Weltkrieg hatte zunächst eine Wende in Bezug auf die Rolle der Frau in der Gesellschaft eingeläutet. Die Männer waren zum Kriegsdienst eingezogen und die Frauen aufgefordert, jetzt ihren «Mann» zu stehen. So zogen sie nicht nur in die Fabriken, sondern ebenso in die städtischen Verwaltungen und andere bisherige Männerdomänen ein. Frauen fuhren jetzt Krankenwagen und LKW, bewegten Kräne wie bei der Völklinger Hütte oder betätigten sich als Mechanikerinnen und arbeiteten in der Automobilindustrie. Selbst die Militärverwaltung stellte Frauen als Kraftfahrerinnen ein.[22] Ihnen eröffneten sich ganz neue Perspektiven.

Nach dem Krieg wurden die meisten Frauen aus ihren Tätigkeitsfeldern wieder hinausgedrängt, das alte Rollenbild wiederaufgenommen. Dennoch hatten sie eine gewisse Selbstständigkeit

Frauen wurden in Kriegszeiten *ganz selbstverständlich auch in der Produktion von Fahrzeugen eingesetzt, wie hier bei BMW im Jahr 1943. Nach dem Krieg mussten sie ihre oft lieb gewonnenen Arbeitsplätze für die zurückgekehrten Männer wieder verlassen.* | BMW-Group Archive, UF 2665-1.

kennengelernt, die sie nicht bereit waren, so ganz wieder aufzugeben. Die von den Frauen erreichte Selbstbestimmung sollte in der Zeit der Weimarer Republik einen wahren Höhepunkt erleben, ehe sie durch die Ideologie der Nationalsozialisten wieder einen mächtigen Dämpfer erhielt. Allerdings traf dieses Privileg in der Regel allein auf die Frauen der Oberschicht zu.

Mitte der 1920er Jahre wurde das Automobil geradezu zum Symbol für Selbstverwirklichung und Frauenrechte. Zumindest für die Frauen, die sich ein solches Gefährt überhaupt leisten konnten – sehr vermögende Damen der feinen Gesellschaft, Damen des gehobenen Bürgertums, die aus den gesellschaftlichen Konventionen ausbrachen und ihre Freiheit genossen. Sie tanzten Charleston, trugen Bubikopf und Hosen, hielten die Zigarettenspitze im Mundwinkel und fuhren Auto. Ihre Freiheit schien grenzenlos. Konnten sie sich selbst kein Auto kaufen, so bezahlten es gerne die vermögenden Väter oder Ehemänner. Über die fortschrittliche «Damenfahrerin» hieß es in der Zeitschrift «Das Auto» im Jahr 1928: «Furchtbar ist jeder richtigen Frau die Abhängigkeit von den allzu irdischen Dingen wie Zeit und Raum… Der Frau, der ein Kraftwagen zur Verfügung steht,

steht die ganze Welt offen. Sie ist sowohl geschäftlich, beruflich wie gesellschaftlich beschwingt und bevorzugt. Die moderne Frau braucht das volle Leben ebenso wie der Mann, und sie muß den Pulsschlag der großen Welt hören.»

Die britische Künstlerin und Schriftstellerin Virginia Woolf investierte ihr Honorar aus «Die Fahrt zum Leuchtturm», ihrem ersten kommerziellen Bucherfolg 1927, passenderweise in ein Automobil und war begeistert, wie das Autofahren «die Weltkarte in ihrem Kopf erweitert.» Und sie war bei weitem nicht die Einzige, die die Freiheit, welche das Automobil bot, faszinierte.

Die sich in den 1920er Jahren etablierenden Massenmedien, Illustrierte und Zeitschriften wie die Life-Style-Magazine des Ullstein-Bild-Verlages «Die Dame», «Tempo», oder «Die Berliner Illustrierte», ebenso die «Vogue», berichteten gerne und ausführlich über die autobegeisterten Ladies. Zugleich griffen einige dieser enthusiastischen Frauen häufig selbst zur Feder, verfassten Reiseberichte sowie Tipps rund um das Autofahren für Illustrierte und Feuilletons. Oder sie verarbeiteten in Romanen ihre automobilen Erfahrungen und forderten zugleich die Neuordnung der Geschlechterrollen.

Im Automobil zu reisen, die Welt zu erkunden, faszinierte Abenteuerinnen, Künstlerinnen, Schriftstellerinnen, Schauspielerinnen und Fotografinnen gleichermaßen. Hierzu zählten neben den bereits Erwähnten unter anderem die erste Pulitzer-Preisträgerin Edith Wharton (1862-1937), die Schriftstellerin und Kunstliebhaberin Gertrude Stein (1874-1946), berühmt durch ihren Pariser Salon, in dem sich Künstler und Literaten trafen, oder die lebenslustige und unkonventionelle Tänzerin Lena Amsel

In ihrem geliebten Ford nahm Erika Mann, *oft zusammen mit ihrem Jugendfreund Richard Hallgarten, an Autorennen teil. Dabei handelte es sich häufig um Langstreckenfahrten bei denen es vor allem galt, das Ziel zu erreichen.* | ETH Zürich, Thomas-Mann-Archiv, Bildcode TMA_0721.

(1898-1929), die tragischerweise bei einem illegalen Wettrennen im Wald von Fontainebleau in den Tod raste. Die Schweizerin Annemarie Schwarzenbach (1908-1942), Autorin und Journalistin, dem Automobil wie dem Alkohol und dem Morphium sehr zugetan, liebte das rasante Fahren und bevorzugte Reisen in den fernen Orient. Die Fotografin und Pionierin des «Neuen Sehens», Germaine Krull (1897-1985), avancierte unter anderem zur Werbefotografin von Citroën und Peugeot. Ruth Landshoff-York (1904-1966), Tochter des Ingenieurs und Automobilzulieferers Edmund Levy, Schauspielerin, Schriftstellerin und Glamour Girl der Weimarer Republik, verkörperte wie keine andere das neue, temporeiche Berliner Leben jener Jahre. Mit Vorliebe fuhr sie ein weißes Adler-Cabriolet. Ihre Artikel kennzeichnete ein schneller, extravaganter und selbstbewusster Stil und ihnen fehlte nie der spöttische Blick auf die männlichen Eitelkeiten.[23] Alice Ramsey (1886-1983), im Jahr 1960 in den USA zur Automobilistin des Jahrhunderts gekürt, durchquerte im Jahr 1909, begleitet von ihren beiden Schwägerinnen und einer Freundin, als erste Frau mit einem Maxwell Amerika.

***Eine der herausforderndsten Fahrten Erika Manns** war die 10.000 Kilometer-Fahrt im Mai/Juni 1931 quer durch Europa, die auf der Avus in Berlin gestartet wurde. Mit Richard Hallgarten als Beifahrer erzielte sie unter der Startnummer 90 einen der insgesamt 34 ersten Preise, wie die Anzeige des Reifenherstellers Continental in den Münchner Neuesten Nachrichten vom 11. Juni 1931 zeigt.* | Münchner Neueste Nachrichten vom 11. Juni 1931.

Erika Mann (1905-1969), Journalistin, Schauspielerin und Weltenbummlerin, älteste Tochter des Schriftstellers Thomas Mann, fuhr ebenfalls leidenschaftlich gerne Auto und sie liebte vor allem ihren Ford. Sie scheute sogar nicht davor zurück, eine Lehre als Automechanikerin zu absolvieren, um bei einer Panne selbst Hand an den Wagen anlegen zu können und unabhängig zu sein. Erika Mann war eine rasante Fahrerin, liebte die Geschwindigkeit, verursachte so manchen Unfall und «sammelte» regelrecht Strafzettel. Mit ihrem Jugendfreund Richard Hallgarten nahm sie beispielsweise im Jahr 1931 an einem 10.000 Kilometer-Rennen des Automobilclubs von Deutschland (AvD) durch Europa teil, deren erste Etappe

***Erika Mann in ihrem Rennfahrerinnen-Overall.** Sie liebte vor allem das schnelle Autofahren.* | ETH Zürich, Thomas-Mann-Archiv, Bildcode TMA_0719.

Erika Mann berichtete gerne über ihre automobilen Erfahrungen. *Die Veröffentlichungen trugen zur Finanzierung ihrer kostspieligen Leidenschaft bei.* | Archiv Central Garage Automuseum, Bad Homburg v.d.H., Ford im Bild, Heft 7, Jg.1931.

von der Avus in Berlin über Saarbrücken nach Genf führte. Über die Ankunft der Teilnehmer, die für einen kurzen Zwischenstopp in der Zentrale des Automobilclubs des Saargebietes (AdS) in der Königin-Luisen-Straße (heute Ursulinenstraße) Halt machten und sich dort vor der Weiterfahrt an einem Kalten Buffet stärkten, berichtete die Saarbrücker Zeitung am 22. und 26. Mai 1931. Alle Teilnehmer erhielten als Erinnerung eine Plakette des AdS überreicht. Die Kontrollen an der französischen Grenze bei der Ausreise aus dem Saargebiet seien äußerst streng gewesen, so streng wie an sonst keiner anderen der zahlreich überquerten Landesgrenzen während der Fahrt, erzählten die Teilnehmer später.[24] Erika Mann berichtete über den Verlauf des Rennens und die Strapazen telefonisch für die Zeitschrift Tempo. Für die Werkszeitschrift von Ford schrieb sie unter der Überschrift «Auch wir Frauen haben's geschafft»: «Gegen uns Frauen war man von Anfang an mißtrauisch gewesen, Worte wie ‚schwaches Geschlecht' und ‚10000-km-Fahrt' reimte man nur zweifelnd zusammen. Aber wir waren von trotziger Entschlossenheit. Hier galt es also, nicht nur für sich zu streiten und für das Auto, sondern gleich für den Ruf der Damen schlechthin. Ehrenvolle Aufgabe.» [25]

Mut, Ausdauer und technisches Geschick – Der Deutsche Damen Automobilclub (DDAC)

Um ihren Sportsgeist gleichberechtigt zu pflegen, gründeten am 18. Mai 1926 in Berlin Lucy Elisabeth Freifrau von Linsingen und sechs weitere couragierte Damen der gehobenen Gesellschaft den Deutschen Damen Automobilclub – DDAC –, ausschließlich für Frauen, genauer gesagt, für sehr reiche Frauen, die ein exklusives Hobby pflegten. «Von Frauen empfängt der Autosport eine besondere Prägung: Würde es sonst die vielen wunderschönen, mit höchstem Komfort und Luxus eingerichteten Wagen geben, wenn nicht unzählige Frauen diese Leidenschaft kultivierten», schrieb Erich Maria Remarque zur Gründung des Clubs im «Echo Continental», dessen Chefredakteur er seit Juni 1923 war. In Frankreich und Italien existierten solche Frauenautomobilclubs bereits etliche Jahre zuvor. In Frankreich hatte die bereits erwähnte Anne d' Uzès einen solchen gegründet und in Venetien Gräfin Eleonore d' Albrizzi. Diese Damenautomobilclubs planten nicht nur gemeinsame launige Ausfahrten, sondern es ging ihnen vielmehr um Geschicklichkeitsprüfungen, die Vermittlung technischen Wissens und fahrerischen Könnens für ihre weiblichen Mitglieder und sie überlegten, wie Fahrsicherheit und Komfort im Allgemeinen zu steigern waren. Ihre Vorschläge wurden von den Mechanikern der Automobilhersteller gerne aufgegriffen und umgesetzt. Prominente Mitglieder des Deutschen Damenautomobilclubs waren unter anderem die Fliegerin Elly Beinhorn, die Schauspielerin Lilian Harvey, die Verlegertochter Hilde Ullstein, die Schwiegertochter des Reichspräsidenten, Margarete von Hindenburg, und die Bugatti-Rennfahrerin Elisabeth Junek. Auch die weniger bekannten Damen scheuten keine Herausforderung. Seit 1928 veranstaltete der Damenautomobilclub Zuverlässigkeitsfahrten, wobei die erste über 750 Kilometer von Berlin nach Oberhof in Thüringen führte. Der Club existiert übrigens bis heute, ist jetzt in Hannover beheimatet und zählt rund 350 Mitglieder. Die Mitbegründerin und ebenfalls leidenschaftliche Rennfahrerin Liliane Roehrs, Ehefrau des Hannoveraner Hanomag- und Adlervertreters Bobby Roehrs, sollte bis 1973 Präsidentin des Clubs sein.

Charmant und mondän – Der Concours d' Elégance

In den 1920er Jahren erfand man neben Langstreckenrennen und Schnelligkeitsrennen eine den Frauen offiziell viel angemessenere Disziplin: den Concours d' Elégance. Hübsch gekleidete Damen, Prominenz aus Theater, Film und Mode, präsentierten sich in ihren mit Girlanden oder Blumen geschmückten Autos. Dabei ging es dann allerdings weniger um Herausforderung und Leistung, sondern um Geschmack, Schönheit und die weiblichen Reize in enger Verbindung zum Automobil. Solche adrett gekleideten Frauen waren netter anzuschauen als eine Rennfahrerin im Overall! Hatten sich Fahrerinnen in Hose und Hemdbluse dem Vorwurf der «Vermännlichung» aussetzen müssen, so bestimmte hier die «weibliche Note», das Erscheinungsbild der «Selbstfahrerin».

Das Verhältnis der Gesellschaft zu «Frauen und Automobil» blieb trotz emanzipatorischer Bestrebungen weiterhin ambivalent und dem tradierten Rollenbild verhaftet. Für die Mehrheit der weiblichen Bevölkerung blieb dies indes eh alles nur ein schöner Traum. Wie erwähnt, waren es allein Frauen der gesellschaftlichen Oberschicht, die sich als vermögende Witwen, Töchter oder Ehefrauen wohlhabender Männer diesen emanzipatorischen Luxus der Selbstverwirklichung verbunden mit Freiheit, Freizeit und Extravaganz leisten konnten und das Bild der «modernen Frau» prägten.

Zwei leidenschaftliche Automobilistinnen aus Saarbrücken Ingeborg von Braunschweig und Lina Hauck

In Saarbrücken zählte beispielsweise Clara Böcking, die Tochter des Hüttenbesitzers Rudolf Böcking, verheiratete von Braunschweig zu den ersten Frauen, die nachweislich ein eigenes Auto besaßen: einen Peugeot. Sie selbst konnte jedoch nicht Auto fahren und so ließ sie ihre achtzehnjährige Tochter Ingeborg von Braunschweig (1907-1998) im Jahr 1925 den Führerschein machen. Die Fahrstunden nahm Ingeborg bei Fahrlehrer Grund in Güdingen. Dieser pflegte, so wird berichtet, einen recht rüden Umgang mit seinen Prüflingen, auch bei Frauen machte er da keine Ausnahme. Klappte etwas nicht auf Anhieb, so gab es durchaus eine Ohrfeige. Die Ausbildung war sehr technisch orientiert und bei der Fahrprüfung musste Ingeborg einen Vergaser zerlegen. Sie nahm an zahlreichen Zuverlässigkeitsfahrten des ADAC teil und gewann hierbei des Öfteren den ersten Preis. Dass sie dabei einmal Gustav Seibert, einen der größten Saarbrücker Autohändler,

Das Foto zeigt die Saarbrückerin Ingeborg von Braunschweig *vor der «Genienau» in Bad Godesberg, dem Sommersitz der Familie, auf der Kühlerhaube des Peugeots sitzend. Ihre Mutter Clara von Braunschweig und ihre Tante posieren neben dem Auto.* | Stadtarchiv Saarbrücken, Foto Privat, Waltraud De Clara.

geschlagen hat, soll dieser ihr nie so recht verziehen haben. Auf der einen Seite stand bei Ingeborg die Freude, Auto fahren zu können, auf der anderen Seite musste sie nun die Verpflichtung eingehen, ihre Mutter und Tante ständig zu chauffieren. Ein erhaltenes Foto zeigt Ingeborg von Braunschweig vor der «Genienau» in Bad Godesberg, dem Sommersitz der Familie, auf der Kühlerhaube des Peugeots sitzend. Ihre Mutter Clara von Braunschweig und ihre Tante posieren neben dem Auto.[26] Bis zu ihrer Hochzeit im Jahr 1936 war Ingeborg eine leidenschaftliche Autofahrerin. Nach der Eheschließung nahm – wie seinerzeit üblich – dann ihr Mann das Lenkrad in die Hand.

Eine weitere Dame der Saarbrücker Haute Volée, die ebenfalls leidenschaftlich und sehr gut Auto fuhr, war Lina Hauck (1888-1975), Sprössling und Miterbin der bekannten Saarbrücker

Lina Hauck *posiert in ihrem Rennwagen bei einer ihrer zahlreichen Tourenfahrten vor dem Panorama der Salzburger Alpen.* | Stadtarchiv Saarbrücken, Privat.

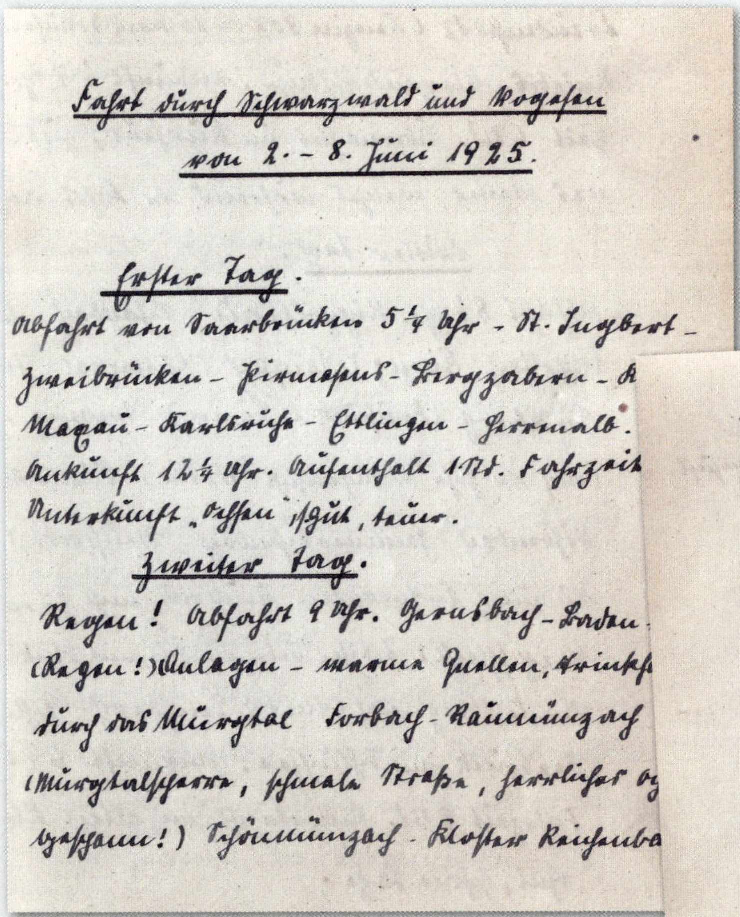

Fahrt durch Schwarzwald und Vogesen
vom 2. – 8. Juni 1925.

Erster Tag.
Abfahrt von Saarbrücken 5¼ Uhr – St. Ingbert – Zweibrücken – Pirmasens – Bergzabern – [illegible] Landau – Karlsruhe – Ettlingen – Herrenalb. Ankunft 12¼ Uhr. Aufenthalt 1 Std. Fahrzeit [illegible] Unterkunft „Ochsen" (gut, teuer.

Zweiter Tag.
Regen! Abfahrt 9 Uhr. Gernsbach – Baden (Regen!) Anlagen – warme Quellen, [illegible] durch das Murgtal Forbach – Raumünzach (Murgtalsperre, schmale Straße, herrlicher [illegible] Aussichten!) Schönmünzach – Kloster Reichenba[illegible]

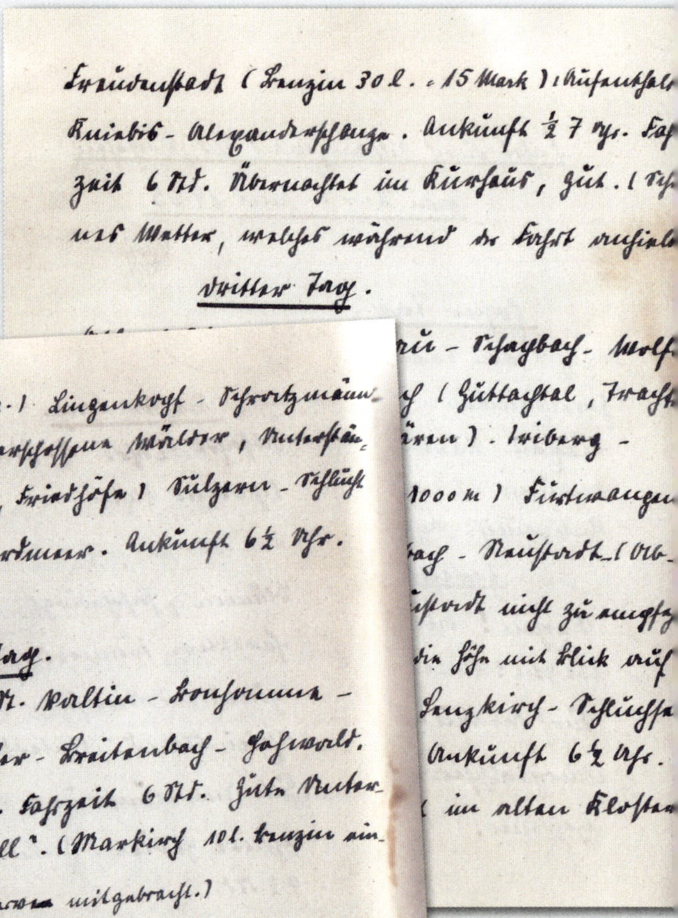

Freudenstadt (Benzin 30 l. = 15 Mark) Aufenthalt [illegible]
Kniebis – Alexanderschanze. Ankunft ½ 7 Uhr. Fahrzeit 6 Std. Übernachtet im Kurhaus, gut. [illegible] Mutter, welche während der Fahrt [illegible]

Dritter Tag.
[illegible]

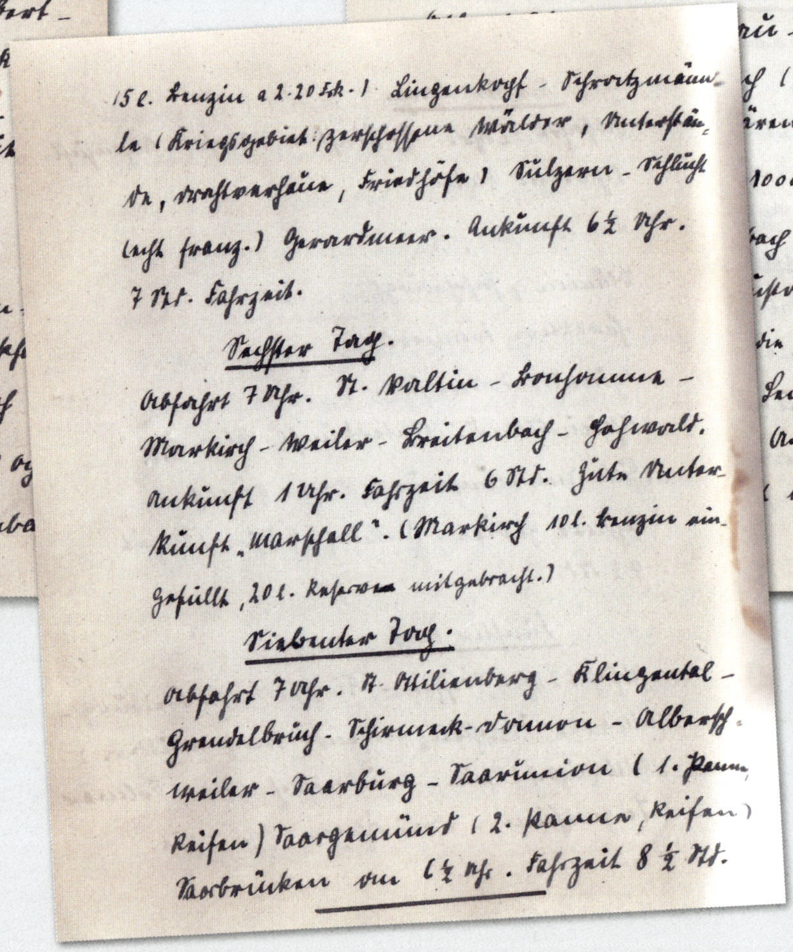

15 l. Benzin à 2.20 Frk.) Lingenkopf – Schratzmännle (Kriegsgebiet: zerschossene Wälder, Unterstände, Drahtverhaue, Friedhöfe) Sulzern – Schlucht (franz.) Gérardmer. Ankunft 6½ Uhr. 7 Std. Fahrzeit.

Sechster Tag.
Abfahrt 7 Uhr. St. [illegible] – [illegible] – Markirch – Weiler – Breitenbach – Hohwald. Ankunft 1 Uhr. Fahrzeit 6 Std. Gute Unterkunft „Marschall". (Markirch 10 l. Benzin eingefüllt, 20 l. Reserve mitgebracht.)

Siebenter Tag.
Abfahrt 7 Uhr. St. Ottilienberg – Klingental – Grendelbruch – Schirmeck – Donon – Alberschweiler – Saarburg – Saarunion (1. Panne, Reifen) Saargemünd (2. Panne, Reifen) Saarbrücken an 6½ Uhr. Fahrzeit 8½ Std.

Weinhändlerfamilie Carl Hauck. Sie besaß ebenfalls als eine der ersten Saarbrückerinnen einen Führerschein und Ende der 1920er bis Anfang der 1930er Jahre gab es kaum ein Rennen, das sie ausließ, was zahlreiche Medaillen, Pokale und ein Fahrtenbuch im Besitz der Familie belegen. So nahm sie beispielsweise 1926 an der Sternfahrt des Baden-Badener Automobil-Turniers teil, 1929 an der Zielfahrt zum ersten Gaisbergrennen des Salzburger Automobilclubs, 1930 an der ADAC Auslandstourenfahrt und den Zuverlässigkeitsfahrten des ACS, 1933 an der ADAC Herbsttourenfahrt und der Großen Salzburger Großglocknerstraßen Tour. Zudem war sie Inhaberin des Saar Verkehrsvereins-Ehrenschildes. Neben dem Autofahren liebte Lina Hauck, die übrigens nie heiratete, die Jagd. Und so soll sie Anfang der 1950er Jahre ganz selbstbewusst mit einem Wildschwein im Auto durch die Stadt gefahren sein.[27]

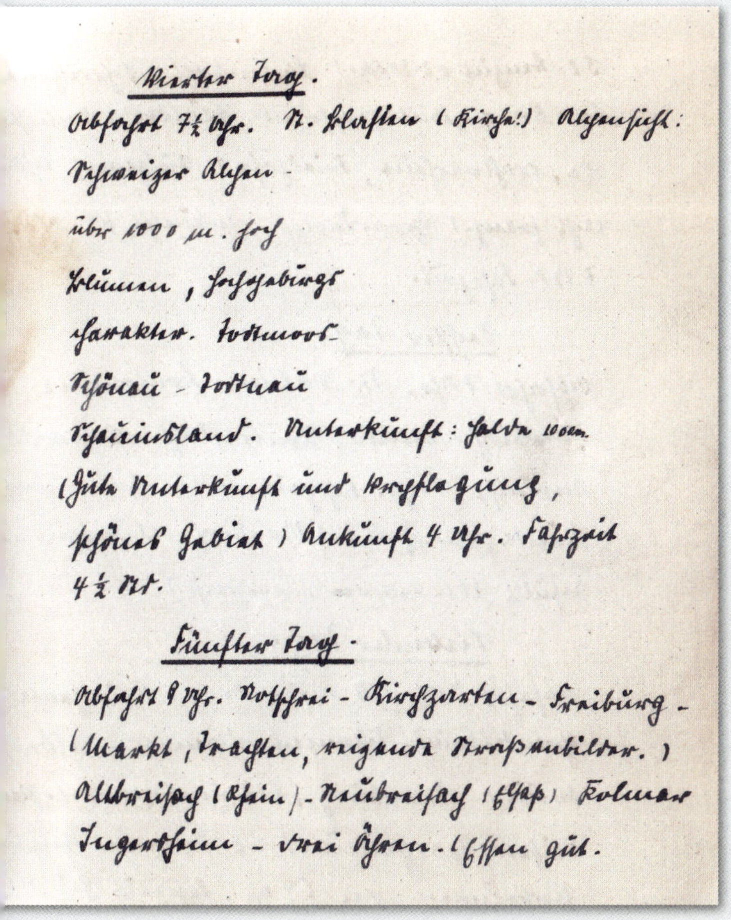
Vierter Tag.
Abfahrt 7½ Uhr. St. Blasien (Kirche!) Alpensicht: Schweizer Alpen – über 1000 m. hoch
Blumen, Hochgebirgs charakter. Todtmoos.
Schönau – Todtnau
Schauinsland. Unterkunft: Halde [illegible]
(Gute Unterkunft und Verpflegung, schönes Gebiet) Ankunft 4 Uhr. Fahrzeit 4½ Std.
Fünfter Tag.
Abfahrt 9 Uhr. Notschrei – Kirchzarten – Freiburg – (Markt, Trachten, eigenartige Straßenbilder.) Altbreisach (Rhein) – Neubreisach (Essen) Kolmar Ingersheim – drei Ähren. (Essen gut.

In einem von ihr geführten Fahrtenbuch zählt Lina Hauck *jeweils die einzelnen Etappen ihrer Touren auf, hier beispielsweise einer Tour durch den Schwarzwald und die Vogesen. Leider erfahren wir außer über den Verlauf der Route hinausgehend nicht mehr, als dass es bei Fahrtantritt häufig in Strömen regnete.*
| Stadtarchiv Saarbrücken, Privat.

Das 1931 erstmals herausgegebene Saarländische Kraftfahrzeugadressbuch[28] listet neben Clara von Braunschweig unter anderem folgende Damen – in unterschiedlichen Anredeformen – als Besitzerinnen eines eigenen Automobils auf: Frau Gust. Lennartz, Saarbrücken, Lauenburgstraße 9 (heute Jüngststraße) besaß einen Donnet, Frau Hedwig Stolz aus Völklingen, Bismarckstraße, einen Ford, Frau Clara Angel aus St. Wendel, Kelsweilerstraße, Fräulein Lydia Schiel in Völklingen, Frau Dr. Neuhaus sowie Elise Schmelzer aus Oberlinksweiler sind jeweils Besitzerinnen eines Citroëns, ebenso wie Mia Wagner aus der Viktoriastraße 32 in Saarbrücken und Frau Dr. Fanny Helga Fornet, wohnhaft in der Waterloostraße 9 (heute Puccinistraße) sowie Frau Hedwig Kops, Am Ordensgut 28 in Saarbrücken. Auf Lucie Meiser in Fürstenhausen, Bahnhofstraße 99, war ein Peugeot zugelassen. Ebenso konnten Maria Stock in Kleinblittersdorf, Fräulein Else Sauer in Dudweiler sowie Maria Schneider aus der Cecilienstraße und Dr. Erna Meyer aus der Gutenbergstraße 2 in Saarbrücken einen Wagen ihr Eigen nennen. Von diesen Frauen und ihrem familiären Umfeld ist wenig bekannt. Lediglich von Erna Meyer wissen wir, dass sie Ärztin war und als solche auch praktizierte. Frau Dr. Fanny Fornet war die Tochter des bekannten und wohlhabenden Saarbrücker Architekten August Rahfeld und Ehefrau des Arztes Dr. Walther Fornet.

Den Pulsschlag der großen weiten Welt spüren

Zahlreiche der bisher genannten Damen unternahmen aufregende Fernreisen, waren auf diesem Gebiet Pionierinnen und scheuten weder Strapazen noch Hindernisse. So auch die englische Baroness Campbell von Laurentz. Sie überzeugte sogar ihren Ehemann, einen eingefleischten Eisenbahnfan, mit ihr weite Reisen im Automobil zu unternehmen – und sie saß selbstverständlich am Steuer. 1905 bereits fuhr sie mit ihrem Auto durch England und Frankreich und legte dabei Tagesetappen von mehreren hundert Kilometern zurück. Ihre in jenen Jahren noch mehr als abenteuerlichen Fahrten beschrieb sie in «My Motor Milestone». 1911 durchquerte sie mit einem Rolls Royce Silverstone Nordamerika – eine Reise, die sich in ihren Strapazen nur mit der späteren Fahrt rund um die Welt von Clärenore Stinnes vergleichen lässt. Und wer so viel reist, macht sich selbstverständlich Gedanken über das Drumherum: Für eine Fahrt an die Côte d' Azur erfand sie das passende Gepäckstück: einen ledernen Reisekoffer, der sich auf das Heck schnallen ließ. Wenige Jahre später stand dieser in jedem Fertigungsprogramm von Limousinen!

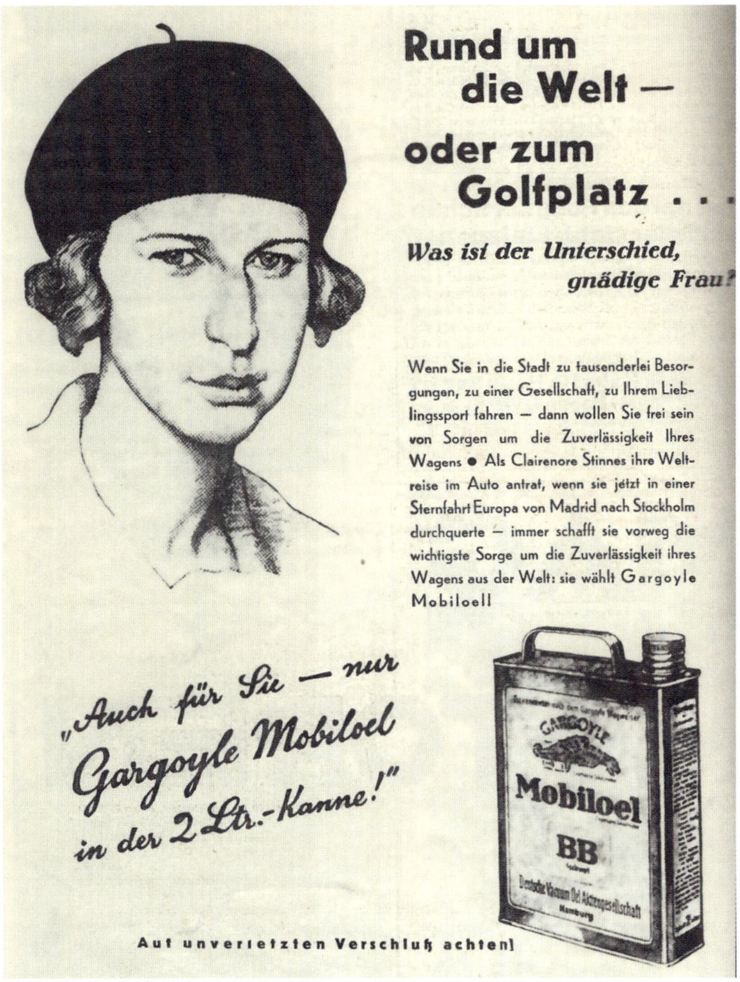

Die Fabrikanten von Autozubehör wie Reifenhersteller oder Firmen für Motoröl *warben sehr gerne mit Frauen für ihre Produkte. Mit einer so erfolgreichen Automobilistin wie Clärenore Stinnes warb Gargoyle Mobilöl 600 für die absolute Zuverlässigkeit seines Schmierstoffes. Schließlich verwandte sie es auf ihrer Fahrt rund um den Globus.* | Archiv Central Garage Automuseum, Bad Homburg v.d.H., Anzeige aus Motor-Sport 1930.

Als Erste einmal um die ganze Welt – Der automobile Wagemut der Clärenore Stinnes

Eine Frau, die das Privileg genoss, Auto fahren zu können und sich diesen Luxus ebenso leisten konnte, dieses auskostete und die «den Pulsschlag der großen Welt» im wahrsten Sinne des Wortes hören wollte und sollte, war Clärenore Stinnes.[29] Clärenore Stinnes war die erste Frau – und der erste Mensch überhaupt – der mit dem Auto einmal um die ganze Welt fuhr – 48.000 Kilometer, nicht in 80 Tagen – aber in zwei Jahren. Clärenore Stinnes wusste zudem, dass Klappern zum Handwerk gehört. Sie zählt damit zu den ersten Frauen, die an dem, was sie taten, die Öffentlichkeit teilnehmen ließen.

Am 25. Mai 1927 startete sie ihre große Fahrt von Frankfurt aus, am 24. Juni 1929 traf sie wieder auf der Avus in Berlin ein. Eine Werbefahrt für die deutsche Automobilindustrie sollte ihre Weltreise werden, das war ihr Ansinnen, eine Triumphfahrt für die nach dem Ersten Weltkrieg von den anderen Nationen boykottierte deutsche Wirtschaft. Und damit dies auch entsprechend dokumentiert wurde, suchte sie nicht nur zwei Automechaniker, die mit ihr die Reise antraten, sondern gleichfalls den fähigsten Fotografen und Dokumentarfilmer der Zeit, der sie begleiten sollte, Carl-Axel Söderström (1893-1976).

Clärenore Stinnes wurde 1901 in Mühlheim/Ruhr als Tochter des Großindustriellen Hugo Stinnes geboren. Schon als Kind musste sie ihre Ellenbogen einsetzen, um sich gegen ihre fünf Brüder zu wehren. Ihrem Vater stand sie immer sehr nah. Er vermittelte ihr nicht nur seine Wirtschafts- und Lebensprinzipien, sondern erzog sie ebenso zu einer selbstbewussten, kritischen und eigenverantwortlich handelnden Frau. Mit 18 Jahren machte sie ganz selbstverständlich ihre Führerscheinprüfung. Ihr Vater schickte sie zur Ausbildung für sechs Monate nach Südamerika, sie lernte Fremdsprachen und sie arbeitete unter seiner Ägide im Betrieb mit. Sie hätte auch, wäre der Vater nicht plötzlich 1924 verstorben, vermutlich im Stinnes-Konzern eine leitende Funktion übernommen. Ihre Brüder hingegen drängten sie nach dem Tod des Vaters aus dem Betrieb raus. Clärenore zog nach Berlin, wo sie mit ihrem rauen Charme und eisernen Willen beeindruckte. 1924 fuhr sie ihr erstes Autorennen, noch unter einem Pseudonym. Dies taten übrigens zahlreiche Frauen. Von 1925 bis 1927 gewann sie mit Wagen der Marke Adler bei 17 Autorennen, darunter eine internationale Rallye in Russland, von Leningrad über Moskau nach Tiflis und zurück nach Moskau, an der sie als einzige Frau unter 53 Fahrern teilnahm.

Der Gedanke einer Reise im Automobil um die Welt nahm zunächst im Kopf der willensstarken Frau und schließlich in der Realität immer konkretere Züge an. Sie arbeitete einen genauen Streckenplan aus und legte akkurat fest, wo welche Versorgungsgüter gelagert werden konnten, was eine Grundvoraussetzung für das Gelingen eines solchen Unterfangens darstellte. Da sie von der Familie keinerlei Unterstützung zu erwarten hatte, suchte sie sich finanzkräftige Sponsoren. Die Adlerwerke stellten ihr einen LKW als Begleitfahrzeug und einen Adler Standard 6 für die Weltumrundung zur Verfügung. Dieser wurde nur geringfügig umgebaut und mit einem Liegesitz zum bequemeren Schlafen ausgestattet, schließlich ging es darum, die Zuverlässigkeit des Wagens zu beweisen. Gustav Stresemann hatte dafür gesorgt, dass sie in den jeweiligen deutschen Auslandsvertretungen Ersatzteile und vor allem Benzin und Öl lagern konnte, die sie vorausschicken ließ. Über den deutschen Außenminister kontaktierte sie ebenso Minister und Beamte, um für die Tour Pässe und Hilfe bei der Beschaffung von Verpflegung zu bekommen. Von Fabrikanten und Verlegern sammelte sie 100.000 Reichsmark, um damit Schiffspassagen, Hotels, Ersatzteile, Proviant und viele Bauern mit Ochsen, Eseln oder Pferden zu bezahlen. Einerseits erkannte sie ihre Chance als Frau, für ein solch waghalsiges Unterfangen eher Unterstützung zu finden, andererseits musste sie dafür auch wiederum menschliche Abwertung in Kauf nehmen. In den Zeitungsberichterstattungen zweifelte man an ihrer Weiblichkeit angesichts der Männerkleidung, die sie trug.

Ohne ihre unerschütterliche Hartnäckigkeit und Ausdauer hätte sie ihr Vorhaben schnell aufgeben können. Von Beginn an wurde ihr wagemutiges Unternehmen von Problemen überschattet: Technikpannen, Kriege, Überfälle, Hunger, Wassermangel, Kämpfen bis zur Erschöpfung. Wegen eines Streikes konnten sie die Reise erst zwei Monate später als geplant antreten, wodurch der sibirische Winter zum ersten großen Hindernis zu werden drohte. Die Fahrt führte über Österreich, die Tschechoslowakei, über Ungarn, Bulgarien, die Türkei, durch den Libanon, Syrien, den Irak und die südliche Sowjetunion. Je weiter sie nach Osten und Süden kamen, desto seltener gab es Straßen oder Feldwege. Bei den ausgewählten Strecken orientierte sie sich an Telegrafenmasten oder Eisenbahnschienen, manchmal schafften sie 50 Kilometer am Tag, manchmal 100 Kilometer, manchmal auch nur 100 Meter. Brücken mussten erst gebaut, Wege freigesprengt, Felsen aus dem Weg geräumt werden. Ständig musste eins der beiden Autos repariert werden. Die beiden Mechaniker gaben aus gesundheitlichen Gründen bereits in Russland auf. Clärenore Stinnes und Carl-Axel Söderström setzten die Reise allein fort. Man muss ihre Biografie gelesen haben oder die Tagebücher Carl-Axel Söderströms, um die Strapazen dieses todesmutigen Abenteuers in all seinen Facetten wirklich erfassen zu können. Ihre Reise führte weiter durch die Mongolei, nach Peking, durch China nach Japan. Und von dort ging es mit dem Schiff nach Amerika. Im Juni 1928 erreichten sie San Francisco. Als nächste Etappenziele standen Peru und die Anden auf dem Tourenplan. Geröll- und Steinstrecken wurden wieder zu Belastungsproben für Mensch und Maschine. Mit Kuhhäuten versuchten beide die ständig reißenden und platzenden Reifen auszubessern. Mit Lasttieren der Einheimischen zogen sie die Wagen und zerrten sie auf Höhen. Das Ende der Tortur war erst abzusehen als sie per Schiff wieder in Los Angeles ankamen. Die Straßen Kaliforniens waren gut ausgebaut, denn in Amerika war das Auto bereits weitaus verbreiteter als in Europa. Nach einer allerletzten Strapaze, der Route über den Grand Canyon, genossen Clärenore Stinnes und Carl-Axel Söderström in Detroit und New York schließlich unzählige Empfänge und die Bewunderung Tausender. Sie begegneten Henry Ford und wurden von Präsident Herbert Hoover empfangen. Am 24. Juni 1929 trafen sie nach zwei Jahren und einem Monat schließlich wieder in Berlin ein.

Clärenore Stinnes und Carl-Axel Söderström hatten bewiesen, zu was der Mensch im und mit Auto fähig ist und wie wichtig der Ausbau einer Verkehrsinfrastruktur ist. Dass es allerdings eine Frau war, die das Auto in die entlegensten Punkte der Welt brachte – und es damit also auch dort überhaupt erst bekannt machte – das erstaunte alle. Über ihre 46.758 Kilometer lange Weltreise schrieb Clärenore Stinnes ein Buch. Es erschien noch 1929 unter dem Titel «Mit dem Auto durch zwei Welten». Carl Söderström produzierte aus seinen Aufnahmen und Bildern einen UFA-Film. Leider wurde es im Wesen noch ein Stummfilm und in den zwei Jahren ihrer Reise hatte sich der Tonfilm etabliert.

1930 heirateten Clärenore Stinnes und Carl-Axel Söderström. Sie zogen auf ein Landgut in Südschweden, betrieben Landwirtschaft und bekamen drei Kinder. Von ihrem großen gemeinsamen Abenteuer wussten ihre Kinder lange Jahre nichts. Erst in den 1980er Jahre wurde man auf ihre vollkommen in Vergessenheit geratene Reise wieder aufmerksam, als der Filmemacher Michael Kuball auf den Film Söderströms stieß.[30]

Rasend schnell – Frauen im Motorsport

Den motorsportbegeisterten Damen war, was diese wenigen genannten Beispiele zeigen, keine Anstrengung zu viel. Der Motorsport selbst ist so alt wie das Automobil und im Gegensatz zu heute hatten Frauen in seinen Anfängen sogar in Relation einen recht großen Anteil daran – auch wenn sie in den von Männern geschriebenen Rennsportgeschichten höchst selten Erwähnung finden. Wagemutig demonstrierten sie Männern – häufig sogar den eigenen Ehemännern – wer schneller war. Motorsport war seinerzeit ein «Familiensport», ein Sport für Wohlhabende und daran nahmen die Töchter und Ehefrauen, sofern er sie begeistern konnte, durchaus gleichberechtigt teil. Ihnen standen die gleichen finanziellen Mittel zur Verfügung wie den Männern.

Schon bei den ersten Autorennen fuhren Frauen mit. Eine dieser unerschrockenen Frauen mit Biss und unbedingtem Siegeswillen war Camille du Gast (1868-1942), die die gesellschaftlichen Konventionen ihrer Zeit durchbrach und sich im Bereich gleich mehrerer ausgefallener Sportarten einen Namen machte. Bereits 1895 stellte die äußerst sportliche Vizepräsidentin der französischen Liga für Frauenrechte mit 3000 Metern einen neuen Höhenrekord im Ballonfahren auf. Sie fuhr ebenso Motorboot- und Skirennen. 1901 und 1903 nahm sie mit ihrem Panhard Rennwagen «Walküre», der es auf 60 km/h brachte, an mehreren Langstreckenrennen zwischen Paris, Berlin, Wien und Madrid teil. Bei diesen Rennen ging es nicht allein um Geschwindigkeit, sondern um das Ankommen überhaupt. Es handelte sich im eigentlichen Sinne um Zuverlässigkeitsfahrten über große Distanzen. Camille du Gast schaffte es fast immer. Auch die italienische Fürstin Anna Maria Borghese, eine der mehr als wagemutigen Automobilistinnen ihrer Zeit, nahm – zusammen mit ihrem Mann – an zahlreichen Langstreckenrennen teil, so 1907 an der 15.000 Kilometer langen Rallye von Paris nach Peking – unter unglaublichen Strapazen gewannen sie die Fahrt. Anne d' Uzès, die Frau, die wie erwähnt als erste Person eine Führerscheinprüfung abgelegt hatte, nahm ebenfalls regelmäßig an Autorennen teil. 1911 gewann sie in den USA den Grand Prix von Indianapolis. In den folgenden Jahren wurden die Pisten besser, die Autos schneller, die Strecken kürzer – und auch jetzt fuhren die Frauen mit und standen durchaus auf den Siegerpodesten. Die italienische Baroness Maria Antoinette d' Ananzo (1889-1977), eine der Pionierinnen und Königinnen des Motorsports der 1920er und 1930er Jahre, gilt sogar als die größte italienische Rennfahrerin.[31] Seit 1921 nahm sie mit unterschiedlichen Autos mehrfach an der Mille Miglia teil, unter anderem 1928 mit einem Chrysler Tipo 72 und 1932 mit einem Alfa Romeo 6C 1750 Spider Touring. Sie fuhr in einem Alfa ES 20 um den Sieg. Bereits 1920 nahm sie als erste Frau überhaupt an der Targa Florio in einem Buick teil, konnte das Rennen jedoch nicht beenden. 1921 gewann sie den Damen-Cup in Brescia und nahm mit einem Packard mit einem Zwölfzylinder-Flugmotor an dem legendären Strand-Rennen in Fanø in Dänemark teil, bei dem sich die «größten Draufgänger und Draufgängerinnen» zum schnellsten Wettrennen der Welt trafen. Hierbei geriet ihr Wagen, den sie auf 180 km/h beschleunigte, in Brand und sie überlebte nur, weil sie ihn geistesgegenwärtig ins Meer lenkte. Sie war Teamkollegin von Tazio Nuvulari, fuhr gegen Minoia und Ferrari, wurde Teil der Scuderia Alfa Romeo und der Scuderia Ferrari. Und sie war nicht die einzige Frau auf den Rennstrecken, so trat sie auch gegen Konkurrentinnen an wie Jole Venturi, Corinna Braccialini, Anna Maria Peduzzi, Dorina Colonna, Ada Chirini, Vittoria Orsini oder Giuseppina Conti.

Camille du Gast in einem Benz Parsifal-Rennwagen im Jahr 1903. *Neben ihr auf dem Beifahrersitz der Rennfahrer und Konstrukteur des Wagens Marius Barbarou. Die unkonventionelle, frauenrechtlich engagierte und äußerst sportliche Französin war eine der schnellsten Frauen ihrer Zeit.* | Mercedes-Benz Archive, 1986M131.

Ernes Merck gewinnt im Mercedes-Benz Typ S mit der Startnummer 23 *das Krähberg-Rennen am 4. September 1927 in der Damenklasse. Sie ist die erste Profirennfahrerin Deutschlands und die erste Frau, die von Mercedes-Benz als Werksfahrerin eingestellt wurde.* | Mercedes-Benz Archive, R923.

Ernes Merck *in einem Mercedes 6/25/40 PS, Sport-Zweisitzer.* | Mercedes-Benz Archive, 3287.

***«Die Dame in Rot»,** eine Anspielung auf die erfolgreiche Rennfahrerin Ernes Merck, spiegelt zugleich das Selbstbewusstsein und Emanzipationsstreben der Frauen in der Zeit der Weimarer Republik wider. Die Werbeanzeige der Daimler-Benz AG für den Mercedes-Benz 26/120/180 PS Typ S wurde von der Agentur Offelsmeyer Cucuel gestaltet und erschien in der Zeitschrift «Elegante Welt», Nr. 18, 1928.*
| Mercedes-Benz Archive, 1988M870.

***Drei automobilverrückte Damen nach der Kartellfahrt des AvD im Jahr 1927:** Neben der Siegerin des Rennens Ernes Merck (links), Edwina von Thüna (Mitte), Ehefrau des Flugzeugbauers Rudolf von Thüna und Louise Porsche (rechts), die 1928 den Wiener Rechtsanwalt Anton Piëch heiratete. Zusammen mit ihrem Bruder Ferdinand Porsche und ihrem Mann baute sie in Österreich das erfolgreiche Familienunternehmen auf, dessen Leitung sie nach dem Tod ihres Mannes 1952 übernahm. Für ihre wirtschaftlichen Leistungen erhielt sie zahlreiche Auszeichnungen.*
| Archiv Central Garage Automuseum, Bad Homburg v.d.H.

In Deutschland folgte ihr nur wenig später Ernes Merck (1898-1927), die sportlich-elegante, Bubikopf tragende Ehefrau des Darmstädter Pharmaproduzenten Wilhelm Merck, Aufsichtsrat der Daimler-Benz AG und ebenfalls Amateurrennfahrer. 1921 machte sie ihren Führerschein und nahm schon ein Jahr später an Autorennen teil. Wie Maria Antoinette d' Ananzo besaß auch sie die völlige Unterstützung ihres Ehemannes. 1926 avancierte sie zur ersten Profirennfahrerin in Deutschland. Ernes Merck ist die erste Frau, die der Rennstall von Mercedes-Benz als Werksfahrerin einstellte. 1927 fuhr sie bei dem Bergrennen am Klausen Pass mit ihrem «weißen Elefanten», einem Mercedes Typ S mit stattlichen 180 PS ausgestattet, schneller als ihr Mann. Sie musste sich am ersten Tag des Rennens nur dem bis dahin erfolgreichsten deutschen Rennfahrer geschlagen geben, Rudolf Caracciola. Am zweiten Tag belegte sie Platz vier. Dem Auto entstieg sie zur Verwunderung des Publikums im Charleston-Kleid, so wird es jedenfalls berichtet. Auch weitere Rennen sollte sie gewinnen, eh sie am 25. November 1927, zehn Monate nach der Geburt des zweiten Sohnes, mit einem Revolver ihrem Leben ein Ende setzte. Als Hommage an ihre Leistung soll Ernes Merck der Werbeagentur Offelsmeyer Cucuel als Vorbild für die Frau auf dem 1928 gestalteten Werbeplakat von Mercedes-Benz mit dem Motiv «Frau in Rot» gedient haben. Es zeigt sie in ihrem roten Rennoverall vor einem Mercedes-Benz Typ S.

Auch für die Frankfurterin Ines Keil-Folville (1885-1980) waren Autorennen Berufung und zugleich Beruf. Sie fuhr äußerst erfolgreich auf Steiger, Horch und Mercedes ihre Rennen. Das Fahren hatte ihr erster Ehemann ihr beigebracht. Sie galt als Star des Frankfurter Automobilclubs. Dessen langjähriger Vizepräsident Robert Seiffermann erinnerte sich: «Frau Keil-Folville war bei den Herren sehr gefragt und bewundert. Sie fuhr ja auch immer unser jährliches 24-Stunden-Rennen im Taunus mit, als einzige Dame unter 60 Teilnehmern.»[32] Vier Mal gewann sie ein 24-Stunden Rennen auf verschiedenen europäischen Rennstrecken. Sie fuhr mit den Großen des Autosports Seite an Seite: Wilhelm und Ernes Merck, Hans Stuck oder Rudolf Caracciola. Auf die Frage, wie sie die Strapazen durchstand, Tag und Nacht konzentriert durchzufahren, soll sie erklärt haben: «Ich hatte eben eine sehr sportliche Mutter und habe viel von ihr geerbt.»

MERCEDES
BENZ
MERCEDES-BENZ

Ines Keil-Folville in ihrem Steiger 10/50 PS Tourenwagen *beim Start zur Automobilsportwoche in Bad Homburg, die vom 30. Juni bis 4. Juli 1921 stattfand.*
| Fotoalbum Ines Folville, Archiv Michael Schick, www.dersteiger.de., Folville 28 01.

Ines Keil-Folville *beim Automobil- und Motorrad-Turnier in Bad Nauheim 1922.*
| Fotoalbum Ines Folville, Archiv Michael Schick, www.dersteiger.de., Folville 20 01.

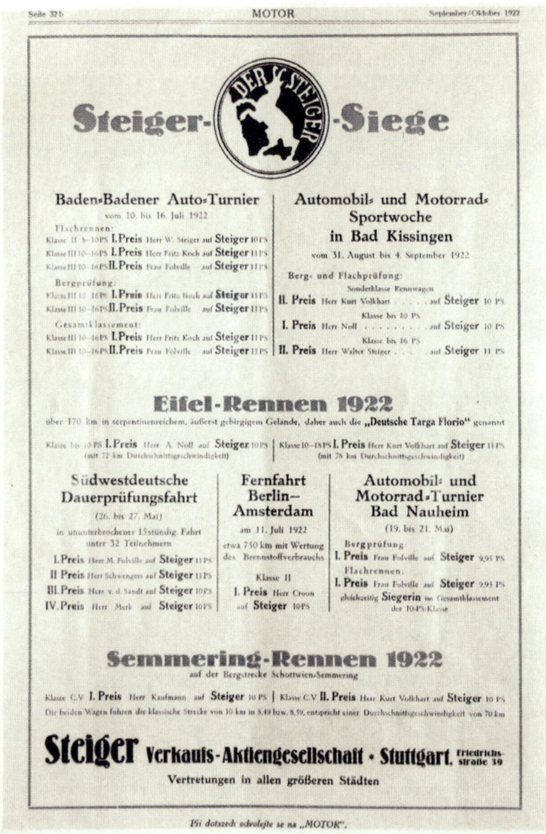

Seite 32b MOTOR September/Oktober 1922

Steiger- DER STEIGER -Siege

Baden-Badener Auto-Turnier
vom 10. bis 16. Juli 1922
Flachrennen:
Klasse II 8–10PS I. Preis Herr W. Steiger auf Steiger 10 PS
Klasse III 10–16PS I. Preis Herr Fritz Koch auf Steiger 11 PS
Klasse III 10–16PS II. Preis Frau Folville auf Steiger 11 PS
Bergprüfung:
Klasse III 10–16PS I. Preis Herr Fritz Koch auf Steiger 11 PS
Klasse III 10–16PS II. Preis Frau Folville auf Steiger 11 PS
Gesamtklassement:
Klasse III 10–16PS I. Preis Herr Fritz Koch auf Steiger 11 PS
Klasse III 10–16PS II. Preis Frau Folville auf Steiger 11 PS

Automobil- und Motorrad-Sportwoche in Bad Kissingen
vom 31. August bis 4. September 1922
Berg- und Flachprüfung:
Sonderklasse Rennwagen
II. Preis Herr Kurt Volkhart . . . . . auf Steiger 10 PS
Klasse bis 10 PS
I. Preis Herr Noll . . . . auf Steiger 10 PS
Klasse bis 16 PS
II. Preis Herr Walter Steiger . . . . auf Steiger 11 PS

Eifel-Rennen 1922
über 170 km in serpentinenreichem, äußerst gebirgigem Gelände, daher auch die „Deutsche Targa Florio" genannt
Klasse bis 10 PS I. Preis Herr A. Noll auf Steiger 10 PS (mit 72 km Durchschnittsgeschwindigkeit)
Klasse 10–18 PS I. Preis Herr Kurt Volkhart auf Steiger 11 PS (mit 78 km Durchschnittsgeschwindigkeit)

Südwestdeutsche Dauerprüfungsfahrt
(26. bis 27. Mai)
in ununterbrochener 15stündig. Fahrt unter 32 Teilnehmern
I. Preis Herr M. Folville auf Steiger 11 PS
II. Preis Herr Schwengers auf Steiger 11 PS
III. Preis Herr v. d. Sandt auf Steiger 10 PS
IV. Preis Herr Merk auf Steiger 10 PS

Fernfahrt Berlin–Amsterdam
am 11. Juli 1922
etwa 750 km mit Wertung des Brennstoffverbrauchs
Klasse II
I. Preis Herr Croon auf Steiger 10 PS

Automobil- und Motorrad-Turnier Bad Nauheim
(19. bis 21. Mai)
Bergprüfung:
I. Preis Frau Folville auf Steiger 9,95 PS
Flachrennen:
I. Preis Frau Folville auf Steiger 9,95 PS
gleichzeitig Siegerin im Gesamtklassement der 10-PS-Klasse

Semmering-Rennen 1922
auf der Bergstrecke Schottwien-Semmering
Klasse C.V I. Preis Herr Kaufmann auf Steiger 10 PS | Klasse C.V II. Preis Herr Kurt Volkhart auf Steiger 10 PS
Die beiden Wagen fuhren die klassische Strecke von 10 km in 8.49 bzw. 8.59, entspricht einer Durchschnittsgeschwindigkeit von 70 km

Steiger Verkaufs-Aktiengesellschaft · Stuttgart, Friedrichstraße 39
Vertretungen in allen größeren Städten

Při dotazech odvolejte se na „MOTOR".

Die Anzeige aus der Zeitschrift «Motor» *vom September/ Oktober 1922 notiert die Erfolge von Ines Folville bei den beiden Turnieren von Baden-Baden und Bad Nauheim.*
| Archiv Michael Schick, www.dersteiger.de

Die erfolgreichste Grand-Prix Rennfahrerin dürfte jedoch die Pragerin Elisabeth Junek (1900-1994) sein. Von 1924 bis 1927 gab es in der Tschechoslowakei kaum ein Straßen- oder Bergrennen, bei dem Elisabeth Junek nicht den Gesamtsieg, Klassensieg oder zumindest eine Rundenbestzeit erreichte. 1927 gewann sie auf dem gerade eröffneten Nürburgring beim Großen Preis von Deutschland mit einem Bugatti in der Dreiliter-Sportwagenklasse. Ettore Bugatti überließ übrigens ihr und ihrem Mann den ersten von ihm konstruierten zigarrenförmigen Rennwagen.

Elisabeth hatte während ihrer Ausbildung den Bankier Vincenc Junek kennen gelernt, der ein leidenschaftlicher Rennfahrer war. Er konnte auch sie für den Motorsport begeistern und so machte Elisabeth 1921 ihren Führerschein. Damit war sie eine von 216 Frauen, die seinerzeit in der Tschechoslowakei eine Fahrerlaubnis besaßen. 1922 heiratete sie Vincenc Junek. Zunächst war sie die Beifahrerin ihres Mannes. 1925 ging sie in Pilsen erstmals selbst an den Start. 1926 gewann sie gegen ihren Mann das Bergrennen Zbraslav-Jíloviště und stellte sogar einen neuen Streckenrekord auf.

1927 startete sie zusammen mit ihrem Mann bei der legendären Targa Florio in Sizilien, einer 108 Kilometer langen holprigen Strecke mit 1500 haarsträubenden meist unübersichtlichen

Elisabet Junek galt als die «Königin des Lenkrades». *Sie war die erste Frau, die in der Tschechoslowakei einen Führerschein erwarb, im Anschluss ihre Leidenschaft für Bugatti entdeckte und als erste Frau – auf dem Bugatti Typ 30 – ein Grand-Prix-Rennen gewann. 1972 veröffentlichte sie ihre Memoiren, auf Deutsch erschienen unter dem Titel «Bugatti – Mein Leben». Die Pionierin des Automobilsports, geboren 1900, starb im Alter von 94 Jahren in Prag.*
| Archiv Central Garage Automuseum, Bad Homburg v.d.H.

Kurven. 1928 gewann sie hier den fünften Platz. 1927 belegte sie beim Großen Rennen auf dem Nürburgring den vierten Rang und gewann, wie erwähnt, in der Sportwagenklasse bis 3000 ccm mit neuem Streckenrekord.

1928 verunglückte ihr Mann auf dem Nürburgring tödlich und Elisabeth fuhr keine weiteren Rennen mehr. Sie arbeitete jedoch weiter für Bugatti im Auslandsgeschäft und sie gehörte dem Organisationsteam des Großen Preises von Prüm an.

«So etwas hat die Welt noch nicht gesehen», schrieb voller Bewunderung Mercedes-Rennleiter Alfred Neubauer in seinen Memoiren im Jahr 1958 über «jene zierliche, tapfere Frau», die so erfolgreich an der Targa Florio 1928 teilgenommen hatte und bis kurz vor Schluss das Rennen anführte. «Sie überholte alle Männer», schwärmte er: Alberto Divo, Giuseppe Campari, Tazio Nuovolari und noch andere namhafte Fahrer. Leider wurde sie nach einem Bremsdefekt von Divo überholt. Durch die von ihm aufgewirbelte Staubwolke wurde sie in der Sicht behindert und zertrümmerte sich ihren Reifen an einem Stein. So war es am Ende «nur» Platz fünf, den sie erreichte. Von solchen Lobeshymnen aus qualifiziertem männlichem Rennfahrer-Munde können heutige Rennfahrerinnen in der Regel nur träumen![33]

Nach dem Ausscheiden Elisabeth Juneks aus dem Rennsport 1929 verpflichtete Ettore Bugatti das französische Model Hellé Nice (1900-1984) als Werksfahrerin.[34] Die als «Bugatti Queen» legendär gewordene Rennfahrerin bestritt ihre Rennen von nun an auf einem saphirblauen Bugatti T 35, darunter die Rallye Monte Carlo, den Grand Prix de la Marne in Reims, den Grand Prix in Monza oder das Klausenrennen in der Schweiz. Als Bugatti 1933 dann das neue Modell T 59 auf den Markt brachte und damit ein Modell, dass sich wesentlich schwerer fahren ließ, wechselte Hellé Nice zu Alfa Romeo und erlebte 1934 und 1935 ihre erfolgreichsten Jahre als Rennfahrerin. 1936 verunglückte sie bei der Zieleinfahrt beim Großen Preis von Brasilien in Sao Paulo schwer und lag drei Tage im Koma. Sechs Menschen starben bei dem Unfall. Aber auch das sollte sie nicht davon abhalten, weiterhin Rennen zu fahren. 1939 gewann sie auf einem Renault Juvaquatre das «Critérium Automobile Féminine» in Saint-Gaudens. Selbst nach dem Krieg versuchte sie ihr Comeback bei der Rallye Monte Carlo im Jahr 1949. Der erfolgreiche monegassische Rennfahrer Louis Chiron, der hier sein letztes großes Rennen gewinnen sollte, beschuldigte die unliebsame Konkurrentin am Vorabend des Rennens bei einer öffentlichen Veranstaltung jedoch der Kollaboration mit den

***Die Französin Michèle Mouton gewann 1986 als erste und bisher einzige Frau die Deutsche Rallye Meisterschaft** und wurde vom ADAC zum «Motorsportler des Jahres» gekürt. Gerne ließ sich der damalige Ministerpräsident des Saarlandes Oskar Lafontaine mit der erfolgreichsten Rallyefahrerin der Motorsportgeschichte in ihrem Peugeot 205 Turbo ablichten. Die jeweiligen Blicke sprechen Bände!* | Fotograf: Klaus Winkler, Stadtarchiv Saarbrücken., Vorlass K. Winkler, Nr. 353.

***Ihre unterlegenen Rennfahrerkollegen** Bernd Schneider, Klaus Ludwig (links) und Keke Rosberg (rechts) gratulieren Ellen Lohr zu ihrem Sieg am 24. Mai 1992 auf dem Hockenheimring. Sie ist die bislang einzige Frau, die in der Geschichte der DTM Serie ein Rennen gewinnen konnte.* | Mercedes-Benz-Archive, A92F968.

Nationalsozialisten, ohne einen Beweis vorlegen zu können. Dieser im Raum stehende Vorwurf sollte für sie das endgültige Aus ihrer Rennfahrerinnenkarriere bedeuten.

Auch in der jüngsten Vergangenheit, wie auch heute gab und gibt es schnelle Frauen im Motorsport. Michèle Mouton (Jg. 1951), Ellen Lohr (Jg. 1965) oder Jutta Kleinschmidt (Jg. 1962) konnten das im DTM- und Rallye Sport eindrücklich beweisen. Im Rallye-Bereich war die Französin Michèle Mouton 1982 Vize-Weltmeisterin hinter Walter Röhrl und stand bei insgesamt vier WM-Läufen auf dem Siegerpodest. 1986 gewann sie als erste und einzige Frau die Deutsche Rallye-Meisterschaft. Sie gilt als die erfolgreichste Rallye-Fahrerin der Motorsport-Geschichte. Ellen Lohr gewann als bisher einzige Frau ein Rennen in der Deutschen Tourenwagen-Meisterschaft (DTM), 1992 auf dem Hockenheimring. Jutta Kleinschmidt triumphierte als bislang einzige Frau bei der Rallye Paris–Dakar mit ihrem Sieg im Jahr 2001.

Den Sprung in die Königsklasse des automobilen Rennsports, die im Jahr 1950 gegründete Formel 1, haben bisher allerdings nur sehr wenige Frauen geschafft: Marie Teresa de Filippis 1958, Lella Lombardi 1975, Divina Galica 1978, Desiré Wilson 1980 und Giovanna Amati 1992. Die Italienerin Maria Teresa de Filippis (1924-2016) war die erste Frau überhaupt, die bei einem Formel 1 Lauf startete, im Jahr 1958 beim Großen Preis von Belgien in Spa-Francorchamps in einem Maserati 250F. Sie wurde Zehnte.
Bei den übrigen Rennen schied sie aus. Die ebenfalls in Italien geborene Maria Grazia (Lella) Lombardi (1941-1992) startete ihr Formel 1-Debüt 1975 mit dem Großen Preis von Südafrika für das Team March. Insgesamt fuhr sie bei zwölf Grand-Prix Rennen mit, bei sieben kam sie ins Ziel. Lombardi ist die erste Frau, die in einem Formel-1-Rennen in die Punkteränge fuhr. Sie erhielt einen halben WM-Punkt für Platz sechs beim vorzeitig abgebrochenen Rennen beim Großen Preis von Spanien am 27. April 1975 in Barcelona. Und sie ist die letzte Frau, die – mittlerweile vor fast 50 Jahren – in der Formel 1 ein Wertungsrennen mitfuhr. Die Engländerin Divina Galica (Jg.1944) war zunächst eine der erfolgreichsten Skifahrerinnen Großbritanniens, ehe sie sich dem Motorsport zuwandte. 1976 gab sie für das britische Surtees-Ford Team beim Großen Preis von England ihr Formel 1-Debüt, konnte sich für das Rennen selbst aber nicht qualifizieren. Zwei weitere Versuche folgten 1978. Ein offizielles Rennen in einem Formel 1-Rennwagen gewann die südafrikanische Rennfahrerin Desiré Wilson (Jg. 1953) im Jahr 1978 in der britischen Aurora AFX Rennserie. Allerdings handelt es sich hierbei nicht um ein Grand-Prix-Rennen. Hier wird vielmehr mit älteren Formel 1-Wagen gefahren. Und auch die italienische Rennfahrerin Giovanna Amati (Jg. 1962) schaffte es trotz zahlreicher sonstiger Rennerfolge letztendlich nie, sich für ein Formel 1-Rennen zu qualifizieren. Die Spanierin Maria de Villota (1980-2013)[35], Tochter der Rennfahrerlegende Emilio de Villota, Botschafterin der FIFA-Kommission «Frauen im Motorsport», gab ihr Rennfahrerinnen-Debüt 2001 in der spanischen Formel 3-Meisterschaft und schaffte es zur Formel 1-Testpilotin. 2012 verunglückte sie bei einer Testfahrt für das Team Marussia, zog sich schwere Kopfverletzungen zu und verlor ihr rechtes Auge. Aber sie gab nicht auf und kämpfte weiter für Frauen im Motorsport. Im Oktober 2013 erlag sie einer plötzlich auftretenden Hirnblutung,

Susie Wolff, *geb. Stoddart, inmitten ihrer Rennfahrerkollegen CongFu Cheng, Maro Engel (links) und Jamie Green, Ralf Schumacher und Bruno Spengler (rechts) bei der DTM-Präsentation in Wiesbaden 2020.*
| Mercedes-Benz Archive, 2008DIG1837.

Die Saarländerin Carrie Schreiner *ist zurzeit eine der erfolgreichsten deutschen Frauen im Motorsport. Hier sehen wir sie als stolze Siegerin nach dem Rennen des GTC Race in Assen (Niederlande) im August 2022 vor ihrem Mercedes AMG GT3.*
| Foto: Marko Tarrach.

wohl als Spätfolge ihres Unfalls. Die eingangs zitierte, überaus erfolgreiche britische Rennfahrerin Susie Wolff, geborene Stoddart, (Jg. 1982) war 2015 als Testfahrerin für Williams im Einsatz. Die Kolumbianerin Tatiana Calderón (Jg. 1993) startete zwischen 2018 und 2020 als Testfahrerin in der Formel 1 für Alfa Romeo-Racing. Derzeit gilt die britische Rennfahrerin Jamie Laura Chadwick (Jg. 1998), zweimalige Siegerin der W-Serie, als eine der wenigen hoffnungsvollen Kandidatinnen für die Formel 1 und auch Sophia Flörsch (Jg. 2000) wünscht sich nichts sehnlicher, als einmal in der Formel 1 an den Start zu gehen. Als erstes Mädchen überhaupt wurde die erst 11-jährige Luna Fluxa (Jg. 2010) aus Spanien in das Nachwuchsprogramm des Mercedes F1-Teams aufgenommen.[36]

Erwähnt sei an dieser Stelle auch die Völklingerin Carrie Schreiner (Jg. 1998), zurzeit eine der hoffnungsvollen Frauen im deutschen Motorsport.[37] Die junge Saarländerin begann ihre Karriere als eines der erfolgreichsten deutschen Mädchen im Kartsport und holte 2021 mit dem italienischen Ferrari-Werksteam den fünften Meisterschaftsplatz in der Italian GT-Meisterschaft. Nur knapp verpasste sie mit dem Ferrari 48 GT3 im Autodrom von Vallelunga (bei Rom) mit Platz zwei den ersten Erfolg einer Frau in der Geschichte dieser Meisterschaft. 2022 kehrte sie in die deutschen Rennserien zurück und gewann beispielsweise im Oktober 2022 mit ihrem Teamkollegen David Schumacher den Meisterschaftstitel in der Serie GT60 powered by Pirelli auf dem Hockenheimring. Hierfür wurde sie von Mercedes nach dem letzten Rennen in Barcelona geehrt. Auch ihr großes Ziel ist es, Profirennfahrerin zu werden. Eine Etappe auf dem Weg dorthin könnte ihre Nominierung für die Ende 2022 ins Leben gerufene neue Frauenrennserie der FIA, die F1-Academy, sein. Die 24-Jährige geht für das französische «ART Grand Prix» Team an den Start. Verantwortlich für die Entwicklung weiblicher Motorsporttalente in dieser Serie ist seit März 2023 keine geringere als Susie Wolff. Sie betont: «Die F1-Academy bietet die Möglichkeit, einen echten Wandel in unserer Branche herbeizuführen, indem wir die bestmögliche Struktur schaffen, um weibliche Talente auf ihrem Weg in die höchsten Ebenen des Motorsports zu finden und zu fördern, sowohl auf als auch neben der Rennstrecke. »[38]

Als Ingenieurinnen, Mechanikerinnen und Rennstrateginnen, als Managerinnen, im Marketing und der Kommunikation oder als Moderatorinnen sind Frauen zu Beginn des 21. Jahrhunderts durchaus im technischen wie im medialen Umfeld des Rennzirkus sehr erfolgreich angekommen. Stellvertretend genannt seien neben der mehrfach erwähnten Rennfahrerin Susie Wolff, CEO des Formel E Teams Venturi Racing und jetzt Managerin der F1-Academy für Frauen, Carmen Heer-Ziegler oder Monisha Kaltenborn als Formel 1 Team-Chefinnen von Sauber, Claire Williams im Team Williams ihres Vaters, Gill Jones im Technikteam von Red Bull, Daniela Marabini als Senior Partnerships und Business Relations Manager bei Alpha Tauri oder Sabine Kehm als Pressesprecherin von Michael Schumacher oder Britta Roeschke an der Seite von Sebastian Vettel.

Im aktiven Motorsport haben Frauen bis heute jedoch nicht wirklich ihren Platz gefunden.[39] Dieser ist ein weiterhin von Männern dominiertes Territorium. Bisher gelang es Frauen kaum, dort einzudringen. Sie schaffen es selten über die Kartserie und die Formel 3000 hinaus, eventuell noch bis zur Testfahrerin in der Formel 1, aber dann ist ihre Karriere in der Regel beendet. Rennfahrerinnen finden auch 140 Jahre nach der Erfindung des Automobils kaum Sponsoren, die den Mut aufbringen, in das fahrerische Können einer Frau das gleiche Geld zu investieren, wie in die männliche Konkurrenz. Einerseits würden sie bei einem Misserfolg belächelt, andererseits hätten zahlreiche Teamkollegen letztlich immer noch mentale Probleme damit, von einer Frau überholt zu werden – auch wenn dies in den letzten Jahren nachgelassen hat. Die lange Zeit aufrecht erhaltene Behauptung, dass Frauen nicht die physische Ausdauer und die mentale Stärke besäßen und den G-Kräften nicht standhalten könnten, ist hingegen ausreichend wissenschaftlich widerlegt.

Aber vielleicht sind all die Diskussionen um die Gründe für das Fehlen der Frauen im Motorsport müßig und der Umstand doch eher der Tatsache geschuldet, dass junge Mädchen ihre Freizeit lieber mit einem PS statt mit Hunderten verbringen und den Pferdestall dem Rennstall vorziehen. So fehlt die genügende Anzahl von Mädchen im Nachwuchsbereich und es verwundert nicht, dass auch heute nur 1,5 Prozent der weltweit lizenzierten Motorsportler weiblich sind.[40] Und so bleibt es abzuwarten, ob die beiden Initiativen zur weiblichen Talentförderung, wie die 2019 ins Leben gerufene W-Serie, ein Formel-Rennen ausschließlich für Frauen, sowie das Projekt des Motorsport-Weltverbandes FIA «Girls on Track», das jungen Mädchen die Möglichkeit bieten will, Rennpraxis zu erlangen, den Pool der motorsportbegeisterten Mädchen vergrößern können und sich die Chancen der Rennfahrerinnen in Zukunft verbessern werden.

Das Plakat aus dem Jahr 1903 *zählt zu den frühesten Beispielen, in denen mit Frauen für Automobile geworben wird. Opel lässt seinen Motorwagen von einer Göttin in den Himmel heben.* | Opel Archiv, 1903 A25037.

Die «Automobilisierung der Frau» als Marketingstrategie

Die Frau in der Automobilwerbung und als Kundin

Während man, wie eingangs angedeutet, noch grundlegend die Frage diskutierte, ob Frauen überhaupt in der Lage seien, ein Auto zu lenken, entdeckte die Werbebranche die «Weiblichkeit» und damit verbunden Luxus und Vergnügen sogleich für ihre Anliegen. Ohne Frauen war kein Auto zu verkaufen. Von Beginn an setzte die Automobilindustrie in ihrer Werbung auf weibliche Reize und männliche Instinkte. Einerseits erkannte sie, wie sich Autos durch Frauen verkaufen ließen, andererseits begriff sie schon sehr früh das Marktpotential, das Frauen als Käuferinnen eines fahrbaren Untersatzes erzeugten. Die Frauen bildeten das «Reservoir» für nennenswerte Zusatzraten und so stand die Frau als Kundin durchaus im Mittelpunkt ihres Interesses. Bereits die ersten Marketingabteilungen der Automobilhersteller befassten sich sehr intensiv mit den Wünschen der Frauen und ihren Anforderungen an ein Auto.

Seit den Anfängen des Automobils wurde mit der Frau für des «Mannes liebstes Kind» geworben. «Sex sells» – dieses Motto, dessen sich bereits die Fahrradindustrie bediente, bestimmte jetzt ebenso die Vermarktung des Automobils.

***«Mein Benz»** – Dieses «liebevolle» Werbemotiv, erstmals 1912 in der Zeitschrift «Jugend» erschienen, bestimmte bis in die 1920er Jahre hinein die Automobilwerbung.*
| Mercedes-Benz Archive, 89F660.

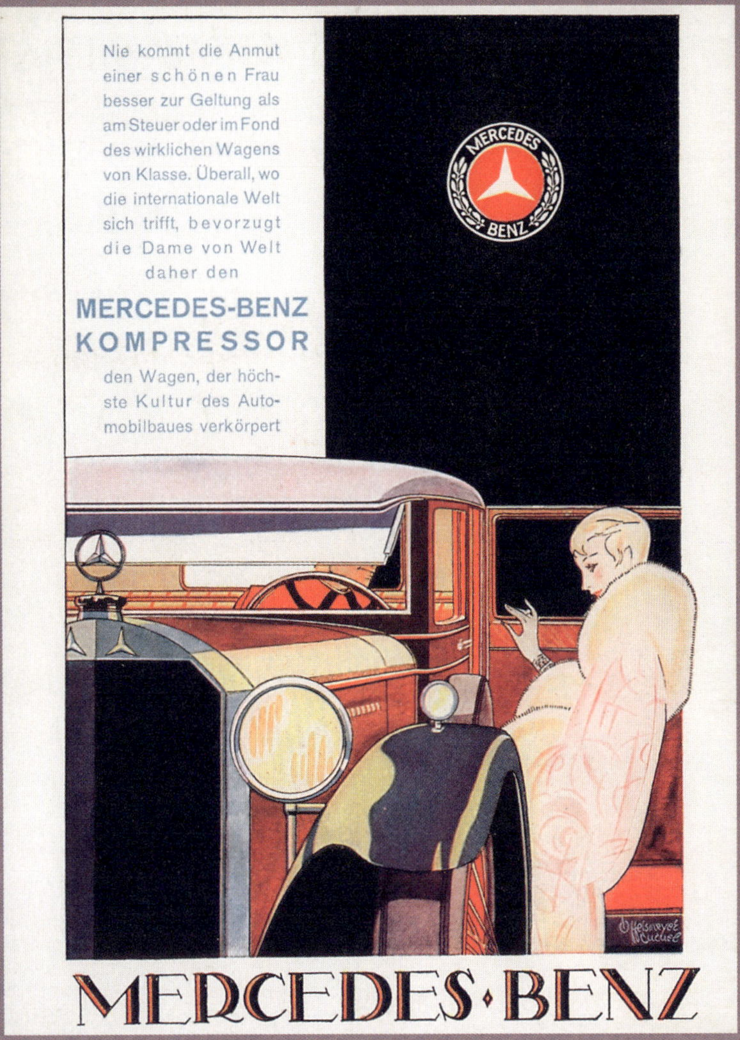
Nie kommt die Anmut einer schönen Frau besser zur Geltung als am Steuer oder im Fond des wirklichen Wagens von Klasse. Überall, wo die internationale Welt sich trifft, bevorzugt die Dame von Welt daher den
MERCEDES-BENZ KOMPRESSOR
den Wagen, der höchste Kultur des Automobilbaues verkörpert
MERCEDES-BENZ

Der Stern ihrer Sehnsucht
MERCEDES-BENZ

Europa Motor
Ihr Liebling:
MERCEDES-BENZ

Ihr Weihnachtswunsch
ein
MERCEDES-BENZ

Auch die Modelle von Peugeot wurden geliebt, *unter anderem von den Saarländerinnen.* | Stadtarchiv Saarbrücken, Peugeotwerbung.

Ende des 19. Jahrhunderts ging es im Wesentlichen noch darum, zu demonstrieren wie ungefährlich und einfach zu bedienen so ein Fahrzeug doch sei. Göttinnen gleich, wie in der Opel Werbung, halfen Frauengestalten die neue technische Errungenschaft in den Himmel zu heben. Ehrfurcht und Respekt verschafften die Damen dem neuen angsteinflößenden aber doch nützlichen Gefährt, wenn sie es heroisch anpriesen. Zu Beginn des 20. Jahrhunderts wurde die Frau in schmuckvoller Pose abgelichtet und sollte so das neue, aufstrebende Verkehrsmittel buchstäblich in Fahrt bringen. Ebenso unerlässlich warb sie mit ihren Reizen für automobiles Zubehör wie Benzin, Reifen oder Zündkerzen, immer modisch gestylt. 1912 erschien in der Zeitschrift «Jugend» das Motiv der Benz-Werbung, das sich vor allem in den 1920er Jahren großer Beliebtheit erfreute und in Variationen über Jahre hinweg Verwendung fand: Eine Dame, die ihren Benz liebevoll im Arm hält mit dem Schriftzug versehen: «Mein Benz». Diese Werbung zeigt einen der ersten Versuche des Automobilherstellers, weibliche

Die Werbeplakate zeigen: *Vor allem Eleganz bestimmte das Bild der Werbung für die Automobile von Mercedes-Benz. Aber auch dort warb man in 1920er Jahren mit verhältnismäßig viel nackter Haut, um seinen Autos eine emotionale Note zu geben.*
| Mercedes-Benz Archive, 1988M356; 1988M462; 1988M4208;1995M16; 1995M19.

Reize und Autos miteinander zu kombinieren. Frauen und Autos – Objekte der männlichen Begierde, Ausdruck von Luxus, Exklusivität, Eleganz, so das Werbemotto!

Auch die Damen im Motorsport inspirierten die Werbeschaffenden: «Die Dame in Rot», eine Anspielung auf Ernes Merck, die – wie geschildert – im abgebildeten Mercedes-Benz Typ S mit ihrem respektablen Rennergebnis beim Klausenpass-Rennen 1927 nur von Rudolf Caracciola geschlagen wurde. In diesem berühmt gewordenen Werbeplakat, gemalt von Edward Cucuel, spiegelt sich unter anderem das Selbstbewusstsein der Damen in der Zeit der Weimarer Republik wider, ihre Emanzipationsbestrebungen, ihr Streben nach Freiheit. Die Anzeigen jener Jahre suggerieren, dass die Dame von Welt das Lenkrad selbst ergreift. Eleganz und Erotik bestimmen das Bild, schon im Jahr 1928 warb Mercedes-Benz mit verhältnismäßig viel nackter Haut, um seinen Autos eine emotionale Note zu geben. Wird die Dame nicht selbst als Fahrerin umworben, flüstert sie mal eben dem Herrn ins Ohr «Ihr Weihnachtswunsch», oder sie blickt hoffnungsvoll in den Himmel auf den «Stern ihrer Sehnsucht», natürlich den Mercedes-Stern. Zu keiner Zeit begegnen einem mehr Plakate und Werbeanzeigen, die Damen mit Automobilen zeigen, als in den Jahren der Weimarer Republik.

In jenen Jahren, als das Automobil zum Symbol für Gleichberechtigung und Emanzipation aufstieg, erkannte die Wirtschaft das Potential des neuen Kundenkreises: den Typ der modernen Frau, der autofahrenden Frau mit Bubikopf und kurzem Rock. Reparaturanleitungen für die bevorzugten Fahrzeuge Mercedes, Cadillac oder Buick begannen jetzt mit den Worten: «Sehr geehrte gnädige Frau», spezielle Modehefte erschienen mit Tipps zu «autogerechter Kleidung» für die Dame und Vorschlägen für den geeigneten Picknickkoffer für die Rast im Grünen. Die Automobilindustrie unterstützte die Emanzipation der Frauen, verehrte die Frauen, nahm sie als Kundinnen ernst und schuf sich so einen neuen Markt!

1930 stellte ein Sportredakteur der FAZ sogar fest, «dass die Frau beim Autokauf eine beinah ebenso wichtige Rolle spielt wie der Mann, ja dass sogar Tausende von Damen ihren Wagen schon selbst lenken, einzelne sogar mit großem Geschick und Verständnis für den Motor, fast alle mit einer Vorsicht und einem Verantwortungsgefühl, das die Herren der Schöpfung leider nur zu oft am Steuer vermissen lassen». Auch wenn das Auto mittlerweile nicht mehr allein dem exklusiven Freizeitvergnügen diente, sondern sich bereits zu einem nützlichen Transportmittel entwickelt hatte, so blieb es doch ein Luxusgut. Die Durchschnittsfrau – und auch der Durchschnittsmann – konnten davon noch weitere Jahrzehnte nur träumen.

«Frauen fahren besser...», *das belegte also schon in den 1950er Jahren die Statistik, meinte jedenfalls BMW und warb mit diesem Slogan für die kleine Isetta. Das deutsche Wirtschaftswunder ermöglichte einigen Familien den Luxus eines Zweitwagens für die Ehefrau. Und klein genug zum unfallfreien Einparken sei die Isetta auch, betont die Werbung!*
| BMW Group Archive, AF-4168-1.

«Endlich hast Du mir die Freiheit geschenkt...» *– Diese Werbeanzeige von BMW für die Isetta aus dem Jahr 1958 wirkt heute wie aus der Zeit gefallen, war seinerzeit aber «Realität» und keine Satire. Es lohnt, den Werbetext vollständig zu lesen. «Die Befreiung» wurde in Reader´s Digest 9/1958, S. 275 veröffentlicht.*
| BMW Group Archive, AF-44380-1.

Mit dem Aufkommen des Nationalsozialismus verschwanden die Frauen aus der Automobilwerbung recht rigoros. Das «luxuriöse Nichtstun» der autofahrenden Damen passte nicht in das neue Weltbild. Technik wurde wieder zur reinen Männersache und Bewunderer dieser Technik waren ausnahmslos blonde Knaben, die sich über die Motoren beugten. Macht und Leistung deutscher Automobile spiegelten sich jetzt in den Gesichtern der politischen Führungskräfte wider. Parteigrößen ließen sich in großen Limousinen winkend durch die Straßen chauffieren. Frauen saßen höchstens auf dem Beifahrersitz oder im Fond.

Nach dem Krieg lag Deutschland in Schutt und Asche. Die Automobilindustrie und auch die Werbung kamen erst langsam wieder in Fahrt. Dass in den Nachkriegsjahren aufgrund des Männermangels erst einmal die Frauen das Steuer weiterhin in der Hand hielten, ignorierte die Automobilwerbung der Nachkriegsjahre.

«Endlich hast du mir die Freiheit geschenkt» – Ein Kleinwagen für die Frau des Hauses

Die Sehnsucht nach einer heilen Welt, der Traum von einem harmonischen Familienleben und einem bescheidenen Glück bestimmten das Weltbild der 1950er Jahre. Und die Werbeannoncen der Wirtschaftswunderjahre dokumentierten eindrucksvoll das dabei vorherrschende Frauenbild. Waren die Frauen in den ersten Nachkriegsjahren vielfach auf sich allein gestellt und bewältigten die schwierigsten Situationen auch ohne die noch in Gefangenschaft befindlichen oder im Krieg gefallenen Männer, wurden sie nun wieder zum treuen Anhängsel des Ehemannes und «Heimchen am Herd» degradiert. Ob im DKW, im Opel Kapitän oder in der Isetta, in der Regel saß die Frau in den Wirtschaftswunderjahren auf dem Beifahrersitz. Ehefrauen waren zu «stillen Heldinnen der Landstraße» bestimmt. Sie hatten durch ihr fürsorgliches Verhalten dafür Sorge zu tragen, dass ihre Ehemänner gut gelaunt und verkehrssicher unterwegs waren.[41] Und wenn Frauen als automobile Verkehrsteilnehmerinnen angesprochen wurden, dann keinesfalls als selbstständige souveräne Wesen, sondern in der Abhängigkeit ihrer «Ernährer». Wer das Geld verdient, hat das Sagen! Und Ehefrauen in Westdeutschland verfügten in der Regel über kein eigenes Einkommen. Wenn der Wirtschaftssaufschwung der Familie tatsächlich einen kleinen Zweitwagen erlaubte, dann schenkte der zahlende Ehemann damit seiner Frau «ein Stückchen Freiheit» – zur Bewältigung ihres Alltags, zum bequemeren Einkaufen. So stieg beispielsweise in der Isetta-Werbung eine frohgelaunte Ehefrau unter der Überschrift «Die Befreiung» demonstrativ aus ihrem Käfig und konnte nun fahren «wann sie will, wohin sie will». Diese neue Freiheit hatte sie einzig und allein dem Wohlwollen ihres generösen Gatten zu verdanken. Und so liest man in der Anzeige, dass Frau Sabine sich vor Freude beinahe überschlage, denn ihr Mann habe ihr zum Geburtstag eine BMW Isetta und damit die Freiheit geschenkt. Nun brauche sie endlich nicht mehr nach dem Autoschlüssel zu fragen.

Frauen blieben jedoch auch in den nachfolgenden Jahren weiterhin allein die Botschafterinnen für den Erwerb von Automobilen, blieben meist Beifahrerin und dekoratives Element, dienten als Motivator für einen männlichen Betrachter. Technik ist männlich, Eleganz weiblich, so die Rollenverteilung. In den 1950er und 1960er Jahren blickten die Frauen auf den automobilen Werbeplakaten mit Rehaugen von der Rücksitzbank in die Ferne oder winkten in hochgeschlossenen eleganten Kleidern.

Seit Oswald Kolles Aufklärungsfilmen wurden die dargestellten Frauen freizügiger. Die Autowerbung der 1970er Jahre zeigte sie aufgeschlossen und sexy. Frauen und Fahrzeuge, Posen und PS, Erotik und Aerodynamik sind die untrennbar miteinander verbundenen Werbebotschaften! Selbst wenn die Frauen selbst am Steuer sitzen, werden sie auf ihre sexuellen Attribute reduziert: tiefes Dekolleté, kurzer Rock, nackte Beine. Im Jahr 1968 warb VW für sein neues Automatikgetriebe mit dem Spruch, dass der Fahrer nun eine Hand frei habe, um sich mit dieser dem Knie seiner Beifahrerin widmen zu können.

Im Verlauf der 1970er Jahren hingegen verzichtete die Autowerbung dann interessanterweise meist auf Frauen in ihren Werbespots. Die Gefahr, jetzt – in den Hochzeiten der Frauenbewegung – als Machos an den Pranger gestellt zu werden, schien den Herren der Marketingabteilungen zu groß. Die Technik übernahm nun die Funktion der Damen.

In den 1980er Jahren sollten die Werbestrategien jedoch wieder in die alten Muster zurückfallen. Knapp 20 Prozent der Autoanzeigen warben nun erneut mit Frauen, weiterhin mit dem Klischee der Frau als Beifahrerin und als dekorativem Element. Auch das Muster der traditionellen Rollenverteilung blieb in der Automobilwerbung erhalten. Selbst wenn die Frau am Steuer saß, wurde sie weiterhin im Wesentlichen auf ihre sexuellen Reize reduziert, diente als Motivation für den männlichen Betrachter. Der geringe Kaufpreis für einen Luxuswagen, so betonte die Werbung, ermögliche es, von dem gesparten Geld noch einen Kleinwagen für die Frau Gemahlin zu erstehen, wie beispielsweise 1980 die Werbung für den FIAT 132 verspricht.[42] Als Statussymbol blieb das Auto gesellschaftlich eindeutig männlich konnotiert.

Zwar sind im Jahr 1981 rund 38 Prozent der in Westdeutschland lebenden Frauen erwerbstätig, verfügen jedoch in der Regel über ein wesentlich geringeres Einkommen als die männlichen Käufer. Sollten Frauen in der Werbung also als Fahrerin oder gar Besitzerin angesprochen werden, dann nur für den Kauf von Kleinwagen. Diese erfüllten wiederum ganz bestimmte «weibliche» Anforderungen, auf die die Hersteller auch ausdrücklich hinwiesen. So wurden die Heckklappen niedriger, zum besseren Einladen der Einkäufe und die Innenausstattung flexibler. Die Aufgabe des Autos als Hilfsmittel des «Versorgens» und der Sicherheit standen im Mittelpunkt. Das Auto wurde für die – mittlerweile vermehrt über eigene Einkünfte verfügenden – Frauen zum «kleinen Freund», wie beispielsweise der Renault Clio, oder zum «galanten Diener» und «Flirt» wie der Peugeot 106.

Seit den 1980er Jahren differenzieren die Marketingabteilungen einzelne Zielgruppen. Eine der Zielgruppen sind – neben den Männern – die Frauen. Und hierbei unterscheiden die Profis sorgfältig nach Lebensstilen, unterschiedlichen Interessen und Neigungen: die selbstbewusste Frau, die modische Frau, die umweltbewusste Kritikerin, die konservativ Denkende, die Unsichere. Für alle Frauentypen bieten sie das passende Auto an. Auch die Themen, mit denen sie um die Käufer- und Käuferinnengunst buhlen, sind vielfältiger geworden. Neben Technik, Kraft, Leistung sind jetzt Alltagstauglichkeit, Spritverbrauch und Sicherheit getreten. Letztgenannter Aspekt wurde durch die «technisch uninteressierte Frau» salonfähig gemacht. Autos werden von nun an zudem mit menschlichen Eigenschaften bedacht. Sie sind zuverlässig, liebenswürdig und hilfsbereit.

So waren es vermutlich nicht allein die Proteste der Feministinnen, sondern ebenso die Gesetzmäßigkeiten der Marktwirtschaft, die die sexuellen Exzesse aus der Automobilwerbung verbannten. Und so posierte nun beispielsweise Till Schweiger im Jahr 2000 für den Renault Clio und warb in rasanten und amüsanten Videoclips, teils in James-Bond, teils in Wild-West-Manier, für den «kleinen Freund» und Flitzer![43]

Ein Auto nur für die moderne, selbstständige und unabhängige Frau

Im Jahr 2021 waren von den insgesamt rund 44 Millionen in der Bundesrepublik zugelassenen PKW rund 16,6 Millionen auf Frauen zugelassen, das entspricht einem Prozentsatz von knapp 38 Prozent.[44] Bezogen auf den reinen Privatverkauf erwerben Frauen heute 50 Prozent aller PKW und sie beeinflussen rund 80 Prozent aller Kaufentscheidungen. Um dieses Käuferinnenpotential erreichen zu können, musste der Automarkt erkennen, dass Frauen sich im Umgang mit Autos und bei dessen Beurteilung deutlich von Männern unterscheiden. Für Frauen muss ein Auto wirtschaftlich, praktisch, qualitativ hochwertig, sicher, zuverlässig, komfortabel, gemütlich und umweltfreundlich sein. Es sollte ein tolles Design haben und das Kosten-Nutzen-Verhältnis muss stimmen.[45] Wie sieht ein typisches Frauenauto also aus?

Das perfekte Frauenauto von VOLVO – ein einmaliges Experiment

Verschiedene Automobilhersteller wie Mercedes oder Volvo haben eigene reine Fraueningenieurinnenteams gebildet, die Autos von Frauen für Frauen entwickeln, Autos, die dann jedoch in dieser Form nicht auf den Markt kommen sollten. Ein Beispiel aus der Vergangenheit ist Volvo mit seiner Studie zum Volvo YCC – ein formschönes wunderbares Auto, das 2004 auf dem Genfer Automobilsalon vorgestellt wurde. Der YCC «Your Concept Car» sei das Auto für die moderne, selbstständige, unabhängige Frau, so die Vorstellung der Ingenieurinnen und Designerinnen.[46] Er zeichnete sich durch einen minimalen Wartungsaufwand aus, einen leichten Ein- und Ausstieg durch Flügeltüren, die sich automatisch öffnen, ein gutes Sichtfeld, intelligente Parksensoren, ein angenehmes Innenraumambiente, pannensichere Reifen, schmutzabweisende Lackierungen und Scheiben, waschmaschinengeeignete Sitzbezüge, Gas-, Brems-, und Kupplungspedale, die sich bei einem Unfall automatisch in den Boden drücken. Mit all diesen Funktionen und Eigenschaften eigentlich ein tolles Fahrzeug, vermutlich auch für Männer. Viele seiner Eigenschaften waren zukunftsweisend und sind heute selbstverständlich.

Volvo ließ Anfang der 2000er Jahre von Frauen ein Auto für Frauen entwickeln, *den YCC, der 2004 offiziell vorgestellt wurde. Er ging jedoch nie in Serie, denn Frauen lehnen ein «reines Frauenauto» als diskriminierend ab.* | Volvo Archiv, 8345.

Ein reines Frauenauto wird jedoch wahrscheinlich nie auf den Markt kommen, denn es würde zum einen eine männliche Käuferschicht ausschließen. Zudem wird die Bezeichnung «Frauenauto» von Frauen nachweislich als diskriminierend empfunden. Ein so angepriesenes Auto würde von ihnen nicht gekauft, denn Frauen möchten als gleichberechtigte Zielgruppe angesprochen werden. So sparten seinerzeit auch Frauen nicht mit Kritik am YCC. Ein Auto, das Frauen kaufen, muss zwar die von Frauen gewünschten Eigenschaften besitzen, darf sie aber nicht frauenspezifisch anpreisen. Denn auch wenn Frauen sich angeblich wenig für Technik interessieren, ist die angebotene Technik für Frauen beim Kauf eines Autos durchaus relevant. Und warum sollen ein höhenverstellbarer Sitz, ein gut zu beladender Kofferraum oder eine große Ablagefläche nur für ein «Frauenauto» in Frage kommen?

Übrigens: Zum «Women's World Car oft the Year», also zum «Frauenauto des Jahres» wurde 2014 «das beste Auto der Welt», die Mercedes S-Klasse, gewählt![47] Von 23 Fachjournalistinnen aus 16 Ländern. Kriterien: Sicherheit, Preis-Leistung und Sex-Appeal!

«Ich bin da, wo ich hin wollte»

Die Zeiten, als männliche Autofahrer niemand anderes ans Steuer ließen als sich selbst, sind lange vorbei. Weibliche Verkehrsteilnehmerinnen werden nicht mehr diskriminiert, ihre Fahrtüchtigkeit nicht mehr angezweifelt, wie es noch die Beiträge in «Der 7. SINN», der «Mutter aller deutschen Verkehrserziehungssendungen» aus den 1970er Jahren zeigen, die heute wie aus der Zeit gefallene Satire anmuten.[48] Seit den 1980er Jahren machen junge Frauen den Führerschein im Alter von 18 Jahren, genau wie die jungen Männer. Frauen haben die gleiche Fahrpraxis wie Männer, fahren genauso gut und genauso schlecht wie Männer und: Frauen können einparken! Frauen kaufen Autos, große wie kleine, mit wenig oder mit viel PS, einen Polo oder einen Porsche, ganz nach ihrem Geschmack und Geldbeutel. Frauen lenken Busse, Bahnen und LKWs. Frauen produzieren Autos und Frauen verkaufen Autos. All das ist in den letzten Jahren nicht nur möglich, sondern selbstverständlich geworden.

Mittlerweile sind auch einige, wenn auch wenige Frauen in den Chefetagen der Automobilkonzerne angekommen. Mit der erfolgreichen Lobbyistin Hildegard Müller steht seit 1. Februar 2020 eine Frau als Präsidentin dem Verband der deutschen Automobil-

***Die in Nalbach geborene Ingenieurin Kerstin Lauer** leitete von 2015 bis zu ihrem plötzlichen Tod 2020 das Ford-Werk in Saarlouis.* | Ford Archiv, Köln.

***Seit Dezember 2021 steht Sara Gielen** an der Spitze der Saarlouiser Ford-Werke.* | Ford Archiv, Köln.

industrie (VDA) vor. General Motors, der Mutterkonzern von Opel, vollzog im letzten Jahrzehnt mit Frauen an der Spitze gar einen fulminanten Imagewandel. «No more crappy cars» - «Nur keine schrottigen Autos mehr», lautete die Devise von Mary Barras, die 2014 zur CEO des General Motor Konzerns ernannt wurde und von Forbes 2016 zur fünft einflussreichsten Managerin der Welt gekürt wurde. Tina Müller, von 2013 bis 2017 Chefin der Marketingabteilung (CMO) der deutschen Niederlassung von Opel in Köln, befreite die Marke von ihrem altbackenen Image. Für ihre Kampagne «Umparken im Kopf» wurde sie mehrfach ausgezeichnet. Auch bei Mercedes-Benz-Cars Deutschland leitet eine Frau, Katja Ohly-Nauber, als CMO sehr erfolgreich die Marketing-Abteilung. Sie gehört zugleich zu den Initiatorinnen von «She's Mercedes», einer Initiative, mit der der Konzern seinen Mitarbeiterinnen eine Plattform bietet, sich zu vernetzen und auszutauschen. «Ich bin da, wo ich hin wollte», meinte sie in einem ihrer zahlreichen Podcast-Interviews. Am 1. Oktober 2022 übernahm Jennifer Treiber-Ruckenbrod in der Nachfolge von Kirsty Skinner-Gerth das Marketing der BMW Group. Zuvor war sie Leiterin der Kommunikation MINI und BMW-Motorrad. Ilka Horstmeier ist seit 2019 Arbeitsdirektorin im BMW-Vorstand. Hildegard Wortmann, seit 1998 bei BMW, wechselte 2019 als erste Frau in den Vorstand von Audi, wo sie für Marketing und Vertrieb verantwortlich ist. Der Ingolstädter Autobauer hat seinen neuen, sehr zeitgemäßen Claim «Future is an Attitude» (Zukunft ist eine Haltung) ihr zu verdanken. Die zweite Frau im Audi-Vorstand war von 2020 bis 2022 Sabine Maaßen als Personalchefin.

Auch im technischen Bereich der Produktion sind Frauen auf dem Vormarsch in Leitungspositionen. So leitete die Saarländerin Kerstin Lauer vom 1. August 2015 bis zu ihrem plötzlichen Tod im August 2020 das Ford-Werk in Saarlouis. Die Ingenieurin, aufgewachsen in Nalbach, startete ihre Berufslaufbahn bereits im Alter von 16 Jahren bei Ford Saarlouis, studierte im Anschluss Elektrotechnik, machte in England ihren Master in Fahrzeug-Fertigungstechnik. Sie hatte bereits zahlreiche Führungspositionen inne, eh sie die Saarlouiser Werksleitung übernahm. Seit dem 1. Dezember 2021 steht wieder eine Frau an der Spitze des Saarlouiser Ford-Werkes, Sara Gielen. Chefin des Leipziger BMW-Werkes ist seit Januar 2022 Petra Peterhänsel. Und selbst Formel 1-Rennstrecken werden heute von Frauen entwickelt und gebaut: Vanessa Mientus beispielsweise spezialisierte sich nach ihrem Architekturstudium auf Straßenkurven und Asphalt und entwirft seit 2007 sehr erfolgreich Formel 1-Kurse von Abu Dhabi bis Mexiko.

So erobern Frauen nach und nach die unterschiedlichsten Bereiche der bisherigen Männerdomäne Automobil. Haben sie damit ihr Ziel schon erreicht oder doch erst eine Etappe auf einer noch längeren Wegstrecke zurückgelegt? Dass sie es können, wenn Mann sie lässt, haben sie indes seit 140 Jahren eindrücklich bewiesen!

Selbst ist die Frau: *Else Appelt-Greewe, Lebensgefährtin des Saarbrücker Fotografen Fritz Mittelstaedt, behebt einen kleineren Motorschaden an ihrem Simca 9 Sport Coupé. Das Foto entstand Mitte der 1950er Jahre.* | Fotograf: Fritz Mittelstaedt, Stadtarchiv Saarbrücken, Nachlass F. Mittelstaedt.

1 Der folgende Beitrag basiert auf Recherchen, die die Autorin bereits im Jahr 2010 im Rahmen der Vorbereitungen zu der Publikation Hans-Christian Herrmann, Ruth Bauer, Saarbrücken in Fahrt. 125 Jahre Automobil an der Saar, Marpingen 2011 durchgeführt hat und die dann Inhalt eines Vortrages über den weiblichen Anteil an der Geschichte des Automobils waren. Auffallend in der Rückschau ist, dass eine Internet-Google-Recherche seinerzeit mit den Stichworten Frau und Auto fast ausschließlich sexistisch konnotierte Treffer ergab, auf dem Niveau «Frau am Steuer Ungeheuer», «Warum Frauen nicht einparken können» und «Pirelli-Kalender». Heute hingegen ergibt die aktuelle Suche erfreulicherweise eine große Anzahl seriöser Treffer mit Verweisen auf die Frauen, die einen großen Anteil am Erfolg und der Entwicklung des Automobils haben. So weisen nicht nur die Internetseiten von Mercedes-Benz, BMW, VW oder Opel, sondern ebenso zahlreiche andere Herstellerfirmen oder Anbieter auf die Leistungen von Frauen hin, beispielsweise: Elf Frauen, die Autogeschichte schrieben - classic-car. TV; 10 Frauen, die Automobilgeschichte schrieben – OCC Schweiz; Die großen Mütter der Automobilgeschichte (motorblock.at); Heldinnen des Automobils und ihre revolutionären Erfindungen (pirelli.com); 10 Frauen, die Automobil Geschichte schrieben | Oldtimer Guide (oldtimer-guide.at); Frauen und Motorsport. (mercedes-benz.com); Frauen und Autos: 11 Pionierinnen der Automobilgeschichte | BMW.com.

2 Zur Geschichte Frau und Automobil grundlegend: Susanne Vieser und Beate Gabelt, Frauen in Fahrt. Ingenieurinnen, Designerinnen, Rennfahrerinnen machen Autogeschichte, Frankfurt /M., 1996; Roman Sandgruber, Frauen in Bewegung. Verkehr und Emanzipation, In: Lisa Fischer und Emil Brix (Hrsg.), Die Frauen in der Wiener Moderne, Wien, München 1997; Christoph Maria Merki, Der holprige Siegeszug des Automobils 1895-1930. Zur Motorisierung des Straßenverkehrs in Frankreich, Deutschland und der Schweiz, Wien, Köln, Weimar 2002; Grundlegend zur Forschungsgeschichte, den Ansätzen und Methoden der Frauen- und Geschlechterforschung sowie kulturwissenschaftlichen, medienwissenschaftlichen und literaturwissenschaftlichen Analysen rund um das Diskursfeld Frau und Automobil: Anke Hertling, Eroberung der Männerdomäne Automobil, Die Selbstfahrerinnen Ruth Landshoff-York, Erika Mann und Annemarie Schwarzenbach, Bielefeld 2013 (hierin eine umfangreichen Bibliographie); Susanne Gretter, Mutig, Mondän, Motorisiert. Rasante Geschichten von der Frau am Steuer, München 2017. Das Central Garage Automuseum in Bad Homburg zeigte im Jahr 2017 die Präsentation «Frauen geben Gas! Mutige Frauen mit Benzin im Blut!» kuratiert von Uschi Kettenmann und Ursula Stiehler.

3 Vgl. hierzu: Brigitte Melzer-Lena, Frauen – Die neue Macht im Automobilbereich, In: Autofahrerinnen, (Aral Publikationen), Essen 1988; Birgit Hodenius, Frauen fahren anders! – Zum Wandel der Relevanz und Aktualität des Themas, In: Gert Schmidt (Hrsg.), Technik und Gesellschaft, Jahrbuch Bd. 10, Automobil und Automobilismus, Frankfurt/M, New York 1999; Regina Buhr, Neue Nutzungskonzepte – Zur Bedeutung des Autos im Alltag von Frauen, In: dies., Weert Canzler, Andreas Knie und Stefan Rammler (Hrsg.), Bewegende Moderne, Fahrzeugverkehr als soziale Praxis, Berlin 1999, S. 105-131. An der Hochschule Niederrhein forscht seit 2003 das «Kompetenzzentrum Frau und Auto» zu den Wünschen und Bedürfnissen von Autofahrerinnen als Zielgruppe in den Bereichen Marketing, Marktforschung, Design, Sozialwesen, Fertigungs- und Konstruktionstechnik sowie dem unterschiedlichen Verhältnis von Mann und Frau zum Automobil: Frau und Auto – Hochschule Niederrhein (hs-niederrhein.de). In den letzten Jahren wurden jedoch keine aktuellen Studien zu dem Themenbereich durchgeführt. (Auskunft Prof. Marion Halfmann gegenüber der Autorin am 23.11.2022).

4 So beispielsweise der Wiener Gemeinderat im Jahr 1903. Zu den folgenden Ausführungen vgl.: Susanne Vieser und Beate Gabelt, Frauen in Fahrt. Ingenieurinnen, Designerinnen, Rennfahrerinnen machen Autogeschichte, Frankfurt /M. 1996.

5 http://www.autoveteranen.de/fs-frauen.htm. [27.07.2022].

6 Zur Biografie von Bertha Benz vgl. u.a.: Vieser, Susanne und Beate Gabelt, Frauen in Fahrt, Frankfurt/M. 1996, S. 16ff.; Bertha Benz (fembio.org) [28.07.2022]; Angela Elis, Mein Traum ist länger als die Nacht. Wie Bertha Benz ihren Mann zu Weltruhm fuhr, Hamburg 2010; Anonym, Die erste Autofahrerin der Welt erzählt. Besuch bei Frau Benz, in: Pforzheimer Anzeiger, Nr. 35 vom 11.Februar 1936 und Nr. 36 vom 12. Februar 1936, Pforzheim 1936.

7 Nachdem die Leistungen von Bertha Benz zunächst viele Jahre in Vergessenheit gerieten, hat man anlässlich des 125jährigen Jubiläums der Erfindung des Automobils ihr zu Ehren die «Bertha Benz Memorial Route» eingeweiht, die es Interessierten ermöglicht, die Strecke, die sie für die erste automobile Fernfahrt in der Geschichte von Mannheim nach Pforzheim wählte, nachzufahren. Seit Juli 2009 verleiht die Daimler und Benz Stiftung den mit 10.000 Euro dotierten «Bertha-Benz-Preis», mit dem herausragende Dissertationen von Ingenieurinnen ausgezeichnet werden.

8 https://group-media.mercedes-benz.com/marsMediaSite/de/instance/ko/Frau-und-Auto-Eine-Erfolgsgeschichte-von-Anbeginn.xhtml?oid=9905464; [29.07.2022]; Louise Sarazin und Bertha Benz: Zwei Frauen mit Benzin im Blut – Initiative Kulturgut Mobilität (kulturgut-mobilitaet.de) [28.07.2022].

9 Ebda.

10 Zu Panhard und Levassor vgl.: Presseinformation Messe Bremen, Sonderschau «Panhard» zeigt Pioniermarke des Automobils, Bremen Classic Motorshow 2008, vom 20. November 2007.

11 https://whoswho.de/bio/sophie-opel.html

[20.07.2022]; https://de.wikipedia.org/wiki/Sophie_Opel; https://www.opelpost.com/frontpage/ruesselsheim [20.11.2022].

12 Erst zwei Jahre nach Mary Anderson, im Jahr 1905, meldete der autoverrückte Prinz Heinrich von Preußen, Bruder Kaiser Wilhelms II., als erster Deutscher ein ähnliches System zum Patent an, das er jedoch erst am 24. März 1908 erhielt. 1926 stellte die Firma Bosch erstmals eine Apparatur vor, bei der ein Elektromotor einen Scheibenwischer betrieb. 1929 folgte die Erfindung eines elektrisch betriebenen Scheibenwischers durch Baron Rothschild, den er probeweise in einen Bugatti Type 35 B einbaute. 1964 erfand dann Robert Kearns den Intervallscheibenwischer. Und 1999 führte die Firma Bosch erstmals den gelenklosen Flachbalken-Wischer (Aerotwin) ein, der heute Standard bei allen Neuwagen ist. All dies sei nur erwähnt, um deutlich zu machen, dass Mary Anderson tatsächlich die Erfinderin des ersten funktionierenden Scheibenwischers war.

13 https://www.beaulieu.co.uk/news/women-in-motorsport-social-history-dorothy-levitt/ [20.12.2022].

14 Der Rennfahrer Ray Harroun brachte an seinem Boliden 1911 beim 500-Meilen Rennen von Indianapolis zum ersten Mal eigenhändig einen Rückspiegel an und wird häufig als dessen «Erfinder» genannt. 1927 verwendete Ford am Model T erstmals einen Rückspiegel. Vgl.: https://en.wikipedia.org/wiki/The_Woman_and_the_Car [20.12.2022].

15 Hertling (2013), S. 126f.

16 Zum Thema: «Wem gehört die Straße?» siehe: Wolfgang Sachs, Die Liebe zum Automobil. Ein Rückblick in die Geschichte unserer Wünsche, Reinbek, 1984, S. 24ff.

17 Allgemeine Automobil-Zeitung 8, 1907, Nr. 9 vom 1. März und Nr. 45 vom 8. November.

18 Hertling, Anke (2013), S. 28 und Vieser, Susanne (1996), S. 10.

19 Vgl.: Doris Kortus-Schultes: Autofahrerinnen in Europa, Schriftenreihe Kompetenzzentrum Frau und Auto, Bd. 10, Göttingen 2013, Tabelle 1, S. 12.

20 https://de.wikipedia.org/wiki/Marie_Holzer [13.09.2022].

21 1924 wurde Marie Holzer von ihrem Ehemann ermordet.

22 Vgl. Hertling (2013), S. 51.

23 Vgl. hierzu: Susanne Gretter (2017), S. 82.

24 http://www.dixi-automobile.de [19.10.2022].

25 Erika Mann, Der 10.000 Kilometer – Auch wir Frauen haben's geschafft, Ford im Bild, Heft 7/1931, 1932. (Münchner Stadtbibliothek/Monacensia, EM M 222).

26 Auskunft von Waltraud de Clara, geb. Hoffmann (gest. 23.7.2022), Nachfahrin der Familie Böcking, gegenüber der Autorin, 2012.

27 Auskunft eines Angehörigen der Familie gegenüber der Autorin, 2013.

28 1933 erschien es in einer überarbeiteten Version, danach wurde sein Erscheinen eingestellt.

29 Clärenore Stinnes, Im Auto durch zwei Welten. Die erste Autofahrt einer Frau rund um die Welt 1927 bis 1929, Wien 2007, mit einem Vorwort von Gabriele Habinger, Wien 1996. Die Originalausgabe erschien in Berlin 1929.

30 Im Jahr 1979, drei Jahre nach dem Tod Carl-Axel Söderströms, fand Clärenore Söderström die Tagebücher ihres Mannes, die dieser über die Weltreise für seine Eltern geschrieben hatte. 1981 entstand daraus zusammen mit den Entdeckungen des Dokumentarfilmers Michael Kuball die Publikation: Söderströms Photo-Tagebuch 1927-1929. Die erste Autofahrt einer Frau um die Welt, hrsg. von Michael Kuball und Clärenore Söderström, Frankfurt am Main 1981.

31 https://www.enciclopediadelledonne.it/biografie/maria-antonietta-avanzo/ [20.09.2022].

32 https://de.wikipedia.org/wiki/Ines_Keil-Folville; http://www.micha-schick.de/ [20.09.2022].

33 Alfred Neubauer, Männer, Frauen und Motoren, Hamburg 1958.

34 Vgl. Susanne Gretter (2017), S. 95-101.

35 María de Villota ? Wikipedia: https://de.wikipedia.org/wiki/Mar%C3%ADa_de_Villota [7.09.2022].

36 Luna Fluxa: https://www.mercedesamgf1.com/en/team/junior-drivers/luna-fluxa/(12.09.2022); zu weiteren erfolgreichen Frauen im Motorsport vgl.: https://de.motorsport.com/f1/news/top-30-diese-frauen-haben-das-zeug-zur-formel-1-pilotin/4314018/ [12.09.2022].

37 https://www.carrieschreiner.de/vita/ [23.11.2022].

38 https://www.msn.com/de-de/sport/motorsport/susie-wolff-zum-managing-director-der-f1-academy-f%C3%BCr-frauen-ernannt/ar-AA187GxZ [15.03.2023].

39 Frauen in der Formel 1: https://www.motorsport-magazin.com/formel1 [12.09.2022].

40 https://www.dw.com/de/formel-1-ist-fuer-eine-frau-noch-nicht-bereit/a-59967120 [12.09.2022].

41 Vgl. Susanne Vieser (1996), S. 31; Michael Kriegeskorte, Automobilwerbung in Deutschland 1948-1968, Köln 1994, S. 63-74.

42 Stern 20, 1980, 4; Vgl: Carl Vierboom, Emanzipation durch Werbung? Autofahrerinnen – und wie sie durch die Automobilwerbung angesprochen werden, In: Autofahrerinnen (ARAL Studie), Essen 1988, S. 36-42.

43 Die von einigen Autoren vertretene Schlussfolgerung, dass die Automobilbranche durch die Art der Automobilwerbung für Frauen und somit das Auto die Gleichberechtigung erst in Bewegung gebracht habe, sei dahingestellt. Vgl. Carl Vierboom (ARAL Studie 1988), S. 42.

44 Vgl. Statistische Mitteilungen des Kraftfahrt-Bundesamtes (KBA) 2021.

45 Zu den Wünschen und Bedürfnissen von Autofahrerinnen als Zielgruppe in den Bereichen Marketing, Marktforschung, Design, Sozialwesen, Fertigungs- und Konstruktionstechnik vgl. die verschiedenen Publikationen des Kompetenzzentrums «Frau und Auto»: Frau und Auto - Hochschule Niederrhein (hs-niederrhein.de).

46 https://de.wikipedia.org/wiki/Volvo_YCC [12.09.2022]; https://www.volvocars-partner.ch/blog/2019/12/13/volvo-ycc-das-perfekte-auto-fuer-die-moderne-frau/ [12.09.2022].

47 https://www.welt.de/motor/article135144233/Frauen-Auto-des-Jahres-Ein-Mini-ist-es-nicht.html [26.07.2023].

48 Erst seit dem Jahr 2011 stellt der WDR, der seinerzeit für die Produktion des «7. Sinns» zuständig war, die Beiträge zum Thema «Frauen und Straßenverkehr» wieder als «Zeitdokument» zur Verfügung. Die Jahre zuvor waren diese unter Verschluss, da dem Sender deren sexistische, machohafte und in jeder Hinsicht Frauen diskriminierende Inhalte zu peinlich waren. Die Beiträge sind heute meist als Zusammenschnitte auf YouTube einsehbar.

OPEL
ESSO-SERVICE
STADT - GARAGE
Esso

7

Hans-Christian Herrmann

Faszination Automobil: «Von klein auf» mobil.

Die Folgen automobiler Kindheitserinnerungen

Spielzeug ist ein stetes Spiegelbild der Gesellschaft und eröffnet vielerlei Einblicke in das Leben und die Weltanschauung der jeweiligen Zeit. Und so scheint es nur selbstverständlich, dass auch das Automobil bereits kurz nach seiner Erfindung Einzug in die Kinderzimmer hielt. Millionen von Spielzeugautos, in Form von Miniatur-Rennwagen auf der Carrera-Bahn, Matchbox-Autos, Kettcars oder Bobby-Cars erzählen diese Geschichte. Das Auto spielt seit seiner Erfindung in der Spielzeugwelt eine Hauptrolle. Vor allem für Jungen war es das Spielzeug Nummer Eins, aber auch bei Mädchen durchaus beliebt.

Millionen von Kindern erlebten auf dem Bobby-Car oder im Kettcar ihre ersten eigenständigen «Fahrerfahrungen». Es ist die Mobilität in Verbindung mit Geschwindigkeit und Geräusch, die den Reiz dieses Spielzeugs prägt, ebenso wie einst das Pferd, das als Spielzeugfigur oder als Karussell Generationen von Kindern faszinierte.[1] Eine grandios inszenierte Spielwarenwelt von Fachgeschäften und Kaufhäusern weckte Kinderträume, Wünsche, Phantasien und Illusionen. Mit Spielzeug prall gefüllte Schaufenster sollten Kinder zum Reingehen und zum Kaufen verführen. Autos spielten dabei eine große Rolle. Das galt auch für die Saarbrücker Warenwelt wie ein Blick in das Schaufenster des Saarbrücker Passage-Kaufhauses Ende der 1950er Jahre zeigt.

***Saarbrücken: Das Schaufenster des Passsage-Kaufhauses,** Ende 1950er Jahre.*
Neben vielen Spielzeugautos wie Renault 4 CV (Crèmeschnittchen), Renault Dauphine und einem Bus von Chausson – den damals typischen Autos im Saarbrücker Straßenbild – lockt ein Modell der Stadtgarage mit einer ESSO-Tankstelle und einer Autowerkstatt. Auffallend und für die Zeit ungewöhnlich: Es sind nicht Jungen-, sondern zwei Mädchenfiguren, die im Schaufenster mit den Spielzeugautos platziert wurden. Im Hintergrund des Fotos und trotzdem unübersehbar ein Rennwagen mit Opel-Rädern, der Traum einer rasanten Seifenkiste, die in den 1950er Jahren so richtig in Fahrt kam.
| Fotograf: Fritz Mittelstaedt, Stadtarchiv Saarbrücken, Nachlass F. Mittelstaedt.

1. Autos für Kinderhände – auf den Spuren der Vorbilder

Die Faszination an der mobilen Fortbewegung ist dabei sogar älter als die Erfindung des Automobils. Zumindest einige Sprösslinge der gehobenen Gesellschaftsschichten konnten bereits seit der Mitte des 19. Jahrhunderts ihre spätere Rolle als Lenker eines Fahrzeuges selbst aktiv einüben, sei es über einen Fuß- oder Handantrieb, in Form einer Kutsche, eines Pferdes oder einer Draisine. Spielsachen waren bis weit ins 19. Jahrhundert hinein ein Luxusartikel und blieben es bis zu Beginn des 20. Jahrhunderts. Erst mit dem Entstehen eines eigenen Industriezweiges wurden Spielzeuge auch für breitere Schichten allmählich erschwinglich.[2] Mit dem Aufstieg des Bürgertums im 19. Jahrhundert gewannen Erziehung und Bildung von Kindern einen neuen Stellenwert. Spielzeuge hatten nun pädagogisch fördernde Aufgaben zu erfüllen. In großbürgerlichen Anwesen entstanden Wohnbereiche, die dem Nachwuchs gewidmet waren. Im eigenen Kinderzimmer oder in der Spielecke im Wohnzimmer konnten die Kleinen das gesellschaftlich jeweils gültige Rollenbild anhand von Puppenhaus und Puppenwagen oder Modelleisenbahn und Modellautos einüben.

Unmittelbar nach dem Aufkommen der ersten Automobile gab es bereits die ersten Spielzeugautos. Es handelte sich um aufwendige aus Blech, zunächst in recht großen Maßstäben, gefertigte Nachbildungen. Zielgruppe waren die Söhne der ersten Automobilisten, die ihren Vätern als Vorbilder nacheifern sollten. Auch Modelle aus Bleiguss- und Zinkdruckguss kamen auf den Markt, produziert von Solido (Frankreich, ab 1932), Dinky Toys (England/Frankreich, ab 1934) und Märklin (Deutschland, ab 1935). Nach dem Zweiten Weltkrieg folgten die erfolgreichen britischen Hersteller wie Matchbox (ab 1948) und Corgi (ab 1956).[3] Die Bandbreite der Modellautos wurde nach 1945 immer vielfältiger, kleinere Maßstäbe erfreuten sich immer größerer Beliebtheit. Die Produktionszahlen stiegen und die Preise sanken. Zur Verbreitung der Modellautos in Deutschland trug vor allem die Firma Schuco mit ihren Blechmodellen bei. Ab den 1960er Jahren boten immer mehr Hersteller Modelle aus Plastik an wie Norev in Frankreich (1945 gegründet; ab 1953 Spielzeugautos). Zugleich erhöhte sich der Spielwert der Spielzeugautos durch einen Batterieantrieb. So konnten Polizeiwagen, Feuerwehrautos oder Krankenwagen nicht nur allein fahren, sondern sie verfügten zudem über Blaulicht und Sirene.[4]

Die meisten Spielzeugautos blieben indes ohne Antrieb, allein schon aus Gründen des Preises. Kinder bewegten sie mit ihren Händen, überwiegend über Tische und Teppiche und entwickelten mit ihrer Kreativität die unterschiedlichsten Spiele wie Urlaubsfahrten oder Verfolgungsjagden. Und die Motorgeräusche gestalteten sie mit ihrer Stimme.

Autos für kleine Prinzen und Prinzessinnen

Die Faszination des Automobils besteht auch für Kinder in seiner Mobilität. Besonders reizvoll ist dabei die Erfahrung, mit der eigenen Körperkraft diese Mobilität selbst zu erzeugen. Erlebbar wird diese, wenn die Kinder selbst lenken und fahren können. Möglich wurde dies durch Miniatur-Automobile, die durch Abstützen und Wegdrücken der Füße, besser aber mit Pedalen und Kettenantrieb bewegt werden konnten.

Glückliche Kindheit: Mobilität auch für Mädchen. *Tretfahrzeuge als Vespa und als Automobile. Sie wurden speziell für den Nachwuchs hergestellt, in vielfältigen Größen für Kinder zwischen drei und 14 Jahren. Schon um 1900 gab es die ersten Modelle, die wohlhabenden Kreisen vorbehalten waren. Zu den Pionieren in Deutschland zählte die Hamburger Firma Löffler und ebenfalls legendär ist der Spielwarengroßhändler Moses Kohnstamm (MoKo). Er war in Fürth zu Hause, neben Nürnberg und dem Erzgebirge ein Zentrum der deutschen Spielwarenherstellung.* | Fotograf: Fritz Mittelstaedt, Stadtarchiv Saarbrücken, NL F. Mittelstaedt.

Im Jahr 1960 eröffnete in der Saarbrücker Bahnhofstraße das sogenannte Kinderkaufhaus. *Hier gab es eine riesige Vitrine mit Spielzeugautos in großer Auswahl. Eigentümer waren Maria Georgette Duschka und ihr Ehemann Karl. Das Foto zeigt das Kinderkaufhaus im Jahr 1969. Das Geschäft schloss in den 1990er Jahren.* | Foto: Stadtarchiv Saarbrücken, Sammlung Korn.

«Papa, Maman, Citroën»: In den 1920er Jahren nutzte der Automobilhersteller Citroën Modellautos zu Werbezwecken für die Kunden von morgen: Nach «Papa» und «Maman» sollte «Citroën» das dritte Wort im Wortschatz eines Kleinkindes sein. Ein Ziel, das für das Wort «Auto» im Deutschen durchaus erreicht wurde. Der Citroën für die kleinen Prinzen und Prinzessinnen hieß Citroënette.[5] In großen Maßstäben wie 1:8 und 1:11, jeweils nach dem aktuellen Angebot gestaltet, sollte die Jugend es ihren Citroën-fahrenden Vätern nachmachen und für die noch junge Erfindung Automobil begeistert werden. In den Genuss einer Citroënette C6 kamen zum Beispiel der Sohn von König Farou von Ägypten und die Prinzessinnen Elizabeth und Margaret von England. Eine Citroënette C6 soll heute noch in Sandringham House, dem privaten Landsitz des britischen Königs Charles III., stehen. Die Citroënettes verfügten zudem über Elektromotoren.[6]

Auch Ettore Bugatti bot solche Kinder-Automobile an. Zunächst hatte er für seinen damals vierjährigen und jüngsten Sohn Roland 1926/27 ein Modell seines Bugatti Typ 35 im Maßstab 1:2 bauen lassen. Daraus entwickelte sich eine bis 1936 produzierte Kleinserie von 500 Stück, die von begüterten Bugatti-Fahrern meist ihren Söhnen geschenkt wurde. Der Baby-Bugatti verfügte über einen Elektroantrieb, war bis zu 18 Stundenkilometer schnell und wog stolze 68 Kilogramm. Die Karosserie bestand aus Aluminium. Bugatti organisierte sogar Rennen für die Kleinen und ihre Eltern – etwa an der Seepromenade von

Glücklicher Sieger des Seifenkistenrennens *auf dem Saarbrücker Schanzenberg, 1953.*
| Fotograf: Max Richard Platte, Stadtarchiv Saarbrücken, Nachlass Karl August Schleiden, Nr. 11/1325 ff.

Deauville oder in Monte Carlo. Einer der jungen Fahrer war der kleine Prinz Hassan von Marokko.[7] Die aus Mailand stammende Familie Bugatti hatte im Elsass eine Manufaktur für Luxuswagen errichtet. Von Design und Motor waren Bugattis Meisterwerke. Das Modell 35 gilt bis heute mit 2000 Siegen als das erfolgreichste Auto der Motorsportgeschichte.

Fast vergessen sind die Abenteuer mit den Seifenkisten. Während die oben beschriebenen Modellautos allein den Sprösslingen der Oberschicht zur Verfügung standen, konnten die selbstgebauten Seifenkisten nun auch den Kindern breiterer gesellschaftlicher Schichten den Reiz von Geschwindigkeit vermitteln. Seifenkisten sind aus Holz oder anderen Materialien, meistens selbst konstruierte oder aus vorgefertigten Bausätzen montierte vier- oder dreirädrige Kleinfahrzeuge. Sie waren zunächst antriebslos und kamen allein durch die Hangabtriebskraft in Fahrt. Das erste Seifenkistenrennen fand in Deutschland in Oberursel im Taunus im Jahr 1904 statt. 16 Jungs, inspiriert vom ersten internationalen Automobilrennen auf deutschem Boden, bauten sich kleine Rennwagen aus Holz und veranstalteten ihr eigenes «Kinderautomobilrennen». Bis 1907 fanden solche Wettfahrten statt, dann gerieten sie zunächst in Vergessenheit.[8] Erst nach dem Zweiten Weltkrieg erfreuten sich die Rennen in Deutschland wieder großer Beliebtheit, und die Seifenkisten, jetzt teilweise auch ausgestattet mit kleinen Motoren, wurden richtig schnell.[9]

Unabhängig davon entwickelten sich Seifenkistenrennen – als Marketingidee einer Seifenfirma, die zusammen mit ihren hölzernen Verpackungskisten, Lenkung, Bremse, Räder und Bauanleitung lieferte – in den USA ab den 1930er Jahren zu einer Sportart, die viele Anhänger fand. Nach dem Zweiten Weltkrieg förderte die amerikanische Besatzungsmacht diese Rennen in Deutschland und ab 1951 stieg die Adam Opel AG als Hauptsponsor ein. Sie richtete jetzt eine Deutsche Meisterschaft um den großen Opel-Preis aus. Ein Jahr später, 1952, stieg der ADAC mit ein.

2. Das Saarland als Hochburg des Seifenkistenderbys

Das Saarland galt als eine Hochburg der Seifenkistenderbys, die in den 1950er Jahren auf der Radrennbahn am Saarbrücker Schanzenberg ausgerichtet wurden und Tausende von Zuschauern anlockten. 15.000 Zuschauer verfolgten 1951 ein Seifenkistenderby, das in der Saarbrücker Feldmannstraße veranstaltet wurde. Die lange Straße mit Gefälle eignete sich hervorragend für die «kleinen Rennfahrer». 130 Jugendliche starteten. Beeindruckend waren auch die Besucherzahlen beim Seifenkistenrennen am Schanzenberg 1953 mit über 10.000 Zuschauern. Von frühester Jugend wurde so das Auto Teil des Lebens von Kindern und Jugendlichen. Seifenkistenrennen korrespondierten mit dem Motorsport der Erwachsenen wie etwa den Zuverlässigkeitsfahrten des Automobilclubs Saar (ACS) in den 1950er Jahren. Im Juli 1971 fand in Duisburg das letzte von Opel organisierte Derby statt. Zu diesem reisten 133 Jungen mit ihren Seifenkisten in die Ruhrgebiets-Metropole, zehn davon aus dem Saarland. 15.000 Zuschauer verfolgten dieses letzte Rennen. Der Sieger, Karl-Heinz Peter, erhielt eine Ausbildungshilfe in Höhe von 7.000 DM und einen Flug in die USA zur Teilnahme an den Weltmeisterschaften im Seifenkisten-Rennen.[10]

***Werbung** für das Saarbrücker Seifenkistenderby am 8. Juni 1963 in Saarbrücken.*

Die Simulation echter Autorennen, diese Möglichkeit bot auch die Modellrennbahn, ein vergleichsweise teures Spielzeug. Die legendäre Carrera-Bahn begeistert bis heute Millionen kleiner und großer «Rennfahrer und Rennfahrerinnen», sei es in ihrer herkömmlichen bescheidenen Form ganz analog trafobetrieben oder mittlerweile digital gesteuert. Das Wort «Carrera» stammt aus dem Spanischen und bedeutet Rennen. In Verbindung mit mexikanischen Straßenrennen wie der «Carrera Panamericana» wurde das Wort auch in der Bundesrepublik populär, zumal es Porsche als Modellbezeichnung nutzte.

Die populären Seifenkisten inspirierten schließlich auch die deutsche Industrie, ein vierrädriges Tretfahrzeug für Kinder zu entwickeln. Solche Fahrzeuge existierten zwar schon zuvor in den USA, das 1962 erstmals vorgestellte Kettcar indes wurde regelrecht Kult. Es verkaufte sich 15 Millionen Mal und ist ein Erfolgsprodukt der Firma Kettler.[11]

Carrera
Carrera

PASSAGE KAUFHAUS
Mensch ärgere Dich nicht
BILDERSTICKEREI

Modellrennbahnen waren vor allem von den 1960er bis in die 1980er Jahre der große Traum vieler Kinder und Jugendlicher – Synonym dafür ist der Markenname Carrera.
Der fränkische Spielzeughersteller Neuhierl in Fürth, 1920 gegründet, war der Schöpfer dieser Marke, die über Jahrzehnte auf den Wunschzetteln insbesondere zu Weihnachten ganz oben stand und Groß und Klein begeisterte.
1963 präsentierte Hermann Neuhierl die erste elektrisch betriebene Carrera-Autorennbahn im Maßstab 1:32. Mit «Carrera 124» kam 1968 ein weiteres System im größeren Fahrzeugmaßstab auf den Markt. Viele Erwachsene, die als Kinder Carrera liebten, sind heute begeisterte Carrera-Sammler.
Die Leidenschaft für Carrera teilen sich Jungs wie auch Mädchen mit ihren Vätern. Aktuell werden pro Jahr immer noch mehrere Millionen Carrera-Autos weltweit verkauft.
| Fotograf: Fritz Mittelstaedt, Stadtarchiv Saarbrücken, NL F. Mittelstaedt.

Weihnachten 1950er Jahre: *Das Schaufenster des Saarbrücker Passage-Kaufhauses lockt mit einer Vielzahl kleiner, aber auch großer Autos.*
| Fotograf: Fritz Mittelstaedt, Stadtarchiv Saarbrücken, NL F. Mittelstaedt.

Junge Kettcar Piloten fühlen sich erwachsen *– dazu gehört auch die Lektüre «besonderer» Zeitschriften.* | Foto: Ullstein-Bild.

Das Besondere am Kettcar war sein Antrieb. Mit Pedalen und einer Kette konnte es wie ein Fahrrad angetrieben werden. Auf der Wunschliste zum Geburtstag oder zu Weihnachten rangierte das Kettcar für Generationen von Kindern an oberster Stelle. Ein Kettcar geschenkt zu bekommen, war ein Ereignis, an das man sich später als «großes Kind» mit glänzenden Augen erinnerte. Wie sehr das Kettcar die Gesellschaft der zweiten Hälfte des 20. Jahrhunderts geprägt hat, beweist unsere Sprache. Im Jahr 1980 wurde das Wort «Kettcar» in den Duden aufgenommen.

Im Jahr 2019 stoppte die Kettcar-Produktion. Dabei steht das Ende des Kettcars zugleich für einen gesellschaftlichen Wandel. Kinder interessieren sich heute wohl insgesamt weniger für Autos. Umgeben von Erwachsenen mit Smartphones und Laptops reizt sie nun auch eher das digitale Spiel. Nicht mehr das Kettcar gilt als Statussymbol, sondern die jeweils angesagte Spielkonsole.

Dennoch spielt aktive Mobilität immer noch eine große Rolle, vor allem bei den ganz Kleinen. Das Bobby-Car, das 1972 auf den Markt gebrachte meist knallrote Rutschauto mit weißem Lenkrad und schwarzen Weißwandreifen, rollt auch 50 Jahre nach seiner Erfindung durch Wohnungen und Vorgärten. Dieses von der Firma BIG in Fürth entwickelte Fahrzeug steht für eine weitere unternehmerische Erfolgsgeschichte, täglich werden 2000 Stück hergestellt. Es ist das meistverkaufte deutsche Auto! Das Bobby-Car wurde entwickelt für Kinder im Alter von ein bis drei Jahren, die es durch Abstoßen mit ihren Beinchen fortbewegen, dabei einen riesen Spaß haben und ganz nebenbei das Laufen lernen und eine richtige Körperhaltung einüben.[12] Das Kultfahrzeug wurde 2012 von der Tageszeitung taz mit Augenzwinkern zum «klimafreundlichsten Fahrzeug des Jahres» gekürt und schaffte es im Jahr 2020 sogar zum Protagonisten von Videospielen für die Spielkonsolen von Playstation und Nintendo. Wer als «kleiner Steppke» ein Bobby-Car besaß, denkt auch als «Großer» oft gerne an dieses zurück. Nur so lässt sich erklären, dass Erwachsene professionelle Rennen bis hin zu Weltmeisterschaften auf dem für sie eigentlich viel zu kleinen – allerdings aufwendig getunten – Kinderauto veranstalten.

Mit Bobby-Car und Kettcar sind bei den meisten Erwachsenen, die als Kinder und Jugendliche ein solches Fahrzeug ihr Eigen nennen durften, wundervolle Erinnerungen und Erlebnisse verbunden. Etliche Schnappschüsse oder Aufnahmen in stolzer Pose schmücken millionenfach Familienalben.

3. Das Auto als Erinnerungsort – die Faszination für Oldtimer, Youngtimer und Modellautos

Im Lauf der 1980er Jahre entwickelte sich eine regelrechte Leidenschaft für alte Automobile, die Anfänge reichen in die 1970er Jahre zurück. Es entstand ein großer Markt rund um Old- und Youngtimer, verbunden mit dem Entstehen von unzähligen Fachzeitschriften (Automobilchronik ab 1974, Oldtimer-Markt ab 1980) und boomenden Märkten für alte Autoteile (z. B. Mannheimer Veterama ab 1975). Zugleich entwickelte sich eine wachsende Zahl von Restaurierungswerkstätten und Autohäusern, die sich allein der Reparatur und Vermarktung historischer Fahrzeuge widmeten und dem Nachbau von Ersatzteilen. Oldtimermessen wie die Techno-Classica in Essen oder die Retro-Classic in Stuttgart ziehen jährlich zehntausende von Besuchern an. Zugleich stand die Faszination Oldtimer für eine kritische Distanz zur Wegwerfmentalität der Konsumgesellschaft und für ein sich allmählich entwickelndes Bewusstsein für das Auto als Kulturgut.

Zurück in die Kindheit und Jugend

Der Ursprung der Begeisterung für dieses sogenannte rostige Hobby liegt meist in der Kindheit und hat einen engen biografischen Bezug. Bei der Lektüre der Fachpresse zieht sich wie ein roter Faden durch fast alle Artikel über historische Fahrzeuge, dass der Besitzer des vorgestellten Oldtimers als Kind oder Jugendlicher auf dem Rücksitz des jetzt erworbenen Modells saß, das seinerzeit meist die Väter steuerten. Oder man besaß in seiner Jugend selbst einmal das jetzt Jahre später erworbene Auto. So im Fall von Thomas Pade, der im Alter von über 50 Jahren im Jahr 2014 einen alten Renault 4 erstand. Rund 30 Jahre zuvor, 1985, hatte er sich erstmals einen Renault 4 gekauft, eigentlich nur als Winterauto, um dann aber doch mit diesem im Sommer bis nach Griechenland zu fahren. Im Jahr 2021 baute Pade seinen Renault 4 auf Elektroantrieb um, nachhaltiger kann ein Auto kaum sein, wenn ein Oldtimer vom Verbrenner zum E-Auto wird. Die Erinnerung an Kindheit und Erwachsenwerden, sie bildet häufig den emotionalen Hintergrund für die Faszination für alte Autos und ist meist ausschlaggebend für den Entschluss, sich einen Young- oder Oldtimer zuzulegen.[13]

Vor allem in der noch jungen Geschichte des Automobils markierte der Erwerb eines Autos eine tiefe Zäsur wie die

Erfahrung des mittlerweile verstorbenen Josef Kirch aus Saarbrücken-Dudweiler zeigt. Noch als Jugendlicher absolvierte der am 25. März 1918 geborene Dudweiler bei einem Saarbrücker Fiat-Händler eine Mechaniker-Lehre als Kraftfahrzeugschlosser. In dieser Zeit entwickelte sich eine große Fiat-Leidenschaft und so redete er immer wieder auf seinen Vater ein, sich einen Fiat zu kaufen. Er konnte ihn überzeugen und Kirchs erwarben 1936 einen neuen Fiat Balilla für 2.750 RM. Josef Kirch machte den Führerschein, sein Vater fühlte sich dafür schon zu alt, und so fuhr der junge Kirch seine Familie am Wochenende durch das Land. Selbst hätte er sich das Auto bei einem Wochenlohn von 52 RM nicht leisten können. Das Auto konnte über den Krieg gerettet werden. Nach dem Krieg begleitete es Josef Kirch durchs Leben. Mit dem Fiat ging es auf Hochzeitsreise nach Venedig. Seine Tochter gab ihrem Vater aber 1961 zu verstehen, sie wolle nicht länger in einem Vorkriegsauto kutschiert werden und so kaufte Kirch einen neuen Fiat. Der Balilla sollte aber bleiben und begleitete sozusagen in erster Hand Josef Kirch bis an sein Lebensende. 1978 war er in Rente gegangen und hatte mit der Restaurierung seines Fiats begonnen, den er 1982 wieder zuließ. 2001 verstarb Josef Kirch. Sein Auto soll sich heute in Händen eines Sammlers in den Niederlanden befinden.[14]

Eigentümer dieses schönen Citroën ID 20 F Break *sind Detlef und Silvya Hardt aus Saarbrücken. Detlef Hardt wuchs als Kind mit den D-Modellen seines Vaters auf. Diese Faszination ließ ihn nie mehr los. Nach einem Fiat 500 als Einstieg ins Autofahrer-Leben fuhr er über Jahrzehnte Citroën. 1990 traf er durch Zufall auf ein D-Modell als Break bei Citroën-Händler Georges in Saarbrücken. Dieser hatte das Auto im Dezember 1974 an Professor Michael Ashworth (1916-2003) verkauft und in Zahlung genommen. Asworth war ein britischer Chemiker, der von 1953 bis zu seiner Emeritierung 1984 an der Universität des Saarlandes lehrte.*
| Foto: Adrian Scheuer.

Josef Kirch und sein Fiat *waren seit 1936 unzertrennlich.*
| Foto: Dudweiler Geschichtswerkstatt.

Das D-Modell *des Vaters von Detlef Hardt, aufgenommen 1968.*
| Foto: Detlef Hardt.

Matchbox-Autos – Milliarden von Spielzeugautos für Kinder und Erwachsene

Kindheitserinnerungen sind indes auch für die ausufernde Sammelleidenschaft von kleinen Automodellen ausschlaggebend. Der Luxemburger Jean Birsens sammelt beispielsweise seit über 40 Jahren historische und aktuelle Matchbox-Autos und so entstand mit 14.000 Modellen die größte Matchbox-Auto-Sammlung Europas. In seinem Haus in Hinkel hat er für diese ein eigenes Museum eingerichtet. Der Ursprung seiner Begeisterung für Matchbox-Autos liegt ebenfalls in Kindheitstagen: Seine Oma führte ein Schreibwarengeschäft und dort verkaufte sie auch Spielzeugautos. Seinerzeit durfte er diese nur vorsichtig anfassen und bewundern, nur manchmal bekam er auch eins geschenkt.[15] Mit seiner Sammelleidenschaft ist Birsens bei weitem nicht allein. Die wohl berühmteste Spielzeugautomarke der Welt fasziniert heute weitaus mehr Erwachsene als Kinder. Auch bei dieser automobilen Leidenschaft wird sich indes – so vermutet zumindest die Branche – der gesellschaftliche Wandel auswirken. Langfristig werden die Fans dieser Automobile in Miniaturformat – von denen zeitweise fünf Millionen Stück täglich (!)[16] hergestellt wurden – wohl aussterben, da das Auto seine Rolle als Statussymbol zu verlieren scheint und das Matchbox-Auto heute in Kinderzimmern keine große Rolle mehr spielt. Den zukünftigen Erwachsenen wird somit der emotionale Bezug zu diesem Spielzeug fehlen.[17]

Bereits unmittelbar nach dem Zweiten Weltkrieg begannen vor allem Vermögende Oldtimer zu sammeln. Dabei handelte es sich meist um Wagen der Luxusklasse. Die Sammelleidenschaft konnte mitunter krankhafte Züge annehmen und Existenzen ruinieren, wie die Geschichte der Brüder Fritz (1896-1992) und Hans Schlumpf (1904-1989) zeigt. Zwischen 1945 und 1977 kauften sie weltweit klassische Automobile auf und trugen eine Sammlung von rund 500 Fahrzeugen zusammen, darunter unzählige Bugattis. Die einst weltweit verkauften Bugattis wollten sie zurück ins Elsass holen. Durch ihre nicht zu bremsende Begeisterung trieben sie letztendlich ihr florierendes Textilunternehmen in den Ruin.[18]

Treffen des Peugeot 504 Coupé und Cabriolet-Clubs *vor dem Saarbrücker Schloss, Anfang der 1990er Jahre.*
| Fotograf: Klaus Winkler, Stadtarchiv Saarbrücken, Vorlass K. Winkler, Nr. 1138/1.

FACEL
VEGA
1455 JL 75

Heute kann man die imposante Sammlung im Nationalen Automobilmuseum Sammlung Schlumpf in Mulhouse bestaunen, sie gilt als größtes Automuseum der Welt.
In Deutschland bewahren derzeit rund 200 ganz unterschiedlich konzeptionierte Oldtimer-Museen automobile Kulturgeschichte für kommende Generationen, mit Exponaten aus den Anfängen der Automobilgeschichte, vom «Brot- und Butterauto» mit Gebrauchsspuren bis hin zu aufwendig restaurierten Luxuskarossen. Sie alle erwuchsen ursprünglich einer Liebe zu automobilen Schätzen und einer überbordenden Sammelleidenschaft.

4. Ausblick – das Ende der automobilen Faszination?

Das Auto übt auf Kinder und Jugendliche nicht mehr die gleiche Faszination aus wie vor 20 Jahren und auch das Interesse an Spielzeugeisenbahnen und Modellflugzeugen ist zurückgegangen. Dennoch wirkt diese Veränderung gelegentlich überbewertet, denn nach wie vor stellen Autos, Eisenbahnen und Flugzeuge einen bedeutenden Teil der Spielwarenwelt dar.[19] Auch im Handwerk bleibt der Beruf des Kfz-Mechatronikers unter männlichen Jugendlichen nach wie vor einer der gefragtesten.[20] Zudem widerspricht die in letzter Zeit immer wieder zu hörende Abkehr der Jugend vom Auto empirischen Studien. So gaben bei der Trendstudie «Jugend in Deutschland» über 80 Prozent der Befragten an, sich ein Leben ohne Auto nicht vorstellen zu können, 18 Prozent gaben an, dauerhaft auf ein eigenes Auto verzichten zu wollen.[21]

Bis dato faszinieren Autos Millionen von Menschen. *Bei diesem Facel Vega aus den frühen 1960er Jahren geht es nicht um das Auto als Zweckgegenstand.*
| Foto: Peter Singhof.

1 Vgl. Albert Weisgerber (1878-1915). Gemälde, Zeichnungen, Illustrationen, Karikaturen. Museum Villa Stuck, München, 3. Dezember 1975 bis 1. Februar 1976, Abb. 63 «Monarchenspiele».

2 Katalog zur Ausstellung «Die Welt im Kleinen. Zur Kulturgeschichte des Spielzeugs», hg. vom Bayerischen Nationalmuseum, München 2004.

3 L'aventure automobile, Nr. 11/2020, S. 70-81.

4 Ebda.

5 Katalog zur Ausstellung André Citroën im Jüdischen Museum Rendsburg vom 24. Juni bis 30. September 2007, hg. von Herwig Guratzsch, Schloß Gottdorf 2007, S. 38.

6 Hollers Kinderfahrzeuge – Sammlung Historischer Kinderfahrzeuge (hollers-kinderfahrzeuge.de) [22.07.2022]; Immo Mikloweit, Citroën. Die ersten deutschen Jahre 1919-1969, Lüdenscheid 2019, S. 25.

7 https://www.octane-magazin.de/teurer-bugatti-fuer-kleine-prinzen/ [05.07.2022].

8 Ebda.

9 https://www.seifenkistenverband-bw.de/rund-um-die-kiste/zur-geschichte [05.07.2022].

10 Ebda. und Saarbrücker Zeitung, 29. 9.1971. Paul Thomes, «Gebb Gas Theo!» Autoalltag-Autobiographien-Autoerfahrungen, in: Edwin Dillmann, Richard van Dülmen (Hg.), Lebenserfahrungen an der Saar. Studien zur Alltagskultur 1945-1995, St. Ingbert 1996, S. 187. Auch wenn die überregionalen Seifenkistenrennen seit 1971 Geschichte sind, so existiert bis heute eine Fangemeinde dieses Sports, und es finden vereinzelt immer noch Rennen statt, so beispielsweise in Neunkirchen im August 1990, Stadtarchiv Saarbrücken, Dep. Doss. SZ, Nr. 917.

11 https://www.spiegel.de/fotostrecke/Kett-Car-das-beruehmte-tretauto-und-seine-vorlaeufer-fotostrecke-165107.html [01.03.2022]. Die Firma mit einem breiten Produktionsprogramm hatte auch bei Saarbrücken ein Werk für Fahrräder in Rilchingen-Hanweiler, heute baut Kettler in St. Ingbert E-Bikes, Stadtarchiv Saarbrücken, Dep. Doss. SZ, Nr. 727.

12 https://www.absatzwirtschaft.de/die-geschichte-hinter-dem-markennamen-bobby-car-231994/ [05.07.2022].

13 Oldtimer-Praxis, Nr. 12/2016, S. 6 ff., S. 78 ff.

14 Oldtimer-Praxis, Nr. 7/1998, S. 70 ff.; Reinhard Jakobs, Das berühmteste Auto von Dudweiler. Erinnerungen an Josef Kirch und seinen alten Fiat Balilla, in: Historische Beiträge aus der Arbeit der Dudweiler Geschichtswerkstatt, 7/2002, S. 57 ff.

15 https://www.mullerthal.lu/de/fiche/museum/matchbox-autos-museum [06.04.2022].

16 Matchbox steht für die erfolgreichste Autofirma der Welt und eine britische Erfolgsgeschichte. Allein zwischen 1953 und 1985 wurden drei Milliarden Matchbox-Autos weltweit verkauft. Vgl.: Auto, Motor und Sport, Nr. 15/1985, S. 120 ff.

17 Sammelleidenschaft: Altes Spielzeug: Zurück in die Kindheit - Panorama - Stuttgarter Nachrichten (stuttgarter-nachrichten.de) [22.07.2022].

18 Francis Laffon und Elisabeth Lambert, Die Schlumpf-Affäre: die Geheimnisse des großartigsten Automobilmuseums der Welt, o. O. 2000. Die Brüder Schlumpf waren als Makler und Bankiers tätig und die Söhne eines Schweizer Textilfabrikanten, der in der Nähe von Mailand lebte, nicht weit von der Familie Bugatti. Wie Bugatti verschlug es die beiden Brüder Schlumpf ins Elsass. Sie erwarben dort 1938 eine Kammgarnspinnerei, deren jüdische Eigentümer ausgewandert waren in der klugen Vorausschau von Hitlers Überfall auf Frankreich 1940. 1956 begann der Aufbau ihrer Sammlung, finanziert über Firmengelder. 1964 kauften die Schlumpfs eine große Sammlung in den USA auf.

19 https://www.suedkurier.de/region/bodenseekreis/markdorf/nostalgie-unterm-weihnachtsbaum-allen-unkenrufen-zum-trotz-bleibt-die-gute-alte-modell-eisenbahn-immer-noch-ein-weihnachtsgeschenk;art372484,11000334 [01.08.2022].

20 https://www.deutsche-handwerks-zeitung.de/diese-ausbildungsberufe-kommen-am-besten-an-84936/ [01.08.2022].

21 https://www.spiegel.de/panorama/bildung/neue-jugendstudie-auto-fahren-klima-schuetzen-wo-soll-da-der-widerspruch-sein-a-faa38664-7d1d-469b-8c9b-ef30ddfbb619 [01.08.2022].

8

Hans-Christian Herrmann

«Zeitreise durch die Trente Glorieuses»[1]

Mit dem Auto zum Wirtschaftswunder 1945–1975

Nach dem Zweiten Weltkrieg entwickelte sich die Automobilindustrie in Europa zu einer Schlüsselindustrie und zur Grundlage für Wohlstand und sozialen Fortschritt. Kein Land in Europa ist bis heute in seiner Wirtschaftskraft so von der Automobilindustrie abhängig wie Deutschland. So verwundert es nicht, wenn der renommierte Historiker Hans-Peter Schwarz die Frage aufwirft, ob das Automobil ein Wahrzeichen deutscher Identität ist.

Gerhard Heislers Aufnahme von Ludwig Erhard *und seiner Zigarre sollte Geschichte schreiben. Ludwig Erhard (CDU, Bundeswirtschaftsminister 1949-1963, Bundeskanzler 1963-1966) galt als Vater des Wirtschaftswunders. Ein Foto erzählt Geschichte. Heisler, ursprünglich Drogist, war nach Abschluss seiner Gesellenprüfung im Fotografenhandwerk ab 1963 im Bundespresseamt als Fotograf tätig. Dann machte er sich 1967 in Saarbrücken selbständig, nachdem er zuvor an der Saarbrücker Werkkunstschule bei Oskar Holweck studiert und 1967 die Meisterprüfung abgelegt hatte.* | Fotograf: Gerhard Heisler.

20 Jahre vor der Entscheidung von Ford im Jahr 1965, in Saarlouis ein Werk zu errichten, lagen große Teile Deutschlands noch in Schutt und Asche. Hitler hatte sich zwischen 1933 und 1939 mit dem sogenannten KdF-Wagen als Förderer der Massenmotorisierung inszeniert, gebaut wurden aber in Wolfsburg keine Volkswagen, sondern Fahrzeuge für einen verbrecherischen Krieg nie gekannten Ausmaßes. Hitlers Autopropaganda direkt nach seiner Machtergreifung kam aber gleichwohl bei der Bevölkerung an. Deutschland galt zwar als Erfinder des Automobils, Frankreich und Großbritannien produzierten aber deutlich mehr Autos als Deutschland. Die Steuerpolitik der Weimarer Republik begriff das Auto lange Zeit als Spielzeug für reiche Leute und beeinträchtigte durch eine unkluge Steuer- und Abgabenpolitik die Entwicklung der deutschen Automobilindustrie.[2]

Ein Borgward Hansa 1800 vor einem Milchpilz-Kiosk, einem der Symbole für das Wirtschaftswunder der 1950er Jahre. *Diese Kioske verkaufte ab 1952 die Firma Waldner aus dem Allgäu. Milch, Eis und Sahne schmeckten nach den Hungerjahren so gut wie nie zuvor. Der Glückspilz signalisierte den Aufbruch aus den Trümmern und symbolisiert das Lebensgefühl jener Zeit, das auch mit der Verdrängung der NS-Zeit verbunden war.*

| Fotograf: Walter Richleske, Nutzungsrechte Verlag Peter Kurze.

Das legendäre Crèmeschnittchen, *der Renault 4 CV, bestimmte das Straßenbild der frühen 1950er Jahre im Saarland. Hier parken gleich vier Crèmeschnittchen hintereinander vor dem Kaufhaus Sinn in der Saarbrücker Bahnhofstraße.* | Fotograf: Fritz Mittelstaedt, Stadtarchiv Saarbrücken, Nachlass Fritz Mittelstaedt.

1. Weichenstellungen

Die USA wurden vor 1920 zur führenden Autonation und bauten ihre Rolle als modernstes Industrieland der Welt aus.

Für Europa ist an André Citroën zu erinnern. Er hatte im Ersten Weltkrieg Handgranaten am Fließband produziert und wandte sich danach dem Automobilbau zu. Citroën war ein Wegbereiter des sogenannten Fordismus in Europa. Die nach ihm benannte Marke war zeitweise der größte Autohersteller Europas. Die aus dem Bau von Nähmaschinen hervorgegangene Firma Opel (1862 gegründet) stellte 1911 ihre Produktion endgültig auf Fahrräder und Automobile um und entwickelte sich bis 1928 mit dem Modell «Laubfrosch» zum größten deutschen Automobilhersteller mit einem Marktanteil von 44 Prozent. 1924 startete in Rüsselsheim Opel nach den heute vergessenen Brennabor-Werken in Brandburg/Havel das erste deutsche Fließband, auch inspiriert vom Blick auf Ford und Citroën. 1929 verkaufte Wilhelm von Opel nicht zuletzt wegen der Wirtschaftskrise seine Anteile an den amerikanischen General-Motors-Konzern. Die übrigen deutschen Hersteller waren von der Massenproduktion weit entfernt und die Idee, einen Volkswagen zu produzieren, wollten sie trotz der Ankündigung Hitlers, einen solchen zu bauen, nicht umsetzen.[3]

Nach dem Zweiten Weltkrieg entwickelte sich die Automobilindustrie in Deutschland, Frankreich und Italien zum Motor eines fast drei Jahrzehnte andauernden Wirtschaftswachstums. Die Umsetzung des Fordismus vollzog sich in einer Wiederaufbauphase, die wie noch nie zuvor in der Geschichte mit einem Zusammenwachsen Europas verbunden war. Die Automobilindustrie steht in der Bundesrepublik, wie in keinem anderen Land, für das Wirtschaftswunder. Bei Kriegsende waren die Fabriken von Daimler-Benz zu 80 Prozent, die der Firma Adler in Frankfurt zu über 70 Prozent zerstört. Der Fahrzeugbau war kriegswirtschaftlich bedeutungsvoll und Ziel von alliierten Fliegerangriffen geworden. Und bei BMW, Opel, Ford, Hanomag und Maybach lag die Hälfte der Anlagen in Schutt und Asche, nur Ford in Köln verfehlten die Bomber der Alliierten. Gerade mal zwei Jahrzehnte später sollte die bundesdeutsche Automobilindustrie weltweit an der Spitze fahren.[4]

Die Gründung der EWG 1959 als Voraussetzung für automobile Massenproduktion in Europa

Die für den Aufbau einer Massenproduktion notwendigen Investitionen waren nur dann wirtschaftlich zu verantworten, wenn die Hersteller über den nationalen Markt hinaus größere Stückzahlen exportieren konnten. Die bisher praktizierte Zollpolitik mit Einfuhrzöllen und Kontingenten ließ einen massiven Ausbau der Produktionskapazitäten so nicht zu, die nationalen Märkte in Europa waren zu klein. Vor allem die deutsche und schwedische Automobilindustrie schauten deshalb seit den frühen 1950er Jahren auf die USA als größten nationalen Markt. Mit der EWG wurde der zu verteilende Kuchen größer und vom «Europaspiel» im Autohandel sollten alle Mitgliedsländer profitieren. Die Konkurrenz wurde im Lauf der Jahre größer, Autos wurden für den Verbraucher deutlich billiger und dies generierte bei permanent steigenden Realeinkommen ein langanhaltendes starkes Wachstum. Mit der EWG lohnte es sich, in Europa zu investieren und die amerikanischen Töchter von Ford und General Motors (Opel) wollten von diesem Kuchen etwas abbekommen. Der durch die EWG gebildete gemeinsame Markt machte eine Massenproduktion auf Dauer erst rentabel, zugleich zeigten sich beim Konjunktureinbruch 1966/67 erste Grenzen des Wachstums, die im Zusammenwirken eines verschärften Wettbewerbs in den 1970er Jahren die Notwendigkeit struktureller Reformen zeigte.[5]

2. Mobil mit dem Crèmeschnittchen – das Wunder an der Saar (1947-1955)

Während in der Bundesrepublik vor allem der VW Käfer den Aufbruch in die Massenmobilität erzählt, ist es im Saarland der Renault 4 CV, das sogenannte Crèmeschnittchen, und später das Nachfolgemodell Dauphine. Dies erklärt sich aus der Abtrennung der Saar nach dem Zweiten Weltkrieg und ihrem Sonderstatus. Damit war ab November 1947 eine Wirtschafts- und Währungsunion mit Frankreich verbunden, erst 1957 wurde das Saarland Bundesland und 1959 die DM als Währung eingeführt. Der zollfreie Warenverkehr mit Frankreich blieb aber weiterbestehen.

***Ein Peugeot 403** parkt 1964 abends in der Saarbrücker Bahnhofstraße. Das Modell war im Saarland sehr populär.*

***Französische Autos** sind bis heute im Saarland so stark wie nirgendwo sonst in der Bundesrepublik vertreten. Die Aufnahme zeigt den hohen Peugeot-Anteil in Saarbrücken, mindestens fünf Peugeot 403 sind zu erkennen. Ebenfalls auffällig die vielen Citroën Traction Avants.*

| Fotografen: Reiner Oettinger und Fritz Mittelstaedt, Stadtarchiv Saarbrücken, Nachlass R. Oettinger und NL F. Mittelstaedt, Nr. 4943.

Saarländischer Automarkt unter der Trikolore

Das Saarland war ab November 1947 mit der Wirtschaftsunion Teil des französischen Marktes und so bestimmten französische Autos das Straßenbild. Saarbrücken bildete das Zentrum des Autohandels, sämtliche Generalvertretungen für die einzelnen Automarken waren hier zu Hause. Zu den Großen zählte «Saar-Auto-Contor» – die Renault Generalvertretung für das Saarland, die Simca-Garage Meiser, Seibert & Söhne als Citroën-Generalvertretung und der Peugeot-Generalvertreter KHG sowie die «Auto-Industrie» für Ford. Letztere verkaufte damals vor allem Ford aus französischer Produktion.

Wie in Frankreich war Renault an der Saar Marktführer. «Saar-Auto-Contor» verkaufte zwischen 1948 und 1959 gut 36.000 Renault. Nach 1945 war Renault verstaatlicht worden und sollte nach dem Willen des Staates die Führungsrolle bei der Massenmotorisierung Frankreichs übernehmen. Da nach dem Krieg die französische Wirtschaft staatlich gelenkt wurde, Rohstoffe knapp und zugeteilt wurden, war eine Renault-Vertretung höchst lukrativ. «Saar-Auto-Contor» residierte in der «Central-Garage» von Hans Dechent in der Mainzer Straße 66. Mit Inkrafttreten der Wirtschaftsunion wurde «Saar-Auto-Contor» 1948 zur Renault-Generalvertretung für das Saarland. Die anderen französischen Marken starteten in Saarbrücken erst ein gutes Jahr später. Laut Handelsregister war Dechent der Prokurist, Geschäftsführer waren die Herren Meunier, Biguet, Schmidt und Suter. Gottlieb

Der VW Käfer schenkte der jungen Bonner Republik wieder Selbstbewusstsein. *Blick auf den VW-Händler in Sigmaringen, im Hintergrund das Hohenzollernschloss, die katholische Pfarrkirche St. Johannes Evangelist [1960].*
| Stadtarchiv Saarbrücken, Stadtamt 67, Nr. 1618.

Nicht nur die Franzosen, auch die Saarländer träumten vom Crèmeschnittchen.
Die saarländische Illustrierte «Zeit im Bild» machte in ihrer Novemberausgabe 1947 mit einem Foto vom Renault-Stand auf dem Pariser Autosalon und zwei Renault 4 CV auf.

Blick auf das «Saar-Auto-Contor», *den Renault-Generalvertreter für das Saarland in der Mainzer Str. in Saarbrücken. Heute befindet sich dort ein Lebensmittelmarkt, zuvor ein Baumarkt der Bauhaus-Gruppe.*
| Fotograf: Max Richard Platte, Stadtarchiv Saarbrücken, Nachlass Karl August Schleiden.

***Renault 4 CV** im 1955 erbauten Betrieb von Saar-Auto-Contor/Autohaus Dechent in der Mainzer Straße 168.* | Foto: Privat, Axel Kampf.

Suter, ein Schweizer, hatte mit Hans Dechent die «Central-Garage» 1922 gegründet und war damals schon einer der Geschäftsführer. Charles Biguet war Renault-Händler aus dem 16. Arrondissement in Paris und hatte ebenfalls bereits 1922 zusammen mit seinem Bruder in Saarbrücken eine Renault-Garage gegründet. Dechent kannte die Biguets aus dieser Zeit und für beide war es nach 1945 interessant zusammenzuarbeiten. Dechents Betrieb war nicht kriegszerstört und die Biguets hatten beste Beziehungen zu Renault. Serge Meunier, laut Handelsregister ein Kaufmann aus Paris, soll direkt von den Renault-Werken aus Paris nach Saarbrücken gekommen sein.[6]

Deutsche Autos kaum vertreten – verteuert und limitiert.[7]

In der Zeit der Wirtschaftsunion mit Frankreich von 1947 bis 1959 kosteten in Deutschland gebaute Autos wie Volkswagen, Borgward, Ford, Opel, Daimler-Benz und BMW viel mehr als französische Autos. Frankreichs Importzölle machten Autos «Made in Germany» an der Saar extrem teuer. Ein VW Käfer kostete fast 50 Prozent mehr als in der Bundesrepublik und ein Mercedes 180 mehr als doppelt so viel. Aber selbst, wer diese hohen Preise bezahlen konnte, kam wegen der begrenzten Einfuhrmenge bzw. Kontingente nicht immer automatisch zu einem deutschen Fabrikat. Der saarländische Volkswagenimporteur Großklos etwa kaufte Käfer ohne Reifen und konnte so im Rahmen des Kontingents ein paar mehr Fahrzeuge einführen, weil sich der Warenwert pro Fahrzeug durch die fehlenden Reifen reduzierte. Die per Eisenbahn angelieferten Volkswagen erhielten dann in Saarbrücken ihre zollfreie Bereifung aus französischer Produktion.

Gustav A. Großklos war Generalvertreter für Volkswagen und BMW. Albert Häfner vertrat Hanomag, Gutbrod- und Porsche-Generalvertreter war Auto-Woll in der Mainzer Straße 72, der Porsche später an Großklos abgab und ebenfalls BMW führte.

Die Nachfrage nach deutschen Autos befriedigte vor allem die Firma Auto Haser in Saarbrücken mit Sitz Ecke Scheffel- und Schillerstraße. Sie importierte ganze Züge gebrauchter LKW und PKW deutscher Fabrikate aus dem Bundesgebiet ins Saarland, da die Zölle für Gebrauchtwagen niedriger waren.

Hans Dechent verkaufte seit den 1920er Jahren Opel und hielt der Marke auch nach 1945 die Treue, verkaufte aber vor allem Renault, Citroën-Händler Seibert vertrat die Marke Daimler-Benz.

Symbol der Autonomiezeit des Saarlandes – *der Traction Avant von Citroën.*
| Fotograf: Fritz Mittelstaedt, Stadtarchiv Saarbrücken, NL F. Mittelstaedt.

Französische Marken bestimmen den saarländischen Markt (1947-1959)

Die Saarbrücker Illustrierte «Zeit im Bild» widmete am 9. November 1947 mit zwei Renault 4 CV ihre Titelseite dem Pariser Autosalon. Der kleine Renault symbolisierte Frankreichs Aufbruch in die Massenmotorisierung.[8]

Die politische Klasse im Saarland ließ sich vor allem im Citroën Traction Avant 11 CV chauffieren, Ministerpräsident Johannes Hoffmann im Sechszylinder 15 CV und Gilbert Grandval fuhr Renaults Spitzenmodell Frégate. Ihre Autos waren Symbole der Macht und förderten entsprechende Konsumwünsche.

Autos waren bis zum Ende der Autonomiezeit 1955 im Saarland ebenso wie in der Bundesrepublik eher knapp. Die Nachfrage war nicht zuletzt wegen des hohen Bedarfs an Liefer- und Lastwagen weitaus höher als das Angebot. Auch wenn der Aufbruch in die Massenmotorisierung Anfang der 1950er Jahre einsetzte, so blieben Autos für die Bevölkerungsmehrheit bis Ende der 1950er Jahre nur bedingt erschwinglich und deshalb zunächst Investitionsgüter, die sich vor allem Firmen, Unternehmer und Kaufleute leisteten.

Die Frégate war Renaults Spitzenmodell. *Sie sollte dem Traction Avant von Citroën Konkurrenz machen. Kinderkrankheiten und ihr hoher Verbrauch verhinderten einen Markterfolg.*
| Fotograf: Max Richard Platte, Stadtarchiv Saarbrücken, NL K. A. Schleiden.

Peugeot 203 Kombi und Renault 4 CV – *in den 1950er Jahren konnten sich nur wenige Arbeitnehmer ein Auto leisten.* | Fotograf: Fritz Mittelstaedt, Stadtarchiv Saarbrücken, NL F. Mittelstaedt.

Vespa-Generalvertreter für das Saarland war die Firma «Auto-Industrie» *in der Saarbrücker Bleichstraße. Sie war auch Ford-Generalvertreter. Der Vespa-Verkauf musste aber auf Weisung von Ford räumlich separat erfolgen. Zum Service gehörte ein Pannenwagen, ein Citroën HY, der defekte Vespas in die Werkstatt überführte oder vor Ort half. Entsprechend die Aufschrift am Wagen: «Dienst am Kunden».*
| Fotograf: Max Richard Platte, Stadtarchiv Saarbrücken, NL K. A. Schleiden.

1952 entfielen 66 Prozent des gesamten PKW-Bestandes auf Unternehmen und Angehörige freier Berufe. 1967 sollten dann aber 78 Prozent der PKW auf Arbeitnehmer und Nichterwerbspersonen zugelassen sein, bundesweit waren es nur 71,5 Prozent. Auf 1000 Arbeitnehmer kamen 1967 426 PKWs, 1960 waren es erst 134 gewesen.

Für die Mehrheit der Menschen an der Saar blieb das Crèmeschnittchen, wie der 4 CV liebevoll genannt wurde, vorerst ein Traum. Vom Fahrrad stiegen die Saarländer zunächst auf die Vespa um, die in Lizenz von der Firma A.C.M.A. auch in Frankreich gebaut wurde. Danach folgte das erste Auto und hier vor allem das Crèmeschnittchen.[9] Kaufleute, Unternehmer und die gehobene Mittelschicht fuhren Peugeot 203, den Traction Avant von Citroën oder Ford/Simca Vedette, letzterer mit einem Achtzylinder besonders stark motorisiert.

Ein Citroën 2 CV und dahinter ein amerikanischer Straßenkreuzer, *St. Johannes Straße in Saarbrücken. Automobile Gegensätze im noch zerbombten Saarbrücken, ca. 1953.* | Fotograf: Fritz Mittelstaedt, Stadtarchiv Saarbrücken, NL F. Mittelstaedt.

Der Weg zum ersten Auto *verlief häufig über ein Motorrad. Dies konnte eine Vespa sein oder ein stärker motorisiertes Zweirad. Damit konnte man auch in den Urlaub fahren.*
| Fotograf: Fritz Mittelstaedt, Stadtarchiv Saarbrücken, NL F. Mittelstaedt.

Der Bestand an Zweirädern sollte sich in Saarbrücken nach 1945 kontinuierlich erhöhen von 829 auf 3.308 im Jahr 1959, im selben Zeitraum wuchs der PKW-Bestand deutlich stärker von 1.140 auf 14.437. Während ab 1959 der Bestand an Zweirädern wieder deutlich zurückging, stieg der PKW-Bestand weiter stetig an, 1969 gab es in Saarbrücken 28.479 PKW, aber nur noch 436 Krafträder.[10]

3. Das Wunder an der Saar – das Bundesland Saarland im Zeichen der Trikolore

In der Autonomiezeit entfielen bis zu 95 Prozent der Zulassungen auf französische Autos. Marktführer im autonomen Saarland war Renault mit einem Zulassungsanteil von fast 40 Prozent, damit entsprach der Markt französischen Verhältnissen. Im Jahr 1958/59 vor der wirtschaftlichen Eingliederung in die Bundesrepublik entfielen auf Renault rund 35 Prozent, im Unterschied zu Frankreich rangierte aber Peugeot mit über 25 Prozent vor Simca mit 21 und Citroën mit etwa zwölf Prozent. Nur 2,4 Prozent der Zulassungen entfielen auf VW und 1,2 Prozent auf Opel. 1957 wurde das Saarland Bundesland. Wie würde sich nun der Markt entwickeln? Der wirtschaftliche Anschluss und damit die Einführung der DM erfolgten nach einer Übergangszeit.

Im Saarland verwischen sich die Grenzen zwischen Deutschland und Frankreich, *französische Autos dominierten den Markt, bis heute liegt ihr Marktanteil weit über dem Bundesdurchschnitt.*
| Foto: Citroën Communication, Archiv Ulrich Knaack.

Zur Vermeidung von Spekulationen blieb der genaue Zeitpunkt der Währungsunion geheim und so sprach man vom «Tag X». Als dann am 6. Juli 1959 die Zollschranken fielen und die DM eingeführt wurde, ging es bei Volkswagen-Händler Großklos und den anderen Händlern mit Fabrikaten «Made in Germany» rund. Vor allem der VW Käfer als Symbol des Wirtschaftswunders war das Objekt der Begierde. 6.500 Saarländer hatten allein zwischen Ende 1956 und Juni 1959 bei Großklos vorab einen Volkswagen bestellt. Für Großklos war das ein ungeheurer Erfolg. Zwischen 1950 und 1958 hatte er nicht einmal halb so viele Volkswagen verkauft.[11]

Das Desinteresse an französischen Autos war nur von kurzer Dauer. Im Luxemburger Vertrag hatten sich Bonn und Paris 1956 über die Bedingungen der Rückgliederung des Saarlandes verständigt. Dieser Vertrag sah weiterhin Zollfreiheit für französische Waren im Saarland vor und umgekehrt konnte die Saarwirtschaft zollfrei nach Frankreich exportieren. Die Saar galt deshalb als EWG-Testmarkt, da die Regelungen des EWG-Marktes für den Handel zwischen Frankreich und der Bundesrepublik Deutschland hier schon früher gelten sollten. Französische Autos waren im Saarland deshalb bis Ende der 1960er Jahre bis zu 20 Prozent billiger als im übrigen Bundesgebiet. So sprach man seinerzeit von «Saarpreisen».[12]

Bereits wenige Monate nach der wirtschaftlichen Rückgliederung im Juli 1959 entwickelte sich der saarländische Automarkt zu einem Unikum in der Bundesrepublik – nirgendwo sonst fuhr man so stark «französisch». Der Marktanteil von Peugeot war im Saarland 1967 mehr als fünfzehnmal so hoch wie im Bundesdurchschnitt und teilweise sogar höher als in vielen Regionen Frankreichs. 1968 lag der Anteil französischer Fabrikate an der Saar bei 40,5 Prozent, das Dreifache im Vergleich zum Bundesdurchschnitt.[13]

Renault führte mit fast 14 Prozent knapp vor Peugeot mit gut 13 Prozent Marktanteil.[14] Neben Renault bestimmten vor allem die als sehr robust geltenden Peugeot Modelle das Straßenbild und die Opel- und Ford-Händler erlebten bei Verkaufsgesprächen die Popularität der französischen Konkurrenz. Besonders erfolgreich war der Peugeot 404. 10,9 Prozent des gesamten PKW-Bestandes im Saarland entfielen zum 1. Juli 1967 auf den seit 1960 gebauten gehobenen Mittelklassewagen, im Bundesgebiet waren es bescheidene 0,7 Prozent. Im Saarland fuhr 1967 die stolze Zahl von 20.000 Peugeot 404, kein Konkurrenzmodell war auch nur annähernd so verbreitet. Einzig der Opel Rekord fuhr im Windschatten des 404 mit einem Bestand von 8,5 Prozent. Der größte Anteil mit über 16 Prozent entfiel auf den VW Käfer, deutlich geringer mit etwa sieben Prozent die Dauphine von Renault.[15]

Unmittelbar nach dem Tag X *boomte kurzfristig für Vertragshändler von «Made in Germany» das Geschäft, wie diese Anzeige von VW-Grosskloß zeigt, Saarbrücker Zeitung, 9. April 1960.*

Momentaufnahme 1964 in Saarbrücken: *Ein Opel Rekord in der Bahnhofstraße, dahinter ein Peugeot 404. In der saarländischen Zulassungsstatistik lag der 404 vorn.* | Stadtarchiv Saarbrücken, Depositum Saarbahn, Nr. 2437.

Selbst Volkswagen spürte Ende der 1960er Jahre an der Saar die französische Konkurrenz und rangierte in den 1970er Jahren meist hinter Peugeot. Vor allem Fiat gelang es nie – so wie in der Bundesrepublik – stärkster Importeur vor Renault zu sein. Die Renault Dauphine und ihre Nachfolgemodelle Renault 8 und 10 nahmen manchem VW- und Fiat-Händler die Interessenten weg. Neben diesen Kleinwagen mit Heckmotor erfreuten sich die modernen Renault-Modelle 4 und 16 im Saarland regen Zuspruchs.

Bis 1970 war Fiat stärkste Importmarke in Deutschland. *Dazu trug auch die Fertigung in Heilbronn am Neckar bei, die 1971 endete. Diese Modelle wurden als Fiat Neckar verkauft. Ein solches Modell wurde 1966 in einem Schaufenster in der Bahnhofstraße in Saarbrücken als Lotteriegewinn ausgestellt.* | Fotografin: Monika Zorn, Stadtarchiv Saarbrücken, Vorlass Monika Zorn.

4. Der saarländische Automarkt und das Saarland als französischstes aller Bundesländer

Ab dem Jahr 1972 besetzte Peugeot Platz 1 in der Zulassungsstatistik und war vor allem im Saarbrücker Straßenbild die dominierende Marke. Gefühlt hat jeder Saarländer mindestens einmal in seinem Leben einen Peugeot besessen. Von Bedeutung waren die Verbindungen des französischen Herstellers zu den Fundamenten der Saarwirtschaft. Die saarländischen Hütten produzierten zu ihren Spitzenzeiten für die Löwenmarke und Peugeot bezog Saarkohle.

Dauerhaft starke Stellung der Franzosen mit Peugeot als Nr. 1

Der Kauf französischer Produkte war zwischen 1959 und 1968 im eigenen Interesse der Saarländer. Nur wenn die Saar das Volumen des zollfreien Importes französischer Waren ausschöpfte, konnte sie entsprechend der Regelungen des Luxemburger Vertrages das Maximum an Waren nach Frankreich zollfrei exportieren. Zwischen beiden bestand quasi eine «Schicksalsgemeinschaft». Dieser Hintergrund erklärt die Botschaft einer ausschließlich im Saarland geschalteten Peugeot-Werbeanzeige: «Seit vielen Jahren sind die Peugeot-Werke treuer Groß-Abnehmer unserer Saarkohle.»[16]

Werbung von Peugeot *im Saarland 1967. In diesem Jahr wurde Peugeot erstmals Marktführer im Saarland.*

Verkürzt heißt die Botschaft, kaufe einen Peugeot und stärke so die Saargruben und damit dein Land.

Mit dem Abbau der Binnenzölle innerhalb der EWG im Lauf des Jahres 1968 waren aber die Preisvorteile genauso entfallen wie die zollfreien Kontingente, dennoch konnten die französischen Autohersteller ihre starke Position im Saarland weitgehend bewahren. Zu den außergewöhnlichen Verhältnissen passte eine Besonderheit, die Besucher aus dem Bundesgebiet bei ihrer Wahrnehmung vom Saarland als französischstem aller Bundesländer bestärkt haben dürfte – hier gab es mit Polizeiwagen der Marke Peugeot quasi ein französisches Hoheitssymbol. Auch im Fuhrpark der Landesregierung und saarländischer Firmen waren Peugeot und Citroën stark vertreten. Dies erklärt sich aus den ersten zwei Jahrzehnten nach dem Krieg, in denen

durch den Konsum französischer Produkte längerfristige Bindungen entstehen sollten. Die Saarländer waren nach dem Krieg mit französischen Lebensmitteln wieder satt geworden. Für viele war das erste Auto ein französisches Fabrikat, viele blieben diesem treu. Auch die Präsenz der Importorganisation von Peugeot für die gesamte Bundesrepublik stärkte die Bindung. 1967 hatten die Peugeot-Werke die Anlagen der Firma KHG, dem früheren Generalimporteur für Peugeot im autonomen Saarland, erworben.

So kämpfte Peugeot in den 1970er Jahren mit Opel, Ford und VW um Platz 1 in der saarländischen Zulassungsstatistik. Auch Renault, Simca und Citroën setzten an der Saar mehr Autos ab als im Bundesgebiet. 1972 betrug der Marktanteil französischer Autos im Saargebiet immer noch gut 40 Prozent, im Bundesgebiet lag er bei etwas mehr als 15 Prozent.[17]

Gerade die Zeit, in der Automobile eine Leitfunktion in der Konsumgesellschaft entwickelten, war mit einem überdurchschnittlichen Anteil französischer Marken im Saarland verbunden.

***Der Peugeot 404 war im Saarland extrem populär** und sogar erfolgreicher als in Frankreich. 1967 rangierte er hinter dem VW Käfer auf Platz 2 der Zulassungsstatistik.* | Foto: Peugeot.

PKW-Bestand 1967 nach Marken: Saarland/Bundesweit[18]

Volkswagen	ca. 20,0 % / 30,0 %
Opel	14,8 % / 19,9 %
Ford	9,6 % / 14,0 %
Renault	15,5 % / 2,8 %
Peugeot	18,34 % / 0,8 %
Citroën	3,3 % / 0,8 %
Simca	6,5 % / 1,0 %

PKW-Marktanteile im Saarland[19]

Rang	1971	1972	1973	1974
1.	Renault 14,8 %	Peugeot 15,4 %	Peugeot 16,0 %	Peugeot 16,1 %
2.	Peugeot 14,6 %	Opel 14,8 %	Opel 14,1 %	VW 14,3 %
3.	Ford 13,0 %	Renault 12,0 %	Renault 12,5 %	Opel 10,5 %
4.	Opel 12,4 %	Ford 11,2 %	VW 10,7 %	Ford 9,0 %

Rang	1976	1977	1978	1979
1.	Opel 16,5 %	Ford 17,3 %	Ford 17,4 %	Ford 16,7 %
2.	VW 15,9 %	Opel 16,1 %	Opel 14,6 %	VW 14,0 %
3.	Ford 15,4 %	VW 14,7 %	VW 14,2 %	Opel 13,5 %
4.	Peugeot 10,0 %	Peugeot 9,2 %	Peugeot 10,2 %	Peugeot 9,1 %

***Auch das D-Modell von Citroën** war im Saarland sehr beliebt. 1967 entfielen 1,1 Prozent des saarländischen PKW-Bestandes auf dieses Modell, bundesweit waren es nur 0,2.* | Fotograf: Fritz Mittelstaedt, Stadtarchiv Saarbrücken, NL F. Mittelstaedt.

1967 – im Jahr der Gründung der Peugeot-Importorganisation schnellte der Marktanteil auf über 18 Prozent, Peugeot war Marktführer und lieferte sich mit Renault einen Wettkampf um Platz 1, bis Peugeot 1972 wieder Platz eins besetzte. Vor allem die Modelle 403, 404 und 504 verkauften sich besonders gut. Im Zuge der Ölkrise verlor Peugeot aber seinen Spitzenplatz im Saarland, weil die Marke kein Fahrzeug in der neuen Golf-Klasse bieten konnte. Mit dem 1983 vorgestellten Modell 205 konnte Peugeot bundesweit und im Saarland an alte Erfolge anknüpfen und wurde ab Mitte der 1980er Jahre bis weit in die 1990er wieder Nummer eins im Saarland mit Marktanteilen zwischen 15 bis 18 Prozent. Auch die Nachfolger des 205 verkauften sich gut. Selbst heute erzielt Peugeot immer noch einen über dem Bundesschnitt liegenden Marktanteil, allerdings geringer als früher.

Peugeot verlegte 2013 seine Importzentrale von Saarbrücken nach Köln, dies kostete Marktanteile. Ein schwerer Schlag für Saarbrücken und das Saarland, da die Peugeot-Importorganisation hier ihre Steuern zahlte.[20]

Peugeot-Anteil Neuzulassungen:[21]

	Saarland	Bundesweit
1966	14,40 %	o. A.
1967	18,34 %	1,53 %
1968	16,30 %	1,49 %
1969	13,59 %	1,46 %
1970	13,60 %	1,78 %
1971	14,60 %	2,41 %
1972	15,42 %	2,78 %
1973	16,00 %	2,77 %
1974	16,10 %	2,74 %
1975	13,18 %	2,30 %
1976	9,97 %	1,82 %
1977	9,90 %	1,75 %
1978	10,23 %	1,87 %
1979	9,17 %	1,58 %
1980	9,10 %	1,40 %

Saarbrücken Ende der 1960er Jahre: *Peugeot – unübersehbar präsent im Saarbrücker Verkehr.* | Stadtarchiv Saarbrücken, Depositum Saarbahn, Nr. 718.

Peugeot Modellpalette 1976, *von links nach rechts: 104, 204,304, 504 und 604* | Fotograf: Klaus Winkler, Stadtarchiv Saarbrücken, Vorlass Klaus Winkler, Nr. 1156.

Wie der 404 zählte auch der 504 *zu den am meisten im Saarland zugelassenen Autos, zit. Werbung für den Peugeot 504 als Auto des Jahres 1968.*

Deutsche und französische Hersteller im Kampf um den saarländischen Automarkt[22]

Jahr	Zulassungsanteil deutscher PKW	Zulassungsanteil französischer und sonstiger Hersteller
1960	70,4 %	29,6 %
1961	56,2 %	43,8 %
1962	45,9 %	53,1 %
1963	53,7 %	46,3 %
1964	56,6 %	43,4 %
1965	57,0 %	43,0 %
1966	53,3 %	46,7 %
1967	48,1 %	51,9 %
1968	49,8 %	50,2 %
1969	54,2 %	45,8 %
1970	53,2 %	46,8 %

Die meistverkauften PKW im Saarland 1967

Rang	Modell	Zulassungen	Bemerkung
1.	VW Käfer	2.555	
2.	Peugeot 404	2.469	
3.	Renault 4	2.280	
4.	Opel Kadett	1.584	
5.	Simca 1301/1501	1.483	
6.	Peugeot 204	1.444	
7.	Ford 12 + 15 M	1.385	
8.	Opel Rekord	1.226	
9.	Renault 8 + 10	1.030	
10.	VW 1500/1600	702	

Die meistverkauften PKW im Saarland 1970

Rang	Modell	Zulassungen	Bemerkung
1.	VW Käfer	3.428	Modell 1200, 1300, 1500
2.	Renault 4	2.978	
3.	Opel Kadett	2.669	
4.	Opel Rekord	1.778	
5.	Peugeot 204	1.666	Siehe auch Peugeot 304
6.	Ford Capri	1.532	
7.	Peugeot 504	1.457	zzgl. 745 Peugeot 404
8.	Ford Escort	1.388	
9.	Peugeot 304	1.381	Zzgl. 1.666 Peugeot 204
10.	Renault 16	1.196	

Bis heute weicht der saarländische Automarkt deutlich vom Bundesschnitt ab. Peugeot ist fünf bis sechsmal so stark wie im Bundesgebiet und fast doppelt so stark wie Peugeots Marktanteil in der EU. Auch die anderen französischen Marken sind stärker als im Bund vertreten. Damit liegt heute der Anteil aller Importmarken insgesamt im Bereich von 50 Prozent, so hoch wie nirgendwo sonst in Deutschland. Japaner, Südkoreaner und der rumänische Dacia kommen im Saarland besonders gut an, der Markt scheint preissensibler zu sein.[23]

Eine besondere regionale Konsumkultur – das Werbeduell von Volkswagen und Renault 1970

Volkswagen steht heute nach wie vor an der Spitze der deutschen Zulassungsstatistik. Knapp 20 Prozent der Zulassungen entfallen auf das Wolfsburger Unternehmen, im Heimatland Niedersachsen sind es sogar 30 Prozent. Ganz anders im Saarland. Zusammen mit Peugeot wetteifern VW, Ford und mit Abstand Opel im Kampf um den ersten Platz. Der Anteil von VW im Saarland bewegt sich dabei zwar über zehn Prozent, damit jedoch meilenweit entfernt von der Wolfsburger Führungsrolle bundesweit. Der saarländische Automarkt ist ein starkes Beispiel für ein besonderes, regionales Konsumverhalten, das in der sogenannten Autonomiezeit (1947-1955) gewachsen ist und sich entgegen allgemeiner Erwartung im Bundesland Saarland nachhaltig verfestigte.

Ein Beispiel für den speziellen saarländischen Automarkt zeigt sich im «Anzeigen-Duell» von Volkswagen und Renault im Frühjahr 1970. Die saarländischen VW-Händler vermerkten mit Enttäuschung, dass Renault 1969 und 1970 erfolgreicher als Volkswagen war und auch nach Auslaufen der Preisvorteile für französische Autos im Saarland 1969 sich die französische Vormachtstellung verfestigte. So schalteten die saarländischen

Im Frühjahr 1970 starten die saarländischen VW-Händler gegen Renault als damaligen Marktführer eine Anzeigenkampagne. *Bis heute ist der Marktanteil von Volkswagen im Saarland nur halb so hoch wie im Bundesgebiet. Der saarländische Automarkt weicht bis heute vom bundesdeutschen ab.*

Auch wenn der Käfer im Saarland bei weitem nicht so erfolgreich war wie im Bundesgebiet, *so führte er auch im Saarland die Zulassungsstatistik an.*
| Stadtarchiv Saarbrücken, Sammlung Großklos.

Erntedankfeier in Rüsselsheim, 1960. Der Pfarrer Walter Lieske zeigte die wirtschaftliche Realität, was seinerzeit seinen Pfarrerskollegen missfiel.
| Fotograf: Gerhard Röder.

***Glas 1600 GT** vor einem Schlosshotel – Wirtschaftswunder heute nachgestellt.*
| Foto: Uwe Gusen.

VW-Händler am 3. April 1970 eine große Anzeige in der Saarbrücker Zeitung mit dem Slogan: «Bevor Sie schon wieder ein französisches Auto kaufen, sollten Sie sich unsere wenigstens mal ansehen». Weiter hieß es dann: «Nichts gegen französische Autos. Oder gar gegen Frankreich. Das einzige, was uns ein bisschen stört, ist die Tatsache, dass einige Saarländer aus purer Gewohnheit wieder französische Autos kaufen». Prompt folgte die Reaktion von Renault, dem damaligen Marktführer, am 11. April 1970. Renault beantwortete die Aufforderung «Bevor Sie sich schon wieder ein französisches Auto kaufen, sollten Sie sich wenigstens einen VW ansehen» mit einer Generalabrechnung des VW-Programms und der veralteten Käfer-Technik und deren Ableitung in den Modellen 1600 und 411: «Das meinen wir auch. Denn – nichts gegen VW – Sie sollten sich diese Autos ruhig einmal ansehen – umso klarer wird Ihnen der Unterschied zu unseren Wagen».

5. Wohlstand durch das Auto. Das europäische Wirtschaftswunder

Nach dem Zweiten Weltkrieg entwickelte sich die Automobilindustrie in Europa zu einer Schlüsselindustrie und zur Grundlage für Wohlstand und sozialen Fortschritt. Dies gilt ganz besonders für die Bonner Republik. Dazu beispielhaft eine Episode, das Erntedankfest in Rüsselsheim am 2. Oktober 1960.

«Wohlstand für alle auf vier Rädern» – Erntedankfest in Rüsselsheim 1960

Rüsselsheim, 2. Oktober 1960: In der Heimat von Opel feierten die Kirchengemeinden wie in der ganzen Bonner Republik das Erntedankfest. Doch im evangelischen Festgottesdienst lagen nicht wie üblich allein Feldfrüchte auf dem Altar, sondern auch ein großes Opel-Spielzeugauto und zahlreiche Opel-Ersatzteile. Dies sorgte seinerzeit für Schlagzeilen und auch Kritik, doch der Pfarrer brachte die wirtschaftliche Realität auf den Punkt. Rüsselsheim lebte von Opel und die Stadt verdankte wie Wolfsburg ihr Wohlergehen dem Automobil.[24]

Gerhard Röder, damals ein 16-jähriger Junge, war im Gottesdienst, lief nach Hause, holte seine Kamera und fotografierte den Altar. Das Foto gab er dem «Rüsselsheimer Echo», auch die «Main-Spitze» übernahm es und ein paar Tage später wurde Gerhard während des Physikunterrichts aus dem Unterricht herausgerufen. Der städtische Pressesprecher bat ihn um sein Foto, denn das Hamburger Nachrichtenmagazin «Der Spiegel» wollte es unbedingt haben. So wurde aus dem jungen Mann später ein Journalist. Damals wurde ihm klar, wie man mit Pressebildern manipulieren kann, denn der dann veröffentlichte Bildausschnitt vom Automodell neben dem Kruzifix auf dem Altar sollte suggerieren, die Rüsselsheimer beten Opel an.[25]

Automobilindustrie als Schlüsselbranche – «Wahrzeichen deutscher Identität»[26]

Kein Land in Europa ist bis heute in seiner Wirtschaftskraft so von der Automobilindustrie abhängig wie Deutschland. Das VW-Werk in Wolfsburg ist das größte Autowerk Europas. Der VW Käfer wurde das erste eigentliche Weltauto, in mehr als 120 Länder der Welt verkauft. Der Käfer brach 1972 den Produktionsrekord des Ford-T-Modells. Sein Nachfolger, der seit 1974 produzierte Golf, gab einer ganzen Generation ihren Namen und überholte den Käfer mit einem neuen Produktionsrekord am 25. Juni 2002. So verwundert es nicht, wenn der renommierte Historiker Hans-Peter Schwarz die Frage aufwirft, ob das Automobil ein Wahrzeichen deutscher Identität ist.[27]

1961 wurden erstmals eine Million Käfer pro Jahr gebaut. *Der Käfer brachte der Bundesrepublik Wohlstand, vor allem dank seines Erfolges in den USA zu Zeiten eines hohen Dollar-Kurses, zit. VW-Werbung 1961.*

Heute arbeiten einschließlich Zulieferer fünf Millionen Frauen und Männer in der Autobranche. Pro Jahr setzt sie 400 Milliarden Euro um, das ist mehr als der Bundeshaushalt vor Corona. Die Branche gilt deshalb als systemrelevant, entsprechend groß ist ihr Einfluss. Die Exporterfolge deutscher Autohersteller erklären auch Deutschlands Stärke im Vergleich zu anderen Ländern bei der Finanzkrise 2008.[28]

Nach dem Zweiten Weltkrieg entwickelte sich die Automobilindustrie zum Motor des deutschen Wirtschaftswunders und zu einer Schlüsselbranche. Ihre Steigerungsraten lagen teilweise doppelt so hoch wie das Wachstum des Bruttoinlandsproduktes. Durch Koppelungseffekte vor- und nachgelagerter Industriebereiche zog die Autoindustrie die weiteren Wirtschaftszweige mit.[29] Die Adenauer Regierung unterstützte den Absatz mit einer Senkung der Kfz-Steuer 1955 um 20 Prozent, der Einführung der Pendler-Pauschale und großzügiger steuerlicher Abschreibungsmöglichkeiten für geschäftlich genutzte Fahrzeuge. Adenauer hatte ein Bewusstsein für die Bedeutung der Automobilindustrie. Ihm war es mit Geschick als Kölner Oberbürgermeister bereits 1929 gelungen, den amerikanischen Ford-Konzern für Köln als Standort eines großen Werkes zu gewinnen. Er bot dafür freie Flächen im Industriegebiet Köln-Niehl mit einem Rheinhafen, im Gegenzug verpflichtete sich Ford, die Arbeitskräfte aus Köln und Umgebung zu rekrutieren.[30]

Der VW Käfer und das Eigenheim: *Symbol für Wohlstand und Wirtschaftswunder.* | Fotograf: Fritz Mittelstaedt, Stadtarchiv Saarbrücken, NL F. Mittelstaedt.

«Trente Glorieuses» – Europa und das Auto

In ganz Europa nahm die Autoindustrie eine Führungsrolle nach dem Zweiten Weltkrieg ein und wurde zur Säule des in kurzer Zeit wachsenden Wohlstandes. Dies gilt auch für Frankreich. Dort erklärt der Begriff «Trente Glorieuses» die drei Jahrzehnte kontinuierlichen Wachstums nach dem Krieg bis zur Ölkrise 1973/74.

Die Kfz-Produktion Westeuropas wuchs von 1,11 Millionen im Jahr 1950 auf 7,4 Millionen 1965. Möglich und rentabel wurde sie mit dem gemeinsamen EWG-Markt. Mit der Massenproduktion und der Umstellung auf Produktion im Minutentakt vor allem ab 1953/54 und fortschreitender Automatisierung nach amerikanischem Vorbild entwickelte sich die Automobilindustrie in der Bundesrepublik wie in Frankreich und Italien zum großen Driver der Wirtschaft. Damit verbunden war die Massenmotorisierung. So verdreifachte sich zwischen 1960 und 1970 der PKW-Bestand der Bundesrepublik auf über zwölf Millionen.[31]

VW-Werbung in der Saarbrücker Zeitung *vom 14. Februar 1970. Für den Erfolg des Käfers waren seine Qualität und auch sein günstiger Preis maßgeblich.*

Mit der Massenproduktion wurden Automobile erst erschwinglich. So kostete ein VW Käfer 1949 noch stolze 4.900 DM, die Jahresproduktion lag seinerzeit unter 50.000, im Jahr 1971 liefen fast eine Million Käfer vom Band, der Preis war aber gerade mal 145 DM höher als 22 Jahre zuvor. Damit verbunden war der Wandel von einem Verkäufermarkt, der das gefragte Produkt zu seinen Bedingungen absetzen konnte, hin zu einem Käufermarkt. Mit Rabatten und Aktionen warben die Hersteller um die Gunst der Kunden.[32] Und das obwohl beispielsweise zwischen 1950 und 1962 die Stahlpreise um 100 Prozent gestiegen waren und die Löhne um 150 Prozent.[33]

Die Automobilindustrie brachte Wohlstand. Beispielhaft für diese Entwicklung, die Wertsteigerung etwa der Daimler-Benz-Aktie. Wer 1958 Aktien des Stuttgarter Autoherstellers im Wert von 1.000 DM besaß und diese Aktien 17 Jahre hielt, verfügte dann mit Erträgen über 19.964 DM.[34]

Zwischen 1949 und 1984 stieg die Belegschaft der Daimler-Benz AG um das Achtfache, der durchschnittliche Brutto-Stundenlohn um das Dreizehnfache und die Produktion um das Dreißigfache.[35]

Mit dem Auto «Wir sind wieder wer». Wohlstand, Welterfolg, Wertschätzung

Im Jahr 1963 galt Volkswagen als weltgrößter Automobilexporteur. Vor allem dank der hohen Exportquote der deutschen Hersteller, insbesondere in die USA, entwickelte sich die Bundesrepublik zum größten Autoproduzenten Europas und rangierte zeitweise auf Platz 2 hinter den USA.[36] Mit dieser Exportstärke korrespondiert, die dunkle NS-Vergangenheit bei Seite zu schieben und über den Export und das Auto weltweit wieder Anerkennung und Wertschätzung zu erfahren. «Wir sind wieder wer» – dafür steht insbesondere der Volkswagen, den die Wolfsburger in ihrer Werbung als «begehrt in aller Welt» und als «Welterfolg» präsentierten und ihre Produktionsrekorde inszenierten.[37]

Bis heute ist das Wolfsburger VW-Werk das größte Autowerk Europas. VW ist eines der größten Unternehmen der Welt, zusammen mit seinen Marken wie etwa Seat und Skoda beschäftigt der Konzern weltweit 600.000 Mitarbeiter und baut zehn Millionen Autos.[38]

Automobilindustrie als Motor des sozialen Fortschritts in Europa

Die großen Autowerke Europas entwickelten sich zum Motor sozialer Errungenschaften und wirtschaftlicher Stärke. Renault wurde in den ersten Nachkriegsjahrzehnten zum Symbol des modernen Frankreichs. Das nach dem Krieg verstaatlichte Unternehmen war sozialpolitischer Vorreiter etwa mit der Einführung einer Gewinnbeteiligungsprämie 1948, der Gewährung einer dritten und vierten bezahlten Urlaubswoche, der Einführung flexibler Altersgrenzen und Arbeitszeitverkürzungen sowie mehrfachen Verbesserungen in der Gewährung von bezahltem Urlaub.[39]

Noch stärker war die Bedeutung von Fiat für Italien. Fiat wurde zum größten italienischen Industriebetrieb und war Symbol der verspäteten Entwicklung Italiens zum Industrieland. Zwischen 1950 und 1968 stieg der Umsatz auf 7,7 Milliarden DM und damit um das Achtfache.[40]

Fiat, Renault und VW lieferten sich in den ersten drei Nachkriegsjahrzehnten einen Wettkampf als größte Autoproduzenten Europas.

Die mit dem Automobil verbundene Aufstiegserfahrung mobilisierte Emotionen, Stolz und Identifikation. Produktionsrekorde wurden wie Triumphe gefeiert. Noch eindrucksvoller sind die Beisetzungszeremonien für die Unternehmenslenker, die sie überhöhten und schon fast als Inszenierung ihrer Unsterblichkeit erscheinen lassen. Dies war beim Tod von VW-Chef Heinrich Nordhoff 1968 der Fall,[41] aber auch im Jahr 2003 bei der Beisetzung von Fiat-Chef Giovanni Agnelli. Über 150.000 Menschen pilgerten zu seinem Sarg, aufgebahrt im Fiat-Werk Lingotto, und warteten in einer riesigen Schlange mehrere Stunden, um an der Trauerfeier teilnehmen zu können. Italiens Staats- und Ministerpräsident und Formel-1-Weltmeister Michael Schumacher erwiesen ihm die letzte Ehre.[42]

***Werbung für den Fiat** 600 in der Saarbrücker Zeitung, 4. April 1959.*

4. Volkswagen, Renault und Fiat – Identitätsstifter und Stolz von Nationen

Volkswagen, Renault und Fiat stehen für die größten Automobilproduzenten ihrer Länder. Sie sind Wahrzeichen für ihre Länder, dies gilt insbesondere für die Zeit bis zum ausgehenden 20. Jahrhundert. Alle Drei stehen für einen historisch einmaligen gigantischen Wohlstandsschub und für ein Vertrauen in die Stärke und Entwicklungsmöglichkeiten ihrer Nationen. Sie zahlten in ihren Ländern überdurchschnittliche Löhne und waren Vorreiter in der Gewährung von Erfolgsbeteiligungen und Sonderzahlungen.[43]

Sie waren in ihrer Heimat die Pioniere der Massenmotorisierung. Interessant ist dabei, dass nach 1945 alle drei eine führende Stellung im Kleinwagenbau entwickelten und mit einem eher veralteten Fahrzeugkonzept starteten: Hinterradantrieb und Heckmotor. Dafür stehen die Modelle Renault 4 CV, Renault Dauphine, VW Käfer und Fiat 500 und 600. Alle drei konzentrierten sich in den ersten zehn Jahren auf nur ein oder wenige Modelle, um eine profitable Massenproduktion nach fordistischem Vorbild aufzubauen. Bis weit in die 1960er Jahre schotteten Frankreich und Italien ihre Märkte gegenüber Importen ab. In Italien existierten für deutsche Autos bis 1961 Kontingente und in Frankreich bis 1959. Der Einfuhrzoll betrug in Italien 1954 über 40 Prozent, in Frankreich 27 Prozent – dem gegenüber berechnete die Bundesrepublik nur 13 Prozent. Zugleich begannen Frankreich und Italien expansiv die europäischen Märkte und auch die Bundesrepublik zu erobern.[44]

Ferner bemühten sich Anfang der 1960er Jahre vor allem Renault und mit Abstand auch Fiat darum mit Volkswagen zu kooperieren, was jedoch in Wolfsburg nicht auf Gegenliebe stieß. Renault-Chef Dreyfus wollte europäische Ressourcen zusammenführen, um amerikanischer Konkurrenz und Kapitalkraft gewachsen zu sein. Deutschlands Exportstärke in den USA sollte mit Frankreichs und Italiens Möglichkeiten im Osthandel zusammengeführt werden, es waren noch die Zeiten vor Willy Brandts Ostpolitik (ab 1969 ff). Dreyfus stand dabei in Kontakt zum Vater der Europäischen Gemeinschaft für Kohle und Stahl (EGKS) Jean Monnet, der zeitgleich für eine Kooperation von Air France und Deutscher Lufthansa warb. Monnet war wohl Mittelsmann und suchte für Renault den Kontakt zu VW-Chef Nordhoff. Dreyfus Visionen realisierten sich nicht.[45]

Volkswagen als Symbol für die erfolgreiche Bonner Republik – Wohlstand durch Export und Orientierung an den USA

Die deutsche Automobilindustrie verkaufte 1962 mehr Fahrzeuge in die EFTA-Länder[46] als in die EWG. Dies änderte sich im Lauf der 1960er Jahre angesichts des ab 1969 zollfreien EWG-Marktes. Das sogenannte deutsche Wirtschaftswunder basierte auf anfangs vergleichsweise niedrigen Löhnen, Freihandel und Export. Symbol dafür war der VW Käfer. Zwischen 1958 und 1966 erhöhte sich die Zahl der VW-Beschäftigten um 108 Prozent auf über 91.000. Vor allem der Export in die USA bescherte bei einem Kurs von vier DM für einen Dollar der deutschen Automobilindustrie gute Geschäfte. 1963 verkaufte VW erstmals mehr Käfer in den USA als in Deutschland selbst, in den ausgehenden 1960er Jahren meist 500.000. Über 58 Prozent der VW-Produktion ging 1966 in die USA. Bereits die britische Besatzungsmacht hatte den Export von VW gefördert. Der Käfer war das preiswerteste Auto in den USA und zugleich qualitativ besser als die US-Autos.[47]

Der Käfer war billig, zuverlässig, leicht zu reparieren und passte damit hervorragend in die Zeit des Wiederaufbaus.

VW Käfer als Hauptgewinn. *In den 1960er Jahren lockten Lotterien mit Auto-Gewinnen. Hier ging es gleich um drei Käfer.*
| Fotograf: Reiner Oettinger, Stadtarchiv Saarbrücken, NL R. Oettinger.

«VW-Kilometer kosten nur Pfennige» *– Werbung von VW-Großhändler Großklos und der VW-Vertragswerkstatt Rolf Katzgrau im Saarbrücker Stadtteil Burbach, Mitte der 1960er Jahre.*

Der Bully war ein Welterfolg, *auch in den USA. Das Foto (oben rechts) zeigt den Bully in der Transporterflotte des Saarbrücker Kaufhauses Sinn. Bei Sinn lief auch das Konkurrenzprodukt von Renault, die Estafette (Bild Mitte). Im Saarland war sie verbreitet, ansonsten im Export und auch im Bundesgebiet schwach vertreten und nie eine ernsthafte Konkurrenz zum Bully.* | Fotograf: Fritz Mittelstaedt, Stadtarchiv Saarbrücken, NL F. Mittelstaedt.

In den USA war er quasi das Gegenmodell zum Straßenkreuzer. Die originelle Käfer-Werbung kam bei den Amerikanern gut an. Neben den USA baute VW eine starke Marktposition in Südamerika auf – Märkte wie Mexiko und Brasilien hatten einen riesigen Nachholbedarf und die luftgekühlten Käfer und Bullies passten einfach in die Zeit einer sich erst in Erschließung befindlichen Verkehrsinfrastruktur. VW errichtete hier Werke. Der Konzern bewies hohe Kompetenz und großes Geschick beim Aufbau von Vertriebs- und Kundendienstorganisationen, insbesondere in den USA.

Die ganz unterschiedliche Wahrnehmung des Käfers machte VW aber auch für Fehlentscheidungen anfällig. In der Bundesrepublik wie in Westeuropa begann im Zuge wachsenden

Wohlstandes der Trend nach komfortableren, schnelleren und vielseitigen Wagen verbunden mit dem Streben nach Individualität. Von der Konjunkturflaute 1966/67 war VW stark betroffen, weil die Nachfrage gerade in der Bundesrepublik massiv einbrach und Haldenbestände von 300.000 Wagen entstanden. Während 1965 über 370.000 Käfer in der Bundesrepublik zugelassen wurden, waren es 1967 und 1968 immerhin 100.000 weniger, in den USA allerdings stellten die Händler mit über 423.000 im Jahr 1967 einen Verkaufsrekord auf. Das gute USA-Geschäft rettete VW seinerzeit vor einer schweren Krise, die Monokultur des Käfers hatte aber zu den Absatzproblemen in Deutschland wesentlich beigetragen.[48]

Beispielhaft verkörperte VW die Exportstärke der Bonner Republik, zu der auch ein partnerschaftliches Verhältnis zwischen der Einheitsgewerkschaft und der Arbeitgeberseite gehörte, institutionalisiert durch eine im Vergleich zu anderen europäischen Ländern weitgehendere Mitbestimmung. Und doch bestimmt in der Ära von Heinrich Nordhoff ein Patriarch das Unternehmen, eine gelebte Mitbestimmung entwickelte sich erst im Zuge der Ölkrise mit Toni Schmücker, der als VW-Chef zwischen Arbeitergeber- und Arbeitnehmerseite erfolgreich vermittelte und so Rationalisierungsmaßnahmen durchsetzen konnte.[49]

Zwar überholte der Käfer 1972 das Ford-T-Modell als meistgebautes Auto der Welt, *auf dem deutschen Markt wurde Opel 1972 aber Marktführer und verdrängte VW von Platz 1. Der 1974 vorgestellte Golf stärkte Volkswagen nachhaltig auch in seiner Rolle als Marktführer in Deutschland. Die ersten Modelle litten stark unter Kantenrost, aber recht schnell galt auch der Golf als zuverlässiges Automobil. Die zit. Werbung mit dem Golf der Fahrschule von Herrn Thimm sollte diese Botschaft 1978 vermitteln.*

«Der Ervolgswagen», *Anzeige in der Saarbrücker Zeitung vom 17. Januar 1970. Der Käfer feierte einen Produktionsrekord nach dem anderen.*

Am 17. Februar 1972 überholte der Käfer das Ford-T-Modell als meistgebautes Automobil der Welt. Am 1. Juli 1974 endete die Produktion in Wolfsburg und am 19. Januar 1978 im Werk Emden. Nach 21 Millionen Exemplaren wurde die Produktion dann in Mexiko im Jahr 2003 endgültig eingestellt. Die erste Million war bereits am 5. Mai 1955 in Wolfsburg vom Band gelaufen. Das Millionste Crèmeschnittchen konnte erst am 6. Juli 1961 gefeiert werden. Beinahe hätte der Käfer aber den Konzern zum Absturz gebracht, in letzter Minute präsentierte VW mit dem Golf 1974 passend zur Ölkrise ein zeitgemäßes Auto, das sich am vor allem von Fiat und Renault geprägten europäischen Automobilbau mit Vorderradantrieb und kompakter Karosserie mit Heckklappe orientierte.[50]

Renault als Symbol des modernen Frankreichs

Vor dem Hintergrund der schmerzlichen Erfahrung der Kollaboration war die Verstaatlichung von Renault 1945 Symbol eines noch im Geist der Résistance aufgestellten Frankreichs, bei dem

***Einige Monate vor der Golf-Präsentation** stellte Opel im August 1973 den City-Kadett vor. Er basierte auf der Kadett-Limousine, verfügte aber über eine Heckklappe und einen variablen Innenraum. Ein besonders attraktives Sondermodell war der City-Jet, wohl exklusiv von Opel-Dechent Saarbrücken aufgelegt. Das Werbefoto zeigt das Modell auf dem Flughafen Saarbrücken-Ensheim. Das Blau des Sondermodells war eine Serienfarbe und orientierte sich am Blau der Lufthansa wie auch das Gelb der Zierstreifen und der Polster, zit. Werbung 1977.*

Kommunisten, Sozialisten und bürgerliche Kräfte einträchtig zusammenstanden. Die entschädigungslose Verstaatlichung wurde als Akt der Gerechtigkeit gefeiert und war eine Reaktion auf die Nazi-Kollaboration einer Reihe französischer Industrieller. Louis Renaults Motive und Haltung während des Zweiten Weltkrieges können dabei ganz unterschiedlich gewertet werden. Die in der Zeit von General de Gaulle vollzogene Verstaatlichung war Hoffnung auf eine bessere und gerechtere Gesellschaft. So wie die Organisationsform von Renault für ein demokratisches Frankreich stand, sollte auch das Produkt Renault für ein besseres Leben stehen. Vor dem Ersten Weltkrieg war das Auto auch in Frankreich noch in hohem Maße ein Privileg der Haute-Volée, in der Zwischenkriegszeit war es für gehobene Mittelschichten erschwinglich geworden, nach 1945 sollte es für die Arbeiter, für alle Mitglieder der Gesellschaft bezahlbar werden. Renault steht nach 1945 für die Demokratisierung des Automobils, als Symbol einer neuen Gesellschaft und den Aufbruch in die Konsumgesellschaft, die dem ganzen französischen Volk ein auskömmliches Leben ermöglichen sollte und nicht nur den Eliten.[51]

Renault setzte dabei auf eine massive Erhöhung der Produktion. Massenproduktion als Instrument für Produktivitätssteigerung bildete den wirtschaftlichen Hebel für den Aufbau sozialen Fortschritts und Wohlstands. Möglich wurde er durch das Fließband und den Einsatz von aus den USA gelieferten Transfermaschinen, flexibel einsetzbaren Werkzeugmaschinen, mit denen viele Arbeiten bereits automatisiert werden konnten.[52]

***Eine saarländische Besucherdelegation** im Renault-Werk in Boulogne-Billancourt, 1952.* | Fotograf: Max Richard Platte, Stadtarchiv Saarbrücken, NL K.A. Schleiden.

Renault 4 CV-Crèmeschnittchen
vor dem Renault-Werk in Boulogne-Billancourt.
| Fotograf: Max Richard Platte, Stadtarchiv Saarbrücken, Nachlass K. A. Schleiden.

Werkseinblick *Boulogne-Billancourt, 1952.* | Fotograf: Max Richard Platte, Stadtarchiv Saarbrücken, Nachlass K. A. Schleiden.

Dieser Konsens aus der Résistance-Erfahrung sollte sich trotz des Kalten Krieges und stalinistischer Gewalt nicht grundsätzlich auflösen, gleichwohl kam es zu Arbeitskämpfen im Zeichen konkurrierender Gewerkschaften. Aber erst ab 1985 vollzog sich die Wende zu einem langen Veränderungsprozess, an dessen Ende die Privatisierung von Renault 1994 stehen sollte.[53]

Renault blieb dennoch über Jahrzehnte ein Vorbildbetrieb und löste Citroën mit großem Abstand als größten französischen Automobilproduzenten ab. Private Firmen wie Peugeot fühlten sich gegenüber der Régie Renault 1945 benachteiligt. Die staatliche Wirtschaftsplanung (Plan Pons) hatte Renault das Monopol bei der Massenmotorisierung Frankreichs und dem Bau eines Kleinwagens zugesprochen. Symbol der Massenmotorisierung Frankreichs waren der Renault 4 CV und die Dauphine als Nachfolgemodell – beide im Unterschied zum Käfer aber ausschließlich als Viertürer gebaut. Beide Modelle waren im Saarland aufgrund seiner besonderen Beziehungen zu Frankreich ebenso populär. Mit der Dauphine erzielte Renault auf dem bundesdeutschen Markt erste Erfolge. Sie galt als etwas komfortabler und fahrsicherer als der Käfer, war aber recht hart gefedert.[54]

Inspiriert vom Käfer-Erfolg in den USA versuchte Renault vergeblich, sich mit der Dauphine dort ebenfalls zu etablieren. Ein erfolgreiches US-Geschäft sollte eine weitere Ausweitung der Produktion ermöglichen. Die Dauphine war aber zu wenig auf das Klima in den USA angepasst worden, dazu kamen schwere Fehler im Vertrieb. Der französischen Automobilindustrie gelang es letztlich nie in den USA Fuß zu fassen. Renault kostete das Dauphine-Debakel in den USA viel Geld. In der Folge mussten Mitarbeiter entlassen werden. Dieses Versagen der Franzosen auf dem US-Markt markiert einen großen Unterschied zur deutschen Automobilindustrie. Eine Million Dauphine standen in den USA auf Halde, verrostet, mit Pilzen im Innenraum und sogar Schlangen, die sich eingenistet hatten. Amerika war zum Desaster geworden und Renault brauchte letztlich staatliche Finanzspritzen.[55]

Renault erlebte Ende der 1950er Jahre damit eine erste Krise, der Versuch im USA-Export mit VW gleichzuziehen war kläglich gescheitert. Wie VW war das Modellprogramm technisch eher veraltet. Ebenso gab es auf Basis der Technik von Crèmeschnittchen und Dauphine abgeleitete Modelle wie die Floride und Caravelle. Das Coupé und Cabrio wurde von Brigitte Bardot beworben und bildete das Gegenstück zum Karmann Ghia von VW. Wie VW den Bully hatte Renault den Lieferwagen Estafette im Programm, der auch Dauphine-Technik nutzte. Auf die Krise reagierte Renault mit dem Ehrgeiz Autos für den wachsenden Markt in Frankreich und Europa zu bauen: Autos mit viel Platz, praktisch beim Einkaufen, im Urlaub und für die Freizeit. Autos, die nicht nur in der Stadt, sondern vor allem auf dem Land den Kunden nützlich waren. Zugleich mussten sie sparsam sein, notwendig angesichts der extrem hohen Benzinsteuern in Frankreich. Der Weg führte 1961 zum Renault 4 und 1965 zum Renault 16.[56]

Im Unterschied zu VW brach Renault schon in den späten 1950er Jahren in die technologische Moderne auf, VW hätte gerade auch wegen des Erfolgs in den USA diesen Schritt beinahe verpasst, der Golf von 1974 rettete sozusagen in letzter Sekunde den Konzern. Verantwortlich für die Krise war vor allem VW-Chef Heinrich Nordhoff. Seit 1948 führte er VW und starb in seinem Amt am 12. April 1968.

Der Ausstellungsraum der Firma Kiel *in der Saarbrücker Eisenbahnstraße, Renault-Vertragshändler. Im Vordergrund rechts der moderne Renault 4, daneben Renault 8 und Dauphine, die mit Heckmotor und Hinterradantrieb eine Weiterentwicklung des Modells 4 CV waren, zweite Hälfte 1960er Jahre.*

| Fotograf: Julius Schmidt, Landesarchiv Saarbrücken, Nachlass Julius Schmidt.

Im Unterschied zu Volkswagen verfügte Renault dann Ende der 1960er Jahre über ein breites Modellprogramm und war in ganz Europa sehr erfolgreich. Neben dem alten Konzept Heckmotor und Hinterradantrieb, das im 4 CV, Dauphine, R 8 und R 10 bis 1972 gebaut wurde, wurde Renault Vorreiter in der Herstellung moderner europäischer Autos wie etwa dem Renault 16 und Renault 4, von dem zwischen 1961 bis 1992 über acht Millionen Exemplare gebaut wurden. Von Coupés und Cabriolets abgesehen, verfügten französische Autos bis 1972 stets über vier oder fünf Türen serienmäßig. Die Industrie orientierte sich an der französischen Familie, die politisch gewollt fünfköpfig sein sollte. [57] Vier Türen gab es bei VW erst mit dem glücklosen Käfer-Ableger 411/412 im Jahr 1968. Im Jahr 1969 gelang es Renault insgesamt mehr als eine Million Autos zu produzieren, diese Grenze hatten VW und Fiat schon früher durchbrochen. Es zeigt aber, wie erfolgreich sich Renault in den 1960er Jahren entwickelt hatte.[58]

Renault 4. *Ein Kleinwagen mit Raumverhältnissen, die es in dieser Klasse vorher noch nie gegeben hatte. Der Nutzwert war ungleich höher als bei einem VW Käfer und anderen Kleinwagen mit Hinterradantrieb und Heckmotor, zit. Renault-Werbung 1970.*

Der 2 CV von Citroën *war im Saarland im Zeichen der Wirtschaftsunion mit Frankreich schon 1949 lieferbar. Auch im Saarland erreichte er trotz seiner Popularität wie in Frankreich nie die Verkaufszahlen des R 4.*

| Fotograf: Reiner Oettinger, Stadtarchiv Saarbrücken, NL R. Oettinger.

Bi-Corps-Konzept: *Der erstmals 1965 präsentierte fünftürige Renault 16 bot einer fünfköpfigen Familie Platz. Damals revolutionär: Ein variabel gestalteter Kofferraum, über die Heckklappe als fünfte Tür zugänglich. Ob Einkauf im Supermarkt, Transport von Kleinmöbeln oder Urlaubsreise mit Sack und Pack, der Renault 16 war ein Auto fürs Leben. Der 1968 vorgestellte TS bot dazu sportliche Fahrleistungen.* | Prospekt Renault 16, 1968.

Renault ist eng verbunden mit der Entwicklung des modernen europäischen Automobils in Kompaktbauweise, mit Heckklappe und variablem Innenraum sowie Vorderradantrieb. Kein Hersteller produzierte Anfang der 1970er Jahre weltweit mehr Autos mit Vorderradantrieb. Renaults Rolle als Pionier pfiffiger, moderner, zweckmäßiger und sparsamer Automobile ist eng verbunden mit Generaldirektor Pierre Dreyfus, der von 1955 bis 1975 den Konzern leitete und über sich sagte: «Ich habe das Automobil nie wirklich als Techniker, sondern immer als Soziologe gesehen.» So entstanden Autos wie der Renault 4, der einer jungen französischen Familie mit zwei kleinen Kindern bezahlbare Mobilität schenken sollte.[59]

Die soziologische Perspektive unterstützte das Streben nach Produktionsausweitung, half sie doch, Trends und zukünftiges Verbraucherverhalten frühzeitig zu erkennen und zu bedienen. Der 1972 vorgestellte Renault 5 war das Auto für nach Gleichberechtigung strebende moderne Frauen und die junge Generation.[60]

So sehr der staatliche Renault-Konzern ein Vorzeigebetrieb war, so erzählt er auch von im Vergleich zu Volkswagen angespannteren Beziehungen zwischen Arbeitgeber- und Arbeitnehmerseite. Frankreichs Gewerkschaften waren weltanschaulich zersplittert, diese Konkurrenz förderte ein Hochschaukeln von Forderungen. 1968 war Renault Schauplatz von Arbeitskämpfen und Linksradikale tauchten ab 1968 immer wieder in den Werken auf. Anarchie machte sich breit und vor allem das Werk in Billancourt wurde Ort politischer Agitation, so brachten 1971 gerade einmal 86 junge Hilfsarbeiter im Werk in Le Mans die Produktion für einen Monat zum Erliegen, 1973 sorgten Arbeiter für einen Produktionsausfall von 58.000 Fahrzeugen. Diese Streiks stehen stellvertretend für Konflikte auch bei anderen französischen Herstellern, die ihre Ursachen letztlich auch in der gescheiterten gesellschaftlichen Integration von eingewanderten Hilfsarbeitern aus dem Maghreb hatten. Diese Gruppe der ungelernten Arbeiter litt besonders unter dem permanenten Druck des Fließbandes, die Produktion ständig zu erhöhen.[61]

Fiat als Symbol eines industrialisierten Italiens

Ebenso wie Renault war Fiat Wegbereiter moderner Kompaktwagen mit Vorderradantrieb wie dem 1971 vorgestellten Fiat 127, von dem weltweit fast neun Millionen Exemplare gebaut wurden. Fiat war bis in die 1980er Jahre sehr exportstark in Europa. Der 127er war mehrfach das meistverkaufte Auto Europas.

Fiat wurde nach 1945 unter Generaldirektor Vittorio Valletta zum Symbol der Industrialisierung Italiens. Von 1950 bis 1968 verachtfachte Fiat seinen Umsatz und produzierte als größter Industriebetrieb Italiens neben PKW, LKW, Traktoren und Landmaschinen unter anderem auch Lokomotiven und Flugzeuge und betrieb eigene Hüttenwerke.[62] Noch stärker als Frankreich versuchte Italien seinen Markt mit Schikanen abzuschotten. 1958 lag Fiats Marktanteil in Italien bei 85 Prozent, 1963 war er auf 60 Prozent zurückgegangen. Gegen VW wurde 1964 im Zeichen einer wachsenden Popularität des Käfers in übelster Form durch Fiat gehetzt: «Der VW hat unser Land gestürmt (...) wer kauft diesen Wagen? Es sind Spießbürger, die Liberalen, die Neofaschisten und die Monarchisten, es sind mit einem Wort, die alten und neuen Freunde des neonazistischen Deutschlands, es sind die Italiener ohne echtes patriotisches und nationales Gefühl.»[63]

Fiat strebte nach Produktionsausweitung und positionierte sich selbst als starker Exporteur. Weit vor Renault etablierte sich Fiat nach 1945 als Importeur Nr. 1 in der Bundesrepublik. Ferner exportierte Fiat auch nach

Anzeige der Saarbrücker Fiat-Vertretung 1963. *Die Saargarage war ein Teil der Simca-Hochgarage in der Ursulinenstraße in Saarbrücken.*

***Die Simca-Hochgarage in Saarbrücken** führte auch die Marke Fiat. Für die große italienische Marke gab es zudem in dem Haus Ecke Mainzer-/Goethestraße einen repräsentativen Ausstellungsraum.*
| Fotograf: Fritz Mittelstaedt, Stadtarchiv Saarbrücken, NL F. Mittelstaedt, Nr. 2306.

Südamerika und in die USA. Fiat setzte stark auf Expansion und internationalisierte seine Produktion ganz nach amerikanischem Vorbild und zählte Ende der 1960er Jahre 27 ausländische Montagewerke, 30 Fabriken und 11.000 Händler in 150 Ländern. Fiat gehörte zu den Vorreitern erfolgreicher Ost-Geschäfte. Dazu zählten Lizenzfertigungen in Jugoslawien (ab 1954), in Polen (ab 1965) und vor allem der Bau eines der größten Autowerke der Welt mit der Lizenzproduktion des Fiat 124 als Shiguli bzw. Lada im Jahr 1966 in der UdSSR. Renault eiferte nach, kam aber «nur» in Rumänien zum Zuge. Fiat war in den 1960er Jahren die erste europäische Marke mit einer ausdifferenzierten Modellpalette vom kleinen Fiat 500 bis zum Fiat 130 mit Sechszylinder-Motor. So gelang es Fiat Ende der 1960er Jahre für kurze Zeit vor VW zum größten Automobilproduzenten Europas zu werden.[64]

***So groß und stark Fiat war**, so vielfältig war das Autoland Italien. Neben Alfa Romeo und Lancia faszinierten die Sportwagen von Ferrari, Lamborghini und Maserati. Zum italienischen Temperament gesellte sich der Sinn für stilvolles Design repräsentiert durch Designer wie Pininfarina und viele andere mehr. Pininfarina arbeitete für viele Hersteller, insbesondere für die französische Marke Peugeot. Zu seinen Kreationen zählt auch das Peugeot 404 Coupé (1962-1968).* | Foto: Peugeot.

So erfolgreich Fiat bis in die 1960er Jahre war, Fiat steht auch für die Schattenseiten der Fließbandarbeit. Der Konzern setzte noch stärker als Renault und Volkswagen auf eine Produktionsausweitung und baute 1969 bis zu 6.000 Autos pro Tag. Sie führte bei Fiat zu schweren Arbeitskämpfen vor allem zwischen 1969 und 1973, die das Unternehmen massiv schwächten.[65] Dabei zählten Fiats Löhne 1969 zu den höchsten in Europa, die Fließbänder liefen bei Fiat aber auch besonders schnell.[66]

Die Polarisierung Italiens durch Neofaschisten und Links-Terroristen ab 1969 und die Spaltung der italienischen Gesellschaft erzählt auch die Geschichte des Alfa Romeo Alfasud, im November 1971 auf dem Turiner Autosalon erstmals präsentiert. Dieses technisch extrem moderne und ausgewogene Kompaktauto, das zu den Vorläufern der Generation Golf zählt, wurde auf ausdrücklichen Wunsch der Regierung vom Staatskonzern Alfa Romeo bei Neapel gebaut. Es war das erste große Autowerk im Süden. Die Konflikte begannen schon bei der Fertigstellung des Werkes, als die Bauarbeiter versuchten, ihre Anstellung als Fabrikarbeiter im Werk zu erzwingen. Streiks und Sabotage führten über Jahre zu schweren Qualitätsproblemen (vor allem Rost) und zerstörten den Ruf eines technisch genialen Automobils.[67]

5. «British Elend» – der Absturz der britischen Automobilindustrie

Im Unterschied zu Deutschland, Frankreich und Italien steuerte die einst führende britische Automobilindustrie, vor 1945 mit Frankreich stets im Wettstreit um Platz 1 in Europa, schon in den 1950er Jahren in eine schwere Krise. In den ersten Nachkriegsjahren waren die Briten noch der erfolgreichste Exporteur in die USA. Britische Autos strahlten mit den Marken Rolls Royce, Bentley und Jaguar eine souveräne Überlegenheit aus. Die schnellste europäische Serienlimousine kam in den ersten Nachkriegsjahrzehnten aus dem Hause Jaguar. Das Modell MK II erreichte in einem Test von Auto, Motor und Sport 1960 eine Höchstgeschwindigkeit von 198 km/h, schneller ging es seinerzeit in einer Limousine nicht. So sprachen die deutschen Autotester von einem idealen «Fernreisewagen», der mit ausgesprochen guten Bremsen, stilvollem Design und geschmackvollem Leder und Holzintarsien im Innenraum seine Passagiere zu entzücken vermochte.[68] Britische Autos besaßen Stil und Klasse.

Die glanzvollen Zeiten sollten rasch vergehen. 1968 schlossen sich britische Marken zur British Leyland Motor Corporation (BLMC) zusammen, in Analogie zu dieser Bezeichnung bürgerte sich, als der Konzern 1975 verstaatlicht wurde, um ihn vor dem Untergang zu retten, die Bezeichnung «British Elend» ein. Der Konzern wurde in den 1980er Jahren dann zerstückelt, verbunden mit dem Verlust Tausender von Arbeitsplätzen. Die Ursachen der britischen Sonderentwicklung in Europa sind vielfältig.

Unterbliebene Modernisierungsprozesse und mieses Management

In der britischen Automobilindustrie unterblieben Modernisierungsprozesse. Dies betraf die Produktion, aber auch Marketing und Vertrieb. Während sich Volkswagen, Renault und Fiat im ersten Nachkriegsjahrzehnt zunächst auf nur ein oder wenige Modelle konzentrierten, um die Produktivitätspotentiale der Massenproduktion voll zu nutzen, herrschte bei den Briten eine enorme und im Grunde unwirtschaftliche Modellvielfalt. Unterschiedliche Marken produzierten zum Teil technisch baugleiche Fahrzeuge, die sich in vielen Details unterschieden. Im Jahr 1957 baute die British Motor Corporation zwölf Modelle mit neun Bodengruppen und fünf Motoren. Der seit 1924 in England ansässige US-Konzern Ford dagegen nur fünf Modelle, drei Bodengruppen und vier Motoren. Auch deshalb verdiente Ford pro Auto fast 30 Prozent mehr. Aufbau und Entwicklung des Händlernetzes sowie die Ersatzteilversorgung litten darunter und der Aufbau eines erfolgreichen Exportes ebenso. 1956 hatte die Bundesrepublik in der Kfz-Produktion Großbritannien überholt – 1945 lag Deutschland noch in Schutt und Asche.[69]

Im Straßenbild der 1960er Jahre *waren die Roadster von Triumph und MG auch im Saarland gar nicht so selten. Geschätzt wurden sie meist von jungen Männern.* | Foto: Privat, Norbert Henn.

6589-TTOX

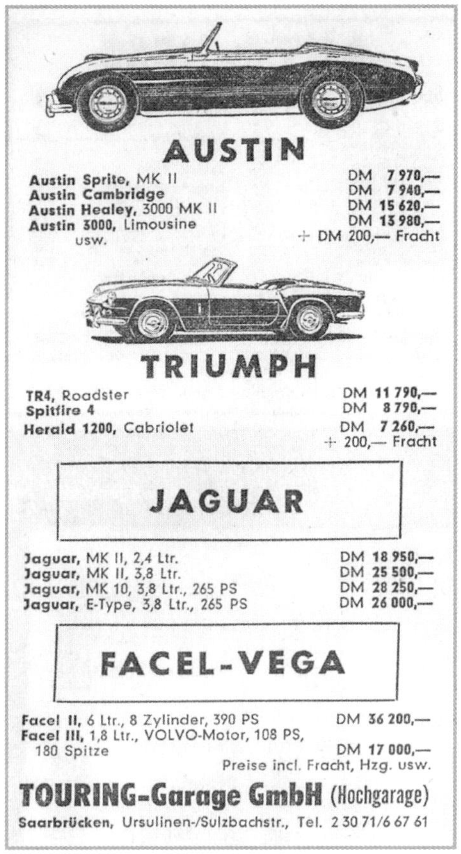

Anzeige *der als Touring-Garage firmierenden Abteilung der Simca-Hochgarage, die neben der französischen Edelmarke Facel Vega auch britische Automobile in Saarbrücken anbot, 1963.*

Diese schwerwiegenden Managementfehler stehen im Kontext einer durch den früheren Glanz des britischen Kolonialreichs geprägten abgehobenen Oberschicht. Dazu blieb der wachsende große EWG-Markt Großbritannien bis 1973 versperrt. Damit konnte Großbritannien am Wirtschaftswunder im EWG-Raum nur stark eingeschränkt teilhaben. Auch der Zusammenschluss von Großbritannien mit anderen Staaten wie etwa Dänemark, Schweden und der Schweiz zur EFTA im Jahre 1960 konnte diese Verluste nicht kompensieren. In den USA hatte Volkswagen in den 1950er und 1960er Jahren die früher recht erfolgreichen britischen Kleinwagen verdrängt.

Britische Autos genossen in Europa mit Jaguar, Rover und Triumph zwar ein hohes Prestige, aber in erster Linie waren nur anglophile Individualisten bereit, die durch drastische Einfuhrzölle vergleichsweise hohen Preise zu bezahlen. Der Einfuhrzoll in die EWG betrug 1968 für britische Autos immerhin 17,6 Prozent.[70]

In Saarbrücken etwa fuhr Bierbrauer Bruch einige Jahre Jaguar-Modelle, ebenso der Juwelier Metzger. In den 1960er Jahren verkaufte die Simca-Hochgarage in Saarbrücken neben Fiat auch britische Automobile wie Jaguar, Triumph und Rover. Zu einer Institution für britische Autos in Saarbrücken wurde Otto Müller, der Ende 1968 in der Provinzialstraße in Rockershausen und ab 1979 dann in Scheidt vor allem Rover betreute.[71]

Der legendäre Mini, der auch im EWG-Raum populär war, wurde für den EWG-Markt wegen der Zölle in Italien gebaut, aber auch in Spanien und Portugal. In den 1960er Jahren genoss ein britischer Stil auf dem Kontinent noch ein gewisses Renommee, wozu neben Jaguar auch Rolls Royce und Bentley beitrugen, aber eine zunehmend lausige Qualität zerstörte den einst guten Ruf englischer Automobile. Maßgeblich dafür eine zerrüttete Sozialverfassung im Zeichen einer noch aus der Hochphase der Industrialisierung geprägten Klassenkampfkultur. Die Engländer hatten den Streik einst erfunden und ab den 1960er Jahren nahm das Streiken zerstörerische Dimensionen an. [72]

Eine traurige Geschichte, denn britische Autos haben Charakter und der über fünf Millionen Mal verkaufte Mini steht für den Prototyp des modernen europäischen Automobilbaus, mehr dazu im Kapitel über die Krisen des Automobils.

Klassenkampf und destruktive Gewerkschaften

Unter dieser Konstellation litt die gesamte britische Industrie. Zur sogenannten britischen Krankheit zählten Streiks, die über weite Teile des Jahres die Industrie lahmlegten. Gezielt streikten nur Arbeiter eines ausgewählten Produktionsbereichs mit der Absicht die Gesamtproduktion zum Stillstand zu bringen.

Die deutsche Einheitsgewerkschaft mit 16 Einzelgewerkschaften (z. B. IG Metall) unter dem Dach des DGB trug in Kombination mit der auf Mitbestimmung und einer auf Teilhabe angelegten bundesdeutschen Betriebsverfassung zum Wirtschaftswunder und der Stabilität der Bundesrepublik bei – ganz im Unterschied dazu Großbritannien. Dort gab es im Jahr 1972 mindestens 466 Gewerkschaften, in großen Industriebetrieben

Der XK 120 (1948-1961, *Ableger XK 140, 150) war das erste als Jaguar verkaufte Automobil. Nach 1945 gab das 1922 als Swallow Sidecars gegründete Unternehmen mit dem Kürzel SS wegen der Übereinstimmung zur gleichnamigen NSDAP-Organisation diese Bezeichnung auf und verkaufte seine Autos unter dem Namen Jaguar. Ausgestattet mit einem Doppelnockenwellen-Sechszylinder erreichte das Modell zwischen 160 und 265 PS und war 193 km/h bis 215 km/h schnell.*

| Fotograf: Fritz Mittelstaedt, Stadtarchiv Saarbrücken, NL F. Mittelstaedt.

waren 30 Gewerkschaften keine Seltenheit. In den Betrieben vertraten die sogenannten Shopstewards die gewerkschaftliche Macht. Ihre Position war sehr stark, zwischen ihnen und der Betriebsleitung entwickelte sich häufig eine persönliche Feindschaft. Die Shopstewards konnten Streiks durch geschickte Agitation ausrufen. Dafür war keine Urabstimmung erforderlich, sondern eine Betriebsversammlung mit Abstimmung per Handzeichen genügte. Streikunwilligen wurde meist mit Mobbing und Gewalt gedroht. Ebenso konnten die allmächtigen Shopstewards Tarifverträge brechen. Im Unterschied zum DGB war der Trade-Union als gewerkschaftliche Dachorganisation recht machtlos. Auf Arbeitgeberseite herrschte eine ähnliche Klassenkampfperspektive. Stärke zeigen war angesagt. Es gab keine Kompromisskultur. Schon 1965 erfasste die britische Wirtschaft 2,9 Millionen Streiktage, in der Bundesrepublik waren es nur 48.500. Im Jahr 1970 verbuchte die Bundesrepublik mit 93.000 Streiktagen zwar fast doppelt so viele wie 1965, Großbritannien mit elf Millionen dagegen fast viermal so viele wie 1965.[73]

Anlass für spontan von den Shopstewards ausgerufene Streiks waren Klagen über Themen wie der Pausentee sei nicht warm genug. Aber auch Automatisierungs- und andere Modernisierungsprozesse wurden durch Streiks verhindert. Die Streiks gingen zu Lasten der Qualität. Als Anfang der 1970er Jahre der neue Ford Cortina vom Band lief, mussten Fahrzeuge verschrottet werden, weil infolge fehlerhaft eingestellter Werkzeugmaschinen die Türen nicht richtig verschlossen werden konnten.[74]

Die Streiks bei Ford in England legten auch die Produktion in anderen europäischen Werken wie in Saarlouis lahm, weil keine Motoren geliefert wurden.[75]

Von der einst stärksten Industriemacht war Großbritannien zum «Industrie-Invaliden» geworden, die einst reichste Nation der Welt war 1972 das ärmste Land Westeuropas. Die Streiks gingen weiter, so wurde 1979 allein bei Ford neun Wochen die Arbeit niedergelegt.[76] Diese Jahre führten dann zu einer politischen Zäsur mit Margaret Thatcher als Premierministerin (1979-1990), die als «Eiserne Lady» Geschichte schrieb.

1 «Trente Glorieuses» ist das französische Wort für Wirtschaftswunder. Es steht für drei Jahrzehnte fast kontinuierlichen Wirtschaftswachstums von 1945 bis 1975.

2 Wolfram Pyta, Nils Havemann, Jutta Braun, Porsche. Vom Konstruktionsbüro zur Weltmarke, München 2017.

3 Ulrich Kubisch, 100 Jahre Automobil. Die umfassende Geschichte des Automobils, Oldtimer-Markt Sonderheft, Nr. 2/1986, S. 106. Im Ersten Weltkrieg hatte Brennabor an Fließbändern Munition gefertigt. Nach 1918 erfolgte die Umstellung auf Fahrräder und Autos. Inhaber Carl Reichstein hatte schon vor 1918 die USA bereist, sein Sohn Eduard hatte kurze Zeit später in Detroit gearbeitet und die US-Autoindustrie kennengelernt. Günter Neliba, Die Opel-Werke im Konzern von General Motors (1929-1948) in Rüsselsheim und Brandenburg, Frankfurt/Main 2000, S. 25-34, 105 ff., 164 ff.; vgl. auch Pyta, Havemann, Braun, Porsche, 2017.

4 Michael Kriegeskorte, Automobilwerbung in Deutschland 1948-1968, Köln 1994, S. 8.

5 Ebda.; Christoph Schreiner, Im Bann des Fordismus. Die Auto- und Stahlindustrie der USA im internationalen Konkurrenzkampf, Berlin 1992.

6 Hans-Christian Herrmann, Saarbrücken und das goldene Zeitalter des Automobils (1945 bis 1975), in: Ders. u. a., Saarbrücken in Fahrt. 125 Jahre Automobil an der Saar, Marpingen 2011, S. 91 ff.

7 Ebda., S. 99, 121.

8 Zeit im Bild. Saarbrücker Illustrierte, Nr. 45, 9. November 1947.

9 Statistische Berichte des Statistischen Amtes des Saarlandes: Strukturelle Wandlungen im Kraftfahrzeugbestand des Saarlandes 1960 bis 1967, ausgegeben am 14.8.1968.

10 Herrmann, Saarbrücken und das goldene Zeitalter, S. 121 ff.

11 Hans-Christian Herrmann, Stadtentwicklung im Zeichen der Massenmotorisierung, in: Ders. (Hg.), Saarbrücken in Fahrt. 125 Jahre Automobil an der Saar, Marpingen 2011, S. 165.

12 Herrmann, Saarbrücken und das goldene Zeitalter, S. 121 ff, 123 ff.

13 Saarbrücker Zeitung, 25./26.4.1969.

14 Saarbrücker Zeitung, 24.4.1970.

15 Statistische Berichte des Statistischen Amtes des Saarlandes: Strukturelle Wandlungen im Kraftfahrzeugbestand des Saarlandes 1960 bis 1967, ausgegeben am 14.8.1968.

16 Saarbrücker Zeitung, 18./19. März 1967.

17 Hans-Christian Herrmann, Peugeot in Deutschland. 1907 bis heute. Auch ein Stück Saargeschichte, Riedstadt 2012, S. 66 und 100.

18 Statistische Berichte des Statistischen Amtes des Saarlandes: Strukturelle Wandlungen im Kraftfahrzeugbestand des Saarlandes 1960 bis 1967, ausgegeben am 14.8.1968.

19 Kraftfahrzeugbestand am 1.1.1974 und Neuzulassungen im Jahre 1963, hg. vom Statistischen Amt des Saarlandes, 1.7.1974, Kraftfahrzeugbestand am 1.1.1975 und Neuzulassungen im Jahre 1974, hg. vom Stat. Amt des Saarlandes, 7.7.1975; Kraftfahrzeugbestand am 1.1.1977 und Neuzulassungen im Jahre 1976, hg. vom Stat. Amt des Saarlandes, 3.5.1977; Kraftfahrzeugbestand am 1.1.1980 und Neuzulassungen im Jahre 1979, hg. vom Stat. Amt des Saarlandes, 10.7.1980; Kraftfahrzeugbestand am 1.7.1983 und Neuzulassungen im 1. Halbjahr 1983, hg. vom Stat. Amt des Saarlandes, 6.2.1984.

20 Saarbrücker Zeitung, 18,5.1984, 18.2.1986, 26.5.1988, 23.9.1988, 8./9.5.1983, 19.1.1995.

21 Saarbrücker Zeitung, 13.4.1978, 2.4.1981.

22 Strukturelle Wandlungen im Kraftfahrzeugbestand des Saarlandes 1960 bis 1967, ausgegeben am 14.8.1968.

23 Ebda., 27.9.1989 und Statitsta.

24 Rüsselsheimer Echo, 5.10.1960. Möglicherweise spielte dabei auch eine Rolle, dass ein paar Tage später die Presse von Opels Plänen berichtete, ein neues großes Werk in Bochum zu bauen.

25 E-Mail von G. H. Röder an den Verfasser vom 29.4. und 13.5.2020, Der Spiegel, Nr. 45/1960.

26 Hans Peter Schwarz, Wahrzeichen deutscher Identität?, in: Geliebt. Gebraucht. Gehasst. Die Deutschen und ihre Autos, hg. vom Haus der Geschichte der Bundesrepublik Deutschland, Dresden 2017, S. 176.

27 Ebda.

28 Ebda.

29 Stephanie Tilly, Florian Triebel, Einführung, in: Dies (Hg.), Automobilindustrie 1945-2000. Eine Schlüsselindustrie zwischen Boom und Krise, München 2013, S. 5 ff.

30 https://verliebtinkoeln.com/wie-konrad-adenauer-ford-nach-koeln-holte/ [13.022023].

31 Werner Abelshauser, Deutsche Wirtschaftsgeschichte. Von 1945 bis zur Gegenwart, München 2011, S. 324, 416. Nils Beckmann, Käfer, Goggos, Heckflossen. Eine retrospektive Studie über die westdeutschen Automobilmärkte in den Jahren der beginnenden Massenmotorisierung, Vaihingen 2006, S. 122.

32 Beckmann, Massenmotorisierung, S. 122.

33 Ebda., S. 85

34 Beckmann, Massenmotorisierung, S. 132 ff; Der Spiegel, Nr. 26/1973, S. 95 ff.; Tilly/Triebel, S. 2 ff.

35 Richard Osswald, Lebendige Arbeitswelt. Die Sozialgeschichte der Daimler-Benz AG von 1945 bis 1985, Stuttgart 1986, S. 296.

36 Der Spiegel, Nr. 26/1973, S. 95 ff.; Tilly/Triebel, S. 2 ff.

37 Wolfgang Sachs, Die Liebe zum Automobil. Ein Rückblick in die Geschichte unserer Wünsche, Reinbek 1984, S. 89 ff.

38 https://www.volkswagenag.com/de/group/portrait-and-production-plants.html [06.01.2023].

39 Der Spiegel vom 10.12.1952; Ders., Nr. 3/1985, S. 103; Edouard Seidler, Renault: Der Weg zum Weltunternehmen (1945-1973), Lausanne, 1973, S. 137 ff.

40 Jean Louis Loubet, Renault, Histoire d'une entreprise, Boulogne-Brillancourt 2000, S. 274 ff.

41 Rolf Sachse, Der 3.000 Volkswagen für Luxemburg. Zur visuellen Inszenierung von Produktionsjubiläen in der bundesdeutschen Nachkriegsindustrie, in: Zeithistorische Forschungen, Nr. 2/2009, S. 299.

42 Dietmar Lange, Aufstand in der Fabrik, Arbeitskämpfe und Arbeitsverhältnisse bei FIAT-Mirafiori 1962 bis 1973, Köln 2021, S. 7-9, 33 ff.

43 Rüdiger Gerlach, «Das geschlossene System ökonomischer Hebel». Die Erfolgsbeteiligung der Beschäftigten im Automobilbau im DDR-BRD Vergleich 1950-1980, in: Stephanie Tilly, Florian Triebel (Hg.), Automobilindustrie 1945-2000. Eine Schlüsselbranche zwischen Boom und Krise, München 2013, S. 306, 310 ff.

44 Beckmann, Beginnende Massenmotorisierung, S. 313, 318.

45 Seidler, Renault, S. 175 ff.

46 Beckmann, Beginnende Massenmotorisierung, S. 311 ff. Zur EFTA: 1960 gegründete Freihandelsorganisation. Gründungsmitglieder waren Dänemark, Norwegen, Österreich, Portugal, Schweden, Schweiz, Großbritannien.

47 Arthur Railton, «Der Käfer». Der ungewöhnliche Weg eines ungewöhnlichen Automobils, Pfäffikon 1985.

48 Manfred Grieger, Die «geplatzte Wirtschaftswundertüte». Die Krisen 1966/67 und 1973/75 im deutschen Symbolunternehmen Volkswagen, in: Stephanie Tilly u. Florian Triebel (Hg.), Automobilindustrie 1945-2000, Eine Schlüsselbranche zwischen Boom und Krise, München 2013, S. 44 ff.

49 Ebda., S.73-75.

50 Beckmann, Massenmotorisierung, S. 219- 223.

51 Patrick Fridenson, Histoire des usines Renault, naissance de la grande entreprise 1898-1939, o.Oa. 1972; Loubet, Renault, S. 72 ff.

52 Ebda.

53 Loubet, Renault, S. 342.

54 Auto, Motor und Sport, Nr. 13/1956 und 12/1982, S. 172 ff.

55 Seidler, Renault, S. 138, 144 ff.

56 Loubet, Renault, S. 162, 166 ff., L'aventure automobile, Nr. 11/2020, S. 14-27.

57 Renault 5, erstes französisches Auto (von Coupés abgesehen), das zunächst nur mit drei Türen gebaut wurde, ab 1979 fünftürig.

58 Seidler, Renault, S. 216.

59 Seidler, Renault, S. 158.

60 Loubet, Renault, S. 176.

61 Seidler, Renault, S. 234.

62 Der Spiegel, Nr. 46/1968, 18.4.1951, S. 27 ff.

63 Der Spiegel, Nr. 25/1964.

64 https://www.volkswagenag.com/de/group/portrait-and-production-plants.html [06.01.2023].

65 Lange, Aufstand in der Fabrik, S. 155 ff.

66 Der Spiegel, Nr. 26/1971; Loubet, Renault, S. 145.

67 Ebda.

68 Auto, Motor und Sport, Nr. 9/1960 und 7/1984, S. 268.

69 Christoph Wellen, Gewerkschaftlicher Einfluss in der britischen Automobilindustrie, Frankfurt/Main 1991, S. 68 ff.

70 Beckmann, Massenmotorisierung, S. 315.

71 Hans-Christian Herrmann, Burbach im Benzinzeitalter, in: Ders. u. a. (Hg.), Burbacher Gold. Kohle, Stahl und Eisenbahn. Ein Stück Saarbrücker Stadtgeschichte, Marpingen 2019, S. 407.

72 Wellen, Gewerkschaftlicher Einfluss in der britischen Automobilindustrie, S. 5 ff., S. 60 ff.

73 Ebda, S.68-98, 129 ff.

74 Der Spiegel, Nr. 14/1971, Auto, Motor und Sport, Nr. 24/1978, S. 16 ff.

75 Vgl. Der Spiegel, Nr. 47/1973,

76 Auto, Motor und Sport, Nr. 14/1979, S. 16.

SB A 5156

9

Hans-Christian Herrmann

Ein «Segen» für das Saarland

Automobilindustrie als Rettungsanker in der Strukturkrise von Kohle und Stahl

Über 40.000 Arbeitsplätze hängen im Saarland an der Automobilindustrie – bei einer Million Einwohnern. Nirgendwo sonst in Deutschland ist die Abhängigkeit von dieser Branche stärker ausgeprägt. Über 250 Unternehmen sind damit verbunden und erarbeiten die Hälfte der saarländischen Wirtschaftsleistung.[1] Nirgendwo sonst in Deutschland markiert die angestrebte Dekarbonisierung eine solch existenzielle Herausforderung wie im Saarland.

Das Saarland ist ein Auto-Land, das von den Veränderungen in der Automobilindustrie in besonderer Weise betroffen ist, nachdem Ford am 22. Juni 2022 die Schließung des Saarlouiser Werkes für 2025 offiziell bestätigte. Die Landesregierung hatte Ford eine Milliarde Euro zur Zukunftssicherung des Standortes versprochen, doch Ford entschied sich gegen das Saarland und für Valencia.[2] Mit der Entscheidung für Saarlouis wäre Ford ein Anbieter ohne Werk in Spanien, das hätte die dortige Marktposition geschwächt. Die frühere Entscheidung für Saarlouis war am 22. Juni 1965 verkündet worden, seinerzeit gefeiert als Meilenstein im Strukturwandel. Damals ging es vor allem um den Ersatz für die weggefallenen Arbeitsplätze im Bergbau, zehn Jahre später folgte ab 1975 für gut zwei Jahrzehnte die Bewältigung der Stahlkrise, verbunden mit massivem Arbeitsplatzabbau und einer erfolgreichen Umstrukturierung der saarländischen Stahlindustrie. Die Automobilindustrie im Saarland schuf Ersatz für die verlorenen Arbeitsplätze der Montanindustrie, zugleich entwickelte sich die Automobilindustrie für die saarländische Stahlindustrie zu einem immer wichtigeren Kunden. Als 1986 im Foyer des saarländischen Finanzministeriums, an der Spitze Finanzminister Hans Kasper (SPD), eine Ausstellung mit dem Titel «Albtraum Auto» präsentiert wurde, sorgte dies für eine Landtagsdebatte. Für die gerade abgewählte CDU fragte der CDU-Landtagsabgeordnete Hartmut Mathieu aus dem Kreis Saarlouis: «Muss ausgerechnet in einem Land, in dem die Industrie am Boden liegt (...) muss in einem solchen Land die einzig funktionierende Großindustrie, das dritte Bein unserer Industrie in diesem Lande, an den Pranger gestellt werden? Ist das nötig?»[3]

Schon in den 1920er Jahren produzierte Röchling-Völklingen Federn für die Automobilindustrie und belieferte etwa Opel in Rüsselsheim[4], 1964 entstand am Rand des Völklinger Hüttengeländes eine moderne Federnfabrik, die die deutsche und französische Automobilindustrie mit Federn und Stabilisatoren belieferte, ebenso Eisenbahnproduzenten auf der ganzen Welt. Röchling und später auch ARBED-Saarstahl waren auf der Internationalen Automobilausstellung (IAA) seit den 1960er Jahren mit einem Stand vertreten.

«Julius C. Schmidt bei der Arbeit» *– so der Titel einer Serie des gleichnamigen Saarbrücker Fotografen (1927-2018), der sich im April 1959 in Völklingen-Wehrden auf die Motorhaube seines Citroën 2 CV stellte, um die Völklinger Hütte vor ländlicher Kulisse abzulichten. Ein Jahrzehnt später war das Saarland bereits in voller Fahrt, ein Autoland zu werden.*

| Fotograf: Julius C. Schmidt, Landesarchiv des Saarlandes, Nachlass Julius Schmidt.

Dieser Mercedes 540 K, *eine von Brune gefertigte Replik, war in den 1980er Jahren im Dienst der Werbeabteilung von ARBED-Saarstahl.*
| Fotograf: Werner Schackmann, Landesarchiv des Saarlandes, Dep. Arbed-Saarstahl.

Blick auf die Importzentrale von Peugeot *in Saarbrücken im Jahr 2001. Im Jahr 2013 verließ das französische Unternehmen die saarländische Landeshauptstadt.*
| Fotograf: Klaus Winkler, Stadtarchiv Saarbrücken, Vorlass K. Winkler.

Zum nachhaltigen Erfolg von BMW *trug insbesondere auch die 3er Reihe bei, erstmals 1975 vorgestellt, hier die Modelle von 1975 bis 2015. Die 3er Reihe ist seit ihrem Erscheinen das absatzstärkste BMW-Modell.*
| Foto: BMW Group Archive, 90190523.

Im Werben um die Automobilindustrie als Kunden ging die Werbeabteilung von Saarstahl mit Fotograf Werner Schackmann besonders kreative Wege und nutzte mehrere Mercedes 540 K als Werbeträger, die in den 1970er und 1980er Jahren von der Firma Brune als Replik nachgebaut wurden. Mit entsprechenden Fotos und einem solchen Auto auf Messeständen hatte man einen wahren Eye-Catcher geschaffen.[5]

Aktuell liefert Saarstahl insbesondere über seine Werke Völklingen und Neunkirchen Vorprodukte für die Automobilindustrie und ihre Zulieferer. Sie werden beispielsweise weiterverarbeitet zu Kurbelwellen, Lenkungsteilen und Zündkerzen. Jeder fünfte Reifen in Europa fährt mit Draht von Saarstahl. Europaweit stellt das Unternehmen den derzeit dünnsten Walzdraht her für Seile und Federdraht für die Automobilindustrie und den Maschinenbau. In der Weiterverarbeitung spart der aus Saarbrücken-Burbach kommende Draht enorme Kosten. Die vieradrige Drahtstraße in Saarbrücken-Burbach ist eine der leistungsfähigsten der Welt. 70 Prozent der hochwertigen Völklinger Stähle gehen an die Automobilindustrie.[6]

1. Szenen einer bewegenden Geschichte

«Der neue BMW 3er – zu 48 % made im Saarland!».

Als im Frühjahr 2012 die BMW-Niederlassung Saarbrücken die neue 3er Reihe präsentierte, erschien in der Saarbrücker Zeitung eine ganzseitige Anzeige mit dem Slogan «Ein echter Bayer mit saarländischen Wurzeln.»[7] Die Werbung versuchte eine Identität des bayerischen Produktes mit dem Saarland herzustellen: «Der neue BMW 3er – zu 48 % made im Saarland!»

Die Öffentlichkeit konnte nachlesen, welche saarländischen Unternehmen zu diesen 48 Prozent beitrugen und diese Werbung steht beispielhaft für die Bedeutung des Auto-Landes Saarland: Nemak in Dillingen lieferte die Motorblöcke, Saarstahl Völklingen die Feder- und Karosseriestähle, Halberg-Guss Saarbrücken die Motorblöcke und Thyssen-Krupp Gerlach in Homburg die Kurbelwellen, INA Schaeffler in Homburg die Motorenteile, ZF Saarbrücken die Automatikgetriebe, Bosch-Homburg die Einspritzaggregate für die Dieselmotoren, Eberspächer in Neunkirchen die Abgasanlagen und Saargummi in Wadern die Gummidichtungen sowie Nedschroef in Fraulautern Karosserie-Befestigungsteile.

Das Bosch-Werk in Homburg *fertigt Dieseleinspritzpumpen.*
| Foto: Bosch-Pressebild, 1994, Stadtarchiv Saarbrücken, Dep. SZ LB, Nr. 160/43.

Und so resümierte BMW-Niederlassungsleiter Markus Gehrlein: «Das macht den neuen BMW 3er eben fast zu einem vollwertigen Saarländer.»[8]

Neben einer vielfältigen Landschaft an Zulieferern standen für das Auto-Land Saarland die 1967 gegründete deutsche Peugeot-Importorganisation in Saarbrücken und das seit 1970 Autos produzierende Montagewerk von Ford in Saarlouis. Die Strategie der saarländischen BMW-Niederlassung, die Verbundenheit der bayerischen Marke mit dem Saarland zu betonen und eine saarländische Identität zu konstruieren, war geschickt und seit den 1990er Jahren Teil der Unternehmenskommunikation. So wurde seit 1989 immer wieder betont, BMW sei ein Großkunde der Saarwirtschaft, dabei wurde auf die Halberger Hütte, Eberspächer und ZF verwiesen. Passend zur Identitätsstrategie lobte die BMW-Niederlassung das Saarland als «Autoland» und «die hohe Verarbeitungsqualität der saarländischen Zulieferer».[9]

Diese Strategie war eine Reaktion auf die bis heute vom Bund abweichenden saarländischen Marktverhältnisse, lag doch etwa 1989 der Anteil französischer Marken mit über 26 Prozent immer noch über dem vierfachen Wert des Bundes mit gut sechs Prozent. Dies bedeutete für BMW an der Saar geringere Marktanteile als im Bundesdurchschnitt. 1990 lag etwa BMWs Marktanteil an der Saar mit sechs Prozent um 0,7 Prozent unter dem Bund und Mercedes hinkte mit gut fünf Prozent dem Bundesschnitt von 8,5 Prozent noch viel weiter hinterher.[10] Die BMW-Kommunikation schaute auf Peugeot als die damalige Nummer Eins im Saarland und orientierte sich in gewissem Maße an der Löwenmarke, die ihre Verbundenheit mit dem Saarland immer wieder herausstellte.

«Peugeot – treuer Abnehmer der Saarkohle» oder die Saarland-Marke

«Seit vielen Jahren sind die Peugeot-Werke treuer Groß-Abnehmer unserer Saarkohle»[11] – damit warb Peugeot, wie bereits an anderer Stelle erwähnt, 1967 für seine Autos im Saarland. Zugespitzt lautete die Botschaft: Kauft Peugeot und stärkt so die Saargruben und das Saarland.

Nachdem das Saarland 1957 Teil der Bundesrepublik geworden war, galt der zollfreie Warenverkehr der Saarwirtschaft mit Frankreich weiter und auch die französische Wirtschaft konnte zollfrei ins Saarland exportieren. Die Regelungen stellten die Weichen so, dass beide Partner gleichgewichtig Handel treiben sollten. Je mehr Peugeots die Saarländer kauften, umso mehr Saarkohle konnten sie zollfrei nach Frankreich liefern. Aufgrund der starken Stellung von Peugeot im Saarland entschlossen sich die Peugeot-Werke, ihre Importorganisation für die Bundesrepublik von Saarbrücken aus zu organisieren. So entstand zum 1. Januar 1967 die Peugeot-Deutschland GmbH mit Sitz in Saarbrücken. Dazu hatte Peugeot die Anlagen der 1936 gegründeten Firma KHG übernommen. Sie war Peugeot-Importeur in der Autonomiezeit (1947-1957) und hatte von Peugeot, nachdem das

***Die deutschen Peugeot-Händler** übernehmen in Saarbrücken die ersten Vorführwagen des neuen Peugeot 604, 1975.*

| Fotograf: Klaus Winkler, Stadtarchiv Saarbrücken, VL K. Winkler, Nr. 1144/3 und 9.

Zur besonderen Rolle von Peugeot *im Saarland gehört auch, dass Peugeot seit dem Beginn der Motorisierung der saarländischen Polizei bis zum Ende des 20. Jahrhunderts den Fuhrpark ausrüstete.*
| Fotograf: Klaus Winkler Stadtarchiv Saarbrücken, VL K. Winkler, Nr. 1175/4.

PEUGEOT

das Programm der Perfektion

Mit einem interessanten, erfolgreichen Programm wird der Marktanteil der Weltmarke PEUGEOT auf dem deutschen Automobilmarkt ständig vergrößert.

Vorbildlich soll auch die Leistung in allen kaufmännischen und technischen Bereichen unseres Unternehmens sein.

PEUGEOT hat seit je die Wünsche zahlreicher Automobilfreunde vorbildlich erfüllt. Überdurchschnittliche Verkaufszahlen sind der Beweis.

Wir müssen unseren Mitarbeiterkreis erweitern und stellen für verschiedene Abteilungen — für sofort oder später — ein:

eine Sekretärin
mit perfekten deutschen und französischen Sprachkenntnissen

eine Stenotypistin

mehrere Schreibkräfte

einen kaufm. Angestellten
für Händler-Organisation und Verkauf

eine Dame für den Empfang
mit französischen Sprachkenntnissen

einen Industriekaufmann für die Betriebsabrechnung

Wir bieten Ihnen eine vielseitige und interessante Tätigkeit bei leistungsgerechter Bezahlung und alle Sozialleistungen eines fortschrittlichen Großunternehmens. Wir freuen uns, Sie recht bald kennenzulernen.

PEUGEOT AUTOMOBILE DEUTSCHLAND GMBH
66 Saarbrücken, Postfach 537

PEUGEOT

Die Motorisierung geht unaufhaltsam weiter. An dieser Aufwärtsentwicklung wird PEUGEOT maßgeblich beteiligt sein. Unsere Zulassungszahlen steigen von Jahr zu Jahr. Durch ein abgerundetes, interessantes Programm wird die Position der Weltmarke PEUGEOT auf dem deutschen Automobilmarkt ständig weiter gefestigt.

Von dieser Entwicklung können auch Sie profitieren.

Wir geben

30 Kfz-Lehrlingen

die Chance, in einem fortschrittlichen Unternehmen einen zukunftssicheren Beruf zu erlernen.

Ihre Ausbildung wird sehr vielseitig sein. Sie werden lernen, wie man modernste Maschinen bedient, und manches, was Ihnen heute noch rätselhaft erscheinen mag, werden Sie im Laufe Ihrer Lehrzeit kennen- und verstehen lernen. Unsere erfahrenen Werkstattmeister werden Ihnen dabei mit Rat und Tat zur Seite stehen.

Unsere Sozialleistungen sind vorbildlich.

Wir erwarten Ihre schriftliche Bewerbung.

PEUGEOT AUTOMOBILE DEUTSCHLAND GMBH
66 Saarbrücken, Postfach 537

Arbeitsplätze für das Saarland. *Stellenanzeigen von Peugeot, Saarbrücker Zeitung vom 27. Februar und 11. April 1970.*

Saarland 1957 Bundesland wurde, auch die Marktverantwortung für Bayern, Baden-Württemberg und Rheinland-Pfalz erhalten. Ab 1967 liefen der gesamte bundesdeutsche Peugeot-Neuwagenverkauf sowie die Ersatzteilversorgung und Händlerbetreuung von Saarbrücken aus. Schnell reichten die Räumlichkeiten auf der Schafbrücke (ab 1961), der Saarbrücker Arndtstraße (ab 1936) und in Hanweiler (1960er Jahre) nicht mehr aus und 1973 erfolgte die Grundsteinlegung im Stadtteil Güdingen für eine große Importanlage. Sie erstreckte sich auf fast 150.000 Quadratmeter. Der Staat hatte die entsprechende Fläche «Auf den Saarwiesen» im Rahmen der Bund-Länder-Gemeinschaftsaufgabe «Verbesserung der regionalen Wirtschaftsstruktur» mit rund 24 Millionen DM bezuschusst, die Hälfte davon entfiel auf Peugeot. Bis 1981 wurden über Saarbrücken, Lehrte, Krefeld und München die Peugeot-Neuwagen ausgeliefert, danach ausschließlich über das Auslieferungslager im ostfranzösischen Marckolsheim. In Saarbrücken befanden sich die Verwaltung der Importorganisation, das Zentral-Ersatzteillager und die Regionaldirektion Süd-West.[12]

Die Peugeot-Zentrale in Saarbrücken war ein Vorzeigebeispiel dafür, als französisches Unternehmen vom Saarland aus erfolgreich den deutschen Markt bedienen zu können. Das Unternehmen versteuerte in Saarbrücken und im Saarland beachtliche Summen. Die Deutsche Peugeot in Saarbrücken war außerhalb Frankreichs die größte und wichtigste Handelsorganisation des französischen Herstellers. So betrug das Peugeot-Steueraufkommen beispielsweise zwischen 1991 und 1993 etwa 1,1 Milliarden DM, wovon 421 Millionen an das Land und elf Millionen an die Stadt Saarbrücken entfielen.[13]

***Die Vogelperspektive auf das Lager von Peugeot** in Hanweiler, welches durch die neue Importanlage ab 1973 überflüssig wurde.*
| Fotograf: Klaus Winkler, Stadtarchiv Saarbrücken, VL K. Winkler, Nr. 1159.

***Von Saarbrücken aus in die gesamte Bundesrepublik**, Lager und Auslieferung von Peugeot-Automobilen. Peugeot-Lager in Saarbrücken-Güdingen, 1979.*
| Fotograf: Klaus Winkler, Stadtarchiv Saarbrücken, VL K. Winkler, Nr. 1181/2.

Peugeot brachte dem Saarland Umsatz

Der Saarbrücker Standort bot über 1.000 Menschen Arbeit (davon über 500 im Saarland) und Peugeot war ein guter Kunde im Land, so etwa für das Hotelgewerbe. Saarbrücken bildete das Kommunikationszentrum der Importorganisation. Händler und Werkstattpersonal aus ganz Deutschland wurden hier geschult, das brachte der Stadt 13.000 Übernachtungen pro Jahr (1991). Der Saarbrücker Fotograf Klaus Winkler war über Jahrzehnte für Werbe- und Produktfotografie für Peugeot tätig. Und Peugeot hatte viel zu übersetzen, insbesondere den gesamten technischen Bereich, auch das brachte Saarbrücker Übersetzungsbüros Aufträge. Das Unternehmen engagierte sich auch gesellschaftlich, sponserte den 1. FC Saarbrücken und stellte 1989 etwa 8,5 Millionen DM für Kultur und Sport zur Verfügung. Peugeot förderte zudem 1991 das deutsch-französische Theaterfestival «Perspéctives», ein Schmuckstück des Saarbrücker Kulturangebotes, mit 150.000 DM. Die Testwagen von Peugeot wie auch die in der Werbung präsentierten Fahrzeuge waren mit «SB», also ihrem Saarbrücker Autokennzeichen, Botschafter der Landeshauptstadt. In Saarbrücken lag der Marktanteil von Peugeot meist etwas über

Der Peugeot 207 *vor dem UNESCO Weltkulturerbe Völklinger Hütte. Symbol der Strategie, Peugeot als saarländisches Auto zu vermarkten.*
| Fotograf: Klaus Winkler, Stadtarchiv Saarbrücken, VL K. Winkler, Nr. 1133/5.

Zu den besonders erfolgreichen und auch im Saarland sehr populären Peugeot-Modellen *zählte insbesondere der 205. Er wurde auch zur «Glücksnummer» für den Konzern, weil er Peugeot aus der Absatzkrise der frühen 1980er Jahre herausführte, zit. Peugeot-Werbung.*

20 Prozent, wahrscheinlich der weltweit höchste. Umso schmerzhafter die Entscheidung, 2013 den Standort aufzugeben und nach Köln zu ziehen, um sich mit der dort ansässigen Importorganisation von Citroën zu vereinen. Noch 1989 hatte der damalige Chef der Deutschen Peugeot Pierre Baehr gesagt: «Der Standort Saarbrücken bringt nur Vorteile». Bereits 1982 hatte es Gerüchte gegeben, Peugeot wolle nach Köln umziehen und seine Importorganisation mit der schon in Köln ansässigen von Citroën zusammenlegen.[14]

Übrigens wurden über Jahrzehnte die Prospekte von Peugeot und Renault für den deutschen Markt in Saarbrücken bei der Druckerei Klinke gedruckt. Wenn Industriezentralen und Führungsebenen von Firmen wie etwa die deutsche Peugeot-Importorganisation vor Ort sind, dann fördern sie die Entwicklung und auch die Neugründung mittelständischer Unternehmen.

Pressefoto *zur Vorstellung des neuen Peugeot 305. Nachtaufnahme vor dem Saarbrücker Staatstheater, 1978.* | Fotograf: Klaus Winkler, Stadtarchiv Saarbrücken, VL K. Winkler, Nr, 1131/12.

Peugeot *engagierte sich über Jahre auch sozial und unterstützte Aktionen des Sparvereins, der etwa den Sozialstationen im Land PKW's zur Verfügung stellte.* | Fotograf: Klaus Winkler, Stadtarchiv Saarbrücken, VL K. Winkler, Nr. 1126/7.

Peugeot 308 CC und Peugeot 407 Coupé *vor der Ludwigskirche, einem der Wahrzeichen der Landeshauptstadt Saarbrücken.* | Fotograf: Klaus Winkler, Stadtarchiv Saarbrücken, VL K. Winkler, Nr. 1133/1.

Ein Paradebeispiel dafür ist die Offsetdruckerei Klinke & Co. Sie druckte fast ein halbes Jahrhundert die Prospekte von Peugeot und Renault – Millionen von Prospekten «Made in Saarbrücken by Klinke» gingen in die BRD und auch zu den Händlern und Importzentralen der deutschsprachigen Märkte in Österreich und der Schweiz.[15]

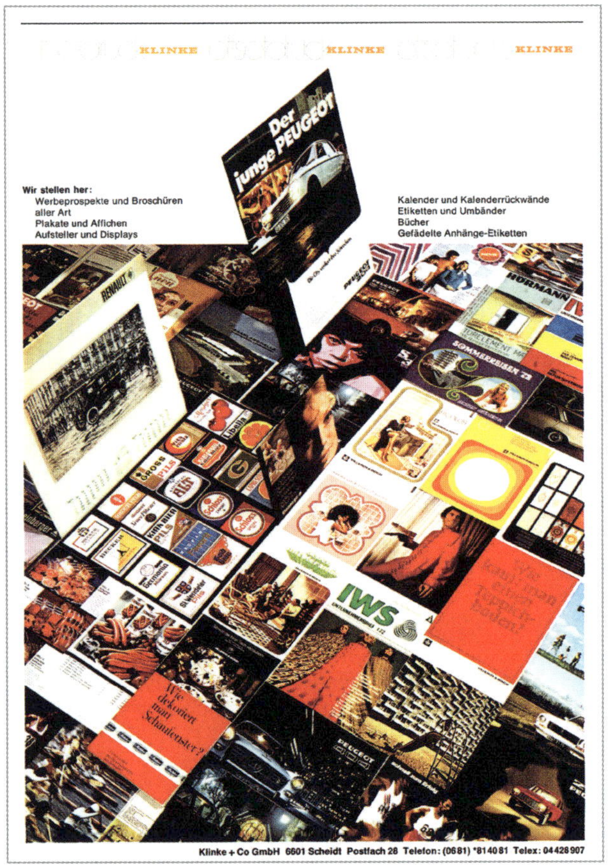

***Die Druckerei Klinke** wirbt mit ihren Produkten, 1. Hälfte 1970er Jahre. Peugeot war ein Stammkunde der Saarbrücker Druckerei.*

«Wer bei Ford arbeitet, kann sich etwas leisten»

Unter anderem mit diesem Slogan warb Ford im Jahr 1970 um Arbeitskräfte für sein Saarlouiser Werk.[16] Am 22. Juni 1965 hatte der amerikanische Ford-Konzern beschlossen, eine Fabrik in Saarlouis zu errichten. Das Ford-Werk war der erste große Ansiedlungserfolg der Landesregierung unter Ministerpräsident Dr. Franz Josef Röder (CDU). Der damalige Bundeskanzler Prof. Ludwig Erhard (CDU) wusste von den Absichten des Unternehmens, ein weiteres Werk in Europa für den wachsenden EWG-Markt zu bauen. In Abstimmung mit der Landesregierung brachte er das Saarland ins Spiel. Der erste Ford lief dann am 16. Januar 1970 in Saarlouis vom Band. Das Werk Saarlouis bildete einen Meilenstein im Strukturwandel des Saarlandes, um die verlorenen Arbeitsplätze im Bergbau zu kompensieren. Vom wachsenden EWG-Markt wollten auch amerikanische Firmen profitieren und wussten dabei, dass dies Investitionen vor Ort erforderte. Das Saarland war für das EWG-Geschäft geografisch mit seiner direkten Nachbarschaft zu Frankreich und Luxemburg sowie der Nähe zu Belgien besonders interessant. Zudem verfügte es über gut ausgebildete Arbeitskräfte. Das Bundesland Saarland galt auch als EWG-Testmarkt, nach dem wirtschaftlichen Beitritt des Saarlandes zur Bundesrepublik am 6. Juli 1959 bestand der seit der Autonomiezeit geltende zollfreie Warenverkehr des Saarlandes mit Frankreich weiter. In der Bundesrepublik und im EWG-Raum wurde er erst 1969 vollzogen.[17]

Das machte das Saarland für Investoren seinerzeit interessant. In allen europäischen Kohlerevieren kompensierten neu errichtete Autofabriken die weggefallenen Arbeitsplätze im Bergbau. Die Autobranche war seinerzeit die große Wachstumsbranche und stand so wie heute die IT-Branche für Zukunft und Wohlstand. Über 15 Millionen Ford «Made in Saarlouis» sind seitdem vom Band gelaufen, exportiert in viele Länder der Erde.

Wie viele Prominente zu den Kunden eines Ford aus Saarlouis zählen, wird dabei wohl nie erforschbar sein, zwei legendäre Persönlichkeiten sind aber bekannt: Ende April 1981, wahrscheinlich am 21., lief ein Escort 1,6 in der noblen Ghia-Ausstattung mit Sonnendach, Zentralverriegelung und elektrischen Fensterhebern vom Band. Bestimmt war der in Silbermetallic lackierte Saarlouiser Escort für Lady Diana Spencer, die Verlobte von Prinz Charles. Ford-Gruppenleiter Peter Backes kommentierte damals: ***«Wir bauen nur gute Autos, ob für Könige oder für einfache Arbeiter»***.[18] Ein weiterer Escort-Fahrer «Made in Saarlouis» war der polnische Bischof Karl Wojtyla, der im Oktober 1978 mit einem hellroten Ford Escort 1100 GL (Modell MK II, Baujahr 1980) zur Papstwahl nach Rom fuhr und als Papst Johannes Paul II. Geschichte schreiben sollte. 30 Jahre später wurde dieser Saarlouiser Escort versteigert.[19]

***Arbeitsplätze für das Saarland.** Ford wirbt um Arbeitskräfte, Saarbrücker Zeitung, 4. April 1970.*

2. Die Genese des Auto-Landes Saarland

***Dr. Franz Josef Röder** – voller Stolz auf den Ansiedlungserfolg. Der erste Escort läuft vom Saarlouiser Band, 16. Januar 1970.* | Fotograf: Gerhard Heisler, Stadtarchiv Saarbrücken, Vorlass Gerhard Heisler, Nr. 1893.

Die Geschichte des Saarlandes als Auto-Land begann nicht erst 1965 mit der Ansiedlung von Ford. Einen Schritt in Richtung Automobilindustrie hatte das Saarland bereits nach dem Zweiten Weltkrieg vollzogen, als die Kohle noch als schwarzes Gold, als Reichtum des Landes galt und über 60.000 Menschen im Bergbau arbeiteten. Maßgeblich dafür waren auch die Weichenstellungen der französischen Besatzungsmacht an der Saar. Das Saarland wurde 1945 von Deutschland abgetrennt und die Wirtschafts- und Währungsunion mit Frankreich war seit November 1947 in der Verfassung verankert.

Erste Ansätze zum Auto-Land Saar in der Autonomiezeit (1947-1955)

So wurden von der französischen Militärregierung Produktionskapazitäten von Firmen aus der französischen Besatzungszone und des französischen Sektors in Berlin an die Saar verlagert, einige davon werden in der zitierten BMW-Anzeige aus dem Jahr 2012 genannt wie etwa Bosch. Noch in der NS-Zeit hatte das Unternehmen im Lauf des Jahres 1944 seine Produktion von Stuttgart-Feuerbach nach Reutlingen verlagert. Auf französische Weisung wurden diese Anlagen 1946 nach Homburg ins Saarland transportiert. Daraus entstand das Unternehmen «Feintechnik». Der französische Hersteller und Konkurrent von Bosch, die Firma Lavalette, hielt bis 1950 eine Beteiligung, dann stieg das Land ein. Mit dem Beitritt des Saarlandes 1957 zur Bundesrepublik übernahm Bosch wieder das Unternehmen und baute den Standort Homburg ab 1961 aus.[20]

Das heutige ThyssenKrupp-Werk in Homburg geht auf die 1947 gegründete Gerlach GmbH zurück, an der früher die Firma Röchling beteiligt war. Auch dieses Unternehmen arbeitete nach 1945 mit Maschinen aus der französischen Besatzungszone und fertigte in der Autonomiezeit Kurbelwellen, vor allem für die französische Automobilindustrie und ab 1964 auch Achsschenkel für VW. Das Unternehmen Saar-Gummi Büschfeld produzierte nach 1945 mit im französischen Sektor Berlins demontierten Produktionsanlagen für Kautschukartikel. Im Jahr 1948/49 gab es Überlegungen seitens der französischen Wirtschaftsplanung, in den unter Sequester stehenden Röchling'schen Eisen- und Stahlwerken in Völklingen, Bleche für den Staatskonzern Renault fertigen zu lassen. Die in Herzogenaurach beheimatete Firma INA Schaeffler gründete 1951 die Saar-Nadellager OHG mit dem Ziel, vom autonomen Saarland aus die französische Automobilindustrie zu beliefern. Gut vertreten im Frankreich-Geschäft war die traditionsreiche Schraubenfabrik Karcher in Beckingen bei Merzig.[21]

1965: «Geheimsache» Ford Saarlouis

In ihrer Ausgabe zu Ostern 1965 berichtete die Saarbrücker Zeitung erstmals über ein mögliches Ford-Werk im Raum von Saarlouis und Dillingen. Wohl kurz zuvor zeichnete sich die erfolgreiche Ansiedlung bereits ab. Am 17. März 1965 hatte Bundeskanzler Ludwig Erhard der Landesregierung vorgeschlagen mit Ford in Kontakt zu treten. Erhard wusste von den Planungen, ein weiteres neues Ford-Werk in Europa zu bauen.

Bereits am 19. März trafen der saarländische Wirtschaftsminister Eugen Huthmacher (CDU) und Vertreter des Bundeswirtschaftsministeriums mit Ford-Generaldirektor Robert Layton, einem in Deutschland geborenen Amerikaner, zusammen. Die Ansiedlung von Ford in Saarlouis war zu diesem Zeitpunkt wohl sicher. Die Saarbrücker Zeitung berichtete dann am 17. April 1965: «Ford an der Saar?» Angesichts der gescheiterten Ansiedlung von Opel zu Beginn der 1960er Jahre hatte die Landesregierung auch mit der Saarbrücker Zeitung Stillschweigen vereinbart. Damals sollen Industriebetriebe im Land die Ansiedlung neuer Betriebe verhindert haben. Knapp vier Wochen später fanden am 29. April 1965 Verhandlungen mit dem Saarlouiser Landrat, der Stadt Saarlouis und der Dillinger Hütte statt. Und am 21. Juni 1965 wurde ein Vorvertrag zum Erwerb der Grundstücke am Röderberg über ein 1,6 Millionen Quadratmeter großes Industriegebiet unterzeichnet.[22]

Dazu stellte auch die Dillinger Hütte Flächen zur Verfügung. An ihre konstruktive Rolle ist zu erinnern, denn die Privatgruben und Hütten an der Ruhr hatten bei den Bemühungen von Ford und Opel, dort Werke zu errichten, keine Verkaufsbereitschaft gezeigt. Durch den Erwerb von Grundstücken verhinderten sie vielmehr die Ansiedlung von Autowerken, weil sie Lohnkonkurrenz und Arbeitskräfteverknappung fürchteten. Und so hatte auch die Stadt Bochum in Geheimverhandlungen Opel an die Ruhr gebracht.[23]

Am 22. Juni 1965 verkündete schließlich Bundeskanzler Ludwig Erhard auf einer Wahlkampfveranstaltung in Saarlouis, fünf Tage vor den Landtagswahlen, die definitive Ansiedlung von Ford in Saarlouis. Am 26. Januar 1966 wurde im Gobelinsaal des Saarlouiser Rathauses der Vertrag zum Grundstücksverkauf unterzeichnet. Saarlouis, das mit Essen konkurrierte, hatte sich als Standort durchgesetzt. Ford dachte ursprünglich auch an eine Ansiedlung in Lothringen oder dem Elsass, ebenso sollen Koblenz und Bochum im Gespräch gewesen sein.[24]

Stationen der Ford-Ansiedlung in Saarlouis:[25]

30.3.1965	Besuch von Ford im Saarland, Gespräche mit der Dillinger Hütte zwecks Erwerbs von Gelände der Hütte auf Rodener Bann
12.4.1965	Überfliegen des Geländes durch den Präsidenten der Ford-Werke
18.6.1965	Gespräch von Generaldirektor Layton mit dem Wirtschaftsminister Dr. Eugen Huthmacher
20.6.1965	Ankauf des Industriegeländes
16.9.1966	Grundsteinlegung durch Generaldirektor Layton

Autoindustrie als typisches Rezept gegen die Kohlekrise

Die Ansiedlung von Automobilindustrie galt seinerzeit als wirksames Rezept, um das Ende des schwarzen Goldes abzumildern und ebenso ab 1975 die Folgen der Stahlkrise. Vor allem in den 1960er Jahren sollte die Ansiedlung von Automobilwerken und chemischer Industrie die Montankrise lindern. Dies bot sich an, denn die Automobilindustrie sollte zum großen Leitsektor der westeuropäischen Volkswirtschaften werden und ebenso galt die Chemie als bedeutsame Zukunftsbranche.[26]

Das Saarland vollzog damit ab 1965 eine für den Strukturwandel in Montanrevieren typische Entwicklung. Vorbild für die Saarländer war das Opel-Werk in Bochum. Als 1960 die Entscheidung von General Motors für Bochum fiel, feierte man an der Ruhr die Entscheidung mit den Worten: «Wir haben den Goldfisch geangelt.»[27] 1963 nahm Ford im belgischen Genk mit einem weiteren Werk die Produktion auf.[28] Auch im nordfranzösischen Montanrevier errichtete vor allem in der zweiten Hälfte der 1960er Jahre der Staatskonzern Renault Fabriken, um die Folgen der Kohlenkrise zu mildern.[29]

Als sich 1965 Ford für Saarlouis entschied, war dies ein Durchbruch in den Bemühungen der Röder-Regierung zum Strukturwandel. Der französische Nachbar in Lothringen schaute voller Bewunderung auf die Saar und ihre wachsende Automobilindustrie. Zwar hatten in den 1960er Jahren einige kleinere Zulieferbetriebe in der Moselle eröffnet wie der Reifenhersteller Continental in Sarreguemines 1964, der Bremsenhersteller Girling 1968 in Bouzonville, ein Getriebewerk von Citroën bei Metz sowie Kléber und Michelin 1968 in Toul. Es waren aber alles recht kleine Fabriken. Einen größeren Beitrag zum Strukturwandel in den lothringischen Departements leistete die französische Automobilindustrie erst 1979 mit dem Motorenwerk von PSA in Trémery bei Metz, das sich im Lauf der Jahre zu einem der größten Motorenwerke der Welt entwickeln sollte, in dem vor allem Dieselaggregate produziert wurden.[30]

Automobilindustrie und Strukturwandel – auch eine Geschichte der Blockierer

Als Bundeswirtschaftsminister wollte Ludwig Erhard neue Automobilwerke vor allem in strukturschwachen Gebieten wie der Eifel, dem Hunsrück oder im Emsland angesiedelt wissen. Als Ford nach Opel im Jahr 1960 auch ein Werk im Ruhrgebiet errichten wollte, verhinderte dies die dortige Landesregierung gemeinsam mit den Zechenbesitzern. Ford bekam nicht die avisierten

Standorte Herten und Hamm. Die Investoren bevorzugten jedoch die Ballungsgebiete. Deshalb entschied sich Ford schließlich für Genk in Belgien.[31]

Das Saarland konnte es sich gar nicht leisten, Investoren abzuweisen. Die Rolle des Verhinderers spielten hier wie in NRW vor allem die Montanindustrie und Betriebe vor Ort. Anfang der 1960er Jahre sollte die saarländische Landesregierung deren Widerstand zu spüren bekommen. Passend dazu die Aussage von Saarbergchef Hubertus Rolshoven im Jahr 1964: «Ein überstürzter Strukturwandel zu Lasten der Kohle könne in Anbetracht der auf alle Wirtschaftsbereiche ausstrahlenden hohen Wertschöpfung (…) unerwünschte Rückwirkungen haben.»[32]

Nicht zuletzt diese Erfahrung führte zu den geheimen Verhandlungen der Röder-Regierung mit Ford, die dann 1965 mit der Entscheidung für den Standort Saarlouis erfolgreich zum Abschluss kamen. Eine konstruktive Rolle spielte dabei wie erwähnt die Dillinger Hütte. Das Saarlouiser Ford-Werk auf dem Röderberg befand sich in Sichtweite zu dem traditionsreichen Hüttenwerk und ließ die Städte Saarlouis und Dillingen fast zusammenwachsen. Die Montanindustrie fürchtete in den 1960er Jahren die Lohnkonkurrenz zur Automobilindustrie und zur Fabrikarbeit generell. Wie irrational diese Perspektive war, zeigt das Beispiel um die Ansiedlung des Reifenherstellers Kléber in St. Ingbert im Jahr 1969. ARBED betrieb in St. Ingbert ein kleines Drahtwerk, kritisierte aber forsch die Entscheidung der Stadt zur Ansiedlung des Reifenwerkes und verband dies mit der Drohung, dass der ARBED-Standort St. Ingbert nun gefährdet sei.[33]

***Der erste Escort** war ein sehr biederes Auto. Als Escort RS 2000 wurde aus dem robusten Gefährt ein hartes Sportgerät, zit. Ford-Werbung 1973.*

In Lothringen behinderte insbesondere die kommunistische Gewerkschaft CGT die Ansiedlung von Automobilindustrie. In der zweiten Hälfte der 1970er Jahre gab es erneut Ambitionen von Ford, ein Werk in Lothringen zu bauen. Verbündete der CGT waren bizarrerweise die heimischen Autohersteller. Sie protestierten dagegen, weil sie die amerikanische Konkurrenz fürchteten. Die Gewerkschaften pochten auf einer Erhaltung der Monostruktur und forderten eine umfassende Modernisierung der lothringischen Montanindustrie. Die Contra-Haltung der Automobilhersteller erleichterte es einige Zeit später dem französischen Staatspräsidenten Valéry Giscard d'Estaing, angesichts der Krise in Lothringen, die heimische Automobilindustrie unter Druck zu setzen und sie aufzufordern, sich endlich im krisengebeutelten Lothringen zu engagieren. PSA investierte daraufhin in das Motorenwerk Trémery bei Metz – das bildete den Auftakt zur verspäteten Entwicklung der Automobilindustrie in Lothringen als Beitrag zum Strukturwandel.[34]

3. Aufbruch mit Ford in ein neues Zeitalter an der Saar

Die Ansiedlung von Ford bildete eine Zäsur in der saarländischen Geschichte. Sie war der Aufbruch zum Strukturwandel. Endlich konnte eine Trendwende erreicht werden, erlebte das Saarland doch seit 1958 mit dem Zechensterben eine Abwärtsentwicklung. Ford verbreitete Aufbruchsstimmung. Auch für die Saarbrücker Zeitung hatte der Name Ford seinerzeit eine Faszination: «Ford, ein internationaler Name kommt an die Saar».[35] Der zweitgrößte Autokonzern der Welt kam ins Saarland und errichtete hier nun erstmals ein Automobilwerk. Das wurde als Signal an alle Investoren und Konzerne der Welt gewertet.

Das Michelin-Werk in Homburg.
| Foto: PR-Michelin, Stadtarchiv Saarbrücken, Dep. SZ LB, Nr. 180/19.

Die für ihre Röhren weltbekannte Halberger Hütte nahm 1968 eine der modernsten Gießerei-Anlagen Europas in Betrieb und setzte dabei auf die Automobilindustrie als Kunde. Generaldirektor Jean Varoquaux sprach von dem «erfreulichen Trend der Autoindustrie, sich in der Nähe des saarländischen Wirtschaftsraums anzusiedeln».[36]

Das St. Gobain gehörende Unternehmen sollte kurze Zeit später Renault als Kunden gewinnen und bis 1977 bereits eine Million Getriebegehäuse für die Modelle Renault 5 und 6 produzieren, die im Motorenwerk Cléon bei Rouen fertig bearbeitet und montiert wurden.[37]

Motorblöcke und Zylinderköpfe *für die europäische Automobilindustrie. Werbung von Halberg Guss, frühe 1980er Jahre.*

In Saarlouis bezog Ford 1966 in der Lothringer Straße 13 ein Büro und begann mit dem Anwerben von Arbeitskräften. Bereits am 16. September 1966 kam Ford-Generaldirektor Layton zur Grundsteinlegung.[38] Ausgerechnet zeitgleich erlebte die Automobilindustrie und vor allem Hersteller wie Opel und Ford erstmals nach dem Krieg eine Konjunkturflaute. Diese erfasste die gesamte deutsche Wirtschaft und Ford warb mit massiven Preisnachlässen und Sondermodellen, um den Verkauf anzukurbeln. Die Stimmung verdüsterte sich. In Saarlouis kamen Ängste um die Zukunft des zugesagten Werkes auf.[39] Doch mit der Großen Koalition unter Bundeskanzler Kurt Georg Kiesinger (CDU) verbesserte sich die wirtschaftliche Lage. Gleichwohl reduzierte Ford die Zahl der vorgesehenen Belegschaft deutlich, geplant waren in Saarlouis ursprünglich über 10.000 Mitarbeiter, 1970 mit der Aufnahme der Escort-Produktion waren es weniger als 6.000.[40]

Am 1. August 1968 nahm Hans Rasch, der erste Direktor des Saarlouiser Werkes, das Presswerk in Betrieb. Die in Saarlouis gefertigten Karosserieteile wurden in die Ford-Werke nach Köln, Genk (Belgien) und nach Liverpool geliefert.[41]

Das Werk von Eberspächer *in Neunkirchen zur Herstellung von Schalldämpfer- und Auspuffanlagen.*
| Fotograf: Willi Hiegel, Stadtarchiv Saarbrücken, Dep. SZ LB, Nr. 166/14.

Das Reifenwerk von Kléber *in St. Ingbert. Für die Ansiedlung musste viel Wald gerodet werden, seinerzeit deshalb umstritten. In den 1990er Jahren schloss das Werk.*
| Fotograf: Franz Eifel, Stadtarchiv Saarbrücken, Dep. SZ LB, Nr. 176/86.

Am Freitag, den 16. Januar 1970, lief dann in Saarlouis das erste montierte Auto vom Band. Es war ein weißer Escort. Zur Eröffnung war neben Ministerpräsident Röder auch der frühere Kanzler Erhard gekommen, damit sollte seine wichtige Rolle bei der Ansiedlung gewürdigt werden. Henry Ford II. konnte seinerzeit nicht dabei sein. Er besuchte das Saarlouiser Werk

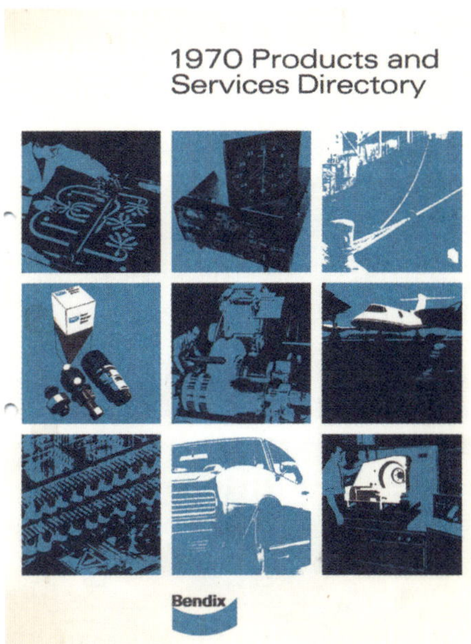

__Keine nachhaltige Ansiedlung:__ Das Saarbrücker Bendix-Werk schloss bereits 1975.

__Michelin__ bewarb seine Investition in Homburg, Werbeanzeige 1970.

am 11. Juni 1970, dieses Datum galt nun als offizielles Einweihungsdatum.[42] Die Ansiedlung von Ford war nicht nur ein gefühlter Aufbruch. Eine Vielzahl von Automobilzulieferern sollte sich insbesondere zwischen 1968 und 1973 im Saarland ansiedeln, darunter etwa Bendix-Bremsen und der Getriebehersteller ZF in Saarbrücken. Ausschlaggebend für den Standort war die Lage des Saarlandes mitten in Europa und seine Grenzlage zu Frankreich und Benelux. Zu dieser Aufbruchsstimmung passte auch die Entscheidung von Citroën und NSU, in Altforweiler an der Grenze zu Frankreich ein Werk zur Herstellung von Wankel-Motoren zu errichten.[43] Und so schrieb die Saarbrücker Zeitung im Juni 1972: «Gar nicht so abwegig: Saarland als Autoland».[44]

Überblick über Ansiedlungen der Automobilindustrie im Saarland:

1961	Werkzeug- und Maschinenfabrik Walther Nothelfer in Wadern, daraus entwickelte sich ThyssenKruppSystem Engineering
1965	Pebra Sulzbach, 1996 in Magna-Konzern integriert, Produktion von Zierleisten, später Fahrzeugteile wie Frontschützen, Spoiler, Kühlergrill, Verkleidungen
1967	Gründung der Peugeot-Deutschland GmbH als Importorganisation für die Bundesrepublik Deutschland, Übernahme der früheren Kraftfahrzeughandelsgesellschaft KHG durch Peugeot, Umzug, Ausbau und Erweiterung in Saarbrücken-Güdingen ab 1973, 2013 Verlagerung der Importorganisation nach Köln
1968	Festo, St. Ingbert-Rohrbach, Prozessautomatisierung, pneumatische und elektrische Antriebe
1970	Michelin-Reifenwerk in Homburg
1971	Kléber-Reifenwerk in St. Ingbert, heute geschlossen
1972	Auspuffanlagen Eberspächer in Neunkirchen
1972	Drahtcord Saar GmbH in Merzig, ein gemeinsames Reifenwerk von Continental, Pirelli und Dunlop. Gut 20 Jahre später wurde es geschlossen
1972	Bendix Saarbrücken und Neunkirchen, Schließung von Saarbrücken 1975
1973	Bendix-Caravanwerk in Wiebelskirchen, heute geschlossen
1973	Beginn der ZF-Automatikgetriebeproduktion in Saarbrücken
1977	Eröffnung der Daimler-Benz Niederlassung Saarbrücken auf dem ehemaligen Bendix-Gelände, heute Torpedo-Garage.

Der Fiesta bringt Saarlouis ins Rennen

Der ab 1970 in Saarlouis gebaute Escort MK 1 war ein technisch sehr bescheidenes Auto. Aufgrund der Form seines Kühlergrills und der Frontscheinwerfer bürgerte sich der Spitzname «Hundeknochen» ein. Mit Hinterradantrieb, Starrachse und Blattfedern war der Escort schon bei seinem Erscheinen 1969 technisch veraltet und konnte in Fahreigenschaften und Fahrkomfort mit den neuen europäischen Kompaktwagen aus Frankreich und Italien nicht mithalten. Vor allem auf dem deutschen Markt verkaufte er sich enttäuschend und lag weit hinter dem technisch ebenfalls anspruchslosen Opel Kadett. Umso erstaunlicher, dass Ford im Herbst 1971 die Produktion von 800 bis 900 auf rund 1.600 Autos täglich steigern und dazu die Belegschaft auf 10.400 erhöhen wollte. Seinerzeit litt Ford Saarlouis unter einer hohen Fluktuation, in einer Expertise des Direktors des Saarlouiser Arbeitsamtes vom 20. September 1971 wird als Ursache dafür «mangelnde Personalpflege» genannt. Viele kündigten schon nach kurzer Zeit, das Arbeitsamt empfahl, die Zahl der Lehrlinge zu erhöhen, auch Jugendliche unter 18 Jahren einzustellen und vor allem mittelfristig bis zu 2.000 Frauen zu beschäftigen. Die Aufstockung um mehr als ein Drittel auf 10.400 Mitarbeiter sei nur mit einem von Ford finanzierten Wohnungsbau zu lösen, um erfolgreich Türken, Italiener und Jugoslawen aus dem Bundesgebiet für Saarlouis zu gewinnen.[45] Im Januar 1972 fuhr Saarlouis Kurzarbeit. Um das Saarlouiser Werk auszulasten, lief bereits zusätzlich das legendäre Sportcoupé namens Capri vom Band. Gut zwei Jahre nach Produktionsanlauf des Escort in Saarlouis traf die Ölkrise mit Verknappung und Preisexplosion die Autobranche. Der Volumenhersteller Ford wurde besonders hart getroffen, zumal Ford mit Taunus, Consul und Granada größere Mittelklassewagen herstellte, die nicht im Ruf standen, Spritsparer zu sein. Die Ford-Kundschaft kam aus der Mitte der Gesellschaft, Hersteller mit kaufkräftiger Kundschaft wie BMW und Mercedes waren von der Krise weniger betroffen.

Saarlouis litt zudem unter der Streikfreudigkeit der englischen Ford-Werker, so dass 1971 und 1972 Saarlouis zur Kurzarbeit gezwungen war, weil Motoren aus England nicht verfügbar waren. Als Glücksfall erwies sich der neue deutsche Ford-Chef Robert A. Lutz, der die Serienausstattung deutlich verbesserte und als erster in Deutschland produzierender Hersteller eine einjährige Garantie gewährte. Ford erholte sich rasch und rangierte 1975 hinter VW auf Platz 2 der Zulassungszahlen.[46] Zum Erfolg trug auch der 1974 vorgestellte neue Escort (Mk II) bei, der sich besser als sein Vorgänger verkaufte und zur guten Marktentwicklung für Ford 1975 beitrug.

Erst der 1976 präsentierte Fiesta sorgte für einen Ford-Boom. Er galt seinerzeit als der modernste Ford, gebaut in Saarlouis als der modernsten Produktionsstätte. Auch das spanische Werk in Valencia fertigte den Fiesta, denn Kleinwagen waren in den südeuropäischen Ländern besonders begehrt. Die Saarlouiser Escort-Produktion wurde nun nach Köln verlagert.

Am 12. Februar 1971 *lief der Escort Nr. 100.000 «made» in Saarlouis vom Band.*

| Fotograf: Julius Schmidt, Stadtarchiv Saarbrücken, Dep. SZ LB.

Am 25. Mai 1973 *lief der fünfhunderttausendste in Saarlouis gebaute Ford vom Band. Ein hellroter Capri V 6 mit schwarzem Vinyldach.*

| Fotograf: Julius Schmidt, Stadtarchiv Saarbrücken, Dep. SZ LB, Nr. 204/18.

***Der Capri der ersten Generation** sollte zu einem der legendärsten Ford-Modelle werden, auch er wurde zeitweise in Saarlouis gebaut, zit. Werbung 1969/70.*

***Mit dem Fiesta** baute Ford-Saarlouis einen Kassenschlager, zit. Werbung 1979.*

***Der weltweit gebaute Millionste Capri** lief am 6. September 1973 in Saarlouis vom Band. Ein weiß-blauer Capri RS mit 150 PS. Dieses Exemplar sollte auf der wenige Tage später beginnenden Internationalen Automobilausstellung in Frankfurt ausgestellt werden.* | Fotograf: Ferdi Hartung, Stadtarchiv Saarbrücken, Dep. SZ LB, Nr. 204/19.

***29. März 1976:** Der Millionste in Saarlouis gebaute Ford, ein Escort Mk II, den Ford der Aktion Sorgenkind schenkte. Zur Feier war der deutsche Ford-Chef Robert A. Lutz gekommen (2. von rechts), Ministerpräsident Röder (3. von links) und ZDF-Intendant Prof. Holzamer (stehend an der Fahrertür).* | Fotograf: Ferdi Hartung, Stadtarchiv Saarbrücken, Dep. SZ LB, Nr. 204/21.

***Franz Beckenbauer** startete in Saarlouis zur Fiesta Marathon-Fahrt. Ministerpräsident Röder gab wohl gute Ratschläge.* Fotograf: Ferdi Hartung, Stadtarchiv | Saarbrücken, Dep. SZ LB, Nr. 204/22.

Mit dem Fiesta fand Ford Anschluss an den modernen europäischen Kleinwagen mit Vorderradantrieb und Heckklappe. Im Unterschied etwa zu den damals beliebten Fiat 127, Renault 5 und VW Polo bot Ford von Anfang an eine Vielzahl von Motoren und vielfältige Ausstattungsvarianten an. Erstmals war es möglich, einen Kleinwagen mit zahlreichen Extras ganz individuell und anspruchsvoll auszustatten. Der Fiesta war auch in der noblen Ghia-Ausstattung lieferbar. Dazu zählten flauschige Teppiche, besonders feine Sitzbezüge und Holzapplikationen. Damit war Ford Vorreiter beim Trend zum luxuriös ausgestatteten Kleinwagen – eine Reaktion des Marktes auf die Ölkrise, der sich auch mit der zweiten Ölkrise 1979/80 verfestigte.

Von Saarlouis aus veranstaltete Ford eine «Marathon-Fahrt», um die Vollwertigkeit des kleinen Autos zu beweisen. Ein Fiesta in Gelb startete am 26. Januar 1977 um 15.20 Uhr mit Fußballstar Franz Beckenbauer am Steuer zum «Autobahn-Marathon». Dabei wechselten sich neun Fahrer und auch zwei Fahrerinnen ab, und fuhren die Autobahn von Köln über München nach Hamburg auf und ab. Am 11. Juni 1977 hatte der kleine Gelbe stolze 300.000 Kilometer erreicht. Die Aktion endete am 13. Juni 1977 bei erfolgreich zurückgelegten 301.351 km. Der Durchschnittsverbrauch lag bei 7,19 Litern. Im Heck des Fiestas war eine Leuchtanzeige angebracht worden, so dass während der gesamten Aktion alle vorbeifahrenden Verkehrsteilnehmer den Kilometerstand ablesen konnten. Für jeden zurückgelegten Kilometer spendete Ford der deutschen Krebshilfe 10 Pfennig.[47]

Der Fiesta wurde rasch in ganz Europa zum Verkaufserfolg, galt als robuster und gut verarbeiteter Kleinwagen, und avancierte zum zeitweise meistverkauften Auto. Mit der Fiesta-Produktion stieg die Beschäftigtenzahl in Saarlouis auf über 8.000 an. Saarlouis baute ein Erfolgsmodell. Viele andere sollten folgen und dem Werk mehr oder weniger «wunderbare» und sorgenfreie Jahre schenken. Ford-Europa Chef Robert A. Lutz bilanzierte 1979: **«Unser Entschluss an der Saar zu produzieren, war richtig, weil wir hier Mitarbeiter fanden, deren Verständnis für Wertarbeit wesentlich zur Renaissance des Ford-Images beigetragen hat».**[48] Der Start des Bestsellers Fiesta fiel in die Epoche der Stahlkrise. Der Name Fiesta stammte übrigens von Henry Ford II. persönlich, kommt aus dem Spanischen und bedeutet «Fest»[49]. Für Ford wurde das Modell ein Grund zum Feiern und Auftakt für Autos[50], die in Technik und Design weniger dem amerikanischen als dem europäischen Automobilbau folgten.

__Die Zeitschrift Auto, Motor und Sport__ verloste beim Leserwettbewerb «Die besten Autokenner» 1979 als Hauptgewinn einen einmaligen in Saarlouis gebauten Fiesta im Wert von 35.000 DM. Der auf 70 PS aufgerüstete Fiesta, ausgestattet mit Doppelvergaser, verfügte unter anderem über Recaro-Sportsitze und eine als «Tonfabrik» bezeichnete Radioanlage von Blaupunkt. Mit zahlreichen Tuningteilen aus dem RS-Programm hob er sich äußerlich von der Serie ab. Einen ganzen Monat widmete man sich in Saarlouis dem Edel-Fiesta, auch Mitarbeiter der Autozeitschrift wirkten mit. Dieses Auto wurde auf ausdrücklichen Wunsch von Henry Ford II. Anfang Mai 1979 mit einer Boeing 747 von Frankfurt aus nach Chicago geflogen und von dort per LKW zur Ford-Zentrale nach Dearborn. Henry Ford II. wollte den Super Fiesta sehen, überreicht wurde das Auto an den Gewinner des Wettbewerbs auf der IAA in Frankfurt am 12. September 1979.[51]

__Mit dem 1980 vorgestellten Escort,__ erstmals mit Vorderradantrieb und Heckklappe, baute Saarlouis ein weiteres Erfolgsmodell des Konzerns.
| Fotograf: Klaus Winkler, Stadtarchiv Saarbrücken, VL K. Winkler.

Ford als «Segen» für das Saarland in der Stahlkrise

Zwischen 1975 und 1985 wurden die Saarhütten bis auf den Standort Dillingen von der Stahlkrise besonders hart getroffen. Ihre Restrukturierung fand erst Ende der 1990er Jahre ihren Abschluss. Zehntausende von Arbeitsplätzen gingen verloren und in den 1990er Jahren mussten zudem im Saarbergbau tausende von Arbeitsplätzen abgebaut werden. In dieser die Existenz des Saarlandes bedrohenden Zeit erwiesen sich die ein paar Jahre zuvor angesiedelten Firmen der Autobranche als Segen, der das Land vor dem wirtschaftlichen Untergang bewahrte, allen voran Ford. Zwischen 1975 und 1978 stellte Ford in Saarlouis weitere 1.300 Arbeitskräfte ein. Als 1979 Informationen aufkamen, die Fiesta-Produktion werde nach Köln verlagert, schürte dies große Ängste. Saarlouis identifizierte sich mit dem Fiesta, der sich auch gerade im Saarland glänzend verkaufte und Ford zur Nr. 1 in der saarländischen Zulassungsstatistik machte und dafür sorgte, dass Ford an Peugeot vorbeizog.[52]

Saarlouis produzierte mit dem ersten Fiesta eines der erfolgreichsten Autos der Automobilgeschichte. Am 9. Januar 1979 lief der Millionste Fiesta nach nur 31 Monaten und 29 Tagen vom Band. Nur der 1974 vorgestellte Golf war schneller, er erreichte die Million schon nach 27 Monaten und 17 Tagen, der Käfer hatte übrigens knapp zehn Jahre gebraucht. [53]

Am 24. Januar 1980 feierte das Werk dann zwei Millionen in Saarlouis produzierte Ford-Wagen.

Entwicklung der Beschäftigtenzahl:[54]

Jahr	Beschäftigte
1967	85
1968	723
1969	2.143
1970	5.650
1971	6.960
1972	6.800
1973	7.053
1974	6.421
1975	6.875
1976	8.000
1977	8.106

Am 13. Oktober 1980 rollte dann in Saarlouis erneut wieder der Escort vom Band. Sechs Jahre nach der Vorstellung des Golfs, der 1974 als Meilenstein der Automobilgeschichte Volkswagen rettete, zog Ford nun mit einem Auto in der Golf-Klasse nach. In Großbritannien führte der neue Escort über Jahre die Zulassungsstatistik an. Der Escort MK 3 brach mit der Tradition seiner Vorgänger. Er verfügte über Vorderradantrieb und eine kompakte Karosserie mit Heckklappe sowie einen variablen Innenraum. Seine aerodynamische Form und seine neuen Motoren sorgten für muntere Fahrleistungen bei sparsamem Verbrauch. Kurze Zeit vorher hatte Opel den Kadett erstmals im Golf-Format mit Vorderradantrieb vorgestellt. Der neue Escort verfügte sogar über eine hintere Einzelradaufhängung und verkaufte sich prächtig. Saarlouis fuhr Sonderschichten, die Beschäftigten arbeiteten am Limit. Im November 1980 meldete Saarlouis mit einer Tagesproduktion von 1.140 Fahrzeugen einen neuen Produktionsrekord unter allen europäischen Ford-Werken. 40 Prozent der Ford-Verkäufe entfielen auf den Escort. Er wurde zum Auto des Jahres 1980 gewählt. Bereits am 14. Januar 1981 zählte Saarlouis den 100.000 Escort und der Viertelmillionste lief als hellroter 1.3 GL am 12. August 1981 aus den Saarlouiser Werkshallen. Im Jahr 1983 stellte das Werk mit 312.000 Escort und Orion einen neuen Rekord auf und war schon seit 1976 der drittgrößte Arbeitgeber im Saarland. Mit einem Umsatz von zwei Milliarden DM war der Fahrzeugbau bereits 1976 neben der Montanwirtschaft zum größten Industriesektor an der Saar geworden. Bei der Grundsteinlegung des Ford-Werks 1966 arbeiteten im Saarland etwa 4.500 Menschen in dieser Branche, zehn Jahre später waren es fast 15.000.[55]

Es folgte dann ein Produktionsrekord auf den anderen. Der dreimillionste Ford aus Saarlouis lief am 18. August 1983 vom Band, ein silberner Orion 1.6. GL, der nach Nizza ausgeliefert wurde. Frankreich bildete einen wichtigen Exportmarkt, noch bedeutender war Großbritannien. Im Jahr 1984 erwirtschaftete Ford fast 40 Prozent des gesamten saarländischen Außenhandels.[56]

Saarlouis, das Vorzeigewerk, und das Saarland in Treue zu Ford

Als das Saarlouiser Werk eröffnet wurde, war es der 14. Produktionsstandort von Ford in Europa. Von Anfang an bekam Saarlouis die Abhängigkeiten der Konzernstrukturen zu spüren, konnte sich aber damit arrangieren und auch Profil gewinnen. In den 1970er und 1980er Jahren kam es immer wieder zu Kurzarbeit, wenn die

Werbung *für den vor allem in Saarlouis gefertigten Escort Mk II, gebaut von 1974 bis 1980. Die letzte Escort-Generation mit Hinterradantrieb.*
zit. Ford-Werbung 1979.

streikfreudigen britischen Ford-Werker die Produktion zum Erliegen brachten, denn in Saarlouis wurden aus England zugelieferte Motoren verbaut. Die Nähe des Saarlouiser Werkes zum Flughafen Saarbrücken-Ensheim war von Vorteil, mehrfach wurden Luftbrücken eingerichtet, um fehlende Teile rasch nach Saarlouis zu bringen oder umgekehrt Teile nach England zu liefern, wenn dort durch Arbeitskämpfe Engpässe auftraten. Saarlouis entwickelte sich in den 1970er und 1980er Jahren zum Schmuckstück von Ford-Europa und zu einem Vorzeigewerk.[57]

Die Saarländer bauten besser als andere Ford-Werker. Sie waren fleißiger, sorgfältiger und produktiver. So baute Saarlouis im Jahr 1978 einen Escort in 18,5 Stunden, im englischen Werk brauchten die Arbeiter 44,7. Streiks gab es in Saarlouis selten, ganz anders in England. Während bspw. in Saarlouis 1981 weniger als ein Prozent der Produktion in der Endkontrolle durchfielen, waren es in Halewood fast 14 Prozent.

Die Saarlouiser Beschäftigten brachten sich mit Verbesserungsvorschlägen in den Produktionsablauf mit ein. Ihre gute Arbeit bestätigten ihnen die Ford-Manager auch öffentlich.[58]

Auch im innerdeutschen Ford-Vergleich war Saarlouis Spitze. Während die Abwesenheitsquote im deutschen Durchschnitt bei zehn Prozent lag, war sie mit acht Prozent in Saarlouis deutlich günstiger.[59] Saarlouis arbeitete produktiver, obwohl eine Lohnstunde 1979 in einem deutschen Ford-Werk bei 22,62 DM lag, in England nur 10,00 DM kostete, in den USA 20,00 DM und mit 23,53 DM in Belgien am teuersten war.[60]

Rückblickend gewinnt man den Eindruck, dass die Kommunikation wie auch die Management-Entscheidungen der Ford-Europa-Organisation zumindest von Vertretern der IG Metall kritisch gesehen wurden. Da Saarlouis unter den Streiks im britischen Ford-Werk immer wieder leiden und Kurzarbeit fahren musste, forderte die IG Metall, im Raum Saarlouis ein Motorenwerk zu errichten, um von den streikfreudigen Briten unabhängig zu werden. So brachte Kurt Hartz, Chef der IG-Metall Saar, das geschlossene Wankelmotoren-Werk COMOTOR im nahen Altforweiler ins Gespräch. Immer wieder warb Saarlouis dafür.[61] Ford errichtete aber ein Motorenwerk im strukturschwachen Wales, einer armen Gegend mit besonders niedrigem Lohnniveau.[62]

Die Struktur von Ford-Europa mit den zahlreichen über ganz Europa verteilten Werken konfrontierte die Beschäftigten immer wieder mit Vergleichen. Im spanischen Valencia war zwischen 1973 und 1976 ebenfalls ein modernes Werk errichtet worden. Dort verdiente 1979 ein einfacher Arbeiter umgerechnet 1.100 DM, in Saarlouis waren es bei 173 Stunden im Monat aber 2.065 DM. Saarlouis behauptete sich dennoch, aber Ende der 1980er Jahre und im Zuge der verschärften asiatischen Konkurrenz sowie bestehender Überkapazitäten wurde der Druck immer stärker. In der Branche traf er zunächst die Zulieferer. Ford ging hier auch in Saarlouis einen besonderen Weg, nämlich die Zulieferer möglichst nahe ans Werk anzusiedeln, Zuliefererparks direkt beim Werk aufzubauen und über Transportbänder Teile und fertig montierte Module «Just in Sequence» zu verbauen. Saarlouis fertigte mit dem 1998 vorgestellten Focus so wieder ein Modell, das zu einem Millionenseller werden sollte. Mit ihm machte Ford dem Golf wie noch nie zuvor Konkurrenz und hängte den früheren starken Gegner Opel mit seinen Modellen Kadett und Astra ab.

Auch auf dem saarländischen Automarkt, der traditionell durch die starke Stellung französischer Fabrikate wie Peugeot geprägt war und sich vom Bund bis heute unterscheidet, konnte Ford große Erfolge erzielen. Die Saarländerinnen und Saarländer kauften Ford wohl auch im Bewusstsein, ihrem Land etwas Gutes zu tun. Bleibt abzuwarten, wie sich das Verhalten bei der Schließung des Saarlouiser Werkes und der Behandlung der Belegschaft auf das saarländische Konsumverhalten bei der Autowahl zukünftig auswirken wird. Fords Entscheidung der Werksschließung im Jahr 2022 wurde als Entscheidung gegen das Saarland wahrgenommen.

Escort-Produktion in Saarlouis 1992.
| Foto: Ford, Stadtarchiv Saarbrücken, Dep. SZ LB, Nr. 204/61.

Focus-Produktion in Saarlouis. *Dieses Modell steht für eine große Innovation in der Unternehmensgeschichte von Ford wie auch in der Werksgeschichte von Saarlouis.*
| Fotograf: Reiner Oettinger, Stadtarchiv Saarbrücken, Nachlass Reiner Oettinger.

Entwicklung der Marktanteile an Kfz-Zulassungen im Saarland:[63]

Rang	1976	1977	1978	1979
1.	Opel 16,5%	Ford 17,3%	Ford 17,4%	Ford 16,7%
2.	VW 15,9%	Opel 16,1%	Opel 14,6%	VW 14,0%
3.	Ford 15,4%	VW 14,7%	VW 14,2%	Opel 13,5%
4.	Peugeot 10,0%	Peugeot 9,2%	Peugeot 10,2%	Peugeot 9,1%

Rang	1980	1981	1982	1983
1.	Ford 16,0%	Ford 18,5%	Ford 16,3%	Ford 18,2%
2.	VW 14,0%	VW 14,4%	Opel 15,3%	Opel 14,6%
3.	Opel 13,2%	Opel 12,4%	VW 14,4%	VW 13,3%
4.	Peugeot 9,0%	Peugeot 8,0%	Renault 7,7%	Renault 6,1%

Rang	1986	1987	1988	1989
1.	Peugeot 16,0%	Peugeot 14,7%	Peugeot 15,4%	Peugeot 15,8%
2.	Ford + VW 13,3%	Ford 14,4%	Ford 14,3%	Ford 14,1%
3.	Opel 11,3%	VW 11,8%	Opel 11,6%	Opel 12,4%
4.	Daimler Benz 6,8%	Opel 11,3%	VW 10,7%	VW 10,8%

Die Comotorstraße in Altforweiler *erinnert an die vergessene aufregende saarländische Wankel-Geschichte.* | Foto: Ulrich Knaack.

Mit dem Weggang von Peugeot aus Saarbrücken im Jahr 2013 verlor Peugeot an Terrain, Fords Position im Saarland war insbesondere mit dem Erfolgsmodell Focus gewachsen. VW, Ford und Peugeot lieferten sich in den letzten Jahren mit Marktanteilen von zehn bis zwölf Prozent ein dichtes Rennen um Platz Eins, der häufig von VW belegt wurde, dicht gefolgt von Ford und Peugeot. Fords Marktanteil im Saarland lag in den letzten Jahren immer noch um fast ein Drittel über dem Bundesdurchschnitt.[64]

Gegenüberstellung des Ford-Marktanteils[65]

Jahr	Saarland	Bundesweit
1977	17,3%	14,4%
1978	17,4%	13,9%
1979	16,7%	11,9%
1980	16,7%	10,4%
1981	16,0%	11,7%
1982	16,3%	11,2%
1983	18,2%	11,9%

4. Saarbrücker Erfolgsgeschichte – ZF und seine weltweite Führungsrolle als Hersteller von Automatikgetrieben

Am 16. März 1971 war im Rathaus St. Johann in Saarbrücken der Ansiedlungsvertrag zwischen dem Getriebehersteller ZF[66] und der Stadt unterzeichnet worden. Saarbrücken hatte mit dem Gelände des ehemaligen und dem Bund gehörenden Großen Exerzierplatzes bei den Spicherer Höhen Ende der 1960er Jahre nach langem Hin und Her endlich Raum für wirtschaftliche Neuansiedlungen gewonnen. Die Stadt begann ab 1968 mit dem Spitzenbeamten Günter Ersfeld aktive Ansiedlungspolitik zu betreiben. Er baute ein Team zur Anwerbung auf, unter anderem mit Hartmut Haase.[67]

Saarbrücken punktet mit seiner Lage im Herzen Europas und der EWG als Wachstumsmarkt

Die Entscheidung von ZF für Saarbrücken als Standort erklärt sich aus seiner Lage im Herzen Europas und den Zeitumständen und das war der wachsende EWG-Markt.

Saarbrücken wurde erste Wahl und konnte sich gegenüber den Standorten Trier und Kaiserslautern sowie Freiburg durchsetzen – auch wegen seiner Nähe zu Frankreich und zu den

Peugeot-Werken in Sochaux als damals bedeutendstem Abnehmer.

Im Umkreis von 500 Kilometern konnte eine Vielzahl von Herstellern bedient werden. ZF suchte einen Standort «um einen gesamteuropäischen Markt zu versorgen», so ZF-Vorstand Robert Pirker 1969. Außerdem bezog ZF bei Produktionsaufnahme auch Teile aus Frankreich. Eine vom Werksgelände durchgängige Autobahnverbindung nach Paris war absehbar und der Anschluss an die A6 Richtung Mannheim gegeben. Im Saarbrücker Südraum stand viel Platz zur Verfügung und damit waren Erweiterungsmöglichkeiten vorhanden.[68] Dies sollte sich perspektivisch als ausgesprochen wertvoll erweisen.

Gegenwind von allen Seiten – Unbequeme Bürger und Ausstieg des Kooperationspartners Borg-Warner

Bürgerinitiativen gegen neue Industrieansiedlungen sind kein neues Phänomen des 21. Jahrhunderts wie die Geschichte von ZF Saarbrücken zeigt.

Am Dienstag, den 3. August 1971, fegte gegen 18 Uhr über Saarbrücken und das Saarland ein Sturm mit Windgeschwindigkeiten von mehr als 170 km/h hinweg. Ihm fiel die Traglufthalle von ZF zum Opfer. Dort war die Lehrwerkstatt für metallverarbeitende Berufe untergebracht. Hier sollten die zukünftigen Arbeiter auf ihren Job vorbereitet werden, denn es mangelte seinerzeit an guten Feinmechanikern. Länger andauernden Gegenwind gab es auch von Bewohnern des Weinbergwegs und des Tiroler Viertels in Saarbrücken, dem Bund für Umweltschutz und der DKP (Deutsche Kommunistische Partei), die in ihrem Organ «Saarbrücker Bürgerpost» ein Schreckensszenario entwarf. Das Werk verpeste die Umwelt und entwerte das seinerzeit gerade fertiggestellte Winterbergkrankenhaus. Der Protest richtete sich generell gegen das Industriegebiet Großer Exerzierplatz. Die Umwidmung zum Industriegebiet war mit einem massiven Eingriff in die Landschaft verbunden. In der Tat verlor die Stadt landschaftliche Idylle, zugleich entstanden Arbeitsplätze und die Steuereinnahmen sprudelten. Neben ZF war Bendix gekommen, um hier Bremsscheiben zu fertigen. Sprecherin der Bürgerinitiative war Nanette Koch. Ein Grund für die damaligen Ängste waren auch die mit der Erschließung des Saarbrücker Südraumes verbundenen enormen Erdbewegungen, die vorübergehend zu massiven Staubbelastungen führten. 1975 sollte ZF Saarbrücken von Bundesbauminister Karl Ravens (SPD) für seine Umweltfreundlichkeit im Rahmen des Wettbewerbs «Industrie in der Landschaft» mit einer Silbermedaille ausgezeichnet werden.[69]

Skandalisierung *einer Ansiedlung durch die «Saarbrücker Bürgerpost», Zeitung der DKP bzw. der Deutschen Kommunistischen Partei.*
| Private Leihgabe

SAARBRÜCKER BÜRGERPOST

Zeitung der Deutschen Kommunistischen Partei (DKP), Kreis Saarbrücken-Stadt November 1971

Skandal im Südraum weitet sich aus

Konzernbetriebe negieren Kommunalinteressen — Spitze der Verwaltungsbürokratie verhöhnt und provoziert die Bevölkerung — Mit weiteren Millionen Steuergeldern sollen Versäumnisse vertuscht werden.

Die von der „Bürgerpost" aufgedeckte Affäre im Südraum der Stadt (Großer Exerzierplatz) bekommt Ausmaße, die sogar den Karstadt-Skandal noch übertreffen. Wie die „Bürgerpost" bereits nachwies, will die sich auf dem Großen Exerzierplatz ansiedelnde Firma Borg Warner ein eigenes Heizwerk mit einem 40 m hohen Kamin bauen und die Firma Bendix will sogar selbst Wasser bohren und fördern.

Nahezu 15 Mill. DM hat bis jetzt die Stadt in diesem Gebiet für Infrastrukturmaßnahmen aus unseren Steuergroschen zugunsten zweier Konzernbetriebe investiert. Diese Konzerne setzen sich sowohl über § 19 der Gemeindeordnung hinweg, in dem die Benutzung kommunaler Einrichtungen verpflichtend vorgeschrieben ist als auch über den Protest Tausender Saarbrücker Bürger gegen die zu erwartende empfindliche Umweltverseuchung.

Neben den Machtallüren der Konzerne liegt die Ursache für diese Entwicklung im Verhalten der verbürokratisierten Verwaltungsspitze. Von derselben wurde sowohl der erwähnte § 19 als auch die entsprechende Auflage des Stadtrates auf die Seite gefegt wie lästige Schmeißfliegen und es einfach unterlassen, die beiden Konzernbetriebe vertraglich zum Anschluß an Fernheiznetz und Wasserbelieferung zu verpflichten(!).

Aufgeschreckt durch die Reaktion in der Bevölkerung — seit Eingreifen der DKP und ihrer „Bürgerpost" fühlen sich auch andere Bürger zur offenen Meinungsäußerung und zur Bildung immer weiterer Bürgerinitiativen ermuntert! — ist nun die autoritär handelnde Verwaltungsbürokratie bereit, weitere Millionen Steuergelder zu verschleudern, **um ihr Verschulden zu verschleiern.**

Die Verwaltungsspitze hat nämlich den Firmen empfohlen, auf die eigene Anlagen freiwillig zu verzichten und die durch diesen Verzicht entstehenden Kosten aufzurechnen. Dem Stadtrat würde dann eine Übernahme dieser Kosten vorgeschlagen (!!!).

Man ist nahezu sprachlos über so viel Unverschämtheit sowie die Zumutung, daß die Bevölkerung den Griff in die Kasse der total verschuldeten Stadt etwa gestattet. Das ist die Bevölkerung nach all den Skandalen der letzten Jahre verhöhnt und provoziert.
Wir fordern in Übereinstimmung mit den Bürgern, daß das eigene Heizwerk und die Wasserbohrung der genannten Firmen mit allen Mitteln verhindert werden. Erneut fordern wir aber auch die sofortige Suspendierung der verantwortlichen Verwaltungsspitze und die Einsetzung eines Untersuchungsausschusses!

Isolde Altpeter, DKP-Stadtteilvorsitzende Saarbrücken 2; Mitglied der außerparlamentarischen Stadtratsfraktion:

Rodenhof-Bewohner gegen Hotelbau

Schwerwiegende Beeinträchtigung der Naherholung befürchtet — OB Schuster leidet an Kurzsichtigkeit — Bürgerversammlung wird Klarheit schaffen.

Mit Entschiedenheit wehrt sich die „Interessengemeinschaft Rodenhofer Bürger" gegen den geplanten Hotelneubau in dem Waldgelände oberhalb der Sportplätze. Das betroffene Gelände soll der notwendigen Naherholung erhalten bleiben.

Die Rodenhofer Bevölkerung, erstmalig von den Hotel-Plänen durch die DKP informiert, hatte rechtzeitig ihren Protest bei Stadtrat und Stadtverwaltung angemeldet. Doch darob unbekümmert, wird unter „Mißachtung der ... Bürger" — so die Interessengemeinschaft — das Projekt vorangetrieben. OB Schuster, der „beim besten Willen nicht erkennen kann, wo bei diesem Hotelprojekt die Beeinträchtigung des Waldes und der Rodenhofer Bewohner sein soll", beschuldigt deshalb kaltschnäuzig die Bürgergemeinschaft, „das alles zu dramatisieren"(!).

Nun, der Saarbrücker OB hat noch immer schlechte Augen gehabt, wenn es darum ging, Sorgen und Nöten der schaffenden Menschen zu erkennen. Dafür ist sein Blick umso schärfer, wenn es darum geht, Haushaltspositionen ausfindig zu machen, die zugunsten großer Konzernobjekte vermindert oder ganz gestrichen werden können. Deshalb war er auch sehr schnell bereit, als Aufsichtsratsvorsitzender die Saarbrücker Gemeinnützige Siedlungsgesellschaft zum Hotelbau **im Auftrag eines internationalen Konzerns (!)** zu verpflichten. Und es versteht sich nahezu von selbst, daß der Konzern, wie Schusters ebenfalls in dieser Frage augenfällig mobil gewordener Parteifreund Thürk drohend den Rodenhof-Bewohnern sagte, „auf eine kurzfristige Entscheidung bestehen" muß(!!!).

Die DKP unterstützt das Anliegen der Rodenhof-Bewohner, das auch das Anliegen der Einwohner ganz Malstatts ist. Ebenso unterstützen wir den Vorschlag, während einer Podiumsdiskussion im Rahmen einer Bürgerversammlung den Vertretern der Verwaltungsspitze den Standpunkt der Rodenhof-Bewohner klarzumachen.

Die DKP unterstützt Tarifkampf

Metallarbeiter bleiben bei 11 Prozent

Die Große Tarifkommission der IG Metall des Saarlandes hat, nach drei Verhandlungen mit den Metallindustriellen, in Saarbrücken einstimmig beschlossen, dem Hauptvorstand der Gewerkschaft zu empfehlen, die Verhandlungen mit den Unternehmern als gescheitert zu erklären. Danach soll ein Schlichtungsversuch unternommen werden.

An der starren Haltung der Metallbosse beweist sich, daß sie nicht bereit sind, die berechtigten Forderungen der Arbeiter und Angestellten zu akzeptieren. Sie lehnen selbst eine Schlichtung, die über ihrem provokativen Angebot von 4,5 Prozent liegt, ab.

Das Beispiel der Schlichtung in Stuttgart macht dies deutlich.

Die Metallbosse wollen ein Lohndiktat erzwingen. Die Metallarbeiter und ihre Gewerkschaft sind gut beraten, wenn sie sich auf Kampfmaßnahmen vorbereiten.

Die DKP ist der Auffassung, daß es nun darum geht, mit den Unternehmern in **der** Sprache zu sprechen, die sie verstehen. Der Lohnkampf muß nun um die volle Durchsetzung der 11 Prozent geführt werden. Diesen Kampf unterstützt die DKP wie sie sich auch mit den Kollegen der Gewerkschaft HBV einig ist.

Wir appellieren an die Saarbrücker Bevölkerung, sich mit den Schaffenden im Tarifkampf solidarisch zu erklären.

Ein passender Name für die Fußgängerpassage

Die Saarbrücker sind aufgerufen, sich an einer aus postalischen Gründen notwendigen Namensfindung für die Karstadtsche Fußgängerpassage zu beteiligen. Nachfolgend zwei Vorschläge:

Byzantinisches Gäßchen

„Byzantinisch" wird als Synonym für kriecherisch, unterwürfig verwendet! Dieser Name wäre passend für die Unterordnung unter die Kapitalinteressen der Konzerne.

Zweiter Vorschlag:

Zitter-Gasse

Die Begründung ist von einer Anekdote über den griechischen Philosophen Pythagoras abzuleiten: Nachdem Pythagoras seinen berühmten Lehrsatz — (In jedem rechtwinkligen Dreieck ist der Flächeninhalt des Quadrats über der Hypothenuse gleich der Summe der Quadrate über den beiden Katheten) — entdeckt hatte, opferte er den Göttern hundert Ochsen. Seitdem zittern alle Ochsen vor jeder neuen Wahrheit!
Die Aufdeckung der Hintergründe der Karstadtschen Fußgängerpassage fällt in etwa zeitlich zusammen mit dem Beginn des aktiven Eingreifens der DKP und ihrer „Bürgerpost" in die Kommunalpolitik, verbunden mit der schonungslosen Darlegung der **Wahrheit** über Politik und Praxis von etablierten Parteien und Stadtverwaltung.

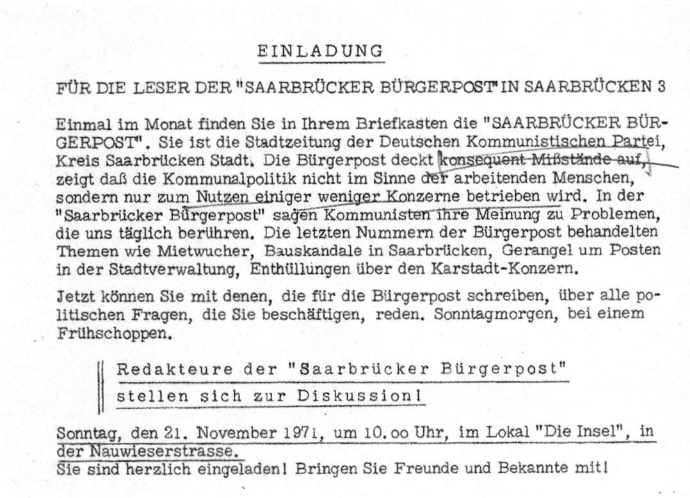

EINLADUNG

FÜR DIE LESER DER "SAARBRÜCKER BÜRGERPOST" IN SAARBRÜCKEN 3

Einmal im Monat finden Sie in Ihrem Briefkasten die "SAARBRÜCKER BÜRGERPOST". Sie ist die Stadtzeitung der Deutschen Kommunistischen Partei, Kreis Saarbrücken Stadt. Die Bürgerpost deckt konsequent Mißstände auf, zeigt daß die Kommunalpolitik nicht im Sinne der arbeitenden Menschen, sondern nur zum Nutzen einiger weniger Konzerne betrieben wird. In der "Saarbrücker Bürgerpost" sagen Kommunisten ihre Meinung zu Problemen, die uns täglich berühren. Die letzten Nummern der Bürgerpost behandelten Themen wie Mietwucher, Bauskandale in Saarbrücken, Gerangel um Posten in der Stadtverwaltung, Enthüllungen über den Karstadt-Konzern.

Jetzt können Sie mit denen, die für die Bürgerpost schreiben, über alle politischen Fragen, die Sie beschäftigen, reden. Sonntagmorgen, bei einem Frühschoppen.

Redakteure der "Saarbrücker Bürgerpost"
stellen sich zur Diskussion!

Sonntag, den 21. November 1971, um 10.oo Uhr, im Lokal "Die Insel", in der Nauwieserstrasse.
Sie sind herzlich eingeladen! Bringen Sie Freunde und Bekannte mit!

Agitation *der Deutschen Kommunistischen Partei gegen die Ansiedlung von Unternehmen in Saarbrücken. Einladung zu einer Veranstaltung am 21. November 1971 in das Lokal «Die Insel» in der Nauwieserstrasse in Saarbrücken.* | Private Leihgabe.

Dem ging eine Geschichte voraus: Für die ZF-Kritiker war die eigene Heizzentrale von ZF, die mit Öl betrieben werden sollte, ein Stein des Anstoßes. Innerhalb des Stadtrates forderten Stimmen, das Werk deshalb zwangsweise an die Fernwärme anzubinden. Die für die ZF-Fertigung erforderliche Energie konnte aber mit dieser nicht erzeugt werden. Die Stadt Saarbrücken verhandelte mit ZF. Die Lösung war der Einsatz von Flüssiggas. Den Verzicht auf schweres Heizöl verbuchte dann die Bürgerinitiative als ihren Erfolg. Die Stadt hatte Gas schon 1972 ins Gespräch gebracht, die Bürgerinitiative war aber wohl seinerzeit zunächst dagegen.[70]

ZF stand zu Saarbrücken und am 22. Dezember 1971 feierte das Friedrichshafener Unternehmen Richtfest für sein neues Werk zur Herstellung von Automatikgetrieben. ZF, 1915 aus dem Luftschiff- beziehungsweise Zeppelinbau hervorgegangen, war seinerzeit das größte europäische Unternehmen in der Antriebstechnik und stellte neben manuellen Getrieben auch Lenkungen für Autos her. 1973 lief die Produktion in Saarbrücken an und 1974 arbeiteten gut 700 Menschen bei ZF in Saarbrücken. Damals erwartete niemand, dass es zu Beginn des 21. Jahrhunderts fast 10.000 werden sollten und ZF sich zum größten Arbeitgeber in Saarbrücken und des gesamten Landes entwickeln sollte.

Vor dem Start gab es ein weiteres Hindernis: Das Werk war als ein Joint Venture von ZF mit dem Getriebehersteller Borg-Warner konzipiert worden, der in Großbritannien zwei Werke unterhielt. Das in Chicago ansässige US-Unternehmen stieg aber im Frühjahr 1972 aus. Borg-Warner sah steigende Lohnkosten, ungünstige Wechselkursverhältnisse und die Abwanderung potentieller Kunden. Der US-Konzern fürchtete den Wettbewerb, da General Motors in Strasbourg Automatikgetriebe produzierte und Borg-Warner preislich unterbot. Zudem fürchtete das Unternehmen, Volvo als Kunden zu verlieren, nachdem die Schweden mit Peugeot und Renault vertraglich vereinbart hatten, gemeinsam einen Motor für Oberklassefahrzeuge zu entwickeln. Falls für den zukünftigen großen Peugeot General Motors mit seinem Automatikgetriebewerk in Strasbourg zum Zuge kommen sollte, dann könnte auch Volvo als Kunde ausfallen. Dazu hatten Fiat und Chrysler-Simca ihre Abnahmegarantie zurückgezogen und auch Ford als potentieller Kunde wackelte, er hatte in Bordeaux ein Werk für Automatikgetriebe errichtet. So stieg Borg-Warner im Frühjahr 1972 aus, weil die Massenhersteller dabei waren, ihre Automaten selbst zu bauen. Großbritannien war zudem noch nicht EWG-Mitglied, Borg Warner hatte hier mit einer schnelleren Entwicklung gerechnet.[71]

Borg-Warners Ausstieg setzte ein negatives Signal, das auch in den ZF Konzern hineinstrahlte. ZF hatte zeitgleich mit Daimler-Benz eine Kooperation für LKW-Getriebe vorgesehen, die auch zu dieser Zeit beendet wurde. Der Ausstieg von Borg-Warner schwächte Saarbrücken, förderte er doch die Frage, ob ZF sich nicht auf seine bisherigen Standorte in dieser Situation beschränken sollte. Kurzfristig hieß es im April 1972, man fertige in Saarbrücken manuelle Schaltgetriebe und andere Autoteile. Es drohte das Aus für Saarbrücken, doch ZF machte allein weiter und gründete die ZF Getriebe GmbH. Der Saarbrücker Sieg und die Existenz von ZF soll vor allem mit Edgar Stöber als Geschäftsführer verbunden sein, er setzte in der Phase der Verunsicherung auf rasche und konsequente Umsetzung der Planung.[72]

Warum ZF 1969 überhaupt mit Borg-Warner kooperierte bleibt unklar. Möglicherweise erkannte ZF, dass der Durchbruch des Automatikgetriebes sich doch nicht so schnell vollziehen werde, möglicherweise hatte man Respekt vor Borg-Warner, dem einzigen Konkurrenten in Europa, und seinem vor der Fertigstellung stehenden Automaten BW 55, möglicherweise versprach man sich von einer Kooperation ein geringeres Risiko.

ZF hatte bereits in den frühen 1960er Jahren die Weichen für eine Automatikgetriebeherstellung gestellt. In zwei von Ford-Köln zur Verfügung gestellten Ford Taunus und einem Volvo 121/122 (Amazon) experimentierte ZF und 1965 hatte das Unternehmen ein Dreigang-Automatikgetriebe mit der Bezeichnung 3 HP 12 entwickelt, das 1968 im neuen BMW 2000 und im Peugeot 404 verbaut wurde. Kurze Zeit später bestellte auch Alfa Romeo bei ZF. Die enge Verbindung von ZF zu Peugeot erklärt sich aus einem guten Kontakt und Verhältnis zwischen dem für die Automatikentwicklung maßgeblichen ZF-Ingenieur Hansjörg Dach und Jacques Desbois, Entwicklungschef bei Peugeot.[73]

Heimat des ZF-Werkes wurde der Saarbrücker Südraum. *Es war ein langer Weg für die Stadt, dieses dem Bund gehörende Gelände zu erwerben. Mit ihm gewann Saarbrücken in den späten 1960er Jahren die Chance, erfolgreich um Investoren zu werben. Saarbrücken fehlten vorher dazu die Flächen. Das Foto zeigt den mit der Erschließung des Saarbrücker Südraumes verbundenen Eingriff in die Landschaft.*
| Stadtarchiv Saarbrücken, Stadtamt 67, Nr. 747.

Gescheiterte Hoffnung auf einen Automatikboom in Europa

Vor allem Borg-Warner hatte bei seinem Joint-Venture mit ZF auf einen Automatikboom in Europa gesetzt mit mindestens 40 Prozent-Marktanteil im Jahr 1975. Mit 300.000 Automatikgetrieben sollte, so der Plan, Saarbrücken starten. 1972 baute Borg-Warner in England 250.000 Automaten und ZF Friedrichshafen gut 35.000.[74]

Diese Erwartungen waren zu euphorisch. In der zweiten Hälfte der 1960er Jahre waren größere Autos immer beliebter geworden. Der Anteil der PKW mit 1.800 und 2.000 ccm Hubraum legte deutlich zu, vor allem aber präsentierten immer mehr Hersteller leistungsstarke PKW mit sechs Zylindern. Dazu zählten etwa der Fiat 130 (1969) und der Volvo 164 (1968), aber auch Renault und Peugeot wollten die Oberklasse besetzen und gründeten zusammen mit Volvo ein Werk zur Herstellung von Achtzylindermotoren. Wegen der Ölkrise wurde daraus ein Sechszylinder (Peugeot 604, Renault 30, Volvo 264 – 1974/75). BMW knüpfte an frühere Zeiten an und präsentierte 1968 die großen Modelle 2500 und 2800 mit besonders seidenweich laufenden und vergleichsweise sparsamen Sechszylinder-Triebwerken. Mercedes-Modelle belegten seinerzeit noch mehr oder weniger eine Monopolstellung in der Oberklasse. Im Jahr 1971 wurden 40 Prozent aller Daimler-Benz Benziner mit Automatikgetriebe bestellt, eine deutliche Steigerung, 1965 lag der Anteil gerade mal bei etwas über 20 Prozent. Bei den Mercedes-Diesel-Fahrzeugen war das Automatikgetriebe dagegen selten.

Mit dem BMW 2500 *und seidenweich laufenden Sechszylinder-Triebwerken brachte sich BMW in Position, Mercedes in der gehobenen Klasse Konkurrenz zu machen. Für den Export in die USA war eine gute Automatik wichtig – ZF lieferte sie, zit. Werbung 1970.*

Die Marke mit dem Stern warb offensiv für das entspannte und sichere Fahren mit einem Automatikgetriebe. Am Kofferraumdeckel der Mercedes-Modelle befand sich die Modellbezeichnung wie «250» oder «280», Modelle mit automatischem Getriebe trugen seinerzeit zusätzlich das Schild Automatik. Insgesamt liefen in Europa nur etwa zehn Prozent der PKW mit Automatikgetriebe. Automatik war eben etwas Besonderes. Im Unterschied zu Europa war das Automatikgetriebe in den USA mit einem Anteil von fast 90 Prozent Standard. [75]

Die Automatik gehörte zum amerikanischen Straßenkreuzer, dort gab es seit den 1940er Jahren Schaltautomaten. Für europäische Hersteller, die erfolgreich den amerikanischen Markt bedienen wollten, war ein Automatikgetriebe somit unverzichtbar. Aber auch in Europa schien im Zuge der Massenmotorisierung mit den unvermeidlichen Staus in Metropolen und Ballungsräumen die Nachfrage perspektivisch gegeben.

Kreuzung Reichsstraße/Bahnhofstraße *in Saarbrücken, Ende der 1960er Jahre: Das wachsende Verkehrsaufkommen belastete die Autofahrer. Mit Automatik fährt man entspannter.*

| Stadtarchiv Saarbrücken, Dep. Saarbahn, Nr. 2436.

Stop-and-go: *Wenn Fußballspiel und Berufsverkehr zusammenfallen, geht auch in Saarbrücken nichts mehr, 1970er Jahre. Mit Automatik erträgt man solche Situationen souveräner.*

| Fotoagentur Hartung: Stadtarchiv Saarbrücken, Dep. SZ LB.

Auch der Verband der deutschen Automobilindustrie erwartete einen starken Trend zum automatischen Getriebe. Die Vorstellung von einem bevorstehenden Boom des Automatikgetriebes in Europa war die Basis der Kooperation von ZF und Borg Warner.

Die Hoffnungen erfüllten sich jedoch nicht. Europa assoziierte mit einem Automatikgetriebe immer noch «Hut», «Hosenträger» und «Altherrenauto». Die Nachfrage nach Automatikgetrieben stieg nur geringfügig.[76]

«Der lange Atem» – ZF Saarbrücken im Zeichen nachhaltiger Unternehmenspolitik

Im Mai 1974 konnte ZF mit Peugeot den Serien-Lieferungsvertrag für das Getriebe 3HP 22 abschließen. Im Herbst 1974 war auch die Verlagerung der Automatikgetriebe-Fertigung von Friedrichshafen nach Saarbrücken abgeschlossen. So kam auch Hansjörg Dach nach Saarbrücken, der als Oberingenieur die Automatikgetriebe-

Peugeot bewarb speziell sein Modell 504 *auch in der Automatikversion. Automatik-Fahren ist entspannter: «Die Freiheit des Peugeot 504 Automatik genießen Sie in der Kolonne oder im Großstadtverkehr. Die Hände bleiben am Lenkrad. Der Kopf bleibt frei für Wichtigeres (...).» Das Automatikgetriebe lieferte ZF Saarbrücken.*

| Peugeot-Werbung 1971.

entwicklung bei ZF vorangebracht hatte. Dach blieb in Saarbrücken, später auch als Mitglied der Geschäftsführung bis zu seinem Ruhestand 1989. Es wurden in Saarbrücken 1974 dann pro Monat 1500 Handschalter und 5000 Automatikgetriebe 3HP 12/20 hergestellt. Ende 1974 zählte ZF in Saarbrücken 700 Beschäftigte.[77]

ZF hielt am Saarbrücker Werk fest, gestärkt auch durch eine Abnahmegarantie von Peugeot über 400.000 Automatikgetriebe. Insbesondere für den 504 als zeitweise meistverkauftem Zwei-Liter-Wagen Europas lieferte Saarbrücken ab 1975 das 3 HP 22, das für Motoren bis 220 PS einsetzbar war und locker auch die Anforderungen von Alfa Romeo und BMW erfüllen konnte. Dieses Getriebe löste das 3 HP 12 und 3 HP 20 ab. 1973 lief die Herstellung in Saarbrücken zunächst übrigens mit Schaltgetrieben an und erst ab Mitte 1974 mit Automatikgetrieben. ZF hatte dazu die Produktion vom Werk Schwäbisch Gmünd und von Friedrichshafen nach Saarbrücken verlagert. Bis 1976 schrieb das Saarbrücker Werk rote Zahlen, denn die Produktionsaufnahme fiel mitten in die Ölkrise. Sie dämpfte die Autonachfrage und insbesondere die nach größeren PKW. Vor allem waren Automatikautos damals durstiger als ihre manuell geschalteten Pendants und das drückte die Nachfrage. Die Hoffnungen der frühen 1970er schienen sich in

Luft aufzulösen. 1973 hatte das Werk acht Millionen DM Verluste gemacht, 1974 waren es 19 Millionen DM und 1975 noch zwölf Millionen DM. 1976 kam dann die Trendwende, die Jahresproduktion konnte von 40.000 auf 80.000 verdoppelt werden. Zwar verlief der Trend zum Automatik-Auto nicht so schnell wie erwartet, aber die Produktion konnte 1976 immerhin verdoppelt werden.[78]

In den folgenden Jahrzehnten besetzte ZF eine Führungsrolle in der Perfektionierung des Automatikgetriebes. Zunächst erweiterte man das Angebot und entwickelte Automaten auch für leistungsstarke Sechszylinder. Sie wurden etwa in die BMW-Modelle 2500/2800 - 3.3 Li eingebaut, die in den USA als Modell Bavaria beliebt waren und anfangs über das Getriebe 3 HP 20 verfügten. 50 Prozent dieser BMW-Baureihe wurden mit Automatik bestellt. ZF produzierte ferner Schaltgetriebe und Lenkungen für viele Hersteller. Auch sie kamen im großen BMW zum Einsatz und trugen mit ihrer Präzision und Leichtigkeit zur enormen Handlichkeit der großen BMW-Sechszylindermodelle bei.[79]

Mit dem Aufstieg von BMW in die Premiumklasse in den frühen 1980er Jahren wurde BMW zu einem bedeutenden Kunden für ZF und spielte eine grundlegende Rolle für die positive Entwicklung des Saarbrücker Standortes.[80]

Erfolgreich mit dem Aufstieg von BMW als Premiummarke

Ab 1976 verbesserte sich die Lage für das Saarbrücker Werk. Die Autokonjunktur zog wieder an. Vor allem profitierte ZF vom Aufstieg von BMW zur Premiummarke. Mit der 1977 erstmals vorgestellten 7er Reihe bekam die S-Klasse von Mercedes einen ernst zu nehmenden Konkurrenten. Während BMW von seinem Luxusmodell 501/502 zwischen 1952 und 1963 nur 22.502 Exemplare absetzen konnte, waren es vom 2500 bis 3.3 Li schon 222.000 Exemplare (1968-1977).[81] Pro Jahr verkaufte Mercedes bis 1977 etwa dreimal so viele Sechszylinder wie BMW. Vom ersten 7er baute BMW von 1977 bis 1986 dann über 270.000 Exemplare, von der zweiten 7er Reihe von 1986 bis 1992 über 425.000 Fahrzeuge.[82]

Die zweite 7er Reihe brach die Vormachtstellung von Mercedes und machte auch als Staatskarosse der S-Klasse von Mercedes immer größere Konkurrenz.

Als 1986/87 die Münchner die zweite Serie der 7er Reihe vorstellten, war dies ein Schlag für die Stuttgarter, führte doch BMW im Unterschied zu Daimler jetzt mit der Limousine 750 und dem Coupé 850 einen Zwölfzylinder im Programm – mit ZF-Automatik.[83]

Nach dem Machtwechsel an der Saar 1985 wurde zwar Oskar Lafontaine als neuer Ministerpräsident im Mercedes chauffiert, seine Minister favorisierten aber den 7er der zweiten Generation (1986-1994), SPD-Fraktionschef Reinhard Klimmt hatte bereits das Vorgängermodell in einem auffälligen Signal-Rot gefahren.

BMW-Jahresproduktion: [84]

Jahr	Produktion
1960	52.000
1969	148.000
1977	ca. 300.000
1989	über 500.000
2020	über 2,5 Millionen

Der Aufstieg von BMW *in den 1970er und 1980er Jahren zu einer anerkannten Premiummarke förderte die Sicherung des ZF-Werkes in Saarbrücken und seine Entwicklung.*
| Foto: BMW Group Archive, P003878016.

Bereits die erste Generation der 7er Reihe von BMW *bot der S-Klasse von Mercedes erfolgreich Paroli.*
| Foto: BMW Group Archive, P0037869.

***1977, im Jahr der Präsentation der 7er-Reihe von BMW**, beanspruchte Mercedes-Benz mit der S-Klasse das beste Auto der Welt zu bauen. In den folgenden Jahren verlor die Marke mit dem Stern ihre Monopolstellung, zit. Werbung 1978.*

***Mit dem Zwölfzylinder** machte BMW der S-Klasse mächtig Konkurrenz.*
| Foto: BMW Group Archive, P9010694.

***Die 7er Reihe, Serie E 32,** gebaut von September 1986 bis Juni 1994, ab 1987 als Zwölfzylinder verfügbar.* | Foto: BMW Group Archive, P90106945.

ZF Saarbrücken und seine technologische und wirtschaftliche Führungsrolle in Europa

Der Konzern ZF erlebte 1982/83 eine Phase von Rationalisierungen. Der Standort Saarbrücken erwies sich als effizienteste Produktionsstätte. Mit dem neuen Viergang-Automatikgetriebe sollte die Jahresproduktion von 100.000 auf 130.000 erhöht werden. ZF entwickelte aufgrund seiner technischen Kompetenz als Hersteller der weltweit modernsten Automatikgetriebe den Mut, sich auch in den USA und damit im Heimatland des Automatikgetriebes zu engagieren, aber auch nach Asien zu exportieren.[85]

In der zweiten Hälfte der 1980er Jahre wurde das Saarbrücker Werk mit zinsgünstigen EGKS-Krediten erneut erweitert. Das immer stärker werdende Auto-Land Saar konnte so die Arbeitsplatzverluste in der Stahlindustrie kompensieren.

1985 entfielen 45 Prozent der Saarbrücker Produktion auf BMW, der Rest auf Peugeot und Citroën, Volvo und Saab, Jaguar und Range Rover sowie Alfa Romeo, Fiat, Lancia und Maserati. Gut fünf Jahre vorher waren es nur BMW, Peugeot und Alfa Romeo. Den früheren Konkurrenten Borg Warner hatte ZF überholt und dessen Kunden vor allem in Schweden und England gewonnen. ZF in Saarbrücken, so zaghaft 1973 gestartet, avancierte nun zum stärksten Zulieferer von Automatikgetrieben in Europa, Borg-Warner zog sich aus Europa zurück.[86]

Das Saarbrücker Werk galt in den 1980er Jahren als Pionier bei der Umsetzung von Elektronik im Automatikgetriebebau. So wie BMW in Kooperation mit Bosch der Pionier im Einsatz immer perfekterer Systeme der Benzineinspritzung war, so profilierte sich ZF in der Anwendung elektronischer Steuerungssysteme für Automatikgetriebe. Automatikautos ließen sich nicht nur viel entspannter und komfortabler als manuell geschaltete fahren, sie verbrauchten nun auch weniger als Hand geschaltete, vor allem im Stadtverkehr. Maßgeblich dafür waren die Wandler-Überbrückungskupplung, die vierte Fahrstufe und die elektronische Steuerung.[87]

Der Automobilzulieferer ZF schafft in den schweren Zeiten der Stahlkrise Arbeitsplätze in Saarbrücken

Noch mehr als Ford in Saarlouis half ZF die Stahlkrise an der Saar abzufedern. Zum Zeitpunkt des Hüttensterbens und des Abbaus von Arbeitsplätzen in der Stahlindustrie wuchs ZF in Saarbrücken nachhaltig und schuf neue Arbeitsplätze. Zwischen 1982 und 1985 hatte sich die Jahresproduktion von 90.000 auf über 220.000 Automatikgetriebe erhöht. ZF Saarbrücken war 1985 der größte Investor im damaligen Stadtverband Saarbrücken. 1986 konnte das Unternehmen zu einer Zeit der Massenentlassungen in der Stahlbranche vermelden, 1000 neue Arbeitsplätze zu schaffen. Dazu bildete ZF von Anfang an besonders engagiert Mitarbeiter aus.[88]

ZF Saarbrücken wie etwa auch Ford Saarlouis, Bosch in Homburg und die Dillinger Hütte boten auch den französischen Nachbarn in Lothringen einen attraktiven Arbeitsplatz, 20 Prozent der ZF-Beschäftigten in Saarbrücken pendelten 1985 täglich aus Lothringen ein.[89]

Mitarbeiterentwicklung von ZF Saarbrücken:[90]

August 1973:	130
1975	über 700
1978	ca. 800
1985	über 1.500
1986	ca. 1.900
1988	über 3.200
1997	über 4.000

Der weltweite Konkurrenzdruck unter den Zulieferern nahm deutlich zu. Eine rentable Produktion verlangte immer höhere Stückzahlen. Mitte der 1980er Jahre stellte ZF die Weichen für eine Verdoppelung der Jahresproduktion auf bis zu 500.000 Getriebeautomaten. ZF kämpfte mit Erfolg um Kunden in den USA, gewann dabei Ford und schloss 1994 auch einen Lizenzvertrag mit dem südkoreanischen Hersteller Daewo ab.[91]

BMW bestellte 1988 über 150.000 Automatikgetriebe von ZF, der französische PSA-Konzern 50.000. Viele neue Kunden kamen hinzu. Neben BMW begann Audi Ende der 1980er Jahre sich zum Premiumhersteller zu entwickeln. Ab 1996 baute ZF Fünfgangautomaten, die Fahrzeuge wurden noch leiser und sparsamer.

Premiumhersteller wie Audi, BMW, Jaguar und Volvo exportierten in hohem Maße in das Automatikland USA.[92] ZF-Automaten «Made in Saarbrücken» fuhren in die große weite Welt.

Im Jahr 1990 fertigten die Männer und Frauen im Saarbrücker ZF-Werk 353.000 Automatikgetriebe, mehr als das Achtfache des Jahres 1973.[93]

Auch Audi wurde zu einem wertvollen Kunden *für ZF und das Unternehmen bewies seine Kompetenz im Bau von Automatikgetrieben für Front- und Allradantriebe.*
| Fotos: Unternehmensarchiv Audi AG.

Ausbau der Führungsrolle von ZF beim Bau von Automatikgetrieben für Autos auch mit Vorderrad- und Allradantrieb

Automatikgetriebe für amerikanische Autos waren auf Hubräume von 3.500 bis 6.000 ccm und Hinterradantrieb ausgelegt. In Europa fuhr der Löwenanteil der PKW mit Hubräumen von 1.000 bis 2.000 ccm, dies häufig auch in Verbindung mit Frontantrieb und kleineren Außenabmessungen sowie quer eingebautem Motor. Das erforderte eine andere Technologie, Abstimmung und wesentlich kompaktere Bauweise der Automatikgetriebe und die Verwendung von Aluminium. ZF widmete sich neben der Umsetzung elektronischer Systeme dem Bau kompakter Automatikgetriebe für Klein- und Mittelklassewagen. Damit wuchs die Zahl der Kunden beträchtlich.[94]

ZF baute Automatikgetriebe *für das erfolgreiche Peugeot-Modell 205, ebenso für den Citroën BX und deren Nachfolger.*
| Fotograf: Klaus Winkler, Stadtarchiv Saarbrücken, VL K. Winkler, Nr. 1126/2.

Mit dem Automatikgetriebe 4 HP 22 Q bot ZF ein Automatikgetriebe speziell für Vorderradantriebfahrzeuge mit quer eingebautem Motor und Motor für Allradantriebe an. Damit wurde ZF für Audi zur ersten Wahl. Die Ingolstädter waren traditionell eine Frontantriebsmarke und waren dabei sich zum Premiumanbieter zu entwickeln, auch durch ihre Vorreiterrolle beim Allradantrieb im PKW-Bau mit den Quattro-Modellen. Mit dem Audi V 8 als Vorläufer des A 8 begann 1988 der von Ferdinand Piëch geleitete Aufstieg in die Premiumklasse, ausgestattet mit einer ZF-Automatik. Audi sollte in den folgenden Jahren zu einem wertvollen Kunden werden, von Audis Aufstieg profitierte ZF Saarbrücken.

Das Wachstum von ZF bis Anfang der 1990er Jahre basierte vor allem auf dem Verlust der Monopolstellung von Daimler-Benz als Premiumanbieter. Zuerst war BMW, dann Audi mit dem A 6 und A 8 in die oberste Liga gefahren. Beide Marken, deren Zukunft in den 1960er Jahren noch ungewiss erschien, hatten sich weltweit im Premium-Segment etabliert. Sie exportierten erfolgreich in Märkte mit hohem Automatikanteil. Mit dem 1989 vorgestellten Fünfgang-Automaten hatte ZF dazu die Weichen gestellt.

Zwischen 2011 und 2021 produzierte Audi jährlich zwischen 1,3 und 1,9 Millionen PKW, im Jahr 2000 waren es nur 650.000, in den 1970er Jahren gerade mal 250.000.

Die große Expansion von ZF im Zeichen der neuen Dieselmotoren und der Luxusklasse

Automatenproduktion *bei ZF Saarbrücken.*
| Fotograf: Gerhard Heisler, Stadtarchiv Saarbrücken, VL G. Heisler, Nr. C 6216a.

Eine technische Innovation waren zur Jahrtausendwende die stufenlosen Getriebe, die die kleineren Hubraumklassen überzeugend bedienen konnten. Damit harmonierte das Automatikgetriebe mit Klein- und Mittelklassewagen so gut wie nie zuvor. ZF kooperierte hier mit Ford und ZF hatte die VW-Gruppe (u. a. Bentley) als Kunden gewonnen.[95]

Auch im Zuge der leistungsstarken Dieselfahrzeuge, die Ende der 1990er Jahre den Markt eroberten, erwies sich das Automatikgetriebe als unverzichtbar, um die Kraft dieser Motoren kultiviert auf die Straße zu bringen. Der Diesel erlebte nach dem Jahr 2000 in Verbindung mit dem Rußpartikelfilter einen tiefgreifenden Wandel und avancierte von einem Randmodell zu dem etablierten europäischen Antriebskonzept. Der Dieselanteil betrug fast 50 Prozent, die frühere Randposition war Geschichte. In allen Autoklassen vom Kleinwagen bis zum Luxusauto zog die neue Dieseltechnologie ein, auch in die Premiumklasse von Audi und BMW und in SUV's wie etwa dem Range Rover. Mit dem neuen Diesel explodierte quasi die Nachfrage nach ZF-Automaten, weil nun erstmals ein Automatikgetriebe zum allein überzeugenden Kraftübertragungssystem wurde. Im Jahr 2010 produzierte die Belegschaft über 9.500 Automaten täglich. Im Jahr 2013 übernahm ZF dann das durch den Wegzug nach Köln frei gewordene Gelände der deutschen Peugeot-Importorganisation und errichtete 2017 ein Parkhaus für seine Belegschaft sowie ein großes Ausbildungs- und Schulungszentrum mit einem besonderen Schwerpunkt auf digitale Qualifikation.[96]

Weitere technische Entwicklungssprünge markierte im Jahr 2001 das weltweite erste Automatikgetriebe mit sechs Gängen und einer neuen viel leichteren Bauart – eine Weltsensation, verbaut in der 7er Reihe von BMW.[97] Im Jahr 2004 fertigte ZF Saarbrücken über 800.000 Automaten und war zu einem der weltweit größten Automaten-Produzenten geworden. Die Presse sprach vom «Glanzstück für das Saarland». Die Kunden BMW und nun auch Audi trugen wesentlich dazu bei.[98]

Automatik-Fahrzeuge liefen nun noch sparsamer und leiser. 2006 übertraf ZF die Schallmauer von einer Million Getrieben. ZF erhöhte weiter seine Innovationsgeschwindigkeit. Das erste Achtgangautomatikgetriebe der Welt folgte im Jahr 2008, das 2014 weiter perfektioniert wurde. Die Wirtschaftskrise 2008/2009 überstand ZF gut und investierte 2011 erneut in Saarbrücken und im Saarland mit der Übernahme des Bauknecht-Werkes in Neunkirchen. Die Presse sprach jetzt vom «Juwel der Saar-Industrie», ZF war ab sofort größter Arbeitgeber in Stadt und Land.[99] Bis zum Jubiläumsjahr 2015 (100 Jahre ZF) folgten weitere Investitionen und Neueinstellungen in Saarbrücken.[100] Millionen von Autos auf der ganzen Welt fahren mit Automatikgetrieben von ZF aus Saarbrücken.[101]

***Das Automatikgetriebe** gilt heute als sportlich, sparsam und Instrument des entspannten und sicheren Fahrens – auch dank ZF.*
| Foto: BMW Group Archive, P901090522.

Im Jahr 2020 wurden pro Tag bis zu 10.000 Automaten gebaut, am Anfang der 1970er Jahre waren es 40.000 pro Jahr. Während im Jahr 2000 noch 80 Prozent der in Deutschland neu zugelassenen PKW über ein manuelles Getriebe verfügten, betrug der Automatikanteil im Jahr 2020 stolze 60 Prozent und einige Hersteller verabschieden sich sogar ganz vom Schaltgetriebe. Die zu Beginn des 21. Jahrhunderts gewachsene Abhängigkeit vom Diesel führte trotz Diesel-Krise nicht zu einer ZF-Krise.[102]

ZF als Vorreiter in das Zeitalter der E-Mobilität

Die Transformation in die E-Mobilität markiert für ZF Saarbrücken wie für das Auto-Land Saarland eine Zäsur. Schon im Sommer 2016 stellte sich ZF Saarbrücken dieser Herausforderung. Im Jahr 2019 richtete ZF ein Technologiezentrum für die Zukunft des Automobils ein. Im Januar 2021 hat das Unternehmen die Division E-Mobility mit der PKW-Antriebstechnik verknüpft und das Unternehmen nutzt bereits seit 2015 dabei die innovative und weltweit geschätzte Saarbrücker Forschungslandschaft, etwa im Bereich Informationstechnik und künstliche Intelligenz.[103] Gleichwohl wurde das Werk 2020 kurzfristig zur Disposition gestellt, mittlerweile hat ZF Saarbrücken zum «Leitstandort» für Elektromobilität erklärt.[104]

5. Zerplatzte Träume – Das Saarland als Herz der Wankelmotorenproduktion in Europa

Wie schwer es ist, neue technische Entwicklungen in ihrer Anfangsphase abschließend einzuschätzen, zeigt die Geschichte des Wankel-Motors. Dieser Motor bestimmte die 1960er Jahre und galt seinerzeit als Motor der Zukunft. Er war ein Medienereignis, eine «Sensation», ein Symbol der Moderne und des Aufbruchs der ausgehenden 1960er Jahre.[105]

Blick auf das COMOTOR-Werk *in Altforweiler 1974.*
| Fotograf: W. Federmann (Felsberg), Stadtarchiv Saarbrücken, Dep. SZ LB 162/33.

Die Wankelmotoren *des Citroën GS Birotor wurden im saarländischen Altforweiler gefertigt.*
| Prospekt GS-Birotor, Archiv Ulrich Knaack.

Das Auto der Zukunft fährt mit einem Wankelmotor oder wie schnell man sich irren kann

Der Kaufmann und gelernte Verlagsbuchhändler Felix Wankel forschte bereits seit Mitte der 1930er Jahre nach neuen Varianten des Verbrennungsmotors. Diese Studien trugen in den 1950er Jahren Früchte und führten mit dem Kreiskolben zu einer neuen Kolbenform und einer kreisförmigen Bewegung des Verbrennungsablaufes. Der Kreiskolben-Motor wurde nach seinem Erfinder als Wankelmotor bezeichnet. Es war ein Motor, der keine Pleuel, Kurbelwelle und Zylinder brauchte. Sein Erfinder war weder Ingenieur noch fuhr er selbst Auto, denn er hatte keinen Führerschein. Erstmals in Serie ging der Wankel als Einscheiben-Motor 1964 im NSU Spider, präsentiert auf der IAA 1963. Die NSU-Motorenwerke (NSU steht für Neckarsulm) waren viele Jahrzehnte der größte Zweiradhersteller der Welt mit Werken in Heilbronn und Neckarsulm. Als der Zweiradmarkt zurückging, begann NSU 1958 mit der Herstellung von Automobilen und bot den Kleinwagen «Prinz» an.[106]

Wundermotor – ein Motor im Westentaschenformat

Die Faszination des neuen Triebwerkes lag in seinem geringen Gewicht und seiner kompakten Bauart, deshalb sprach die Presse vom Motor im Westentaschenformat. Vor allem aber faszinierte der Wankelmotor mit seiner vibrationsfreien turbinenartigen Kraftentfaltung und einer grenzenlos erscheinenden Drehfreude, der Wankel schien zum Triebwerk der Zukunft zu werden und dem Ottomotor überlegen zu sein. Seinerzeit neigten viele Ottomotoren im höheren Drehzahlbereich massiv zum Dröhnen und zu einem hohen Lärmpegel. Ganz anders der Wankelmotor. Je höher die Drehzahl, umso leiser lief der Motor. Fast die gesamte Autowelt setzte auf diese neue Technologie und erwarb Lizenzen. NSU hoffte so auf ein Millionengeschäft, zählten doch die Automobilbauer aus der ganzen Welt zu Lizenznehmern, unter anderem: Alfa Romeo, Fichtel & Sachs, Ford, General Motors, Rolls Royce, MAN, Klöckner-Humboldt-Deutz, Toyota, Nissan und Mazda sowie viele andere. Das Auto der Zukunft war ein Auto mit Wankelmotor. Der Wankel galt als Wundertriebwerk – als Aufbruch in eine neue Zeit und sogar der DDR war es wichtig für das VEB Automobilwerk Eisenach eine Lizenz zu erwerben. Und der Autogigant General Motors kündigte Ende der 1960er Jahre an, mittelfristig seine PKW-Produktion auf Wankelmotoren umzustellen.[107]

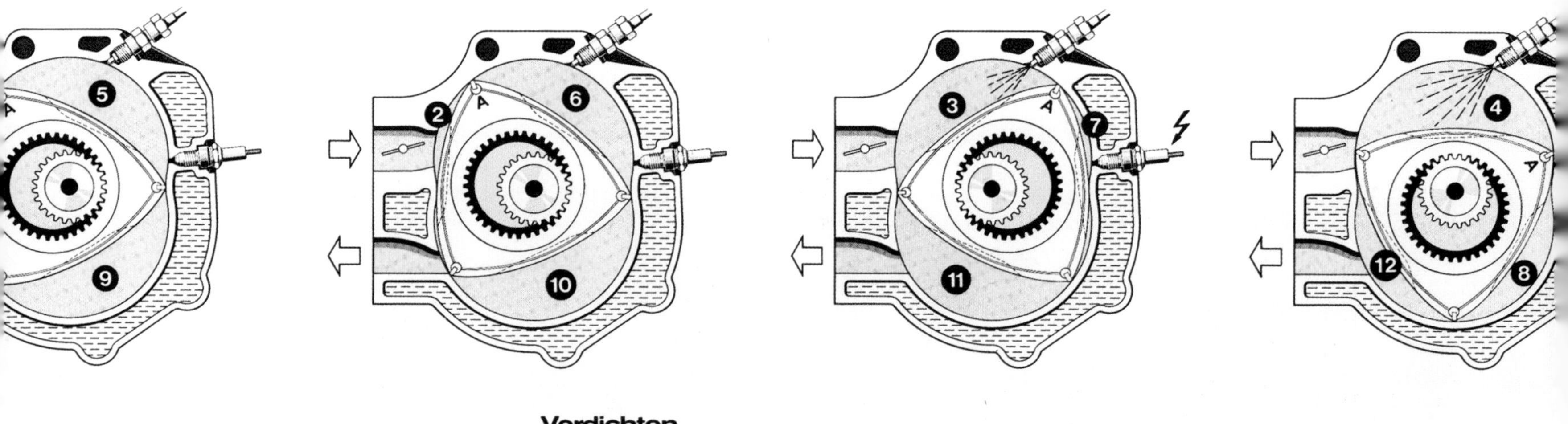

Das Prinzip des Wankelmotors: *Die Kolben im Wankelmotor bewegen sich nicht auf und ab. Der Antrieb wird von einem einzigen Kolben erzeugt. Er bewegt sich im Kreis, deshalb auch die Bezeichnung Rotationskolbenmotor oder Kreiskolbenmotor. Durch die dreieckige Form des Läufers ergeben sich drei umlaufende Brennkammern. Die Energie der Kraftstoffverbrennung wird auf diese Art direkt in eine Kreisbewegung übersetzt und nicht über den Umweg einer Kurbelwelle wie beim Hubkolbenmotor.* | Abb.: Archiv Mercedes-Benz, U 83740.

Das Saarland als Zentrum des Wankelmotorenbaus in Europa

Im Jahr 1964 gründeten die Autohersteller NSU (1969 von VW und Audi übernommen) und Citroën eine gemeinsame Gesellschaft mit dem Ziel, Wankelmotoren zu produzieren, die Compagnie européene des moteurs automobiles. NSU und Citroën planten, gemeinsam einen Kompaktwagen im Format des späteren VW Golf zu bauen, die Karosserie sollte von Citroën stammen und NSU sollte den Wankelmotor fertigen. Diese deutsch-französische Produktion sollte als Europaauto Karriere machen, das sogenannte Comobil scheiterte jedoch, die Kooperation kam aber nicht völlig zum Erliegen.[108]

Motor im Westentaschenformat: *Gegenüber einem klassischen Ottomotor war der Wankelmotor leichter und kompakter und brauchte weniger Teile wie diese Gegenüberstellung eines Zweischeiben-Wankelmotors des Citroën GS Birotor mit einem Ottomotor der Citroën DS zeigt (1973/74).*
| Werksfoto Citroën, Archiv Ulrich Knaack.

18. Juli 1969: *Besuch von Vertretern von Audi-NSU und der Citroën S. A. Paris im Citroën-Werk Rennes-La Janais in der Bretagne. Daran nahmen auch Amtsvorsteher Gerhard Burg vom Amt Bisten, später Bürgermeister von Überherrn, und Gemeinderatsmitglieder aus Berus und Altforweiler Teil, u. a. auch Werner Schug (1. Reihe, 2. von links).*
| Stadtarchiv Saarbrücken, Sammlung Schug/Konstroffer.

Am 21. April 1967 bildeten beide Unternehmen eine Gesellschaft mit Sitz in Luxemburg zum Bau eines Werks zur Produktion von Wankelmotoren – COMOTOR. Das Werk sollte im 40 Kilometer entfernten Altforweiler im Saarland entstehen, am 18. Juli 1969 wurden dazu die Verträge unterzeichnet (Gemarkung Häsfeld, hälftig Gemeinde Berus und Gemeinde Altforweiler.) Beide Hersteller waren finanzschwach, NSU wurde 1969 von Volkswagen übernommen und mit Audi zu Audi/NSU vereinigt. Am 15. April 1971 begannen die Erdarbeiten in Altforweiler.[109]

Blick auf die Baustelle des COMOTOR-Werks *in Altforweiler.*
| Fotos: Schug, Stadtarchiv Saarbrücken, Sammlung Schug/Konstroffer.

Die Planung wurde vor allem von Jean Heinrich (Citroën-Paris) und Karl Heinz Keller von der deutschen Citroën-Zentrale in Köln übernommen. Mit sechs Monaten Verspätung begann zur Jahreswende 1972/73 die Produktionsaufnahme in Altforweiler mit 200 Mitarbeitern, die offizielle Eröffnung mit einem Tag der offenen Tür erfolgte dann am 14. Juni 1973. Citroën plante einen Mittelklassewagen in hoher Stückzahl zu bauen, das Modell sollte dazu passend GS für Grand Série heißen. 1970 kam es auf den Markt. Ursprünglich war im Gespräch, dieses Modell in Metz zu bauen, insofern war der Standort im gut 40 Kilometer entfernten Altforweiler bei Überherrn ideal, denn vom dortigen Grenzbahnhof erreichten die Motoren in 30 Minuten Metz. Aus der Idee wurde nichts, das Werk Rennes-la-Janais in der Bretagne baute das Modell GS. Auch der CX, der 1974 vorgestellte Nachfolger des D-Modells, sollte mit Wankelmotoren auf den Markt kommen. Gerade für die mit ihrer Hydropneumatik so komfortablen Citroën-Modelle eröffnete die Wankeltechnologie eine große Aufwertung. Ende der 1960er Jahre wünschten viele Kunden der D-Modelle einen laufruhigen Sechszylinder, die Entwicklung eines solchen Motors war aber für die Marke zu teuer. Der Wankelmotor bot die Chance, ein größeres Leistungsspektrum bedienen zu können. Altforweiler sollte in seiner letzten Ausbaustufe bis zu 6.000 Motoren täglich bauen und über 5.000 Menschen Arbeit bieten. Die Motoren sollten auch in großem Umfang an andere Hersteller geliefert werden.[110] Realisiert wurde nur die erste Ausbaustufe auf 10.000 qm, vorgesehen waren 40.000 qm, statt ursprünglich 100 wurden nur 30 Millionen DM investiert.[111]

Der NSU RO 80 *stand anfangs für den Aufbruch in eine neue bessere Autowelt. Sicher und leiser fahren.*
| Fotograf: Walter Botzenhardt, Nutzungsrechte Verlag Peter Kurze.

«Summender Weise auf der Autobahn»: Der NSU RO 80 – das Auto des Jahres 1967, das fortschrittlichste deutsche Auto überhaupt!?

NSU war in den 1960er Jahren dabei, ein Fahrzeug der gehobenen Mittelklasse mit Wankelmotor zu entwickeln, daraus wurde der 1967 vorgestellte und zum Auto des Jahres gewählte NSU RO 80. Die Auslieferung an die Kunden setzte erst 1969 richtig ein. Dieses Auto erschien revolutionär, denn neben dem neuen Wankeltriebwerk zog der Wagen mit seiner eleganten und aerodynamischen Karosserie die Blicke auf sich. Die Mitbewerber des 115 PS starken Autos wirkten wie aus einer vergangenen Zeit. Da der Wankelmotor deutlich leichter und kompakter als ein Ottomotor ist, konnte die Frontpartie des RO 80 sehr flach gestaltet werden. Dies trug zu seiner hervorragenden Aerodynamik bei. Dazu wurde sein Unterboden leicht gewölbt ausgeformt. Das erzeugte vom Luftverlauf einen Abtrieb und verbesserte die Bodenhaftung, der Luftstrom presste das Auto auf die Straße. So löste NSU das Problem der grundsätzlich eher schlechten Bodenhaftung von Autos mit Stromlinienform, bei denen der Luftstrom zum Auftrieb neigte. Zugleich bewirkte das geringe Gewicht des Wankelmotors eine für einen Fronttriebler ausgewogene Gewichtsverteilung. Der RO 80 war nicht kopf- bzw. frontlastig, dem entsprechend neutral und sicher war sein Fahrverhalten.

Der NSU RO 80 wurde als Retter der deutschen Autoindustrie und als Beweis ihrer technologischen Stärke gefeiert – der NSU-Werbespruch «Das neue Fahren » sollte den Quantensprung auf den Punkt bringen. Die Welt schaute auf dieses Auto, das nicht nur optisch ein Meisterwerk war, sondern durch guten Fahrkomfort und herausragende Fahreigenschaften überzeugte. Der leichte Wankelmotor machte den RO 80 zu einem Fronttriebler mit besonders gutem Fahrverhalten. Das ermöglichte in Verbindung mit einer Servolenkung von ZF ein spielerisch leichtes Fahren mit recht hohen Kurvengeschwindigkeiten.[112]

In der Saarbrücker Landeszeitung schwärmte der Motorjournalist Helmut Hoffmann: «Mit dem RO 80 summenderweise auf der Autobahn entlang zu fliegen oder enge Kurven zu fahren oder durch schnelle Kurven zu wischen, das macht einfach Spaß».[113] Mit 115 PS war der RO 80 so schnell wie hubraumstärkere Sechszylinderlimousinen. Der Bremsweg markierte mit 50 Metern aus 100km/h seinerzeit einen Bestwert ebenso wie die geringe Seitenwindabweichung von einem Meter bei einer Windgeschwindigkeit von 100 km/h. So faszinierend sich der RO 80 fuhr, so galten auch für ihn die Gesetze der Physik. Paul Güth, der Motorjournalist beim Saarländischen Rundfunk, testete den RO 80 noch vor seiner Präsentation auf der IAA 1967. Dabei landete er bei seiner Testfahrt mit dem RO 80 live auf Sendung im Straßengraben, weil er mit 80 bis 100 km/h in eine Hundekurve steuerte, in der Rollsplit lag. Da der RO 80 auch in der passiven Sicherheit seiner Zeit voraus war, verlief der Unfall glimpflich. Peinlich war er allemal, zumal Güth wohl als einer der ersten Journalisten den RO 80 testen durfte. Er hatte einen von zwei verfügbaren RO 80-Vorserienwagen erhalten und diesen beschädigt.[114]

Europawelle Saar *– Paul Güth beim «Fahrbericht» des Renault 16.*
| Fotograf: Gerhard Heisler, Stadtarchiv Saarbrücken, VL G. Heisler, Nr. 1016.

Der Saarländische Rundfunk und Paul Güth – Pionier des Motorjournalismus in Funk und Fernsehen[115]

Der Saarländische Rundfunk entwickelte sich in den 1960er Jahren zum innovativsten Sender in der Bundesrepublik. Erinnert sei an die Europawelle Saar und Sendungen wie «Hallo Twen», verbunden mit legendären Moderatoren wie Manfred Sexauer und Dieter Thomas Heck. Zu diesen Innovationen gehörte es aber auch, das Thema Auto und Verkehr zum Programminhalt zu entwickeln. Diese Geschichte des SR ist mit Paul Güth verbunden.

Güth startete beim SR 1951 mit Kriminalhörspielen. Im Zweiten Weltkrieg war er Kampfflieger. Er war ein mobilitäts- und autobegeisterter Mensch. Ab 1960 entwickelte er den Motorjournalismus im Programm des Saarländischen Rundfunks und zählte damit zu den Pionieren dieses Genres in der Bundesrepublik. Allein bis 1969 testete Güth 180 Autos. Mit an Bord Dr. Henner Ruppersberg, Chemiker, Physiker und Privatdozent an der Universität des Saarlandes, später der Kfz-Sachverständige Wener.

Diese Tests kamen u. a. in der Rundfunksendung «Auf allen Straßen mit Musik unterwegs!». Ein weiteres Format ab September 1969 war dann das «Auto und Verkehrsjournal », das Verkehrs- und Versicherungsfragen und auch technische Probleme und Entwicklungen behandelte. Ganz im Sinne des dialogistischen Rundfunkkonzeptes suchte Güth den Kontakt zum Publikum und beantwortete dessen Fragen mit einem Expertenteam, dem ein Oberstaatsanwalt, Versicherungsexperten und TÜV-Sachverständige angehörten. 1983 testete Güth das 500. Auto, es war ein Rolls Royce. Für seine Pionierrolle im Motorjournalismus erhielt Güth zusammen mit den Ikonen der deutschen Motorpresse Dr. Paul Simsa und Fritz B. Busch 1969 den «Christopherus Preis».

Paul Güth erklärt den BMW 2002.
| Fotograf: Gerhard Heisler, Stadtarchiv Saarbrücken, VL G. Heisler, Nr. 460.

Der wirtschaftliche Crash des RO 80

Zum großen Crash wurde allerdings der Verkauf des NSU RO 80. Das Wort vom Motorsterben machte die Runde, RO 80-Fahrer begrüßten sich mit Fingerzeig, um mitzuteilen, ob sie mit dem zweiten oder dritten Motor fuhren – so wird es heute berichtet. Ein Problem des Wankelmotors waren fehlerhafte Dichtleisten, die recht früh ersetzt werden mussten, ebenso störanfällig die Zündung. Entscheidend waren aber die zu frühe Markteinführung des RO 80 und die unterschätzte Revolution. NSU musste wegen seiner Finanzschwäche in Serie gehen. Um einen RO 80 sachgerecht zu bedienen, war es erforderlich, neben dem Tachometer auf den Drehzahlmesser zu schauen. Viele Motoren wurden überdreht oder über weite Strecken mit unnötig hoher Drehzahl bewegt. Das erklärt sich aus der Revolution des Wankels: Die Autofahrer waren gewohnt, wenn es lauter wird, in einen höheren Gang zu schalten. Wer würde etwa im Stadtverkehr ausschließlich im ersten Gang fahren und auf der Autobahn über den zweiten Gang nicht hinauskommen? Niemand! Der RO 80 wurde bei höherer Drehzahl leiser und das führte dazu, dass viele Besitzer des RO 80 nicht über den ersten Gang hinausschalteten. Dabei war das Schalten ganz einfach, der RO 80 hatte eine Halbautomatik. Der Fahrer konnte die Gänge einlegen, ohne zu kuppeln. Vor allem Fahrten im Kurzstreckenbetrieb machten Probleme, der Wankelmotor musste schonend warmgefahren werden. Ein Drehzahlbegrenzer wäre bereits bei der Markteinführung sinnvoll gewesen. Ein revolutionärer Motor brauchte eine entsprechend aufwendige Einweisung – das hatte NSU unterschätzt, ebenso den Bedarf an Vorbereitung und Professionalisierung des Kundendienstnetzes für die neue Technik. NSU konnte das Wankelsterben durch Verbesserungen überwinden, nicht aber das wirtschaftliche Scheitern des RO 80. Sein Ruf war ruiniert. Nur sechs RO 80 wurden 1975 in Neckarsulm pro Tag gebaut, Audi/NSU legte pro Fahrzeug 3.500 DM drauf. Im Jahr 1977 stellte Audi die Produktion, sozusagen zum Zeitpunkt der technischen Vollendung des RO 80 ein. In knapp zehn Jahren wurden etwas mehr als 37.000 Exemplare gebaut. Der RO 80 war von den Verkaufszahlen her ein Flop. Audi setzte auf den Audi 100 und VW hatte die umfassenden Arbeiten zu einem Mittelklasseauto von NSU mit dem VW K 70 zu Ende geführt, dem ersten VW mit wassergekühltem Motor und Vorderradantrieb. Innerhalb des Konzerns hatte der RO 80 also eine erdrückende Konkurrenz und das schmälerte das Absatzinteresse von Audi und VW an diesem Auto, das sie selbst nicht entwickelt hatten. So endete die Geschichte des NSU RO 80, dem seinerzeit fortschrittlichsten deutschen Automobil nach dem Zweiten Weltkrieg und

***Aerodynamisch und ästhetisch ein Meisterwerk**. Die Karosserie des NSU RO 80 setzte Maßstäbe und war 20 Jahre später Vorbild für Audi.*
| Foto: Unternehmensarchiv Audi AG.

dem vielleicht schönsten Auto seiner Zeit, das in vielen Bereichen Maßstäbe setzte.[116] Vor allem Architekten und Menschen mit Sinn für Ästhetik fuhren RO 80, unter ihnen auch der deutsche Computerpionier Heinz Nixdorf.[117]

***Der C 111 mit seinem Wankeltriebwerk** begeisterte die Besucher der IAA 1969.*
| Foto: Mercedes-Benz Archive, 69390.29.

Das Scheitern von COMOTOR in Altforweiler

Auch die Vision vom Saarland als Herz des Wankelmotorenbaus in Europa sollte zerplatzen. Trotz des Debakels bei der Markteinführung des R0 80 präsentierte Mercedes auf der IAA 1969 den Versuchswagen C 111. Die Probleme mit dem RO 80 machten sich erst 1970 so richtig bemerkbar. Die Zeitschrift «Hobby» sprach 1969 mit Blick auf den C 111 noch von der «Stern-Stunde des Wankelmotors.» Er verfügte über einen 280 PS starken Dreischeibenwankelmotor, «Hobby» feierte ihn überschwänglich als «schnellstes Denkmal der Welt», der Wankel laufe «ohne Probleme bei Stadt- und Pistenfahrt».[118] Vom C 111 gab es mehrere Versionen, auch eine 300 PS-starke, die in 5,2 Sekunden von 0 auf 100 km/h beschleunigte und 270 km/schnell war sowie eine 350 PS-Version, die in 4,8 Sekunden auf 100 km/h beschleunigte. Das waren seinerzeit sensationelle Werte.[119]

Immerhin überlegte Mercedes 1973 das Coupé der S-Klasse, den 350 SLC mit einem 280 PS starken Vierscheiben-Wankelmotor anzubieten.[120]

***Typische Farben der frühen 1970er Jahre**, die Euphorie vermitteln sollten, auch psychodelisch genannt.*
| Foto: Mercedes-Benz Archive, 84F120.

***Der Citroën M 35** steht für ein besonderes Stück Automobilgeschichte. Treue Citroën-Kunden, die jährlich 30.000 und mehr Kilometer fuhren, konnten ihn zu besonderen Bedingungen erwerben und den Wankel-Motor im Alltag testen. 267 Exemplare wurden von Ende 1969 bis Frühjahr 1971 gefertigt.*
| Broschüre Citroën, Stadtarchiv Saarbrücken, Sammlung Konstroffer-Schug.

Auch wenn sich die Wankel-Euphorie schon ein paar Monate später legen sollte, setzte Citroën weiter auf den Wankel. Um aus den Fehlern der Markteinführung des NSU RO 80 zu lernen, startete Citroën eine geschickte Werbekampagne, um das Vertrauen in den Wankel wiederherzustellen. Es wurde unter besonders günstigen Konditionen treuen Kunden die Möglichkeit geboten, ein vom Modell Ami 8 abgeleitetes Modell, das mit einem Wankelmotor ausgestattet wurde, zu erwerben. Citroën begleitete die Besitzer im Alltag, um ihre Erfahrungen mit dem sogenannten Modell M 35 zu dokumentieren und zu analysieren. Zwischen Ende 1969 und Frühjahr 1971 entstanden 267 Exemplare dieses Erprobungswagens. Insgesamt legten diese Modelle 30 Millionen Kilometer zurück, noch nie war ein Auto so eng mit den Kunden gemeinsam erprobt worden. Dies sollte Vertrauen schaffen. Der M 35 verfügte über einen Einscheiben-Wankelmotor mit 49 PS. Im Lauf des Jahres 1973 stellte Citroën dann auf der IAA in Frankfurt eine Wankel-Version des Modells GS mit einem Zweischeiben-Wankelmotor als GS Birotor vor. Citroën selbst sprach vom Drehkolbenmotor, um den Unterschied in der Kolbenbewegung zu erklären. Citroën bemühte sich die Besonderheiten des Wankelmotors zu vermitteln, so hieß es im Citroën-Magazin zur IAA vom 13. September 1973: «Da auch die oberen Drehzahlbereiche nicht mehr mit dem Ohr kontrolliert werden können, hat der serienmäßige Drehzahlmesser einen automatischen Drehzahlbegrenzer, der ein Überdrehen des Motors verhindert».

***Citroën GS Birotor** – von den übrigen GS-Modellen durch die breitere Spur und die breiteren Radläufe zu unterscheiden.*
| Foto: Citroën, Immo Mikloweit.

1972/73 war die Motorenproduktion in Altforweiler angelaufen, NSU hatte sich inzwischen zurückgezogen und die ersten GS-Birotor kamen Ende 1973 auf französische Straßen. Am 14. Juni 1973 war das Werk offiziell eröffnet worden und der Wankelmotor fuhr schon im Rückwärtsgang. Der deutschen Presse wurde im Münchner Hilton-Hotel am 11. Juni 1974 das Modell zur geplanten Markteinführung in der Bundesrepublik vorgestellt. Zur Markteinführung kam es aber nicht. Die Ölkrise traf den Wankelmotor an seiner Achillesferse, verbrauchte er doch vor allem im Stadtverkehr deutlich mehr als der Ottomotor. Dies versetzte ihm in Verbindung mit dem beschädigten Ruf nach der missglückten Einführung des NSU RO 80 den Todesstoß. Citroën war zudem in eine finanziell schwierige Lage geraten und 1974 wurde die Übernahme durch Peugeot vorbereitet.

Citroen

Laufend gebrauchte Citroen

2 CV, Dyane, Ami 8, GS, D-Modelle und SM sowie Vorführwagen preiswert zu verkaufen. **Seibert & Söhne**, Gebrauchtwagenabteilung, 66 Saarbrücken, Großherzog-Friedrich-Straße 51-53, Telefon 06 81 / 3 04 88

Citroen DS 23, Familiale, neu, 7000 km, 13 700.– DM. Tel. 06 81 / 3 63 23. 71 318

30–40% Nachlaß, Garagenfahrzeuge, unfallfrei, delta-blau-metallic, z. T. Garantie, I. Hand, v. Privat, **SM Injection,** Bj. 1.74, 12 000 km, Klimaanlage, Ster.-Cass.-Radio, **DS 23 Injection** Pallas, 5-G., Bj. 2.74, 8000 km, Kopfst., wärmed. Scheiben, Ster.-Cass.-Radio, eingeb. Nebellampen, **DS 23,** 5-G., Bj. 1.74, 18 000 km, Kopfst., **GS 1220 Break** Club, Bj. 8.73, 12 000 km, **GS 1015 Club,** Bj. 10.72, 18 000 km, rio-rot. Tel. 0 56 65 / 5 61. 70 896

Neu, GS-Birotor, 110 PS, zugel., sofort zu verk., geg. Höchstgebot. Tel. 06 81 / 3 63 23. 71 317

Citroen 11 BL, Bauj. 52, wie neu, Orig., fahre Ende August nach Deutschland, tausche gegen BMW 502/503 od. zu verk., 4000.– DM. J. Fritsch, 32, Rue Vogt, Sevres, France 92. 71 437

Blick in den Kleinanzeigenteil *von Auto, Motor und Sport 1974, Nr. 17/1974. Ein Saarbrücker bot einen zugelassenen GS Birotor an. Zumindest in Saarbrücken gab es damit einen Wankel-Citroën, der in der Bundesrepublik nie offiziell verkauft wurde.*

Peugeot setzte durch, die Produktion des GS Birotor 1975 zu beenden und versuchte die wenigen ausgelieferten GS Birotor aufzukaufen, um sich die Ersatzteilversorgung so ersparen zu können. 847 Exemplare waren verkauft worden.[121] Obwohl der GS Birotor auf dem deutschen Markt offiziell nicht mehr eingeführt wurde, lief in Saarbrücken ein solches Modell.[122]

Das Ende von COMOTOR wurde dem saarländischen Wirtschaftsministerium am 24. März 1975 mitgeteilt. Bereits drei Tage später verständigte sich das Unternehmen zusammen mit dem Betriebsrat, Bürgermeister Burg aus Überherrn und dem Arbeitsamt Saarlouis auf Ersatzarbeitsplätze etwa bei Ford, der Dillinger Hütte, ZF Saarbrücken und den Röhrenwerken in Bous.[123]

Der Wankelmotor wurde nicht wie erwartet zum Motor der Zukunft. Die Folge war, dass etwa Mercedes-Benz seine 1976 vorgestellte Serie W 123 mit den altbewährten Benzinmotoren ausrüstete, mit entsprechend hohem Verbrauch. Erst Ende der 1970er Jahre standen Neukonstruktionen in den Modellen 200 und 230 bereit.

Der Traum der Landesregierung, das Saarland zum europäischen Zentrum des Wankelmotorenbaus zu entwickeln, war gescheitert. 1978 wurde COMOTOR liquidiert.[124]

Klügere Japaner? Über eine Million Wankelmotoren und eine neue Zukunft im dekarbonen Zeitalter?

Der Wankelmotor ist aber auch eng und im Grunde genommen am bedeutendsten mit dem japanischen Hersteller Mazda verbunden. Als einziger Hersteller hielt Mazda dem Wankel über Jahre die Treue und produzierte den bei weitem größten Anteil von Automobilen mit Wankelmotor. Die Japaner hatten bereits 1960 das Rotary Entwicklungszentrum gegründet und eng mit NSU zusammengearbeitet. Mazda präsentierte den ersten Zweischeiben-Wankelmotor in Serie in seinem Modell Cosmo Sport im Frühjahr 1967 (30.5.1967) ein paar Monate vor NSU im RO 80. 1969 startete Mazda eine Exportoffensive in den USA, Kanada und Australien und verkaufte 1971 die Hälfte seiner Modelle mit Wankelmotor. Mazdas Wankeltriebwerke überzeugten die amerikanischen Kunden. Bis auf den höheren Benzinverbrauch liefen die Motoren im Alltag zuverlässig. Die Ölkrise war aber ein Schlag für Mazdas Wankel-Absatz in Nordamerika.[125] Dennoch bot Mazda weiterhin auch Wankel-Modelle an und arbeitete an ihrer Weiterentwicklung. 1979 konnte Mazda auf über eine Million Kreiskolbenmotoren verweisen und der seinerzeit vorgestellte Sportwagen RX-7 wurde zu einem Mega-Erfolg. Mazda verbesserte erfolgreich das Abgasverhalten und den Benzinverbrauch, bei ordentlicher Wartung galten die Autos als zuverlässig. Wichtig waren ein schonendes Fahren nach dem Kaltstart und das Vermeiden von viel Kurzstreckenverkehr. Erst 2012 stellte Mazda den Wankelmotor mit dem Auslaufen des Modells RX 8 ein.

Retrospektiv betrachtet beeindruckt die Entwicklungsfähigkeit des Wankels, den die europäische Automobilindustrie so früh aufgab, so gab es auch Wankel-Dieselmotoren und mit Blick auf den Energieträger Wasserstoff soll sich der Wankelmotor besonders eignen. 2023 präsentierte Mazda ein E-Modell mit Wankelmotor.

1 https://www.saarland.ihk.de/ihk/branchenreport/branchenreport-august2002.pdf [25.04.2022].

2 Saarbrücker Zeitung, 22.9.2022.

3 Thomas Fläschner, Frank Hunsicker, Verkehr und Mobilität im Saarland in Geschichte und Gegenwart, Saarbrücken 2009, S. 103 ff.

4 Wolfgang von Hippel, Hermann Röchling 1872-1955 – ein deutscher Großindustrieller zwischen Wirtschaft und Politik: Facetten eines Lebens in bewegter Zeit, Göttingen 2018, S. 64, 319.

5 Ludwig Linsmayer, Paul Burgard (Hg.), Eisenzeit in SaarLorLux: Röchling, ARBED, Saarstahl, Saarbrücken 2019, S. 68.

6 https://www.saarstahl.com/sag/de/konzern/medien/presse/saarstahl-ag-stellt-den-duennsten-walzdraht-europas-her-102415.shtml [23.09.2022].

7 Saarbrücker Zeitung, 3.4. 2012.

8 Ebda.

9 Ebda. Saarbrücker Zeitung, 27.9.1989, 2.12.1989, 28.9.1990, 8.11.1991, 15.11.1994.

10 Ebda.,2.12.1989.

11 Saarbrücker Zeitung, 18./19.3.1967.

12 Saarbrücker Zeitung, 27.9.1989, 2.12.1989, 28.9.1990, 8.11.1991, 15.11.1994.

13 Saarbrücker Zeitung, 28.3. 1984, 9.11.1988, 19.5.1989, 8.8.1991, 12.12.1991, 9.9.1994.

14 Ebda. und Antwort zur Anfrage des Abgeordneten Reinhold Kopp (SPD) betr. Peugeot-Talbot Deutschland GmbH, Landtag des Saarlandes, 8. WP, DS 8/1179, 16.12.1982.

15 Stadtarchiv Saarbrücken, Dep. Doss. SZ, Nr. 730.

16 Saarbrücker Zeitung, 6.3., 1.4. und 5.4.1970.

17 Hans-Christian Herrmann, Eine Bilanz der kleinen Wiedervereinigung: 40 Jahre nach der wirtschaftlichen Rückgliederung des Saarlandes, in: Zeitschrift für die Geschichte der Saargegend, Nr. 48/2000, S. 316.

18 Saarbrücker Zeitung, 22.4.1981.

19 Saarbrücker Zeitung, 29.8.2018.

20 Pascal Strobel, Zur Geschichte des Autolandes Saarland, in: Hans-Christian Herrmann, Saarbrücken in Fahrt. 125 Jahre Automobil an der Saar, Marpingen 2011, S. 150 ff.

21 Ebda. und Patrick Fridenson, Renault und die Stahlindustrie in der Nachkriegszeit: Eine Verbindung mit Völklingen, in: Meinrad Maria Grewenig (Hg.), Die Röchlings und die Völklinger Hütte. Internationale wissenschaftliche Konferenz, Völklingen 2016, S. 141 ff.

22 Saarbrücker Zeitung, 17.3., 19.3., 29.4., 17.4., 29.4., 17.6.1965.

23 Saarbrücker Zeitung 17.4.1965; Christoph Nonn, Die «Entballung» des Ruhrgebietes. Bergbau, Strukturpolitik und Raumordnung in Nordrhein-Westfalen 1958-1966, Essen 1996, S. 380-426; Markus Wissen, Strukturpolitik, Intervention und ungleiche Entwicklung. Zur Rolle des Staates im Strukturwandel, in: Geographische Revue. Zeitschrift für Literatur und Diskussion 1/2001, S. 3 ff.

24 Saarbrücker Zeitung, 16./17.1. 1970, 1.8.1978. Stadtarchiv Saarbrücken, Dep. SZ, Nr. 884/II, Ford-Infodienst Jan. 1980.

25 Landesarchiv Saarbrücken, Bestand Staatskanzlei, Nr. 561.

26 Jean-Louis Loubet, Citroën, Peugeot, Renault et les autres. Histoire de stratégies d'entreprises, Boulogne-Billancourt 2001, S. 75. Vgl. Stefanie Tilly, Florian Triebel, Automobilindustrie 1945 – 2000, Eine Schlüsselindustrie zwischen Boom und Krise, München 2003. https://www.fomcc.de/belgien.htm [17.08.2020].

27 https://www.waz.de/video/clips/wie-opel-in-bochum-startete-1960-1964-id214488087.html [20.03.2020].

28 https://www.fomcc.de/belgien.htm [20.03.2020].

29 Loubet, Histoire, S. 75. Zu nennen sind die Anlagen des Staatskonzerns Renault in Dieppe (1969), in Maubeuge (1969) sowie vor allem das 1970 errichtete Werk in Douai, in dem ab 1975 der Renault 14 und später der erfolgreiche Mégane vom Band lief sowie die 1966/1970 aufgebaute Motorenfertigung in Douvrin bei Lille, eine Kooperation mit Peugeot und zeitweise mit Volvo als drittem Partner.

30 Stadtarchiv Saarbrücken, Dep. Doss. SZ, Nr. 3606, 3607 und 3993. Zur Bewunderung der Lothringer: Hans-Christian Herrmann, Franz Josef Röder. Das Saarland und seine Geschichte, St. Ingbert 2017, S. 372, Rede von Jean-Marie Rausch vor der IHK des Saarlandes in Saarbrücken am 13.1.1972.

31 Der Spiegel, Nr. 26/1966, S. 30.

32 Mitteilungen der IHK des Saarlandes 1964, S. 512.

33 Heidemarie Ertle, Strukturwandel in St. Ingbert – eine Geschichte der Erfolge, in: Hans-Christian Herrmann (Hg.), Die Strukturkrise an der Saar und ihr langer Schatten. Bilanz und Perspektiven von Montanregionen im europäischen Vergleich, St. Ingbert 2020, S.255.

34 Stadtarchiv Saarbrücken, Dep. Doss. SZ, Nr. 3606 und 3607.

35 Saarbrücker Zeitung, 17.4.1965.

36 Saarbrücker Landeszeitung, 30.5.1968.

37 Landesarchiv Saarbrücken, Bestand Industrie- und Handelskammer, Nr. 2358.

38 Saarbrücker Zeitung, 12.10.1966, 16.1. und 17./18.1.1970.

39 Saarbrücker Zeitung, 1.8.1978.

40 Stadtarchiv Saarbrücken, Sammlung Schug-Konstroffer, Expertise über die zukünftige Entwicklung der Fa. Ford, Saarlouis, unter Berücksichtigung der Ergebnisse der Besprechung von Freitag, dem 17.9.1971, vf. vom Direktor des Arbeitsamtes Saarlouis, 20.9.1971, S. 6.

41 Saarbrücker Zeitung, 17./18.1.1970.

42 Saarbrücker Zeitung, 16.6 und 6.7.1972.

43 Saarbrücker Zeitung, 14.2.1971.

44 Saarbrücker Zeitung, 16.6. und 6.7.1972.

45 Stadtarchiv Saarbrücken, Sammlung Schug/Konstroffer, Expertise über die zukünftige Entwicklung der Fa. Ford, Saarlouis, unter Berücksichtigung der Ergebnisse der Besprechung von Freitag, dem 17.9.1971.

46 Saarbrücker Zeitung, 16.6. und 6.7.1972.

47 Saarbrücker Zeitung, 26.1., 28.1 und 11.6.1977; Auto Motor und Sport, Nr. 19/1979, S. 148.

48 Saarbrücker Zeitung, 5.7.1979.

49 Auto, Motor und Sport, Nr. 12/1978, S. 23.

50 Zu nennen sind der Escort als Schrägheck mit Vorderradantrieb 1980 und der Taunus-Nachfolger Sierra 1982.

51 Auto, Motor und Sport, Nr. 11/1979, S. 36 ff. und Nr. 12/1979, S. 3.

52 Saarbrücker Zeitung, 14./15.6.1980, 19.6.1980, 27.6.1980.

53 Auto Katalog, Nr. 23/1980, S. 10.

54 Saarbrücker Zeitung, 1.8.1978.

55 Saarbrücker Zeitung, 8.3.1977.

56 Saarbrücker Zeitung, 13.10.1980, 14.1.1981, 12.8.1981, 27.7.1984.

57 Auto, Motor und Sport, Nr. 7/1978, S. 6.

58 Saarbrücker Zeitung, 17.10. 1981.

59 Ebda.; Stadtarchiv Saarbrücken, Dep. SZ, Nr. 884/II, Ford-Infodienst.

60 Saarbrücker Zeitung, 30.6.1979.

61 Saarbrücker Zeitung, 8.11.1978, 22./23.11.1978, 16.11.1979.

62 Saarbrücker Zeitung, 10.7. und 12.11. 1982.

63 Strukturelle Wandlungen im Kraftfahrzeugbestand

des Saarlandes 1960 bis 1967, hg. vom Statistischen Amt des Saarlandes am 14.8.1968; Kfz-Bestand am 1.1.1977 und Neuzulassungen 1976, hg. vom Statistischen Amt des Saarlandes am 3.5.1977; Kfz-Bestand am 1.1.1980 und Neuzulassungen im Jahre 1979, hg. vom Statistischen Amt des Saarlandes am 10.7.1980; Kfz-Bestand am 1.7.1985 und Neuzulassungen im 1. Halbjahr 1985, hg. vom Statistischen Amt des Saarlandes am 24.2.1986; Kfz-Bestand am 1.1.1989 und Neuzulassungen im Jahre 1988, hg. vom Statistischen Amt des Saarlandes am 7.6.1989; Kfz-Bestand am 1.1.1990 und Neuzulassungen im Jahr 1989, hg. vom Statistischen Amt des Saarlandes am 16.1.1991.

64 https://www.autohaus.de/nachrichten/autohandel/marken-statistik-saarlaender-sind-nicht-repraesentativ-2761386 [21.07.2022].

65 MOT – Die Auto-Zeitschrift, Nr. 4/1984, S. 7.

66 Zur ZF-Geschichte: Johannes Winterhagen, Bewegende Technik: Die ZF Friedrichshafen AG 1915 bis 2015, Hamburg 2015.

67 Stadtarchiv Saarbrücken, Dep. Doss. SZ, Nr. 2247; Dez. II, Nr. 116. Vgl. unerschlossener Bestand Wirtschaftsförderung im Stadtarchiv.

68 Ebda.

69 Mitteilungsblatt des Verkehrsvereins der Stadt Saarbrücken, 24.2.1972; Saarbrücker Landeszeitung, 18./19.3.1972; Saarbrücker Zeitung, 8.12.1975.

70 Saarbrücker Zeitung, 18.1.1973.

71 Herrmann, Röder, S. 190. Stuttgarter Zeitung, 1.4.1970.

72 Saarbrücker Zeitung, 1./2.4.1971, 17.3.1971, 5.12.1973. Zu Edgar Stöber: Schwäbische Zeitung, 15.2.1986: geb. 1925, 1954 Diplom-Ing. TU Berlin, bis 1960 Standard Elektrik in Berlin und Rio de Janeiro, 1963 Beratung Vorstand Telefunken, bis 1970 AEG Werkleiter in Backnang und Geschäftsführer General Elektrik in Wolfenbüttel, ab 1970 ZF Saarbrücken, Präsident des Verbandes der Metall- und Elektroindustrie im Saarland, im März 1990 Eintritt in den Ruhestand.

73 Zeitzeugengespräch mit Herrn Jean-Charles Giovanelli, November 2022.

74 Handelsblatt, 6.4.1972; Der Spiegel, Nr. 16/1972.

75 Stuttgarter Zeitung, 1.4.1972.

76 Herrmann, Röder, S. 190. Stuttgarter Zeitung, 1.4.1970.

77 Saarbrücker Zeitung, 25.5.1974. Dach verstarb 85-jährig im Jahr 2014. Hansjörg Dach, PKW-Automatikgetriebe. Sicher, komfortabel und wirtschaftlich fahren, Landsberg/Lech 1994.

78 Saarbrücker Zeitung, 10./11.8.1974, 5.9.1975, 22.7. und 20.8.1976.

79 Oldtimer-Markt, Nr. 7/1992, S. 11.

80 https://www.automobil-industrie.vogel.de/50-jahre-automatgetriebe-von-zf-a-488681/ [07.04.2022].

81 Auto, Motor und Sport, Nr. 20/1977, S. 50.

82 https://www.7-forum.com/modelle/bmw_7er_baureihen.php#e32 [03.05.2022], Oldtimer-Markt, Nr. 7/1992, S. 17.

83 https://www.automobil-industrie.vogel.de/50-jahre-automatgetriebe-von-zf-a-488681/ [07.04.2022].

84 https://www.7-forum.com/news/news2004/75jahre_bmw/bmw_unternehmensgeschichte.php [07.04.2020].

85 Saarbrücker Zeitung, 13.7.1982, 9./10.7.1983; Manager-Magazin 1/1983, S. 44 ff.

86 Schwäbische Zeitung 15.2.1986.

87 Ebda.

88 Saarbrücker Zeitung, 20.2.1986.

89 Schwäbische Zeitung, 15.2.1986.

90 Saarbrücker Zeitung, 10.7.1975, 9.8.1985, 29.6.1988; Saarwirtschaft 9/1978.

91 Saarbrücker Zeitung, 9.12.1994.

92 Saarbrücker Zeitung, 17./18.1.1987, 29.6.1988.

93 Saarbrücker Zeitung, 9.12.1994.

94 Saarbrücker Zeitung, 13.7.1982, 9./10.7.1983; Manager-Magazin 1/1983, S. 44 ff.

95 Saarbrücker Zeitung, 27.12.1995.

96 Saarbrücker Zeitung, 7.5.2015.

97 Saarbrücker Zeitung, 26.4.2001.

98 Saarbrücker Zeitung, 20/21.12.2003.

99 Saarbrücker Zeitung, 2.2.1995, 5.7.2011.

100 Saarbrücker Zeitung, 16.7.2015.

101 Saarbrücker Zeitung, 2.2.1995, 5.7.2011.

102 https://www.sueddeutsche.de/auto/auto-schaltung-technik-1.5551567?utm_source=pocket-newtab-global-de-DE [18.05.2022].

103 Saarbrücker Zeitung, 10.11.2015, 6.9.2016, 13.3.2019.

104 Saarbrücker Zeitung, 8.11.2022

105 Marcus Popplow, Motor ohne Lobby? Medienereignis Wankelmotor 1959-1989, hg. vom Landesmuseum für Technik und Arbeit in Mannheim und der Felix Wankel Stiftung, Heidelberg 2003.

106 Kubisch, Sonderheft Markt, Nr. 2/1986, S. 59. Ulrich Ch. Knapp: Wankel auf dem Prüfstand. Ursprung, Entwicklung und Niedergang eines innovativen Motorenkonzeptes, Münster 2006; Peter Schneider, Die NSU-Story, Stuttgart 2012, Dieter Klauke, Der Wankelmotor – da war doch mal was, Norderstedt 2019.
Zur Rolle von Felix Wankel im Nationalsozialismus: Sascha Becker, Spiel, Technik und Krieg. Das «Maschinenspielkind». Felix Wankel und der Nationalsozialismus 1918-1950, Baden-Baden 2013.

107 Herrmann, Röder, S. 188 ff.

108 Mündliche Auskunft von Herrn Horst Schultz, Stiftung Museum Autovision, 20.07.2022.

109 Stadtarchiv Saarbrücken, Sammlung Schug-Konstroffer, Ausarbeitung Chronologie COMOTOR, vf. v. W. Schug.

110 Herrmann, Röder, S. 188 ff.

111 Stadtarchiv Saarbrücken, Sammlung Schug-Konstroffer, Planung COMOTOR – Werk Alforweiler, S. 6, Ausarbeitung W. Schug.

112 Klaus Arth, NSU R0 80. 50 Jahre Vorsprung durch Technik, Bielefeld 2017, S. 17 ff, 24 ff.

113 Saarbrücker Landeszeitung, 26.9.1969.

114 https://www.sr-mediathek.de/index.php?seite=7&id=43393 [05.08.2022].

115 Rund um den Becker Turm, Nr. 28/1969, S. 20 ff.

116 Arth, NSU R0 80, S. 89 ff. Auto, Motor und Sport, Nr. 26/1980, S. 30.

117 http://blg.hnf.de [04.07.2022].

118 Hobby, Nr. 19/17.9.1969, S. 15-21.

119 Auto, Motor und Sport, Nr. 11/1979, S. 25, 116.

120 Auto, Motor und Sport, Nr. 8/1975, S. 8.

121 Hydraulische Presse, Nr. 1/2014, S. 5 ff.

122 Auto, Motor und Sport, Nr. 17/1974.

123 Stadtarchiv Saarbrücken, Sammlung Schug/Konstroffer, COMOTOR, Produktions- und Personaleinschränkung in unserem Hause, 1975.

124 Herrmann, Röder, S. 188.

125 Der Spiegel, Nr. 47/1969, S. und 1/1974, S. 17.

10

Hans-Christian Herrmann

SAARBRÜCKEN als Beispiel einer frühen «AUTOSTADT» und die Saarländer als wahre «Automobilliebhaber»?

Spätestens seit den 1950er Jahren hat Saarbrücken die Verkehrsdichte einer Millionenmetropole. 1958 entfielen auf 1.000 Einwohner 167 Kraftfahrzeuge, damit lag die Stadt zumindest zeitweise sogar vor Frankfurt und dem Rhein-Main-Gebiet.[1]

Bis heute zieht Saarbrücken durch seine Zentrumsfunktion als Landeshauptstadt und politischer, wirtschaftlicher und kultureller Mittelpunkt des Saarlandes fast 100.000 Einpendler aus dem Saarland, Frankreich und der angrenzenden Pfalz an. Die erhebliche Verkehrsbelastung erklärt sich aus hohen Mobilitätsbedürfnissen, die vor allem mit dem Auto bewältigt werden. Die Topografie der Stadt fördert zudem nicht gerade den Einsatz des Fahrrades. Bellevue, Eschberg und Folster Höhe, Kaninchenberg, Reppersberg, Schenkelberg, Schanzenberg und Scheidter Berg – die Saarbrücker Flur-, Orts- und Stadtteilnamen beschreiben eine Stadt, die nicht jeder mit dem Fahrrad erobern kann, ganz anders als etwa das westfälische Münster, in dem schon seit Jahrzehnten Menschen mit dem Rad mobil sind, weil alles flach und eben ist, genauso wie in den Niederlanden – dort ist das Fahrradfahren Teil der Lebensart geworden.[2]

Mit den neuen E-Bikes eröffnen sich in einer Stadt wie Saarbrücken aber neue Möglichkeiten. Warum dominiert aber das Auto den täglichen Pendlerverkehr im Saarland, obwohl es brauchbare Bahnverbindungen gibt, die Merzig, Dillingen, Saarlouis und Völklingen sowie Homburg und St. Ingbert an die Landeshauptstadt anschließen. Sind die Saarländer autoverliebt?

Blick in die Saarbrücker Bahnhofstraße 1963.

Zusammen mit der Kaiserstraße, Dudweilerstraße, Großherzog-Friedrich-Straße, Trierer und Lebacher Straße zählte sie zu den am stärksten frequentierten Straßen von Saarbrücken. Das Foto zeigt die hohe Luftverschmutzung, die der Fahrer des BMW 502 Cabriolets sicher gerochen haben dürfte.

| Fotograf: Fritz Mittelstaedt, Stadtarchiv Saarbrücken, Nachlass F. Mittelstaedt, Nr. 4949.

1. Das Klischee vom Auto als liebstem Kind der Saarländer

Das Saarland wird gern als Autoland bezeichnet, weil die Bevölkerung im Alltag das Auto besonders intensiv nutzt. Das war nicht immer so: Wenn man von Saarbrücken einmal absieht, war das Saarland alles andere als ein Autoland. Noch im Juli 1967 lag bei der Relation Kfz-Anzahl pro Einwohner das Saarland auf dem vorletzten Platz der Bundesrepublik, am geringsten war diese Relation in Berlin. Im Jahr 1980 kamen auf 1.000 Einwohner im Saarland 377 PKW, im Bund waren es 368. Zehn Jahre später ist der Vorsprung des Saarlandes schon größer mit 515 PKW zu 494 im Bundesdurchschnitt und 2005 sind es sogar 602 zu 550.[3]

Insbesondere mit der Stahlkrise ab 1975 erwarben immer mehr Saarländerinnen und Saarländer einen PKW, zwischen 1969 und 1984 sollte sich der Kfz-Bestand im Saarland verdoppeln. Bezeichnend ist, dass insbesondere die Landkreise, die in den 1950er und 1960er Jahren die geringste Anzahl von PKW pro Einwohner aufwiesen wie Merzig-Wadern, Saarlouis und St. Wendel das größte PKW-Wachstum entwickelten.

Vorn ist das Saarland auch bei der Eigenheimquote, der höchsten in der Bundesrepublik.[4]

Und sie und die Autodichte stehen in einem Zusammenhang. Das Saarland hat heute auch den höchsten Motorisierungsgrad mit der höchsten Jahresfahrleistung der privaten Haushalte.[5] Erklärt sich dies aus einer Autovernarrtheit der Saarländerinnen und Saarländer zum Automobil oder gibt es dafür eine sachliche Erklärung?

Das Verkehrsaufkommen wird beeinflusst von der Siedlungsstruktur und den Wohnbedingungen, den wirtschaftlichen Verhältnissen, dem Freizeitverhalten und der Verkehrsinfrastruktur. Bis heute wird der Verkehr im Saarland durch das Erbe von Kohle und Stahl geprägt und darin liegt die Erklärung der Bedeutung des Autos im Individualverkehr des Landes.

Verstreut im Eigenheim wohnen und mit dem Land verwachsen sein – das Erbe der Montanindustrie prägt bis heute

Das Saarland hat eine hohe Bevölkerungsdichte, verstreut im ganzen Land gibt es 16 kleinere Städte und eine Vielzahl kleinerer Gemeinden, mit Saarbrücken aber nur eine Großstadt mit dem Einzug von einer Million Menschen. Im 50 Kilometer-Umkreis von Saarbrücken, der das Saarland, Rheinland-Pfalz und das Mosel-Departement sowie Luxemburg erfasst, befinden sich nahezu

Die Saarbrücker Wilhelm-Heinrich-Brücke. *Für die einen Aufbruch in die Moderne und Symbol einer autogerechten Stadt, für die anderen ein Stein des Anstoßes für die Verschandelung der Stadt.*

| Fotograf: Klaus Winkler, Stadtarchiv Saarbrücken, Vorlass K. Winkler, Nr. 980.

Kohle und Stahl haben das Saarland nachhaltig geprägt.
Das gilt auch für die Entwicklung der Siedlungslandschaft und das Wohnen.
| Fotograf: Klaus Winkler, Stadtarchiv Saarbrücken, VL K. Winkler, Nr. 567.45 und 637.1.

50 Städte und Gemeinden mit über einer Million Einwohnern. Im Unterschied zu typischen Ballungsgebieten leben und wohnen die Menschen aber nicht in ineinander übergehenden Orten oder Städten wie im Ruhrgebiet, sondern recht zersplittert und verstreut. Dazu zählen eine Vielzahl abgelegener Ortschaften, etwa Siedlungen in den Seitentälern der Saar, von denen nicht alle an das Eisenbahnnetz angeschlossen waren, ferner zahlreiche Siedlungen außerhalb der Ortskerne. Für diese Orte und Gemeinden in den Seitentälern sind die Entfernungen zu den Bahnhöfen häufig sehr lang.

Die Erklärung dafür liegt in der Geschichte des Saarlandes als Montanrevier, die sich bis heute auswirkt. Vom ausgehenden 19. Jahrhundert bis ins frühe 20. Jahrhundert förderten die staatliche Bergbauverwaltung und Stahlbarone wie Stumm und Röchling den Bau von Eigenheimen. Die Industrialisierung war verbunden mit einem enormen Arbeitskräftebedarf. Gedeckt wurde er durch die Zuwanderung von Tausenden von Arbeitskräften, die beispielsweise aus der Pfalz, dem Hunsrück und der Eifel ins Saarrevier einwanderten. Außerdem kamen die Menschen aus den nicht industrialisierten Gegenden des Saarlandes zu den Gruben und Hütten. Bei den Hütten- und Grubenorten war der Wohnraum nicht ausreichend. Es entstand eine Wohnungsmisere. Dem Mangel wurde bereits Ende der 1830er Jahre mit der Errichtung von sogenannten Schlafhäusern bei den Gruben begegnet. 1912 gab es immerhin 41 davon. Im Alltag lebten die Bergleute dort wie in einer Kaserne und am Wochenende gingen sie nach Hause, vielfach ins Nordsaarland. Dabei legten sie weite Strecken zu Fuß zurück. Sie wurden deshalb auch «Hartfüßler» genannt. Viele Bergleute und Hüttenarbeiter wohnten als Untermieter oder Einlieger bei Familien in Nähe ihrer Grube und Hütte. Ein Leben, das insbesondere den Sittlichkeitsvorstellungen der Kirchen missfiel.[6]

Und so reagierte der preußische Bergfiskus mit dem Bau von Eigenheimen für die Bergleute. Damit war auch die politische Absicht verbunden, die Bildung einer Arbeiterbewegung zu verhindern und einer Proletarisierung entgegenzuwirken. Es sollten keine Ballungsgebiete durch Mietskasernen entstehen. Das abzuzahlende Eigenheim erhöhte die Abhängigkeit von Bergleuten und Hüttenarbeitern vom Arbeitgeber. Die Abhängigkeit betraf nicht nur die Arbeit, sondern auch das Wohnen. Dies reduzierte das Interesse und auch die Möglichkeit, den Arbeitsplatz zu wechseln. Der Lebensmittelpunkt sollte für die Bergleute die Familie, das Eigenheim, das Landleben und die kleine Landwirtschaft mit dem Halten einer Bergmannskuh (Ziege) bilden, so dass gar keine Zeit für Politik und Gewerkschaften blieb. Dazu gehörte es auch, die Eigenheime über möglichst viele Dörfer zu zerstreuen, auch das erschwerte die politische Agitation. Der saarländische Stahlbaron Carl Ferdinand von Stumm-Halberg sorgte dafür, dass Arbeiter niedrigerer Lohnklassen in weit abgelegenen Gemeinden ihr Häuschen erwerben sollten. Dem längeren Arbeitsweg standen niedrige Lebenshaltungskosten vor Ort gegenüber. Im Jahr 1914 wohnten die Saarbergleute in 500 verschiedenen Orten im kleinen Saargebiet.[7]

Den Weg vom Eigenheim zur Arbeit ermöglichte die Eisenbahn, die im Deutschen Reich zwischen 1870 und 1914 massiv ausgebaut wurde und sich zum dichtesten Netz Europas entwickelte. Nicht nur für den Gütertransport der Montanindustrie war die Eisenbahn an der Saar existenziell, sondern auch für den Pendlerverkehr der Beschäftigten. So wurde eine Vielzahl von Nebenstrecken gebaut, die auch kleine Seitentäler erschlossen. Im Reichsdurchschnitt entfielen 260 Meter Gleis pro Quadratkilometer Fläche, im Saargebiet waren es 774.[8]

Mobilität braucht Platz *– auch in der Stadt. Sowohl Eisenbahnen wie Autos beanspruchen in erheblichem Umfang städtische Flächen. Luftaufnahme der Gleisanlagen des Güter- und Hauptbahnhofs Saarbrücken.*
| Fotograf: Klaus Winkler, Stadtarchiv Saarbrücken, K. Winkler, Nr. 75. Vorlass K. Winkler, Nr. 52.

Busse vor dem Schichtwechsel *der Röchling-Hütte in Völklingen, frühe 1960er Jahre.*
| Stadtarchiv Völklingen.

Insbesondere in der Zeit nach 1945 setzten die Landespolitik und die Saarbergwerke weiter auf die Eigenheimförderung. Das in den 1950er Jahren zu über 70 Prozent katholische Saarland stand ganz im Zeichen der katholischen Soziallehre. So wurden in über 50 saarländischen Orten Siedlungen durch Ketteler-Vereine errichtet.[9] Hier wurde viel in Eigenleistung und Gemeinschaftsarbeit nach Feierabend und im Urlaub gebaut, Baumaterialien wurden vom Verein eingekauft und nur aufwändigere Gewerke an Handwerker vergeben. Erst nach Fertigstellung war klar, wer welches Haus bekommt, so sollte das Gemeinschaftsgefühl und auch die Sorgfalt beim Bauen gefördert werden.[10]

Solche Häuser wurden ebenso wie die Bergmannshäuser in Familien als Eigentum weitergegeben. Mit ihnen sind persönliche Erinnerungen und Lebensabschnitte verbunden, sie sind quasi Erinnerungsorte. Insbesondere den nachfolgenden Generationen halfen sie beim Start ins Leben, vor allem, wenn sie im Saarland bleiben wollten. Diese Häuser wurden ab den 1970er Jahren im Zuge der im Saarland so dicht wie nirgendwo sonst in Deutschland vorhandenen Baumärkte meist in Eigenarbeit instandgesetzt und modernisiert.

Bis in die 1970er Jahre gemeinsam mit Eisenbahn und Bus vom Eigenheim zur Grube und Hütte

Zu Kohlezeiten bewältigten die Bergleute ab dem frühen 20. Jahrhundert den Weg zur Arbeit immer mehr mit der Eisenbahn, ihr Ausbau bis in die Ortschaften war von der einflussreichen staatlichen Grubenverwaltung gefördert worden. Auch Bus und Bahn wurden kombiniert. Das Fahrrad spielt ab den 1920er Jahren für Arbeiter eine wichtige Rolle als Verkehrsmittel, vor allem für Bergleute und Hüttenarbeiter, die in den Städten wohnten, dort meist in den Tallagen. Nach 1945 stellten Gruben, Hütten und andere große Arbeitgeber wie etwa auch der Keramikhersteller Villeroy & Boch vermehrt Busse zur Verfügung, die die Belegschaft kostenlos zur Arbeit brachten und nach Hause fuhren. Anfang der 1950er Jahre benutzten über 35 Prozent der Saarbergleute den Bus zur Fahrt in die Grube, knapp 20 Prozent die Eisenbahn. Die Busse der Saarbergwerke steuerten die kleinen Orte an, Fußwege entfielen oder reduzierten sich drastisch. 1951 wohnten 33.000 Bergleute mehr als vier Kilometer vom Arbeitsplatz entfernt, durchschnittlich betrug ein Arbeitsweg aber stolze 18 Kilometer. 1960 wohnte die Belegschaft der Saarbergwerke bereits auf über 700 Ortschaften im kleinen Saarland zerstreut. Der Anteil der Berufspendler unter den Arbeitnehmern betrug beispielsweise 1961 im Bund gut 24 Prozent, im Saarland waren es über 46 Prozent, im Ruhrgebiet gerade mal 18 Prozent. Die Saargruben und Hütten setzten für den Weg der Bergleute zum Arbeitsplatz immer noch eigene Busse ein, aber auch private Fuhrleute, aus denen sich dann im Lauf der Zeit Reiseunternehmen entwickelten wie etwa die Firma Bur in Bliesransbach oder Baron in Dorf im Warndt.[11]

Ein Teil der Bahnstrecken wurde dann in den 1970er Jahren stillgelegt. Vor allem zwischen den 1960er und den 1980er Jahren wurden Autobahnen ausgebaut mit einer vergleichsweise hohen Anzahl von Auf- und Abfahrten, die gerade die Autobahnnutzung für Bewohner kleinerer Ortschaften erleichterte.[12] Mit dem Autobahnbau verbunden waren Verluste an Waldflächen und die Zerschneidung zusammenhängender Waldgebiete. Was bis in die 1970er Jahre keineswegs kritisch wahrgenommen wurde: Der Spatenstich etwa zur A 6 von Saarbrücken nach Mannheim wurde am 11. August 1956 mitten im Wald vorgenommen. Gleichwohl gab es in den 1960er Jahren Bemühungen zur Reduktion von Schadstoffemissionen von Hütten und Kraftwerken und die Erkenntnis der wichtigen Rolle des Saarforstes als «grüner Staubsauger».[13]

Revolutionärer Wandel und Individualisierung der Mobilitätsbedürfnisse – ohne Auto kein Leben im Saarland?

Mit der Strukturkrise ab 1975 und dem Wegfall zehntausender von Arbeitsplätzen im Montansektor änderte sich diese Mobilitätskultur, denn ab 1980 entwickelte sich die Relation der Anzahl der PKW je Einwohner im Saarland mit einer besonderen Dynamik, vom Nachzügler fährt das Saarland an die Spitze. Vor allem in den ländlichen Kreisen legte der PKW-Bestand mächtig zu. Mit dem Schrumpfen von Kohle und Stahl lohnte sich der Busverkehr immer weniger, von rund 100.000 Beschäftigten in der Montanindustrie verblieben 2003 nur etwa 20.000. 1993 fuhren noch etwas über 8.000 Bergleute mit dem Bus, 2002 wurde der Busverkehr dann eingestellt. Auch andere Arbeitgeber wie Ford ließen die Bustransporte auslaufen. Neue Arbeitsplätze entstanden vor allem im Dienstleistungssektor. Dazu kamen ab der Jahrtausendwende Arbeitszeitflexibilisierung und wachsende Teilzeit. Auch ein verändertes Freizeitverhalten hat die PKW-Nutzung deutlich steigen lassen, zwischen 1976 und 2002 wuchs sie um gut ein Fünftel.[14]

Das Ende der Monostruktur von Kohle und Stahl verlangte den Menschen mehr Mobilität und Flexibilität ab. Die Mobilitätsbedürfnisse wurden mit dem Wegfall der großen Arbeitgeber mit Schichtarbeit und denselben Arbeitszeiten für Tausende von

Symbole für die Ära des autogerechten Saarbrücken: *Stadtautobahn und Wilhelm-Heinrich-Brücke.*
| Fotograf Fritz Mittelstaedt: Stadtarchiv Saarbrücken, NL F. Mittelstaedt.

Menschen vielfältiger, sowohl was die Fahrtziele als auch was die Arbeitszeiten betrifft. Wohn-, Arbeits- und Versorgungsort fielen für die Menschen immer weiter auseinander. In Verbindung mit dem Wunsch, das eigene Zuhause nicht aufzugeben, wird der eigene PKW für das Lebensmodell, einen Arbeitsplatz im Saarland oder in Grenznähe zu finden, insbesondere auch für Pendler nach Luxemburg unabdingbar.

Insofern wird deutlich, wie ungleich sich in den letzten Jahren die Perspektive zwischen Stadt- und Landbevölkerung entwickelte. 1996 schrieb der Wirtschaftshistoriker Paul Thomes: « (…) lebt man nicht gerade in der Landeshauptstadt oder einem der Mittelzentren, erweist sich das Saarland ohne Auto quasi unbewohnbar»[15]. Hinzukommt, dass in den ersten 30 bis 40 Jahren nach dem Zweiten Weltkrieg vor allem in Saarbrücken als der einzigen saarländischen Großstadt in der Stadtentwicklung der weltweite Trend umgesetzt wurde, Wohnen und Arbeiten voneinander zu trennen, um die Bevölkerung vor Lärm und Gestank zu schützen. Damit verbunden war einerseits das Entstehen von neuen Stadtteilen am Stadtrand wie etwa Eschberg und Folsterhöhe, deren Anbindung über den ÖPNV an das Stadtzentrum über Jahre nicht optimal war. Zum anderen das Entstehen von Industriegebieten und Gewerbeparks am Stadtrand oder außerhalb der Stadt in eigens dafür ausgewiesenen Flächen. Damit veränderten sich Handel und Gewerbe. Im ländlichen Bereich schlossen die Geschäfte, in den 1990er Jahren starben Lebensmittelgeschäfte von EDEKA und ASKO in vielen kleineren Orten. Die Zahl der Nahrungs- und Genussmittelgeschäfte im Saarland sank von über 8.000 im Jahr 1970 auf knapp 1.500 im Jahr 1993.[16]

Diese Entwicklung förderte den Individualverkehr wie auch der Wegzug aus den Städten ins Grüne, auch dies war in Saarbrücken zu beobachten. Aufgrund der wesentlich höheren Grundstückspreise zogen Menschen in die Umlandgemeinden wie Riegelsberg, Püttlingen, Heusweiler und Kleinblittersdorf, weil sie sich dort eher ein eigenes Haus leisten konnten. Anschaulich zeigt sich diese Entwicklung auch in Merzig. Die Stadt zählt 30.000 Einwohner, die auf beiden Saarufern über 17 Stadtteile landschaftlich weit verteilt leben. Von einem zusammenhängenden Stadtgebiet und einem städtischen Leben kann keine Rede sein. Frühere kleine Dörfer und Weiler, die dann durch das Ausweisen von Neubaugebieten enorm gewachsen sind, wurden eingemeindet. So kommen in Merzig 272 Einwohner auf einen Quadratkilometer, im nicht wesentlich größeren Saarlouis sind es 795, in Saarbrücken 1072. Auch der Saarbrücker Wert ist eher niedrig, hat doch Mainz eine mehr als doppelt so hohe Bevölkerungsdichte, der Stadtstaat Hamburg liegt bei ca. 2.500 Einwohnern je Quadratkilometer.[17]

Ballungsgebiete gibt es im Saarland nicht, die Bevölkerung ist über das Land zerstreut verteilt, Landschaft im Saarland ohne Siedlung ist etwas Rares. Vergleichsweise rar sind auch erfreulicherweise Hochhäuser wie generell der Anteil von Gebäuden mit sieben und mehr Wohneinheiten. Dafür ist der Anteil der Siedlungs- und Verkehrsfläche pro Einwohner doppelt so hoch wie im Bundesdurchschnitt.[18]

Gleichwohl bildet die Landeshauptstadt Saarbrücken den wirtschaftlichen, politischen und kulturellen Mittelpunkt. Sie bildet das Zentrum des Landes und ist auch Medien- und Universitätsstadt. Und damit verbunden sind Mobilitätsbedürfnisse der Frauen und Männer, die in Saarbrücken arbeiten und dieses Zentrum versorgen.

Diese Pendlerströme sind im Saarland sehr hoch, da Saarbrücken, Saarlouis und Homburg auch von Pendlern aus Lothringen angefahren werden.

Diese Besonderheiten stellen die Landes- und Kommunalpolitik vor große Herausforderungen, denn ein kostendeckender ÖPNV erscheint unter diesen Bedingungen zumindest auf den ersten Blick als Quadratur des Kreises. Ein schnellerer DB-Regionalverkehr böte beispielsweise mit der Strecke von Homburg über Saarbrücken nach Trier eine gute Voraussetzung, insbesondere wenn es Zubringerdienste zu den Bahnhöfen gibt und über die Wiederbelebung alter Strecken nachgedacht wird. Ganz ohne das Auto wird es aber auch dann kaum gehen – zumindest, was den Weg zum Bahnhof betrifft, der meist über hügelige Strecken angefahren werden muss. Bundesweit sieht nur ein Anteil von 14 Prozent der Landbevölkerung aktuell in Bus und Bahn eine Alternative.[19]

2. Die autogerechte Stadt – früher gefeiert, heute der große «Aufreger»

Nach 1945 orientierte sich eine ganze Architekten- und Stadtplanergeneration an der autogerechten Stadt. Der Wiederaufbau kriegszerstörter deutscher Städte bot dabei besondere Möglichkeiten. In der Bundesrepublik steht der Stadtplaner Hans Bernhard Reichow für die autogerechte Stadt, 1959 veröffentlichte er ein gleichnamiges Buch.[20] Die autogerechte Stadt wollte städtische Lebensbereiche wie Wohnen, Kultur, Arbeit, Wirtschaft und Verkehr voneinander trennen. Die Charta von Athen[21] hatte 1933 bereits darin den Maßstab für die städtische Zukunft gesehen. Die autogerechte Stadt bedeutete Straßendurchbrüche, Verkehrsverteiler und zu Parkplätzen umgewidmete städtische Plätze, vor allem Hochstraßen und Stadtautobahnen. Ihren Ursprung hatte sie aber in den USA als dem früher massenmotorisierten Land. Die autogerechte Stadt wurde zum Leitbild und bildete seinerzeit einen gesellschaftlichen Konsens, der Ende der 1960er Jahre bereits ins Wanken geriet.[22]

Als besonders fortschrittlich galt in der Bonner Republik Hannover. Die niedersächsische Landeshauptstadt wurde zum Musterbeispiel einer autogerechten Stadt. Weil die autogerechte Entwicklung rasch umgesetzt werden konnte, sprachen die Zeitgenossen anerkennend vom Wunder von Hannover.[23] Der Autoverkehr galt als Symbol der Moderne und Verkehr sollte bewusst in die Stadtzentren geführt werden. Die Bereiche für Fußgänger, Autos und ÖPNV sollten dabei strikt voneinander getrennt werden, Straßenbahnen ohne eigene Trasse störten dabei die Idee

Zu den ersten größeren Verkehrsmaßnahmen zählte die Schaffung des Ludwigsbergkreisels *mit der Anbindung der Grülingstraße und der Aufweitung der Bahnunterführung zur Lebacher Straße.*
| Stadtarchiv Saarbrücken, V 67, Nr. 1250ff.

des fließenden Verkehrs. Das Maß aller Dinge in der Stadtentwicklung bildete die Ausrichtung auf einen fließenden Verkehr, ihm hatte sich alles unterzuordnen.

In den 1950er Jahren begann die Massenmotorisierung in Saarbrücken. Die Blechlawinen symbolisierten die Geschäftigkeit der Großstadt und das Wirtschaftswunder. Das Auto dominierte das Leben in der Stadt und ihre Entwicklung. Zwischen 1951 und 1961 stieg die Bevölkerung in Saarbrücken um 21,5 Prozent, der Kfz-Bestand dagegen um 196 Prozent. Bei einer Wohnbevölkerung von 134.168 gemeldeten Einwohnern gab es 26.849 in der Stadt zugelassene Kraftfahrzeuge, 1946 waren es erst 2.779 Kraftfahrzeuge bei 87.769 Einwohnern.[24]

Pingussons Visionen für ein modernes Saarbrücken

Bis zum Beitritt des Saarlandes zur Bundesrepublik 1957 fuhr der explodierende Kfz-Verkehr in den gewachsenen Strukturen, entstanden zu Zeiten, die automobile Massenmobilität noch nicht kannte. Dem entsprechend wurde der innerstädtische Verkehr immer zähflüssiger und belastender für die Menschen. Die 1947 vorgestellten Ideen des französischen Architekten Georges Henri Pingusson für Saarbrücken scheiterten am Widerstand der Stadtverwaltung, vermögender Bürger und vor allem der Kaufmannschaft. Pingusson wollte Saarbrücken, wie Dietmar Kolling beschreibt, zu einer der «modernsten Städte Europas» entwickeln und die Ausgangssituation des stark zerstörten Saarbrücken zu einer völligen Überformung der vorhandenen Stadt nutzen. Seine Vision war eine moderne Stadt, die den Menschen im Sinne der Charta von Athen mehr Lebensqualität bieten sollte. Das bedeutete vor allem die Bereiche Arbeit und Wirtschaft, Verwaltung und Kultur, Wohnen und Verkehr voneinander zu trennen. Zur Entlastung der Innenstadt plante Pingusson einen Autobahnring um Saarbrücken mit Tangenten und einem großen das Stadtbild prägenden Nord-Süd und Ost-West-Kreuz, das die Stadt in Quartiere teilte. Sein Konzept beinhaltete eine Südumfahrung Richtung Paris, die später in Ansätzen realisiert wurde, vor allem einem Abzweig zum Deutschmühlental mit einer Weiterführung des Verkehrs über eine neu zu bauende Schanzenbergbrücke nach Malstatt und Burbach, ferner eine Nord- und Ostumfahrung. Anstelle der späteren an der Saar entlang geführten Stadtautobahn setzte Pingusson auf eine Alleestraße an beiden Saarufern, wovon aber nur eine auf Alt-Saarbrücker Seite umgesetzt wurde. Für die Mobilität im Zentrum sollte Saarbrücken eine U-Bahn erhalten und einen Schiffsbus-Verkehr auf der Saar. Um urbane Lebensqualität zu sichern, sollten die Passanten in der Bahnhofstraße, Dudweiler Straße, Kaiserstraße und der Eisenbahnstraße durch Arkaden vor Regen geschützt werden, vor allem aber in deutlichem Abstand zum Straßenverkehr flanieren können. Dieses Detail der Pingusson-Planungen wurde gegen den Widerstand der Kaufmannschaft durchgesetzt, die dafür auf Ladenfläche im Erdgeschoss verzichten musste, später aber die Vorteile dieser Maßnahme schätzen sollte. Pingussons Visionen scheiterten, auch weil ihre Finanzierung völlig offen war und in der Situation der Zerstörung, der Wunsch nach Wiederherstellung des Bestehenden auch als der schnellsten Methode zur Behebung der Wohnungsnot größer war als das Interesse an einer grundlegenden Neuordnung und den damit verbundenen Chancen.[25]

Schlag auf Schlag: Die Ära Krajewski – Veränderungen in kürzester Zeit

Mit dem Beitritt des Saarlandes zur Bundesrepublik entwickelte sich dann ab 1957 eine enorme Dynamik in der Stadtentwicklung und Verkehrspolitik, mit ihr verbunden ist der Bau der Stadtautobahn, aber auch die Errichtung der neuen Stadtteile Eschberg und Folster Höhe in der ersten Hälfte der 1960er Jahre, unter der Leitung von Baudezernent Hans Krajewski.[26] Retrospektiv gelingt es innerhalb von zehn Jahren Verkehrsprobleme und Wohnungsnot zu lindern.

Die Saarbrücker Stadtautobahn, errichtet zwischen 1959 und 1963, bildet zusammen mit der erforderlichen Hochwasserumfahrt und der am 29. Mai 1961 freigegebenen Wilhelm-Heinrich-Brücke einen der größten Eingriffe in die Stadt, damit verbunden sind die Zu- und Abfahrten sowie Verbreiterungen der Luisen- und der Bismarckbrücke.

Seinerzeit war sie die erste Stadtautobahn Deutschlands, Symbol der autogerechten Stadt und einer von Verkehrsinteressen dominierten Stadtplanung. Seinerzeit feierte die Öffentlichkeit dies als Anschluss an die Moderne. Der Saarbrücker Schriftsteller Manfred Römbell legt in seinem Roman «Rotstraßenträume» dem Erzähler den Zeitgeist in den Mund: «Auch Saarbrücken sollte, wie es hieß, eine moderne, eine autogerechte Stadt werden. So führte man die Autobahn als Stadtautobahn direkt in die Stadt, und da es am einfachsten war, führte man sie an der Saar entlang. Umleitungen und Baustellen beeinträchtigten das Leben in der Stadt, aber die Mehrheit sah darin Aufbruch: die riesige Baustelle schien Sinnbild für die Veränderung, für den Aufbruch in die neue vielversprechende Zukunft». Die Autobahn schenkte den Pendlern Zeit. Das Land und die Stadt brauchten damals dringend eine Verbesserung der Verkehrsinfrastruktur. Nicht nur das Straßennetz war schlecht, das Saarrevier war von allen Industriegebieten am weitesten von der See entfernt, dazu ohne Großwasserstraße zu Seehäfen. Die weitere Saarkanalisierung gestaltete sich als kaum durchsetzbar, viel einfacher war es deshalb, Straßen zu bauen. Der städtische Verkehr quälte sich zudem durch Saarbrücken und verstopfte die Straßen. Die Bahnverbindungen leiden bis heute an den Schwächen der Strecken durch den Pfälzer Wald nach Mannheim und die landschaftlich reizvolle aber langsam zu befahrende Moselstrecke bis Koblenz.[27]

Stationen der Stadtautobahn:

19. Juli 1961	Beginn der Saarverlegung am Staden
2. Juli 1962	Beginn der Abbrucharbeiten der Barock-Gebäude unterhalb der Schlossmauer, Oberamtshaus
9. Juli 1963	Abriss des Justizgebäudes Neumarkt/Saaruferstraße
29. Juli1963	Inbetriebnahme des Fußgängerstegs von der Alten Brücke zur Schloßbergstraße zwecks Überführung über Großbaustelle Stadtautobahn
27. Sept. 1963	Abbau des südlichen Brückenbogens der Alten Brücke
9. Juli 1963	Abriss des Justizgebäudes Neumarkt/Saaruferstraße
13. Dez. 1963	Richtfest Stadtautobahn
14. Dez. 1963	Verkehrsübergabe der Stadtautobahn durch Bundesverkehrsminister Seebohm
11. Juni 1964	Teilstück B 406 und Gersweiler Brücke einspurig befahrbar.
25. Juli 1964	Verbreiterung der Eisenbahnstraße auf der Höhe vom Ludwigsplatz zur Vorstadtstraße
8. April 1965	Abbruch der Schlossmauer und Rückversetzung um 17 Meter.
23. Dez. 1965	Verbreiterung der Stadtautobahn um eine Fahrspur.

Mit der Stadtautobahn erhielt Saarbrücken Anschluss an die Fernstraßen/Autobahnen nach Kaiserslautern und Mannheim. Damit verbunden war der Bau imposanter Brückenbauwerke wie der Grumbachtalbrücke (1959-1961), der Bischmisheimer Hang- und Talbrücke (1960-1963) sowie der Fechinger Talbrücke (1962-1963). Auch wenn heute die Autobahn Stein des Ansto-

Bau der Bischmisheimer Talbrücke.
| Fotograf: Ferdi Hartung, Stadtarchiv Saarbrücken, Dep. SZ LB, Nr. 312/1.

ßes ist: «Nach den damaligen städtebaulichen Leitlinien wirkt das Vorhaben geradezu mustergültig und identitätsstiftend. Die Autobahn schlängelt sich direkt am Ufer der Saar durch die Stadt. Sie präsentierte sich als menschgemachte, scheinbar ebenbürtige Schwester des historischen Verkehrsweges Saar. Auf dem gegenüberliegenden Ufer bot die ‚Berliner Promenade' einen idealen Blick auf das infrastrukturelle Großprojekt. Die Flaniermeile säumten repräsentative Bauten der Nachkriegszeit, eine auf den Autoverkehr ausgerichtete Stadtsilhouette. Über große Brückenkomplexe, die Autobahn und Fluss überspannten, war die City direkt über die Autobahn erreichbar. Saarbrücken wetteiferte so städteplanerisch mit westdeutschen Metropolen wie Düsseldorf, Hannover oder Westberlin.»[28]

Der Stadtautobahn vorausgegangen war das sogenannte «Feuchtinger-Gutachten», benannt nach seinem Verfasser Dr. Ing. Feuchtinger aus Ulm, 1957 unter dem Titel «Verkehrsplanung Saarbrücken – Verkehrsuntersuchung über das künftige Hauptverkehrsstraßennetz». Die Untersuchung war im Auftrag der saarländischen Landesregierung erstellt worden und beschäftigte sich – dem Zeitgeist folgend – fast ausschließlich mit dem Kfz-Verkehr. Als Ergebnis dieser Untersuchung wurde insbesondere der Ausbau der Saaruferstraße zu einer «städtischen Schnellverkehrsstraße» mit vier Fahrspuren und niveaufreien Kreuzungen empfohlen – also im Prinzip der Ausbaustandard der heutigen Stadtautobahn. Darüber hinaus wurde ein Tangentensystem vorgeschlagen, aber nicht umgesetzt, bestehend aus einer Nordtangente entlang der Bahntrasse, einer Südtangente (von Feldmannstraße über den Südring in Richtung Deutschmühlental) sowie als Querspangen eine Westtangente (in Höhe der Roonstraße) und einer Osttangente (im Zuge der Bismarckbrücke).[29]

Feuchtinger galt seinerzeit als «Papst» der Verkehrs- und Straßenplanung. Er kannte die USA und ging davon aus, dass nun auch in Europa der Kfz-Bestand massiv anwachsen werde. Im Saarbrücken der 1950er Jahre führten die wachsenden PKW- und LKW-Zulassungen zu verstopften Straßen und Blechlawinen, die sich durch die Innenstadt wälzten. Saarbrückens Lage in einem Talkessel schien den Bau von Umgehungsstraßen unmöglich zu machen. Schon 1957 hatte Saarbrücken das Verkehrsaufkommen einer Stadt mit mehr als doppelt so vielen Einwohnern, einer sehr hohen Verkehrsdichte bei zugleich dichter und enger Bebauung.[30] Die Saarbrücker Stadtautobahn stand für ein Instrument der Verkehrsverflüssigung durch die Entlastung innerstädtischer Straßen. Eine andere Möglichkeit waren Hochstraßen, die das Bild vieler amerikanischer Städte prägten, und den Verkehr anstatt durch die Stadt eben über diese Hochstraßen führten.

Der Saarbrücker Stadtautobahn *mussten im Innenstadtbereich auf St. Johanner und Alt-Saarbrücker Seite Grünanlagen weichen. Planungen Grünanlagen im Bereich der Bismarckbrücke zu entfernen, wurden aufgegeben wie auch Überlegungen zu beiden Seiten der Saar je eine Hauptverkehrsstraße anzulegen.*[31]
| Stadtarchiv Saarbrücken, V 67, Nr. LB 565, 1347, 1475.

Aus der Vogelperspektive konnte dies recht urban und beeindruckend wirken. Ludwigshafen war 1959 die erste Stadt Europas, die nach Plänen Feuchtingers eine Hochstraße erhielt, die wie die Saarbrücker Stadtautobahn seinerzeit gefeiert wurde.

Schon damals gab es aber auch kritische Stimmen. Sie trauerten um den verlorenen Charme Saarbrückens, da die Autobahn die Flusslandschaft der Saar durchschnitt.

Saarbrücker Flair*, eingefangen von der Kamera von Fritz Mittelstaedt, vor 1940. Die alte Kaimauer, die barocke Ufergestaltung und das Stadtschlösschen fielen der Stadtautobahn zum Opfer.*
| Fotograf: Fritz Mittelstaedt, Stadtarchiv Saarbrücken, NL F. Mittelstaedt

Die Stadtautobahn beeinträchtigte das Pingusson-Bauwerk *in seiner Wirkung. Das Foto zeigt das Gebäude vor dem Bau der Stadtautobahn, Ende der 1950er Jahre.*
| Stadtarchiv Saarbrücken, V 67, Nr. LB 1218.

Mit der Stadtautobahn *und dann mit dem Bau der Westspange 1987 verlor der Pingusson-Bau erheblich an Wirkung,*
| Fotograf: Klaus Winkler, Stadtarchiv Saarbrücken, VL K. Winkler, Nr. 735.

Grünanlagen und historische Bausubstanz wie etwa das Oberamtshaus und Häuser im Bereich des Neumarktes mussten weichen, insgesamt 38 Gebäude, ebenso Grünanlagen wie auf Alt-Saarbrücker Seite die Luisenanlage. Auch die Wirkung des als französische Botschaft geplanten Pingusson-Baus wurde massiv abgewertet, ein weiteres Mal 1987 durch die Westspange. Vor allem zerstörte die Stadtautobahn die städtebaulich einmalige Ufergestaltung Saarbrückens aus der Stengelzeit mit den Resten des Oberamtshauses unterhalb der Schlossmauer, die in Teilen zurückversetzt wurde. Zerstört wurde auch die von Stengel errichtete Kaimauer unterhalb der Schlossmauer und der gesamte Häuserkomplex zwischen Alter Brücke und Wilhelm-Heinrich-Straße mit dem ehemaligen Stadtschlösschen der Familie Schlachter, der späteren Grohé-Bank, am Ende der Wilhelm-Heinrich-Straße.[32]

Dem Bau der Stadtautobahn *mussten auf Alt-Saarbrücker Seite historische Bauwerke wie das Oberamtshaus und das Amtsgericht weichen, sowie ein Bogen der Alten Brücke.* | Stadtarchiv Saarbrücken, Geschäftsfeld Öffentlichkeitsarbeit.

Blick vom Schloss auf die Saar *vor und nach dem Beginn des Autobahnbaus.* | Stadtarchiv Saarbrücken, V 67, Nr. 1210 und Geschäftsfeld Öffentlichkeitsarbeit.

Mit der Stadtautobahn wurde der frühere Neumarkt in seiner Bedeutung als Zentrum von Alt-Saarbrücken zerstört. Mit dem Saalbau, der Markthalle und dem Hotel Monopol pulsierte hier vor dem Zweiten Weltkrieg städtisches Leben und schenkte dem Stadtteil Alt-Saarbrücken auch eine gewisse Urbanität. Stadtautobahn und Hochwasserumfahrt zerstörten diese Funktion. Mit einem Kreisel an der Wilhelm-Heinrich-Brücke wurde der ehemalige Neumarkt nun zum Verkehrsknotenpunkt.

Mit dem Bau der Wilhelm-Heinrich-Brücke *verbunden war die Umgestaltung des Neumarktes, im Krieg bereits zerstört, nun endgültig seiner früheren Zentrumsfunktion beraubt.* | Stadtarchiv Saarbrücken, V 67, Nr. LB 1210.

Zwei große Versicherungshochhausbauten bilden seitdem quasi einen Brückenkopf, das Rhenania-Hochhaus wirkt mit der Unterfahrung über die Stengelstraße als Riegel nach Alt-Saarbrücken. Das einstige Herz von Alt-Saarbrücken wurde, begünstigt durch die Kriegszerstörungen im Zweiten Weltkrieg, der autogerechten Stadt geopfert.

Mit dem Bau der Wilhelm-Heinrich-Brücke änderte sich die Verkehrsführung im Bereich der Straße Am Stadtgraben, die zunächst nach dem Krieg stark durch das 1952 fertiggestellte Finanzamt geprägt war, ursprünglich als Behördenhaus geplant.

Blick von der St. Johanner Seite auf Alt-Saarbrücken *mit den Versicherungshochhäusern im Hintergrund, Anfang 1970.*
| Stadtarchiv Saarbrücken, V 67, Nr. LB 514.

Mit dem Bau der Stadtautobahn mussten die bestehenden Brücken (Bismarckbrücke und Luisenbrücke) vergrößert und mit Auffahrten an die Stadtautobahn angeschlossen werden, ebenso die Julius-Kiefer-Straße.

Zur Entlastung des Nadelöhrs am St. Johanner Markt, damals noch keine Fußgängerzone, wurde 1961 der Verkehr auf St. Johanner Seite von der Dudweiler Straße wie auch von der Bahnhofstraße über die Straße Am Stadtgraben, entlang der Kulturmeile Staatstheater und Moderne Galerie geführt. Im Sinne einer autogerechten Stadt wurde 1961 die Ecke Keltermann am St. Johanner Markt abgerissen.

Als Achillesferse der neuen Mobilität erwies sich das Hochwasser, viele Maßnahmen wie etwa die Schleuse Burbach erzielten zu Beginn des 21. Jahrhunderts spürbare Fortschritte. In der autogerechten Stadt eroberte sich das Auto die Stadt. Ab den 1950er Jahren wurde auch in Saarbrücken rücksichtlos geparkt, ob auf Gehwegen, unbebauten oder freien Grundstücken, von denen es angesichts der durch Kriegszerstörung entstandenen Baulücken viele gab. Zugeparkt zeigten sich auch Saarbrücker Schmuckstücke wie der Ludwigsplatz, der Schlossplatz oder der Rathausplatz St. Johann, ebenso auch der Beethovenplatz. Nicht zu vergessen freie Flächen zwischen Hauptbahnhof und Bergwerksdirektion und im Bereich der heutigen Bundesagentur für Arbeit und dem Bürgerpark.

Der Beethovenplatz in den 1920er Jahren. *Eine grüne Lunge im Zentrum von Saarbrücken.*
| Stadtarchiv Saarbrücken, Sammlung Ansichtskarten, Nr. 620.

***Der Beethovenplatz** in den späten 1950er Jahren. Garagen, kleine Werkstätten und Händler bieten vor allem automobile Dienstleistungen an.*
| Stadtarchiv Saarbrücken, Nachlass Karl August Schleiden.

***Abriss der Behelfsbauten der Nachkriegszeit**, um den Anliegern des Platzes und ihren Kunden zentrumsnahen Parkraum zu bieten, 1965.*
| Fotograf: Ferdi Hartung, Stadtarchiv Saarbrücken, Dep. SZ LB.

Der Beethovenplatz 1984.
| Fotograf: Ferdi Hartung, Stadtarchiv Saarbrücken, Dep. SZ LB.

Der autofreie Ludwigsplatz heute. | Fotograf: Klaus Winkler, Stadtarchiv Saarbrücken, VL K. Winkler, Nr. 137.

Der Ludwigsplatz *wurde in der Nachkriegszeit Parkplatz, eingeschränkt durch den hier erstmals ab 22. April 1965 ausgerichteten Wochenmarkt. Am 10. März 1980 endete der Parknutzung durch die Freigabe des Parkplatzes am Arbeitsamt in der Roonstraße.* | Fotograf: Klaus Winkler, VL K. Winkler, Nr. 132. Stadtarchiv Saarbrücken.

Die Stadt verlor damit Lebensraum für städtisches Leben und Kontakte zwischen den Menschen, vor allem aber auch Orte der Ruhe, denn Plätze vor Bauwerken und Grünanlagen wurden von Blechlawinen besetzt, so etwa der Beethovenplatz. Bis Ende 1945 war er eine Grünanlage, nach dem Zweiten Weltkrieg wurden von einem französischen Versicherungskonzern Neubauten um den Platz errichtet. Auf den Flächen des Platzes selbst entstanden Behelfsbauten, Garagen und Baracken. Die Stadt kündigte diese zum 31. Dezember 1959. Erst am 5. Mai 1965 begannen die Abbrucharbeiten der Verkaufspavillons, am 3. August 1965 wurde der Platz aber nicht als Grünanlage wiederhergestellt, sondern zum Parken freigegeben. Die Geschäfte im Umfeld hatten dies gewünscht. Und auch für Ärzte, Rechtsanwälte, Notare und Versicherungen im Umfeld wurde der Platz attraktiv. Im Jahr 1970 forderte die Vereinigung Ludwigskirche vergeblich die Wiederherstellung der Nutzung des Beethovenplatzes als Grünanlage. 1979 wurde eine Bepflanzung mit Bäumen wieder diskutiert. Das Saarbrücker Bürgerforum warb immer wieder dafür, ihn erneut zur Grünanlage umzuwidmen. Unter dem Motto «Bäume statt Blech» pflanzte der Naturschutzbund NABU am 3. April 1993 demonstrativ einen Baum – Auftakt für Veränderungen und eine Begrünung der Parkflächen.[33]

Der Schlossplatz im Wandel der Zeit: *1978 und 1991.* | Fotograf: Klaus Winkler, Stadtarchiv Saarbrücken, VL K. Winkler.

***Der Rathausplatz St. Johann** kurz nach dem Ersten Weltkrieg* | Stadtarchiv Saarbrücken, Geschäftsfeld Öffentlichkeitsarbeit.

Frühe 1960er Jahre: *Autos haben den Platz vor dem Rathaus St. Johann in Saarbrücken erobert.*
| Stadtarchiv Saarbrücken, V 67, Nr. LB 979.

Um dieses Problem abzumildern, vor allem aber auch wildes und andere Verkehrsteilnehmer behinderndes Parken zu vermeiden, setzte die Saarbrücker Kommunalpolitik wie viele andere Städte ab den 1960er Jahren auf den Bau von Parkhäusern. Sie sollten sozusagen Ordnung in der Stadt schaffen. Parkhäuser sollten unnötiges Herumfahren zum Suchen eines Parkplatzes vermeiden. Auch die Kaufhäuser leisteten einen Beitrag zur Verbesserung der Situation, in dem sie wie etwa PEKA und KARSTADT selbst Parkhäuser bauten und auch das Kaufhaus Sinn bot Parkmöglichkeiten.

Beispiele für Parkhausbauten in Saarbrücken:

9. Mai 1963	Eröffnung Parkhaus Haus Berlin
6. Oktober 1964	Gründung der Parkhaus GmbH
28. November 1966	Eröffnung Parkhaus Lampertshof
9. November 1969	Eröffnung Parkhaus im PEKA (Passage-Kaufhaus), später Galeria-Kaufhof
30. September 1971	Eröffnung von Karstadt Saarbrücken, damit verbunden Bau eines Parkhauses
4. Oktober 1976	Eröffnung des Parkdecks in der Kaltenbachstraße
9. Juni 1982	Eröffnung Parkhaus Talstraße

Momentaufnahmen vom Saarbrücker Verkehr in den 1960er und 1970er Jahren. Man gewinnt zumindest den subjektiven Eindruck, dass Saarbrücken heute an diesen Orten eine gesündere Stadt mit deutlich höherer Lebensqualität ist.

Einmündung der Arndtstraße in die Großherzog-Friedrich-Straße, 1962.
| Fotograf: Wunderlich & Lambach, Stadtarchiv Saarbrucken, Dep. SZ LB.

Zugefahrener Kreuzungsbereich Bahnhofstraße/Reichsstraße, 1974.
| Fotograf: Walter Barbian, Stadtarchiv Saarbrücken, Dep. SZ LB.

Veranstaltungen wie die Saarmesse oder Fußballspiele des 1. FC Saarbrücken gegen Borussia Neunkirchen führten zum Verkehrschaos, hier Momentaufnahme zur Saarmesse 1969.

| Dep. Doss. SZ, Nr. LB 127.

Die Eisenbahnstraße Anfang der 1970er Jahre. Belebt und belastet.

| Stadtarchiv Saarbrücken, Dep. SZ LB.

3. Ökologische und kulturelle Stärkung der Saarbrücker Innenstadt seit den 1970er Jahren

Erste Schritte zur Abkehr der autogerechten Stadt vollzog Saarbrücken bereits in der ersten Hälfte der 1970er Jahre. Der SPD-Politiker Hans-Jochen Vogel stellte als damaliger Oberbürgermeister von München 1973 die Frage: «Mordet das Auto unsere Städte?» Es begann ein Umdenken.[34]

Dieses Umdenken wurde auch in Saarbrücken aufgegriffen. Aus der Bürgergesellschaft begleitete über Jahrzehnte das Saarbrücker Bürgerforum die städtische Verkehrspolitik und Stadtentwicklung. Vorübergehend war die Saarbrücker Bahnhofstraße am 21. März 1973 zur Fußgängerzone erklärt worden, der Stadtrat lehnte am 22. Mai 1973 aber eine Fortführung des Projektes ab und ab 8. Juni rollten die Autos wieder durch die bedeutendste Einkaufsmeile des Saarlandes. Das abgerissene Eck Keltermann wurde 1976 wiederaufgebaut, eine Maßnahme, die sich in die Sanierung des St. Johanner Marktes und dessen Umwidmung in eine Fußgängerzone einfügte. Sie symbolisiert am stärksten die Zurückgewinnung städtischen Lebensraums für die Bevölkerung. Die Einführung von Busspuren für den ÖPNV 1974 bildete den Auftakt, Busse in der Stadt zu bevorzugen. Das am 22. August 1975 erstmals ausgerichtete Altstadtfest machte diesen Veränderungsprozess erlebbar. Die beabsichtigte Aufweitung der Kreuzung an der Ecke Dudweiler-/Kaiserstraße mit dem Abbruch des historisch wertvollen Gebäudes der Drogerie Hellenthal wurde 1975 aufgegeben. Zwischen 1975 und 1986 erfolgte ein Programm zur Baumbepflanzung. 10.000 Bäume wurden im Bereich von Straßen gepflanzt.

Mai 1973 *– Versuchsweise wird die Bahnhofstraße als Fußgängerzone eingerichtet. Ein paar Wochen später wird der Versuch beendet, weil der Verkehr sich in den Nebenstraßen extrem staute.*
| Fotograf: Gerhard Heisler, Stadtarchiv Saarbrücken, Vorlass Gerhard Heisler.

Zwischen April 1986 und April 1988 setzte Saarbrücken ein Konzept zur Stärkung der City als Wohn- und Lebensraum um. Es umfasste eine Neuordnung des ruhenden Verkehrs mit der Ausweisung von Anwohnerparkplätzen, Kurzparkmöglichkeiten und Ladezonen vor allem für Handel und Gewerbe sowie Park & Go und Park & Ride für Dauerparker und Pendler. Dazu kamen Maßnahmen zur Förderung des ÖPNV durch ein verbessertes Tarifsystem. Das Ganze wurde begleitet durch eine Werbekampagne mit «gut parken und einkaufen!», die über das neue Parkkonzept informierte. Das Konzept berücksichtigte, dass sich der PKW-Bestand zwischen Mitte der 1960er und Mitte der 1980er Jahre in Saarbrücken verdreifacht hatte. Es bekannte sich dabei zum Auto: «Die Bedeutung des Autos für die Mobilität unserer modernen Gesellschaft wegdiskutieren zu wollen, wäre schlichtweg Unfug.»[35]

Des Weiteren entstand zur Entlastung der Innenstadt neuer Parkraum:

17. August 1985	Eröffnung Parkhaus der Landesversicherungsanstalt Egon-Reinert-Straße.
29. Mai 1989	Grundsteinlegung Parkdeck Bormannspfad nahe Hauptbahnhof.

Zur Förderung des ÖPNV setzte die Stadt nicht nur auf Busspuren, sondern auch auf den Ausbau einer verkehrsabhängigen Signalschaltung der Ampeln mit einer Vorfahrt für Busse an 120 Knotenpunkten. Ab 1993 baute die Stadt Tempo 30-Zonen aus und entwickelte ein Parkraumkonzept (Parkierungskonzept), das Dauerparker unter Berücksichtigung von Anliegerinteressen aus der Innenstadt zurückdrängte. Die bereits ab 1975 begonnene Verbannung des Autos von öffentlichen Plätzen wurde in den

Momentaufnahme 1978: *Wildes Parken zwischen der früheren Bergwerksdirektion, heute Europa-Galerie, und der Hauptpost.*
| Fotograf: Ferdi Hartung, Stadtarchiv Saarbrücken, Dep. SZ LB.

1990er Jahren forciert und auch außerhalb des Zentrums umgesetzt, beispielsweise in Malstatt mit der Umgestaltung des Pariser Platzes und des Cottbuser Platzes. Um städtischen Raum für die Bevölkerung zurückzugewinnen und die Innenstadt vom Autoverkehr zu entlasten, setzte Saarbrücken, unterstützt von Land und Bund, auf den Bau einer grenzüberschreitenden Stadtbahn, die als Saarbahn Geschichte schreiben sollte. Sie bildete ein zentrales Element für die beabsichtigte ökologische Stadterneuerung. Diese Maßnahmen gingen wesentlich auf das 1978 vorgestellte «Gesamtverkehrsgutachten für den Großraum Saarbrücken», erstellt von Dr. Ing. Schubert (Hannover) und Dr. Ing. Pampel, (Hamburg) zurück.

Die Stadtautobahn war spätestens ab den 1980er Jahren zum «Aufreger» geworden. Beigetragen hatte dazu der im Laufe der Jahrzehnte ständig zunehmende Verkehr und das Dauerärgernis der schnellen Überflutung der Stadtautobahn bei starkem Regen und das damit verbundene Verkehrschaos. Sie bildete das Rückgrat des Individualverkehrssystems. Die Saarbahn sollte zu ihrer Entlastung beitragen und zugleich sollte der Bau von Tangenten den Verkehr in der Innenstadt entlasten. Ebenso wurde das Potential zur Entlastung der Innenstadt über die Stadtautobahn mit dem Bau der Ost- (24.10.1998) und Westspange (Verkehrsfreigabe 7.6.1986) besser genutzt.

Die Ostspange schloss das Gewerbegebiet Ost an die Stadtautobahn an und entlastete die Mainzer Straße insbesondere auch vom durchfahrenden Schwerlastverkehr. Die Westspange sorgte für ein deutlich geringeres Verkehrsaufkommen in der Kaiser- und Trierer Straße. Symbolträchtig war dann auch die Umwidmung der Bahnhofstraße zur Fußgängerzone am 28. Oktober 1995. Ende der 1990er Jahre war es möglich im Sinne des Konzeptes «Cityring» das Zentrum zu umfahren. Auf Handel und Gewerbe wurde dabei stets Rücksicht genommen. Deshalb entstanden

Parkhäuser und Tiefgaragen an der Kongresshalle und dem Theater im September 1996 und November 1997.

Die Ostspange wurde mit dem Bau des Kreisels Mainzer Straße komplettiert, der Ludwigsbergkreisel im Zuge des Wegfalls/Neubaus der Bahnbrücke erweitert, die neue Haupterschließungsstraße in Burbach (Georg-Heckel-Straße/Am Matzenberg) angelegt und damit eine Erschließung der Gewerbegebiete IT Park Saarland und AW Hallen ermöglicht.

Mit dem Verkehrsentwicklungsplan (VEP) 1994/1997 (PTV/Hamburg Consult) wurde erstmals eine ganzheitliche Betrachtung des Verkehrsgeschehens vorgenommen, bei der alle Verkehrsarten gleichberechtigt berücksichtigt und ein integrativer Planungsansatz verfolgt wurde. Als Vorstufe wurden 1993 vom Stadtrat die «Leitlinien zur Verkehrsentwicklung der Landeshauptstadt Saarbrücken» beschlossen, mit denen insbesondere das verkehrspolitische Ziel verbunden war, durch die Einführung eines modernen Stadtbahnsystems dem ÖPNV wie dem Umweltverbund insgesamt einen Schub nach vorne zu geben. Gekoppelt mit der Leitinvestition zur Saarbahn war deshalb auch die Zielsetzung, den Anteil der Fahrten des motorisierten Individualverkehrs um 20 Prozent zu reduzieren und diesen auf umweltfreundliche Verkehrsmittel zu verlagern. Der VEP wurde Ende 1994 vom Stadtrat beschlossen und stellte eine wichtige Voraussetzung für den Stadtbahnbau dar. Bis 1997 wurden weiterführende Detailuntersuchungen durchgeführt und alle Maßnahmen zu einem Gesamtkonzept mit dem Zielhorizont 2010/2015 weiterentwickelt.

***Die Saarbahn** – Pionier im grenzüberschreitenden ÖPNV und von zentraler Bedeutung der ökologischen Erneuerung von Saarbrücken.* | Foto: Saarbahn AG.

Die Idee des Projektes Stadtmitte am Fluss (Stadtratsbeschluss 2004) verfolgte die Untertunnelung der Stadtautobahn.[36] Geplant war in diesem Zusammenhang der Bau eines Tunnels zwischen Bismarck- und Luisenbrücke. Die durch den Tunnelbau entstehenden Flächen sollten in Verbindung mit der historischen Parkanlage Am Staden und der umgestalteten Berliner Promenade in Form neu gestalteter Uferzonen eine unmittelbare Verbindung zwischen den Innenstadtbereichen an der Saar ermöglichen. Das Projekt scheiterte an den Kosten und den mit diesem gigantischen Eingriff verbundenen langwierigen Verkehrsproblemen. Tunnel waren übrigens in der Stadtentwicklung allgemein zwischen 1990 und 2010 in Mode gekommen.

Vor allem ab 2010 formierte sich in den urbanen Zentren eine massive Anti-Autohaltung, meist von akademischen Schichten und der jüngeren Generation getragen. Dieser Entwicklung folgte die Kommunalpolitik mit der Förderung des Fahrradverkehrs und einer weiteren Zurückdrängung des Autos, so auch in Saarbrücken. Im Zuge der Stärkung des Fahrradverkehrs deutet sich mittelfristig aber ein neuer Gegensatz an, der zwischen Fußgängern, Radfahrern und E-Rollern. Der Ausbau von Radwegen und Fahrradstellplätzen geht nämlich teilweise zu Lasten der Fußgänger.[37]

Die innerstädtische Diskussion wird zeigen, ob es so einfach ist, wie die Kunsthistorikerin Marlen Dittmann formulierte: «Die Kommunen haben die Aufgabe, die autogerechte Stadt zurückzubauen, dem Fahrrad die Vorfahrt zu geben und den ÖPNV als Rückgrat des Verkehrssystems zu stärken. Mit dem gleichwertigen Nebeneinander der Verkehrsmittel, die sich an den Knotenpunkten der Begegnungszonen vernetzen, ist nachhaltige Mobilität garantiert.»[38] Ob mit Blick auf die Zentrumsfunktion von Saarbrücken und die eingangs dargestellten Rahmenbedingungen es so einfach sein wird, wird die Zukunft noch zeigen. Saarbrücken hat gerade in den letzten Jahren die Rahmenbedingungen für Fahrradfahrer deutlich verbessert. Dazu gehört ein Ausbau der Radwege, die Erhöhung der Verkehrssicherheit für Radfahrer, E-Bike-Ladestationen, Velo-Boxen und Ausleihstationen auch für Lastenfahrräder.[39]

1 Hans-Christian Herrmann, Stadtentwicklung im Zeichen der Massenmotorisierung, in: Ders. u. Ruth Bauer (Hg.), Saarbrücken in Fahrt. 125 Jahre Automobil an der Saar, Marpingen 2011, S, 165 ff.

2 https://www.stadt-muenster.de/tourismus/fahrradstadt; [09.01.2023].

3 Statistisches Amt des Saarlandes (Hg.), Kraftfahrzeugbestand am 1.1.971 und Neuzulassungen von Kraftfahrzeugen im Jahr 1970, ausgegeben am 7.1.1971; Kraftfahrzeugbestand am 1.1.1995 und Neuzulassungen im Jahr 2004, ausgegeben im November 2005; Kraftfahrzeugbestand am 1.1.2022 und Neuzulassungen im Jahr 2021, ausgegeben im Juni 2022.

4 Ebda.

5 Thomas Fläschner, Bergmannspfade. Die Arbeitswege der Bergleute im Saarrevier, St. Ingbert 2022, S. 23.

6 Ebda., S. 18 ff.; vgl. auch Johann-Günther König. Zu Fuß. Eine Geschichte des Gehens. Stuttgart 2014.

7 Hans-Christian Herrmann, Die Geschichte einer aktiven Wohnungsbaupolitik, in: 100 Jahre Saarbrücker Gemeinnützige Siedlungsgesellschaft, hg. von Hildegard Wald und Heinz-Peter Klein, Saarbrücken 2020, S. 42 ff.

8 Fläschner, Bergmannspfad, S. 34 ff.

9 Die Ketteler-Vereine des Saarlandes, das Werk von Pastor Peter Theis, hg. von Kaplan Dr. Spang, o.Oa. 1952.

10 Thomas Fläschner, Frank Hunsicker, Verkehr und Mobilität im Saarland in Geschichte und Gegenwart, Saarbrücken 2009, S. 96-98.

11 Ebda., S. 47 ff.

12 Ebda., S. 52 ff.

13 Uwe Eduard Schmidt und Jörn Wallacher, «Dich sah ich wachsen, Holz». 100+1 Jahre Saar-Wald-Kultur, St. Ingbert 2022, S. 82-90.

14 Fläschner, Hunsicker, Verkehr und Mobilität, S. 96-98.

15 Paul Thomes, «Gebb Gas Theo!», Autoalltag – Autobiographien – Autoerfahrung, in: Edwin Dillmann/ Richard van Dülmen (Hg.), Lebenserfahrungen an der Saar, Studien zur Alltagskultur 1945-1995, St. Ingbert 1995, S. 173.

16 Fläschner, Hunsicker, Verkehr und Mobilität, S 88.

17 Siehe die entsprechenden Wikpedia-Einträge zu den genannten Orten.

18 Fläschner, Hunsicker, Verkehr und Mobilität, S. 83.

19 Daniel Zwick, Die Deutschen beharren auf ihrem Auto – doch die Elektro-Skepsis bleibt groß, in: Die Welt als ePaper.

20 Vgl. das 91 Seiten starke Werk «Die Autogerechte Stadt: ein Weg aus dem Verkehrs-Chaos», verfasst von Hans Bernhard Reichow, erschienen im Otto Maier Verlag 1959.

21 1933 legten Städteplaner aus vielen Ländern ein Manifest vor, in dem sie Grundsätze für lebenswerte Städte entwarfen.

22 Ulrich Höhns, Saarbrücken: Verzögerte Moderne in der kleinen Großstadt, in: Klaus von Beyme u. a. (Hg.), Neue Städte aus Ruinen. Deutscher Städtebau der Nachkriegszeit, München 1992, S. 283 ff.; Manfred Sack, Lebensraum: Straße, Bonn 1982, S.22.

23 Hartmut Trapp, Ralf-Huber-Erler, Ein ungeliebtes Erbe, in: StadtBauwelt Nr. 23/2014.

24 Dieter Heinz, Die Problematik einer Stadtschnellstraße gezeigt am Beispiel der linken Saaruferstraße (B 406 und E 42) zwischen Bismarckbrücke und Wilhelm-Heinrich-Brücke, in: Saarbrücker Hefte, Nr. 14/1961, S. 56 ff.

25 Dietmar Kolling, Die französische Botschaft und der Aufbauplan von Georges Henri Pingusson für Saarbrücken, in: Ders. und Marlen Dittmann, Georges-Henri Pingusson und der Bau der Französischen Botschaft in Saarbrücken, hg. vom Deutschen Werkbund Saarland und dem Institut für aktuelle Kunst, Saarbrücken 2011, S. 34, 39-49.

26 Herrmann, aktive Wohnungsbaupolitik, S. 42 ff; Leben im Stadtteil Eschberg. Dokumentation von Inge Plettenberg, St. Ingbert 2013.

27 Saarbrücken im europäischen Verkehrsnetz, Sonderausgabe des Bau-Anzeigers für das Saarland, Nr. 20.5.1953, S. 4 ff.; Eröffnung der Autobahn bis Saarbrücken am 14.12.1963, hg. vom Bundesminister für Verkehr und dem Oberbürgermeister der Landeshauptstadt Saarbrücken [1964].

28 hthttps://www.monumente-online.de/de/ausgaben/2011/1/die-staedtebauliche-entwicklung-saarbrueckens.phptps://www.moderne-regional.de/fachbeitrag-prestigeobjet-stadt-autobahn/ [03.01.2023].

29 Höhns, Verzögerte Moderne, S. 36.

30 Heinz, Die Problematik einer Stadtschnellstraße, S. 57.

31 Ebda., S. 58.

32 Ebda., S. 62 ff.

33 Saarbrücker Zeitung, 16.12.1970. Leben in der Stadt Nr. 6. «Autogerechte Stadt = Stadt kaputt». Wege zu einer bewohnbaren Innenstadt, hg. vom Saarbrücker Bürgerforum e.V., 1986.

34 Illustrierte Stern, 2.5.1971, S. 15.

35 Saarbrücker Verkehrskonzept, hg. von der Landeshauptstadt Saarbrücken [1988].

36 https://www.saarbruecker-zeitung.de/app/consent/?ref=https://www.saarbruecker-zeitung.de/saarland/stadtmitte-am-fluss-eine-chronik_aid-35427891 [03.01.2023].

37 Vortrag von Prof. Dr. Harald Kipke, Technische Hochschule Nürnberg 29.11.2016, Von der autogerechten Stadt zur menschengerechten Stadt.

38 Marlen Dittmann im OPUS Kulturmagazin Nr. 87 (Sept. / Okt. 2021) zum Schwerpunkt «Mobilität: Reizthema Verkehr», https://opus-kulturmagazin.de/mobilitaet-und-die-gestalt-des-oeffentlichen-raumes/ [03.01.2023].

39 https://www.saarbruecken.de/leben_in_saarbruecken/freizeit/radfahren [03.01.2023].

GASOLIN
GASOLIN
GASOLIN
GASOLIN
GASOLIN
GASOLIN
GASOLIN

11

Hans-Christian Herrmann

Unfalltod, Ölkrise, Waldsterben und das Fließband

Europa fährt das Auto aus der Krise. Wirtschaftlich profitieren die Japaner

Bereits in den 1960er Jahren fährt das Automobil im Zuge der Massenmotorisierung in eine Legitimitätskrise.

Die autogerechte Stadt und der mit ihr verbundene Verlust an Lebensqualität, der immer lautere Verkehrslärm, die wachsende Abgasbelastung und vor allem die enorme Zahl getöteter Menschen im Straßenverkehr sorgten zuerst in den 1960er Jahren in den USA und mit zeitlichem Abstand dann auch in Europa für Kritik am Auto, die im Grunde seit dieser Zeit bis heute anhält. 1970 verunglückten fast 600.000 Menschen im Straßenverkehr und über 21.000 starben. Dann kam im November 1973 die Ölkrise mit Fahrverboten und ab den 1980er Jahren sorgte das Waldsterben für ein Untergangsszenario.[1] Und dennoch behauptete sich das Auto, wobei es vor allem die europäische Automobilindustrie war, die dazu beitrug.

Europa machte das Auto sparsamer, schneller, sicherer und vor allem viel praktischer. Europa schenkte uns das schöne Auto. Hier sind es vor allem italienische Designer und Karosseriebauer wie Frua, Bertone, oder Pininfarina, die für viele europäische Automarken «Haute Couture» schneiderten, sowohl im exklusiven und teuren Segment als auch im bezahlbaren, wie der erste VW Golf von Giorgetto Giugiaro zeigt.

Gute Laune beim Tanken 1957. *Spätestens 1973 war dies mit der Ölkrise vorbei. Anstelle des freundlichen Tankwartes trat die kostensparende Selbstbedienung. Weibliche Tankwarte, wie hier zu sehen, waren ohnehin recht selten.*
| Fotograf: Rudolf Dodenhoff, Nutzungsrechte Verlag Peter Kurze.

Über 20.000 Verkehrstote 1970 in Deutschland. *Wie kein anderer Hersteller entwickelte Volvo die passive Sicherheit zum Markenprofil. Neben dem eingängigen Slogan «Volvo. Sicherheit aus Schwedenstahl» setzte die Volvo-Werbung auf starke Bildbotschaften wie diese aus dem Jahr 1971 zeigt, zit. Volvo-Werbung 1971.*

Zeitenwende in den 1980er Jahren. *Wachsende Kritik am Auto. Plädoyer gegen die Autogesellschaft. Plakat der Grünen «Ohne Auto mobil».*
| Stadtarchiv Saarbrücken, Plakatsammlung.

Beispielhaft für die massive Kritik am Automobil ist das Wort vom Auto als «Waffe». Es wurde schon gebraucht, bevor im frühen 21. Jahrhundert Rowdies mit 100 km/h und mehr durch Innenstädte rasen und als sogenannte «Autoposer»[2] Rennen im Straßenverkehr veranstalten, ihre Fahrzeuge technisch manipulieren und den Tod von Menschen billigend in Kauf nehmen.[3]

Schon 1990 entwickelte sich ein heftiger Streit zwischen dem damaligen Saarbrücker Oberbürgermeister Hans-Jürgen Koebnick (SPD) und dem Ford-Vorstandsmitglied Rainer Nistl. Der Ford-Manager hatte Koebnicks Äußerung beim Saarbrücker Ostermarsch 1990 scharf kritisiert. Das Stadtoberhaupt hatte vom Auto als «Waffe» gesprochen. In der Saarbrücker Zeitung rechtfertigte sich Koebnick, der unsachgemäße und oftmals gedankenlose Gebrauch des Autos könne dies in eine gefährliche Waffe verwandeln: «Ich möchte mich in diesem Fall ausdrücklich zu der Verwendung des Begriffs [Waffe] bekennen». Dabei verwies Koenick auch auf einen verkehrsbedingten Kohlendioxid CO_2-Ausstoß von jährlich 160 Millionen Tonnen.[4]

Bereits 1990 war das Bild vom Auto als Waffe nicht neu, es bildete sich bereits kurz nach der Massenmotorisierung heraus und stand für rücksichtsloses Verhalten. Einige Autohersteller grenzten sich davon bewusst ab. Beispielhaft dafür die Werbung der deutschen Peugeot-Importorganisation von 1970 für ihren Mittelklassewagen 504: «Savoir vivre: Französische Lebensart, philosophischer Hintergrund für das Konzept eines großen Europäers: der Peugeot 504. Per saldo nichts für Konsumprotzen, nichts für Leute, die im Straßenverkehr eine Arena sehen und das Auto für eine Waffe halten.»[5]

Für eine Sicht des Autos, die weiten Teilen der Gesellschaft bis heute entsprechen dürfte, stehen Ausführungen des FDP-

*«**Savoir vivre** – nichts für Leute, die im Straßenverkehr eine Arena sehen und das Auto für eine Waffe halten». Werbung von Peugeot für das Modell 504, 1970. Schon in den 1960er und 1970er Jahren stand das Auto in der Kritik.*

Politikers und früheren Außenministers Hans-Dietrich Genscher aus dem Jahr 1975: «Für mich ist ein Auto ein Gebrauchsgegenstand (...). Der Nutzen des Autos ist mir ebenso klar wie seine Gefahren. Deshalb verstehe ich sehr schwer, weshalb das Auto auf der einen Seite verteufelt und auf der anderen Seite angebetet wird. Ich denke, man sollte die Sache etwas weniger ideologisch und etwas mehr vom Menschenverstand aus betrachten (...). Das Auto hat den Menschen mobiler gemacht und darin liegt ein Stück Freiheit, das man nicht geringschätzen sollte (...). Die Freiheit zum Auto ist nicht schrankenlos. Wir sitzen zu dicht aufeinander, als dass wir uns ständigen Lärm und ständige Luftverschmutzung leisten können».[6]

Der Blick auf den Zeitraum zwischen 1970 bis 2020 zeigt aber, dass das Auto im 21. Jahrhundert als Waffe missbraucht wird. «Autoposer» und Raser scheinen sich auch von harten Strafen nicht stoppen zu lassen.

Die Diskussion über das Auto als Waffe steht beispielhaft für die gesellschaftliche Krise des Automobils. Spätestens mit der ersten Ölkrise 1973 entwickelten sich die Abgasemissionen und der Ressourcenverbrauch zu einem immer relevanteren Thema. Kurz zuvor hatte 1972 der Club of Rome in einer Studie zur Weltwirtschaft auf die Grenzen des Wachstums hingewiesen. Die internationale Staatengemeinschaft nahm das Thema Umweltverschmutzung in den Blick und die UNO (UNHCR) organisierte vom 5. bis zum 16. Juni 1972 in Stockholm erstmals dazu eine Konferenz – der Vorläufer der späteren Klimakonferenzen.[7]

***Schon nach der Suezkrise 1956** schenkte die europäische Automobilindustrie dem Benzinverbrauch Beachtung, ganz im Unterschied zu den USA. Der Austin Mini von 1959 bildete den Auftakt für das moderne europäische Automobil. Bei seiner Präsentation war der Mini eine Sensation.*
| Foto: BMW Group Archive, P0026021.

Vor allem der Vorderradantrieb *sollte den europäischen Automobilbau spätestens ab den 1970er Jahren prägen. Audi war ein Pionier dieses Konzeptes, erstmals 1931 im DKW eingeführt. Hier eine Phantomzeichnung des 1972 vorgestellten Audi 80.* | Foto: Unternehmensarchiv Audi AG.

Neben dem britischen Mini stand vor allem die französische und italienische Automobilindustrie für das moderne Automobil. *Der 1972 vorgestellte Peugeot 104 war mit 3,50 Metern der kürzeste Viertürer Europas und bot vier Erwachsenen ausreichend Platz, zit. Werbung.*

Die Anfänge des Umweltschutzes: Auch in der Bundesrepublik gewann zu dieser Zeit das Thema Umweltschutz allmählich Beachtung. So stellte sich auch die Landeshauptstadt Saarbrücken dieser neuen Aufgabe. Auf Initiative der SPD-Stadtratsfraktion war am 21. September 1971 vom Stadtrat einstimmig eine neue Stelle für den Umweltschutz beschlossen worden. Die Bundesregierung hatte 1971 erstmals ein entsprechendes Programm erarbeitet. Zuständig war das seinerzeit von Hans-Dietrich Genscher (FDP) geführte Innenministerium, 1969 war dort eine Abteilung für Umweltschutz eingerichtet worden. Zu ihren Aufgaben gehörte Wasserwirtschaft, Abfallbeseitigung, Luftreinhaltung und Lärmschutz. Zum Januar 1973 begann der erste Saarbrücker Umweltbeauftragte mit der Arbeit. Saarbrücken zählte bundesweit zu den ersten Kommunen mit einem hauptamtlichen «Beauftragten für den Umweltschutz» und einem dafür eigens geschaffenen Amt. Willy Brandt (SPD) hatte 1961 mit seiner Parole «Blauer Himmel über der Ruhr» das Thema aufgegriffen. Das Wort Umweltschutz war neu und erklärt sich aus der Vorreiterrolle der USA. Ein Mitarbeiter von Genscher soll den in den USA gebräuchlichen Begriff «environment protection» in «Umweltschutz» übersetzt haben. Gerade in Saarbrücken bildete seinerzeit die massive Belastung von Emissionen der Burbacher Hütte den Anlass für die Einrichtung des entsprechenden Amtes. Der Straßenverkehr stand damals noch nicht so im Mittelpunkt.[8] Bereits im November 1970 stellte die Bundesregierung ein Gesetz zur nachhaltigen Minderung des Bleigehaltes im Benzin vor, das von Bundesrat und Bundestag einstimmig im August 1971 verabschiedet wurde.[9] 1977 legte die Landeshauptstadt den ersten Saarbrücker Umweltbericht vor, 170 Seiten stark.[10]

Obwohl die Phänomene Autoabgase und Verkehrstote mit Ausnahme des Benzinverbrauchs in den 1960er Jahren zuerst in den USA diskutiert wurden, war es vor allem die europäische Automobilindustrie, die mit ihrem Know-how technische Lösungen für diese Herausforderungen entwickelte. Sie wurden weltweit Standard im Automobilbau. Europäische Fabrikate wurden für

Zu den Antworten der europäischen Automobilindustrie auf die erste Ölkrise zählte der Diesel. *Der Golf-Diesel von 1976 war Wegbereiter eines neuen Diesel-Images. «Leise ist der Diesel, sparsam und schnell» – so versprach es die Werbung, zit. Anzeige.*

amerikanische Behörden zu Vorzeige-Fahrzeugen für das technisch Machbare. So präsentierte Volkswagen 1977 im Auftrag der National Highway and Traffic Association ein 5-Liter-Auto. Es handelte sich dabei um einen Diesel Golf mit Fünfganggetriebe und Turbo-Lader, als Serienauto zu dieser Zeit aber noch nicht zu haben.[11]

Die Rolle von Industrie, Politik und Verwaltung: So sehr aber die europäische Automobilindustrie technische Innovationen für mehr Sicherheit, Umweltschutz und geringeren Verbrauch bereitstellte, so zurückhaltend und bremsend verhielt sie sich in der Einführung dieser Innovationen auf den Märkten Europas. Aber auch der Staat wurde im Grunde erst mit dem Kampf für den Dreiwegekatalysator mit Lambdasonde Anfang der 1980er Jahre aktiv und unbequem gegenüber der Industrie.

Kritisch zu sehen und einer wissenschaftlichen Aufarbeitung bedarf auch die Rolle des Kraftfahrtbundesamtes. Es stand im Ruf bei der Erteilung einer Allgemeinen Betriebserlaubnis insbesondere bei Importmarken, fachlich fragwürdige Entscheidungen zu treffen. So sollen beispielsweise 1970 beim Citroën SM das hinter Glas positionierte Autokennzeichen und seine schwenkbaren Scheinwerfer problematisiert worden sein. Dazu lag die Lichtstärke des SM etwas über dem seinerzeit zulässigen Wert. Andererseits schaute das Amt zu, dass die Hersteller, selbst in gehobenen Ausstattungsvarianten, Verbundglasfrontscheiben oder Heckwischer bei Kompaktautos mit Heckklappe gar nicht oder nur gegen Aufpreis lieferten. Von der Presse darauf angesprochen, meinte der damalige Präsident des 1951 in Flensburg errichteten Kraftfahrtbundesamtes Heinz Hadeler (Amtszeit 1974-1983), die Autofahrer müssten gegebenenfalls anhalten und ihre Heckscheibe selbst reinigen. Ein merkwürdiger und gefährlicher Rat, man stelle sich die Situation auf Autobahnen und Landstraßen im Herbst und Winter vor. Der Motorjournalist Engelbert Männer kommentierte 1980 diese Aussage treffend mit den Worten «dumm dreist». Nutznießer war die Industrie, der Journalist Männer rechnete vor, dass VW so allein beim Golf 42,8 Millionen DM zusätzlich pro Jahr einnimmt. Stolze 214 DM Aufpreis kostete 1980 der Heckwischer mit Waschanlage, seinerzeit war er nur beim Golf GTI serienmäßig, selbst im luxuriösen Golf GLS kostete er Aufpreis. VW war kein Einzelfall. Opel bot seinen Kadett in der pompösen Berlina-Ausstattung mit flauschigem Velours und schicken Holz- und Chromapplikationen an, die vor Erblindung schützende Verbundglasfrontscheibe fehlte aber.[12]

Der 1970 vorgestellte Citroën SM. *Das Kraftfahrtbundesamt monierte das unter Glas abgedeckte Kennzeichen und die schwenkbaren Scheinwerfer mit einer geringfügig zu hohen Helligkeit.*
| Foto: Citroën Communication, Archiv Ulrich Knaack.

Erst nach Intervention *von Frankreichs Botschafter in der Bundesrepublik, Jean Sauvagnargues (1970-1974), der wohl über Bundesverkehrsminister Georg Leber (SPD) die Bedenken des Flensburger Amtes gegenüber dem SM ansprach, erhielt der SM eine Allgemeine Betriebserlaubnis ohne Änderungsauflagen. Interessant ist, dass die in Köln ansässige deutsche Citroën Sauvagnargues 1971 einen schwarzen SM schenkte, der in der Zentralwerkstatt von Citroën eine umfangreiche Spezialausstattung erhielt wie einen Fernseher im Beifahrer-Fußraum, der Botschafter saß hinten.*
| Foto: Klaus Schwarz, Citroën-Zentralwerkstatt, Köln.

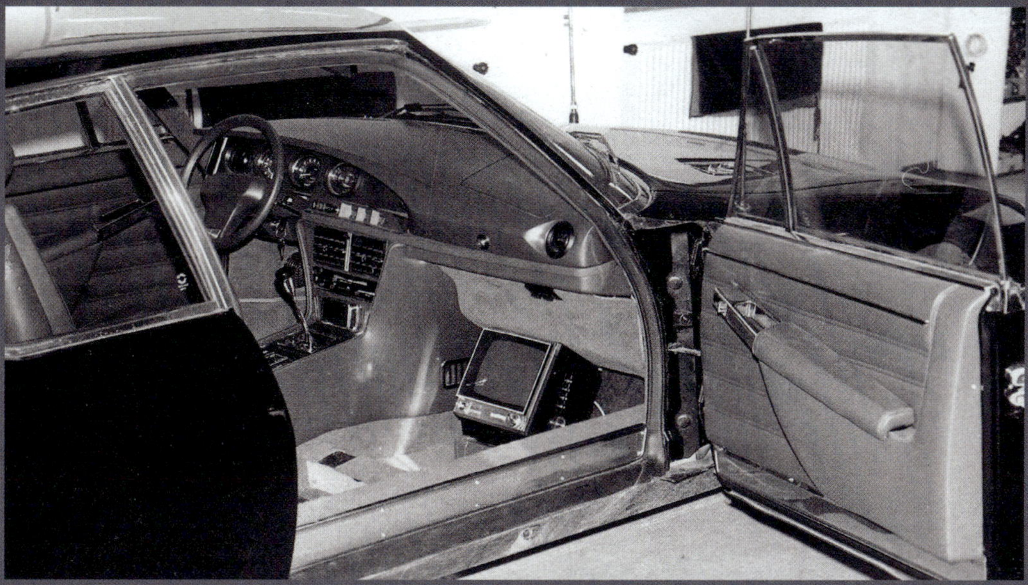

***Der SM** war seinerzeit der schnellste Botschafterwagen und dem Autoland Deutschland überbrachte er die französische «Botschaft», das automobile Gegenstück zu einem weiteren Wunderwerk und Superlativ französischer Technik zu sein, dem Überschallflugzeug Concorde.*[13] *Der Botschafter saß hinten und konnte während der Fahrt Fernsehen schauen.*
| Foto: Citroën-Köln, Archiv Ulrich Knaack.

Schon beim D-Modell von Citroën war das Kraftfahrtbundesamt besonders kritisch. Die hochstehenden ins Dach integrierten hinteren Blinker des DS, auch Tulpen genannt, mussten nur auf dem deutschen Markt mit Gummiringen versehen werden; auch Renault musste auf Flensburger Weisung beim Renault 16 die Türschlösser mit einem Gummiring versehen, eine entsprechende Auflage wurde Renault nirgendwo sonst auf der Welt gemacht. Und als im Herbst 1973 der Renault 16 in einer TX-Variante vorgestellt wurde, die über einen kleinen Heckspoiler verfügte, stellte sich die Behörde quer.[14]

1. Das Massensterben im Verkehr und die Lebensretter der europäischen Automobilindustrie

Am 23. April 1901 berichtete die Saarbrücker Zeitung über den Unfall eines Motoromnibusses bei Riegelsberg. Auf der Lebacher Chaussee in Höhe von Heinrich-Haus versagten die Bremsen eines Busses, durch ein geschicktes Ausweichmanöver konnte der Fahrer eine Katastrophe verhindern.[15]

***Elektronik im Dienst der Sicherheit.** Das Antiblockiersystem von BOSCH, 1978 erstmals in Serie produziert.*
| Foto: BOSCH.

Mobilität war immer schon mit Unfällen, Verletzten und Toten verbunden. Das Leid begann nicht erst mit Automobilen, Eisenbahnen, Flugzeugen und Schiffen, sondern bereits im Zeitalter des Pferdes. Über 90 Prozent der 1903 in London aufgenommenen Verkehrsunfälle verursachten Pferdefuhrwerke. Bei über 8.500 Unfällen in London wurden seinerzeit 215 Menschen getötet und 892 schwer verletzt.[16]

Fuhrleute galten generell als wenig rücksichtsvoll. Ihre Waffe war die Peitsche, mit der sie ein Gespann von bis zu acht Pferden vorantrieben und dabei die Kreaturen häufig mit brutaler Gewalt zu Höchstleistungen bringen wollten. Eine vier bis fünf Meter lange Peitsche konnte aber auch Passanten treffen, die sich aus der Perspektive der Fuhrleute eben einfach «dumm dranstellten». Es galt das Recht des Stärkeren: Hoch zu Ross der Reiter, erhoben der Fuhrmann auf einem Kutschbock thronend und stets ganz unten in der Hierarchie der Fußgänger als potentielles Opfer. Auch nachts rollten die Fuhrwerke im 19. Jahrhundert durch die Städte, so auch in Saarbrücken und St. Johann. Das war wegen fehlender Beleuchtung gefährlich. Wenn zwei Fuhrwerker sich begegneten, konnten Pferde schnell scheuen und ausbrechen. Zusammenstöße von Fuhrwerken waren deshalb keine Seltenheit, ihre Folgen teilweise drastisch. So gab es 15 Tote bei einem Zusammenstoß in Paris im Mai 1770. Pferde reagieren empfindlich, weil sie von Natur aus Fluchttiere sind. Schnell wurden Passanten von Fuhrleuten überrollt. Durchgehende Pferde gehörten zum Leben einfach dazu, tödliche Stürze vom Pferd und Karambolagen von Fuhrwerken bildeten deshalb ein über Jahrhunderte gepflegtes literarisches Motiv. Übermüdete und alkoholisierte Fuhrleute, die glaubten durch die Peitsche ihren Beruf zu beherrschen, waren keine Seltenheit und verursachten Unfälle. Nicht ungefährlich war auch der Beruf des Pferdeknechts. Bei der Pflege der Hufe konnte ein Tritt zum Tod oder zu bleibenden Schäden führen. Pferde, die schwierig waren oder falsch behandelt wurden, wehrten sich mit ihrer ganzen Körperkraft, gefürchtet waren auch Pferdebisse.[17]

***14. Juli 1979:** In der Nähe von Poitiers in Frankreich. Ein weißer Peugeot 504 aus Paris schneidet die Kurve und kollidiert mit einem blauen Peugeot 504 aus Saarbrücken. Auf dem Rücksitz der Autor. Alle Beteiligten wurden nur leicht verletzt. Nicht immer lief es so glimpflich ab.* | Foto: Privat.

«Kommt gut nach Hause» und «Ruft an, wenn ihr angekommen seid!»

«Kommt gut nach Hause» und «Ruft an, wenn ihr angekommen seid» – das waren auch im Saarland bis in die 1970er Jahre die letzten Worte, wenn sich Freunde voneinander verabschiedeten und mit ihrem Auto nach Hause fuhren. Solche Worte waren keine Floskeln, sondern Ausdruck der Angst, Angehörige und Freunde könnten im Straßenverkehr verunglücken. Vor allem im Feiertagsverkehr an Ostern, Pfingsten und Weihnachten starben häufig ganze Familien den Unfalltod in ihrem Auto. Allein in den Bundesländern Hessen, Rheinland-Pfalz und dem Saarland waren 22 Unfalltote an Ostern 1972 zu beklagen.[18]

Entwicklung der Verkehrsunfallopfer im Saarland[19]

Jahr	Unfälle	Getötete	Schwer-verletzte	Leicht-verletzte
1952	5249	96	590	2520
1954	8292	153	809	4620
1958	11 480	224	2141	4915
1960	12 389	294	2626	6251
1965	17 898	293	2377	4821
1970	24 250	299	2785	6423
1975	25 071	267	2476	6286

Seit den 1960er Jahren erlebte das Auto eine erste erkennbare sich verfestigende Akzeptanzkrise. So sehr sich Männer und zunehmend auch Frauen am Auto und der gewonnenen Mobilität erfreuten, so waren die Schattenseiten und Folgen des Autoverkehrs nicht mehr zu übersehen. Der Tod im Straßenverkehr bescherte dem Automobil seine erste große Akzeptanzkrise.

Neben VW exportierten Mercedes-Benz und Porsche gut ausgestattete und teure Fahrzeuge in die USA. *Die Bedeutung des US-Geschäftes schärfte das Bewusstsein für amerikanische Normen. Aufgrund der längeren Produktzyklen der europäischen Autobranche galt es für Mercedes, die US-Normen über zu erfüllen, um von Normverschärfungen unabhängig zu sein.*
| Werbung für den Mercedes-Benz 220 SEb in den USA aus «Life»; 1963, Mercedes-Benz-Archive, 1988M1667.

Diese Krise konnte bis Anfang der 1990er Jahre nachhaltig gelöst werden. Dabei wurden alle technischen Innovationen, Automobile sicherer zu machen, Unfälle zu vermeiden, Verletzungsgefahren und die Wahrscheinlichkeit tödlicher Unfälle zu reduzieren, von der europäischen Automobilindustrie entwickelt und umgesetzt. Zu nennen sind hier vor allem die Hersteller Daimler-Benz und Volvo. Knautschzonen, die die Aufprallenergie kompensieren und Systeme, die wie Airbag und ABS Leben retten oder Unfälle verhindern, sind deutsche beziehungsweise europäische Entwicklungen. Die große amerikanische Automobilindustrie hat dazu kaum etwas beigetragen, wohl aber amerikanische Sicherheitsbehörden, Verbraucherschützer und Rechtsanwälte. Sie sind die Initiatoren einer gesellschaftlichen Debatte in den USA, die weltweit Beachtung fand, auch die deutsche Bundesregierung beeinflusste und insbesondere europäische Hersteller wie Volvo und Daimler-Benz. Beide exportierten erfolgreich in die USA und wurden zu Pionieren der passiven Sicherheit. Sie nahmen die amerikanischen Vorschriften ernst und hatten sich bereits vorher um die passive Sicherheit bemüht.[20]

Das massenhafte Sterben im Straßenverkehr war noch in den 1970er Jahren Alltag. 1953 hatte die Bundesregierung die Verkehrsunfallstatistik eingeführt.[21] In den 1960ern und 1970ern berichtete die Saarbrücker Zeitung täglich über Autounfälle. Die saarländische Statistik zählte 1957 10.461 Verkehrsunfälle mit 225 Toten, im Jahr 1972 waren es 25.274 Unfälle mit 341 Toten.[22]

Auch der Faktor Mensch *spielte neben der Technik eine Rolle bei der Verkehrssicherheit. Promillegrenze, Geschwindigkeitsbegrenzung in geschlossenen Ortschaften und vor allem Rücksichtnahme im Straßenverkehr wurden erst in den 1960er und 1970er Jahren durchgesetzt. Egoismus und Rücksichtslosigkeit gefährdete den Verkehr wie diese Momentaufnahme in der Dudweiler Straße in Saarbrücken zeigt, 1960er Jahre.*
| Fotograf: Reiner Oettinger, Stadtarchiv Saarbrücken, NL R. Oettinger.

Die Motorisierung sollte nach dem Zweiten Weltkrieg kontinuierlich wachsen, bis Ende der 1960er Jahre hinkte der Straßenbau dem Verkehrsaufkommen weit hinterher. Die Sicherheitstechnik der Fahrzeuge war unzureichend und in Kombination mit einer draufgängerischen Fahrweise und dem damals häufigen Fahren unter Alkoholeinfluss entstand eine risikoreiche Mixtur. Im katholisch frommen Saarland der 1950er und 1960er Jahre säumten hölzerne Wegekreuze mit Blumenschmuck die Straßenränder, die an die Unfalltoten erinnerten. In den Autos schmückten St. Christophorus Plaketten das Armaturenbrett, Autosegnungen durch Geistliche fanden regen Zuspruch.[23]

In dieser Zeit kamen rücksichtslose Verkehrsteilnehmer selten vor strenge Richter. So wurde etwa ein Pensionär in der belebten Saarbrücker Bahnhofstraße von einem Autofahrer angefahren und getötet. Das Gericht sprach 1953 den Fahrer von dem Delikt der fahrlässigen Tötung frei, weil die Bahnhofstraße eine Einbahnstraße sei, «die schnell durchfahren wird und auch schnell durchfahren werden darf, um den Verkehr flüssig zu halten.», darauf hätten sich Fußgänger einzustellen. [24]

Es waren eben nicht nur Autofahrer und Autoinsassen, die im Straßenverkehr getötet wurden, sondern 1956 waren 29 Prozent der getöteten Verkehrsteilnehmer Fußgänger und davon die Hälfte Frauen. Neben Alten waren auch Kinder besonders gefährdet. Tempo 50 in geschlossenen Ortschaften wurde erst am 3. Juli 1957 in der Bundesrepublik eingeführt.[25]

Entwicklung der Verkehrstoten in Deutschland[26]

Jahr	Getötete
1950	6 248
1955	12 791
1960	14 406
1965	15 753
1970	19 193
1975	14 870

Das Sterben im Straßenverkehr und die Schattenseiten der autogerechten Stadt führten zu einer ersten spürbaren Gesellschaftskritik am Automobil. Über 21.000 Verkehrstote im Jahr 1970 erschütterten die Öffentlichkeit – 5.000 mehr als noch 1964.

Unter den Toten befanden sich über 1.100 Kinder. Dazu kamen fast eine halbe Million Verletzte und über 150.000 durch Autos getötete Wildtiere. Die Anzahl der Verkehrstoten in der Bundesrepublik war mit Blick auf die Einwohnerzahl viel höher als in den USA und auch deutlich höher als in Italien, Frankreich und England, nur in den Niederlanden und Österreich lag sie noch etwas darüber. Die Dimension des damit verbundenen Leids führte zur ersten Krise des Automobils. In Ländern, die früher in die Massenmotorisierung gestartet waren, wie etwa die USA, hatte diese Diskussion längst eingesetzt.[27]

Makabrer Unfall *am 28. November 1964: Der Fahrer dieses VW Käfers landete direkt auf dem Friedhof. Infolge überhöhter Geschwindigkeit überflog er die Friedhofsumzäunung und landete an einem Grabstein.*
| Fotograf: Herbert Ahrens, Ahrens-Bild-Archiv/Bad Harzburg-Stiftung, Nr. 3892.

Der amerikanische Staat bestimmt die Regeln und Europa nimmt sie ernst

Die amerikanische Automobilindustrie hatte technische Innovationen für mehr Sicherheit im Straßenverkehr über Jahrzehnte ignoriert. Eine amerikanische Versicherungsgesellschaft hatte 1952 und noch einmal 1961 zwei «Survival-Cars» entwickeln lassen und der Staat New York 1965 eine Sicherheitsstudie mit 134 neuartigen Sicherheitsvorkehrungen in Auftrag gegeben. Die US-Autogiganten setzten aber nichts davon um. Einige ihrer Modelle waren extrem unsicher.

Als 1965 der Rechtsanwalt Ralf Nader mit seinem Buch «Unsafe at Any Speed» die Probleme benannte und die Untätigkeit anprangerte, stellte General Motors die Produktion des in Verruf geratenen Modells Chevrolet Corvair ein. Naders Bestseller und die von ihm angestrengten Schadensersatzprozesse führten zu einer politischen Zäsur. Die US-Autoindustrie geriet in die Defensive. So wurde durch einen Untersuchungsausschuss des US-Senats bekannt, dass die US-Hersteller im Jahr 1964 für über 350 Millionen Dollar Werbeanzeigen geschaltet hatten, der Hersteller GM hatte bei einem Gewinn von 1,7 Milliarden Dollar lediglich 1,25 Millionen Dollar in die Sicherheitsforschung investiert. Der amerikanische Staat handelte 1966. Bisher waren die Bundesstaaten für die Zulassungsvorschriften allein zuständig. Dies wurde geändert und ein Bundes-Sicherheitsgesetz eingeführt. Damit verbunden die Bildung einer Behörde (National Highway Traffic Safety Administration). Sie erarbeitete von nun an Sicherheitsgesetze, die dem Kongress zur Verabschiedung vorgelegt wurden. Erstmals bestimmten Branchenfremde die Entwicklung des Automobils und nicht mehr die Autobranche selbst. Der Staat machte die Vorgaben und sah sich in der Rolle, den technischen Fortschritt zu fördern und letztlich zu erzwingen.[28]

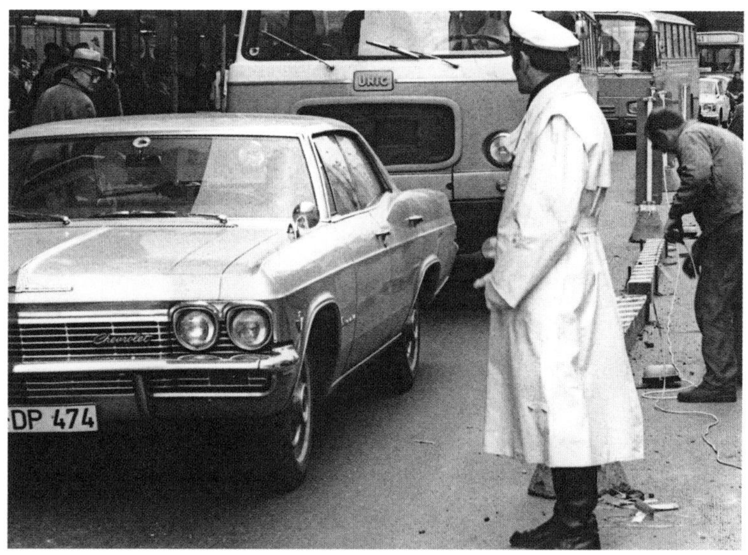

Ein Chevrolet *im Saarbrücker Stadtverkehr 1970.*
| Fotograf: Julius Schmidt, Stadtarchiv Saarbrücken, Dep. SZ LB.

In den folgenden Jahren kam es binnen kurzer Zeit zu immer neuen und schärferen Sicherheitsnormen. Europäische Hersteller mit hoher Exportquote in die USA standen vor dem Problem, dass ihre Modelle über einen längeren Zeitraum produziert wurden als amerikanische. Wenn ein europäischer Hersteller nicht riskieren wollte, dass sein im Markt etabliertes Modell aus dem Programm genommen werden musste, weil es die Normen nicht mehr erfüllte, gab es nur eine Strategie: Die Fahrzeuge bei der Konstruktion bereits so sicher zu machen, dass sie die Norm für lange Zeit übererfüllten und damit für Normverschärfungen gerüstet waren. So wählte etwa Volvo 1974 bei der Verankerung der Vordersitze im Volvo 244 einen Grenzwert, der doppelt so hoch war wie der in den USA geforderte. Als VW 1991 den Golf III vorstellte, erfüllte dieser bereits die neuesten Empfehlungen der amerikanischen Sicherheitsbehörde, obwohl sie noch keine Gesetzeskraft hatten.[29]

Diese Konstellation bildete den Rahmen für die Überlegenheit der europäischen Automobilindustrie in der passiven Sicherheit. Passive Sicherheit umfasst die Vorsorge, die Insassen vor Verletzungen im Falle eines unvermeidbaren Unfalles zu schützen. Erleichtert wurde dieser Prozess dadurch, dass einige europäische Hersteller bereits vor der Entwicklung in den USA der passiven Sicherheit Aufmerksamkeit geschenkt hatten. Dazu zählte neben Daimler-Benz und Volvo auch der britische Hersteller Rover. Bundesverkehrsminister Georg Leber (SPD) nahm die Debatte in den USA zum Anlass, der Verkehrssicherheit größere Aufmerksamkeit zu schenken. Dazu gehörten sichere Straßen und beispielsweise die Pflicht zum Mitführen von Warndreiecken ab 1968 und die Einführung der Verkehrssünderkartei beim Kraftfahrtbundesamt in Flensburg 1969. Außerdem startete er eine Offensive zur passiven Sicherheit, die zu verschärften europäischen Normen führen sollte. Dem Vorbild der amerikanischen Behörden folgend wurde eine Reihe von Sicherheitsstandards der USA so auch in Europa eingeführt.[30]

***Die europäischen Hersteller** reagierten auf die amerikanische Sicherheitsdebatte mit dem Bau von experimentellen Sicherheitsfahrzeugen. Anfang der 1970er Jahre präsentierten viele Hersteller solche Fahrzeuge wie etwa auch Volvo. Die Vorkehrungen zur Verbesserung der passiven Sicherheit erhöhten das Gewicht deutlich. Die kurz darauf hereinbrechende Ölkrise führte dazu, dass das Streben nach höherer Sicherheit nicht zu einem unwirtschaftlichen Verbrauch führen durfte. Prospekt Volvo, 1973.*

VOLVO Sicherheitswagen

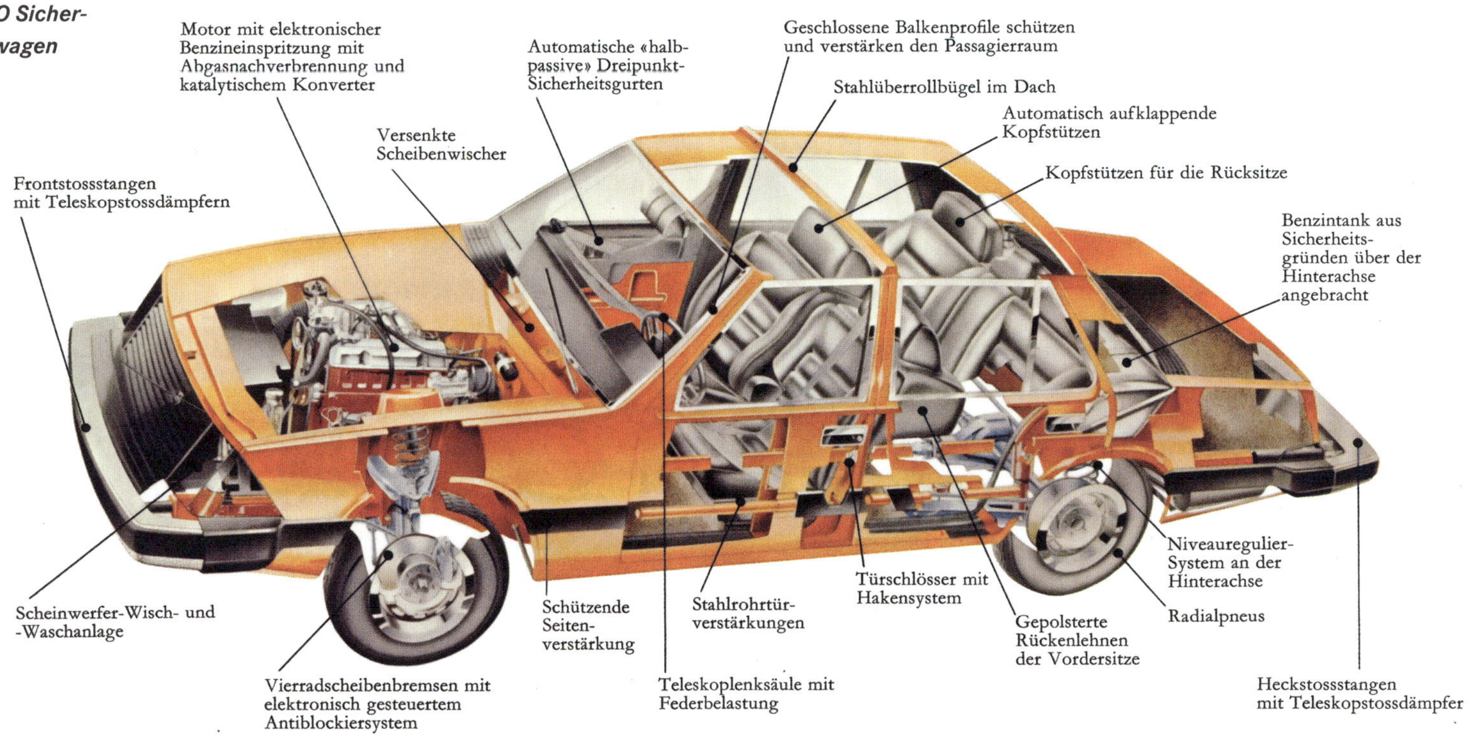

Masse und Gewichte des VESC

Länge	5220 mm	Spur vorne	1480 mm
Breite	1820 mm	Spur hinten	1465 mm
Höhe	1420 mm	Gewicht fahrbereit	1450 kg
Radstand	2700 mm		

PRINTED IN SWITZERLAND VESC 3/73

***Auch Renault präsentierte ein Sicherheitsauto**, dessen Erkenntnisse bei dem 1975 vorgestellten Renault 20 und 30 teilweise umgesetzt wurden, zit. Prospekt Renault 1975.*

***Volvo** – Vorreiter im serienmäßigen Einbau von Sicherheitsgurten und Vorreiter in der Einführung des Dreipunktgurtes.*
| Foto: Volvo Car Germany.

Knautschzone, Sicherheitsgurt, ABS und Airbag – vor allem eine deutsch-schwedische Erfolgsstory

Der Unfalltod der frühen 1950er Jahre hatte viele technische Ursachen: Lenkräder, die beim Aufprall wie Lanzen die Fahrer aufspießten oder Passagiere, die aus den Fahrzeugen geschleudert wurden, weil sie nicht angegurtet waren. Nicht angegurtete Insassen konnten auch herausgeschleudert werden wegen unzureichend verankerter Sitze und beim Crash herausspringender Türen. Die Insassen stießen häufig mit dem Kopf auf nicht gepolsterte Armaturenbretter und verletzten sich schwer. Sie schlugen ebenso mit dem Kopf an die Frontscheibe, die dabei zersplitterte. Viele Menschen erblindeten, fehlende Kopfstützen sorgten zudem für Genickbrüche, gerade bei schweren Auffahrunfällen ins Heck. Das Bild der bei Autounfällen erlittenen Verletzungen war grauenvoll. Durchbohrter Thorax, zerplatzter Schädel – Anblicke des Grauens für Polizisten und Rettungskräfte.[31]

***Weit über 50 Jahre Pkw-Sicherheitsentwicklung** bei Daimler-Benz: Vom weltweit ersten Automobil mit Knautschzone (W 110, Typ 220, 1961) nach dem Prinzip von Béla Barényi zur neuen C-Klasse, 2011.*
| Foto: Mercedes-Benz-Archive, 027C24007.

«Sicherheit aus Schwedenstahl». *Seit Ende der 1960er Jahre zählt die in Scheidt ansässige Firma Scheidhauer zu den Saarbrücker Volvo-Partnern.*

Die 1974 vorgestellte Serie 240 *war ganz auf passive Sicherheit ausgelegt. Die Stoßstangen entsprachen weitgehend den für den US-Markt verbauten und wurden in Europa von vielen als klobig abgelehnt.*

Der 1972 vorgestellte Renault 5 *war das erste Auto mit Kunststoffstoßstangen. Sie boten auf elegante Weise Schutz vor Parkremplern und trugen dem wachsenden Verkehrsaufkommen Rechnung. Die Werbung sprach von «Schutzschilden».*

Bis weit in die 1960er Jahre behauptete die Autoindustrie, Sicherheit verkaufe sich nicht. Dagegen entwickelte die schwedische Marke Volvo seit den 1960er Jahren die Unfallsicherheit zum Markenkern und warb sehr offensiv mit ihren Vorkehrungen zur passiven Sicherheit. Bereits 1944 rüstete Volvo seine Modelle serienmäßig mit Frontscheiben aus Verbundglas aus, die das Zersplittern und die Gefahr zu erblinden, minimierten. Erst 1969 wurde diese Scheibe in den USA Vorschrift und in Europa rüsteten die Hersteller bis weit in die 1970er Jahre ihre Autos ab Werk ohne Verbundglas aus. Die meisten Hersteller boten bis weit in die 1970er Jahre Verbundglas nur gegen Aufpreis an und 100 DM konnten dann unter Umständen darüber entscheiden, ob man bei einem schweren Unfall sein Augenlicht behielt oder es verlor. Schweden war zudem das weltweit einzige Land, das schon in den 1950er Jahren eine Obduktion von Verkehrstoten anordnete. So entstand eine wertvolle Datenbasis, die Volvo für seine Sicherheitsforschung nutzte. Mit «Sicherheit aus Schwedenstahl» warb Volvo in Deutschland und konnte seinen Absatz binnen fünf Jahren von 1967 bis 1972 auf über 15.000 PKW um das Sechsfache erhöhen. Offensiv wie kein anderer Hersteller besetzte Volvo in den 1970er Jahren das Thema passive Sicherheit. Volvo bewies, Sicherheit verkaufte sich gut, im Unterschied dazu behauptete die Mehrheit der Branche nach wie vor, Sicherheit verkaufe sich nicht, Volvo spielte aber, von Schweden abgesehen, die Rolle einer Nischenmarke.[32]

Verformbare energieabsorbierende Karosserien – Fortschritt durch Daimler-Benz

Es war Béla Barényi (1907-1997), Ingenieur bei Daimler-Benz, der sich dem Thema der passiven Sicherheit ein Leben lang widmete. Er entwickelte die Idee, Aufprallenergie müsse von der Karosserie abgebaut und dürfe nicht ungefiltert auf die Insassen weitergeleitet werden. Die Konstruktion der stabilen Fahrgastzelle mit einer verformbaren Vorbau- und Heckstruktur ließ er sich 1951

Neben integrierten Knautschzonen *setzte Mercedes bei der 1959 vorgestellten Serie W 111 auf die Auspolsterung des Innenraums zur Vermeidung von Unfallverletzungen.*
| Foto: Mercedes-Benz Archive, U 30867.

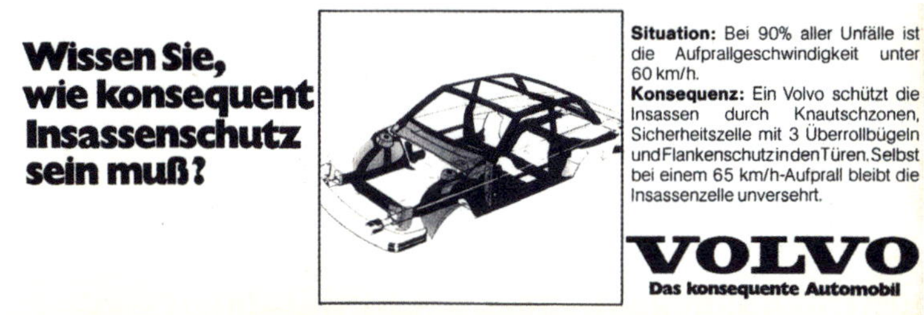

Volvo-Sicherheitswerbung *1975.*

patentieren und setzte sie 1959 erstmals bei der Serie 111 (Mercedes-Heckflossen-Modell) um. Umgangssprachlich bürgerte sich der Begriff der Knautschzone ein. Dazu kam ein Auspolstern des Innenraumes, Sicherheitszapfenschlösser an den Türen und 1963 die Sicherheitslenkwelle. Teleskoplenksäulen allein reichten nicht aus, um das gefährliche Eindringen der Lenksäule abzumildern. 1967 verbaute Daimler-Benz eine Sicherheitslenkung mit weit hinter der Vorderachse angeordnetem Lenkgetriebe. Damit konnte der «Lanzeneffekt» vermieden werden. Barényi und damit Daimler-Benz hat mit 2.500 Patenten Grundlegendes zur passiven Sicherheit geleistet, von dem die gesamte Branche bis heute profitiert.[33]

Die Lebensretter Sicherheitsgurt und die Kopfstützen

In der Retrospektive zeigt sich, dass selbst einfachste und gleichwohl sehr wirksame und vergleichsweise preiswerte Instrumente zur Linderung von Unfallfolgen von der Automobilindustrie nur zögerlich umgesetzt wurden. Der Sicherheitsgurt und die Kopfstützen sind dafür ein Beleg, ebenso der schon beschriebene lange Weg der Verbundglasfrontscheibe zum Serienstandard.

Sicherheitsgurte verhindern, dass Insassen beim Aufprall aus dem Fahrzeug herausgeschleudert werden oder mit dem Kopf an Scheiben und dem Armaturenbrett aufschlagen. Die heute selbstverständlichen Automatikgurte, die die Bewegungsfreiheit des Fahrers nicht einschränken, kamen Anfang der 1970-er Jahre auf den Markt. Sie rollten sich automatisch auf. Erst in Gefahrensituationen beziehungsweise beim Bremsen arretierten die Automatikgurte. Bis dahin gab es in der Regel nur Zweipunkt-

Beckengurte, sie waren statisch. Viele Fahrer fühlten sich dadurch gefangen. Vorreiter in der Bewerbung und Weiterentwicklung des Sicherheitsgurtes waren die schwedischen Hersteller Saab und Volvo. Volvo verbaute ab 1959 den Dreipunktgurt serienmäßig und ermöglichte zudem der ganzen Welt, an diesem technischen Fortschritt teilzuhaben, handelte es sich doch um ein «offenes Patent».[34] Eine wichtige Rolle bei Volvos fortschrittlicher Konstruktion spielte die von dem deutschen Unternehmen Höchst produzierte Textilfaser Trevira.[35]

Daimler-Benz bot Dreipunktgurte erst ab 1968 als Sonderausstattung an, 1973 dann serienmäßig kombiniert mit Kopfstützen. Der Sicherheitsgurt war immer noch unpopulär. Viele Autofahrer glaubten, im Brandfalle gefangen zu sein, sich beim Unfall selbst zu strangulieren und Verletzungen durch den Gurt zu erleiden. Alle diese Bedenken waren irrational. Studien von Volvo aus dem Jahr 1967 belegten auf der Basis von 28.000 ausgewerteten Unfällen, ein angelegter Gurt reduzierte die Verletzungen um 50 bis 60 Prozent. Aber beispielsweise nur 28 Prozent der deutschen Mercedes-Käufer bestellten 1969 Sicherheitsgurte als Extra. Die Gurtanlagequote in den USA lag 1970 gerade mal bei 25 Prozent, in Schweden war sie mit 30 Prozent am höchsten und in der Bundesrepublik mit nur zehn Prozent extrem gering. Vor allem der ADAC versuchte gemeinsam mit Professor Max Danner (Institut für Fahrzeugtechnik an der TU Berlin) in der ersten Hälfte der 1970er Jahre für den Gurt zu werben, nicht zu vergessen der Ratgeber «Der 7. Sinn» im ARD-Fernsehprogramm. Die Automatikgurte waren einfach zu bedienen und sehr komfortabel, trotzdem gab es immer noch sogenannte «Gurtmuffel». «Erst klicken, dann starten» lautete ein Slogan, der die Autofahrer zum Anlegen des Gurtes animieren sollte. Die Gesetzgeber vieler Länder mussten ihre Bevölkerung regelrecht zum Gurt zwingen. Gesetzlich wurde die Gurtpflicht in der Bundesrepublik erst recht spät zum 1. Januar 1976 eingeführt. Andere europäische Länder waren diesen Weg früher gegangen. Erst Anfang 1974 waren in der Bundesrepublik Sicherheitsgurte vorne als Serienausstattung im PKW gesetzlich vorgeschrieben worden.[36]

Entwicklung der Verkehrstoten in Relation zum Kfz-Bestand:[37]

1953	11.449 Tote/315.157 Verletzte/4,2 Mio. Kfz
1982	10.800 Tote/456.000 Verletzte/30 Mio. Kfz

***Volvo** verbaute von 1974 bis 1985 Kopfstützen, die den hinten Sitzenden die Sicht nach vorne nicht beeinträchtigen sollten und deren Größe so ausgelegt war, dass sie nicht auf die individuelle Körpergröße eingestellt werden mussten wie diese Aufnahme aus einem Prospekt des Modelljahres 1975 zeigt.*

Um die lebensrettenden Potentiale des Sicherheitsgurtes nutzen zu können, brauchten die Autos unbedingt Kopfstützen. Wenn die Passagiere dank des Gurtes nicht herausgeschleudert wurden, waren Kopfstützen erforderlich, um beim Zurückprallen die Halswirbelsäule vor einem Überdehnen zu schützen. Vor allem beim Heckaufprall drohte der Genickbruch. In den 1960er Jahren gab es Kopfstützen zum Aufstecken auf den Vordersitzen. Diese Nachrüstungen waren im Sitz nicht verankert und hielten den Kräften beim Unfall nicht stand. Erst in der zweiten Hälfte der 1970er Jahre gehörten Kopfstützen zur Serienausstattung. Gerade die französischen und italienischen Hersteller taten sich schwer. Ihre Kopfstützen waren häufig zu kurz und bei vielen Modellen fehlten sie bis in die 1970er Jahre. Kopfstützen mussten richtig eingestellt und fest im Sitz verankert sein, um wirksam schützen zu können. Sie waren unbeliebt, weil behauptet wurde, sie nähmen den hinten Sitzenden die Sicht. So baute Volvo eine so groß dimensionierte Kopfstütze, die allen Körpergrößen entsprach und die in der Mitte durchbrochen war. Dies sollte die Sicht der hinteren Passagiere nicht so einschränken.

Mit der im Herbst 1974 vorgestellten Volvo-Serie 240 *setzte Volvo konsequent auf Sicherheit. Visuell vermittelten dies auch die überdimensionierten Stoßstangen, die im Wesentlichen der US-Version entsprachen. Dort mussten Stoßstangen schadensfrei niedrige Auffahrgeschwindigkeiten überstehen. Noch 15 Jahre später gewann dieses Modell amerikanische Sicherheitspreise.*

Bizarre Diskussionen um die Sicherheit

Länder wie Schweden und Großbritannien hatten die Gurtpflicht früher eingeführt, die Akzeptanz war hier höher als in der Bundesrepublik. Mit der Gurtpflicht wurde rasch auch statistisch die Wirkung des Gurtes als «Lebensretter» bestätigt.

Insbesondere Volvo warb offensiv für den Sicherheitsgurt und die passive Sicherheit. Im Februar 1973 schalteten die Schweden in der Bundesrepublik eine Anzeige mit einem Mann, der in seiner Hand einen Totenkopf trug, verbunden mit dem Spruch «Sein oder nicht sein. Das ist die Frage für zwei Millionen Autokäufer in diesem Jahr. Einige entscheiden sich für VOLVO. Sie entscheiden sich für das Sein.» Diese sogenannte Hamlet-Werbung sorgte für ein Protestschreiben des Zentralausschusses der deutschen Werbewirtschaft. Das Nachrichtenmagazin «Der Spiegel» nahm Volvo in Schutz und verwies auf fragwürdige Slogans von Opel wie «Sie sind so lange mächtig, bis ein stärkerer kommt». Einige Monate später im Jahr 1974 griff Volvo die Angst von Frauen auf, der Sicherheitsgurt könne beim Unfall ihren Busen verletzen. Ein Foto zeigt eine Frau mit nacktem Oberkörper, die ihre Brüste mit beiden Händen bedeckt, dazu der Spruch: «Ihr Lebensretter war der Gurt (...)».[38]

Der Bundestag beschloss zum 1. Januar 1976, eine Gurtanlegepflicht für die im PKW vorne sitzenden Personen einzuführen. Dagegen wurde von Klägern vor dem Bundesverfassungsgericht Verfassungsbeschwerde eingereicht, die die Karlsruher Richter im Frühjahr 1976 zurückwiesen.[39]

Mit der Einführung der Gurtpflicht in der Bundesrepublik gewährte Volvo auf dem deutschen Markt eine Fünfjahresgarantie für seine Gurt-Systeme und deren ordnungsgemäße Montage.[40]

Die Diskussion um die Gurtpflicht war nicht nur in der Bundesrepublik, sondern auch in einigen anderen Ländern ein Politikum und wurde von ihren Gegnern als Eingriff in die Freiheitsrechte abgelehnt. Der 35-jährige Weinhändler Jean-Pierre Favre aus dem Kanton Wallis klagte gegen die ab 1. Januar 1976 in der Schweiz geltende Gurtpflicht. Das Schweizer Bundesgericht gab ihm in seinem Urteil vom 5. Oktober 1977 Recht. Auch in Deutschland waren «Experten-Stimmen» zu hören, die die Belege des ADAC und anderer Wissenschaftler immer wieder bezweifelten. So behauptete etwa der am Krankenhaus in Gummersbach tätige Chirurg Professor Dr. Wolfgang Herzog, der Sicherheitsgurt bringe nichts und deshalb nutze er ihn selbst auch nicht.[41]

Die Gurtpflicht wurde in der Bundesrepublik nur unzureichend befolgt, vor allem innerorts wurde ohne Gurt gefahren. Dies veranlasste den Gesetzgeber ein Verwarngeld von 40 DM zum 1. August 1984 einzuführen.[42]

Aberwitzige Diskussionen führte auch Frankreich. Im Oktober 1979 verpflichtete die Pariser Regierung, die Autofahrer bei Dunkelheit mit Abblendlicht zu fahren. In Deutschland und anderen Ländern schon lange eine Selbstverständlichkeit. In Frankreich nutzten viele Autofahrer nachts nur das Standlicht. Vor allem in Paris regte sich Widerstand. Besonders bei Regen würden nachts Fußgänger geblendet, zudem werde die Autobatterie belastet. Augenärzte rieten vom Abblendlicht ab, weil es zum Tragen von Sonnenbrillen zwinge. Die Gegner scheiterten schließlich. Es stellte sich heraus, dass bei 70 Prozent der französischen PKW die Scheinwerfer falsch eingestellt waren und dies zu Blendungen geführt hatte.[43]

Die Perfektionierung des Sicherheitsgurtes

Der Gurt war ein Lebensretter, gleichwohl gab es Situationen, in denen seine Funktion beeinträchtigt wurde, weil er seine Wirkung nicht optimal entfalten konnte. Anfangs gab es zu viele Gurtsysteme, verschiedene Gurtpeitschen waren außerdem zu lang. Seine Funktion sollte aber bis zum Ende des 20. Jahrhunderts nachhaltig perfektioniert werden. Verbesserungen brachte die Gurthöhenverstellung, die den Gurtverlauf an die Körpergröße anpasste. Zur Optimierung trugen ferner zwei Erfindungen von Daimler-Benz bei: Als erster Hersteller weltweit präsentierte das Stuttgarter Unternehmen 1981 den Gurtstraffer als Extra in seiner S-Klasse (W 126). Mit der Entwicklung war bereits 1969 begonnen worden. Beim Aufprall und damit im entscheidenden Moment wurde der Gurt zusätzlich gestrafft und seine Rückhaltewirkung optimiert. Ab 1994 gehörte der Gurtstraffer dann zur Serienausstattung bei Daimler-Benz. Dazu kam im Juni 1995 die Weltpremiere des Gurtkraftbegrenzers in der neuen E-Klasse W 210. Neben dem Sicherheitsgurt wurden auch die Kopfstützen verbessert.[44]

***1997 erhielten alle Personenwagen von Mercedes-Benz serienmäßig Sidebags**, neu waren für einige Baureihen adaptive Front-Airbags. 1998 gab es erstmals Windowbags, also Airbags vor den Seitenscheiben.*
| Foto: Mercedes-Benz-Archive, 2004F3981.

***Im Zusammenwirken mit dem Sicherheitsgurt** verhinderte der Airbag Verletzungen im Kopf- und Brustbereich, die bei schweren Unfällen auch angegurtete Fahrzeuglenker erleiden konnten.* | Foto: Mercedes-Benz-Archive, 83F131.

Der Lebensretter Airbag

Unsere heutigen Autos verfügen über eine Vielzahl von Luftsäcken, etwa im Lenkrad, im Armaturenbrett auf der Beifahrerseite, in den A- und B-Säulen, Seitenverkleidungen, den C-Säulen sowie im Dach und Fensterbereich. Airbag, Sidebag und Windowbag – das sind in Verbindung mit dem Sicherheitsgurt die großen Lebensretter, die vor Kopf- und Brustkorbverletzungen schützen.

Im Dezember 1980 präsentierte Daimler-Benz in seiner S-Klasse W 126 als erster Hersteller der Welt den Airbag in Serienproduktion. Schon 1955 hatten Ingenieure bei Daimler-Benz über eine bei einem Crash herausspringende Schutzpolsterung nachgedacht. Bei Reisen in die USA 1964 hatten sie von durch Gas aktivierten Luftkissen aus der Luft- und Raumfahrt gehört. Solche Systeme im Auto schienen damals schwer vorstellbar. Der Aufblasvorgang des Luftsacks musste im richtigen Augenblick in Millisekunden erfolgen. Es musste verhindert werden, dass der aufgehende Luftsack zerplatzte. Amerikanische Sicherheitsbehörden überlegten die Einführung eines passiven Rückhaltesystems und wollten die Abhängigkeit vom eher noch verpönten Gurt so abschwächen. Dabei übersahen sie, dass beide Systeme einander ergänzten. Auch die US-Hersteller experimentierten mit dem Airbag, fanden aber keine Serienreife und scheuten wohl Kosten und Risiko. Eigentlich sollte der Airbag schon 1969 in den USA in Serie gehen, doch die US-amerikansiche Autoindustrie konnte einen Aufschub erwirken. Als dann das passive Rückhaltesystem 1973 gesetzlich vorgeschrieben werden sollte, drohten sie gegen die Regierung zu klagen, daraufhin gab Präsident Richard Nixon nach.[45]

***Crash-Test Volvo 850**, 1994.*
| Foto: Volvo-Car Germany.

***Prüfung** eines Airbags im Produktionsprozess.*
| Foto: BOSCH.

Daimler-Benz forschte dessen ungeachtet am Airbag weiter, und fand in der Bayer-Chemie einen Partner, der ein Gas ohne gesundheitsschädigende Wirkung bereit stellte, welches ein Zerplatzen des Luftsacks verhinderte. Die Fortschritte in der Mikroelektronik ermöglichten die Entwicklung von Sensoren, die den Airbag punktgenau auslösten und dies in einer Schnelligkeit, die den Fahrer im Sitz zurückhielt und einen Aufprall mit Lenkrad, Armaturenbrett, Windschutzscheibe oder A-Säule in Verbindung mit dem Sicherheitsgurt verhinderte. Daimler-Benz hatte dazu einen Flottenversuch mit 600 Fahrzeugen unternommen, die sieben Millionen Kilometer zurücklegten.

Es war dann jedoch der schwedische Hersteller Volvo, der im Jahr 1994 in seinem Modell 850 weltweit das erste Serienauto mit Seitenairbags anbot. Der Seitenaufprall war aufgrund des kurzen Abstandes zwischen Passagieren und Karosserie bei weitem gefährlicher als der Frontal-Crash. Der Seitenairbag konnte die Brustbelastung beim Seitenaufprall und die Pendelbewegung des Kopfes deutlich reduzieren. Technisch war er anspruchsvoller, da er noch schneller auslösen musste, um seine Schutzwirkung entfalten zu können.[46]

Volvo widmete sich dem Thema Seitenaufprall bereits mit der Einführung von Stahlrohren in den Türen ab 1972. Im Jahr 1991 bauten die Schweden serienmäßig ihr Seitenaufprall-Schutzsystem (SIPS) ein, das weltweit erste in die Karosserie integrierte Schutzsystem, das Aufprallenergie in besonders wirksamer Weise zu absorbieren versuchte.[47]

***Volvo-Werbung 1975.** Eingeschweißte Stahlrohre im Durchmesser von 3,8 cm.*

«Der amerikanische Wagen fährt auf Krücken» oder die Überlegenheit europäischer Fahrwerkstechnologie

Auch im Bereich der aktiven Sicherheit[48] setzte Europa die Maßstäbe. Einen enormen Fortschritt in Sachen Fahrkomfort und Fahrsicherheit markierte das hydropneumatische Federungssystem von Citroën, das mit der 1955 vorgestellten DS weltweit bekannt wurde. Ebenso die konventionelle Fahrwerkstechnik insbesondere von Daimler-Benz, Lancia, Peugeot und Jaguar und ab den 1970er Jahren auch von BMW bot ein Maximum an Komfort und Sicherheit. Diese Hersteller waren Pioniere sorgfältiger Fahrwerksabstimmung und moderner Konstruktionen wie etwa der Schräglenkerhinterachse mit einzeln aufgehängten Rädern anstelle von Starrachsen. Vor allem in den 1960er Jahren erzielten die französischen Hersteller einen großen Vorsprung bei der Entwicklung moderner Fahrwerke und ihrer sorgfältigen Abstimmung, während Opel und Ford noch auf Starrachse und Blattfedern setzten. Die Hydroelastic-Federung von British-Leyland konnte ebenfalls überzeugen.

Die Show «Mode und Auto» *bei Opel-Dechent in Saarbrücken, 1960er Jahre. Dechent war auch GM-Händler und präsentierte amerikanische Modelle.* | Fotograf: Fritz Mittelstaedt, Stadtarchiv Saarbrücken, Nachlass F. Mittelstaedt.

Gerade angesichts des im Vergleich zu den USA eher schlechten europäischen Straßennetzes schenkte die aufwändige europäische Fahrwerkstechnik Fahrkomfort und Fahrsicherheit bereits vor dem Zweiten Weltkrieg einen höheren Stellenwert. Dazu trug eine weitere europäische Innovation bei: Der von Michelin 1946 erfundene Stahlgürtelreifen, der sein Potential erst einige Jahrzehnte später voll entfalten konnte. Die strengen amerikanischen Tempolimits förderten dagegen die Beibehaltung primitiver und billiger Fahrwerke mit Starrachsen und Blattfedern. Auch die Bremssysteme orientierten sich an niedrigen Geschwindigkeiten. Aus der Sicht eines deutschen Fahrwerksspezialisten im Jahr 1971 galt: «Der amerikanische Wagen gleicht einem aufgeplusterten Gockel, dessen buntes Gefieder bis an den Boden reicht, damit niemand sieht, dass er auf Krücken geht». Das war auch ein Grund für die ablehnende Haltung von Renault-Chef Pierre Dreyfus, sich in Sachen Sicherheit «vom amerikanischen Kongress schulmeistern zu lassen».[49]

Der Fortschritt der US-Autoindustrie definierte sich vor allem über den Wechsel der Formensprache – das hieß, alle paar Jahre ein neues Design, welches das Vorgängermodell möglichst alt aussehen lässt.[50]

Europa als Vorreiter sicherer Bremsen und des Antiblockiersystems

Auch die Bremsen amerikanischer Autos sorgten für negative Schlagzeilen. Die Einführung zweier Bremskreise markierte einen Fortschritt, der in den 1970er Jahren auch zum Standard in Europa wurde. Ihre Einführung wurde aber wiederum von der amerikanischen Gesetzgebung gefördert. Bereits 1966 hatte Volvo das 2 x 3 Bremssystem in der Serie 140 eingeführt. Zwei Bremskreise wirkten über beide Vorderräder und je ein Hinterrad, so dass beim Ausfall eines Bremskreises noch 80 Prozent der Bremsleistung zur Verfügung standen.[51] Mercedes-Benz hatte 1963 das Zweikreis-Scheibenbremssystem vorne und hinten im gesamten PKW-Programm eingeführt. Bereits 1955 hatte Citroën mit der DS ein Auto mit vier Scheibenbremsen vorgestellt, durch die hydraulische Unterstützung konnte die Bremse schnell eine enorme Bremswirkung bereitstellen.[52]

ABS *war erstmals weltweit 1978 in einem Serienauto verfügbar, bei Daimler-Benz in der S-Klasse (W 116), lieferbar gegen Mehrpreis. Das System erhöht die Fahrstabilität beim Bremsen, ermöglicht trotz Vollbremsung das Umfahren von Hindernissen, sofern der Fahrer die Bremse stark genug drückt.* | Foto: BOSCH.

Wie in der passiven Sicherheit eröffnete die Mikroelektronik auch Innovationen in der aktiven Sicherheit. Blockierende Bremsen führten dazu, dass ein Fahrzeug nicht mehr gelenkt werden konnte, ausbrach und verunfallte. Sie ermöglichte es Daimler-Benz gemeinsam mit BOSCH als weltweit erstem Hersteller, ein Antiblockiersystem serienreif zu entwickeln und auf den Markt zu bringen. Die Bezeichnung ABS ließ sich BOSCH schützen. Als erstes Serienauto der Welt wurde die S-Klasse von Mercedes 1978 optional mit ABS angeboten. In den 1990er Jahren gelang es ferner, mit der Technik von Sensoren und Rechnern Antrieb und Räder miteinander zu kombinieren, um das Durchdrehen der Räder zu unterbinden und die Traktion, Straßenlage und Fahrsicherheit der Fahrzeuge zu verbessern. Ende des 20. Jahrhunderts wurde ABS zum Standard.[53]

Die ABS-Geschichte zeigt, technischer Fortschritt braucht langfristiges Denken und Beharrlichkeit, BOSCH forschte mehr als zehn Jahre und Daimler-Benz 20 Jahre daran. 200 Testwagen liefen bei Daimler-Benz mehrere Millionen Kilometer, immer wieder gab es Rückschläge, am Ende stand dann doch ein sicheres und zuverlässiges System. Die USA hatten wegen ihres Tempolimits zunächst nur geringes Interesse, erst ab 1983 stellte sich für BOSCH mit dem ABS ein wirtschaftlicher Erfolg ein.[54] Kritisch nachzufragen ist, ob die heute so extrem von Controllern dominierte Unternehmenskultur solche Forschungen überhaupt zulassen würde.

***Ein Mercedes-Geländewagen** der Baureihe W 463 mit Anti-Blockier-System (ABS) auf der Untertürkheimer Einfahrbahn, 1990. Das ABS erhöht die Sicherheit bei Nässe, Eis und Schnee. Die ABS-Entwicklung reicht bis in die 1920er Jahre zurück. Auch nach dem Durchbruch 1978 verlangt die Anpassung des Systems an das spezifische Bremsverhalten des Fahrzeugtyps hohen Aufwand.* | Foto: Mercedes-Benz-Archive, A 90F257.

Werbung für den Ford-Scorpio. *Bei seiner Präsentation 1985 war er der erste Großserien-PKW mit serienmäßigem ABS.*

Das Ende des Massensterbens im Straßenverkehr

Die Bemühungen um die aktive und passive Sicherheit retteten Menschenleben. Waren noch Anfang der 1970er Jahre über 20.000 Verkehrstote in der Bundesrepublik zu beklagen, so sind es heute nur noch etwas über 3.000 bei zugleich deutlich gestiegenem Kfz-Bestand. Neben technischen Innovationen, die vor allem die deutsche und schwedische Automobilindustrie entwickelten, griffen auch Maßnahmen des Gesetzgebers etwa zur Gurtpflicht, vor allem aber auch gegen Alkohol am Steuer. Der Risikofaktor Mensch stand dabei im Mittelpunkt. Von großer Bedeutung waren die enormen Fortschritte in der Notfallmedizin und der Aufbau einer Rettungskette. Damit verbunden ist der Einsatz von ADAC-Hubschraubern zur Rettung von Unfallopfern.

Gefährliche Situation in der Stadt: Unfallschwerpunkt zu Verkehrsspitzenzeiten. *Das Überqueren der Fahrbahn war lebensgefährlich. Tempo 30-Zonen, Ampeln und gegenseitige Rücksichtnahme linderten das Problem.* | Fotograf Fritz Hartung, Stadtarchiv Saarbrücken, Dep. Bild SZ SB, Nr. 407/11.

September 1957	Tempobegrenzung innerorts auf 50 km/h
Oktober 1972	Tempobegrenzung von 100 km/h auf Landstraßen
Juli 1973	Einführung der 0,8 Promille-Grenze
März 1974	Richtgeschwindigkeit von 130 km/h auf Autobahnen
Januar 1976	Gurtpflicht für vorne sitzende Personen
August 1980	Helmpflicht für motorisierte Zweiräder
August 1984	Gurtpflicht für hinten sitzende Personen
Mai 1988	Einführung der 0,5 Promille-Grenze.

Entwicklung der Verkehrsunfallopfer im Saarland[55]

Jahr	Unfälle	Getötete	Schwerverletzte	Leichtverletzte
1954	8292	153	809	4620
1965	17 898	293	2377	4821
1970	24 250	299	2385	6423
1975	25 071	267	2476	6286
1980	33 500	223	2718	6673
1985	33 110	103	1625	5682
1990	34 789	91	1180	6292
1993	26 006	83	1054	5627
2000	26 116	65	757	5689
2020	29 059	22	679	3432

Anzahl der Verkehrstoten in der BRD (ab 1990 wiedervereinigt mit erhöhter Einwohnerzahl)[56]

Jahr	Getötete
1950	6248
1960	14 406
1970	19 193
1980	13 041
1990	7906
2000	7503
2010	3648
2020	2719

Die Vernachlässigung von Frauen in der Sicherheitsforschung

So erfolgreich sich die Fortschritte in der passiven Sicherheit vor allem im Lauf der 1970er Jahre entwickeln sollten, so war die Sicherheitsforschung über Jahrzehnte am Durchschnittsamerikaner der 1960er Jahre orientiert. Die für Crash-Tests eingesetzten Dummies orientierten sich an männlichen Personen, 175 cm groß und 78 kg schwer. Erst ab 2015 sollte sich dies grundlegend ändern, bis zu diesem Zeitpunkt gab es keine «weiblichen Dummies». Frauen waren bis dahin unzureichend bei der Sicherheitsforschung beachtet worden. Vor allem bei einem Heckaufprall war ihr Körperbau für Verletzungen wie das Schleudertrauma der Halswirbelsäule anfälliger. Auch auf Personen, die besonders groß oder klein waren, nahm die Forschung bisher wenig Rücksicht. Die Folgen dieser Vernachlässigung spiegeln sich darin wider, dass über 170.000 männlichen Verletzten im europäischen Straßenverkehr für das Jahr 2019 rund 217.000 weibliche gegenüberstehen.[57]

Zukünftig wird mit Blick auf den angestrebten Ausbau des Fahrradverkehrs die Sicherheit vor neuen Herausforderungen stehen. Von den 22 Verkehrstoten (Jahr 2020) im Saarland waren sieben Radfahrer, davon vier auf Pedelecs und drei auf Fahrrädern. Die Toten waren ausschließlich Männer zwischen 60 und 75 Jahren. Alter und Geschlecht erlauben die Frage, inwiefern männliche Selbstüberschätzung auch bei Zweirad-Fahrern schwere Unfälle begünstigt.[58]

«Wir und das Tempolimit» – Auto Unser

Mit Blick auf die wachsenden Unfallzahlen und vor allem auch angesichts der Ölkrise 1973/74 führte ganz Europa bis auf die Bonner Republik Tempolimits zwischen 100 und 130 km/h ein, in den USA gab es schon länger noch strengere Begrenzungen. Vor allem die Notwendigkeit der Energieeinsparung als Reaktion auf die Ölkrise sorgte 1973/74 ebenso in der Bundesrepublik für heftige Diskussion. Bis heute hat Deutschland kein Tempolimit. Mancher vergleicht Amerikas Einstellung zum Waffenrecht mit Deutschlands Ablehnung eines Tempolimits. Die Diskussion über Tempolimits begann schon mit den Anfängen des Automobils. Die «Verordnung über den Verkehr mit Kraftfahrzeugen» vom Februar 1910 führte eine reichsweite Begrenzung auf 15 km/h ein, die in der NS-Zeit zunächst im Mai 1933 aufgehoben wurde. 1933 wurden wieder Begrenzungen eingeführt mit 100 km/h außerhalb und 60 km/h innerhalb geschlossener Ortschaften. 1953 wurden alle Tempolimits aufgehoben, um dann 1957 wieder eingeführt zu werden mit Tempo 50 km/h in geschlossenen Ortschaften. Ein Tempolimit auf Autobahnen unterblieb, stattdessen gab es die empfohlene Richtgeschwindigkeit von 130 km/h.[59]

Zur Sicherheit gehörte auch das Thema sehen und gesehen werden. *In den 1970er Jahren erkannten dies die Hersteller und bunte Farben wie Gelb, Rot und Orange waren beliebt. Sie galten als Signalfarben. Mercedes-Benz verwies auf Weiß als besonders sichtbare Lackierung. Citroën hatte dies bereits 1955 erkannt. Seinerzeit dominierten schwarz und grau sowie dunkle Blau- und Rottöne, dagegen setzte Citroën auf bunte Farben wie diese gelbe DS (1958) oder die lilafarbene von 1959 in «Bleu Delphinium» zeigt.*

| Fotos: Citroën Communication, Archiv Ulrich Knaack.

2. Die Ölkrisen und die Genese des automobilen Fortschritts in Europa

Der Fordismus hatte die USA zu Beginn des 20. Jahrhunderts zur führenden Autonation gemacht. Ihre Giganten General Motors, Ford und Chrysler bestimmten den Automobilbau und errichteten vor Ausbruch des Zweiten Weltkriegs Werke in Europa. Nach 1945 verfolgten sie diesen Kurs weiter. In Europa gab es im Zeichen eines großen Nachholbedarfs viel Geld zu verdienen. So sehr die USA die Produktionsweise des europäischen Automobilbaus prägen sollten, so zeichnete sich in den 1960er Jahren eine technologische Überlegenheit der europäischen Automobilkonstruktion ab. Mit ihr verbunden ist der Bau von Automobilen, die leichter, sparsamer, kompakter und zugleich geräumiger waren als die amerikanischen Straßenkreuzer, und zudem viel mehr Fahrsicherheit boten. Zu diesem Konzept zählte der Vorderradantrieb, teilweise in Verbindung mit quer eingebautem Motor, eine neue Karosseriestruktur mit einer Heckklappe, variablem Kofferraum und optimaler Raumausnutzung bei kompakten Abmessungen. Es waren Meilensteine des Automobilbaus und große Verkaufserfolge. Sie waren ihrer Zeit weit voraus, was auch ihre lange Produktionszyklen veranschaulichen. Dem gegenüber galt für Autos «Made in USA»: Nicht so gut wie möglich, sondern nur so gut wie nötig.[60]

Mit Innovationen Ressourcen schonen: Vorderradantrieb und Bi-Corps-Konzept

Die Anfänge dieses fortschrittlichen Automobilbaus finden sich in Großbritannien, Frankreich und Italien. Sie erklären sich aus der Notwendigkeit, mit Blick auf stark besteuerten Kraftstoff, Autos mit hohem Gebrauchswert und günstigem Verbrauch anzubieten.

Der englische Austin Mini kam 1959 mit Vorderradantrieb und quer eingebautem Motor auf den Markt, in dieser Form wurde er bis ins Jahr 2000 gebaut. Er steht am Anfang einer innovativen Entwicklung des europäischen Automobilbaus. Welche Möglichkeiten dieses Konzept bot, bewies der 1964 präsentierte Autobianchi Primula. Ein Auto mit Heckklappe, das fünf Personen Platz und Komfort bot und sich spielerisch leicht fahren ließ. Es wurde bis 1970 gebaut. Autobianchi war aber ein im Verkauf und Marketing schwacher Hersteller, der von Fiat übernommen wurde. Die Turiner nutzten das Know-how des kleinen Herstellers, um mit dem Fiat 128 (1969-1983) eine kompakte Limousine mit Vorderradantrieb zu präsentieren, die sich gut verkaufte und vor allem dann mit dem Fiat 127 (1971-1982), einem Kleinwagen mit Heckklappe, der über Jahre zum meistverkauften PKW Europas werden sollte.

Werbung der saarländischen Fiat-Händler für den neuen 127*. Die ersten Modelle verfügten noch über eine Kofferraumklappe. Erst nach Präsentation des Renault 5 kam eine Variante mit Heckklappe, die eine variable Nutzung ermöglichte.*

Der Fiat 127 *(1971-1987) war über viele Jahre der meistverkaufte PKW Europas.*
| Fiat-Pressefoto, Archiv Ulrich Knaack.

Neben dem Mini verbesserten vor allem Autobianchi und Peugeot den bereits vor 1945 insbesondere von Citroën und DKW favorisierten Vorderradantrieb. Der 1965 vorgestellte Peugeot 204, eine kompakte viertürige Limousine mit quer eingebautem Motor, präsentierte sich genauso wie der Autobianchi als Vorderradantrieb ohne schwere Lenkung, Kopflastigkeit und ohne zu starkes Untersteuern. Der 204 bot dank des quer eingebauten Motors bei geringeren Abmessungen fast genauso viel Platz wie der deutlich längere Peugeot 404, war trotz 400 Kubikzentimeter weniger Hubraum fast genauso schnell, verbrauchte aber zwei bis drei Liter weniger Benzin auf 100 Kilometer.[61]

Das Potential dieses Konzeptes hatte Citroën bereits mit dem Traction Avant insbesondere als Familiale vorgemacht, gebaut von 1934 bis 1957. Auch Renault erwies sich als kreativ und war der Protagonist im Bau des sogenannten Bi-Corps-Konzeptes. Es steht für eine Karosserie mit einem großen Innen- und einem variablen Gepäckraum, zugänglich über eine Heckklappe, und damit keiner Abtrennung über einen klassischen Kofferraum wie bei einer Limousine mit Stufenheck.

Der Renault 4 (1961-1992) und der Renault 16 (1965-1980) markierten mit ihrer Heckklappe und dem variablen Innenraum Meilensteine des modernen europäischen Automobilbaus.

Renault-Werbung 1970: *Renault spielte in seiner Werbung Ende der 1960er Jahre auf die technische Rückständigkeit von «Made in Germany» an. Mit «Luftkühlung» und «Streichholzschachtel-Kofferraum» war der VW Käfer gemeint. Und mit «Opas Auto hatte Blattfedern» der Opel Kadett und der Ford Escort jener Zeit, zit. Werbung.*

Renault-Werbung 1970: *Einzelradaufhängung vorne und hinten statt Starrachse, dazu Vorderradantrieb, das war Teil des europäischen Konzeptes. Mit dem Renault 4 überholte Renault die italienische Marke Fiat im Jahr 1970 als Importeur Nummer Eins auf dem bundesdeutschen Markt, zit. Werbung.*

Für die damalige Zeit war das revolutionär, genauso wie der variable Innen- und Gepäckraum des R 16. Einer der großen deutschen Oldtimer-Journalisten Christian Steiger über dieses Auto: «Mit dem R 16 erfand Renault, was es bisher nicht gegeben hatte: das politisch-korrekte Familien-Automobil, das nicht der Repräsentation diente, sondern der Revolution (...) Es war eine Welt der Mutlosigkeiten, in die das Volkswagenwerk ein Geschöpf wie den VW 1600 TL setzen konnte. Er erschien 1965, im gleichen Jahr wie der Renault 16. (...) Der Renault 16 wirkte damals wie ein Philosoph unter Neureichen (...) Vor allem aber bewies sein Design, dass Vernunft und Langeweile getrennte Wege gehen können (...)".[62]

Wie weit Wolfsburg technisch zurück war, zeigt der 1967 präsentierte VW 411, der erste VW mit vier Türen. Im französischen Automobilbau waren vier Türen eine Selbstverständlichkeit. Der 411 hatte den Kofferraum vorne, der Hecktriebler mit Heckmotor konnte in bestimmten Situationen seinen Fahrer rasch überfordern und im Straßengraben landen. Er glänzte aber mit bestem Finish und guter Verarbeitung.

Auch in den 1980er und 1990er Jahren wurde Renault mit den Modellen Espace und Scénic zum Wegbereiter der familienfreundlichen Vans, wobei die Franzosen dabei von den großen amerikanischen Vans beeinflusst wurden.

Volkswagen gibt es ab DM 4525,– a.W., inkl. Umsatzsteuer.
Deutschlands Nr. 1
(In den Jahren 1948, 1949, 1950, 1951, 1952, 1953, 1954, 1955, 1956, 1957, 1958, 1959, 1960, 1961, 1962, 1963, 1964, 1965, 1966, 1967, 1968, 1969...)

Renault 4 und 16 sind mit Renault-Generaldirektor Pierre Dreyfus verbunden, der den Blick auf die Gesellschaft richtete. Die junge Generation und insbesondere Frauen wurden zu einer neuen Zielgruppe, die der Renault 4 bedienen sollte und der Renault 16 sollte sich durch Individualität von seinen starken französischen Konkurrenten wie dem Peugeot 404 und Citroën ID/DS unterscheiden. Vor allem sollte der R 16 die Bedürfnisse der französischen Familie erfüllen: Mit drei Kindern in den Sommerurlaub zu starten und am Wochenende in den neu entstehenden Supermärkten am Stadtrand bequem und praktisch die Einkäufe zu erledigen. Alle diese Mobilitätsanforderungen galt es mit möglichst wenig Benzin zu erfüllen. Und genau hierin, im wesentlich höheren Kraftstoffpreis in Europa, lag die Ursache für die Entwicklung des überlegenen europäischen Automobils wie die Entstehungsgeschichte des Austin Mini erzählt[63] – zurück zu den Anfängen!

Simca-Werbung 1975. *Ein Kompaktwagen mit Vorderradantrieb, Heckklappe und variablem Innenraum in der 1100 Kubikzentimeter-Hubraumklasse. Das gab es bei dem französischen Hersteller Simca mit dem Modell 1100 schon 1967.*

Käfer-Werbung 1970: Die Nr. 1 in der Welt.

Der VW Käfer brach alle Produktionsrekorde. Seine Luftkühlung war bis in die 1960er Jahre von Vorteil, weil viele Wasserkühlungen im Alltag ihren Besitzern mit Überhitzen, Undichtigkeiten und Überlaufen immer wieder Probleme bereiteten. Dies änderte sich in den 1960er Jahren. Ein kleiner Kofferraum und zwei Türen, das reichte immer weniger Kunden. Das europäische Konzept moderner Kompaktwagen bot einfach mehr fürs Geld. Der Käfer fand aber vor allem wegen des USA-Absatzes weltweit auch 1969 mehr Kunden als etwa der Renault 4. Ein paar Jahre später war er kein Selbstläufer mehr, zit. Werbung.

Seiner Zeit weit voraus: *Der 1962 vorgestellte Austin 1100. Dank Vorderradantrieb großzügige Platzverhältnisse, aber noch ohne Heckklappe.*

Prospekt für den R 16 TS, 1968.
Der R 16 schrieb Automobilgeschichte. Ein praktisches Familienauto, in dem Millionen der geburtenstarken Jahrgänge auf den Rücksitzen fasziniert in die automobile Welt fuhren. Dieses Auto war Impulsgeber für das Format der Schrägheck-Autos mit Heckklappe und variablem Gepäckraum – Autos, die kompakter waren bei zugleich größerem Innenraum – Autos zum Leben!
Erst 1975 und damit zehn Jahre nach Vorstellung des R16 bot VW den 1973 erschienenen Passat mit einer großen Heckklappe an.

Die Suezkrise 1956 – die Geburtsstunde des europäischen Konzeptes mit dem Austin Mini 1959

Ganz Europa heizte in den 1950er Jahren zwar noch überwiegend mit Kohle, aber Erdöl wurde immer wichtiger und war die Voraussetzung für Mobilität und Massenmotorisierung. Die Abhängigkeit vom Öl erlebte zunächst Großbritannien und dann ganz Europa mit der Suezkrise 1956, die die Welt an den Rand eines Weltkrieges führen sollte. Sie betraf vor allem Großbritannien, dessen wirtschaftlicher Aufstieg und Reichtum nicht nur auf seiner Vorreiterrolle in der Industrialisierung des 19. Jahrhunderts basierte, sondern auch auf der Ausbeutung eines großen Kolonialreiches.

Ägypten gehörte dazu, 1922 war es unabhängig geworden und unter seinem Präsidenten Gamal Ab del-Nasser emanzipierte es sich weiter von Großbritannien. Nasser bemühte sich, Ägypten wirtschaftlich zu stärken. Dazu zählte der Bau des Assuan-Staudamms. Es gelang ihm, westliche Kredite dafür zu erhalten. Zugleich war Nasser ein Feind Israels und diese Vermischung von Interessen sollte in Verbindung mit der fragwürdigen Rolle des

Der Meister und sein Werk*. Alex Issigonis.* | Foto: BMW Group Archive, P90045998.

Mit Vorderradantrieb und Quermotor *entstand das automobile Raumwunder.* | Foto: BMW Group Archive, P0031414.

Unglaublich, *was da reinpasst.* | Foto: BMW Group Archive, P900345997.

Klein kann so schön sein. *Ein automobiler Klassiker war geboren. Seine knuffige Form weckte das Kindchenschema. Der Mini wurde zum Sympathieträger und ist heute ein begehrter Youngtimer.* | Foto: BMW Group Archive, P0031400.

Der Mini begeisterte Millionen und war ein Auto mit Seele. *Mister Bean ist dafür der charmanteste Beweis. Der Mini vermittelte ein Lebensgefühl wie auch diese Werbung Ende der 1970er Jahre zeigt.*

britischen Premierministers Eden zu einer gefährlichen Eskalation führen, bei der Nasser mit der Atombombe drohte. Es kam zu militärischen Auseinandersetzungen, vor allem aber zur Blockade des Suez-Kanals. Die USA griffen ein, die Blockade wurde beendet und die Briten mussten die Verstaatlichung der Gesellschaft des Suez-Kanals akzeptieren. Anstelle der vorher britischen Firma und ihres europäischen Personals traten nun Ägypter, die die wirtschaftliche Bedeutung des Kanals endlich für ihr Land nutzen konnten. Die Suezkrise führte zu einer Benzinpreisexplosion und Verknappung in Europa. Für Großbritannien war sie ein besonders großer Schock, weil die weltweite Bedeutung des Pfund-Sterling als einer international bedeutsamen Leitwährung beendet wurde. In dieser Krise bekam der Ingenieur Alex Issigonis den Auftrag, einen sparsamen Kleinwagen zu bauen. Das Ergebnis war der am 26. August 1959 vorgestellte Austin Mini, der Automobilgeschichte schreiben sollte.[64]

Der Druck der Handelsbilanz und die höheren europäischen Energiepreise

Im Unterschied zu den USA verfügte Europa über kein eigenes Öl, es war auf Importe angewiesen. Diese Importe waren seit der Suezkrise in US-Dollar zu bezahlen und mit Blick auf den Bedeutungsverlust der Steinkohle wurde in Verbindung mit der Massenmotorisierung und dem Energiebedarf der Industrie die Erdölrechnung immer höher. Für Frankreich und die südeuropäischen Länder, die im Unterschied zur Bonner Republik relativ wenig in die USA exportierten, bildete dies ein generelles wirtschaftliches Problem. Ihre Außenhandelsbilanz bewegte sich chronisch im Defizit. Daraus zog vor allem Frankreich politische Konsequenzen. Die Franzosen wählten den Weg der höchsten Benzinbesteuerung Europas, forcierten kurz ihre Kohleproduktion, um dann konsequent auf die Atomenergie zu setzen. Die Ölkrise 1974 bestärkte sie in dieser Strategie und in der Entscheidung, die Kohle rascher als die Bundesrepublik aufzugeben. Auch ganz Südeuropa setzte auf hohe Energiesteuern und besteuerte hubraumstärkere Autos deutlich stärker. In Italien betraf dies schon PKW mit mehr als 2.000 Kubikzentimeter Hubraum, in Frankreich erst ab 2.500 Kubikzentimeter.[65]

Die Schweiz, Skandinavien, Benelux und die Bundesrepublik gingen diesen Weg nicht. Ihre Exportstärke befreite sie vom Druck, die Ölimporte so gering wie möglich zu halten. Die deutsche und schwedische Automobilindustrie exportierte recht erfolgreich Autos in die USA, die für europäische Maßstäbe groß, für amerikanische Maßstäbe eher klein, dafür aber technisch und qualitativ hochwertig waren. Eine Sonderstellung hatte der VW Käfer, technisch simpel, aber solide und qualitativ hochwertig, der in den USA sozusagen als Anti-Auto zum US-Straßenkreuzer vermarktet wurde. Das witzige Gegenmodell zum Auto als Wegwerf-Konsumartikel.[66]

Das europäische Auto steht in gewissem Maße aber auch im Kontext seiner gewachsenen Kultur, unserer Landschaft und unserer Städte. Denken wir an unsere mittelalterlichen Städte, an die engen Gassen unserer Metropolen wie etwa Rom. Straßenkreuzer passten nicht zu unserer Kultur, wohl aber ein Fiat 500, Renault 4 oder ein 2 CV oder ein Austin Mini.

Benzinpreise 1960, Steueranteil in Prozent[67]

Frankreich:	74,2 %
Großbritannien:	59,4 %
Österreich:	56,9 %
BRD:	52,4 %
Belgien:	52,0 %
Schweiz:	50,0 %

So erfolgreicher der Käfer in den USA verkauft werden konnte, so antiquierter nahmen ihn die europäischen Märkte wahr. Schärfere amerikanische Sicherheitsnormen verlangten umfangreiche Änderungen. Der Tank befand sich direkt im vorderen Aufprallbereich. VW musste zur Erfüllung von US-Normen eine neue aufwändige Vorderachskonstruktion samt Vorderbau entwickeln. In Europa war vor allem der Benzinverbrauch des Käfers nicht mehr zeitgemäß. Mit zehn bis zwölf Litern, die ein VW Käfer mit 1300 und 1500 Kubikzentimetern schnell verbrauchte, konnte man auch einen ausgewachsenen Mittelklassewagen mit zwei Liter Hubraum bewegen.

Entwicklung PKW-Bestand/Kraftstoffverbrauch BRD:

Jahr	PKW-Bestand in Millionen	Verbrauch in Mrd. Liter[68]
1957	2,8	4,6
1961	5,8	3,1
1965	9,7	13,7
1969	13,2	18,7
1973	17,0	24,1
1977	20,0	29,0

Entwicklung der Kraftstoffpreise, Angaben in Euro[69]

Jahr	Benzin	Diesel
1950	0,324	0,173
1960	0,342	0,276
1965	0,329	0,268
1970	0,325	0,292
1974	0,462	0,447
1979	0,523	0,517
1980	0,612	0,598
1985	0,729	0,686

In allerletzter Minute fand VW den Weg zum europäischen Automobil. Wertvolle Vorarbeit hatte Audi mit dem 1972 präsentierten Audi 80 geleistet. Mit dem 1973 vorgestellten auf dem Audi 80 basierenden Passat folgten ab 1974 mit Golf, Polo und Scirocco Modelle, die das europäische Konzept erfolgreich umsetzten und Volkswagen aus der Käfer-Krise herausfuhren. Mit der «Golf-Klasse» setzte der Wolfsburger Konzern einen bis heute wirksamen Meilenstein.

«Jetzt wird es Zeit für den Golf». *Der Werbespruch spielt auf das Regenwetter an. Der Slogan kann aber auch umgedeutet werden, der Golf rettete VW in letzter Minute, zit. Werbung 1978.*

Werbung für den Polo *Mitte der 1970er Jahre. Polo, Golf, Passat und Scirocco. Zu ihren Stärken zählte von Anfang an ihre Wirtschaftlichkeit. Der Diesel blieb zunächst Golf und Passat vorbehalten, zit. Werbung 1976.*

***Große Autos wie die S-Klasse von Mercedes** verkauften sich trotz Ölkrise in Deutschland sehr gut. Dagegen reduzierte sich vor allem der Marktanteil der Mittelklasse im Bereich von 1,8 bis 2 Liter ab 1979., zit. Werbung.*

In den folgenden Jahren übernahm Volkswagen eine Führungsrolle in der weiteren Perfektionierung des überlegenen europäischen Konzeptes. Damit verbunden waren Antworten auf die weiter steigenden Ölpreise, die VW gerade noch rechtzeitig in der Energiekrise geben konnte und die in der Stimmung eines gefühlten Niedergangs die Autobranche in die Trendwende und aus der Krise führten.

Zeitenwende mit der Ölkrise und Carters automobile Kulturrevolution

Amerikanische Autos symbolisierten in den ersten Nachkriegsjahren die Welt der Sieger, den Traum vom «American Way of Life». Neben den in der Bundesrepublik stationierten Soldaten fuhren die Ikonen des Rock `n' Roll und des Pop die Ami-Schlitten. Wagen von sechs Metern Länge, viel Chrom, 300 PS und mehr sowie einem Verbrauch von 25 bis 30 Litern auf 100 Kilometer. Vor allem entlang der Achse von Frankfurt beziehungsweise Rhein-Main über Würzburg und München waren sie im Verkehr präsent, dem Kern der früheren amerikanischen Besatzungszone mit zahlreichen US-Kasernen. Bereits im Lauf der 1960er Jahre verloren diese Autos für viele von ihrem Glanz, sie waren wahre Blechburgen und wirkten wie aus einer anderen Welt. Mit der Explosion des Ölpreises 1973 und dem ersten autofreien Sonntag am 25. November 1973 begann das langsame Ende der Ami-Schlitten. Auch hier stationierte US-Soldaten bevorzugten jetzt deutsche, schwedische und englische Fahrzeuge, wenn sie es sich leisten konnten[71]

***«Der Freche hat den heißen Schub».** Der 1972 vorgestellte Renault 5, der eher mit dem VW Polo als mit dem Golf vergleichbar war, wurde zu einem großen Verkaufserfolg für Renault in Europa. In Frankreich konnte Renault dank des hohen Absatzes vom Renault 5 auf dem Höhepunkt der zweiten Ölkrise (1979-1981) einen Marktanteil von über 40 Prozent erzielen. Dazu trug eine Variante mit fünf Türen wesentlich bei. Wie VW beim Golf bot Renault vom Renault 5 eine Vielzahl von Varianten an, darunter mehrere Benzinmotoren, eine Automatikversion, aber auch eine sportliche Variante wie den Renault 5 Alpine als Konkurrenz zum Golf GTI. Insbesondere zwischen 1980 und 1983 erreichte Renault eine Jahresproduktion von 500.000 und 660.000 Renault 5. So wie der Golf war der Renault 5 der Gewinner der Ölkrise, zit. Werbung 1980.[70]*

Autofreier Sonntag, der 25. November 1973 *in Saarbrücken.* | Fotograf: Reiner Oettinger, Stadtarchiv Saarbrücken, NL Reiner Oettinger.

Amerikanische Autos beeindruckten durch ihre Größe und Hubraumstärke. *Früh verfügten sie über Servolenkung, Klimaanlage und Automatik. Ab den 1960er Jahren erfüllten sie aber die europäischen Erwartungen an Fahrsicherheit und Federungskomfort immer weniger.*
| Fotograf: Max Richard Platte, Stadtarchiv Saarbrücken, NL K. A. Schleiden.

Schon vor der Ölkrise *bewarb Citroën den niedrigen Verbrauch des 2 CV, Anzeige 1972.*

Der Verbrauch spielte nach der Ölkrise für viele Fahrzeughalter eine wichtige Rolle. *Und so warb Volkswagen 1977 für seine Palette mit dem Spruch «Die Zukunft gehört den wirtschaftlichen Autos». Reparaturfreundlichkeit und günstige Ersatzteilpreise gehörten zu den Stärken von Volkswagen gerade im Vergleich zur französischen Konkurrenz, zit. Werbung 1977.*

Carter und die verordnete automobile Kulturrevolution

Nach seiner Wahl zum US-Präsidenten verordnete Jimmy Carter mit dem Energy Policy and Conservation Act vom 22. Dezember 1975 einen Systemwechsel. Das bedeutete zunächst einmal scheinbar das «Todesurteil» der Straßenkreuzer und Spritschlucker und den Bau leichterer, kleinerer und sparsamerer Automobile. Benzin blieb aber in den USA deutlich günstiger als in Europa. Der im Frühjahr 1979 vorgestellte Chevrolet Citation war der erste Vertreter dieser neuen Fahrzeuggeneration, der sogenannten X-Cars. Das 4,48 Meter lange Auto war für amerikanische Maßstäbe klein, verfügte über ein modernes Fahrwerk und verkaufte sich trotz seines eher hohen Preises anfangs recht gut in den USA. Extrem viele Rückrufe sorgten jedoch für Ärger und drückten die Verkaufszahlen drastisch. Der relativ kleine Citation konnte trotzdem 17 Liter auf 100 Kilometer schlucken.[72]

Für das amerikanische Geschäftsmodell war dies ein schwerer Schlag, da mit großen Autos viel einfacher Geld zu verdienen war. Die großen Wagen drückten die Firmen in hohen Stückzahlen in den Markt. Mit Kleinwagen verdiente man weniger Geld und der Erfolg des Käfers rührte die US-Autogiganten überhaupt nicht, entfielen doch gut 90 Prozent der Zulassungen auf sie. Carter verordnete nun eine automobile Kulturrevolution. Die Amerikaner reagierten auf die Krise, die US-Marken verbuchten 1974 ein Minus von 20 Prozent, der Gesamtmarkt schrumpfte nur um neun Prozent. Vor allem die französische und italienische Automobilindustrie befürchtete steigende Absatzchancen für die amerikanische Konkurrenz in Europa. Sie erwartete US-Autos, die zu Europa passten und preislich attraktiv waren.[73]

Die USA konnten ihren Ölbedarf bei weitem nicht mehr selbst decken, auch sie waren wie die Länder Europas auf Importe angewiesen. Flottenverbräuche wurden nun gesetzlich vorgeschrieben, sie zwangen die Hersteller zum Umdenken.

Bis 1985 sollte der durchschnittliche Verbrauch auf 8,7 Liter sinken. Die US-Hersteller mussten dem europäischen Automobilbau folgen. Das bedeutete Vorderradantrieb, kompaktere Bauweise und für kurze Zeit ein Hype um Diesel-PKW in den USA.[74]

Im Zeichen eines schwachen Dollar-Kurses und einer sich ab 1975 erholenden Autokonjunktur in Europa fanden dagegen die klassischen großen US-Cars bis zum Beginn der zweiten Ölkrise gerade in der Bundesrepublik einen wachsenden Absatz.

Für Amerikaner klein, für Europäer Mittelklasse, *der 1979 vorgestellte Chevrolet Citation.* | Prospekt Chevrolet Citation.

Werbung für US-Autos in den späten 1970er Jahren. *Der in den 1970er Jahren niedrige Dollar-Kurs verbesserte den Absatz von US-Autos auch in der Bundesrepublik, zit. Werbung.*

Dazu zählte etwa der Pontiac Firebird – ein Auto, das auch durch die in der ARD ab 1976 gezeigte US-TV-Serie «Detektiv Rockford – Anruf genügt» eine gewisse Popularität gewann.

Neuzulassungen von US-Cars in der BRD/Wechselkurs 1 DM: 1 US-Dollar:[75]

1975	1.974	2,46 DM
1976	2.240	2,51 DM
1977	3.602	2,32 DM
1978	8.646	2,40 DM
1979	15.037	1,71 DM

Die Spritschlucker aus USA *sprachen eine kleine, aber treue Gruppe deutscher Käufer an, die von den hubraumstarken Amerikanern begeistert waren, zit. Werbung 1979.*

In den USA versuchten die Autoverkäufer zunächst ihre Kunden vom Kauf eines 6-Zylinders zu überzeugen und auf V8-Motoren zu verzichten. Die X-Cars verfügten über 2,5 Liter Vierzylinder und 2,8 Liter V 6-Motoren. Angesichts der enormen Investitionen der US-Hersteller waren diese kompakten Wagen deutlich teurer als die alten Straßenkreuzer. Diese Entwicklung in der Ära Carter führte dazu, dass Ford Europa einige modifizierte Europa-Modelle in die USA und nach Kanada exportierte. Und so wurde auch in Saarlouis der «Federal Fiesta» von März 1977 bis zum 10. Oktober 1980 produziert, der mit Katalysator, dicken Stoßstangen und mit einem 1,6 Liter-Motor in die USA verkauft wurde. Carters radikaler Weg wurde dann aber von US-Präsident Ronald Reagan ab 1981 revidiert. Gleichwohl wurde der Straßenkreuzer zum Randmodell.[76]

Der nachhaltige Trend zum europäischen Kompaktwagen wurde aber in den USA nicht vollzogen. Zu den überlebenden Straßenkreuzern zählte etwa der seit 1976 gebaute Chevrolet Caprice Classic der dritten Generation, der entgegen amerikanischer Autokultur ohne große Änderungen bis 1990 gebaut wurde. Der 1,8 Tonnen schwere Caprice verbrauchte im Test von Auto, Motor und Sport im Jahr 1984 über 20 Liter auf 100 Kilometer, bei sparsamer Fahrweise waren Verbrauchswerte von etwas über 15 Liter möglich. Ein Lincoln Continental Mark V verbrauchte im Test 1979 sogar 33,3 Liter mit seinem 7,5 Liter V8-Motor und 208 PS. Minimum waren 20 Liter auf 100 km. Der Reiz solcher Autos lag im Drehmoment der robusten Achtzylinder. So ein Caprice mit 5-Liter V 8 kostete mehr als zwei Mercedes 200, die deutschen Autotester meinten «von einem Federungskomfort im eigentlichen Sinne» könne nicht gesprochen werden.[77]

Die Ölkrise *machte Kleinwagen für kurze Zeit auch in den USA populär. So wurde der Renault 5 dort als «Le Car» angeboten.*

Der Diesel als Antwort Europas auf die Ölkrise

Die große Antwort auf die Ölkrise in Europa war der Diesel. Bis zur Ölkrise bekleidete dieser im PKW-Bau eine Randposition. Er war laut und langsam, Spötter sprachen von der «Wanderdüne».

Erfinder des Diesels war der gleichnamige in Paris geborene deutsche Konstrukteur Rudolf Diesel (1858-1913), Ingenieur in Berlin, der sich am 28. Februar 1893 seine Erfindung «Arbeitsverfahren und Ausführungsart für Verbrennungskraftmaschinen» patentieren ließ. Der erste betriebsfähige Dieselmotor wurde von MAN (Maschinenfabrik Augsburg-Nürnberg) 1897 vorgestellt. Weltweit fand der Diesel zunächst nur als stationäres Aggregat in der Industrie Anwendung, dann erstmals 1904 in einem Schiff, schließlich in Lokomotiven und erst im Lauf der 1920er Jahre in Nutzfahrzeugen.[78]

An seiner Weiterentwicklung und Eignung im Automobilbau haben zahlreiche deutsche Motorenwerke Verdienste, vor allem aber der in Beirut geborene deutsche Ingenieur Prosper L'Orange (1876-1939) als Erfinder des Vorkammer-Verfahrens. Dieses Verfahren wurde von Benz ab 1923 genutzt.[79]

Im Lauf der Jahre entwickelte Daimler-Benz (1926 aus der Fusion von Benz und Daimler entstanden) das Vorkammer-Verfahren weiter. Insbesondere im Einsatz von Lastwagen und Omnibussen machte der Diesel ab Ende der 1920er Jahre Karriere.

Die Probleme, die dem Einsatz des Diesels im Fahrzeugbau entgegenstanden, waren seine enorme Rußentwicklung, hoher Lärm und massive Vibrationen. Damals war nicht absehbar, dass der Diesel bis zum Ende des 20. Jahrhunderts eine große Erfolgsgeschichte werden sollte.

Der Dieselmotor im Mercedes 260 D.
| Foto: Mercedes-Benz-Archive, U75527.

Nach 1945 waren Daimler-Benz und Peugeot die einzigen Hersteller, die in Serie Diesel-PKW anboten und dabei vor allem das Taxi-Gewerbe bedienten. 1936 war der Mercedes 260 D mit 45 PS als erster serienmäßiger Diesel-PKW der Welt vorgestellt worden. Er verbrauchte 30 Prozent weniger als ein Benziner. Die starke Stellung von Daimler-Benz im Nutzfahrzeugbau, heute weltweit der größte Hersteller in diesem Bereich, erklärt die Ambitionen des Unternehmens, den Diesel auch im PKW-Bau zu befördern. Peugeot allerdings hatte die ersten Diesel-Versuche im PKW schon 1922 mit einem Zweitakt-Diesel mit 15 PS durchgeführt, 1959 wurde dann der Peugeot 403 Diesel vorgestellt und Peugeot bediente nun das französische Taxi-Gewerbe.[80]

Eine über die gesamte Diesel-Geschichte herausragende Rolle spielt der Zulieferer BOSCH, der ab 1927 Dieseleinspritzpumpen und Regeltechnik verkaufte und eng mit Daimler-Benz zusammenarbeitete.[81]

Diesel-PKW waren bis 1973 eine Domäne von Daimler-Benz. In vielen Ländern der Welt nutzte das Taxi-Gewerbe die robusten und zuverlässigen Mercedes-Diesel. Gerade in den romanischen Ländern schätzte man wegen der niedrigeren Dieselpreise und der grundsätzlich hohen Kraftstoffbesteuerung den Diesel im Mercedes. 70 Prozent der 1970 zugelassenen Taxis in der Bundesrepublik trugen den Stern. Sie verbrauchten zwischen 7,5 und 10 Liter Diesel auf 100 Kilometer. In den USA fuhren die Checker-Taxis, Limousinen mit V 8-Benziner und 5,7 Liter Hubraum. Sie verbrauchten 20 Liter und mehr auf 100 Kilometern. Im Lauf der Jahre hatte Mercedes dem Diesel «Manieren» beigebracht. Leute, die nach dem Statussymbol Mercedes strebten, stemmten die Investition in der Erwartung der geringen Unterhaltskosten eines Diesels. Der Mehrpreis des Mercedes-Diesels, der als «Sparbüchse des Besitzbürgers» galt, zum Mercedes-Benziner lag weit unter zehn Prozent. Ganz anders bei Peugeot, hier war der Aufpreis deutlich höher.[82]

In Frankreich kostete Diesel 1970 fast 30 Prozent weniger als Normalbenzin. Peugeot arbeitete bei der Diesel-Technik eng mit BOSCH zusammen, so beim 404 Diesel, der ab 1964 mit einer BOSCH-Verteiler-Einspritzpumpe ausgerüstet wurde, damals ein Novum.[83]

Diesel nahmen dennoch eine Randposition im PKW-Geschäft ein, Daimler-Benz verdiente jedoch gutes Geld, ebenso BOSCH, jedoch waren Diesel langsam, viele hielten sie für ein Verkehrshindernis und sprachen von der «Wanderdüne». Sie rußten und in den kalten Regionen Skandinaviens war ihre Alltagstauglichkeit eingeschränkt. Sie galten aber als «unzerstörbar».[84]

Im Jahr 1972 warb Mercedes-Benz mit der Langlebigkeit des Dieselmotors. Beweis dafür war ein Mercedes 190 Diesel eines St. Ingberter Taxi-Unternehmers, der vor allem auf saarländischen Straßen über eine Million Kilometer zurückgelegt hatte.[85] Die Wirtschaftlichkeit war das Hauptargument für den Diesel.

Werbung von Mercedes-Benz für die Zuverlässigkeit seiner Diesel-Autos. *Der Diesel aus St. Ingbert war über 1 Million Kilometer gelaufen, Saarbrücker Zeitung, 3.7.1972.*

1974 präsentierte Daimler-Benz den 240 D 3.0. Sein Fünfzylinder-Diesel bot Fahrleistungen eines Benziners und ein sonores kultiviertes Motorengeräusch, wie man es bis dato von einem Dieselmotor nicht gewohnt war.[87]

Imagewandel des Diesels in Europa

In Europa sollten 1984 1,5 Millionen Diesel-PKW gebaut werden, dagegen in Japan nur 250.000 und in den USA weniger als 100.000.[88] BOSCH war der große Anbieter von Verteiler-Einspritzpumpen und fertigte 1985 1,78 Millionen Pumpen. Vom Aufstieg des Diesels profitierte auch das BOSCH-Werk in Homburg/Saar, weitere Fertigungsorte lagen in Brasilien und bei BOSCH-Töchtern in Japan[89].

Das Taxi der Mercedes-Werbung *war, wie dieses Bild zeigt, ursprünglich schwarz. Schwarz war seit 1937 die einheitliche Taxi-Farbe. Ab 1970 wurde Hellelfenbein (RAL-Farbton 1015) als neue Taxifarbe zugelassen. Sie heizte sich bei Sonne nicht so rasch auf und war besser zu sehen. 1975 wurde RAL 1015 dann verbindlich und schwarze Taxis wurden bis 1980 geduldet.*[86]
| Fotograf: Erich Isenhuth, Stadtarchiv St. Ingbert, Nachlass E. Isenhuth.

Mercedes-Benz bot 1974 eine breite Palette an Diesel-Modellen*. Vom 200 D mit 55 PS bis zum 240 D 3.0. mit 80 PS.*
| Foto: Mercedes-Archive, 999DIG605.

Wie kam es zu diesem Siegeszug des Diesels in Europa? Der Diesel-PKW veränderte sein Image vom langweiligen, langsamen, aber sparsamen Gefährt zum agilen Sparer mit Fahrfreude. Für dieses neue Image waren vor allem der Golf-Diesel und die von ihm ausgehenden Veränderungen maßgeblich.

Mit dem Golf und den übrigen neuen Modellen setzte der Wolfsburger Konzern zunächst einmal als Nachzügler das europäische Konzept um und setzte sich an die Spitze seiner Weiterentwicklung. Der Erfolg des Golfes zog zugleich die gesamte Branche aus der gefühlten automobilen Krisenstimmung. Sein Erfolg erwies sich als so nachhaltig, dass Ende des 20. Jahrhunderts das Wort von der Generation Golf die Runde machte.[90]

Zur Stärke des Golf-Konzeptes von 1974 gehörte die konsequente Gewichtsreduktion ohne Nachteile in der passiven Sicherheit. Dieser Leichtbau senkte den Benzinverbrauch. Bei der Umsetzung des Konzeptes Vorderradantrieb und Quermotor setzte VW gerade im Vergleich zu den Franzosen Maßstäbe bei der Zugänglichkeit der Aggregate und ihrer Wartungsfreundlichkeit. Die eigentliche große Innovation war aber in der Rolle von Volkswagen zu sehen, auf die Ölkrise mit dem Diesel zu antworten.

Unmittelbar mit der ersten Ölkrise erlebte die westliche Welt einen Schock und die Autokonjunktur rutschte in eine Rezession. Für VW war besonders bedrohlich, dass der Käfer in den USA nicht mehr zog und dort die Japaner immer mehr Kunden gewannen. 1972 kostete der Liter Super in der Bundesrepublik noch 69 Pfennig, sechs Pfennig mehr als 1970, 1974 bereits

90 Pfennige. Im Zuge der zweiten Ölkrise 1979/80 wurde die psychologische Grenze von einer DM durchbrochen. Die Preise schossen weiter in die Höhe, 1981 kostete der Liter Super bereits 1,42 DM.[91]

Die Verbraucher fürchteten vor allem 1973/74 Versorgungsengpässe. Daimler-Benz erlebte gerade wegen seines umfangreichen Diesel-Programms mit den Modellen 200 D, 220 D, 240 D und 240 D 3.0 diesen Einbruch so nicht. Die Diesel-Modelle mit dem Stern erfreuten sich reger Nachfrage und die Preise für gebrauchte Mercedes-Diesel-PKW schossen in die Höhe.[92] Die Wagen standen nicht nur für Zuverlässigkeit und Robustheit, der Diesel-Run war auch von der Vorstellung geprägt, diese Autos mit Heizöl und generell minderwertigeren Kraftstoffen fahren zu können und damit mobil zu bleiben. Der Diesel machte Mercedes zu einem Gewinner der Ölkrise, zumal die OPEC-Länder selbst in großen Mengen Mercedes-LKW und die großen Limousinen kauften.

Der Meilenstein Golf macht den Diesel populär – Abschied von einem Vorurteil

Auslöser für die Entwicklung des VW Golf Diesels waren die geplanten schärferen US-Abgasvorschriften. VW überlegte seinerzeit sogar eine Zusammenarbeit mit dem Dampfmaschinenhersteller Lear. Dann kam die Diesel-Idee, ursprünglich sollte der Golf-Diesel zunächst nur für den brasilianischen Markt gebaut werden. Mit der Ölkrise kam dann alles anders, so der Entwickler des Golf-Diesel Prof. Peter Hofbauer.[93] Innerhalb des Konzerns war Prof. Ernst Fiala der Treiber des Projekts.[94]

Der Golf setzte der Ölkrise und den düsteren Prognosen des Club of Rome das Vernunftauto entgegen. Von 1974 an stiegen die Golf-Zulassungen in der Bundesrepublik von 71.400 auf über 200.000 im Jahr 1976.[95] Rational, sparsam und doch mit Emotionen verbunden – vor allem in der sportlichen GTI-Version mit 110 PS. Der Golf vereinigte Fahrfreude mit Vernunft. Der erste Golf bildete damit eine Imagegrundlage, die bis heute seine Stärke ausmacht und sein Name dient bis heute zur allgemeinen Bezeichnung eines Fahrzeugsegments.[96]

Für den Diesel-PKW übernahm VW 1976 die Rolle des Protagonisten. Der deutsche Diesel-Marktanteil stieg von 4,7 Prozent im Jahr 1977 auf 7,5 Prozent im Jahr 1979.[97]

VW hatte mit dem Golf-Diesel einen Diesel-Boom ausgelöst, zwischen Oktober 1976 und Mitte 1978 kamen zehn neue Diesel-Modelle auf den Markt. Gebrauchte Diesel insbesondere von Mercedes waren extrem gefragt, Jahreswagen mit 20.000 Kilometer konnten mit Wertsteigerung verkauft werden. Auf einen Diesel-Golf musste man zwölf Monate warten, im Herbst 1976 war die gesamte Jahresproduktion für 1977 ausverkauft. Neben VW, Mercedes und Opel boten Peugeot und Citroën Diesel an.[98]

Bis Anfang der 1980er Jahre führten dann fast alle europäischen Anbieter Dieselmodelle ein, nicht nur in der Mittelklasse, sondern auch in Klein- und Kompaktwagen. Trendsetter war der Golf-Diesel. Er veränderte das Negativimage des Diesels als «Wanderdüne» und als ein laut nagelndes Verkehrshindernis maßgeblich hin zu einem neuen Diesel-Bild. Dies erzählte die VW-Werbung mit: «Leise ist der Diesel, sparsam und schnell». Beispiel dafür war auch der Mercedes 240 D 3.0 mit einem Fünfzylinder-Diesel mit 80 PS und 3 Liter Hubraum. Auch in Deutschland schimpften Autofahrer, wenn vor ihnen ein langsamer und rußender Diesel fuhr. Allein deshalb galten Diesel als schmutzig. Mit Erfolg argumentierte Daimler-Benz in der Werbung dagegen: «Mercedes-Diesel sind zukunftssicher. Sie erfüllen schon heute die strengen Auflagen, die in den USA, dem Land mit den strengsten Abgasvorschriften der Welt, für die Zukunft geplant sind».[99]

Das kam an, war doch die kurz zuvor in Kraft getretene Verminderung des Bleigehaltes im deutschen Benzin 1972 auf 0,40 g Pb/l (Blei pro Liter Luft) zu spüren, viele Benziner älterer Bauart machten deshalb Probleme. Ab 1976 wurde der Bleigehalt weiter drastisch auf 0,15 g Pb/l gesenkt.[100] In der Praxis lag der Bleigehalt aber höher, über den Bleipfennig konnte die Branche Benzin mit höheren Bleianteil verkaufen.[101]

Europa war noch nicht den Weg zum bleifreien Benzin gegangen, das in den USA schon verfügbar war. In Schweden gab es deshalb 1979 Demonstrationen von Umweltschützern, die mit Verweis auf die USA bleifreies Benzin forderten.[102]

Und gerade die Tatsache, dass der Diesel bleifrei ist, sollte in den folgenden Jahren seinen Siegeszug weiter fördern.

Dieselmotoren waren bisher schwerer als Ottomotoren. Deshalb beeinträchtigten sie das Fahrverhalten gerade bei kleineren Fahrzeugen und boten wegen des höheren Gewichtes unzureichende Fahrleistungen. VW gelang es, einen leichten und schnell laufenden Dieselmotor auf Basis des Golf-Benziners zu konstruieren, der fast genauso leicht war wie der Ottomotor des Golfs. Im Vergleich zu anderen Dieselmotoren lief er etwas vibrationsärmer und das trotz quer eingebautem Motor. Damit bot der Golf ein gelungenes Beispiel für Diesel-Autos in der Klein- und Kompaktwagenklasse.

***Der Golf** – Aufbruch von Volkswagen in eine neue Zeit. Ein Bestseller, der sogar den Käfer überholte, zit. Werbung 1975, 1977.*

***Simca-Werbung 1977,** mit dem Slogan «Das Vorbild» wird die Botschaft transportiert, dass der hier abgebildete Simca 1100 bei seiner Vorstellung 1967 das Konzept des Golfs bereits Jahre vorher umgesetzt habe und Vorbild für VW gewesen sei, zit. Werbung.*

Mit ihm vollzog sich ein Entwicklungssprung, Dieselmotoren nicht nur in großen schweren Limousinen einzusetzen. Dazu konnte der 1,5 Liter-Dieselmotor des Golfs auf der gleichen Montagelinie wie der Benziner gefertigt werden, er unterschied sich im Wesentlichen nur durch die Zündung, den Zylinderkopf und die Einspritzpumpe vom Ottomotor.[103]

Während VW beim Golf Vorreiter der Diesel-Technologie war*, folgte Ford beim Konkurrenzmodell Escort erst acht Jahre später. Am 10. Februar 1984 lief in Saarlouis der erste Escort mit Dieselmotor vom Band.*

| Fotograf: Ludwig Seibert, Ford-Werke, Stadtarchiv Saarbrücken, Dep. SZ LB 204/36.

Der Golf blieb lange Zeit ohne Konkurrenz. *Renault konterte 1976 mit dem R 14 und scheiterte. Erst mit dem 1988 vorgestellten Renault 19 gelang es Renault ein erfolgreiches Konkurrenzmodell zu platzieren. Diese Position konnte Renault mit dem Mégane nachhaltig sichern. Fiat gelang es für kurze Zeit mit dem 1978 vorgestellten Ritmo dem VW Golf Konkurrenz zu machen. Nach drei Jahren feierte Fiat den Millionsten Ritmo, zit. Werbung.*

Mit dem Golf-Diesel wurde der Diesel zur Antwort der europäischen Automobilindustrie auf die Ölkrise. Und VW verkaufte diese neue Diesel-Welt ganz geschickt mit einem «Spaß an der Sparsamkeit». [104]

Schluckte der Super Käfer 1302 im Jahr 1972 locker zwischen 10 bis 15 Liter Super auf 100 Kilometern, kam 1976 ein Golf-Diesel auf 100 Kilometer mit fünf bis sechs Litern aus – das bedeutet binnen vier Jahren einen Unterschied von über 60 Prozent. Unter günstigen Bedingungen konnten es noch weniger sein. Auch im Passat bot VW den Diesel an, als Kombi beziehungsweise Variant verbrauchte er 1980 in einem Dauertest der Autozeitschrift MOT 4,6 Liter Diesel auf 100 Kilometer im Landstraßenverkehr.[105]

Noch schneller mit dem sparsamen Turbo-Diesel

Zur Weiterentwicklung des Diesel-Motors gehörte ab den 1980er Jahren der Einsatz von Turboladern. Im LKW-Bau hatte der Turbo die Diesel stark gemacht, Vorreiter war Volvo, die ab 1954 gebauten Turbo-Diesel erwiesen sich als alltagstauglich. Mercedes hatte einen Turbo-Diesel im Versuchswagen C 111 im Jahr 1978 eingebaut. PKW mit Turbo-Diesel amortisierten sich in den romanischen Ländern mit deutlich niedrigerem Dieselpreis schnell, in der Bundesrepublik aber erst nach 80.000 Kilometern.[106]

Peugeot hatte mit dem 604 Turbo-Diesel im Februar 1979 den ersten Serien-Diesel-Turbo-PKW in Europa vorgestellt. Besonders in den romanischen Ländern spielte der Diesel in der gehobenen Klasse eine bestimmende Rolle mit Verkaufsanteilen von nun 50 Prozent.[107]

Der Mehrpreis des Turbo-Diesels fiel drastisch aus, so auch beim 1980 vorgestellten Golf mit Turbo-Diesel-Motor. Die Entscheidung vieler Verbraucher für einen Turbo-Diesel-PKW war emotional begründet, denn für viele amortisierte sich der Diesel gar nicht. Sie glaubten aber mit dem Diesel in Zeiten der Endlichkeit von Ressourcen und möglicher Lieferboykotte das Richtige zu tun.[108]

Die französischen Hersteller entwickelten sich zu Vorreitern des Dieselmotors in der gehobenen Mittelklasse*. Diese Werbung für den Citroën CX 2500 Diesel aus dem Jahr 1978 bringt die neue Diesel-Identität auf den Punkt: «Abschied von einem Vorurteil. Citroën hat das Diesel-Auto befreit. Befreit von einem Vorurteil. Der Diesel sei laut, lahm, lastwagenverwandt (...)», zit. Werbung 1979.*

Zu den Hauptakteuren der französischen Hersteller als Förderer des Dieselmotors zählt insbesondere Peugeot*. Mit dem 604 Turbo Diesel bot Peugeot 1979 in Europa den ersten Serien-Turbo-Diesel an, zit. Werbung 1980.*

Auch konventionelle Diesel lohnten den Aufpreis häufig nicht. 1983 testete Auto, Motor und Sport den Fünfzylinder-Diesel im Audi 100. Er verbrauchte nur 0,6 Liter weniger als sein Pendant mit Benzinmotor (1,8 Liter/75 PS), kostete aber 5.000 DM mehr.[109]

Das Waldsterben Anfang der 1980er Jahre veranlasste die von Helmut Kohl geführte CDU/FDP-Koalition zur Einführung des Dreiwege-Katalysators. Um auf europäischer Ebene diese schadstoffsenkende Technologie verbindlich einzuführen, musste die Bundesregierung auf Druck von Frankreich und Italien im Gegenzug den Diesel-Motor als umweltfreundlich anerkennen. Peugeot, Citroën und Fiat hatten gerade eine Vielzahl neuer Dieselmotoren vorgestellt. Sie waren sehr sparsam, vergleichsweise leise und schnell – legendär etwa der locker fast 160 km/h schnelle Peugeot 205 Diesel. Die kritische deutsche Motorpresse lobte ihn über den grünen Klee: «Dieser Diesel ist zweifellos ein Juwel unter der nagelnden Zunft. Er läuft leise wie eine Nähmaschine und zieht aus dem Drehzahlkeller wie ein französischer Kampfstier».[110]

Mit dem 120 PS starken CX 2500 Turbo-Diesel 2 bewies Citroën auf eindrucksvolle Weise eine neue Dimension von Diesel-Fahrleistungen. Mit einer Höchstgeschwindigkeit von 193 km/h (Test Auto-Bild 15/1987) war er in der zweiten Hälfte der 1980er Jahre der schnellste Seriendiesel-PKW der Welt. Frankreichs Autoindustrie hatte eine Führungsrolle im Diesel-Segment eingenommen.

Vor allem auf dem bundesdeutschen Markt führte die Katalysator-Diskussion zu einem Auf und Ab im Dieselabsatz. So betrug der Dieselanteil bei den Neuzulassungen 1986 stolze 27,4 Prozent, im ersten Quartal 1988 waren es nur noch 13,4 Prozent. Da 1984 die Versorgung mit bleifreiem Benzin flächendeckend in der Bundesrepublik erst noch aufgebaut werden musste und in der EU schon gar nicht gegeben war, profitierte der Diesel zunächst kurzfristig in der Übergangsphase zum Dreiwege-Kat.[111]

Dieselmotoren waren in den 1980er Jahren sparsamer und schneller geworden. Die elektronische Steuerung trug dazu ebenso bei wie der Einsatz des bei Ottomotoren schon lange üblichen Querstromprinzips.[112]

Vollelektronische Dieselregelung macht den Diesel umweltfreundlicher

Die Zeiten des lahmen Diesels waren vorbei, vor allem sein Durchzugsvermögen beeindruckte. Marken, die für Sportlichkeit und Dynamik standen, wie Alfa Romeo und BMW wurden zu Diesel-Anbietern.

Mit dem 1983 vorgestellten BMW 524 td war auch der bayerische Hersteller mit dem früheren Werbeslogan «Freude am Fahren» zu einem Dieselanbieter geworden. Der 524 td war zeitweise der schnellste Turbodiesel-PKW der Welt.[113]

BMW war dabei der erste Hersteller, der die von BOSCH entwickelte vollelektronische Dieselregelung umsetzte. Im Vergleich zum Benziner war sie technisch viel aufwändiger und komplizierter. Sie bewirkte in Kombination mit einer Abgasrückführung und einer Leerlaufdrehzahlregulierung eine deutlich geringere Emissionslast. Der Diesel war im Normalbetrieb für die damaligen Maßstäbe vergleichsweise sauber, im Kaltlauf stieß er aber hohe Emissionen an unverbrannten Kohlenwasserstoffen aus und bei hohen Lasten zu viele Stickoxide.[114]

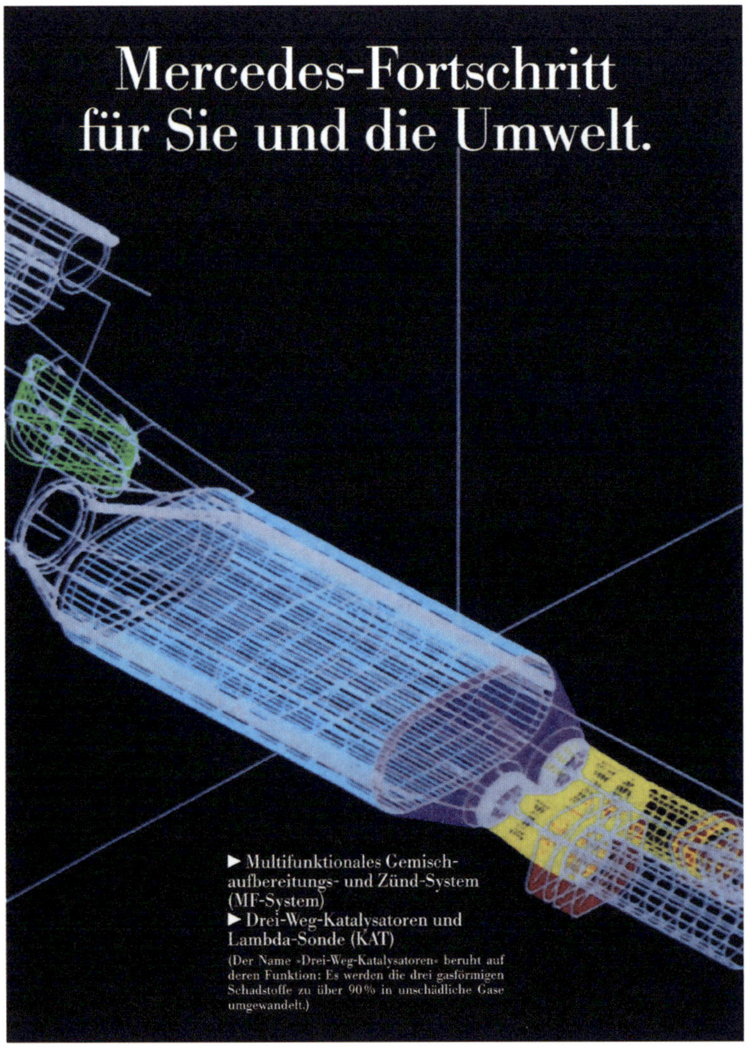

«Mercedes-Fortschritt für Sie und die Umwelt».
Werbung für das Katalysator-Auto, zit. Werbung 1985.

Neuzulassungsanteil Diesel PKW:[115]

1977	4,7 %
1978	6,1 %
1979	7,5%
1983	11,1%
1984	13,4 %
1985	22,3 %
Erstes Quartal 1986	29,9 %

Europa feiert eine neue Dieseltechnologie mit Saubermann-Image und sportlichen Fahrleistungen

In der zweiten Hälfte der 1990er Jahre erlebte der Diesel dann innerhalb weniger Jahre mehrere Innovationsschübe, die ihn noch leistungsstärker und umweltfreundlicher machten. Es kamen nun Dieselmotoren zum Einsatz, die in Analogie zur Entwicklung der Ottomotoren über Drei- und Vierventiltechnik verfügten, hier spielte der französische Hersteller PSA (Peugeot-Gruppe) eine führende Rolle sowie Daimler-Benz. Die Mehrventiltechnik senkte die Emissionen. Die Innovationen begannen mit Fiat. 1987 präsentierten die Italiener den Croma 1.9 Turbodiesel mit Direkteinspritzung, abgekürzt «i.d.», ausgerüstet mit einer mechanischen Verteilerpumpe von BOSCH. Die Direkteinspritzung beim Diesel sorgte für Power und wenig Verbrauch, war aber mit einer enorm starken Geräuschentwicklung verbunden. Audi gelang es dann 1989 im 100 TDI den Diesel-Direkteinspritzer komfortabel zu machen. Audi und Fiat waren als erste den Weg der Direkteinspritzung gegangen, Daimler-Benz und Peugeot hielten sich zurück und setzten auf Mehrventiltechnik.[116]

Entscheidend für die weitere Entwicklung des Diesels waren Hochdruck-Einspritzsysteme. Hier gab es verschiedene Technologien, neben Common-Rail etwa das System Pumpe-Düse, das VW und Audi einsetzten. Beide Systeme wurden von BOSCH entwickelt und produziert. Diese neue Technologie, meist unter der Bezeichnung TDI verkauft, bescherten Diesel-PKW Fahrleistungen eines Sportwagens und so niedrige Verbrauchswerte wie nie zuvor. Der Diesel fuhr sich nun agiler als ein Ottomotor beziehungsweise Benziner. So zog der Hochleistungsdiesel in die deutsche Premiumklasse ein wie in die 7er-Reihe von BMW und die S-Klasse von Mercedes, ebenso in den Audi A 8 und in den kurzfristig in der Gläsernen Manufaktur in Dresden gebauten VW Phaeton, den Premium-Wagen von Volkswagen. Die neue Diesel-Technologie brachte eine massive Verbrauchsreduzierung bei deutlich munteren Fahrleistungen und vor allem eine imposante Durchzugskraft aus unteren Drehzahlbereichen. Gerade das Segment der Luxuswagen erzielte nun Verbrauchswerte im Bereich von Kompaktwagen. Ihre Treibstoffkosten wurden in Kombination mit der Diesel-Technologie deutlich geringer und in der Logik der damaligen Zeit bedeutete weniger Verbrauch auch deutlich geringere Umweltbelastung. So stärkte die neue Diesel-Technologie insbesondere Deutschland als Hersteller von Premiummarken. In diese Zeit fallen aber auch die kompakten Drei-Liter-Autos wie der VW Lupo Diesel (1998-2005) und der Audi A 2 (1999-2005), auf sie wird im folgenden Kapitel eingegangen.[117]

1997: BOSCH-Werk in Homburg, *Bau von Dieselpumpen.*
| Foto: Fine Art, Stadtarchiv Saarbrücken, Dep. SZ LB, Nr. 160/47.

Dieselmotoren in der Luxusklasse. *Neue Maßstäbe bei Reichweite, Verbrauch und Fahrleistungen. Hier ein BMW 740 D der Reihe E 38. Den Auftakt bildete der BMW 725 Turbo-Diesel im Frühjahr 1996 mit 143 PS, knapp zwei Jahre später folgte die Common-Rail-Technologie.*
| Foto: BMW Group Archive, P 90128470.

Fiat, der Zulieferer Marinelli und die ETH Zürich zählten zu den Pionieren der neuen Diesel-Technologie. Der im Oktober 1997 vorgestellte Fiat Croma war einer der ersten Serien-PKW mit Common-Rail-Technik. In Italien war ebenso wie in Frankreich der Diesel gerade in der gehobenen Mittelklasse besonders begehrt, da der Preisabstand zum Liter Benzin deutlich höher als in Deutschland war. Der Diesel wurde mit einer Hochdruckpumpe ohne den Umweg einer Vor- oder Wirbelkammer direkt eingespritzt, gegenüber einem klassischen Turbo-Diesel liefen diese Motoren gut 20 Prozent sparsamer. Fiat arbeitete dabei auch eng mit BOSCH zusammen. Fiat hatte mit der Entwicklung 1988 begonnen und das Konsortium Elasis (= Fortschritt) gegründet. 1997 begann BOSCH die Common-Rail-Fertigung in Bamberg. Im Alfa Romeo 156 wurde 1997 erstmals die neue Common-Rail-Technik angeboten, Mercedes folgte mit dem C 220 CDI. Dann zogen weitere Kunden wie die Peugeot-Gruppe PSA, Audi und BMW nach. Die Anfänge der Common-Rail-Forschung bei BOSCH reichen bis ins Jahr 1975 zurück.[118]

Wie zu Beginn des Einsatzes der Diesel-Technologie kam die Innovation wiederum aus dem LKW-Bau. Dies galt neben Common-Rail auch für das Pumpe-Düse-Konzept, das von VW eingesetzt wurde. Anstelle der Druckleitungen arbeitete es mit eigenen Einspritzpumpen für jeden Zylinder, untergebracht in einem gemeinsamen Gehäuse. VW setzte dies im Passat 1998 erstmals um, Volvo hatte in seinem LKW FH 12 mit diesem System bereits 1993 gearbeitet. Im Jahr 2006 gab VW es wieder auf, da es deutlich teurer als die Common-Rail-Technologie war.

Die neue Diesel-Technologie bahnte auch dem SUV in Europa den Weg zum Erfolg, einer in den USA schon lange etablierten Fahrzeugklasse. Diese Mischung aus Stadt- und geländetauglichen Fahrzeugen konnte in Europa erst mit den modernen Dieseltriebwerken wirtschaftlich bewegt werden. Diese neuen extrem drehmomentstarken Triebwerke konnten mit einem manuellen Getriebe ihre Leistung meist nur unharmonisch auf die Straße bringen. Erst die neue Generation elektronisch gesteuerter Automatikgetriebe machte dies möglich. Ein Gewinner des Diesel-Booms war auch das Auto-Land Saarland. Das Getriebewerk ZF in Saarbrücken rüstete Millionen von Diesel-PKW mit der neuen Generation von Automatikgetrieben aus und das BOSCH-Werk in Homburg produzierte die modernen Injektoren der Einspritzanlage.[119]

BOSCH war auch jetzt wieder der Marktführer dieser modernen Diesel-Technologie, weltweit machte das Unternehmen im Bereich Diesel-Systeme im Jahr 2003 insgesamt sieben Milliarden Euro Umsatz. Neben BOSCH sind weitere Zulieferer zu nennen wie Denso und Delphi (früher Lucas). Das Know-how der neuen Technologie basierte auf Elektronik und einer extrem aufwändigen und genauen Oberflächenbearbeitung der Einspritzpumpen und Einspritzventile.[120]

Mit Blick auf das Ende der 1990er Jahre immer drängendere Problem der Erderwärmung wurde der Diesel vor allem in Frankreich, Italien und Spanien als umweltfreundlich wahrgenommen. In Deutschland und Nordeuropa gab es sowohl Diesel-Kritiker als auch Befürworter. Sein geringerer CO_2- Ausstoß dominierte die positive europäische Sichtweise – ganz im Unterschied zu den USA. Dort war der Diesel wegen seiner krebserregenden Rußpartikel bereits seit Jahren umstritten. Daimler-Benz hatte seit den 1980er Jahren größte Anstrengungen unternommen, diese Partikel herauszufiltern. So testete Mercedes bereits in der ersten Hälfte der 1980er Jahre im 300 Turbo-Diesel in den USA Partikelfilter und kam nur zu unbefriedigenden Ergebnissen. Das Diesel-Angebot in den USA wurde daraufhin zusammengestrichen bis auf den 190 D mit 2,5 Liter-Dieselmotor.[121]

Den Kampf gegen die Rußpartikel nahm Jahre später auch der französische Hersteller PSA auf. Ihm gelang es mit dem Partikelfilter die Achillesferse des Diesels zu heilen.[122]

Bereits 1999 forderten das Umweltbundesamt und der damalige Bundesumweltminister Jürgen Trittin (Die Grünen) die Autohersteller auf, diese bereits bei LKW-Diesel eingesetzte Technologie auch im PKW-Diesel zu verwenden.[123]

Der Diesel sollte grün werden, so wie die Partei des Ministers. Als weltweit erster Hersteller präsentierte die Peugeot-Gruppe im Jahr 2000 diese Innovation, die den Diesel nun zum «Saubermann» machte. So förderte der damalige Bundesumweltminister Jürgen Trittin im Jahr 2004 diese Technologie unter anderem mit Steuervergünstigungen und erklärte den Diesel mit Partikelfilter zum wirksamen Beitrag gegen den Klimawandel. Er lobte die Innovation des PSA-Konzerns, dem Hersteller mit dem höchsten Diesel-Produktionsanteil weltweit, und forderte die deutsche Automobilindustrie mehrfach auf, endlich nachzuziehen. Der saubere Diesel stand nun gegen den «Stinker-Benziner» mit Katalysator, der noch ein Jahrzehnt zuvor als Fortschritt gefeiert wurde. Die in Deutschland ansässige Firma Tenneco und der französische Zulieferer Faurecia, der sich mehrheitlich im Besitz des PSA-Konzerns befindet, produzierten die Filter. Die deutschen Hersteller wehrten sich vehement gegen den Partikelfilter, obwohl dessen

Der Millionste Peugeot-Diesel mit Partikelfilter. *Peugeot war zeitweise der erfolgreichste Dieselhersteller der Welt, der Rußpartikelfilter trug dazu wesentlich bei und sicherte zu Beginn des 21. Jahrhunderts dem Hersteller PSA ein Alleinstellungsmerkmal, das ihm von Politik, Öffentlichkeit und Verbrauchern in Europa höchste Wertschätzung einbrachte. Der hier abgebildete Peugeot 206 ist bis heute der meistverkaufte Peugeot in Deutschland.*
| Fotograf: Klaus Winkler, Peugeot-Deutschland.

Wirkung und Zuverlässigkeit vom ADAC und vom Umweltbundesamt in Tests des Rheinisch-Westfälischen TÜV nachgewiesen werden konnte. Der Druck der Politik bewirkte dann, dass die deutschen Hersteller nach fast fünf Jahren endlich bereit waren, den technischen Fortschritt der Partikelfilter umzusetzen.[124]

Die neue Diesel-Technologie hatte die Strukturen des Automarktes nachhaltig verändert, der Diesel-Anteil bewegte sich in Europa im Bereich von bis zu 50 Prozent. Mit dem Partikelfilter galt der Diesel als Saubermann. In den USA und in Asien sah die Welt dagegen ganz anders aus, dazu mehr im nächsten Kapitel.

Neben dem Diesel setzte Europa auch auf weitere Innovationen zur Verbrauchsreduktion – dazu zählte ein geringes Gewicht und die Senkung des Luftwiderstandes bzw. die Verbesserung der Aerodynamik.

Europa macht das Auto leichter und sparsamer

Im Jahr 1952 wog die Anzahl der verbauten Kunststoffteile eines Autos im Durchschnitt zwei Kilogramm, 1966 waren es schon 20 und 1979 bis zu 100 Kilogramm. Fortschritte in der chemischen Industrie eröffneten hier weitere Möglichkeiten. Auch damit gab Europa die Antworten auf die Bewältigung der Ölkrise, denn Kunststoffe bedeuteten weniger Gewicht.

Audi war bereits 1968 Vorreiter dieser Entwicklung mit dem damals vorgestellten ersten Audi 100. Er wog mit 1045 Kilogramm deutlich weniger als der im selben Jahr präsentierte 1230 Kilogramm schwere Peugeot 504. Zur Berechnung der Festigkeitswerte der Karosserie hatte Audi Computer einge-

***Der 1972 vorgestellte Audi 80** lieferte wichtige Grundlagen für die Modernisierung des VW-Programms. Dazu zählten sein konsequenter Leichtbau, Motoren und ein Lenkrollradius null, der zur hohen Fahrsicherheit und Handlichkeit beitrug.* | Foto: Audi Unternehmensarchiv Audi AG.

setzt und war Pionier in der Branche. Es folgte der nur 815 Kilogramm schwere Audi 80 im Jahr 1972.[125]

Durch die Übernahme von Audi durch Volkswagen setzten auch die Wolfsburger auf den sogenannten Leichtbau. US-Autos fuhren seinerzeit mit einem separaten Chassis und waren mit einer Länge von 5,5 bis 6 Metern mindestens 300 bis 500 Kilogramm schwerer als die gehobene europäische Mittelklasse. 1970 wogen US-Autos im Durchschnitt 1,8 Tonnen. Erst nach den Carter-Gesetzen vollzog die US-Autoindustrie den Übergang zur selbsttragenden Karosserie, den Europa bereits 40 Jahre früher gegangen war. Verbrauchswerte von 15 bis 25 Liter auf 100 Kilometer waren bei US-Autos die Regel, fast doppelt so viel wie die meisten europäischen Autos. Zur Gewichtseinsparung sank der Eisenanteil in europäischen Autos von durchschnittlich 74 Prozent im Jahr 1973 auf nur noch etwas mehr als 50 Prozent im Porsche 928 von 1977. Der Anteil von Aluminium etwa im Motorenbau, bei Radaufhängungen und die Verwendung von Titan und Magnesium stieg deutlich an und trug zusammen mit mehr Kunststoffteilen zur Gewichtsreduktion bei.[126]

In den frühen 1980er Jahren wurde Blech zunehmend durch andere Werkstoffe ersetzt. Der 1983 vorgestellte Citroën BX steht beispielhaft für diese Entwicklungsstufe. Motorhaube und Heckklappe bestanden aus Kunststoffen und sogenannten Verbundwerkstoffen. Schon der Citroën DS hatte bei seiner Vorstellung 1955 Gewicht gespart. Seine Motorhaube war aus Aluminium, Dach und Heckscheibe aus Kunststoff. Die in den 1980er Jahren vermehrt aufkommenden sogenannten NE-Teile sparten Gewicht, verfügten aber über eine hohe Festigkeit und boten Sicherheit. Die Karosserie des BX wog 241 kg und war damit 35 Kilogramm leichter als die des kleineren Vorgängermodells GS/A, der BX war dem GS aber in der passiven Sicherheit durch höhere Steifigkeit weit überlegen. Auch seine Scheinwerfergehäuse und der Benzintank waren aus Kunststoff. Dies bildete seinerzeit den neuen Standard im Automobilbau.[127]

6. Oktober 1955: Präsentation der Citroën Déesse (DS) auf dem Pariser Automobilsalon, *am Ende des Tages lagen bereits 12.000 Bestellungen vor. «Der 14. Juli» im Automobilbau», ein Auto, das die Vorstellung sprengte, wie aus einer anderen Welt. Neben der Hydropneumatik trugen dazu neue Materialien wie Kunststoff und Aluminium sowie die aerodynamische und zugleich kunstvolle Form bei. Gut 20 Jahre später orientierten sich fast alle Hersteller an der Aerodynamik und Gewichtseinsparung als Weg zur Verbrauchsreduktion. Hier ein Modell aus dem Jahr 1960.*
| Foto: Citroën Communication, Archiv Ulrich Knaack.

Der Citroën BX *– sparsam durch Gewichtseinsparung mit neuen Werkstoffen, zit. Werbung.*

Europa macht das Auto aerodynamischer und damit schneller und sparsamer

Citroën zählte gemeinsam mit Panhard, einem der ältesten Automobilhersteller der Welt, und dem schwedischen Hersteller Saab zu den Marken, die bereits unmittelbar nach dem Zweiten Weltkrieg auf Aerodynamik setzten. Weltweit hatte die Aerodynamik vor allem in den 1920er und 1930er Jahren an Bedeutung gewonnen, etwa auch bei Adler, BMW oder Peugeot. Der 1938 vorgestellte Peugeot 202 mit seinen runden windabweisenden Formen leistete 30 PS aus 1.133 Kubikzentimetern und verbrauchte gut sieben Liter auf 100 Kilometer.[128]

Mit aerodynamischen Karosserien konnten höhere Geschwindigkeiten erzielt werden, vor allem die neu aufkommenden Autobahnen machten dies für den Automobilbau interessant.

Ein geringer Luftwiderstand bedeutete, mit einer schwächeren Motorisierung die Fahrleistungen stärker motorisierter Fahrzeuge bei geringerem Verbrauch zu erreichen. Neben dem 1955 vorgestellten Citroën DS stehen dafür der 1970 vorgestellte Mittelklassewagen Citroën GS und der 1971 vorgestellte Citroën Sportwagen SM.

Citroëns Karosserien waren Meisterwerke des Designs, die auch ästhetisch mit Formen überzeugten, die den Verbrauch deutlich reduzierten.

Aerodynamisch und leicht, schnell und sparsam. Panhard *– seiner Zeit voraus.*
| Fotograf: Fritz Mittelstaedt, Stadtarchiv Saarbrücken, NL F. Mittelstaedt.

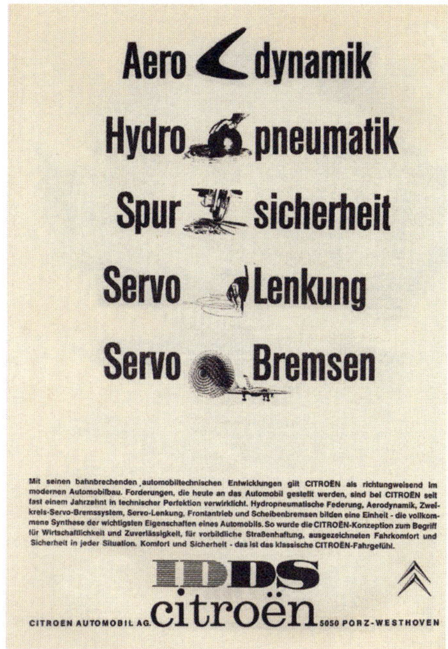

Technisch war Citroën seiner Zeit voraus.
Citroën-Werbung 1963.

Die 1979 vorgestellte neue S-Klasse von Mercedes *entstand mit Blick auf die Politik von US-Präsident Jimmy Carter, beworben wurde sie u.a. mit dem Slogan «Zukunftsweisende Technik – Zeitgemäße Wirtschaftlichkeit». Dieser Werbespruch entsprach der Realität. Diese S-Klasse sollte zur erfolgreichsten aller Zeiten werden.* | Foto: Mercedes-Benz-Archive, 80 F 140.

Die Serie W 126 war aerodynamisch ausgefeilt *und dazu gehörte viel Detailarbeit, die Radkappen, Stoßstangen und Rückspiegel mitberücksichtigte.*
| Foto: Mercedes-Benz-Archive, 00100968.

Erst im Zuge der Energiekrise nutzten auch die anderen europäischen Hersteller auf breiter Front das Potential der Aerodynamik. Vorreiter waren Mercedes-Benz und vor allem Audi. Die 1979 vorgestellte S-Klasse (Serie W 126) und der 1982 vorgestellte Audi 100 der dritten Generation, der Ford Sierra (1982) und der sogenannte Baby-Benz (Serie W 201, 190er, 1982) stehen für diese Entwicklung. Mit dem kompakten 190er reagierte Daimler-Benz auch auf die Carter-Gesetzgebung in den USA, um den Flottenverbrauch zu senken. Das Modell wurde zu einem Megaerfolg und machte die Marke vor allem bei jüngeren Käuferschichten, die eher BMW-orientiert und dynamisch waren, begehrter. Gerade der deutsche Markt mit seinem fehlenden Tempolimit machte die Aerodynamik besonders interessant, brachte sie doch auch große Vorteile bei der Höchstgeschwindigkeit. Mit einem Luftwiderstandsbeiwert (Cw-Wert) von 0,30 war der Audi 100 der dritten Generation im Jahr 1982 seinerzeit das Serienauto mit dem weltweit günstigsten Cw-Wert. Er war in der Fünfzylinder-Version fast 15 km/h schneller als das Vorgängermodell, war dabei deutlich sparsamer und größer, 34 Kg leichter bei zugleich höherer Karosseriefestigkeit und verbrauchte deutlich weniger. 1985 stellte ein Österreicher mit einem 100er Audi in der Version als 1,8 Liter-Benziner einen Rekord auf. Die Strecke von Berlin nach Rom und von dort nach Ostia absolvierte er in 23 Stunden und 45 Minuten und verbrauchte dabei 4,6 Liter auf 100 Kilometer.[129]

Die Aerodynamik sollte bis zum ausgehenden 20. Jahrhundert eine immer größere Rolle spielen, um Sparsamkeit und Sicherheit zu vereinen, denn ABS und Airbag machten die Autos schwerer. Beispielhaft dafür der Golf III und IV. Gegenüber dem Golf I wogen alle seine Nachfolger zwar deutlich mehr, verbrauchten aber trotz stetig verbesserter passiver Sicherheit weniger – auch dank deutlich niedrigerem Cw-Wert von 0,30.[130]

Mit der 1982 vorgestellten Serie W 201, *im Volksmund «Baby-Benz» genannt, landete Mercedes einen Welterfolg. Entstanden war das Modell vor allem mit Blick auf die Vorgaben der US-Flottenverbräuche.*
| Foto: Mercedes-Archive, 1998DIG183.

Der Aerodynamik-Weltmeister: *Der 1982 vorgestellte Audi 100 beeindruckte mit seiner aerodynamischen wie auch ästhetisch ansprechenden Karosserie. Front-, Heck- und Seitenscheiben schlossen bündig mit der Karosserie ab und sämtliche Details wie etwa Radkappen und Außenspiegel wurden aerodynamisch optimiert.* | Foto: Unternehmensarchiv Audi AG.

Das Gewicht eines 5-türigen Golfs im Vergleich, jeweils in der leichtesten Variante

1974 – Golf I	775 kg
1983 – Golf II	865 kg
1991 – Golf III	985 kg
1997 – Golf IV	1.163 kg
2012 – Golf VII	1.205 kg
2018 – Golf VIII	1.255 kg

«Ford verändert Ansichten». *Werbeslogan für den im Sommer 1982 vorgestellten Ford Sierra, gegenüber seinem Vorgänger Taunus ein am europäischen Automobilbau orientiertes Modell, das sich sehr gut verkaufte, zit. Werbung 1983.*

Vor dem britischen Mini beherrschte schon der französische Hersteller Panhard die Kunst, Sprit sparende Automobile mit hohem Nutzwert zu bauen. Als Ford 1982 den Sierra vorstellte, konnte Ford auf einen Cw-Wert von 0,34 verweisen, deutlich günstiger als beim Vorgängermodell Taunus mit 0,45. Bei der Präsentation sagte der Chef von Ford-Europa Robert A. Lutz: «Der Panhard Dyna Z war ein hervorragendes Automobil, das uns den Weg zum neuen Sierra gewiesen hat, unser Stolz auf den Sierra muss deshalb auch als Hommage an Panhard verstanden werden».[131]

Der französische Hersteller Panhard hatte mit dem 1954 vorgestellten Dyna Z einen vollwertigen PKW entwickelt, der dank des Einsatzes von Aluminium und einer aerodynamisch ausgelegten Karosserie nur 685 Kilogramm wog, sechs Personen mit ausreichend Gepäck Platz bot und dessen 849 Kubikzentimeter kleiner luftgekühlter Zweizylinder-Alu-Boxermotor das Fahrzeug 130 km/h schnell machte. Der Alltagsverbrauch bewegte sich bei sechs und sieben Litern auf 100 Kilometer. Autos mit vergleichbarem Nutzwert verbrauchten dagegen zwischen neun bis 15 Litern. Ein Panhard bot so viel Platz wie ein großer Citroën Traction Avant, war so schnell wie dieser aber so sparsam wie ein Crèmeschnittchen (Renault 4 CV). Von Panhard gab es zudem Sportwagen, die mit 750 Kubikzentimeter-Motoren bei Autorennen erfolgreich gegen den Mercedes 300 SL mit 3-Liter-Sechszylinder antraten. Ihr Cw-Wert lag unter 0,20. Bei konstant 70 km/h verbrauchten diese Renn-Panhards gerade einmal 3,7 Liter auf 100 Kilometer.[132]

Werbung des Saarbrücker-Panhard-Händlers Otto Karch, *Dezember 1960. Zu den Schwächen des Panhard zählte das Getriebe. Besonders fortschrittlich war die sichere Anordnung des Benzintanks unter dem Rücksitz außerhalb des Aufprallbereichs. Panhard bot zudem eine Heizungs- und Lüftungsanlage mit beschlagfreien Seitenscheiben, seinerzeit eine Sensation.*

Einfache Instrumente wie die Formel E von VW und der Einsatz von Elektronik

Neben besserer Aerodynamik trugen längere beziehungsweise Drehzahl senkende Getriebeübersetzungen zur Verbrauchsreduktion bei sowie höher verdichtete Motoren. Volkswagen und Audi boten 1981 das Paket Formel E an. Es bot zudem Stop-Start-Anlagen, mit denen die Motoren im Stop-and-go-Verkehr beim Stehen, über eine entsprechende Vorrichtung besonders bequem ausgemacht und zum Weiterfahren gestartet werden konnten. Entsprechende Schaltanzeigen empfahlen rechtzeitig höher zu schalten, um so Kraftstoff zu sparen. Auch andere Hersteller nutzten diese Möglichkeiten.[133]

Generell förderte die Ölkrise den Einsatz von Elektronik, um den Verbrennungsprozess hinsichtlich Zündzeitpunkt und Kraftstoffnutzung zu optimieren. Damit verbunden war das Zurückdrängen des Vergasers und der Einsatz von Benzineinspritzungen. Der deutsche Zulieferer BOSCH spielt für die Entwicklung dieser Technologie eine Führungsrolle. Neben der bereits Ende der 1960er Jahre verbauten D-Jetronic, kam die einfachere aber wirksamere K-Jetronic ab 1973/74 vermehrt zum Einsatz. Einen Meilenstein bildete aber die L-Jetronic von BOSCH. Der Einsatz von Einspritzanlagen statt Vergasern und drehzahlsenkenden 5-Gang-Getrieben senkten ab den 1980er Jahren den Verbrauch.

Der Bau von Benzinmotoren mit Einspritzanlagen war von der Dieseltechnologie der 1920er Jahre inspiriert worden. Im Gutbrod Superior kam 1951 eine Direkteinspritzung von BOSCH bei einem Zwei-Zylinder-Zweitakter zum Einsatz. Mercedes verbaute im 300 SL ab 1954 eine Direkteinspritzung und 1955 im 300er und 220er Saugrohreinspritzanlagen, sehr aufwändig gebaut und teuer. Das erste Mittelklasseauto mit Einspritzmotor in Europa war der 1962 präsentierte und im Saarland recht verbreitete Peugeot 404 Injektion, dessen Einspritzanlage von der Nürnberger Firma Kugelfischer stammte. Zu diesem Zeitpunkt gab es in den USA bei Chevrolet und Pontiac eine Reihe von Modellen mit mechanischer Einspritzanlage. Die amerikanische Firma Bendix hatte 1953 eine erste elektronische Benzineinspritzung vorgestellt, die 1958 in Chrysler-Modellen lief, aber noch nicht ausgereift war, sodass Chrysler die Modelle wieder auf Vergaser umstellte. Während in den USA die Entwicklung stagnierte, setzte die deutsche und europäische Automobilindustrie auf diese neue Technologie. Die BOSCH D-Jetronic feierte 1967 im VW 1600 für die USA ihre Premiere, auch um die dort geltenden strengeren Abgaswerte zu erfüllen. Zugleich konnte VW mit der Benzineinspritzung die Fahrleistungen des

Werbung für die Formel-E-Modelle *von Audi 1982, zit. Werbung.*

Käfer-Motors steigern, der ansonsten seine Entwicklungsgrenze erreicht hatte. Dieses System bestand aus einer elektrischen Kraftstoff-Förderpumpe und einem elektronischen Steuergerät. Bis 1972 folgten zahlreiche Hersteller und 1972 waren es 18 europäische Automarken, die die BOSCH D-Jetronic verbauten und so mit geringem Aufwand die Fahrleistungen ihrer Modelle deutlich verbessern konnten. Für BOSCH war aber das Interesse von VW an dieser Technik maßgeblich für die Entwicklung, denn damit war ein Massenabnehmer gewonnen, mit dem die erforderlichen Investitionen verantwortet werden konnten.

Es war zugleich die Zeit des Autobahnausbaus in Europa. Nachzügler war hier übrigens Frankreich. 1962 gab es dort gerade mal 192 Kilometer Autobahn, in der Bundesrepublik 3.607 und in Italien 2.377. Frankreich forcierte den Ausbau ab 1968. Mit der ersten Ölkrise setzte Europa weiter auf diese Technik, da sie auch Kraftstoff einsparte. 1973/74 kam die BOSCH-K-Jetronic und ab 1978/79 die Motronic. BOSCH war der Pionier dieser technischen Fortschritte[134] und fand jetzt in BMW einen Hersteller, der diese Innovationen umsetzte und damit eine Vorreiterrolle übernahm. Das Interesse von VW war seinerzeit der entscheidende Impuls für BOSCH, die Entwicklung der Einspritztechnologie zu intensivieren. Damit verbunden der Aufstieg von BOSCH zu einem Spitzenplayer in der Autoelektronik.[135]

Der 1977 vorgestellte CX Gti *punktete mit einer BOSCH L-Jetronic und einem drehzahlsenkenden Fünfgang-Getriebe, zit. Werbung.*

BMW und BOSCH als weltweiter Vorreiter der modernen Motorelektronik

Die europäischen Hersteller setzten auf den Einsatz drehzahlsenkender Fünfgang-Getriebe, vor allem aber auf Elektronik zur Optimierung der Zündanlagen und der Kraftstoffversorgung des Ottomotors. Vorreiter dieser Entwicklung war vor allem BMW wieder in Verbindung mit dem Automobilzulieferer BOSCH. Beide Unternehmen entwickelten eine Symbiose, aus der sich eine technologische Führungsrolle im Bereich der Autoelektronik entwickeln sollte. Die Autosparte BOSCH, die bisher vor allem mit Zündkerzen, Scheinwerfern und Lichtmaschinen verbunden war, vollzog einen strukturellen Entwicklungssprung zum Elektronikhersteller. Man errichtete ein eigenes Halbleiterwerk in Reutlingen.[136]

Meilensteine von BOSCH waren die elektronische Zündung und die elektronische Benzineinspritzung. Mit der BOSCH-Motronic war BMW 1979 der erste Automobilhersteller der Welt, der ein kennfeldgesteuertes elektronisches Einspritzsystem einsetzte. Ein Mikrocomputer steuerte bei jeder Motorumdrehung den jeweils bestmöglichen Zündzeitpunkt an, und reduzierte so Abgasemissionen und Verbrauch. Diese BOSCH-Motronic kam 1979 erstmals im BMW 732 i zum Einsatz und wurde bis 1984 perfektioniert sowie auf manuelle und automatische Getriebe abgestimmt. Als erster Hersteller setzte BMW die kraftstoffsparende Schubabschaltung ein.

BMW konzentrierte sich auf eine effizientere Verbrennung. Heraus kamen Fahrzeuge, die Fahrfreude mit geringerem Verbrauch und souveränen Fahrleistungen vereinten. Besonders fortschrittlich war das eta-Konzept von BMW im Jahr 1983, das diese Technik mit einem erhöhten Hubraum ohne größere Leistungssteigerung kombinierte und mit Schubabschaltung und Senkung der Leerlaufdrehzahl den Verbrauch um zehn bis 20 Prozent reduzierte bei zugleich besseren Fahrleistungen im Vergleich zu hubraumschwächeren gleichstarken Benzinern.[137]

3. Das Waldsterben und der Klimawandel – erste Lösungen aus Deutschland und Schweden

Mobilität war und ist nach wie vor mit negativen Nebenwirkungen zu Lasten von Natur, Umwelt und Mensch verbunden. Dies wird auch für die Elektromobilität irgendwann thematisiert werden. Die Städte des 19. und frühen 20. Jahrhunderts litten unter dem Geklapper der Pferdehufe und dem Rollen der Wagenräder, vor allem aber unter dem Kot und Urin der Pferde. Pferdeäpfel galten als hervorragender Dung, viele Zeitgenossen hoben ihn von der Straße auf und Spatzen pickten in ihm rum. Im ausgehenden 19. Jahrhundert gab es in Manhattan 130.000 Pferde, die täglich 1.100 Tonnen Kot und 270.000 Liter Urin ausschieden. Paris zählte 1880 immerhin 80.000 Pferde. Aus heutiger Sicht schwer vorstellbar: Pferde verunreinigten und vergifteten die Großstadt des 19. Jahrhunderts.[138]

Waldsterben auch im Saarland, *hier Landkreis Homburg, eine Aufnahme aus dem Jahr 1977.* | Fotograf: Klaus Winkler.

Pferde und Autos bildeten ein beliebtes Motiv in der Autowerbung, *hier eine Mercedes S-Klasse und ein Pferd in naturverbundener Harmonie. Mobilität ohne Nebenwirkungen gibt es nicht – das gilt für das Auto wie für das Pferd.*
| Foto: Mercedes-Benz-Archive, 83F64.

Die Dimension der mit der Massenmotorisierung verbundenen Emissionen ist zweifelsfrei eine andere und auch gefährlichere. Der Bleigehalt des Benzins wurde bereits in den 1960er Jahren als umweltschädlich erkannt. Blei lagert sich im Körper ab und verursacht dort schwere Körperschäden. Schon Ende der 1960er Jahre gab es gesetzliche Verschärfungen und Anfang der 1970er Jahre senkte die Bundesregierung den Bleianteil im Benzin erneut. Mit Wirkung zum 1. Januar 1972 reduzierte sie den Bleigehalt im deutschen Benzin deutlich.[139] Das Blei war im Alltag zu sehen, etwa an einer verkümmerten Straßenvegetation. Morgendliche Kaltstarts der PKW konnte jeder riechen, auch noch Minuten, nachdem das Fahrzeug sich in Bewegung gesetzt hatte. Viele Benziner älterer Bauart machten nun Probleme. Die Autolobby sprach von der «größten Vernichtung von Volksvermögen». Ab 1976 wurde der Bleigehalt weiter drastisch auf 0,15 g Blei pro Liter Luft (Pb/l) gesenkt.[140] In der Praxis musste die Zündungsverstellungskurve korrigiert werden, was zu gewissen Leistungsverlusten führen konnte.[141]

Schärfere Abgasregelungen existierten seinerzeit vor allem außerhalb Europas, so in den USA, Japan und Australien sowie in Schweden. Um sie zu erfüllen, kam eine Technik zum Einsatz, die ein Teil der Abgase quasi zur Nachverbrennung zurückführte (Abgasrückführungssysteme). Insbesondere in den USA und auch in Japan stellte sich in den urbanen Zentren im Kontext einer extrem hohen Verkehrsdichte die Umweltverschmutzung durch Kraftfahrzeuge als besonders drängendes Problem dar. Zwischen 1950 und 1960 erhöhte sich der Kfz-Bestand in den USA von 40 auf 80 Millionen. Der Bundesstaat Kalifornien griff zu den schärfsten Maßnahmen. Schon 1943, als Europa ein Schlachtfeld von Hitlers Krieg war, wurde in den USA und zuerst in Los Angeles (Kalifornien) das Thema der Autoabgase als Problem wahrgenommen. Sie waren eine Bedrohung für die Umwelt. In Los Angeles kamen 1979 auf ein Auto umgerechnet 1,15 Einwohner – in Zahlen bedeutete dies: über acht Millionen Einwohner und sieben Millionen Autos. Erst 1979 begann man in Los Angeles über einen ÖPNV nachzudenken. Ohne Auto war man nicht mobil – die Fläche von Los Angeles ist fünfmal so groß wie ganz Berlin. Von einem Ende der Stadt an das andere sind es über 150 Kilometer.[142]

Neben dem Blei gehören zu den gesundheits- und umweltschädigenden Verbrennungsabgasen das Kohlenmonoxid (CO), Kohlenwasserstoff (C) und die Stickoxide (NO_x), ferner Kohlendioxid (CO_2) und beim Diesel der Ruß. Anfangs waren die Verschärfungen etwa durch ein lastabhängiges Regelklappensystem im Ansaugkrümmer zu erfüllen, dann durch Abgasrückführungssysteme. Abgasrückführungssysteme reduzierten allerdings nur Stickoxide. Eine Senkung der Abgase wurde immer dringlicher. In Los Angeles hatten sich die Stickoxidemissionen zwischen 1947 bis 1967 um 700 Prozent erhöht.[143]

Die schärfere US-Gesetzgebung wurde in der Bundesrepublik wahrgenommen, zumal auch hier zu Beginn der 1970er Jahre das Umweltbewusstsein deutlich zunahm und im Lauf der 1970er Jahre durch die 1979 gegründete neue Partei DIE GRÜNEN an Bedeutung gewann. Die Bundesregierung hatte bereits schon früher reagiert. Neben der Reduzierung des Bleigehaltes trat 1970 das ECE Reglement Nummer 15 in Kraft, 1975 wurde der CO-Grenzwert um 20 Prozent verschärft und der CH-Wert um 15 Prozent. Ab 1975 wurde erstmals auch das NO_x gemessen und 1980 wurden die Grenzwerte erneut drastisch reduziert, im Vergleich zu 1975 bei CO um 35 Prozent, bei CH um 25 und bei NO_x um 15 Prozent.[144] CO_2 wurde damals in Europa noch nicht problematisiert.

Deutschland und Schweden als technologische Wegbereiter des Dreiwege-Katalysators mit Lambda-Sonde

Zur Erfüllung der 1976/77 in Kraft tretenden noch schärferen kalifornischen Abgasnormen entwickelten die vom US-Markt stark abhängigen europäischen Hersteller Saab, Volvo und Mercedes-Benz gemeinsam mit BOSCH ein System, das die Wirkungsweise des Katalysators durch den Einsatz der sogenannten Lambda-Sonde deutlich erhöhte. BOSCH entwickelte dieses wirksame Instrument und revolutionierte die Abgasreinigung. Das weltweit erste Serienauto mit Dreiwege-Katalysator und Lambda-Sonde war der Volvo 244 in der Kalifornien-Ausführung im Jahr 1976. Volvo wurde 1977 dafür mit dem «Award for excellence in air pollution control» ausgezeichnet.

Bereits 1967/68 hatte BOSCH mit Blick auf das Interesse von VW mit Studien zur Lambda-Sonde begonnen. Der USA-Absatz von bis zu 500.000 VW machte das Geschäft lukrativ. Die Arbeit an der Lambda-Sonde war ein Auf und Ab, das Interesse der amerikanischen Hersteller blieb schwach, auch das Interesse von VW ging Anfang der 1970er Jahre zurück, nicht hingegen das von Volvo. 1972 sahen sich die Entwickler bereits kurz vor einem erfolgreichen Abschluss, als Zweifel an der Langzeitbeständigkeit das Projekt fast scheitern ließen. Doch BOSCH machte trotz zahlreicher Rückschläge weiter und quasi in letzter Minute gelang der Durchbruch. Die Sonde erreichte im Frühjahr 1976 Serienreife. Mit der Entwicklung betraut war Dr. Wolf-Dieter Haecker, der sich an hoffnungsvolle Zwischenergebnisse und Rückschläge erinnert, an Wochenendarbeit und Sondereinsätze auch an Wochenenden, um am Ende zum erfolgreichen Abschluss zu kommen.[145]

Die Katalysator- und Lambda-Sonden-Technologie setzte sich in den USA und in Japan durch, dem Europäischen Markt blieb sie aber für ein Jahrzehnt vorenthalten, nicht zuletzt, weil hier aus Kostengründen die Mehrzahl der Benzinmotoren mit billigeren Vergasern und konventionellem Zündsystem ausgerüstet wurden. Der Erfolg des von BOSCH entwickelten Systems war nicht nur Ergebnis technischen Könnens, sondern der klugen Entscheidung, den US-Markt durch die Vergabe von günstigen Lizenzen zu gewinnen. BOSCH erkannte, dass die Lambda-Sonde wie ein Türöffner für die Expansion der elektronischen Benzineinspritzung wirkte. Hier hatte das Unternehmen bereits Ende der 1960er Jahre einen technologischen Vorsprung entwickelt.[146]

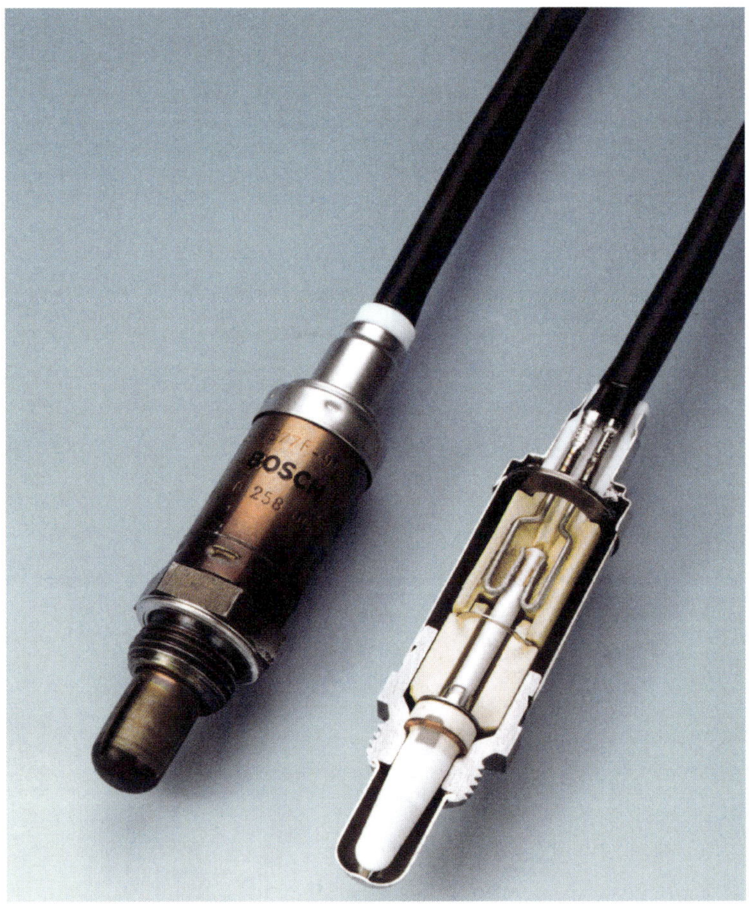

***Die Lambda-Sonde von BOSCH** markierte einen Meilenstein in der Abgasreinigung, die dem Automobilbau weltweit nutzen sollte.* | Foto: BOSCH.

Lambda steht für das Verbrennungsverhältnis von Luft und Kraftstoff. Die Lambda-Sonde ist ein Sensor, der den Sauerstoffgehalt des Abgases misst und in Verbindung mit dem elektronischen Motormanagement die Zündung dem Sauerstoffgehalt so anpasst, dass die Verbrennung stets unter optimalen Bedingungen abläuft und der Katalysator die Abgase deutlich stärker reduziert. Zur Erklärung: Der Verbrennungsmotor benötigt zum Betrieb ein bestimmtes Luft-Kraftstoff-Gemisch. Das Gemisch für die vollständige Verbrennung des Kraftstoffes – als stöchiometrisches Gemisch bezeichnet – hat eine massenbezogene Zusammensetzung von 14,7 : 1. Abweichungen davon werden durch die Luftzahl gekennzeichnet. Die Luftzahl Lambda=1 markiert das «ideale» stöchiometrische Gemisch. Hier arbeitet der Dreiwege-Katalysator optimal, weil die Abgaskomponenten CO, HC und die Stickoxide NO_x gleichzeitig miteinander zur Reaktion gebracht werden, wodurch die Konzentration dieser Schadstoffe um mindestens 90 Prozent sinkt.

Der zuverlässige Ablauf dieses komplexen Prozesses wird durch die Lambda-Sonde als Schlüsselelement ermöglicht. Sie misst die Restsauerstoffkonzentration im verbrannten Gemisch, zeigt Abweichungen vom idealen Gemisch an und liefert beim Erreichen von Lambda = 1 ein markantes Spannungssignal. Die Lambda-Kennwerte werden in einem hoch dynamischen, geschlossenen Regelkreis mit den Elementen Motormanagement, Einspritzung, Zündung, Dreiwege-Katalysator und Lambda-Sonde so verwertet, dass die stöchiometrische Gemischbildung ständig gewährleistet ist.[147]

Die damit ausgerüsteten Volvo-Fahrzeuge trugen über 15 Jahre den Buchstaben Lambda im Kühlergrill. 1982 wurde die Lambdasonde weiter optimiert, insbesondere durch eine Heizung, die eine Wirkung der Lambdasonde auch in der Kaltlaufphase ermöglichte. BOSCH hat bis heute Milliarden von Lambda-Sonden produziert.[148]

***1997: Werk von Eberspächer in Neunkirchen/Saar**, Bau von Katalysatoren.*
| Fotograf: Willi Hiegel, Stadtarchiv Saarbrücken, Dep. SZ LB, Nr. 166/13.

In Europa war nach wie vor hochgiftiges Blei im Benzin. Gegenüber der Politik vertrat die Autobranche die Position, die in den US-Versionen verbaute Katalysatortechnik sei für den europäischen Verkehr nicht geeignet. Umweltschutz spielte in der Werbung der Hersteller keine Rolle, obwohl ja die ernsthaften Bemühungen zur Senkung des Kraftstoffverbrauchs auch eine ökologische Bedeutung hatten.[149]

Die von weiten Teilen der Automobilindustrie aufgestellte Behauptung, die Katalysator-Motoren seien für europäische Verkehrsverhältnisse ungeeignet, kann rückblickend nicht nachvollzogen werden. Es besteht der Verdacht, dass man diese Technik aus Kostengründen Europa vorenthalten wollte.

Im Jahr 1979 erreichte das Tannensterben in Deutschland die Öffentlichkeit. In Ballungsgebieten litten Kinder unter massiven Atemwegbeschwerden, wie Pseudo-Krupp. Das Wort vom Waldsterben sollte für die nächsten Jahre die Schlagzeilen bestimmen. Mit Szenarien wie «Wir stehen vor einem ökologischen Hiroshima» verbreitete die Presse wie etwa das Nachrichtenmagazin «Der Spiegel» in seiner Ausgabe vom 14. Februar 1983 Untergangsstimmung. Während seinerzeit vorrangig die Schwefeldioxidemissionen von Kraftwerken und Industrie im Fokus der Kritik standen und zu strengen Maßnahmen zur Rauchgasentschwefelung führten, erweiterte sich die kritische Sicht spätestens ab 1983 vor allem auf den Straßenverkehr als weitere Ursache für den sauren Regen, der die Wälder zerstörte. Besonders drastisch war dies in Bayern zu sehen, etwa im Grenzgebiet zu den Ostblock-Staaten, deren Industrie die Umwelt massenhaft schädigte. Auch das Automobil kam zu recht erneut in Verruf.[150]

Interessant dabei ist, dass die Anti-AKW-Bewegung, die ja heimische Kohle statt Atom forderte, das Thema Waldsterben aufgriff und 1983 die Grünen erstmals mit 5,6 Prozent in den Bundestag einzogen. Bereits 1982 hatte die Bundesregierung mit einer umfangreichen Forschungsförderung zum Thema Waldsterben begonnen, die Forstverwaltungen begannen mit der regelmäßigen Vorlage von Waldschadensberichten.[151]

Auch das damalige Kohle-Land Saarland war vom Waldsterben betroffen, neben dem Nordsaarland etwa der Saargau bei Rehlingen-Siersburg wie auch die generell belastete Industrieschiene von Völklingen über Wehrden, Fenne, Luisenthal, Burbach bis zur Saarbrücker Innenstadt. Ebenfalls in den Vogesen war wie im Schwarzwald das bedrohliche Waldsterben zu erkennen.[152]

Waldsterben Ende der 1970er und Anfang der 1980er Jahre *– Angst vor der Apokalypse.* | Fotograf: Klaus Winkler.

Das Waldsterben stand in einem breiten Kontext. Neben dem Verkehr belastete eine Forstwirtschaft mit Kahlschlag und Chemieeinsatz den Wald und führte zu einer neuen Forstpolitik.[153]

Die Lambda-Sonde markierte einen Meilenstein in der Abgasreinigung. Sie löste den Widerspruch, dass die vom US-Gesetzgeber geforderten niedrigeren Abgaswerte mit schlechteren Fahrleistungen, vor allem auch mit einem deutlich erhöhten Verbrauch verbunden waren. Ursache war die extrem fette Gemischeinstellung, der auf bleifrei ausgelegten und mit Katalysator ausgerüsteten Motoren. Folge war, dass die Abgasreduktion zu einem deutlich höheren Verbrauch führte. Ein Mehrverbrauch bedeutete wiederum ein Mehr an Abgasen, wenn auch weniger giftig und Mehrverbrauch bedeutete zudem Ressourcenverschwendung. Die reale Wirksamkeit der Abgasgesetze wurde damit reduziert. Die US-Gesetze konnte die amerikanische Autoindustrie technisch umsetzen, weil ihre Motoren, man denke an die Achtzylinder und Hubräume von über 5.000 ccm, überdimensioniert waren und die mit der Abgasreduktion verbundenen Leistungsverluste locker verkraftet werden konnten. In Europa sah die Branche diese Entwicklung kritisch, so schrieb 1975 der Journalist Dieter Korp: «In Amerika sieht man bei weiterer Verschärfung der Abgasverordnungen die Autos künftig wie fette Hauskatzen die Straßen entlangschleichen, denn der Preis für die Entgiftung ist hoch. Die Autos werden schwerer und teurer. Und der Verbrauch steigt erheblich an, was wiederum an den kostbaren Rohölvorräten zehrt».[154]

***Zu Verkehrsspitzenzeiten** waren die Abgasbelastungen zu riechen und zu sehen. Saarbrücken, ein verkaufsoffener Sonntag 1975.*
| Fotograf Fritz Hartung, Stadtarchiv Saarbrücken, Dep. Bild SZ SB.

Die europäischen Autos mit Hubräumen von überwiegend 1.000 und 1.500 ccm konnten diese Leistungsverluste und Verbrauchssteigerungen von 20 bis 30 Prozent nicht verkraften. Diese Problematik war gerade für Volvo angesichts der Abhängigkeit vom US-Markt gefährlich. Die Schweden verkauften vergleichsweise moderat motorisierte Vierzylinder-Motoren mit zwei Liter Hubraum im Bereich von 100 PS. Eine weitere Verschärfung der Abgasnormen in den USA schwächte damit massiv ihre dortigen Absatzchancen. Seit Anfang der 1970er Jahre experimentierte Volvo wie bereits geschildert gemeinsam mit BOSCH daran, den Verbrennungsprozess zu optimieren. Ergebnis war die Lambda-Sonde, die den bisherigen Zusammenhang von Abgasreduktion und geringerem Wirkungsgrad des Benzinmotors durchbrach. Die Lambda-Sonde machte es erst möglich, die strengen amerikanischen Abgasnormen auf die kleineren und schwächeren Motoren europäischer Hersteller anzuwenden. Zugleich erhöhte sie die Reinigungswirkung des Katalysators um bis zu 90 Prozent, denn Kohlenmonoxid, unverbrannte Kohlenwasserstoffe und Stickoxide konnten mit einem einzigen Katalysator reduziert werden. Vorher mussten dazu häufig zwei Katalysatoren verbaut werden mit den entsprechenden Nachteilen Mehrverbrauch und Verlust an Motorkraft.[155]

Dieser Aspekt zeigt auch die Widersprüchlichkeit der amerikanischen Verhältnisse. Einerseits bestanden für die Zulassung von Neuwagen strenge Vorschriften, andererseits bewegten sich viele PKW mit technischen Mängeln im Verkehr, da es keine dem deutschen TÜV vergleichbare technische Kontrolle des Fahrzeugbestandes gab. In der Bundesrepublik wurden seit Anfang der 1970er Jahre die Abgase bei der alle zwei Jahre fälligen TÜV-Prüfung kontrolliert und ab Juni 1976 auf alle PKW ausgedehnt, auch auf die vor 1970 erstmals Zugelassenen. Einerseits sollten die Verbrauchs- und Abgasgesetze eine Ölknappheit verhindern und die Umweltbelastung reduzieren, andererseits orientierte sich der reduzierte Flottenverbrauch nicht an den Mengen der verkauften Fahrzeuge, sondern an der Modellpalette der Hersteller. Spritschlucker konnte man verkaufen, wenn der Hersteller auch einen Spritsparer im Programm hatte. In den USA tankten manche Autofahrer bewusst ihre Katalysator-Autos mit bleihaltigem Benzin und nahmen damit die Zerstörung des Kats und seiner entgiftenden Wirkung in Kauf. Bei Katalysator-Autos ohne Lambda-Sonde führte dies keineswegs zu Motorproblemen, im Gegenteil, die Leistung wurde sogar etwas gesteigert. Einerseits waren die Amerikaner Vorreiter in der Einführung bleifreien Benzins, erlaubten aber weiterhin für Nutzfahrzeuge den Verkauf des bleihaltigen Sprit bis 1996, während dieser etwa in der Bundesrepublik, die erst zehn Jahre später den Katalysator einführte, schon ab 1988 nicht mehr verkauft werden durfte.

Der ADAC und Bundesinnenminister Friedrich Zimmermann als Förderer des Katalysators

Mit der «Aktion sauberes Auto» in der Septemberausgabe 1983 der «Motorwelt» forderte der größte deutsche Autofahrerclub Konsequenzen von der Automobilindustrie im Kampf gegen das Waldsterben.[156] Der ADAC warb deshalb für die Einführung der Katalysatortechnik auch in Deutschland und Europa. Meinungsumfragen unter ADAC-Mitgliedern gingen von einer Befürworter-Quote von 75 Prozent aus.

Die Mitgliederzeitschrift des ADAC, die «Motorwelt», war mit einer Auflage von über sieben Millionen die auflagenstärkste Zeitschrift der Bundesrepublik. Der ADAC als Lobby der Autofahrer spielte für die Meinungsbildung eine maßgebliche Rolle, da er umfassend und differenziert über das Problem und seine Lösungswege informierte und dabei schwierige wissenschaftliche Zusammenhänge klar und verständlich darstellte.[157]

Auf der politischen Ebene wirkte der CSU-Politiker und Bundesinnenminister Friedrich Zimmermann als Wegbereiter des Dreiwegekatalysators mit Lambda-Sonde. Er setzte im Bundeskabinett im Oktober 1983 durch, dass ab 1. Januar 1986 die US-Abgaswerte in der Bundesrepublik einzuführen seien. Die Industrie müsse entsprechende Autos anbieten und die Mineralölwirtschaft bleifreies Benzin. Bundeskanzler Helmut Kohl unterstützte diese Linie.

Der Name Dreiwegekatalysator erklärt sich daraus, dass er die drei Schadstoffarten Kohlenmonoxid, Kohlenwasserstoff und Stickoxid in einem Arbeitsgang in harmlosere Stoffe umwandelte. Der Katalysator ist ein mit Platin und Rhodium beschichteter Keramikkörper, der sich im Auspuff befindet. Er wirkt dann optimal, wenn die Verbrennung bei einem ganz bestimmten Luft-Kraftstoff-Gemisch von 14,7:1 erfolgt. Dafür sorgten die Lambdasonde und ein elektronisches Motormanagement.

Den Katalysator-Autos wurde im Kontext ihrer Einführung in Europa immer unterstellt, sie würden mehr verbrauchen bei zugleich deutlich schlechteren Fahrleistungen. Ihre niedrige Verdichtung stehe für eine ineffiziente Energienutzung. So warnte VDA-Geschäftsführer Achim Diekmann 1984, der Katalysator verteuere Autos um 5.000 DM, führe zu 7,5 Prozent Mehrverbrauch und müsste alle fünf Jahre erneuert werden.[158] Im Ergebnis trafen diese Aussagen nicht zu – alles Unsinn! Mit dem Dreiwegekatalysator und der Lambda-Sonde wurden Vergaser durch elektronische Einspritz- und Zündanlagen ersetzt. Die Autos verbrauchten deshalb deutlich weniger Benzin als ihre meist mit Vergasern ausgestatteten Vorgänger, überzeugten durch ein besseres Kaltstartverhalten, erzielten bessere Fahrleistungen, verbrauchten weniger und waren deutlich sauberer. Letzteres reduzierte den Motorverschleiß und erhöhte die Lebensdauer der Auspuffanlagen.

Der Diesel profitierte unverdient vom Katalysator-Kompromiss

Aber so schnell wie die Bonner Regierung den Katalysator einführen wollte, ging es dann doch nicht, dabei hielt sich der Widerstand in Deutschland in Grenzen. Hersteller mit hohem Exportanteil in die USA gaben rasch Gas auf dem Weg zum Dreiwege-Kat, dazu zählten BMW, Daimler-Benz, und Porsche, bei den übrigen sah dies anders aus. Im Interview mit der Presse meinte 1986 Innenminister Zimmermann: «Ich habe in den letzten Jahren viele Schwierigkeiten mit den Herstellern gehabt. Es gab in der ersten Runde zum Thema Auto und Katalysator Firmen, beide übrigens Töchter amerikanischer Mütter, die sagten: ‚Wir können überhaupt nicht mehr machen. Wir haben noch nie einen Katalysator gebaut, das machen nur unsere Mütter. Wir müssten notfalls viele Tausende entlassen'. Dagegen gab es andere, die sagten, wir haben ohnehin 70 Prozent Amerika-Export [Porsche]. Wir machen mit. Schließlich gab es welche, die hielten sich zurück, nach dem Motto, unsere Marke ist so bekannt, die geht immer, ganz gleich, was wir produzieren».[159]

Widerstand gab es aber vor allem von Frankreich und Italien. Dort war die Autobranche gerade dabei, sich zu konsolidieren und in beiden Ländern spielte das Thema «Waldsterben» keine Rolle. Beide Länder waren zudem recht erfolglos im Auto-Export in die USA. Vor allem Kleinwagen und Autos der unteren Mittelklasse bestimmten ihre Modellprogramme. In Italien lag der Kleinwagenanteil bei 70 Prozent, in der Bundesrepublik nur bei 20 Prozent der Zulassungen. Die Katalysator-Technik erforderte ein elektronisches Motormanagement. Der erforderliche Mehrpreis machte es schwieriger, Kleinwagen zu verkaufen. War der Diesel in den 1970er Jahren von den deutschen, italienischen und französischen Herstellern weiterentwickelt und als umweltfreundlich bezeichnet worden, ging die Diesel-Meinung in Europa nun etwas auseinander. In Deutschland, der Schweiz und Skandinavien wurde der Diesel wie in den USA als krebserregend wahrgenommen, nicht aber in den romanischen Ländern. Immerhin war der Diesel schon immer bleifrei gewesen, er verbrauchte weniger und sein Wirkungsgrad war deutlich höher als der eines Ottomotors.

In Italien und Frankreich waren vor allem die Autohersteller Fiat und die Peugeot-Gruppe PSA dabei, besonders sparsame, kultivierte und schnellere Diesel auf den Markt zu bringen wie etwa den Peugeot 205 Diesel, die den deutschen Modellen überlegen waren und Klein- und Kompaktwagen schnell und noch sparsamer machten. Außerdem kam die Zuliefertechnik für den Katalysator zunächst einmal vorrangig aus Deutschland. Gegen den Widerstand der französischen und italienischen Automobilindustrie gelang es der Bundesregierung schließlich im März 1985 den sogenannten Luxemburger Kompromiss auszuhandeln. In der EU wurde in einem Zeitkorridor zwischen 1989 und 1993, differenziert nach den verschiedenen Fahrzeugklassen, der Dreiwegekatalysator Pflicht, um die Grenzwerte einhalten zu können. Eine Sanktionierung des Diesels unterblieb aber, im Gegenteil, er wurde zeitweise als umweltfreundlich eingestuft und steuerlich gefördert. Vor allem zwischen 1984 und 1986 sorgte dies für einen weiteren Diesel-Boom in Deutschland und Europa.[160] In den USA blieb der Diesel dagegen ein Randprodukt, sein Image war schlecht, die krebserregende Wirkung seiner Emission bestimmte dauerhaft die amerikanische Wahrnehmung.[161]

Kleinwagen spielten für die italienische und französische Automobilindustrie eine große Rolle. *Der 1980 vorgestellte Panda ist dafür ein Beispiel, bis 2003 wurden von dieser ersten Baureihe über vier Millionen Exemplare hergestellt. In Deutschland von der Agentur Leo Burnett als «die tolle Kiste» beworben, zit. Werbung.*

Der Peugeot 205, über fünf Millionen wurden von 1983 bis 1998 produziert. *Mit 422.000 Zulassungen das zweiterfolgreichste Peugeot-Modell in Deutschland.*

| Fotograf: Klaus Winkler, Stadtarchiv Saarbrücken, VL K. Winkler, Nr. 1126/8.

Nicht nur die Abgasemissionen rückten in den Blick der Automobilindustrie, sondern ab den 1990er Jahren auch der Herstellungsprozess und die Nachhaltigkeit des Produkts. Brems- und Kupplungsbeläge wurden Ende der 1980er Jahre asbestfrei. Bei der Produktion versuchte man auf umweltschädliche Stoffe zu verzichten, den Lackierungsprozess umweltfreundlicher zu gestalten und über den Kreislaufgedanken Auto und Umwelt miteinander zu verbinden mit dem Ziel der Wiederverwertbarkeit von Kunststoffen.[162] Beispiel dafür war etwa die deutsche Peugeot-Importorganisation. Sie errichtete 1992 im saarländischen St. Ingbert ein Rücknahmesystem für betriebliche Rohstoffe.[163]

Der 1983 vorgestellte Fiat Uno zog Fiat aus der Krise *und wurde ein großer Verkaufserfolg. Auch nach Einführung einer Katalysator-Variante im Januar 1986 begeisterte der kleine Italiener viele Kundinnen und Kunden mit geringem Verbrauch und guten Fahrleistungen, zit. Werbung .*

4. Die Japaner als Gewinner der Ölkrise und der Abstieg der amerikanischen Automobilindustrie

Zu den Krisenerfahrungen der europäischen Automobilindustrie der 1970er und 1980er Jahre zählte neben der Sicherheitsfrage, der Ölkrise und dem Waldsterben das Aufkommen der japanischen Konkurrenz als große wirtschaftliche Herausforderung.

Als im November 1973 die Ölkrise auch symbolisch mit den autofreien Sonntagen die Bundesrepublik erschütterte, waren die Japaner zwar bereits in Europa angekommen, auf dem wichtigen bundesdeutschen Markt spielten sie aber noch keine große Rolle. In Großbritannien fuhren sie schon an der Spitze, Datsun (spätere Bezeichnung Nissan) rangierte dort im ersten Halbjahr 1973 in der Verkaufsstatistik auf Platz zwei hinter Renault aber vor Volkswagen.[164] Mit zuverlässigen und preiswerten aber technisch einfachen Autos eroberten die Japaner die Weltmärkte. Gute Autos zu bauen, bedeutete keineswegs wirtschaftlich erfolgreich zu sein, wie ein Rückblick zeigt.

Gute Autos zu bauen und automatisch Geld verdienen?

So eindrucksvoll die technische Überlegenheit der europäischen Automobilindustrie, so auffällig ist, dass gerade innovative Hersteller auch wirtschaftlich scheitern konnten. Die Bremer Borgward-Werke gingen 1963 in Konkurs. Borgward baute beeindruckende Automobile und hatte die Design-Ikone Isabella erschaffen. Auch ihre Motoren waren fortschrittlich, solide, sparsam und schnell. Borgward ging technisch voraus, er war der erste deutsche Hersteller mit einer Pontonkarosserie (1949) und die Arabella war 1959 der modernste Kleinwagen seiner Zeit mit Verbundglas-Frontscheibe, gepolstertem Armaturenbrett und umklappbarer Rückbank zur Vergrößerung des Kofferraums.

Die Kotflügel waren bei der Pontonform in die Karosserie integriert und es gab keine Trittbretter zum Einsteigen. Zu früh setzte Borgward den Anspruch um, jedem ein passendes Auto anzubieten. Ende der 1950er führte er 16 Typen im Programm und baute sowohl PKW wie LKW. Sein PKW-Programm deckte vom kleinen Lloyd, über Arabella, Isabella alle Klassen ab bis zur Nobelklasse mit dem Borgward P 100 und seiner Luftfederung. Das Borgward-Programm war mit Blick auf die Stückzahl pro Typ nicht sehr profitabel. Rasch wollte Borgward seine neuen Modelle in den Markt drücken und das war mit Blick auf Kinderkrankheiten gefährlich.

Ein Borgward Hansa im Saarbrücker Stadtverkehr. *Er war die erste deutsche PKW-Neukonstruktion nach dem Krieg, Am 13. Oktober 1949 liefen die ersten Modelle vom Band. Es gab ihn mit 1,5 und 1,8 Liter Benzin-Motor, immerhin bis zu 150 km/h schnell und als 1,8 Liter mit Diesel-Motor, 100 km/h schnell. Er war neben dem Mercedes 170 D und 260 D sowie dem Hanomag Rekord der vierte deutsche Serien-PKW mit Dieselmotor. Neben der Ponton-Karosserie gehörte zum Fortschritt ein Getriebe mit vier und nicht mit drei Gängen. 1954 wurde das Modell Hansa von der Isabella abgelöst. Der abgebildete Borgward hat eine französische Zulassung aus dem Departement Bas-Rhin mit der Hauptstadt Strasbourg.* | Stadtarchiv Saarbrücken, Geschäftsfeld Öffentlichkeitsarbeit, Nr. 3049.

Er finanzierte den Serienstart mit längeren Zahlungsfristen für seine Zulieferer. Wenn ein Modell nicht ankam, konnte das problematisch werden, so geschehen 1959 bei der Arabella, in die es literweise hineinregnete und dies ihren Ruf rasch und nachhaltig ruinierte.[165]

1964: Werbung für das Goggomobil *der Firma Glas, in Saarbrücken verkaufte die Saargarage Autos der Marke Glas.*

Im Falle von Glas in Dingolfing scheiterte ein Hersteller am fehlenden Kapital und verkaufte sein Werk 1966 noch rechtzeitig an BMW. Die Münchner Marke befand sich gerade auf Erfolgskurs und Dingolfing sollte zeitweise zum größten BMW-Werk der Welt werden. BMW brauchte zudem neue Produktionskapazitäten und Dingolfing lag vor den Toren Münchens. Mit dem Goggomobil war der frühere Landmaschinenhersteller zum Automobilproduzenten geworden, der dann in den frühen 1960er Jahren Mittel- und Luxusklassemodelle auf den Markt brachte. Dazu zählte der Glas 1300 und 1700, von dem es mit dem GT ein besonders attraktives Coupé gab und den Glas 2600 mit V 8-Motor, der auch «Glaserati» genannt wurde – in Anlehnung an die italienischen Nobel-Sportwagen von Maserati. Die Karosserie des 1965 vorgestellten Glaserati hatte das italienische Unternehmen Frua gestaltet. Der edle Glaserati verfügte als einziges deutsches Auto seinerzeit [1969 Opel Diplomat] über eine aufwändige De-Dion-Hinterachse, ein ansprechendes Design und ein ergonomisch gestaltetes Armaturenbrett mit Cockpit-Atmosphäre. Mit einer Höchstgeschwindigkeit von 200 km/h war der Glas 2600 eines der schnellsten deutschen Autos seiner Zeit.

Der 1964 vorgestellte Glas GT entsprach der Philosophie von BMW, *nicht zuletzt deshalb baute BMW nach der Übernahme von Glas dieses Auto als BMW 1600 GT mit BMW-Motoren und einigen Modifikationen noch kurze Zeit bis 1968 weiter.*
| Fotos: Uwe Gusen.

Ein Armaturenbrett, *das in den 1960er Jahren seiner Zeit weit voraus war.*
| Foto: Uwe Gusen.

Während das Goggomobil mehr ein Vehikel mit Wetterschutz war, zählten die übrigen Glas-Modelle zur fortschrittlichen Automobilbaukunst mit ergonomisch geformten Armaturenbrettern, Motoren mit obenliegenden Nockenwellen, wobei Glas erstmals Zahnriemen für den Nockenwellenantrieb einsetzte. Aber der Markt sah in Glas die Goggo-Marke, der Status litt darunter sehr.[166]

Borgward und Glas fuhren technisch einem Opel oder Ford jener Jahre weit davon, ebenso wie der NSU R 80. Und auch dieses in Neckarsulm ansässige, dem Motorradbau verbundene Unternehmen, verdiente mit Kleinwagen wie dem Prinz und dem modernen NSU RO 80 zu wenig Geld und wurde 1969 von Volkswagen übernommen und mit Audi vereint. Für die Mängel am Wankelmotor zahlte NSU zudem viel «Lehrgeld». Gleichwohl war der RO 80 das innovativste deutsche Auto nach 1945. Die von Claus Luthe gestaltete aerodynamische Karosserie und sein Fahrverhalten setzten Maßstäbe. Entwickelt hatte dieses Auto eine kleine Truppe von Ingenieuren, die nach Einschätzung eines NSU-Aktionärs anlässlich der Übernahme durch Volkswagen innovativer waren und mehr zustande brachten als die 4.000 Mitarbeiter der Wolfsburger Forschungs- und Entwicklungsabteilung.[167]

Citroën war vor 1945 der erfolgreichste französische Hersteller, *wurde aber nach 1945 durch den Staatskonzern Renault verdrängt. Die Marke litt unter Kapitalmangel, zugleich setzte sie auf fortschrittliche technische Lösungen und verdiente an ihren Autos zu wenig, die auch im Produktionsprozess sehr aufwändig waren. Dies führte 1975 zur Übernahme durch Peugeot.*
| Foto: Citroën Communication, Archiv Ulrich Knaack.

Aber auch eine Marke wie Citroën, in Frankreich vor dem Zweiten Weltkrieg der größte Hersteller des Landes, geriet trotz oder gerade wegen vieler teurer technischer Innovationen und technisch herausragender Automobile wie DS, GS und SM in eine finanzielle Schieflage, die 1974 zur Übernahme durch die Peugeot-Gruppe führte.[168]

Umgekehrt zeigt die Entwicklung von Audi und BMW, wie finanziell zunächst eher schwach aufgestellte Akteure mit technisch fortschrittlichen Automobilen sich konsolidieren konnten und sich zu starken und wirtschaftlich erfolgreichen Marken entwickelten.[169]

***1967: Der NSU RO 80** – ästhetisch und aerodynamisch ein Meisterwerk.*
| Fotograf: Walter Botzenhardt, Nutzungsrechte Verlag Peter Kurze.

***Auch wenn der RO 80 kommerziell nicht zum Erfolg wurde,** so ist er heute mehr denn je ein Symbol für Innovation, auf das die Stadt Neckarsulm stolz ist. Dieses Zeichen setzte der damalige Oberbürgermeister Joachim Scholz (damals parteilos, heute CDU). Die Stadt Neckarsulm erwarb im Jahr 2001 einen 1976 gebauten RO 80 für 7.000 DM von dem Kfz-Sachverständigen Dr. Bernward Bayer aus Michelstadt im Odenwald, der ihn recht früh als zweiter Besitzer erworben hatte.* | Foto: Stadt Neckarsulm.

Soziale Konflikte belasten Großbritannien und Italien

Die vor 1945 noch starke britische Automobilindustrie erlebte wie Großbritannien insgesamt einen Niedergang. In der ersten Hälfte des 20. Jahrhunderts konnte die britische Automobilindustrie neben dem nationalen Markt das große Kolonialreich bedienen, zu seinen Glanzzeiten zählte es 500 Millionen Menschen, und war unabhängiger von Zöllen- und Importbeschränkungen anderer Staaten. Vom europäischen Boom der Nachkriegszeit konnte die britische Autoindustrie nicht profitieren, da Großbritannien erst 1973 in die EWG aufgenommen wurde. Dazu kamen Managementfehler mit Schwächen in Marketing und Vertrieb. Vor allem aber wurde die Autoindustrie durch schwere Streiks erschüttert, die zu Produktionsausfällen und extremen Preissteigerungen führten. Mit kleinem Einsatz legten die britischen Gewerkschaften ihre Autoindustrie vor allem seit 1969 lahm. Durch Streiks beim Hersteller von Windschutzscheiben oder Sitzen kam die komplette Produktion zum Erliegen. Ford behalf sich mit einer Luftbrücke, die aus Holland und Frankreich die fehlenden Teile anlieferte.[170]

Der Niedergang der britischen Autoindustrie erleichterte es den Japanern den großen britischen Markt und ein Land mit eigener Automobilindustrie zu erobern.

***Britische Hersteller** standen in den 1970er Jahren nicht im Ruf zuverlässige Autos zu bauen. Bei der ADAC-Aktion der silbernen Zitrone im Kampf gegen Montagsautos kam ein Triumph Spitfire zum Zuge. Trotzdem zählte der Spitfire zu den populären Briten dieser Zeit., zit. Werbung.*

1973 importierten die Engländer erstmals Autos in höherem Wert als sie selbst exportierten, davon profitierte vor allem die französische und deutsche Konkurrenz, in noch stärkerem Maße aber die japanische.[171]

Von Vorteil für die Japaner war auch die massive Schwächung der italienischen Automobilindustrie. Auf den glanzvollen Aufstieg Fiats folgte der Abstieg. 1967 und 1968 feierte Italien Fiat noch als größten europäischen Automobilproduzenten, aber schon ab 1969 wurde Fiat als Symbol des industrialisierten Italiens über Jahre Schauplatz der gesellschaftlichen und politischen Krise des Landes. Rechts- und Linksextremisten beziehungsweise Neofaschisten und Kommunisten zerstörten den gesellschaftlichen Frieden. Maoistische Aktivisten legten die Fiat-Produktion lahm, obwohl nur fünf Prozent der Belegschaft dem Streikaufruf gefolgt waren. Fiat beklagte deshalb 1969 einen Umsatzverlust von einer halben Milliarde DM. Bis weit in die 1970er Jahre erlebte Italien bürgerkriegsähnliche Verhältnisse, leitende Angestellte von Fiat, Pirelli und Olivetti wurden bedroht und verprügelt und Streikbrecherinnen öffentlich entkleidet. Die Arbeitskämpfe bei Fiat waren Protest gegen die Schattenseiten des Fordismus, gegen antiquierte Hierarchien und das selbstherrlich wirkende Auftreten von Fiat-Chef Agnelli.[172] Technik wie auch die Qualität litten darunter. Die Marke verlor in Deutschland und vielen anderen Märkten Europas an Ansehen. Da Fiat gerade auch die preisbewusste Kundschaft ansprach, konnten die Japaner davon profitieren, zumal sie im Lauf der Zeit PKW präsentierten, die dem VW Golf beziehungsweise dem modernen europäischen Automobil entsprachen wie der Mitsubishi Colt (Modell A 150, 1978-1984) und der Mazda 323 (Modell BD, 1980-1995).

Der 1978 vorgestellte Mitsubishi Colt *zeigt, wie schnell die Japaner erfolgreich europäische Konzepte umsetzen konnten. Zu den damals bekannten Mitsubishi-Händlern in Saarbrücken zählte die Firma Auto Korz im Stadtteil Scheidt, zit. Werbung.*

Durchbruch auch in Deutschland und das Saarland als unbekannte Hochburg der Japaner

In der Bundesrepublik konnten die Japaner dann 1980 zehn Prozent Marktanteil verbuchen und waren die Nummer Eins unter den Importeuren. Auch die französischen Importeure hatten Marktanteile verloren. Im Saarland erreichten die Japaner bereits 1979 einen Marktanteil von 10,9 Prozent und 1980 sogar von 15,1 Prozent. Die Verbraucher im Saarland scheinen besonders preissensibel zu sein. Auch in den folgenden Jahren bewegte sich der Marktanteil der Japaner im Saarland über dem Bundesdurchschnitt. Mit der Firma Opel Dechent in Saarbrücken und dem Losheimer Peugeot-Händler Müller gab es zwei Autohändler, die frühzeitig die gut zehn Jahre später immer dominantere Position der Hersteller gegenüber den Vertragshändlern vorausahnten und ihre Angebote diversifizierten. Dechent baute den Toyota-Betrieb «Auto-Welt» in Saarbrücken-Burbach auf, der später in einen größeren Betrieb in Malstatt verlegt wurde und Müller investierte in eine Mazda-Vertretung.[173]

Aber auch Opel und Ford verloren an die Japaner, ebenso Fiat und im Saarland vor allem die französischen Marken. Seinerzeit waren der Honda Accord und die Mazda-Modelle 323 und 626 sehr erfolgreich. Die Bundesrepublik war hinter den USA und Großbritannien zum wichtigsten Exportmarkt der Japaner geworden.[174]

Japaner brechen den Export-Champion Volkswagen in den USA

Die Japaner hatten zudem den damals größten nationalen Einzelmarkt, die USA, mit einem Marktanteil von 20 Prozent fest im Griff und die deutsche Konkurrenz vom Thron gestoßen. Dies betraf in erster Linie Volkswagen. Der Glanz des Käfers in den USA war verblasst, die Japaner boten preiswertere und bessere Autos an. Toyota, Mazda, Mitsubishi, Honda, Nissan und die anderen Hersteller hatten in den frühen 1980er Jahren Design und Technik mit Blick auf europäische Vorstellungen angepasst, dabei den US-Geschmack nicht vernachlässigt. Speziell für die USA abgestimmte Modelle boten sie in Europa gar nicht erst an.

Toyota 1000, gebaut von 1974 bis 1978: *Einfach, zuverlässig und preiswert. Damit startete Toyota in der Bundesrepublik, zit. Werbung.*

Auch wenn die USA im Vergleich zu Europa das Land des billigen Benzins blieben und die Reagan-Regierung im Vergleich zur Vorgängerregierung autofreundlich war, kauften die Amerikaner keine Straßenkreuzer mehr. Die Japaner boten das Auto der Stunde. Gut ausgestattet, technisch beherrschbar, zuverlässig und robust mit guter Qualität und Finish. Nicht alle dieser frühen Japaner waren technisch simpel, so verfügte etwa der 1970 vorgestellte Datsun Cherry bereits über Frontantrieb, Quermotor und Einzelradaufhängung.[175] Gerade für VW war der Siegeszug der Japaner auf dem US-Markt eine bittere Niederlage. Von acht Prozent Marktanteil in den USA im Jahr 1975 stiegen die Japaner auf 18 Prozent 1980, während VW 1980 mit drei Prozent auf dem Niveau von 1970 lag.[176]

Dabei höhlten die Japaner nach der zweiten Ölkrise 1979/80 über die Mittelklasse die Position der US-Hersteller aus – zum Beispiel mit dem Toyota Camry. Vor allem Chrysler geriet an den Rand des Abgrundes, ebenso ließen General Motors und Ford Federn. Alle drei hatten ihre Erfolgsgeschichte in Detroit begonnen, die größte Autostadt der Welt stürzte ab. Zwischen 1977 und 1981 gingen über eine halbe Million Arbeitsplätze verloren. So sehr Detroit ein Symbol des Niederganges war, die US-Hersteller konnten sich konsolidieren, unter anderem mit der Produktionsverlagerung in andere Länder wie zum Beispiel Mexiko und in Regionen in Amerika mit niedrigerem Lohnniveau. Von den US-Herstellern konnte sich Ford noch am besten behaupten und seinen Marktanteil von 16 Prozent auf 22 Prozent im Jahr 1989 steigern.[177] Die japanische Konkurrenz stellte auch die europäischen Hersteller vor Probleme, die zu einer Krise führten, weil sie sich mit Defiziten des Fordismus verstärkten.[178]

Der kometenhafte Aufstieg des Nachzüglers Japan

Die Geschichte der japanischen Automobilindustrie zeigt, wie rasch sich der Markt wandelt, Nachzügler zu Gewinnern und Gewinner von heute zu Verlierern von morgen werden können. Betrug der Marktanteil japanischer Hersteller in der BRD im Jahr 1975 gerade mal 1,7 Prozent, so waren es 1980 über zehn und im Jahr 1984 sogar zwölf Prozent. Von 1970 zu 1979 sank Fords Marktanteil dramatisch von 14,7 auf 11,9 und Opels Marktanteil sank von 19,2 auf 18,3 Prozent und der von Fiat von 6,8 auf 4,2 Prozent.[179]

Heute beträgt der Anteil der Japaner übrigens nur noch etwas mehr als 8 Prozent, dafür sind die Koreaner den Japanern auf den Fersen und dürften sie bald überholen.

Im Jahr 1950 rollten über 80.000 VW Käfer in Wolfsburg vom Band, dabei lief die Massenproduktion zu diesem Zeitpunkt noch gar nicht auf vollen Touren. Im selben Jahr bauten alle japanischen Hersteller zusammen gerade mal 1.594 PKW, 1953 sollten es dann schon 50.000 sein. Und gut 20 Jahre später, im Jahr 1972, produzierte Japan 6,5 Millionen Autos. 1972 überholten die Japaner Volkswagen als bis dahin erfolgreichsten Auto-Exporteur in die USA. Zwei Jahre später verdrängte Japan dann die Bundesrepublik als weltweit erfolgreichsten Automobilexporteur. Und im Jahr 1980 avancierten die Japaner weltweit zum Automobilproduzenten Nummer Eins vor den USA. Damit hatten sie die Autonation USA überholt. Heute ist China die Nummer Eins.

Die Initialzündung für die japanische Automobilindustrie bildete der Koreakrieg (1950-1953). Japan, noch kurz vorher Bündnispartner von Hitler-Deutschland, sollte wenige Jahre später zu einem bedeutenden und wertvollen Bündnispartner für die USA werden. Dabei wurde die japanische Wirtschaft in die amerikanische Rüstungsproduktion integriert, dies war mit einem enormen Industrialisierungsschub verbunden.[180]

Bei der Industrialisierung entwickelte Japan erstmals aber eigene Wege. Der Textilmaschinenhersteller Toyota baute ab 1935 Automobile. Toyota entwickelte eigene Fertigungsprozesse und orientierte sich dabei an der Logistik des Einzelhandels. Im Unterschied zum fordistischen Modell verzichtete Toyota auf eine hohe Fertigungstiefe. Zulieferer spielten eine große Rolle: Ihre Teile wurden nicht massenhaft am Lager vorgehalten oder vom Hersteller selbst gefertigt, sondern mehr oder weniger zum Fertigungszeitpunkt angeliefert. Das Schlagwort «Just in Time» und «Lean Production» bringt dieses System auf den Punkt.

Die eigene Automobilindustrie schützte der japanische Staat durch hohe Zollmauern. Der Export in die USA und nach Europa wurde staatlich gefördert. Nach dem Verkauf von zwei Toyotas in den USA am 25. August 1957 zeigte sich, dass die Fahrzeuge noch nicht im amerikanischen Verkehr überzeugen konnten. Deshalb konzentrierten sich die Hersteller auf ihr eigenes Land, mit 100 Millionen Einwohnern recht groß und mit noch nicht gesättigtem Markt. Ab 1965 starteten die Japaner dann eine Exportoffensive in die USA und nach Australien, Asien und Europa.

Zuerst belieferte Japan europäische Länder ohne eigene Automobilindustrie und Länder, in denen es nur Montagewerke gab. 1963 hatte der dänische Skoda-Importeur mit Toyota begonnen, es folgten Finnland, Benelux, die Schweiz und Österreich. Seine Europazentrale errichtete Toyota 1969 in Belgien. Toyota suchte dann ab 1971 auch Händler in Deutschland, Honda war schon

Werbung *eines Mazda-Händlers in Saarbrücken-Klarenthal, Saarbrücker Zeitung, 18.4.1974.*

Ende der 1960er Jahre als Nischenhersteller um den deutschen Markt bemüht. Rasch eroberten die Japaner den britischen Markt. Technisch orientierten sie sich an den großen Produzenten Opel und Ford. Das bedeutete eine einfache wartungsfreundliche Bauweise mit Hinterradantrieb und Starrachse. Japanische Autos waren gut ausgestattet und genossen schnell den Ruf, gut verarbeitet und zuverlässig zu sein. Klimatische Extreme wie etwa in Afrika oder Skandinavien steckten sie viel besser weg als Franzosen oder Italiener.

Zwischen 1966 und 1976 konnten die Japaner ihre Exporte nach Europa um 1.200 Prozent erhöhen. 1980 waren sie in der Bundesrepublik etabliert und unter den Importeuren die Nummer Eins.[181]

***Zu den ersten Toyota-Händlern** in Saarbrücken zählte die Firma Becke auf dem Saarbrücker Rodenhof, die auch die schwedische Mark Saab vertrat. Werbung in der Saarbrücker Zeitung, 30.10.1975*

TOYOTA
Über fünf Millionen Toyota Corolla fahren in aller Welt und stehen selten in der Werkstatt.
Der Toyota Corolla 1200 ist seit 1974 das meistgebaute Automobil der Welt. Und das meistverkaufte. Denn überall schätzt man seine Vorzüge: den leistungsstarken Motor, die komplette Ausstattung, Gebrauchstüchtigkeit und die große Zuverlässigkeit.
Sein bewährter, drehfreudiger Motor leistet 55 PS/40,5 kW und bringt den Toyota Corolla auf eine Spitzengeschwindigkeit von über 140 km/h. Das gutabgestimmte Fahrwerk sorgt auch bei voller Belastung für ausgeglichenes Fahrverhalten. Die Schaltung ist leichtgängig, die Lenkung exakt. Auch er hat selbstverständlich die verwindungsfreie Sicherheitszelle des Fahrgastraumes. Der Wagen ist für fünf Personen zugelassen. Der Kofferraum hat Urlaubsgröße. Seine Ausstattung ist reichhaltig: Ruhesitze mit einstellbaren Kopfstützen, durchgehender Teppichboden, heizbare Heckscheibe, zwei Rückfahrscheinwerfer, zweistufiger Scheibenwischer/elektrischer Wascher mit Intervallschaltung, Tankschloß, Stahlgürtelreifen, Scheibenbremsen vorn, Zweikreis-Bremssystem mit Servo. Das sind die serienmäßigen Extras beim Toyota Corolla 1200. Und an seiner sauberen Verarbeitung gibt es nichts zu bemängeln.
Nur eines kann Sie bei all' seinen Vorteilen dennoch überraschen: der ungewöhnlich günstige Preis.
Toyota Corolla 1200 (Abbildung) mit vielen Extras serienmäßig ab Köln DM 9.845,– Unverbindliche Preisempfehlung. Lieferbar auch als Coupé. Als 2türige und 4türige Limousine, auch mit Automatik. Und als 5türiger Combi. Garantie: 1 Jahr ohne km-Begrenzung.
Heute schon hat Toyota mehr als 750 Vertragshändler in der BRD – mehr als mancher europäische Automobilhersteller.
TOYOTA DEUTSCHLAND GMBH
Bunzlauer Str. 1, 5000 Köln 40.
Begeisterung auf Rädern TOYOTA
TOYOTA

Erklärungen für die hohe japanische Produktivität

Ihre wirtschaftliche Stärke erklärte sich aus ihrer höheren Produktivität. Sie basierte auf der beschriebenen Just in Time-Produktion, niedrigeren Löhnen, längeren Arbeitszeiten und einer Kultur, die persönliche Interessen den gesellschaftlichen und denen des Arbeitgebers rigoros unterordnete. Für den Hitler-Verbündeten Japan bedeutete die Kriegsniederlage eine Demütigung. Von einem Schuldbewusstsein war die japanische Gesellschaft weit entfernt. Die empfundene Schmach der Niederlage sollte durch japanische Höchstleistungen kompensiert werden. Die Japaner waren zudem deutlich weiter im Einsatz von Robotern und Mikroelektronik. Viele Bereiche wie etwa die Motorenfertigung liefen voll automatisiert. Der Sinnentleerung der monotonen Fließbandarbeit stellte die japanische Fertigung eine Gruppenverantwortung entgegen. Die Produktion war auf permanente Verbesserung ausgelegt (Kaizen). In den Betrieben herrschten zudem große Statusunterschiede zwischen einer Stammbelegschaft mit lebenslanger Beschäftigungsgarantie und Leiharbeitern, die fast 50 Prozent weniger verdienten und keine Arbeitsplatzsicherheit genossen. Dazu arbeiteten die Japaner an sieben Tagen die Woche zehn Stunden. 1977 baute ein Toyota-Arbeiter 51,3 Kfz im Jahr, bei Volkswagen waren es nur 12,3 und bei General Motors gar nur 9,6.[182]

Die Europäer und allen voran Volkswagen hatten zu Beginn der 1970er Jahre auf das Baukastensystem gesetzt und Motoren, Getriebe und Achsen zum Einbau in verschiedenen Modellen vorgesehen. Auf die japanische Herausforderung reagierten sie mit einer umfassenden Automatisierung. Bei VW war 1979 ein Rationalisierungsprozess eingeleitet worden. Die Produktion wurde flexibler und effektiver. Bereits 1981 wurde der Karosserie-Rohbau auf programmierbare Handhabungsautomaten umgestellt. Die Fertigung wurde digital gesteuert, jedes Fahrzeug als Einzelauftrag behandelt. Im Juni 1983 wurde mit der Halle 54 in Wolfsburg ein weiterer Rationalisierungsschub umgesetzt: Das bedeutete vollautomatischer Zusammenbau von Aggregaten und Teilen zu Baugruppen.[183]

***Den Japanern gelang es von Anfang an**, sich als Hersteller zuverlässiger und bezahlbarer Autos am Markt zu positionieren. Gerade in den Krisenzeiten der 1970er Jahre gab es viele Verbraucher, die das zu schätzen wussten, zit. Werbung 1978.*

5. Die Krise des Fließbandes

Als das Saarlouiser Ford-Werk 1970 mit der Escort-Montage begann, ging das Werk innerhalb der Ford-Organisation mit der Einführung des betrieblichen Vorschlagswesens einen neuen Weg. Es war ein Zeichen, die Identifikation der Mitarbeiter zu stärken, ihr Verantwortungsbewusstsein zu fördern und sie in die Gesamtproduktion miteinzubeziehen. Jeder Mitarbeiter konnte bei der Produktion Fehlerquellen, Einsparungs- und Optimierungsmöglichkeiten erkennen. Dieses Wissen galt es abzuschöpfen und Arbeitsabläufe zu optimieren, Transportwege zu verringern und Blech einzusparen – in der Massenproduktion rechnete sich das für Ford. Allein bis 1983 wurden 100 Prämien dafür ausgezahlt, zur Höchstprämie von damals maximal 15.000 DM gab es noch einen Ford Escort dazu.[184]

Am 6. Oktober 1913 lief bei Ford in Detroit erstmals das Fließband an. Die Produktion verdoppelte sich und die Zahl der Mitarbeiter sank um zehn Prozent. Seinerzeit wurde gerade dieser Ansatz kritisch gesehen, mehr zu produzieren und damit mehr Profit zu erwirtschaften, und dabei weniger Menschen zu beschäftigen. Das Fließband bedeutete die Verdrängung gut ausgebildeter Fachkräfte durch Angelernte. Damit war eine Entwertung von Arbeits- und Berufserfahrung verbunden. Die Entfremdung und Sinnentleerung durch die extreme Arbeitsteilung des Fließbandes, schon wenige Jahre nach seinem Siegeszug heftig kritisiert, rückte nach dem Krieg erneut in den Mittelpunkt der Kritik. Denken und Tun wurden am Fließband voneinander getrennt.[185]

Upton Sinclair zählte zu den bekanntesten Kritikern des Fließbandes, er war der meistgelesene amerikanische Schriftsteller in Deutschland, bis 1932 erreichte seine Gesamtauflage in Deutschland 700.000 Exemplare.[186]

Fließbandarbeit ist körperlich und seelisch extrem anstrengend. Soziologen geißelten das Fließband seit den 1960er Jahren als Tyrannen. Die monotone, auf bestimmte Handgriffe reduzierte Arbeit belastet die Menschen ebenso wie physisch einseitige Arbeiten den Bewegungsapparat schädigen. Besonders hart ist das Arbeiten über Kopf.

Wie kaum ein anderer Automobilhersteller der Welt profilierte sich der schwedische Hersteller Volvo als arbeitnehmerfreundliches Unternehmen, das die negativen Folgen der Fließbandarbeit nicht hinnehmen und ein menschliches Arbeitsklima schaffen wollte. Früh bemühte sich Volvo um die Arbeitsergonomie. Volvo errichtete ein Werk in Kalmar als Autofabrik der Zukunft ein Werk ohne Fließband. Volvo galt als das Auto für gute Menschen, unter humanen Bedingungen produziert. Mit Flurförderfahrzeugen, «die die Karosserie über im Boden verlegte Signalwege automatisch an den richtigen Arbeitsplatz transportierten, wo die Beschäftigten in Arbeitsgruppen selbst über ihren Arbeitstakt entschieden», wurden die Volvos montiert. Die Produktionslinie wurde in Abschnitte aufgeteilt. Eine Gruppe von circa 20 Arbeitern arbeitete im Team. Es führte alle Arbeiten durch, die Arbeiter konnten sich abwechseln. Fehler wurden sofort beseitigt und besprochen. Dazu gab es Fenster in der Fabrik, die den Monteuren Sichtkontakt nach draußen ermöglichten. Künstliches Licht wurde soweit möglich vermieden und schalldämpfende Elemente reduzierten die Lärmbelastung. In den ersten Jahren arbeitete Kalmar nicht sehr produktiv, ab den 1980er Jahren erreichte es dann das Produktivitätsniveau der übrigen Volvo-Werke. 700 Beschäftigte montierten hier rund 30.000 Volvos. Im Jahr 1985 entschloss sich Volvo nach dem Vorbild von Kalmar eine weitere Anlage in Uddevalla aufzubauen. Die Investitionskosten lagen zehn Prozent über einer herkömmlichen Fließbandfabrik, 1984 konnte Kalmar mit einer 15 Prozent höheren Produktivität glänzen und einem Krankenstand, der 30 Prozent niedriger war als in den anderen Volvo-Werken. Der langfristige Erfolg blieb aber aus, im Lauf der 1990er Jahre wurden Kalmar und Uddevalla geschlossen. Gleichwohl war Volvos Weg kein Misserfolg, denn viele Elemente dieser Fertigung wurden in den anderen Werken eingeführt und von der Konkurrenz weltweit auch kopiert. Delegationen von Soziologen, Gewerkschaftern und Automanagern aus der ganzen Welt pilgerten nach Kalmar, zeitweise wurden sogar Besuchersperren erlassen, so stark war der Andrang. Insbesondere die noch in den 1970er Jahren fließbandorientierten Massenhersteller wie Renault und Fiat schauten im Zeichen heftiger Arbeitskämpfe auf das Volvo-Werk in Kalmar.[187]

Wesentlich stärker als Volvo sollten aber die Japaner die Autoproduktion beeinflussen, die den fordistischen Weg nicht gegangen waren. Bei ihnen durften die Arbeiter das Fließband übrigens anhalten, wenn es Probleme gab.[188]

In Kalmar baute Volvo unter anderem die an die DDR gelieferten Sondermodelle 244 DLS *(1977/1978), die u.a. die Motorhaube des Volvo 264 erhielten. Die Produktion startete mit dem Modell 164, das 1975 und 1976 noch in die USA geliefert wurde. Vor allem fertigte Volvo die modifizierte Serie 760 ab Modelljahr 1987 in Kalmar. 1000 Volvo 244 DLS kaufte die DDR. Die Staats- und Parteiführung nutzte den Sechszylinder 264, etwa auch auch als TE in der verlängerten Variante. Die ersten Volvos (144er) hatte die DDR bereits 1971 beschafft.*

| Volvo-Prospekt Modell 264, Modelljahr 1976.

1 Ferdinand Dudenhöffer, Wer kriegt die Kurve? Zeitenwende in der Autoindustrie, Frankfurt/Main 2016, S. 13.

2 Als Autoposer werden Menschen bezeichnet, die mit ihrem Kfz auffallen wollen und dabei die Motorleistung, Optik und vor allem gerne auch die Abgasanlagen verändern, nicht selten unter massiver Missachtung geltender Vorschriften und sich zu Straßenrennen im öffentlichen Verkehr verabreden.

3 https://www.zdf.de/dokumentation/zdf-reportage/viel-ps-und-keine-ruecksicht-100.html; [03.05.2022].

4 Saarbrücker Zeitung, 17.4., 5.5. und 8.5.1990.

5 Saarbrücker Zeitung, 6.3.1970.

6 Auto-Zeitung, Nr. 19/1975, S. 14 ff.

7 https://www.nachhaltigkeit.info/artikel/uno_konferenz_stockholm_1972_688.htm [06.01.2023].

8 Ruth Bauer, «Der Himmel über der Saar muss wieder blau werden». Die Landeshauptstadt Saarbrücken als Pionier beim Umweltschutz, in: Saargeschichten 2/2022, S. 8 ff.

9 Auto, Motor und Sport, Nr. 8/1975, S. 12 und 24 ff.

10 Saarbrücker Zeitung, 24.9.1977.

11 Auto, Motor und Sport, Nr. 14/1979, S. 64.

12 MOT – Die Autozeitschrift, Nr. 6/1980, S. 66. Auskunft von Immo Mikloweit, 25.7.2022. Hydraulische Presse 1/2017, S. 23 ff.

13 Auskunft von Immo Mikloweit, 25.7.2022; Hydraulische Presse 2/2015 und 1/2017, S. 23 ff.

14 MOT – Die Autozeitschrift, Nr. 15/1974, S. 38.

15 Saarbrücker Zeitung, 23.4.1901.

16 Harry Niemann, Béla Barényi und seine Erben. Sicherheitstechnik by Mercedes-Benz, Stuttgart 2016, S. 9.

17 Ulrich Raulff, Das letzte Jahrhundert der Pferde. Geschichte einer Trennung, München 2015, S. 40, 52, 56.

18 Hans-Christian Herrmann, Franz Josef Röder. Das Saarland und seine Geschichte, St. Ingbert 2017, S. 349; Saarbrücker Landeszeitung 4.4.1972.

19 Die Straßenverkehrsunfälle im Jahre 1963, hg. vom Statistischen Amt des Saarlandes, 15.12.1964; Straßenverkehrsunfälle im Dezember und im Jahr 1965, hg. vom Stat. Amt des Saarlandes 23.3.1966; Saarland in Zahlen. Straßenverkehrsunfälle im Jahr 1991, Sonderheft hg. vom Stat. Amt des Saarlandes; Saarland in Zahlen, Straßenverkehrsunfälle 1992 und 1993, Sonderheft Nr. 178/1995, hg. vom Stat. Amt des Saarlandes.

20 Heike Weishaupt, Die Entwicklung der passiven Sicherheit im Automobilbau von den Anfängen bis 1980 unter besonderer Berücksichtigung der Daimler-Benz AG, Vaihingen/Enz 1999, S. 156 f., 214 ff.

21 Auto, Motor und Sport, Nr. 20/1982, S. 186 ff.

22 Herrmann, Röder, S. 348.

23 Ebda. Saarbrücker Zeitung vom 19./20.4.1973.

24 Thomas Fläschner u. Franz Hunsiker, Verkehr und Mobilität im Saarland in Geschichte und Gegenwart, Saarbrücken 2009, S. 47, zitiert nach Volksstimme vom 28.5.1953.

25 Ebda.

26 Statista. https://de.statista.com/statistik/daten/studie/185/umfrage/todesfaelle-im-strassenverkehr/ [06.01.2023].

27 Auto, Motor und Sport, Nr. 20/1982, S. 186 ff; Saarbrücker Zeitung, 26.11.1968.

28 Weishaupt, Die Entwicklung der passiven Sicherheit, S. 214 ff.

29 Auto, Motor und Sport, Nr. 4/1975, S. 62 ff; Golf 3 – Mit Sicherheit ein Umweltauto, hg. VW Historische Kommunikation, Wolfsburg 2003, S. 2.

30 Der Spiegel, Nr. 34/1971; Auto, Motor und Sport, Nr. 4/1975, S. 63; Golf 3 – Mit Sicherheit ein Umweltauto, S. 2.

31 Graham Robson, Die Volvo Story, Düsseldorf 1984.

32 Hans-Christian Herrmann, Die Geschichte von Volvo in Deutschland, Riedstadt 2007, S. 51.

33 Niemann, Béla Barényi und seine Erben, S. 13, 60 ff., 69 ff, 89.

34 Weishaupt, Die Entwicklung der passiven Sicherheit, S. 371 ff.

35 Hinweis von Walter Wolf, Riedstadt.

36 Weishaupt, Die Entwicklung der passiven Sicherheit, S. 377.

37 Auto, Motor und Sport, Nr. 20/1982, S. 186 ff.

38 Herrmann, Volvo, S. 55-58.

39 Auto, Motor und Sport, Nr. 13/1976, S.6.

40 Auto, Motor und Sport, Nr. 3/1976, S. 53.

41 Auto, Motor und Sport, Nr. 12/1980, S. 226, 232.

42 Auto, Motor und Sport, Nr. 14/1985, S. 129.

43 Auto, Motor und Sport, Nr. 19/1979, S. 205.

44 Niemann, Béla Barény und seine Erben, S. 223.

45 Der Spiegel, Nr. 27/1973.

46 https://www.krafthand.de/artikel/30-jahre-volvo-850-58993/ [06.01.2023].

47 https://www.wiki.de-de.nina.az/Side_Impact_Protection_System.html [06.01.2023].

48 Fahrsicherheit bzw. Maßnahmen, die einem Unfall vorbeugen wie Spursicherheit, Straßenlage usw.

49 Der Spiegel, Nr. 34/1971, S. 99.

50 Auto, Motor und Sport, Nr. 12/1980, S. 212.

51 https://www.autoplenum.de/auto/tests/50-jahre-volvo-144-fast-vergessener-klassiker-id30160 [06.01.2023].

52 Peter Kurze u. Ulrich Knaack, Citroën DS, Bielefeld 2011.

53 Niemann, Béla Barényi und seine Erben, S. 222 ff

54 Walter Kaiser, Bosch und das Kraftfahrzeug. Rückblick 1950-2003, Mit einem Vorwort von Hermann Scholl, Stuttgart/Leipzig, 2. Auflage 2008, S. 164-170.

55 Die Straßenverkehrsunfälle im Jahre 1963, hg. vom Statistischen Amt des Saarlandes, 15.12.1964; Straßenverkehrsunfälle im Dezember und im Jahr 1965, hg. vom Stat. Amt des Saarlandes 23.3.1966; Saarland in Zahlen. Straßenverkehrsunfälle im Jahr 1991, Sonderheft hg. vom Stat. Amt des Saarlandes; Saarland in Zahlen, Straßenverkehrsunfälle1 1992 und 1993, Sonderheft Nr. 178/1995, hg. vom Stat. Amt des Saarlandes; https://de.statista.com/statistik/daten/studie/398337/umfrage/verunglueckte-im-strassenverkehr-im-saarland/ [06.01.2023].

56 Statista. https://de.statista.com/statistik/daten/studie/185/umfrage/todesfaelle-im-strassenverkehr/ [06.01.2023].

57 SWR-Dokumentation Frauen - Männer. Wie ungerecht ist Deutschland? [2021].

58 Politische Verkehrsunfallstatistik 2020 Saarland.

59 http://www.umweltunderinnerung.de/index.php/kapitelseiten/aufbrueche/86-das-tempolimit. [30.01.2023], ausführlich dazu: Dietmar Klenke, Freier Stau für Freie Bürger. Die Geschichte der bundesdeutschen Verkehrspolitik 1949-1994, Darmstadt 1995; Kurt Möser, Was macht eigentlich das Geschwindigkeitslimit? in: Patrick Masius (Hg.), Umweltgeschichte und Umweltzukunft. Zur gesellschaftlichen Relevanz einer jungen Disziplin. Göttingen 2009, S. 229-240.

60 Nils Beckmann, Käfer, Goggos, Heckflossen. Eine retrospektive Studie über die westdeutschen Automobilmärkte in den Jahren der beginnenden Massenmotorisierung, Vaihingen/Enz 2006, S. 270.

61 Jean-Louis Loubet, Moments choisis – Ausgewählte Momente, Valentigny 2010, S. 175 ff.

62 Motor-Klassik, Nr. 1/1999, S. 63.

63 Edouard Seidler, Renault. Der Weg zum Weltunternehmen 1945-1973, Lausanne 1973, S. 154 ff, 181 ff, 183 ff.; Jean-Louis Loubet, Renault-Histoire d'une entreprise, Boulogne-Billancourt 2000, S. 162-168.

64 Loubet, Renault, S. 92 ff.; Andreas Braun, The Mini Story. Ausstellung im BMW Museum, München 2015. Zum politischen Kontext: Peter Fischer, 125 Jahre Suezkanal, Berlin 1994; Winfried Heinemann u. Norbert Wiggershaus (Hg.), Das internationale Krisenjahr 1956: Polen, Ungarn, Suez, Berlin 1990; Alexander Lurz, Der Weg in die Suezkrise – Großbritannien, die USA und Ägypten, München 2005.

65 Auto, Motor und Sport, Nr. 25/1977.

66 Arthur Railton, «Der Käfer». Der ungewöhnliche Weg eines ungewöhnlichen Automobils, Zürich 1985, S. 152-180.

67 L' automobile, Juli 1960.

68 Auto, Motor und Sport, Nr. 25/1977, S. 8.

69 http://www.aral.de [24.09.2022].

70 Loubet, Renault, S. 175 ff.,

71 Auto, Motor und Sport, Nr. 4/1978, S. 34 ff.

72 MOT – Die Autozeitschrift, Nr. 6/1980, S. 32 ff.

73 Reinhold Bauer, Die US-Automobilindustrie in den 1960er und 1970er Jahren. Vom unendlichen Boom zur existenzbedrohenden Krise, in: Stephanie Tilly, Florian Triebel (Hg.), Automobilindustrie 1945-2000. Eine Schlüsselindustrie zwischen Boom und Krise, München 2013, S. 185 ff.; Auto, Motor und Sport, Nr. 4/1978, S. 34 ff.

74 Ebda.

75 Auto, Motor und Sport, Nr. 4/1980, S. 138.

76 Auto, Motor und Sport, Nr. 20/1978, S. 94 ff; vgl. auch Nr. 3/1982; Saarbrücker Zeitung, 25.5.1977, 14./15.6.1980, 19.6.1980 und 25.11.1980; MOT – Die Autozeitschrift, Nr. 8/1979, S. 8.

77 Auto, Motor und Sport, Nr. 4/1979, S. 108 und Nr. 7/1984, S. 24 ff.

78 Hans-Jürgen Reuß, Hundert Jahre Dieselmotor. Idee, Patente, Lizenzen, Verbreitung, Stuttgart 1993, S. 77- 79.

79 Ebda.

80 Ebda.

81 Walter Kaiser, Bosch S. 61, 63.

82 Christopher Neumaier, Dieselautos in Deutschland und den USA. Zum Verhältnis von Technologie, Konsum und Politik 1949-2005, Stuttgart 2010, S. 35. Zu den Checker-Taxis: Auto, Motor und Sport, Nr. 25/1978, S. 46.

83 Kaiser, Bosch, S. 68.

84 Ebda., S. 65 ff.

85 Saarbrücker Zeitung, 3.7.1972.

86 Oldtimer-Markt, Nr. 7/2017, S. 21.

87 MOT – Die Autozeitschrift, Nr. 16/1977, S. 5 ff.

88 Neumaier, Dieselautos, S. 35.

89 Kaiser, Bosch, S. 71

90 Florian Illes, Generation Golf, Berlin 2000.

91 Olaf von Fersen (Hg.), Ein Jahrhundert Automobiltechnik, Personenwagen, Düsseldorf 1986, S. 540; Manfred Grieger, Die «geplatzte» Wirtschaftswundertüte. Die Krisen 1966/67 und 1973/75 im deutschen Symbolunternehmen Volkswagen, in: Stephanie Tilly u. Florian Triebel, Automobilindustrie 1945-2000. Eine Schlüsselindustrie zwischen Boom und Krise, München 2013, S. 70 ff.

92 MOT – Die Autozeitschrift, Nr. 24/1977, S. 44.

93 Auto, Motor und Sport, Nr. 12/1986, S. 27.

94 Kaiser, Bosch, S.70

95 MOT – Die Autozeitschrift, Nr. 24/1977, S. 44.

96 Kai-Uwe Hellmann, Michael Friedemann, Markenkultur im Autoland. Zur Diskursgeschichte der VW Golf-Markenfamilie, in: Stephanie Tilly u. Florian Triebel, Automobilindustrie 1945-2000. Eine Schlüsselindustrie zwischen Boom und Krise, München 2013, S. 387 ff.

97 Auto, Motor und Sport, Nr. 4/1980, S. 138

98 MOT – Die Autozeitschrift, Nr. 16/1977, S. 5 ff.

99 Christopher Neumaier, Vom Gefühl zum Kalkül? Autowerbung in Westdeutschland und den USA während der 1970er-Jahre, S. 548–552.

100 von Fersen (Hg.), Ein Jahrhundert Automobiltechnik, S. 539.

101 Auto, Motor und Sport, Nr. 15/1976, S. 36.

102 Auto, Motor und Sport, Nr. 8/1979, S. 20.

103 Der Spiegel, Nr. 43/1975.

104 Neumaier, Vom Gefühl zum Kalkül?, S. 547.

105 MOT – Die Autozeitschrift, Nr. 2/1980, S. 26.

106 Auto, Motor und Sport, Nr. 10/1982, S. 6 und MOT 10/1982, S. 28. Vgl. Gert Hack, Iris Langkabel, Turbo- und Kompressormotoren, Stuttgart 1999.

107 MOT – Die Autozeitschrift, Nr. 6/1981, S. 121.

108 Neumaier, Vom Gefühl zum Kalkül?, S. 548 ff.

109 Auto, Motor und Sport, Nr. 10/1983, S. 76.

110 MOT – Die Autozeitschrift, Nr. 1/1985, S. 8 ff.

111 Auto, Motor und Sport, Nr. 15/1988, S. 25 ff.

112 Auto, Motor und Sport, NR. 12/1985, S. 18 ff.

113 Auto, Motor und Sport, Nr. 17/1983, S. 70 ff.

114 Kaiser, Bosch, S. 73-75.

115 Auto, Motor und Sport, Nr. 4/1980, S. 138 und Nr. 12/1986, S. 39.

116 Kaiser, Bosch, S. 76-80.

117 Kaiser, Bosch, S. 90-95.

118 Ebda.

119 Auto, Motor und Sport, Nr. 15/1988, S. 70 ff.

120 Kaiser, Bosch, S. 98 ff.

121 Auto, Motor und Sport, Nr. 18/1987, S. 8 ff.

122 https://www.spiegel.de/auto/werkstatt/diesel-partikelfilter-saubere-franzosen-a-255452.html [06.01.2023].

123 Pressemitteilung Nr. 25/99 Gemeinsame Presseinformation von Bundesumweltministerium und Umweltbundesamt.

124 Neumeier, Dieselautos, S.224 f., 257.

125 Christian Steiger, Thomas Wirth, Audi 1965-1975. Die entscheidenden Jahre. Geschichte, Technik, Bilder, Königswinter 1995, S. 53 ff, 91 ff.

126 Auto, Motor und Sport, Nr. 24/1978, S. 67 und MOT – Die Autozeitschrift Nr. 8/1979, S. 54 ff und Nr. 25/1985, S. 17 ff.

127 Marie Claire Lauvray, Vincent Roussel, Citroën BX, La voiture de mon père, Boulogne-Billancourt 2012.

128 Auto, Motor und Sport, Nr. 15/1988, S. 146 ff.

129 Auto, Motor und Sport, Nr. 12/1985, S. 44.

130 Golf 3 - Mit Sicherheit ein Umweltauto, S. 9.

131 Oldtimer-Markt 9/1986, S. 130-137.

132 Ebda., Florian Gantner, König der Zwerge, 60 Jahre Panhard Dyna, in: Citroën-Jahrbuch Nr. 3, hg. von Ulrich Knaack u. Halwart Schrader, Hannover 2007, S. 20-33.

133 MOT – Die Autozeitschrift, Nr. 11/1981, S. 28.

134 Oldtimer Markt, Nr. 7/1992, S. 44- 47.

135 Kaiser, Bosch, S. 108-114; Interview mit BOSCH-Ingenieur Dr. Wolf-Dieter Haecker, 3.2.2022. Zum Autobahnbau: L'automobile, Sept. 1968.

136 Ebda., S. 129 ff.

137 Auto, Motor und Sport, Nr. 10/1983, S. 22. Kaiser, Bosch, S. 126.

138 Raulff, Das letzte Jahrhundert der Pferde, S. 37, 52, 56, 73,

139 Neumaier, Vom Gefühl zum Kalkül?, S. 548 – 552.

140 von Fersen (Hg.), Ein Jahrhundert Automobiltechnik, S. 539.

141 Auto, Motor und Sport, Nr. 8/1975, S. 12, 24 ff.

142 Auto, Motor und Sport, Nr. 8/1979, S. 10.

143 Neumaier, Dieselautos, S. 57.

144 MOT – Die Autozeitschrift, Nr. 11/1981, S. 66.

145 Interview mit Dr. Wolf-Dieter Haecker 3.2.2022.

146 Ebda.

147 Erklärung von Dr. Wolf-Dieter Haecker, dem für die Entwicklung der Lambda-Sonde bei Bosch verantwortlichen Ingenieur.

148 https://www.BOSCH-mobility-solutions.com/de/loesungen/sensoren/sprung-lambda-sonde/ [24.01.23].

149 Christopher Neumaier, Vom Gefühl zum Kalkül?, S. 546

150 Christopher Neumaier, Die Einführung des «umweltfreundlichen Autos» in den 1980er Jahren im Spannungsverhältnis von Wirtschaft, Politik und Konsum, vgl. https://www.europa.clio-online.de/Portals/_Europa/documents/B2012/E_Neumaier_umweltfreundliches%20Auto.pdf [22.03.2022].

151 Kenneth Anders, Frank Uekötter, «Viel Lärm ums stille Sterben: Die Debatte über das Waldsterben in Deutschland», in: Frank Uekötter, Jens Hohensee (Hg.), Wird Kassandra heiser? Die Geschichte falscher Ökoalarme (Stuttgart, 2004), S. 112-138.

152 Saarbrücker Zeitung, 26.6.1982, 7.6.1983.

153 Uwe Eduard Schmidt, Jörn Wallacher, «Dich sah ich wachsen. Holz». 100+1 Jahre Saar-Wald-Kultur, St. Ingbert 2022, S. 116.

154 Auto, Motor und Sport, Nr. 4/1975, S. 38

155 Auto, Motor und Sport, Nr. 1/1977, S. 56.

156 ADAC Motorwelt, Nr. 9/1983.

157 Ebda.; Christopher Neumaier, Die Einführung des «umweltfreundlichen» Autos in den 1980er Jahren im Spannungsverhältnis von Wirtschaft, Politik und Konsum, S. 1, vgl. www.europa.clio-online,de.

158 Der Spiegel, Nr. 29/1984, S. 22.

159 MOT – Die Autozeitschrift, Nr. 1/1986, S. 18 ff.

160 MOT – Die Autozeitschrift, Nr. 3/1989, S. 6 ff.

161 Golf 3 – Mit Sicherheit ein Umweltauto, S. 20. Auto, Motor und Sport, Nr. 15/1988, S. 158.

162 Saarbrücker Zeitung, 4.4.1992, 27.4.1993, 22.10.1994.

163 Saarbrücker Zeitung, 10.3.1992.

164 Der Spiegel, Nr. 30/1980.

165 Peter Kurze, Carl F. W. Borgward Automobilwerke. Wirtschaftswunder im Großformat, 2001.

166 Ebda.

167 SWR-Produktion. Auto-Ikonen. RO 80- Das Wankelauto. Film von Thorsten Link.

168 Jean-Louis Loubet, Citroën, Peugeot, Renault et les autres. Histoire de stratégies d'entreprises, Boulogne-Billancourt 2001, S. 130 ff, 162 ff.,

169 Auto, Motor und Sport, Nr. 20/1977, S. 38 ff.

170 Der Spiegel, Nr. 41/197.

171 Der Spiegel, Nr. 41/1970, Nr. 38/1973, S. 95.

172 Der Spiegel, Nr. 10/1969, Nr. 47/1969, Nr. 12/1978, Nr. 20/1978.

173 Statistisches Amt des Saarlandes (Hg.), Statistische Berichte, Kfz-Bestand am 1. Juli 1983 und Neuzulassungen im 1. Halbjahr 1983.

174 MOT – Die Autozeitschrift, Nr. 6/1980, S. 38 ff.

175 MOT – Die Autozeitschrift, Nr. 5/1976, S. 16 ff.

176 Bauer, Die US- Automobilindustrie in den 1960er und 1970er Jahren, S. 188.

177 Ebda., S. 200-203. Jan Hökerberg, Der Kampf um Volvo, Riedstadt 2005, S. 205.

178 Der Spiegel, Nr. 20/1972, S. 52 ff.

179 Auto, Motor und Sport, Nr. 12/1980, S. 206 und Nr. 34/1985, S. 198. Statistischer Bericht, Statistisches Amt des Saarlandes, Kfz-Bestand am 1.1.1980 und Neuzulassungen 1979 im Jahre 1979. 1976: 4,3 %, 1977: 5,5 %, 1978: 6,1 %.

180 Auto, Motor und Sport, Nr. 17/1980, S. 27 ff; Der Spiegel, Nr. 30/1980, S. 52 ff.

181 Ebda., Der Spiegel, Nr. 20/1972, S. 52 ff.

182 Der Spiegel, Nr. 30/1980, S. 52 ff. Christian Kleinschmidt, Der produktive Blick. Wahrnehmung amerikanischer und japanischer Management- und Produktionsmethoden durch deutsche Unternehmer 1950-1985, Berlin 2002, S. 358.

183 Golf 2- Europas Nr. 1, hg. von VW-historische Kommunikation, Wolfsburg 2003, S. 16, 19.

184 Saarbrücker Zeitung, 26.5.1983, 1.12.1984.

185 Auto, Motor und Sport, Nr. 15/1988, S. 148.

186 https://www.deutschlandfunk.de/vor-50-jahren-gestorben-der-schriftsteller-upton-sinclair-100.html.

187 Hökerberg, Der Kampf um Volvo, S. 73, 119 ff.; Graham Robson, Im Namen der Sicherheit. Die Volvo-Story, Düsseldorf 1984, S. 180-189; Bergische Morgenpost, Remscheid, 17.7.1984; Profi am Steuer 3, Juni 1984.

188 Ebda.

ARAGE des MAURES
REPARAT
GARAGE
RENAULT
Mobiloil
FR 48-3958

12

Hans-Christian Herrmann

Ausfahrt in die E-Mobilität

Wird Europa abgehängt?

1. Greenpeace «sucht intelligente Autofahrer»

Anfang der 1990er Jahre startete Greenpeace die Aktion «Erste Hilfe für das Klima. Greenpeace sucht intelligente Autofahrer. Gibt's die?» Die Organisation klagte die Automobilindustrie an, Spritfresser zu bauen und klimafreundliche Autos nicht auf den Markt zu bringen. Das Auto sorgte mal wieder für heftige Kritik.[1]

Mercedes hatte 1991 seine neue S-Klasse (W 140) auf den Markt gebracht, deutlich länger, breiter und schwerer als das Vorgängermodell, mit ausfahrbaren Peilstäben auf den hinteren Kotflügeln, um bequemer rückwärts einparken zu können. Dieses über fünf Meter lange Auto polarisierte.[2]

Klimaforscher beklagten das wachsende Ozonloch, eine Zunahme der Erderwärmung und der wachsende CO_2-Ausstoß wurden im Unterschied zu den Jahrzehnten zuvor als wesentlich klimaschädlicher wahrgenommen.[3]

Fest steht, dass die Hersteller seinerzeit vor allem immer schnellere Autos bauten, die durchschnittliche Motorleistung stieg von 95 PS im Jahr 1995 auf 144 PS im Jahr 2015 an.[4]

Auch wenn sich für das Ozonloch möglicherweise günstige Entwicklungen andeuten, so bestimmen Ängste so stark wie nie zuvor vor allem Teile der jungen Generation.[5] Weltweit setzen sie sich teilweise sehr öffentlichkeitswirksam für die Einhaltung der sogenannten Klimaziele des UN-Weltklima-Abkommens 2015 («Pariser Abkommen») ein: «Fridays for future» und die «Letzte Generation» seien als besonders medienwirksam agierende Gruppierungen genannt.[6]

Greenpeace verwies bei seiner oben genannten Aktion auf Prototypen wie den 1987 präsentierten Renault Vesta und den 1992 vorgestellten Ultralite von General Motors, die beide etwas mehr als zwei Liter Benzin auf 100 Kilometer verbrauchten

Luxus in der frühen Nachkriegszeit: *Ein Mercedes 170 S Cabriolet A in dem Städtchen Orange (Provence), im Hintergrund ein kleiner Renault-Händler und ein Gemüseladen. Der Wagen trägt ein Kennzeichen der französischen Besatzungszone. Dieser von 1949 bis 1951 gebaute Mercedes war seinerzeit ein Luxusauto. Nur 830 Exemplare wurden in Handarbeit gebaut. Aus einem Hubraum von 1.767 ccm leistete er 52 PS und kostete über 15.000 DM.*

| Fotograf: Fritz Mittelstaedt, Stadtarchiv Saarbrücken, Nachlass F. Mittelstaedt.

Greenpeace-Aktion 1993.

und den VW Öko-Polo von 1993. Gebaut wurden diese Autos aber nicht. Den Vesta hatte Renault ins Museum gestellt und in einer Aktion «entführte» Greenpeace sozusagen den Wagen. Die Öffentlichkeit wurde aufgefordert, an Autokonzerne und Autohändler eine Postkarte zu senden, endlich den Stand der Technik umzusetzen und entsprechende Autos anzubieten.[7]

VW-Chef Ferdinand Piëch reagierte und präsentierte 1998 den 3-Liter-Lupo Diesel und 1999 begann Audi mit der Serienproduktion des A 2. Beides waren Fahrzeuge mit sehr niedrigen Verbrauchswerten, durch den Einsatz von Aluminium und anderen Werkstoffen mit niedrigerem Gewicht und vor allem als Diesel besonders sparsam, aber deutlich teurer. Der Markterfolg war bescheiden, in fünf Jahren wurden knapp 180.000 A 2 gebaut.

Unterstellungen, VW und Audi hätten bewusst keine höheren Absatzzahlen erzielen wollen, lassen sich nicht wirklich nachvollziehen.[8] Vielmehr zeigt sich, dass eine in Meinungsumfragen stets klimabewusste Öffentlichkeit lieber billiger fährt oder für dasselbe Geld größere Autos bevorzugt, die die Umwelt wesentlich stärker belasten. Die Anzahl der von Greenpeace angesprochenen intelligenten Autofahrer war also viel kleiner als erwartet. Greenpeace selbst zählte übrigens im Jahr 2000 weltweit über eine Million Mitglieder.[9]

Automobile Avantgarde: *Der zur IAA 1999 präsentierte Audi A 2 überzeugte mit exzellenter Aerodynamik, die zu extrem günstigen Verbrauchswerten beitrug. Er errang viele internationale Auszeichnungen. Obwohl der A 2 das sparsamste Serienauto der Welt war, wurde er trotzdem nicht zum Verkaufserfolg. Zugleich war der kleine Audi das erste Großserienauto mit Aluminiumkarosserie und wog trotz hoher passiver Sicherheit je nach Motorisierung und Ausstattung zwischen 895 und 1030 Kg. Als 1,2 Liter Diesel verbrauchte er im Bereich von 3 Litern Diesel auf 100 km (2,99 Liter/ C02-Ausstoß von 79 g/km). Lediglich 176.377 Exemplare wurden in fünf Jahren gebaut, Audi rechnete mit 300.000. Von der sparsamsten Variante wurden sogar nur etwas mehr als 6.000 verkauft. Die Verbraucher waren nicht bereit, den Mehrpreis zu bezahlen. Der Flop von früher ist heute ein gesuchter Klassiker. Dank Alukarosse auch ein besonders nachhaltiges Automobil – heute fast ein Kultobjekt.* | Fotos: Unternehmensarchiv Audi AG.

IN W 4959
A2

Audi A2.

2. Von 3/30 zu 30/30 – Grenzen der Weiterentwicklung des Verbrennungsmotors?

Im 21. Jahrhundert wurde es teurer, Verbrauchs- und Abgaswerten von Verbrennungsmotoren zu reduzieren. Es stellt sich die Frage nach Aufwand und Nutzen. 1978 konnte man mit technisch einfachen Mitteln den Verbrauch um 30 Prozent senken und der Kunde musste lediglich einen drei Prozent höheren Kaufpreis dafür bezahlen.

So präsentierte Renault 1978 von seinem Klassiker R 4 die Version GTL, die anstelle des 850 ccm Motors über eine 1100 ccm Maschine verfügte. Sie stammte aus dem größeren Renault 6 und wurde von 45 auf 34 PS gedrosselt. Damit leistete sie genauso viel wie der 850er-Motor im Renault 4 TL. Zugleich wurde der Motor hoch verdichtet, um den Kraftstoff effizienter zu nutzen. Außerdem wurde eine längere Achsübersetzung verbaut, die wegen des größeren Motors die Fahrleistungen aber nicht reduzierte. Beide Varianten waren etwas schneller als 120 km/h, der 4 GTL verbrauchte aber im Auto, Motor und Sport-Test nur 5,8 Liter Super auf 100 Kilometer, das waren 2,1 Liter weniger als der 850er-Motor im TL. Der 4 GTL lief dazu wesentlich leiser, beschleunigte besser und die niedrige Drehzahl reduzierte den Motorverschleiß. Im Alltag war der R 4 GTL ein 5-Liter-Auto, 1978 war das etwas Besonderes, ein 34 PS-Käfer verbrauchte locker drei bis vier Liter mehr. Dieses Konzept bedeutete eine Kraftstoffersparnis von bis zu 30 Prozent bei einem drei Prozent höheren Kaufpreis. Auch beim Renault 5 gingen die Franzosen diesen Weg und warben mit einem «Spatzendurst» von 5,9 Liter auf 100 km. Beeindruckende Werte, wenn man bedenkt, dass beide Triebwerke seinerzeit schon alte Konstruktionen waren – mit wenig Aufwand wurde viel erreicht.[10]

Gut zwei Jahrzehnte später sah dies schon anders aus. Der Drei-Liter-Lupo von Volkswagen und vor allem der Audi A 2 waren auf geringen Verbrauch getrimmte High-Tech-Produkte. Sie entsprachen den Sicherheitsanforderungen ihrer Zeit, basierten auf Leichtbau mit der Verwendung von Aluminium und anderen teuren aber leichten Werkstoffen, optimierter Aerodynamik, auf Verbrauchsreduktion ausgelegten Getrieben und der seinerzeit modernsten Diesel-Technologie – nun war das Ergebnis aber 30 Prozent Mehrpreis für 30 Prozent weniger Verbrauch.[11]

Erfolgreicher war da der Smart, eine von Mercedes 1994 gegründete Automarke, die ab 1998 einen sparsamen kleinen Verbrenner produzierte, der im lothringischen Hambach gebaut wurde. Smart und der Drei-Liter-Lupo waren Antworten der Automobilindustrie auf die Sorgen der Zeit.[12]

In den späten 1970er Jahren *konnte man mit geringem technischen Aufwand den Kraftstoffverbrauch deutlich reduzieren, zit. Renault-Werbung für den R 5 GTL: «Der Freche mit dem Spatzendurst»*

Anfang der 1990er Jahre ängstigte sich die deutsche Öffentlichkeit über die Erderwärmung und den Sommersmog, der bei Inversionswetterlagen drohte. Der Saarbrücker Stadtrat hatte am 1. Juni 1993 ein Klimaschutzprogramm verabschiedet und Bundesumweltminister Klaus Töpfer (CDU) hatte die 1996 umgesetzte Sommersmogverordnung auf den Weg gebracht – vor allem entwickelte sich die EU im Unterschied zu den 1980er Jahren zum Motor schärferer Abgaswerte. 1986 war erstmals ein eigenes Umweltministerium in der Bundesrepublik gebildet worden. Die Atomkatastrophe von Tschernobyl und das Fischsterben im Rhein, verursacht durch Löschwassereinleitungen nach einem Brand beim Pharmaunternehmen Sandoz in Basel, bildeten den Hintergrund. Erster Bundesumweltminister war Walter Wallmann (CDU). Sein Nachfolger Klaus Töpfer (1987-1994) erkannte, dass neben der Abgasentgiftung der PKW mit dem Dreiwegekatalysator zur Luftverbesserung noch mehr nötig war. Mit Töpfer, von 1990 bis 1995 auch Vorsitzender Saar CDU,

Zum Verkaufsmodell des Smart gehören die Smart-Türme. *Das Foto zeigt den Saarbrücker Smart-Turm 1998, am 27. August war der gläserne Turm mit Smarts beladen worden anlässlich von Fotoaufnahmen für das offizielle Smart-Prospekt, welches an alle 110 Smart-Center in ganz Europa ausgeliefert wurde. Nach den Aufnahmen wurde wieder entladen, denn die Markteinführung erfolgte erst Wochen später.*
| Fotograf: Becker & Bredel, Stadtarchiv Saarbrücken, Dep. SZ LB, Nr. 206/39.

sind Meilensteine des Umweltschutzes verbunden wie etwa der «Grüne Punkt», das FCKW-Verbot und die weltweit niedrigsten Dioxin-Grenzwerte.[13]

3. Sommersmog in den 1990er Jahren – Schwacher Auftrieb für alternative Antriebe in Europa

In dieser Situation warb Greenpeace 1993 für Elektromobilität, andere wie die Stadt Saarbrücken setzten auf Erdgas. Der damalige Stadtwerkechef Willy Leonhardt (SPD) zog dabei die Fäden und schrieb besorgt an die für Umwelt zuständige Saarbrücker Bürgermeisterin Margit Conrad und den saarländischen Umweltminister Jo Leinen – beide SPD. Anlass waren Presseberichte, wonach Saarbrücken im Bundesvergleich eine sehr schlechte Luftqualität aufweise und hinter den Ruhrgebietsmetropolen rangiere. Leonhardt warb für das Erdgasauto als Antrieb. Erdgasbusse liefen leiser als Diesel und waren nahezu geruchsfrei. Weitere Argumente lieferte das Beratungsunternehmen EMA-Management und verwies dabei auf Erdgasmotoren von MAN und Mercedes-Benz im Nutzfahrzeugbereich. Erdgas ermöglichte es zudem, die für 1996 geplante EURO II-Abgasnorm um mehr als 50 Prozent zu unterschreiten.[14]

Saarbrücken als Pionier der Erdgasmobilität in Deutschland

Stadtwerke-Chef Leonhardt setzte im Fuhrpark der Stadtwerke und insbesondere der Verkehrsbetriebe deshalb auf Erdgas. 1994 kamen die ersten 14 Erdgasbusse nach Saarbrücken. Auf dem Saarbrücker Betriebshof wurde eine Erdgastankstelle errichtet, die zur größten ihrer Art in Europa werden sollte. Saarbrücken übernahm bundesweit die Führung in der Förderung der Erdgas-Mobilität. Die Stadt versuchte über das Umweltbundesamt den modellhaften Einsatz von Gasfahrzeugen zu finanzieren, was das Umweltbundesamt aber im August 1996 ablehnte. Die Stadtwerke richteten am 5. Juli 1996 an der Tankstelle in der Saaruferstraße 90 die erste öffentliche Erdgastankstelle des Saarlandes ein – seinerzeit bundesweit neben München die zweite öffentliche Anlage. Saarbrücken und das Saarland wurden zur Erdgas-Hochburg. 1996 fuhren schon 44 Erdgasbusse bei den Saartal-Linien, ihre Abgase lagen weit unter den Grenzwerten der 1999 in Kraft getretenen europaweiten Normen für Busse und LKW. Beim Kohlendioxid lag der Wert allerdings nur um zwei Prozent unter dem eines vergleichbaren Dieselmotors mit Partikelfilter. Insgesamt liefen im Juli 1996 bereits 100 Erdgas-Fahrzeuge im Saarland – ein Rekordwert bei nur 1.000 bundesweit registrierten Fahrzeugen. In Italien waren es dagegen 300.000. In der Praxis bestätigten sich die vermuteten niedrigeren Wartungskosten allerdings nicht. Erdgasbusse waren zudem in der Anschaffung teurer als Dieselfahrzeuge. Bei Steigungsstrecken fehlte es ihnen an Leistung, die auf dem Dach angebrachten Tanks wirkten sich nachteilig auf die Karosseriestabilität und das Fahrverhalten aus. Im Betrieb trübten unerwartet viele Schäden an Motoren und Getrieben die Bilanz, zumal Ersatzteile teurer und schwieriger zu beschaffen waren, verbunden mit langen Lieferzeiten. Ein durch zwei Erdgasbusse verursachter Brand im Saarbrücker Betriebshof am 12. Mai 2003 machte den Erdgasbus dann zum Auslaufmodell, seit 2006 wurden wieder Diesel beschafft.[15]

Die Erdgas-Tankstelle der Saartal-Linien *entwickelte sich in den 1990er Jahren zur größten ihrer Art in Europa.*
| Fotograf: Becker & Bredel, Stadtarchiv Saarbrücken, Dep. SZ LB, Nr. 465/6.

Die Saarbrücker Verkehrsbetriebe *verfügten über die größte Erdgas-Flotte in Deutschland.*
| Fotograf: Becker & Bredel, Stadtarchiv Saarbrücken, Dep. SZ LB, Nr. 467/7.

Das Bild vom sauberen Diesel. *Pressefoto von Peugeot zur Wirkung des Partikelfilters [2001]. Volkswagen warb später in noch aggressiverer Form in den USA.*
| Fotograf: Klaus Winkler, Peugeot.

Der elektrische Bücherbus der Saarbrücker Stadtbibliothek. *Die Landeshauptstadt verfügt damit über einen der ersten elektrischen Bücherbusse in Europa und setzt ein Zeichen für Nachhaltigkeit und deutsch-französische Bildungskooperation. Der Saarbrücker E-Bus versorgt seit 2022 neben der Landeshauptstadt angrenzende französische Gemeinden.*
| Foto: Stadtbibliothek Saarbrücken.

Visionen 1993: Elektromobile «Made im Saarland»

Die Saarbrücker Erdgaseuphorie des Jahres 1993 fiel mit Ambitionen, das Elektroauto zu fördern, zusammen. Hier war es der damalige Leiter des Saarbrücker Umweltamtes Dr. Lottermeier, der – angeregt durch den Besuch einer Elektrowagen-Ausstellung in «La Villette» in Paris – im April 1993 den Einsatz von Elektrofahrzeugen in der Saarbrücker Stadtverwaltung sondierte und dabei an die Stadtwerke und das Gartenbauamt dachte. Lottermeier wusste wohl von dem kurze Zeit später produzierten elektrischen Peugeot 106. Peugeot startete zusammen mit der Stadt La Rochelle 1994 einen Alltagstest mit den elektrischen Modellen des Peugeot 106 und des Citroën AX.[16]

Zu dieser Zeit entwickelte Georg Werckmeister, Abteilungsleiter Automation und Technologie im IG Metall Vorstand in Frankfurt, einen «Projektvorschlag für ein Produktionswerk für Fahrzeuge mit abgasfreiem Antrieb». Er dachte dabei im Oktober 1993 an ein Elektroauto, das höchstens 25.000 DM kosten dürfte. Seine Höchstgeschwindigkeit sollte mindestens 60 km/h und seine Reichweite 150 Kilometer betragen. Die Landesregierungen in Saarbrücken und in Mainz sollten dafür gewonnen werden, in ihren Ländern ein solches Auto zu bauen. Von Seiten der Arbeitskammer des Saarlandes wurden dann in Kooperation mit Werckmeister im Dezember 1993 der VSE-Vorstand Leo Petry (Vereinigte Saar Elektrizitätswerke), das Wirtschaftsministerium und das Saarbrücker Umweltamt in dieser Sache angesprochen. Die Arbeitskammer bezog die Firma Gutbrod in Saarbrücken mit ein, sie sollte das E-Auto bauen. Der aus dem Kreis Saarlouis stammende VSE-Vorstand Petry dachte an Ford. Die Idee E-Auto blieb aber ein Planspiel.[17]

Präsentation von Kommunalfahrzeugen bei der Firma Gutbrod 1989. *Gutbrod stellt in Saarbrücken Gartengeräte, kleine Traktoren und andere vor allem von Kommunen nachgefragtes Gerät her. Zwischen 1950 und 1954 baute Gutbrod mit dem Superior in Plochingen auch Automobile – seinerzeit das erste Automobil mit einer BOSCH- Direkteinspritzung. Ein System, das in den 1990er Jahren zuerst Diesel- und dann später auch Ottomotoren wesentlich verbessern sollte.*
| Fotograf: Julius C. Schmidt, Stadtarchiv Saarbrücken, Dep. SZ LB, Nr. 169/80.

Das E-Auto – von seinen alten Schwächen und vom Diesel in Europa ausgebremst[18]

Der Elektroantrieb lag schon in der Wiege des Automobils. 1881 präsentierte der Franzose Gustav Trouvé (1839-1902) sein elektrisch betriebenes Dreirad: Angetrieben von Bleiakkumulatoren war es 12 km/h schnell und erzielte eine Reichweite von 14 bis 26 Kilometern. Erst 1886 folgte Carl Benz mit seinem Verbrennungsmotor.

Die Voraussetzungen der Elektromobilität hatte Faraday 1821 geschaffen, mit Hilfe von Elektromagnetismus entsteht eine dauerhafte Rotation. Aufladbare Bleiakkumulatoren gab es seit 1859.

Im Jahr 1893 zeigten erneut die Franzosen Charles Jeantaud und Raffard, dass Fahrzeuge elektrisch bewegt werden konnten. Und das sogar recht schnell. 1899 sorgte der Belgier Camille Jenatzky für Schlagzeilen. Mit einem von zwei Elektromotoren und mit Fulmen-Batterien ausgestatteten Fahrzeug war er 100 km/h schnell, blieb aber schon nach zwei Kilometern mit leeren Batterien stehen. Im selben Jahr gab es im US-Staat Ohio die weltweit ersten Polizeiwagen, angetrieben von zwei Elektromotoren und 30km/h schnell.

Von Anfang an litt die Elektromobilität an einer viel zu geringen Reichweite. Aber auch der Verbrenner lief zu dieser Zeit nicht ohne Probleme und dies erklärt, dass Elektroautomobile zunächst weiterfuhren. So waren über 40 Prozent der zwischen 1900 und 1905 produzierten Autos in den USA Elektrofahrzeuge. Mit Batterie betriebene Autos waren gegenüber Verbrennungsmotoren seinerzeit viel einfacher zu starten, sie brauchten kein Kühlwasser und hatten damit kein Frostschutzproblem. Man brauchte keine Kurbel zum Starten und hatte keine Vergaserprobleme.

Die Saarbrücker Brauerei Neufang setzte diesen Elektrolaster zur Bierauslieferung ein. *Das Fahrzeug dürfte in den 1920er Jahren gebaut worden sein, die Aufnahme entstand nach dem Zweiten Weltkrieg wie das Kennzeichen verrät und das Fahrzeug war zu dieser Zeit immer noch im Einsatz.*
| Stadtarchiv Saarbrücken, Allgemeine Fotosammlung.

So gab es insbesondere zu Beginn des 20. Jahrhunderts eine Reihe von Elektrofahrzeugen und in Berlin als der Elektrometropole des Deutschen Kaiserreichs wurden Elektroautos gebaut.

Die Preußischen Staatsbahnen führten 1907 die Akku-Triebwagen der Bauart Wittfeld ein, deren letzte Exemplare bis 1962 im Einsatz sein sollten. Die deutsche Elektroindustrie hatte seinerzeit einen Weltmarktanteil von 25 Prozent und Berlin als Heimatstadt von AEG hieß bisweilen auch «Elektropolis». AEG-Gründer Emil Rathenau gründete im Dezember 1901 die Neue Automobil-Gesellschaft, kurz NAG genannt, die sich dem Autogeschäft widmen sollte und dabei auch auf Batterien setzte. So errichtete NAG 1904 in Berlin eine Automobil-Betriebsgesellschaft, die in Berlin 100 Elektromobile als Droschken einsetzte. Im Alltag machten die schweren Akkus Probleme. Sie mussten aufgeladen, ihre Zellen gereinigt, Schlamm entfernt und Flüssigkeit nachgefüllt werden. Siemens als weiterer Elektro-Riese baute zwischen 1906 und 1907 Elektroautos für die Feuerwehr, den Krankentransport und als Müllwagen mit Radnabenmotoren. Die ersten elektrischen Radnabenmotoren hatte im Jahr 1900 Ferdinand Porsche entwickelt. Gerade die Kurzstrecke und das Starten gestalteten sich beim Elektrowagen seinerzeit günstiger als beim Verbrenner, denn elektrisch betriebene Anlasser gab es noch nicht. Die Reichweite der Fahrzeuge variierte zwischen 40 und 90 Kilometern, die Höchstgeschwindigkeit war bei 30 km/h erreicht. Auch Siemens baute Elektrodroschken und einen kleinen dreirädrigen Lieferwagen insbesondere für Verteilertransporte. Hier galt es kurze Strecken zurückzulegen, verbunden mit häufigen Fahrtunterbrechungen und Startvorgängen. Einen hervorragenden Ruf genossen die Bergmann-Werke, die mit ihren Elektrowagen die Deutsche Reichspost ausstatteten. Ein Exporterfolg waren die Elektrofahrzeuge des Berliners Rudolf Slaby, der erschwingliche Elektro-Einsitzer mit 18 Zellen Batterien baute und über 500 Fahrzeuge dieser Art nach Japan exportierte. Dazu entstand in Osaka die «The Japan and German Electric cyclecar company». Nach dem schweren Erdbeben in Japan 1923 endete diese kurze Erfolgsgeschichte.

Elektrowagen in Serie entstanden auch bei Hansa-Lloyd in Bremen, zwischen 1923 bis 1929. Die Fahrzeuge waren sehr erfolgreich, insbesondere der Elektroeinheitswagen. Es gab elektrische Paket- und Müllfahrzeuge sowie einen Elektroschlepper. Speziell für den Einsatz als Paketwagen etwa auf Bahnhöfen produzierte die Leipziger Firma Bleichert massenweise die sogenannte Eidechse.

Bereits in den 1920er Jahren wurde klar, die Elektromobilität setzt sich nicht durch, ihre Achillesferse war und blieb die begrenzte Reichweite. Verbrenner ließen sich immer einfacher bedienen. Trotzdem liefen gerade in Großbritannien und in den USA Elektrowagen im Kurzstreckenbetrieb bis weit in die zweite Hälfte des 20. Jahrhunderts – etwa zum Ausliefern von Milchflaschen.

***Im Februar 1970 präsentierte MAN sein Modell 750 HO mit Gleichstrom-Nebenschlussmotor von Bosch** (Blei-Akku-Technik). Die zahlreichen Batterien konnten nur in einem Anhänger untergebracht werden.* | Stadtarchiv Saarbrücken, Depositum Saarbahn.

Kurz nach dem Zweiten Weltkrieg sorgte der Kraftstoffmangel, der durch die Suezkrise kurzfristig verschärft wurde, für einen gewissen Auftrieb der Elektromobilität. Auf der IAA 1951 präsentierte die Kasseler Waggonbaufirma Wegmann & Co Elektrobusse mit Gleichstrommotor. Die Höchstgeschwindigkeit lag bei 42 km/h, die Reichweite bei 90 Kilometern und die Ladezeit der Batterien betrug sieben bis neun Stunden. Die Batterien wurden in einem Anhänger gezogen. Mit Elektrobussen im ÖPNV experimentierten zahlreiche deutsche Firmen bis weit in die 1980er Jahre, vor allem bei den Verkehrsbetrieben in Mönchengladbach. Kosten und Gewicht stellten sich dabei als ungelöste Probleme heraus. Bei den Stuttgarter Verkehrsbetrieben lief 1979 der erste Hybrid-Elektrobus der Welt.

Dieser Nachteil durchzieht die Geschichte der Elektromobilität bis zu Beginn des 21. Jahrhunderts. Im Zuge des seit Ende der 1960er Jahre wachsenden Umweltbewusstseins und der düsteren Prognosen des Club of Rome 1972 erlebte die Elektromobilität erneut einen Impuls. Viele Hersteller bauten PKW mit Batterien als Versuchsfahrzeuge, so BMW zur Olympiade 1972 in München oder Peugeot vom Modell 104 und dem Lieferwagen J 7.[19]

***Anlässlich der Olympischen Spiele 1972 in München präsentierte BMW vom 02-Modell ein Elektrofahrzeug**, das einem Weltpublikum präsentiert wurde. Es diente als Kampfrichterfahrzeug und Kamerawagen in der Leichtathletik. Die Sportler wurden so vor Abgasen geschützt.*
| Foto: BMW Group Archive, AF 4737.

«Röntgenbild» des elektrischen BMW 02.
| Foto: BMW Group Archiv, AF 9202.

Blick auf das Armaturenbrett
mit seiner klar und verständlich gestalteten Anzeige (rechts).
| Foto: BMW Group Archive, AF 34696.

1976 begann VW den Golf City-Stromer in Kooperation mit den Rheinisch-Westfälischen Elektrizitätswerken (RWE) zu entwickeln, dann den Jetta-City-Stromer in Kooperation mit BBC Heidelberg. Ausgestattet waren diese Autos mit Natrium-Schwefel-Batterien, die viel leichter waren als die Bleiakkus. In Kooperation mit Bosch entstand eine Kombination aus Dieselmotor und Elektroantrieb: Beim Abbremsen wurde Energie erzeugt, die in die Batterie zurückgespeist wurde, ab 55 km/h setzte der Diesel ein. Rund 50 Prozent weniger Kraftstoffverbrauch und 50 Prozent weniger Emissionen standen für eine höhere Umweltfreundlichkeit.[20]

In der Geschichte der Abgasreduktion spielte, wie geschildert, Kalifornien stets die Vorreiterrolle. 1990 wurde dort das «Zero Emission Vehicle», das emissionsfreie Auto gefordert. Bis 2003 mussten die Hersteller zehn Prozent solcher Fahrzeuge verkaufen.[21] Rückblickend bildete dies die Initialzündung für den aktuellen Transformationsprozess.

Auch wenn einige europäische Hersteller in der ersten Hälfte der 1990er Jahre in Serie produzierte Elektroautos präsentierten und Peugeot mit einer Elektrovariante des 106 wohl das erste Serien-Elektroauto vorstellte, so entwickelte sich der Diesel in den 1990er Jahren zur Antwort der europäischen Automobilindustrie auf die Herausforderungen des Klimawandels – der Diesel war mit den neuen Einspritzsystemen schnell und sparsam und galt mit dem Rußpartikelfilter als «grün».

Peugeot ging 1996 von 50.000 Elektro-Peugeots im Jahr 2000 aus, es wurden aber nur 11.500. Die Reichweite des elektrischen 106 lag bei gut 80 Kilometern. Innerhalb von 100 Jahren war hier kein Fortschritt in der Reichweite erzielt worden.

Peugeot übernahm die Vorreiterrolle beim Diesel-Partikelfilter. Dabei profitierte man bei der Emissionsreduzierung von Verfahren aus der LKW- und Busbranche, die mit Blick auf die von Bundesumweltminister Töpfer und seinen Nachfolgern durchgesetzten Schadstoffreduktionen entwickelt worden waren. Der Diesel galt aufgrund seiner effizienteren Verbrennung als wirtschaftlicher als der Benziner und mit dem Partikelfilter war er vom Stigma der rußenden Dreckschleuder befreit. So positiv sich der Diesel in Europa auch entwickelte, so sah man dies auf der übrigen Welt doch ganz anders. Der Filter schien das Feinstaubproblem zu lösen, ein paar Jahre später entwickelte sich die Stickoxidbelastung zum Problem und Diesel-Fahrzeuge produzierten davon wesentlich mehr als Benziner.[22]

4. Sonderweg Diesel oder der Diesel spaltete die Welt

Zu Beginn des 21. Jahrhunderts war Europa eine Insel des Diesels mit Marktanteilen im Bereich von 50 Prozent, in Frankreich deutlich darüber. Der Diesel hatte den internationalen Automarkt gespalten, er stand für einen europäischen Sonderweg. In den USA und den wachsenden asiatischen Märkten spielte der Diesel-PKW nie eine große Rolle.[23]

In den USA war er aus vielen Gründen verpönt. Spätestens seit den 1980er Jahren standen seine Emissionen im Ruf, Krebserkrankungen auszulösen. In dem großen und weiten Land gab und gibt es zudem keine flächendeckende Versorgung mit Diesel-Kraftstoff. Die USA waren kein Diesel-Land, vielmehr eine andere Welt, wenn man bedenkt, dass dort selbst bis weit in die 1960er Jahre die Panzer mit Benzin und nicht mit Diesel rollten. Auch die LKW fuhren dort zu dieser Zeit noch in beachtlichem Umfang mit Benzin. Mit der ersten Ölkrise änderte sich in den USA das Diesel-Image, im Unterschied zu Europa aber nur kurzfristig. Auf einen Dieselhype insbesondere zwischen 1978 und 1981 folgte ein Absturz.[24]

Als die Regierung Carter 1975 Straßenkreuzern den Kampf angesagt hatte, wurde erstmals im Unterschied zu Europa die Höhe des Kraftstoffverbrauchs zu einem Thema. Der Flottenverbrauch der US-Hersteller betrug 1973 fast 18 Liter, 1978 sollte er auf 13,1 Liter sinken und 1985 nur noch 8,6 Liter betragen (die realen Werte lagen viel höher): Das bedeutete das Ende des US-Straßenkreuzers. Für die amerikanische Automobilindustrie wurde der Diesel-Motor daher zur Chance, mit dem Straßenkreuzer weiterzufahren. Bei aller technischen Primitivität vermittelten die Straßenkreuzer Geborgenheit und schirmten allein durch ihre Größe die Insassen vom Verkehr ab. Darauf wollten viele US-Bürger nicht verzichten. Diese Autos gehörten zum viel beschworenen American Way of Life.[25]

Werbung für den Renault 5 Diesel, 1990er Jahre: *«Trinkst Du eigentlich überhaupt nicht? Ab und zu ein Schlückchen Diesel – da sag ich nicht nein, meinte der kleine Freund, aber wir müssen unser Geld ja nicht versaufen.» zit. Renault-Werbung, 1989.*

«Kein Tropfen zu viel», *zit. Citroën-Werbung 1980. Generell setzten die europäischen Hersteller auf niedrigen Verbrauch, vor allem nach den Ölkrisen 1973/74 und 1979/80.*

Das Ignorieren kultureller Verschiedenheiten

Vor allem Mercedes-Benz hatte mit dem Fünfzylinder-Dieselmotor im 240 D 3.0 auch in den USA einen Diesel präsentiert, der 1974 durch seine Fahrleistungen und seinen kultivierten Motorlauf ein neues Bild vom Diesel vermittelte. Vorbei war auch die Zeit des komplizierten Startens, der Zündschlüssel reichte zum Vorglühen aus. Dazu kam der sparsame und agile Golf-Diesel, in den USA als Rabbit verkauft. Die US-Hersteller bauten nun selbst Diesel-PKW, allen voran Oldsmobile ab 1978 mit einem 122 PS starken V 8-Diesel mit 5.400 ccm. Während in Europa der Diesel als Reaktion auf die Ölkrise 1974 vor allem im Bereich der Klein- und Kompaktwagen seine Möglichkeiten zeigte, ermöglichte er in den USA den Straßenkreuzern eine Zukunft.[26] Für kurze Zeit wurde es in den USA, wie man damals sagte, «in», einen Diesel zu fahren. Gerade in Los Angeles und in Kalifornien entstand ein Diesel-Hype, erfüllte der Diesel doch auch die strengen Abgasnormen. Ein Riesenerfolg und Image-Förderer war in den USA, der ausschließlich dort von Daimler-Benz angebotene Mercedes 300 SD Turbo Diesel. In der noblen S-Klasse bot 1978 der Stuttgarter Konzern den weltweit ersten Turbo-Diesel-Serien-PKW an, der zum Status-Symbol in den USA avancierte und von New Yorkern, Lebemännern, Kunsthändlern und erfolgreichen Akademikern gefahren wurde. Auf dem Kofferraumdeckel positionierte Mercedes bei den US-Versionen des 240 D 3. 0, in den USA als 300 D verkauft, den Schriftzug «Diesel», der das neue «Diesel-Erlebnis» kommunizieren sollte. Im Jahr 1981 waren 78 Prozent der in die USA verkauften Mercedes mit Diesel-Triebwerken ausgestattet. Vor allem die Ölkrise 1979 schockierte die USA mit der Angst vor Treibstoffmangel. Die Verbraucher glaubten mit einem Dieselkauf zeitgemäß und zukunftsorientiert zu handeln.

Im Diesel sahen sie die Antwort auf Versorgungsengpässe und die Endlichkeit von Ressourcen. Zeitweise wurden Kaufverträge für den Rabbit-Diesel für einen Mehrpreis von 2.000 Dollar akzeptiert und das Diesel-Image profitierte von Prominenten wie Jane Fonda, die stolze Besitzerin eines Diesel-Golf wurde. Volvo bot 1979 auch mit Blick auf diese Entwicklung in den USA, erstmals einen Sechs-Zylinder-Diesel-Motor an, den die Schweden bei VW einkauften. Und auch die nicht Diesel-begeisterten Japaner nahmen einen Sechs-Zylinder-Diesel mit stolzen 2,8 Liter Hubraum im Modell Laurel ins Programm, um von diesem US-Geschäft zu profitieren.[27]

Ausschließlich in den USA angeboten, der 1978 präsentierte Mercedes 300 S Turbo-Diesel, *erster Serien-Turbo-Diesel-PKW der Welt, zit. Werbung.*

Auf den Riesenrummel folgte der Absturz, als die bulligen amerikanischen V 8-Diesel-PKW-Triebwerke im Alltag ab 1981 mit defekten Zylinderköpfen und gebrochenen Kurbelwellen auffielen. So kam es in den USA zu einem Diesel-Desaster. Der Diesel verlor den Nimbus der Zuverlässigkeit, Schadensersatzprozesse folgten. Auch der Golf-Diesel verlor an Popularität. Die in den USA gefertigten Modelle waren schwerer geworden und hatten an Agilität verloren. Dazu hatte der Diesel nur einzelne Bundesstaaten erobern können, vor allem Kalifornien mit seiner Metropole Los Angeles. Die späteren Hochburgen der E-Mobilität waren kurze Zeit diesel-affin, im mittleren Westen blieb der Diesel-PKW dagegen eine Rarität. Vor allem sorgte die Amerikaner die Angst, mit dem Diesel auf freier Strecke wegen Kraftstoffmangels liegen zu bleiben, denn das Tankstellennetz war lückenhaft, sobald man die Interstate Highways verließ.[28]

Und als VW im Jahr 2005 seine Kampagne vom «Clean Diesel» startete, waren die USA immer noch ein Land, in dem der Diesel die Ausnahme bildete. Kalifornien steuerte zu diesem Zeitpunkt bereits auf die E-Mobilität zu, die Kultur des «Technology forcing» sollte die Industrie in eine neue Zeit führen. Die deutsche Bundeskanzlerin Angela Merkel erkannte diese Zeitenwende nicht, sondern folgte der Lobby der Autoindustrie und besuchte Kaliforniens Gouverneur Arnold Schwarzenegger im Jahr 2010, um gegen weitere Abgasverschärfungen zu intervenieren. Es folgte dann am 18. September 2015 das weltweite Diesel-Desaster im Zuge der aufgedeckten Abgasmanipulation. Das erfolgreiche europäische Konzept wurde nachhaltig beschädigt.[29] Im Rückblick fragt man sich, wie realitätsfremd oder wie überheblich deutsche Automanager gewesen sein müssen. Besuche und Aufenthalte in den USA gehören zu Business und Karriere. Diese enormen kulturellen Unterschiede in Sachen Diesel hätte jeder aufmerksame Beobachter begreifen können, wie die umfangreichen Studien von Christopher Neumaier zeigen.[30]

Ein US-Straßenkreuzer *in der Scheidter Straße in Saarbrücken.*
| Fotograf: Fritz Mittelstaedt, Stadtarchiv Saarbrücken, Nachlass Fritz Mittelstaedt.

5. Europa verpasst Entwicklungen

Die Ursache des Diesel-Desasters begann aber schon früher. Als die europäischen Hersteller sich Ende der 1990er Jahre der Euphorie der sparsamen Diesel-Sprinter hingaben, unterschätzten sie das Potential von Entwicklungen der japanischen und vor allem der amerikanischen Konkurrenz.

Kalifornien als Wegbereiter des emissionsfreien Automobils

In den USA und hier vor allem in Kalifornien begann bereits in der ersten Hälfte der 1990er Jahre der Aufbruch in die Emissionsfreiheit. Unternehmen der Rüstungs- und Elektroindustrie sowie der IT-Branche waren dabei, zu Pionieren einer neuen Autowelt zu werden, die die Verhältnisse so wie fast 100 Jahre vorher Henry Ford auf den Kopf stellen sollten.

Diese Entwicklung unterschätzte die europäische Automobilindustrie und setzte weiter auf die Perfektionierung des Diesels. Mit Arroganz und Hybris nach dem Motto, wir bauen doch keine Autos mit zwei Motoren, reagierte die Branche in Deutschland auf den Toyota Prius, den 1997 vorgestellten Pionier der Hybridtechnik, das weltweit erste Automobil mit Hybridantrieb in Großserie; das Modell setzte in den USA als CO_2-umweltfreundlichster PKW Maßstäbe. Auch in japanischen Metropolen litten die Menschen unter Abgasen.

Eine zufällige Straßenszene des Jahres 1957 in Le Levandou an der Côte d'Azur: *So blau und klar der Himmel auch scheint, die Abgase des Peugeot 403 und des dahinterstehenden Citroën Traction Avant waren beachtlich. Wenn sie fuhren, konnte man die Verbrennungsgase seinerzeit riechen. Im Unterschied zu den USA war die Abgasbelastung durch den Autoverkehr damals noch kein Thema in Europa.*

| Fotograf: Fritz Mittelstaedt, Stadtarchiv Saarbrücken, NL F. Mittelstaedt.

In den USA gefeiert, in Deutschland eher belächelt und unterschätzt. *Der erste Prius von Toyota, Vorreiter der Hybridtechnik.* | Foto: Toyota.

VW hatte im Oktober 1978 einen Hybrid-VW Bully als Taxi im Testbetrieb in Bad Harburg eingesetzt. *Innerstädtisch lief er ausschließlich mit Batterien und außerstädtisch mit seinem Ottomotor.* | Fotograf: Herbert Ahrens, Bad-Harzburg-Stiftung, Nr.7858.

Tesla und die Lösung des Reichweitenproblems

Diese Konstellation förderte den Durchbruch in der E-Mobilität, weil das 100 Jahre alte Reichweitenproblem des Elektroautos gelöst werden konnte, indem man aus den Erfahrungen von Akkus in der IT-Technik nun mit Lithium-Ionen-Batterien experimentierte. Elon Musk stellte 2003 den ersten Prototyp vor, 2006 sein erstes E-Serienauto. Seine Reichweite wurde mit 350 Kilometern angegeben, 2012 die Premium-Limousine Tesla S. Kurze Zeit nach der Enthüllung des Diesel-Skandals präsentierte Musk sein Model 3 mit einer Reichweite von schon 500 Kilometern und einem Schnell-Ladesystem. Musk gelang es eigenständig eine Ladeinfrastruktur aufzubauen. Dem gegenüber hatten sich die europäischen Hersteller, wie Ferdinand Dudenhöffer feststellt, bei ihren E-Autos am Konstruktionsprinzip des arithemtischen Mittels orientiert, wonach im Durchschnitt 90 Prozent der Kunden täglich weniger als 90 Kilometer fahre und deshalb die Reichweite doch gar nicht so wichtig sei.[31]

Das E-Auto bot die Perspektive, mit einem Schlag das Automobil von seinen negativen Nebenwirkungen wie Lärm und Abgas befreien zu können. Kalifornien und Los Angeles waren mit diesen Problemen seit den 1940er Jahren konfrontiert worden. Hier war zugleich das Gespür für Innovation und Technologiewandel stärker ausgebildet. Das emissionsfreie Automobil markiert einen Befreiungsschlag und entwertet zugleich die Produkteigenschaften, die italienische und britische Nobelmarken, aber auch deutsche Hersteller stark und weltberühmt machten wie leistungsstarke und kultiviert laufende Verbrenner. Das Wissen und die Erfahrung von über Generationen erarbeiteter und entwickelter Motor- und Getriebetechnologie und die damit verbundenen Markeneigenschaften werden mit dem Elektroantrieb wertlos – zudem große Teile der Metallverarbeitung.

Das E-Auto als Bewahrer des amerikanischen Way of Live

Das E-Auto steht dabei nicht nur für einen neuen Antrieb, sondern zugleich für die digitale Neuerfindung des Automobils. Die amerikanischen Innovationen bedeuten ebenso, den alten amerikanischen Traum zu bewahren, ihn scheinbar klimafreundlich und zukunftsfähig zu machen. Die Zulassungsstatistik der USA wird angeführt von LKW-Pickups und schweren SUV-Fahrzeugen, die das ländliche Amerika, Farmer wie die Freizeitinteressen der Städter bedienen. Sie sind für europäische Maßstäbe überdimensioniert groß. Ihr früherer enormer Kraftstoffverbrauch und die ausgestoßenen Abgase neutralisieren sich beim Elektroantrieb.

Die Fehleinschätzung der Europäer, insbesondere der deutschen Industrie, ist rückblickend erschreckend, schaute sie doch stets auf die USA und orientierte sich seit den 1990er Jahren mehr denn je an dem damals noch größten Automarkt der Welt, der dann durch das aufstrebende China zur Nummer Zwei wurde. Dafür gibt es eine Erklärung: Der Diesel bot eine trügerische Sicherheit. Die europäische Dieseltechnologie reduzierte nicht nur bei schweren europäischen Nobel-Limousinen den Verbrauch, was sogar Jaguar mit seinen meisterhaften geschmeidigen Acht- und Zwölfzylinder-Benzinern veranlasste, auf den Diesel zu setzen.

Zit. Werbung für den Dodge Ramcharger 1978. *Das 1974 vorgestellte Modell war mit Sechs- und Acht-Zylinder-Benzinmotoren zwischen 3.700 bis 7.200 ccm ausgestattet. Trotz Ölkrise erfreuten sich Fahrzeuge dieser Art in den USA seinerzeit wachsender Beliebtheit wie auch der Ford Bronco und der Chevrolet Blazer.*

Gerade die in den USA beliebten Pick-ups und SUV, dort mit durstigen Benzinern ausgestattet, wurden mit den sparsamen und spritzigen Dieselmotoren in Europa erst verkäuflich. Für Hersteller wie Audi, BMW, Mercedes und Volvo eine interessante Perspektive, dieses Segment in Europa mit dem Diesel zu etablieren und in den USA vorrangig mit Benzinern zu bedienen. Dabei ergab sich ein höheres Produktionsvolumen mit entsprechenden Skaleneffekten und besten Gewinnperspektiven. Der in den USA starke Hersteller Volvo, in den 1990er Jahren noch vor allem mit seinen Kombis präsent, verkauft heute mehr SUV als PKW-Kombis und Limousinen. Dieser Weg erschien unternehmerisch sinnvoll, da die Vorlieben des US-Marktes weltweit Trends setzen, insbesondere auf dem wachsenden chinesischen Markt. So war das höchste Wachstum in China im Bereich der SUV zu verzeichnen, mit Zuwächsen von bis zu 80 Prozent in den Jahren 2009 und 2010. Ohne SUV's ist nach dem Autoexperten Ferdinand Dudenhöffer «heute kein Autobauer mehr wettbewerbsfähig».[32] Dies zeigt, Europas Einfluss und Bedeutung auf Produktportfolio und PKW-Entwicklung ist nicht mehr relevant – in der zweiten Hälfte des 20. Jahrhunderts war dies noch anders.

Das Segment der SUV hat sich weltweit etabliert und mit der E-Mobilität wird der SUV emissionsfrei und zum scheinbar «grünen» Auto – genauso wie die schweren Pick-ups, die in den USA gleich die vorderen drei Plätze in der Zulassungsstatistik anführen mit der Ford F-Serie, dem Chevrolet Silverado und dem Ram-Pick-up, zusammen rund zwei Millionen Mal 2021 in den USA verkauft. Ford bietet von seiner F-Serie nun auch ein «grünes» Elektromodell an.[33]

6. China und die USA auf dem Weg zu automobilwirtschaftlichen Weltmächten

Wer als Europäer Autos in China verkaufte, konnte recht schnell erkennen, dass die Motorisierung eines Volkes von 1,3 Milliarden Menschen mit enormen Umweltproblemen verbunden sein wird. Schon im Jahr 2010 erstickten Chinas Städte im Smog; 130 chinesische Städte zählten im Jahr 2010 mehr als eine Million Einwohner, heute sind es noch mehr. Chinas wirtschaftlicher Aufstieg ist mit massiven Urbanisierungsprozessen verbunden, mit Mobilitätsbedürfnissen der Industrie und mit einer im Zuge des chinesischen Mittelstandes massiv wachsenden Individualmotorisierung. Dabei herrschen zwischen den einzelnen Provinzen und zwischen Stadt und Land erhebliche Unterschiede. So lag im Jahr 2010 die Fahrzeugdichte in 21 von 30 Provinzen noch bei unter zehn Kfz pro 100 Haushalte. Ein solcher Markt ist natürlich für die deutsche Automobilindustrie verlockend und es wäre irrational, ihn nicht zu bedienen.[34]

Man darf die Frage stellen, warum Volkswagen als Pionier der Automobilisierung Chinas diese Entwicklung nicht gesehen und daraus Konsequenzen zog, sondern an den Diesel glaubte. Im Jahr 2015 lag der Diesel-Zulassungsanteil in China bei nur 0,3 Prozent, in den USA bei drei und in Japan bei 2,4 Prozent. Die chinesische Regierung scheint den Zusammenhang zwischen den Umweltverhältnissen und der Massenmotorisierung ihres Landes schon in den 1990er Jahren erkannt und daraus Konsequenzen gezogen zu haben. Eine Öffnung der VW-Archive mag möglicherweise Antworten auf die Frage geben, wie weit das Management von den chinesischen Realitäten entfernt agierte. Als Hypothese deutet sich an, dass sich Konzernentscheidungen zu wenig an politischen und kulturellen Kompetenzen orientierte und dass kurzfristiges Denken vor mittel- und langfristigem Erfolg stand. Tesla machte schließlich anfangs massiv Verluste, deshalb stiegen 2009 Toyota und Daimler ein: Auch nach Teslas-Börsengang 2012 machte der Pionier Verluste von fast 400 Millionen US-Dollar. Heute ist dies anders. Vorrangige Interessen an guten Jahresabschlüssen mit Blick auf die Aktienkurse standen teuren Investitionen entgegen, Strukturen, die für die Branche insgesamt unterstellt werden dürfen.[35]

China sicherte sich seit den 1990er Jahren die für die Batterieherstellung erforderlichen Rohstoffe durch eine gezielte Afrika-Politik.[36] Damit auch verbunden war der Zugriff auf Rohstoffe, die für die digitale Welt unverzichtbar sind. Die Chinesen erkannten das Potential der E-Mobilität für ihr Land auf dem Weg zur Massenmotorisierung und zugleich ihre Chance, allein mit der Größe ihres Marktes diese Branche neu zu definieren und Weltmarktführer zu werden. Neben der Rohstoffsicherung veranlassten sie die westlichen Hersteller ihren Export mit dem Bau von Werken in China zu verknüpfen. Sie erwarben die schwedische Volvo-PKW-Sparte durch ihren Konzern Geely und haben sich mit 20 Prozent bei Mercedes-Benz eingekauft. Mit dem Ergebnis – noch nie war Volvo weltweit so stark wie heute.[37]

Im Jahr 2010 definierte die chinesische Staats- und Parteiführung sieben strategische Industrien, neben neuen Materialien gehört unter anderem auch der Bereich New Energy Vehicles dazu. China strebt nach der Technologieführerschaft in der E-Mobilität, die Größe des Landes und sein Industrialisierungsgrad bieten beste Voraussetzungen auf dem Weg dazu. Chinas Vorsprung in der E-Mobilität, basierend auf seiner Batteriekompetenz und riesigen Produktionskapazitäten, bietet in Verbindung mit der Größe des nationalen chinesischen Marktes eine Konstellation, bei der die deutsche und europäische Automobilindustrie zum Auslaufmodell werden könnten – verbunden mit schweren politischen Verwerfungen und massivem Wohlstandsverlust.

Trotz Diesel-Gate belegte Volkswagen im Jahre 2018 vor Toyota noch Rang neun unter den weltweit umsatzstärksten Konzernen, Ford rangierte auf Platz 30 und General Motors, der Gigant von einst, auf Rang 32. Seine frühere Tochter Opel gehört heute als Teil von Stellantis zur französischen Automobilindustrie.

Bei allen Herausforderungen: Verlieren wir nicht die Leichtigkeit des Seins! *Junges Paar in St. Tropez, 1950er Jahre.*
| Fotograf: Fritz Mittelstaedt, Stadtarchiv Saarbrücken, NL F. Mittelstaedt.

Ein Ranking, das nur vordergründig Anlass für Selbstbewusstsein bieten kann. So sehr die deutsche Automobilindustrie nach wie vor an eine führende Rolle in der Welt glaubt, so ist die PKW-Produktion Made in Germany selbst bereits seit längerer Zeit deutlich rückläufig. Sie erreichte im Jahr 2019 mit 4,67 Millionen PKW und dann 2021 mit nur noch knapp 3,1 Millionen den geringsten Wert seit 24 Jahren.[38] Wurden 1997 noch fast zwölf Prozent der Weltproduktion in Deutschland gebaut, so waren es 2019 nur noch knapp sechs Prozent. Während in den Jahren von 2011 bis 2018 in der Regel im März jährlich 500.000 PKW in Deutschland gebaut wurden, sind es seit 2020 nur noch etwas mehr als 250.000.[39]

Zugleich ist gerade die deutsche Autobranche vom China-Geschäft extrem abhängig. China ist der wichtigste Markt für die deutschen Hersteller, 35 Prozent des Absatzes entfällt bei Mercedes-Benz auf China. Der Bedarf des Marktes ist riesig. Derzeit kommen 800 Kfz auf 1.000 US-Bürger, in Europa sind es 600, in China 150 und in Indien keine 20 – insofern ist das Interesse grundsätzlich nachvollziehbar. Zugleich stellt sich die Frage, inwieweit es in diesem Prozess weltweit wachsender Mobilität gegebenenfalls Grenzen individueller Mobilität geben muss.[40]

7. Ausfahrt «ungewiss»

Ab dem 1. Januar 2035 sollen in der EU grundsätzlich keine Verbrenner mehr neu zugelassen werden, es sei denn, dass sie ausschließlich mit synthetischen Kraftstoffen betrieben werden – dies hatte die Bundesregierung und hier der FDP-Verkehrsminister mit Verve durchgesetzt.[41]

Ob in Zukunft Verbrenner weiter in Europa gebaut werden, bleibt abzuwarten. Unmissverständlich betonen dagegen China und die USA trotz ihrer Förderung des E-Autos weiterhin auch Verbrenner bauen zu wollen. Europa liquidiert mit dem Verbrennerverbot eine von ihm entwickelte Technologie, ohne eine Führungsrolle in der neuen Technologie der E-Mobilität beanspruchen zu können. China produziert die meisten E-Autos, an der Spitze der Hersteller BYD, rechnet man die Hybrid-Modelle heraus ist Tesla Spitzenreiter in der reinen E-Mobilität. Dabei hinkt Europa schon in anderen wichtigen Bereichen der digitalen Welt hinterher. Zugleich steht das Verhältnis zu China nach Putins Überfall auf die Ukraine in einem noch ungewissen Veränderungsprozess.

Herausforderung Demokratisierung der E-Mobilität: *Bezahlbare Mobilität in der Anschaffung wie im Unterhalt: Der VW Käfer und der Renault 4 machten Deutschland und Frankreich mobil. Das Foto ist eine Momentaufnahme des Stadtverkehrs im saarländischen St. Wendel [1968-1970].*
| Fotograf: Fred Kaster, Stadtarchiv St. Wendel.

Derzeit sind Elektroautos mit Preisen von weit über 50.000 Euro für die Mehrheit der Bevölkerung unerschwinglich. Sie erwirbt im Übrigen mehrheitlich seit Jahren Gebrauchtwagen. Der Journalist Daniel Zwick spricht vom E-Auto als «Elitenprojekt» und vom Irrsinn solch potente Käufer noch zu subventionieren. Von der Demokratisierung des E-Autos scheint der Westen meilenweit entfernt, in China dagegen gibt es kleine billige E-Modelle.[42] Größter Hersteller ist BYD und die drei Buchstaben stehen für «Build your dreams».

Wirklich stark ist das E-Auto im energiereichen Norwegen und wird dort zugleich viel stärker als in anderen Ländern finanziell gefördert. Dem gegenüber hat die Ampelkoalition die Förderung von einem im Vergleich zu Norwegen niedrigen Niveau weiter massiv gekürzt. Über 90 Prozent des norwegischen Stroms werden durch Wasserkraft erzeugt. Die Frage der Stromerzeugung ist für die Öko-Bilanz des E-Autos bedeutsam. Während die EU die Atomenergie als «grün» einstuft, widerspricht dem das «Erdgasland» Deutschland, das zugleich infolge des russischen Angriffskriegs auf die Ukraine unter besonderem Druck steht. Die deutsche Energiepolitik wird weltweit kritisch gesehen und mit Blick auf den Klimawandel und die E-Mobilität von dem Auto-Experten Dudenhöffer kritisiert. Hinzu kommt ein Strompreisniveau, das für den Betrieb und vor allem die Produktion von E-Autos als viel zu hoch eingestuft wird. Bei den Vergleichsrechnungen der Betriebskosten eines Verbrenners und eines Diesels ist die Frage zu stellen, wie die Bilanz aussieht, wenn Strom genauso stark besteuert wird wie die Verbrenner-Kraftstoffe.

Die Hersteller neigen dazu, vor allem große schwere Elektroautos, im SUV-Format zu bauen, und die deutschen Hersteller scheinen, verstärkt durch Verwerfungen der Corona-Krise, Luxus E-Autos zu produzieren. Fahrzeuge, an den Bedürfnissen der Mehrheit vorbei? Vielleicht beabsichtigen sie aber auch das E-Auto zu emotionalisieren und Statussymbole zu schaffen. Von einer Demokratisierung des E-Autos sind wir bei den derzeitigen Preisen jedenfalls weit entfernt. Im Jahr 2021 führte unter den in Deutschland neu zugelassenen E-Autos Tesla, gefolgt vom Fiat 500 E und erst auf Platz 3 landete VW.[43]

Günstiger ist die Perspektive mit Blick auf größere Reichweiten. Europa holt hier den Rückstand gegenüber Tesla auf. Damit wird das E-Auto gebrauchstüchtig, dies erfordert indes eine ausreichende Versorgung mit Ladestationen.
Wie hilfreich eine offenere technologische Perspektive sein kann,

zeigt Mazda. Die Japaner stellen einen Wagen mit Batterieantrieb und Wankelmotor vor. Der gerade mal acht Zentimeter große Wankelmotor hat die Aufgabe Strom zu erzeugen, der in die Batterie eingespeist wird, damit wird der Wagen langstreckentauglich mit bis zu 600 Kilometer Reichweite. Der Vorteil des Wankel als Motor im Westentaschenformat kommt hier voll zum Tragen. Der Wankel dient als Generator und verbraucht dazu einen Liter Benzin auf 100 Kilometer. Er wird nur für die Langstrecke gebraucht.[44] Die reine E-Mobilität lässt sich schwer in kompakten Wagen im europäischen Format verbauen, da die Batterien groß und enorm schwer sind und im Falle eines Crashs geschützt positioniert werden müssen. Das erklärt, dass die E-Mobilität vor allem als großes und schweres Auto daherkommt. Das E-Auto lässt den PKW gewichtsmäßig zum LKW werden. Das wird sich auf Straßen, Brücken und die Statik von Parkhäusern auswirken. Die kleine Batterie des Mazda erlaubt in Verbindung mit dem Wankelmotor als Stromerzeuger, dass ein Kompaktwagen als E-Auto mit kleiner Batterie größere Reichweiten erzielen kann. Kleinere Batterien gelten in ihrer Herstellung als umweltfreundlicher. In diesem E-Mazda arbeitet aber auch ein Verbrenner.[45]

In den letzten Jahren konnten Erfolge in der Abgasreduktion erreicht werden, gleichwohl gilt der Abbau als unzureichend. Die Stickoxid-Emissionen sind in der Bundesrepublik zwischen 1990 und 2020 um 66 Prozent gesunken, die Schwefeldioxidemissionen sogar um 95 Prozent, bei der Reduzierung von Kohlenmonoxid und Kohlendioxid konnte dagegen nur eine Reduktion um 35 Prozent erreicht werden – diese Reduktionen konnten aber trotz deutlich gewachsenem PKW-Bestand von 30,6 Millionen (1990) auf 48,54 Millionen (2022) realisiert werden. Der weltweite Anteil der Bundesrepublik an den CO_2-Emissionen beträgt 1,8 Prozent. Angesichts der Einwohnerzahl kein geringer Wert, aber der Anteil von in den nächsten Jahren wirtschaftlich boomenden Ländern wie Indien und China ist mit 6,7 und 32,5 Prozent zur Bewältigung des Klimawandels ungleich bedeutungsvoller wie auch der USA-Anteil von 12,6 Prozent. Unilaterale Verbote des Verbrennungsmotors wie sie die EU beschlossen hat, dürfen deshalb kritisch hinterfragt werden wie etwa von Hans-Werner Sinn, dem ehemaligen Präsidenten des IFO-Instituts.[46]

Gleichwohl ist es nachvollziehbar, dass ein bedeutendes Industrieland wie Deutschland nicht abwarten darf. Voraussetzung für die Bewältigung des Klimawandels ist eine wirtschaftliche und technologische Stärke, sie ist wiederum Voraussetzung, politische Ziele auch tatsächlich erreichen zu können. Davon scheint Europa und gerade die Bundesrepublik weit entfernt, fürchten doch viele Menschen eine Deindustrialisierung. Sowohl Arbeitgeber der deutschen Industrie wie auch die DGB-Vorsitzende Yasmin Fahimi warnen sogar ausdrücklich davor. Erstaunlich wie wenig diese Stimmen eine politische Diskussion in Gang setzen, die die großen Herausforderungen der Gegenwart wie Klimakrise, Energiekrise, Ukraine-Krieg und Fachkräftemangel, Lieferketten und den Aufstieg Chinas zur Weltmacht in einen gemeinsamen Kontext stellen, der Konsequenzen und eine strategische Perspektive verlangen.

Käfer in Kolonne *– seine Zuverlässigkeit und seine einfache Konstruktion machte den Käfer zum Welterfolg (über 21,5 Millionen). Die Verbrenner von heute arbeiten mit Hochdruck-Einspritzsystemen, vollelektronischer Motorsteuerung, verbunden mit einer Vielzahl von Sensoren und aufwändigen Abgasreinigungssystemen mit Katalysatoren, Abgasrückführungsventil und mit Harnstoff befüllten Zusatztanks beim Diesel. Fehlersuche und Fehlerbehebung können schnell fast ein durchschnittliches Monatsnettogehalt verschlingen. Gibt es Grenzen der Entwicklungsfähigkeit des Verbrenners?*

| Fotograf: Fred Kaster, Stadtarchiv St. Wendel.

Im Jahr 2007 *dachte niemand an ein Ende von Ford in Saarlouis.*
| Fotograf: Reiner Oettinger, Stadtarchiv Saarbrücken, Nachlass R. Öttinger.

Digitale Erlebniswelt *im BMW der 7er Reihe.*
| Foto: BMW Group Archive, P 90458221.

So bleibt offen, wie der wirtschaftliche Transformationsprozess energiepolitisch bewältigt werden soll. Es stellt sich die Frage zwischen wünschenswert notwendigen und auch tatsächlich erreichbaren Zielen. So bleibt ungewiss, wo die «Ausfahrt» am Ende hinführen wird. Ohne Emissionsfreiheit wird es aber wohl nicht mehr gehen.[47]

Nur ein digital starkes Europa wird seine Interessen durchsetzen können, insofern stellt sich die Frage nach Kooperationen, denn Elektromobilität und die Innovationskraft im Bereich digitaler Systeme und deren industrieller Umsetzung werden über die Zukunft der Automobilindustrie entscheiden.[48]

E-Mobilität und eine industrie- und zugleich klimafreundliche Energiepolitik sind die Voraussetzung für einen erfolgreichen Transformationsprozess, den Schutz der Schöpfung und die Stärkung des Industrielandes Deutschland. Investitionen chinesischer und amerikanischer Firmen in Deutschland bilden die Chance, den Transformationsprozess in Gang zu setzen. Für das Industrieland Saarland mit seiner Kohle- und Stahl-Tradition kann es kein eindrucksvolleres Bild für diese Entwicklung geben als dass auf dem Gelände des früheren Kohlekraftwerkes Ensdorf der US-Konzern Wolfspeed eine Halbleiterfabrik errichten möchte. In dem weltweit größten Werk des Unternehmens für die Herstellung von Halbleitern aus Silziumkarbid wird damit eine Technologie produziert, die durch eine Erweiterung der Reichweite die E-Mobilität noch attraktiver macht. Nicht weit entfernt bei Überherrn möchte S-Volt eine Lithium-Ionen-Fabrik errichten.[49] Damit könnte sich das Saarland zu einem attraktiven Standort der E-Mobilität entwickeln, wobei der alte Standortfaktor der 1960er Jahre ein Revival erlebt – so wie damals viele Firmen, etwa auch aus den USA, an die Saar kamen, um von hier aus Europa zu bedienen, so sehen chinesische und amerikanische Investoren das Saarland als attraktiven Standort, das E-Auto nach Europa zu bringen.

Auch das Unternehmen ZF gehört dazu und hat eine Minderheitsbeteiligung an Wolfspeed erworben – jenes Unternehmen, das heute der größte Arbeitgeber des Landes ist und gegen dessen Ansiedlung 1969/71 einige Bürger protestierten, so wie heute gegen S-Volt. Seinerzeit dachte niemand daran, dass ZF ein Hauptgewinn für Stadt und Land werden sollte. Zugleich gibt es immer wieder verunsichernde Aussagen zur Arbeitsplatzentwicklung bei ZF Saarbrücken.[50]

Festzustellen ist aber auch, dass die USA und ganz Europa mit Ausnahme Deutschland die Transformation der Dekarbonisierung und die Entwicklung der E-Mobilität in einen Zusammenhang mit der Erzeugung billigen Stroms durch Atomenergie stellen – ein Zusammenhang, der in Deutschland lange kaum wahrgenommen wurde. Dabei zeigt sich, dass die USA nicht nur eine Führungsrolle bei der E-Mobilität, sondern ebenso bei der Entwicklung neuer sogenannter modularer Atomkraftwerke besetzen. Atomaussteiger wie Schweden wurden wieder Atomenergieproduzenten. Das Kohleland Polen ist voll auf dem Weg zum Atomland mit Krediten und Technik aus den USA. Kommt Europa unter die Räder?[51]

1 Stadtarchiv Saarbrücken, Bestand Amt für Umwelt und Energie, unerschlossen, Ordner Schadstoffe Autos.

2 https://www.spiegel.de/auto/fahrkultur/mercedes-s-klasse-w140-zu-dick-fuer-den-auto-zug-a-99f9000e-dd56-4470-833f-e589cf615564 [05.01.2023].

3 https://www.spiegel.de/geschichte/ozonloch-ueber-der-antarktis-vor-30-jahren-entdeckt-a-1033168.html [06.01.2023].

4 Ferdinand Dudenhöffer, Wer kriegt die Kurve? Zeitenwende in der Autoindustrie, Frankfurt/Main 2016, S. 25.

5 https://science.orf.at/storie/3217023/#:~:text=Die%20Ozonschicht%20der%20Erdatmosph%C3%A4re%20erholt,gute%20Nachrichten%20f%C3%BCr%20die%20Klimaerw%C3%A4rmung. [11.01.2023].

6 Vgl. «Fridays for Future» v. Gerd Schneider/Christiane Toyka-Seid, in: Bundeszentrale für politische Bildung, Kurz und knapp, Lexika, Das junge Politik-Lexikon https://www.bpb.de/kurz-knapp/lexika/das-junge-politik-lexikon/320328/fridays-for-future/ - Zu «Letzte Generation» vgl. Matthias Janson, Klimaaktivisten. Die Aktionen der «Letzten Generation», Stand 18.11.2022, in: Statista (https://de.statista.com/infografik/28774/aktionen-der-umweltschutzbewegung-letzte-generation-in-deutschland/) [1.2.2023]

7 Stadtarchiv Saarbrücken, Bestand Amt für Umwelt und Energie, unerschlossen.

8 https://www.auto-motor-und-sport.de/news/gebrauchte-sprit-spar-modelle-alte-knauserer-von-audi-a2-bis-vw-lupo/ [05.01.2023].

9 https://www.greenpeace.de/publikationen/greenpeace-aktionen-erfolge-geschichte-a01373.pdf.

10 Auto, Motor und Sport, Nr. 12/1978, S. 98 ff.

11 Dirk Michael Conradt, Audi A 2. Meilenstein und Kultobjekt, Bielefeld 2018.

12 https://group-media.mercedes-benz.com/marsMediaSite/de/instance/ko/Die-Geschichte-20-Jahre-smart.xhtml?oid=40593267 [05.01.2023].

13 https://www.bmuv.de/rede/rede-von-svenja-schulze-klaus-toepfer-vater-der-deutschen-umweltpolitik [06.01.2023]. Felix Butzlaff, Katastrophen brauchen Fachleute? Ökologie und Umweltpolitik mit Klaus Töpfer und Matthias Platzeck als politischen Seiteneinsteigern, Marburg 2009. Siehe auch: https://www.kas.de/de/web/geschichte-der-cdu/personen/biogramm-detail/-/content/klaus-toepfer-v1 {09.01.2023].

14 Stadtarchiv Saarbrücken, Bestand Amt für Umwelt und Energie, unerschlossen.

15 Hans-Christian Herrmann, Aufbruch in eine neue Zeit – Busse und Straßenbahnen nach 1945, in: Immer in Bewegung. Die Geschichte des Öffentlichen Personennahverkehrs in Saarbrücken, hg. von der Saarbahn GmbH, St. Ingbert 2017, S. 92 ff.

16 Ferdinand Dudenhöffer, Wer kriegt die Kurve?, S. 87.

17 Stadtarchiv Saarbrücken, Bestand Amt für Umwelt und Energie, unerschlossen.

18 Ulrich Kubisch, Vergangenheit mit Zukunft. Elektro-Automobil, in: Markt-Sonderheft, 100 Jahre Automobil, Nr. 2/1986, S. 34 ff.; Auto, Motor und Sport, Nr. 24/1978, S. 30 und Nr. 11/1979, S. 17.

19 Jean Louis Loubet, Moments choisis – ausgewählte Momente, Valentigny 2010, S. 190 ff. https://www.press.bmwgroup.com/deutschland/article/attachment/T0134915DE/204353 [09.01.2023].

20 Auto, Motor und Sport, Nr. 15/1987, S. 53; https://www.motorline.cc/electricwow/2021/Volkswagen/R%C3%BCckblick-auf-den-Golf-CitySTROMer-Bedeutsame-Schritte-der-Elektro-Geschichte-245922.html [09.01.2023].

21 Dudenhöffer, Wer kriegt die Kurve?, S. 71 ff.

22 Ebda., S. 65.

23 Christopher Neumaier, Dieselautos in Deutschland und den USA, Stuttgart 2014, S. 64 ff.

24 Ebda., S. 65 ff.

25 Ebda., S. 66 ff.

26 Ebda., S. 64 ff, 87. Auto, Motor und Sport, Nr. 20/1977, S. 86 ff.

27 Ebda.

28 Ebda., S. 96, 105, 120, 125 – 128.

29 Ebda.

30 Christopher Neumaier, Dieselautos in Deutschland und den USA, Stuttgart 2014

31 Dudenhöffer, Wer kriegt die Kurve?, S. 90 ff., 210.

32 Ebda., S. 26.

33 https://de.motor1.com/features/561846/best-seller-2021-weltweit-ubersicht-neuzulassungen/ [09.01.2023].

34 Automobilindustrie und Mobilität in China, S. 67. https://www.pwc.de/de/automobilindustrie/assets/automobilindustrie-und-mobilitaet-in-china.pdf11.01.2023

35 Zu Teslas Verlusten: Dudenhöffer, Wer kriegt die Kurve?, S. 210.

36 Zur Afrika Politik der VR China vgl. «Das Engagement der Volksrepublik China in Afrika. Interessen, Strategien und Auswirkungen». - INFO-BRIEF. Deutscher Bundestag. Wissenschaftliche Dienste. Berlin 2007 (WD 2 – 3000-120/07).[1.2.2023]

37 Handelsblatt, 13.12.2021.

38 https://www.vda.de/de/aktuelles/zahlen-und-daten/jahreszahlen/automobilproduktion [1.2.2023].

39 Oldtimer-Praxis, Nr. 2/2020.

40 https://www.spiegel.de/auto/mobilitaet-in-indien-china-und-co-wie-schwellenlaender-die-verkehrswende-angehen-a-e92e0b2f-1343-48b0-a361-574b4c14a000 [11.01.2023].

41 https://www.euractiv.de/section/verkehr/news/eu-einigt-sich-auf-verbrenner-aus-ab-2035/ [1.2.2023].

42 Daniel Zwick, E-Autos werden auch in Zukunft nur ein Eliten-Projekt sein, https://www.welt.de/Debatte/plus.

43 https://www.ifo.de/veranstaltung/2022-12-12/schwarze-schwaene-krieg-inflation-und-ein-energiepolitischer [06.01.2023].

44 Es handelt sich um den Mazda MX 30 R-EV. Siehe die Firmen Webseite: https://www.mazda.de/modelle/mazda-mx-30/mazda-mx-30-r-ev/?utm_source=google-ads&utm_medium=paidsearch&utm_campaign=mmd_ful_mx30_rev_de_157_0123&campaign_focus=mazdamx30_5wgn&dmp_source=no&campaigncode=mmd_ful_mx30_rev_de_157_0123&gclid=EAIaIQobChMIzPOVntX0_AIVygeLCh39WA-CEAAYASAAEgIAF_D_BwE&gclsrc=aw.ds [1.2.2023].

45 https://www.auto-motor-und-sport.de/neuheiten/mazda-mx-30-bev-wankel-generator-serieller-plug-in-hybrid/ [16.01.2023].

46 Ebda.

47 Unternehmer Stihl in Sorge vor Deindustrialisierung - WELT [11.01.2023]; DGB-Chefin Yasmin Fahimi: «Existenzbedrohend, was sich in der Industrie abspielt» – WELT [11.01.2023].

48 Dudenhöffer, Wer kriegt die Kurve?, S. 213 ff.

49 Saarbrücker Zeitung, 23.1.2023.

50 Saarbrücker Zeitung, 9.2.2023.

51 ARD-Magazin Plusminus vom 12.4.2023. https://www.berliner-zeitung.de/politik-gesellschaft/energie-kernkraft-akw-nuklearer-marshallplan-usa-wollen-polen-milliarden-fuer-mini-atomkraftwerke-geben-li.339402; https://www.galileo.tv/technik/mini-atomkraftwerke-small-modular-reactors-strom-energie-zukunft-funktion/[23.05.2023].

Wir sind angekommen, *Sie hatten hoffentlich eine erkenntnisreiche Lektüre.*
| Foto: Peter Singhof.

FIN